高等学校交通运输与工程类专业教材建设委员会规划教材

现代测量学

（第2版）

主　编　王腾军　田永瑞
副主编　王　利　姜　刚　杨　耘　郭宝宇

人民交通出版社
北　京

内 容 提 要

本书为普通高等学校教材，是非测绘类本科专业基础课通用教材，全书共十八章。主要内容为测量学基本知识、地形图基本知识、测量误差理论及其处理基础、角度与距离测量、高程测量、GNSS 卫星定位测量、控制测量、大比例尺地形图测绘与应用、无人机测绘、地理信息系统、测设的基本工作、地质勘探工程测量、建筑施工测量、线路测量、桥隧施工测量、变形监测、地籍调查、海洋测绘，本书在第 1 版的基础上增删了部分内容。

本书可作为土木类、交通运输类、地质类、水利类、农业工程类等专业的本科生教材，也可作为其他专业和有关工程技术人员的参考用书。

图书在版编目(CIP)数据

现代测量学 / 王腾军，田永瑞主编. — 2 版.
北京 ：人民交通出版社股份有限公司，2025. 3.
ISBN 978-7-114-20261-2

Ⅰ. P2

中国国家版本馆 CIP 数据核字第 2025K0F477 号

高等学校交通运输与工程类专业教材建设委员会规划教材
Xiandai Celiangxue

书　　名：现代测量学(第 2 版)
著 作 者：王腾军　田永瑞
责任编辑：李　晴　王　涵
责任校对：赵媛媛
责任印制：张　凯
出版发行：人民交通出版社
地　　址：(100011)北京市朝阳区安定门外外馆斜街 3 号
网　　址：http://www.ccpcl.com.cn
销售电话：(010)85285911
总 经 销：人民交通出版社发行部
经　　销：各地新华书店
印　　刷：北京虎彩文化传播有限公司
开　　本：787 × 1092　1/16
印　　张：30.5
字　　数：760 千
版　　次：2017 年 8 月　第 1 版
　　　　　2025 年 3 月　第 2 版
印　　次：2025 年 3 月　第 2 版　第 1 次印刷　总第 3 次印刷
书　　号：ISBN 978-7-114-20261-2
定　　价：65.00 元

第2版前言

测量学(或工程测量)是土木工程、城乡规划、道路桥梁与渡河工程、铁道工程、水文与水资源工程、水利科学与工程、地质工程、勘查技术与工程、资源勘查工程、土地整治工程、工程管理、土地资源管理等专业的基础课程之一,担负着奠定专业基础知识、培养工程能力的重要任务。《现代测量学》(第2版)是基于工程教育改革及测绘科技发展的新局面,在《现代测量学》(第1版)教材的基础上修编而成的。

当前,随着空间技术、信息技术和人工智能技术的飞速发展,测绘科学技术迈向信息化、智能化的新发展阶段,卫星导航定位技术、无人机测绘技术、遥感技术及地理信息技术的新成果被广泛应用于新基础测绘,自然资源调查、管理与利用,生态治理与监测,自然灾害监测与预警,智慧城市建设与管理,智慧交通建设与运维等方面。本书作者团队在原版教材知识体系的基础上,保留经典测绘基本知识,删除陈旧知识和技术方法,增添测绘新技术知识及方法,突出基础理论和基本概念,加强理论联系实际,力求保持教材的先进性和实用性。具体修订内容如下:

(1)在第六章GNSS卫星定位测量中增加北斗卫星导航与定位、GNSS控制点高程拟合计算、GNSS实时动态控制测量等有关内容;

(2)第九章以无人机测绘技术为主要内容,删减了遥感技术的有关知识;

(3)在第十章地理信息系统中增加了空间数据组织与管理、数字城市与智慧城市等内容;

(4)将第十七章地籍与房产测量更改为地籍调查,以不动产测绘为主要内容,增加了林权、海域以及自然资源地籍调查等知识;

(5)删除传统地形图分幅与编号、经纬仪放样等陈旧内容;

(6)每章增加了“本章提要”和“学习要求”模块;

(7)增加了实习实验操作内容和演示视频(详见内文二维码);

(8)更正文字、公式、插图等方面的错误。

参加本教材修订工作的有:长安大学王腾军(第一章)、田永瑞(第十一章、第十四章)、王利(第三章、第五章、第六章、第十六章)、姜刚(第十五章、第十八章)、杨耘(第九章)、白林(第四章、第七章、第八章)、张静(第二章、第十章、第十三章)、河南省地质局矿产资源勘查中心李建武(第十二章)、陕西蓝岱科技有限公司董瑞婷(第十七章)、广州南方测绘科技股份有限公司郭宝宇(各章视频教学资源)。全书由王腾军负责统稿工作。

最后,感谢长安大学教务处的组织与指导,感谢长安大学地质工程与测绘学院及其他参编单位的大力支持,感谢人民交通出版社股份有限公司为本教材出版所做的辛勤工作。

因水平有限,书中难免存在不足之处,恳请广大读者不吝批评指正。

编　者

2024年10月于西安

第1版前言

测量学(或工程测量)是土木工程、地质工程、交通工程、城乡规划、资源及环境工程等专业的基础课程之一,它担负着奠定专业基础知识、培养专业技能的重要任务。《现代测量学》是笔者在多年教学和科研实践的基础上,参阅并吸收国内外同类教材及测绘科学的最新研究成果,结合我国当前高等教育改革和课程设置的实际情况编写而成的。

本教材以现代测量学的基本理论、基本方法以及测量作业过程为体系,以数字化测量为主线,以测绘新概念、新技术、新仪器为重点组织教学内容,突出基础理论和基本概念,加强理论联系实际,力求把握好测绘科学技术发展与教学需求的关系,使所编教材具有先进性和实用性。教材内容精炼、新颖,专业覆盖面广,能满足培养宽口径、复合型人才的需求。

本教材是依据高等学校土木工程、地质工程、交通工程、城乡规划、资源及环境工程等专业的"测量学(或工程测量)"教学大纲的要求组织编写的。本书可作为上述各专业本科"测量学(或工程测量)"课程的通用教材,也可供上述专业工程技术人员参考。

参与本教材编写工作的有:长安大学王腾军、田永瑞、王利、姜刚、贺炳彦、杨耘,内蒙古农业大学刘全明,河南省地质矿产勘查开发局测绘地理信息院李建武,小浪底水利水电工程有限公司蒋金虎。全书共分为十八章,其中,第一章、第七章由王腾军编写,第二章、第四章由贺炳彦编写,第三章、第五章、第六章由王利编写,第八章由杨耘编写,第九章由姜刚、李建武编写,第十章由刘全明编写,第十一章、第十八章由田永瑞编写,第十二章、第十七章由李建武编写,第十三章、第十四章由姜刚编写,第十五章由蒋金虎编写,第十六章由王利、蒋金虎编写。王腾军、田永瑞负责全书的组织、统稿和校对工作。

在本教材编写过程中，得到了长安大学张勤教授、杨志强教授、张永志教授、隋立春教授、韩玲教授、赵超英教授、张菊清教授的关心和支持，张菊清教授还应邀审阅了部分章节，在此谨致衷心的感谢！感谢长安大学教务处、长安大学地质工程与测绘学院及其他参编单位的大力支持，感谢人民交通出版社股份有限公司为本教材出版所做的辛勤工作。

由于编者的水平有限，对于书中的不足和错误之处，敬请读者不吝批评指正。

编　者
2017 年 3 月于长安大学

目录
CONTENTS

第一章

测量学基本知识

【本章提要】

本章主要介绍测绘学的概念及其分支；水准面、大地水准面及其特性，地球椭球及其特性；大地坐标系、空间直角坐标系的定义，高斯投影与高斯平面直角坐标系的建立，高程的定义；方位角及其类型等。

【学习要求】

通过本章学习，应了解测绘学及其学科分支；掌握水准面、大地水准面及其特性，地球椭球及其特性，大地坐标系、空间直角坐标系、高斯平面直角坐标系与高程，方位角及其类型等，并能够应用这些知识解决测绘工程问题。

第一节　概　　述

一、测绘学的内容和任务

测绘学是研究与地球及近地天体有关的空间信息采集、处理、分析、显示、管理和利用的科学与技术。其主要研究内容包括测定和描述地球及近地天体的形状、大小、重力场、地表形态及它们的各种变化，确定自然和人造物体、人工设施的空间位置及其属性，并制成各种地图和建立有关信息系统。

按照研究范围、研究对象及采用技术手段的不同,测绘学分为以下几个分支学科:大地测量学、摄影测量与遥感学、地图学、工程测量学、海洋测绘学。

1. 大地测量学

大地测量学是研究和确定地球及近地天体的形状、大小、重力场、整体与局部运动和地球表面及近地空间点的几何位置及其变化的理论和技术的学科。大地测量学是测绘学各分支学科的理论基础,其基本任务是建立地面控制网、重力网,精确测定控制点的空间三维位置,为地形测图、工程施工测量等提供控制基础,为研究地球形状、大小、重力场及其变化、地壳形变和地震预报提供信息。现代大地测量学包含几何大地测量学、物理大地测量学和空间大地测量学三个基本分支。

2. 摄影测量与遥感学

摄影测量与遥感学是研究利用电磁波传感器获取目标物的影像数据,从中提取语义和非语义信息,用以测定目标物的形状、大小和空间位置,判定其性质及相互关系,并用图形、图像和数字形式予以表达的理论和技术的学科。摄影测量与遥感学的基本分支包括摄影测量学和遥感学,其主要研究内容有:目标物的影像获取、处理,将所测得的成果用图形、图像或数字表示,包括航空摄影测量、航天摄影测量、航空航天摄影测量、地面摄影测量等。

3. 地图学

地图学是以地图的形式描述和表达地理信息数据场、信息流及其应用的学科。其主要内容包括:地图投影、地图设计、地图生产及地图应用等。

4. 工程测量学

工程测量学是研究工程建设、自然资源开发利用与保护各阶段中的规划、勘测设计、施工建造和运营管理各个阶段进行的控制测量、地形测绘、施工测量、竣工测量、变形监测及分析与预警,以及建立相应的信息系统等的学科。

按服务的工程种类不同,工程测量学可分为:建筑工程测量、水利工程测量、线路工程测量(如铁路工程测量、公路工程测量、输电线路与输油管道测量)、矿山测量、桥梁工程测量、隧道工程测量、港口工程测量、军事工程测量、城市建设测量以及三维工业测量等。

5. 海洋测绘学

海洋测绘学是研究海洋和陆地水域有关的地理信息的获取、处理、表示、管理和应用的学科。其基本研究内容包括海洋大地测量、海道测量、海底地形测量和海图编制。

二、测绘学的发展历史与研究现状

测绘学历史悠久。测绘技术起源于人类社会的生产需求,并伴随社会的进步而发展。上古时代,在埃及尼罗河泛滥后的农田整理中,已有地产边界的测量工作;我国的《史记·夏本纪》中叙述了夏禹为治理洪水而进行测量的工作情况,"左准绳,右规矩,载四时,以开九州、通九道、陂九泽、度九山",这说明中国先民为治水已经制作并使用了简单的测量工具。

1. 发展历史

测绘学的发展一开始就同人类对地球形状认识的逐渐深化而紧密联系在一起。我国先民最早对地球形状的认识是天圆地方。公元前6世纪,古希腊的毕达哥拉斯(Pythagoras)提出地球应是一个圆球。两世纪后,亚里士多德(Aristotle)对此进行论证,形成地圆说。公元前1世纪初的埃拉托色尼(Eratosthenes)根据实地测量数据,首次推算出地球子午圈的周长,以此证实了地球是圆球。

17世纪末,英国的牛顿(J. Newton)和荷兰的惠更斯(C. Huygens)首次从力学的观点,即用物理的方法来探讨地球的形状,提出地球是两极略扁的椭球体,称为地扁说。1743年,法国的克莱洛(A. C. Clairaut)证明了重力值与地球扁率间的数学关系,奠定了物理大地测量的基础,使人们对地球的认识又进了一步。

19世纪初,随着测量精度的提高,通过对各处弧度测量结果的研究,法国的拉普拉斯(Pierre Simon Laplace)和德国的高斯(Carl Friedrich Gauss)相继指出,地球的形状不能用旋转椭球来代表。现在的研究结果证明地球总体上似一个梨形。1849年,英国的斯托克斯(G. G. Stokes)依据地表所得的重力测量资料提出用重力测量的方法来确定地球形状的理论。1873年,利斯廷(J. B. Listing)首次提出"大地水准面"一词,并用它代替地球形状。1945年,苏联人莫洛坚斯基(Molodenskey)创立了用地面重力测量数据直接研究真实地球自然表面的理论。

在大约2500年的时间里,人类对地球形状的认识和测定,经过了圆球、椭球、大地水准面、真实地球自然表面四个阶段。随着测定成果的愈益精确,地面点的平面坐标和高程的精密计算才有了科学的依据,同时也不断丰富了测绘学的理论,改进了测量的技术和方法,促进了测绘科技的发展。

除了对地球的认识之外,人类的生产和军事活动中还出现了对地图的需要。考古工作者曾经挖掘到公元前25世纪至公元前3世纪绘或刻在陶片、铜片或其他材料上的地图。这些原始地图都是一些示意的模型地图,起到确定位置、辨别方向的作用。我国春秋战国时期的"兆域图"已出现比例尺和抽象符号的概念。公元前3世纪,古希腊的埃拉托色尼最先在地图上绘制经纬线。公元前168年,我国湖南长沙马王堆汉墓中发现的绘在帛上的地图已注意到了比例尺和方位,讲求一定的精度。公元2世纪,古希腊的托勒密(Claudius Ptolemaeus)研制了地图编制方法,并提出了地图投影问题。公元3世纪,我国的裴秀提出"制图六体"之制图原则:分率、准望、道里、高下、方邪、迂直,即地图绘制时的比例尺、方位、距离等原则,使地图制图有了标准,提高了地图的可靠程度。16世纪,地图制图进入了一个新的发展时期。我国明代的罗洪先和荷兰的墨卡托(Gerhardus Mercator)都以编制地图集的形式,分别总结了16世纪之前我国和西方在地图制图方面的成就。从16世纪起,随着测绘技术的发展,测绘精度大大提高,一些国家纷纷进行大地测量工作,并根据实地测量的结果绘制国家规模的地形图。我国于1708—1718年完成《皇舆全图》,是首次在广大的国土范围内进行地形图的测绘工作。

自20世纪50年代开始,学者们对计算机辅助地图制图(机助制图)进行了原理研究、设备研制、软件设计与开发,到70年代,机助制图已得到广泛应用。进入20世纪80年代,科学工作者利用计算机对地理空间数据进行显示、分析、存储和管理,建立地图数据库,进而发展成为多功能的综合性地理信息系统。

测绘学的形成和发展在很大程度上依赖于数学和测绘方法、测绘仪器的创造和变革。17世纪之前,人们使用简单的工具(如我国的绳尺、步弓、矩尺和圭表等)进行测量,且以量测距离为主。17世纪初发明了望远镜。约于1730年,英国的西森(Sisson)制成第一架经纬仪,促进了三角测量的发展。从16世纪中叶开始,为了满足欧洲、美洲间的航海需要,许多国家相继研究在海洋上测定经纬度的方法,以确定船舶的位置。但直到18世纪时钟的发明,经纬度的测定,尤其是经度的测定方法才得以圆满解决,并从此开始了大地天文学的研究。随着测绘仪器的改进和技术方法的革新,测量数据的精确度也不断提高,精确的计算成为研究的主要问题,此时数学的进展开始对测绘学产生巨大影响。1794年,德国的高斯首创了最小二乘原理,为测量平差奠定了基础,至今仍是测量平差计算的基本原理。19世纪50年代,法国的洛斯达(A. Laussedat)首创摄影测量方法。由于航空技术的发展,1915年,自动连续航空摄影机研制成功,可将航摄像片在立体量测仪上加工成地形图,由此形成了航空摄影测量方法。在此期间,先后研制了重力仪和摆仪等,使重力测量工作得到迅速发展,为研究地球的形状与大小和地球重力场提供了丰富的实地重力测量资料。由此,测绘学的传统理论和方法发展趋于成熟。

2. 研究现状

从20世纪50年代开始,测绘技术又朝着电子化和自动化方向发展。1948年和1956年研制成功了第一代光电测距仪和微波测距仪,能够直接用来测定远达几十千米的距离,且使距离测量由繁难变为易于操作,因此使得大地测量可以方便地采用精密导线测量和三边测量。随着技术的不断进步,光电测距仪和激光测距仪的性能有了相当大的提高,仪器的体积也可制作得很小巧。1968年已有将经纬仪上的度盘用电子设备取代度盘上按刻划读数的电子经纬仪。20世纪60年代研制成功的由计算机控制的自动绘图仪,实现了地图制图的自动化。20世纪80年代初开始,出现了将光电测距仪与经纬仪的视准系统组合在一起的仪器。之后,又有将微处理器安装在仪器中可及时处理观测数据的全站仪,可直接由屏幕上看到观测结果或经计算后的测量成果,亦可将此结果储存在存储器中,再传输到计算机对数据作进一步的处理。20世纪90年代研制出用条码水准尺取代分划水准尺的数字水准仪,使得高差测量工作的精度和效率都有了很大的提高。随着电子计算机技术的发展及其在测绘学中的应用,不仅加快了测量计算速度,而且改变了测绘仪器和方法,使测绘工作更为方便和精确。具有电子设备和用计算机控制的摄影测量仪器的出现,促进了解析测图仪的发展,使得航测法成图完全自动化成为可能。

1957年人造地球卫星上天,为测绘技术带来了巨大的变革。卫星定位技术和遥感技术在测绘领域得到广泛应用,形成航天测绘。测绘的对象也由地球扩展到月球及其他星体。随着计算机地图制图和地图数据库的迅速发展,地图制图已发展到数字制图和动态制图时代,并成为地理信息系统的技术基础,发展成研究空间地理环境信息和建立相应空间信息系统。现代工程测量的发展可概括为内、外业一体化,自动化,智能化和数字化,其服务领域也远远超出了为工程建设服务的狭隘概念,正向广义工程测量学发展。在海洋测量中,广泛应用先进的激光探测技术、空间定位与导航技术、计算机技术、网络技术、通信技术、数据库管理技术以及图形图像处理技术,实现了海洋测绘的自动化和信息化。

测绘学科的新发展使得测绘生产任务由传统纸上地图编制、生产和更新发展到对地理空间数据的采集、处理、组织、管理、分析和显示,传统的数据采集技术已由遥感卫星或数字摄影测量所替代。测绘工作正在向着信息采集、数据处理和成果应用的自动化、数字化、网络化、实时化和可视化方向发展,使得测绘生产力得到很大提高。

随着空间科学、信息科学及大数据、人工智能技术的飞速发展,全球卫星导航与定位系统(Global Navigation Satellite System, GNSS)、遥感(Remote Sensing, RS)、地理信息系统(Geographic Information System, GIS)技术及其集成技术(3S技术)成为当前测绘工作的核心技术。测绘技术体系从模拟转向数字、从地面转向空间、从静态转向动态，并进一步向网络化和智能化方向发展；测绘成果已从三维发展到四维、从静态到动态。航空航天遥感技术的发展，加快了地理信息动态变化监测技术的进步，革新了地理信息获取和更新的手段。人工智能技术的发展，使得用户能够快速、高效地获取地理信息，推动测绘向普适化方向发展，测绘不再是专业技术人员才可触摸的领域，而是走入寻常百姓家。

随着新的理论、方法、仪器和技术手段不断涌现及国际测绘学术交流合作日益密切，我国测绘事业发展迅速，且必将取得更巨大的成就。

三、测绘科学技术的地位和作用

测绘科学技术的应用范围非常广阔，在科学研究、国民经济建设、国防建设以及社会发展等领域都占有重要的地位，对国家可持续发展发挥着越来越重要的作用。测绘工作常被称为建设的尖兵，不论是国民经济建设还是国防建设，在勘测、设计、施工、竣工及运营等阶段都需要测绘工作，而且都要求测绘工作“先行”。

1. 在科学研究中的作用

在科学研究方面，诸如航天技术、地壳形变、地震预报、气象预报、滑坡监测、灾害预测和防治、环境保护、资源调查以及其他科学研究中，都要应用测绘科学技术，需要测绘工作的配合。地理信息科学、智慧城市、数字中国、数字地球的建设，都需要现代测绘科学技术提供基础数据信息。

2. 在国民经济建设中的作用

测绘信息是国民经济和社会发展规划中重要的基础信息之一。测绘工作为自然资源调查管理及开发利用，城市建设、交通建设、水利建设、通信建设等的规划、设计提供地形图和测绘资料。土地利用和土壤改良、不动产管理、生态文明建设、旅游开发等都需要测绘工作的支持，均需要应用测绘工作成果。

3. 在国防建设中的作用

在国防建设方面，测绘工作为打赢现代化战争提供测绘保障。各种国防工程的规划、设计和施工需要测绘工作，战略部署、战役指挥离不开地形图，现代测绘科学技术对保障远程导弹、人造卫星或航天器的发射及精确入轨起着非常重要的作用。现代军事科学技术与现代测绘科学技术已经紧密结合在一起。

4. 在社会发展中的作用

在国民经济和社会发展的进程中，政府或职能机构不仅需要了解地理要素的分布特征与资源环境条件，还要进行空间规划布局、掌握空间发展状态和政策的空间效应。但由于现代经济和社会的快速发展及其与自然关系的复杂性，使人类解决现代经济和社会问题的难度增加。因此，为实现政府管理和决策的科学化、民主化，要求提供广泛而通用的地理空间信息平台，而测绘数据是这一平台的基础。在此基础上，将大量经济和社会信息加载到这一平台，形成符合真实世界实际情况的空间分布形式，建立科学的空间决策系统，进行空间分析和管理决策，保障电子政务的实施。

当今人类正面临环境日趋恶化、自然灾害频繁、不可再生能源和矿产资源匮乏以及人口问题等社会问题。社会、经济的迅速发展和生态环境保护间产生了巨大的矛盾。要解决这些矛盾,维持社会的可持续发展,实现发展和保护的协同共生,就必须了解地球的各种现象及其变化和相互关系,采取必要措施约束和规范人类自身的活动,防范并减少全球环境向不利于人类社会方面演变,指导人类合理利用和开发资源,有效地保护环境,积极防治和抵御各种自然灾害,不断改善人类生存和生活环境质量,实现经济发展与生态环境保护共进共赢。而在防灾减灾、资源开发和利用、生态建设和环境保护等方面,各种测绘和地理信息可用于规划、方案的制订,灾害、环境监测系统的建立,风险的分析,资源、环境调查与评估、可视化显示以及决策指挥等。

第二节 测量坐标系

一、地球的形状和大小

测量工作的最基本任务是确定地面点的点位坐标(称为测定),或根据点的坐标确定其实地位置(称为测设)。由于地球的形状以及地球的自然表面极其不规则,不能作为测量工作的基准面,而只能作为测量工作的依托面,因此,我们要研究地球的形状和大小,确定测量工作的基准面,并为测量坐标系的建立奠定基础。

1. 大地水准面

地球自然表面上有高山、丘陵、平原、河流、湖泊和海洋,由此看来,地球的自然表面是一个高低起伏、极不规则的曲面。但相对于地球整体而言,这种高低起伏又是可以忽略不计的。地球形状是极其复杂的,通过长期的测绘工作和科学调查,了解到地球表面上海洋面积约占71%,陆地面积约占29%,因此,测量中把地球形状看作是由静止的海水面向陆地延伸并围绕整个地球所形成的某种形状。

地球表面任一质点,都同时受到两个作用力。其一是地球自转产生的惯性离心力;其二是整个地球质量产生的引力。这两种力的合力称为重力。引力方向指向地球质心。如果地球自转角速度是常数,惯性离心力的方向垂直于地球自转轴向外,重力方向则是两者合力的方向(图1-1)。重力的作用线又称为铅垂线,用细绳悬挂一个垂球,静止时所指示的方向即为铅垂线方向。

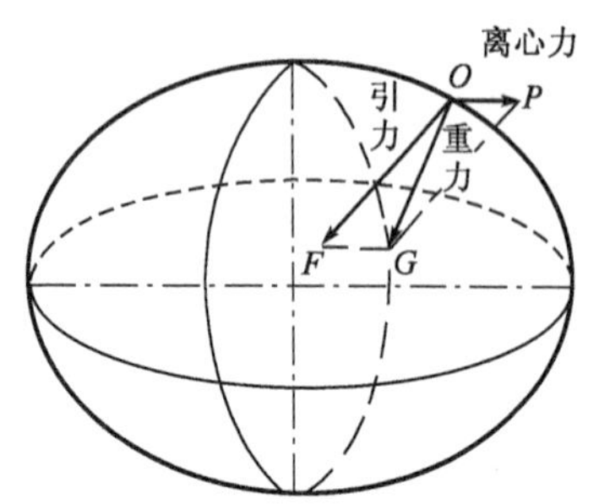

图1-1 引力、离心力和重力

处于静止状态的水面称为水准面。由物理学可知,这个面是一个重力等位面,水准面上处处与重力方向(铅垂线方向)垂直。在地球表面重力的作用空间,通过任何高度的点都有一个水准面,因而水准面有无数个。其中,把一个假想的、与静止的平均海水面重合并向大陆延伸所形成的封闭曲面称为大地水准面,它所包围的形体称为大地体。

由于地球引力的大小与地球内部的质量有关,而地球内部的质量分布又不均匀,致使地面上各点的铅垂线方向产生不规则的变化,因而大地水准面实际上是一个略有起伏的不规则曲面,人们无法在这个不规则曲面上直接进行测绘和数据处理(图1-2)。

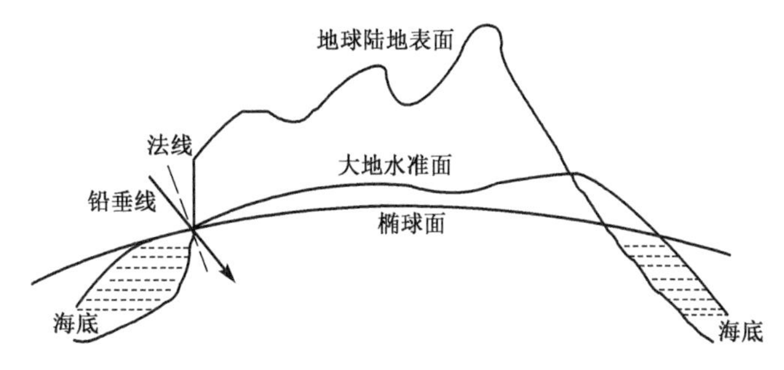

图 1-2 大地水准面

大地水准面和铅垂线是测量外业所依据的基准面和基准线。

2. 地球椭球体

从力学角度看,地球是一个旋转的均质流体,其平衡状态是一个两极稍扁的旋转椭球体。旋转椭球面是一个规则曲面,可以用数学公式准确地表达。因此,在测量工作中将地球椭球面和与之正交的法线作为测量计算的基准面和基准线。

代表地球形状和大小的旋转椭球,称为"地球椭球"。与大地水准面最接近的地球椭球称为总地球椭球;与某个区域如一个国家大地水准面最为密合的椭球称为参考椭球,其椭球面称为参考椭球面。由此可见,参考椭球有许多个,而总地球椭球只有一个。

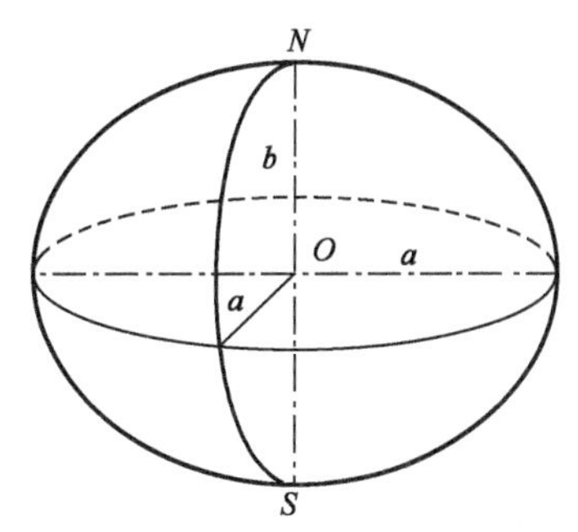

图 1-3 旋转椭球体

地球椭球的形状和大小通常用长半轴 a 和扁率 f 来表示(图 1-3)。扁率的计算公式为

$$f = \frac{a - b}{a} \tag{1-1}$$

式中,b 为地球椭球的短半轴。

几个世纪以来,许多学者曾分别测算出参考椭球体的参数值,表 1-1 所列为其中有代表性的测算成果。

地球椭球几何参数 表 1-1

椭球名称	年份	长半轴 a(m)	扁率 f	附注
德兰布尔	1800 年	6375653	1 : 334.0	法国
白塞尔	1841 年	6377397.155	1 : 299.1528128	德国
克拉克	1880 年	6378249	1 : 293.459	英国
海福特	1909 年	6378388	1 : 297.0	美国
克拉索夫斯基	1940 年	6378245	1 : 298.3	苏联
1975 大地测量参考系统	1975 年	6378140	1 : 298.257	IUGG 第 16 届大会推荐值
1980 大地测量参考系统	1979 年	6378137	1 : 298.257	IUGG 第 17 届大会推荐值
WGS-84	1984 年	6378137	1 : 298.257223563	美国国防部制图局(DMA)

注:IUGG(International Union of Geodesy and Geophysics)—国际大地测量与地球物理联合会。

鉴于参考椭球体的扁率很小,因此,在满足精度要求的前提下,为了便于计算,通常把地球近似地看作圆球体,其曲率半径为6371km。

3. 参考椭球定位

地球椭球的形状大小确定后,还应进一步确定地球椭球与大地体的相关位置,才能作为测量计算的基准面,这个过程称为椭球定位。确定参考椭球面与大地水准面的相关位置,使参考椭球面在一个国家或地区范围内与大地水准面最佳拟合,称为参考椭球定位。如图1-4所示,在地面上选择一个合适的点P,过此点的铅垂线与大地水准面交于点P'。将椭球面设置成在P'点与大地水准面相切,此时椭球面的法线与大地水准面的铅垂线重合。再使椭球体的短轴与地球自转的旋转轴平行。如果地面点的位置选择得确实十分合适,椭球体的大小也选用得很恰当,则椭球面与大地水准面之间能达到最佳拟合,此时的P点称为大地原点。该点是全国各地计算大地坐标的起算点,并非坐标系的原点。

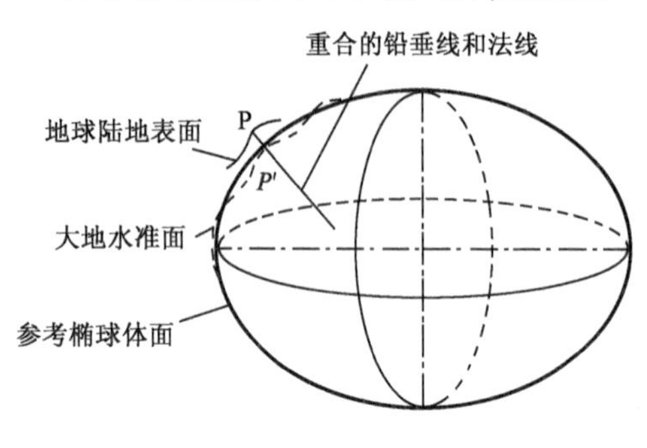

图1-4　参考椭球定位

二、常用测量坐标系

地面点的空间位置,最终要借助于点位坐标来描述,因此需要建立坐标系。一个空间点的位置,需要三维坐标来表示。但在一般测量工作中,通常将地面点的空间位置用其在投影面(椭球面或平面)上的位置和高程表示,即用一个二维坐标系和一个一维坐标系(高程)的组合来表示。由于卫星大地测量的迅速发展,地面点的空间位置也采用三维的空间直角坐标表示。

1. 大地地理坐标系

大地地理坐标系是以地球椭球的大地起始子午面、大地赤道面和地球椭球面作为基准面建立起来的空间坐标系。由于地球椭球有总地球椭球和参考椭球之分,所以大地地理坐标系分为地心大地坐标系和参心大地地理坐标系。

地面点的空间位置,可用大地地理坐标表示(图1-5)。过某地面点(P)的子午面与大地起始子午面之间的二面角,称为该点的大地经度,用L表示。规定从起始子午面起算,向东为正,由0°至180°称为东经;向西为负,由0°至180°称为西经。

过该地面点(P)的椭球面法线与赤道面的夹角,称为该点的纬度,用B表示。规定从赤道面起算,由赤道面向北为正,从0°到90°称为北纬;由赤道面向南为负,由0°到90°称为南纬。

该地面点(P)沿椭球面法线到椭球面的距离,称为大地高,用H表示,从椭球面起算,向外为正,向内为负。

某点的大地经度、大地纬度,可用天文观测方法测得P点的天文经度、天文纬度,再利用该点的法线与铅垂线的相对关系(称为垂线偏差)改算为大地经度L、大地纬度B。

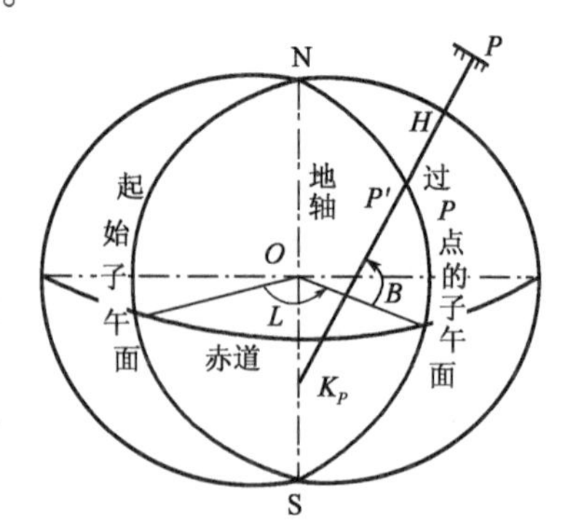

图1-5　大地地理坐标系

2. 空间大地直角坐标系

空间大地直角坐标系是以地球椭球为基础建立起来的空间直角坐标系。因地球椭球有总地球椭球和参考椭球之分,故空间大地直角坐标系可分为地心空间大地直角坐标系和参心空间大地直角坐标系。

以椭球体中心 O 为原点,椭球体的旋转轴为 Z 轴,指向其北端,起始子午面与赤道面交线为 X 轴,赤道面上与 X 轴正交的方向为 Y 轴,构成右手直角坐标系,在该坐标系中,某地面点的位置可用(x,y,z)来表示(图 1-6)。地面上同一点的大地地理坐标和空间大地直角坐标之间可以进行坐标转换。

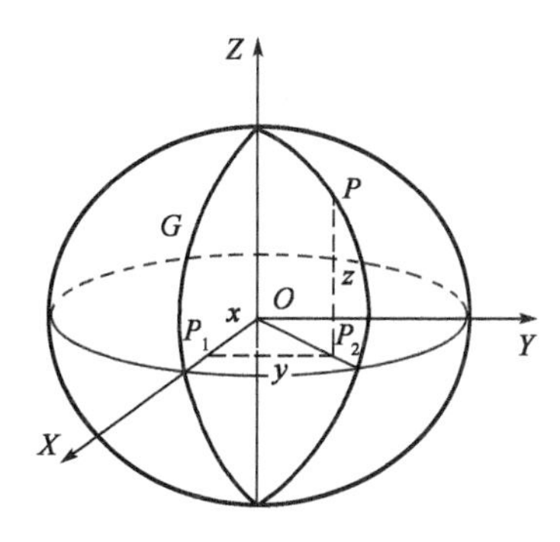

图 1-6 空间大地直角坐标系

3. 投影平面直角坐标系

大地地理坐标系是大地测量的基本坐标系,主要用于研究地球形状与大小、编制地图以及大地问题的解算,但在地形图测绘和工程规划建设中直接应用多有不便。若将球面上的大地坐标按一定的数学法则归算到平面上,在平面上进行数据处理比在球面上方便得多。这首先要建立平面直角坐标系,在小区域内进行常规测量工作时,将地球椭球面或测区内平均水准面的切平面作为投影面,并在该投影面上建立平面直角坐标系,将地面点投影到该平面上进行计算,以解算地面点的平面位置,高程再通过高程测量解决。在建立投影平面直角坐标系时,目前常用的方法有两种:一是投影面和坐标轴任意选择,则称为独立平面直角坐标系;二是按照高斯投影原理建立投影平面直角坐标系,则称为高斯平面直角坐标系。

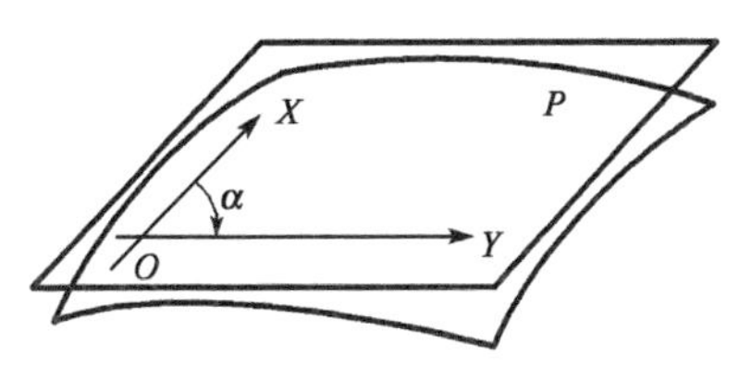

图 1-7 独立平面坐标系

独立平面直角坐标系是以测区平均水准面的切平面为投影面而建立的,原点可在切平面上任意选取,但为避免坐标值为负,通常选在测区的西南角;过原点的子午线切线方向取为纵轴,规定为 X 轴,向北为正;过原点与 X 轴垂直的方向为横轴,规定为 Y 轴,向东为正;角度 α 从 X 轴正向顺时针方向量取(图 1-7)。

测绘工作中所用的测量平面直角坐标系与解析几何中所用的数学平面直角坐标系有所区别(图 1-8)。由图 1-8b)可知,测量平面直角坐标系以纵轴为 X 轴,表示南北方向,向北为正;横轴为 Y 轴,表示东西方向,向东为正;象限顺序依顺时针方向排列。当 X 轴与 Y 轴如此互换后,平面三角公式均可用于测绘计算中。

在工程建设中,为了计算和施工放样方便,通常使平面直角坐标系的坐标轴与建筑物主轴线重合、平行或垂直,此时建立的坐标系称为施工坐标系。施工坐标系与测量坐标系往往不一致,在计算测设数据时须进行坐标换算。如图 1-9 所示,设 XOY 为测量坐标系,AOB 为施工坐标系,$(x_O、y_O)$为施工坐标系原点 O 在测量坐标系中的坐标,α 为施工坐标系的坐标纵轴 A 在测量坐标系中的方位角。若 P 点的施工坐标为$(A_P、B_P)$,可按式(1-2)将其换算成测量坐标$(x_P、y_P)$为

$$\begin{cases} x_P = x_O + A_P\cos\alpha - B_P\sin\alpha \\ y_P = y_O + A_P\sin\alpha + B_P\cos\alpha \end{cases} \tag{1-2}$$

式中,x_O、y_O 与 α 值可由设计人员提供。

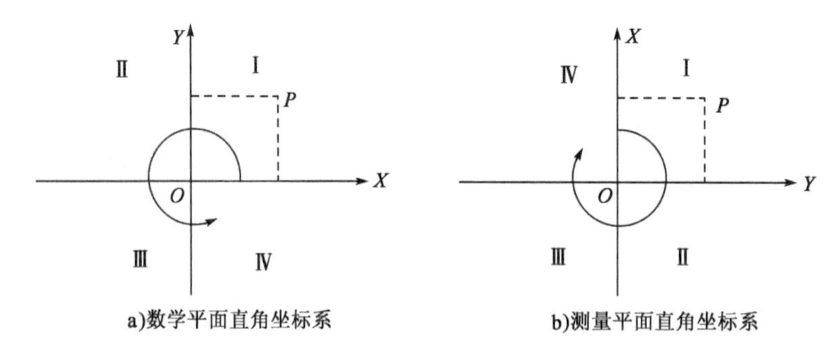

图 1-8　两种平面直角坐标系

同样,若已知 P 点的测量坐标(x_P、y_P),可按式(1-3)将其换算为施工坐标(A_P、B_P)。

$$\begin{cases} A_P = (x_P - x_O)\cos\alpha + (y_P - y_O)\sin\alpha \\ B_P = -(x_P - x_O)\sin\alpha + (y_P - y_O)\cos\alpha \end{cases} \tag{1-3}$$

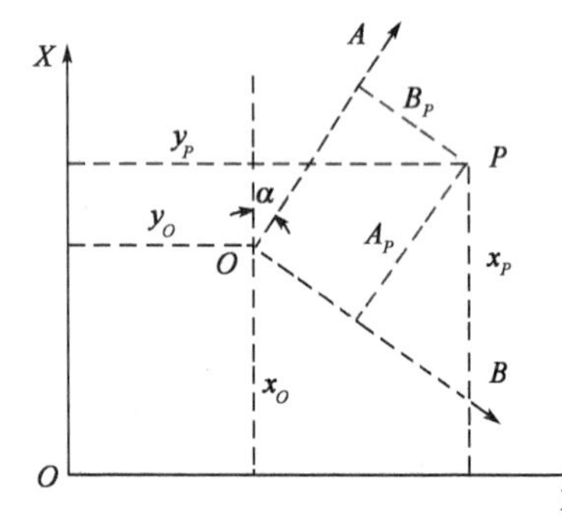

图 1-9　施工坐标与测量坐标的换算

4. 高斯平面直角坐标系

高斯平面直角坐标系是建立在高斯平面上的二维直角坐标系,高斯平面由高斯投影而得。

如图 1-10 所示,设想有一个椭圆柱面横套在地球椭球体外面,使它与椭球上某一子午线(该子午线称为中央子午线)相切,椭圆柱的中心轴通过椭球体中心,然后用一定的投影方法,将中央子午线两侧各一定经差范围内的地区投影到椭圆柱面上,再将此柱面展开即成为投影平面。

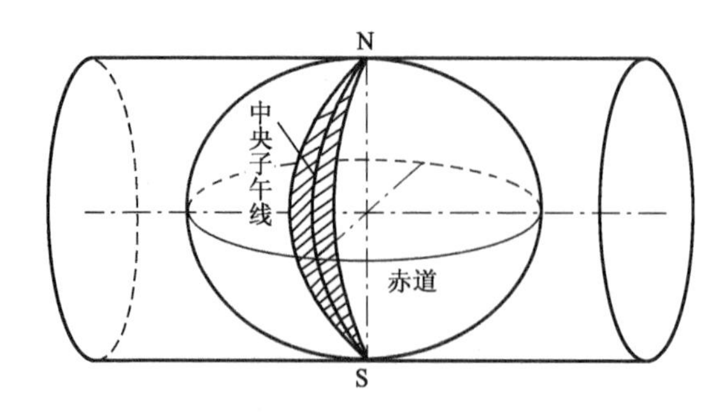

图 1-10　高斯投影

高斯投影具有下述特点:

(1)中央子午线和赤道的投影都为直线且正交,其他子午线和纬线的投影都为曲线;

(2)中央子午线投影后长度不变,其他子午线投影后都有变形,并凹向中央子午线,且距中央子午线越远,其变形越大;

(3)各纬线投影后凸向赤道。

在高斯投影平面上,中央子午线和赤道的投影都是正交的直线。以中央子午线和赤道的交点 O 为坐标原点,以中央子午线的投影为纵坐标轴 X,规定 X 轴向北为正;以赤道的投影为横坐标轴 Y,Y 轴向东为正,这样便形成了高斯平面直角坐标系(图 1-11)。

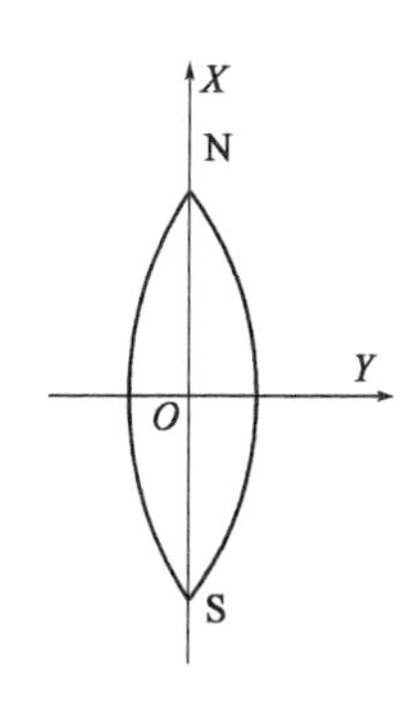

图 1-11 高斯平面直角坐标系

由于距中央子午线越远,其投影误差越大。投影误差超过测图、施工精度要求是不允许的。为此,要将变形限制在一定的精度范围内。控制的方法是将投影区域限制在靠中央子午线两侧的狭长地带内,即分带投影。投影宽度以中央子午线间的经差 l 来划分,最常用的经差有 6°和 3°两种,对应的分带投影为六度带投影和三度带投影。显然分带越多,各带的范围越小,变形也就越小。但分带投影后,各带都有各自独立的坐标系。

六度带投影可以满足中小比例尺(1∶50 万~1∶2.5 万)测图精度要求。它是从通过英国格林尼治天文台子午线起,自西向东每隔 6°为一带,将全球分成 60 个带,编号为 1~60(图 1-12),中央子午线的经度 L_0 与带号 n_6 间的关系为

$$L_0 = 6°n_6 - 3° \tag{1-4}$$

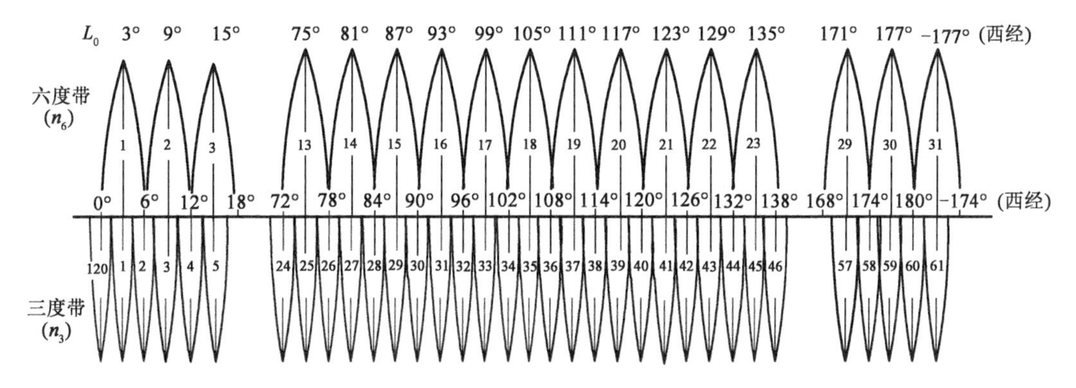

图 1-12 高斯投影的分带

若已知某点的大地经度 L,则可按式(1-5)计算该点所在六度投影带的带号 n_6。

$$n_6 = \text{int}\left(\frac{L}{6°}\right) + 1 \tag{1-5}$$

式中,int 为取整函数。

三度带投影则可满足大比例尺(不小于 1∶1 万)测图精度要求。即自东经 1.5°子午线起向东划分,每隔 3°为一带,将全球分成 120 个带,编号为 1~120(图 1-12),它是在六度带的基础上划分的。三度带的奇数带中央子午线与六度带中央子午线重合;偶数带中央子午线与六度带分带子午线重合。中央子午线的精度 L_0 与带号 n_3 间的关系为

$$L_0 = 3°n_3 \tag{1-6}$$

若已知某点的大地经度 L,则可按式(1-7)计算该点所在三度投影带的带号 n_3。

$$n_3 = \mathrm{int}\left(\frac{L - 1.5^\circ}{3^\circ}\right) + 1 \tag{1-7}$$

我国幅员辽阔,南北在北纬4°至北纬54°之间,东西在东经74°至东经135°之间,按六度带投影,位于第13~23带内;按三度带投影,位于第25~45带内。由此可见,带号24是区分六度带和三度带的标志。

显然,根据上述方法建立起来的坐标系,坐标值会出现负值,这将给测绘工作带来不便。由于我国位于北半球,故X坐标均为正值,而Y坐标值有正有负。为避免Y坐标出现负值,规定将X坐标轴向西平移500km,即所有点的Y坐标值均加上500km,称为高斯坐标通用值(图1-13)。

由于分带投影的原因,地面上每一个点,各个投影带中都有一个坐标值(X,Y)与之相对应,为了使高斯坐标值与地面点一一对应,规定在横坐标值前冠以投影带带号,以表明该点所在的投影带。

例如,P点的坐标$X_P = 3275611.188\text{m}$,$Y_P = -376543.211\text{m}$。若该点位于第19带内,则$X$轴西移500km、横坐标冠以带号后。$P$点的坐标通用值为$x_P = 3275611.188\text{m}$,$y_P = 19123456.789\text{m}$。

分带投影形成各带独立的坐标系,位于相邻两带的点就分属于两个坐标系,因此,在投影带边缘地区测图时,需将分带子午线两侧的点转化为同一坐标系,另外,由于国家控制点通常只有六度带坐标,而测制大于(等于)1:1万比例尺地形图时,需要三度带投影坐标,因此需要六度带和三度带坐标间的转换。上述坐标换带计算统称为高斯坐标换带计算。

5. 极坐标系

测绘工作中,常在局部范围内使用极坐标,它与解析几何中的极坐标系基本相同。如图1-14所示,O为极点,OX为极轴,ρ为矢径,φ为极角。不同之处在极角是自OX轴起按顺时针方向计算。使用极坐标的优点是解算两点之间的相互关系时较为简便。

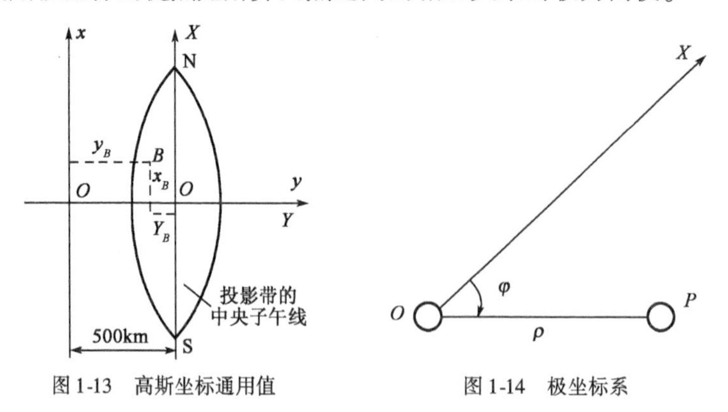

图1-13　高斯坐标通用值　　图1-14　极坐标系

6. 高程

高程是地面点高低的量度。地面点沿基准线到基准面的距离称为高程。地面点位于基准面之上,高程为正;地面点位于基准面以下,高程为负。

根据选择的基准面和基准线的不同,可得到不同的高程系统,如图1-15所示:

当基准面是大地水准面、基准线是铅垂线时,称为正高,又称海拔(H_A、H_B);

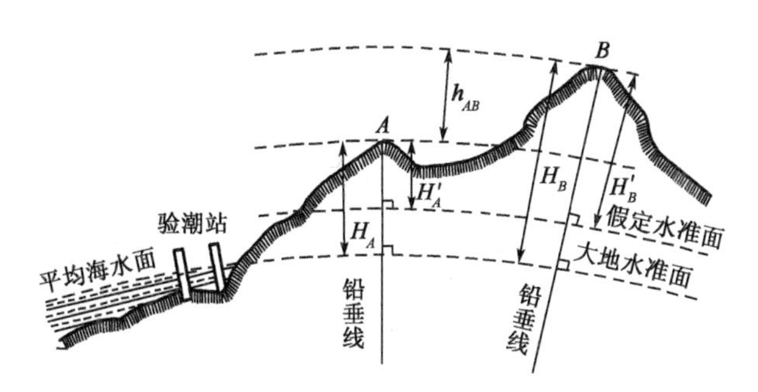

图 1-15 高程与高差

基准面是大地水准面、基准线是正常重力线时,称为正常高;

基准面是地球椭球面、基准线是法线时,称为大地高;

在地形测量和工程测量中,有时选择过某点的水准面作为基准面、铅垂线作为基准线,则称为相对高程(H'_A、H'_B)。

两地面点的同类高程之差,称为高差(h_{AB})。在以观测路线的前进方向为准的前提下,高差等于前视点的高程减去后视点的高程。当前视点高于后视点时,高差为正;反之,高差为负。高差的大小与基准面的性质无关。

为了建立全国统一的高程系统,必须确定一个高程基准面,通常采用平均海水面代替大地水准面作为高程基准面。为了确定平均海水面,需要设立验潮站,对海水面进行长期观测,取其平均位置作为该验潮站的平均海水面。

三、我国常用的坐标系统

1.1954 年北京坐标系

1954 年我国完成了北京天文原点的测定,采用了克拉索夫斯基椭球体参数(表 1-1),并与苏联 1942 年坐标系进行了联测,建立了 1954 年北京坐标系。1954 年北京坐标系属参心坐标系,是苏联 1942 年坐标系的延伸,大地原点位于苏联的普尔科沃。

2.1980 年国家大地坐标系

为了适应我国经济建设和国防建设发展的需要,我国在 1972—1982 年期间进行天文大地网平差时,建立了新的大地基准,相应的大地坐标系称为 1980 年国家大地坐标系。大地原点地处我国中部,位于陕西省西安市以北 60km 处的泾阳县永乐镇,简称西安原点。椭球参数(既含几何参数又含物理参数)采用 1975 年国际大地测量与地球物理联合会第 16 届大会的推荐值(表 1-1)。

该坐标系建立后,实施了全国天文大地网平差,平差后提供的大地点成果属于 1980 年国家大地坐标系。它与 1954 年北京坐标系的成果不同,使用时必须注意所用成果相应的坐标系统。

3.2000 国家大地坐标系

随着我国社会的进步,国民经济建设、国防建设和社会发展、科学研究等对国家大地坐标系提出了新的要求,迫切需要采用原点位于地球质量中心的坐标系统作为国家大地坐标系。2000 国家大地坐标系(CGCS2000 坐标系)是一种地心坐标系,坐标原点在地球质心(包括海洋和大气的整个地球质量的中心),Z 轴由原点指向历元 2000.0 的地球极(CTP)方向,X 轴指向 BIH 所定义的零子午面与协议地极赤道的交点,Y 轴按右手坐标系确定。椭球参数有长半轴 $a=6378137\mathrm{m}$、扁率 $f=1/298.257222101$、地球自转角速度 $\omega=7292115\times10^{-11}\mathrm{rad/s}$、地心引力常数 $\mathrm{GM}=3986004.418\times10^{8}\mathrm{m}^3/\mathrm{s}^2$。经国务院批准,我国自 2008 年 7 月 1 日起启用 2000 国家大地坐标系。

4. WGS-84 坐标系

WGS-84 坐标系是美国全球定位系统(Global Positioning System,GPS)采用的坐标系,属地心坐标系。WGS-84 坐标系采用 1979 年国际大地测量与地球物理联合会第 17 届大会推荐的椭球参数(长半轴 $a=6378137\mathrm{m}$、扁率 $f=1:298.257223563$,见表 1-1);WGS-84 坐标系的原点位于地球质心;Z 轴指向 BIH1984.0 定义的协议地球极(CTP)方向;X 轴指向 BIH1984.0 的零子午面和 CIP 赤道的交点;Y 轴垂直于 X、Z 轴,X、Y、Z 轴构成右手直角坐标系。

5. 独立坐标系

独立坐标系分为地方独立坐标系和局部独立坐标系两种。

许多城市基于实用、方便的目的(如减少投影改正计算工作量),以当地的平均海拔高程面为基准面,过当地中央的某一子午线为高斯投影带的中央子午线,构成地方独立坐标系。地方独立坐标系隐含着一个与当地平均海拔高程面相对应的参考椭球,该椭球的中心、轴向和扁率与国家参考椭球相同,只是长半轴的值不一样。

大多数工程专用控制网均采用局部独立坐标系,若需要将其放置到国家大地控制网或地方独立坐标系,一般应通过赫尔默特变换来完成。对于范围不大的工程,一般选测区的平均海拔高程面或某一特定高程面(如隧道的平均高程面、过桥墩顶的高程面)作为投影面,以工程的主要轴线为坐标轴。比如对于隧道工程而言,一般取与贯通面垂直的一条直线作 X 轴。

6. 高程基准

中华人民共和国成立后,我国曾采用以青岛大港验潮站的 1950—1956 年潮汐观测资料算得的平均海水面作为高程基准面,称为"1956 年黄海高程系"。由于验潮资料不足等原因,我国自 1987 年启用"1985 国家高程基准",它是采用青岛验潮站 1953—1979 年验潮资料计算确定的。

为了明确标定平均海水面的位置,需要在验潮站附近设立标志,称为水准原点。我国的水准原点位于青岛市观象山上,定名为"中华人民共和国水准原点",亦称"青岛水准原点"。经与青岛大港验潮站联测,按 1956 年黄海高程系推算,其高程为 72.289m,按 1985 国家高程基准推算,其高程为 72.260m。

第三节　直线方向的确定

在测量工作中,地面点的位置通常用直角坐标(X,Y)确定,而直线的方向用方位角确定。从直线上某点的标准方向线北端顺时针量至该直线的水平角度,称为该直线在该点处的方位角,其取值范围是 0°~360°。由于标准方向线有真子午线、磁子午线和坐标纵轴线三种,因此,方位角有真方位角、磁方位角和坐标方位角三种,并且其间可通过子午线收敛角、磁偏角和磁坐偏角进行转换(图 1-16)。

一、真方位角

过地面某点真子午线的切线北端所指示的方向称为真子午线方向。真子午线方向可采用天文测量的方法或用陀螺经纬仪测定。从直线上某点的真子午线方向北端顺时针量至该直线的水平角值,称为该直线在该点处的真方位角(用 A 表示)。由于地面直线各点(赤道上的点除外)处的真子午线彼此不平行,所以,同一条直线上各点的真方位角也各不相等,这将给应用带来不便。

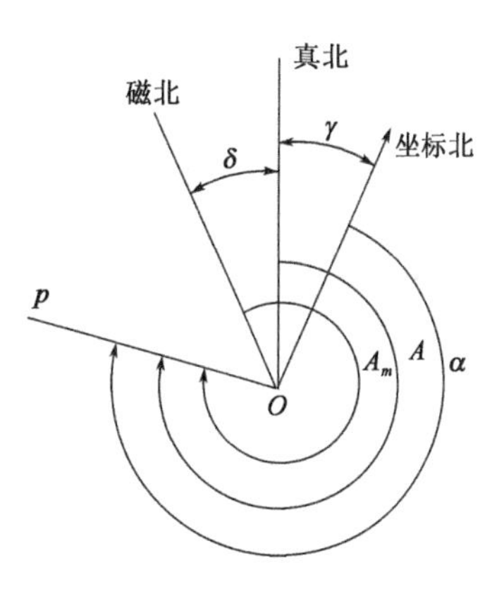

图 1-16　三种方位角的关系

二、磁方位角

地面上某点处磁针自由静止时其指针北端所指的方向,称为磁子午线方向。其可用罗盘仪直接测定。从直线上某点的磁子午线方向北端顺时针量至该直线的水平角值,称为该直线在该点处的磁方位角(用 A_m 表示)。由于磁子午线收敛于磁南极和磁北极,所以同一直线上各点的磁方位角互不相等。地球上磁子午线方向不是固定不变的,而是因地而异的;同一地点的磁子午线方向,也随时间有微小的周年变化和周日变化。磁子午线是一种不稳定的标准方向线,所以磁方位角表示直线方向的精度不高,只能用于直线的粗略定向。

三、坐标方位角

坐标纵轴(X 轴)正向所指示的方向称为坐标纵轴线方向。从直线上某点的坐标纵轴线方向北端顺时针量至该直线的水平角值(用 α 表示),称为该直线在该点处的坐标方位角。实际应用中常取与高斯平面直角坐标系中 X 坐标轴平行的方向为坐标纵轴线方向。由于各点处的坐标纵轴线方向相互平行,因此,同一投影带内各点的标准方向线是一致的。所以,同一直线上各点的坐标方位角是相等的,这将给方向计算带来方便。

四、三种偏角及方位角的互换

1. 三种偏角

如图 1-16 所示,由于某点处的真子午线方向、磁子午线方向和坐标纵轴线方向不一致,因此,它们之间必然存在三个夹角,即子午线收敛角(γ)、磁偏角(δ)和磁坐偏角(δ_m)。

(1)子午线收敛角

过一点的真子午线方向与坐标纵轴线方向之间的夹角称为子午线收敛角,用 γ 表示。以真子午线为准,当坐标纵轴线北端位于真子午线以东时称为东偏,γ 值为正;位于以西时称为西偏,γ 值为负(图 1-17)。

地面点 P 的子午线收敛角可按式(1-8)计算:

$$\gamma_P = (L_P - L_0) \cdot \sin B_P = \Delta L \cdot \sin B_P \tag{1-8}$$

式中,L_0 为中央子午线大地经度;L_P、B_P 为 P 点大地经度和大地纬度。由式(1-8)可知,当 ΔL 不变时,纬度越高,子午线收敛角越大,在两极 $\gamma = \Delta L$;纬度越低,子午线收敛角越小,在赤道上 $\gamma = 0°$。

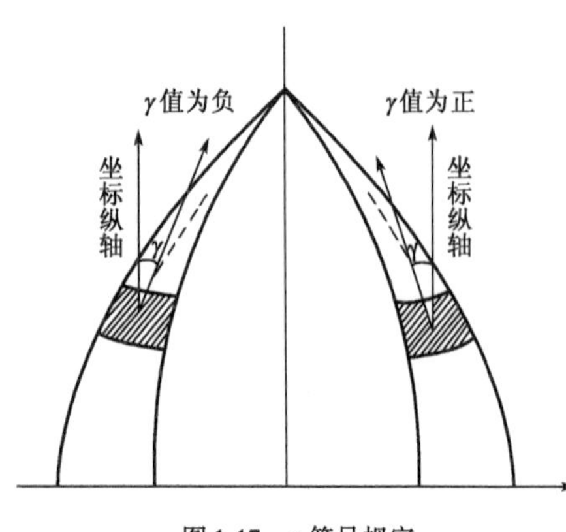

图 1-17　γ 符号规定

(2)磁偏角

磁偏角是磁子午线与真子午线之间的夹角,用 δ 表示。以真子午线为准,当磁子午线北端在真子午线以东时称为东偏,δ 值为正;位于真子午线以西时称为西偏,δ 值为负。

(3)磁坐偏角

磁坐偏角是磁子午线与坐标纵轴线间的夹角,通常用 δ_m 表示。以坐标纵轴线为准,当磁子午线的北端位于坐标纵轴线以东时称为东偏,δ_m 值为正;位于以西时称为西偏,δ_m 值为负。由于磁子午线的不稳定,导致磁偏角也随之发生变化。

2. 方位角互换

如图 1-16 所示,各方位角之间的互换公式为

$$A_m = A + \delta \tag{1-9}$$

$$A = \alpha + \gamma \tag{1-10}$$

$$\alpha = A_m - (\delta + \gamma) \tag{1-11}$$

五、正、反坐标方位角

一条直线的坐标方位角,由于起始点的不同而存在着两个值。如图 1-18 所示,P_1、P_2 为直线 P_1P_2 上的两点,α_{12}表示 P_1P_2 方向的坐标方位角,α_{21}表示 P_2P_1 方向的坐标方位角。α_{12}和 α_{21}互为正、反坐标方位角。若以 α_{12}为正方位角,则称 α_{21}为反方位角。

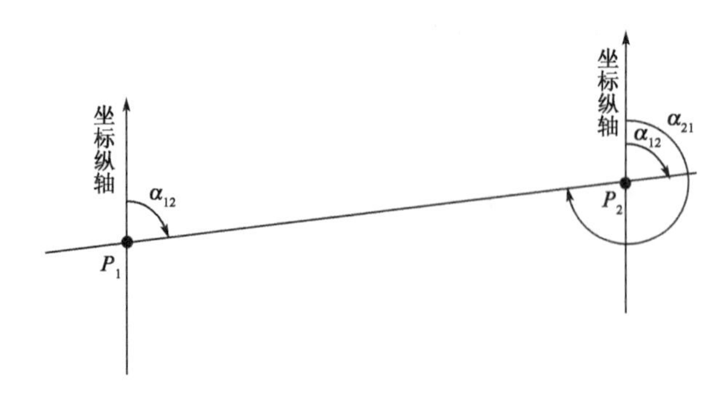

图 1-18　正反坐标方位角

由于在同一高斯平面直角坐标系内各点处坐标轴北方向均是平行的,所以一条直线的正、反坐标方位角相差 180°,即

$$\alpha_{12} = \alpha_{21} \pm 180° \tag{1-12}$$

六、象限角

在确定直线方向时,直线的方向不仅可以用方位角表示,也可以用象限角表示。

从标准方向线的北端或南端,顺时针或逆时针量至某直线的水平锐角,称为该直线的象限角,通常用 R 表示。用象限角表示直线方向时,不仅要注明角度的大小,还要注明直线所在的

象限名称。例如,直线 OA 的象限角为北东 70°。坐标方位角 α 与象限角 R 之间可以相互转换,见表 1-2。

坐标方位角与象限角的转换　　表 1-2

象限	由象限角转换为坐标方位角	象限	由象限角转换为坐标方位角
Ⅰ	$\alpha = R$	Ⅲ	$\alpha = 180^\circ + R$
Ⅱ	$\alpha = 180^\circ - R$	Ⅳ	$\alpha = 360^\circ - R$

第四节　地球曲率对观测成果的影响

在实际测量工作中,在测量精度要求不高和测区面积不大的情况下,往往以水平面直接代替水准面,而不考虑地球曲率对水平距离、水平角、高差的影响,但在多大面积范围内进行测量工作,才可以忽略其影响? 有必要对这一问题进行讨论。在讨论过程中,通常假定椭球面与大地水准面相重合,且近似将椭球面看作圆球面,以代替地球表面。可以证明这种假定不会影响结论的正确性,而且可以使问题得到简化。

一、地球曲率对水平距离的影响

在图 1-19 中,AB 为水准面上的一段圆弧,长度为 S,所对圆心角为 θ,地球半径为 R。自 A 点作切线 AC,长为 t。如果用切于 A 点的水平面代替水准面,即以切线段 AC 代替圆弧 AB,则在距离上将产生误差 ΔS 为

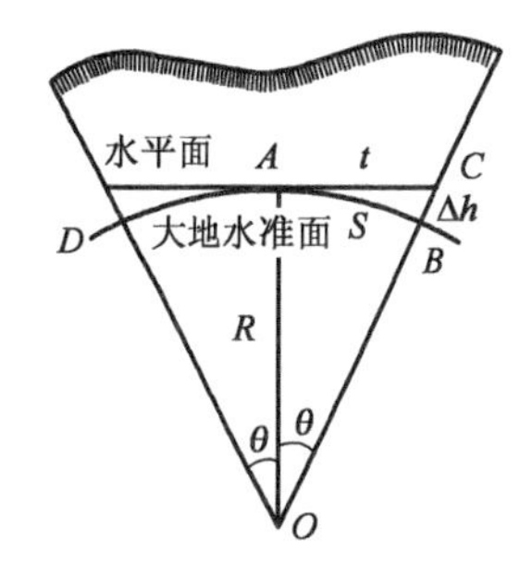

图 1-19　用水平面代替水准面

$$\Delta S = AC - \overset{\frown}{AB} = t - S$$

其中, $AC = t = R\tan\theta$

$$\overset{\frown}{AB} = S = R \cdot \theta$$

则

$$\Delta S = R\left(\frac{1}{3}\theta^3 + \frac{2}{15}\theta^5 + \cdots\right)$$

因 θ 角值一般很小,故略去三次方以上各项,并以 $\theta = \frac{S}{R}$ 代入,则得

$$\Delta S = \frac{1}{3}\frac{S^3}{R^2} \quad \text{或} \quad \frac{\Delta S}{S} = \frac{1}{3}\left(\frac{S}{R}\right)^2 \tag{1-13}$$

当 $S = 10\text{km}$ 时,$\frac{\Delta S}{S} = \frac{1}{1217700}$,小于目前精密距离测量的容许误差。因此可得出结论:在半径为 10km 的范围内进行距离测量工作时,用水平面代替水准面所产生的距离误差可以忽略不计。

二、地球曲率对水平角的影响

野外观测是在地球自然表面上进行的。由地面点构成的空间图形投影到球面上将构成球面图形。由球面三角学可知,同一个空间多边形在球面上投影的各内角之和,较其在平面上投

影的各内角之和大一个球面角超 ε,球面角超可用式(1-14)计算。

$$\varepsilon = \rho'' \frac{P}{R^2} \tag{1-14}$$

式中,P 为球面多边形面积;R 为地球半径,$\rho'' \approx 206265''$。

当 $P = 100\text{km}^2$ 时,$\varepsilon = 0.51''$。

由式(1-14)的计算表明,对于面积不大于 100km^2 的多边形,地球曲率对水平角的影响只有在最精密的测量中才需考虑,一般测量工作不必考虑。

三、地球曲率对高差的影响

图 1-19 中 BC 为水平面代替水准面产生的高差误差。令 $BC = \Delta h$,则

$$(R + \Delta h)^2 = R^2 + t^2$$

即

$$\Delta h = \frac{t^2}{2R + \Delta h}$$

上式中可用 S 代替 t,Δh 与 $2R$ 相比可略去不计,故可写为

$$\Delta h = \frac{S^2}{2R} \tag{1-15}$$

式(1-15)表明,Δh 的大小与距离的平方成正比。当 $S = 100\text{m}$ 时,$\Delta h = 0.78\text{mm}$。由此可见,即使在很短的距离内也必须加以考虑地球曲率对高差的影响。

综上所述,在面积不大于 100km^2 的范围内,不论是进行距离或水平角测量,都可以不考虑地球曲率的影响,但地球曲率对高差的影响是不能忽视的。

第五节　测量工作概述

一、地面点的定位方法

测绘学的根本任务是确定空间点的点位。空间点的点位必须用三维坐标来表征。但用哪三个坐标和什么方式表征,则将随测量目的、方法、手段不同而不同,由此产生了形式多样的定位方法。虽然定位方法种类繁多,但究其本质不外乎两种:直接三维定位和投影三维定位。

1. 直接三维定位

直接三维定位就是不经过投影而直接确定地面点在空间大地直角坐标系中三维坐标的定位方法。直接三维定位主要用于卫星大地测量(如 GNSS 定位)中,通过地面点同时对多颗卫星进行观测,获得卫星到地面点的距离,利用观测数据和卫星轨道参数经空间边交会计算,即可直接获得地面点的空间大地直角坐标。

2. 投影三维定位

先将空间点沿基准线投影到基准面上,再确定地面点在投影面的位置和它沿基准线到投

影面的距离,这种确定地面点位置的方法称为投影三维定位。投影三维定位的突出特点就是将地面点的确定分成两项工作单独进行,即确定地面点在投影面的位置和地面点的高程位置。

在投影三维定位中,地面点的投影面是椭球面。地面点的投影位置可用大地经度(L)和大地纬度(B)来表示,高程用大地高(H)表示。但是在通常情况下,为了控制测图和简化计算,而经常用与椭球面坐标相对应的平面坐标[如高斯坐标(x,y)]来表示地面点的投影位置;在普通测量学中,由于测区范围小和测量精度要求不高,通常直接将地面点投影到水准面的切平面上,且忽略地球曲率的影响即认为其与在椭球面的位置是一致的。基于上述原因,通常将地面点的投影位置称之为平面位置。此时,空间点间的水平距离是指空间点在平面上投影之间的直线距离;由一点出发的两空间直线构成的空间角在平面上的投影为两弧线的夹角,其水平角是指这两弧线对应弦线间的夹角;空间直线的竖直角是指该直线与水平面或天顶方向的夹角。

如图 1-20 所示,设 A 为平面坐标和高程已知的点,直线 MA 的坐标方位角已知,B 点为待求点。在实际测量工作中,B 点的平面坐标和高程并不是直接测得的,而是通过观测水平角 β 和水平距离 D_{AB} 以及 A、B 两点间的高差 h_{AB},再根据已知点 A 的平面坐标和高程,以及直线 MA 的坐标方位角,推算出 B 点的平面坐标和高程。其中,通过观测而获得水平角的工作称为水平角观测;通过观测而获得距离的工作称为距离测量;通过观测而获得地面点间高差的工作称为高程测量。

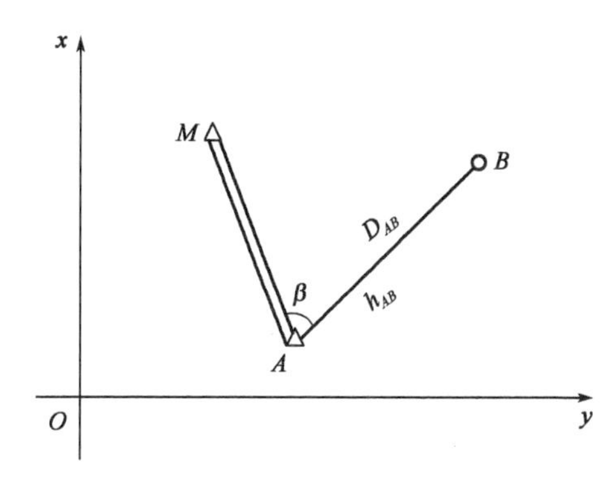

图 1-20 确定地面点位置的三要素

由此可见,在三维投影定位中,水平角、水平距离和高差是确定地面点位置必不可缺的三个基本要素,而与之对应的水平角观测、距离测量和高程测量是确定地面点位置必不可缺的三项基本测量工作。

二、测量工作的基本内容

测量工作的种类多样,但其基本内容可归结为测定和测设。

所谓测定,就是经过测量确定地面上已有点的点位坐标。测定主要包括控制测量、地形图测绘、施工放样和点位监测,以及其他与测定地面点位有关的测量工作。

所谓测设,就是把图上设计好的工程点,经过测量而标定在地面上。

控制测量是测量工作的基础工作。在测量工作中,为了防止误差的积累,首先在测区内选择一些具有控制意义的点,组成一定的几何图形,形成测区的骨架,用相对精确的测量手段和严密的计算方法,确定这些点的点位坐标,然后以此为基础测定其他地面点的坐标或进行施工放样以及其他测量工作。

地形图是测量成果的直观表达,测绘地形图的工作称为地形测量或地形测图。地形测图是对地球表面上的物体和高低起伏在水平面上的投影位置和高程进行测定,并按一定的比例尺,运用地图符号将其绘制成图的工作。地形测图包括图根控制测量和碎部测图。

施工放样,是把图上设计的建筑物(构筑物)的空间位置和形状,标定在实地上的测量工作,简称放样。放样的基本内容包括水平角放样、距离放样、点位放样、高程放样以及竖直轴线的放样等。

点位监测,就是通过测量确定被监测点位移的大小和方向。主要包括建筑物(构筑物)的变形监测和地壳、板块的运动以及滑坡的监测等。

三、测量工作的原则

为了保证测绘成果具有统一的坐标系统和高程系统,减少误差的积累,保证测绘成果的质量,测量工作必须遵循两个原则:一是"由整体到局部,先控制后碎部";二是"步步检核"。

任何测绘工作都应先总体布局,然后再分阶段、分区、分期实施。在实施过程中要先进行控制测量,确定控制点的平面坐标和高程,建立整个测区的统一坐标系统。在此基础上再进行碎部测图和施工放样,以保证测绘成果具有统一的坐标系统和高程系统,保证测绘成果具有足够且均匀的精度。

测绘工作的每一个过程、每一项成果都必须进行严格的检核,以保证测绘成果的可靠性,测绘成果出错将会给工程建设带来巨大损失。

思考题与习题

1. 何谓测绘学?它研究的对象和任务是什么?它包含哪些学科分支?
2. 简述测绘学的地位与作用,以及与你所学专业的关系。
3. 什么是水准面?水准面有何特性?何谓大地水准面?它在测量工作中有何作用?
4. 测量工作中常用坐标系有哪些?它们是如何定义的?测量工作中采用的平面直角坐标系与数学中的平面直角坐标系有何不同之处?请画图说明。
5. 何谓高斯投影?高斯投影为什么要分带?如何进行分带?
6. 高斯平面直角坐标系是如何建立的?
7. 地球上某点的经度为东经112°21′,求该点所在高斯投影六度带和三度带的带号及中央子午线的经度。
8. 若我国某处地面点 P 的高斯平面直角坐标值为:$x = 3102467.28\text{m}$,$y = 20792538.69\text{m}$。问:

(1)该坐标值是按几度带投影计算求得?

(2)P 点位于第几带?该带中央子午线的经度是多少?P 点在该带中央子午线的哪一侧?

(3)在高斯投影平面上 P 点距离中央子午线和赤道各为多少米?

9. 什么叫绝对高程？什么叫相对高程？什么叫高差？

10. 根据“1956 年黄海高程系”算得地面上 A 点高程为 63.464m，B 点高程为 44.529m。若改用“1985 国家高程基准”，则 A、B 两点的高程各应为多少？

11. 何谓方位角？方位角有哪几类？其间怎样换算？

12. 何谓象限角？它与坐标方位角有何关系？

13. 用水平面代替水准面，地球曲率对水平距离、水平角和高程有何影响？

14. 地面点的定位方法有哪些？试阐述其基本思想。

15. 投影三维定位的基本要素有哪些？怎样获取这些基本要素？

16. 测量工作的组织原则是什么？

第二章

地形图基本知识

【本章提要】

本章主要介绍地图、地形图、地图比例尺、地图比例尺精度等概念,地物类型及地物符号、地貌与等高线、地形图整饰要素、地形图分幅与编号方法等相关内容。

【学习要求】

通过本章的学习,应理解地图、地形图、地图比例尺、地图比例尺精度等概念,掌握地物类型及地物符号、地貌与等高线、地形图整饰要素等基本知识以及地形图分幅与编号方法,并在地形图测绘和应用时能够应用这些知识和方法。

第一节　地形图的基本概念

一、地图

1. 地图的概念

地图是按照一定的数学法则,运用符号系统和地图制图综合原则,表示地面上各种自然要素和社会经济要素的图件。

与航空像片、卫星像片、地景素描相比,地图具有如下明显的特征:

(1)地图具有一定的数学基础,它是按照一定的地图投影和比例尺,将地球表面上的点转化为平面上相应的点,使图上的点位与地面上的实际点位保持一一对应关系,保证制图对象地理位置的准确性;

(2)地图用符号系统表示事物,它不仅可以表示可见物体和现象,也可以表示看不见的物体和现象;

(3)地图是运用制图综合的方法,将地面现象的主要特征突出、次要细节舍去,并运用夸大和简化手段,使地图内容清晰易读,符合用图要求。

2.地图的分类

地图的种类繁多,分类标准尚未统一,目前是根据不同的需要按照不同的分类指标进行分类的。

按照地图的内容不同,可将地图分为普通地图和专题地图。

普通地图是以相对均衡的详细程度表示地球表面上的自然形态和人类活动的结果,即以居民地、交通网、水系、地貌、境界、土质与植被等基本要素为制图对象的地图。专题地图是指突出表示自然现象和社会现象的一种或几种主题要素的地图,如地质图、交通图、房产图、地籍图等。

普通地图包括地形图和普通地理图。二者相比,地形图的内容比较详细而且精确;普通地理图的内容比较概括,主要反映制图区域的基本特征和各要素的地理分布规律。

地形图指比例尺大于1∶100万的着重表示地形的普通地图,是按照一定的比例尺描绘地物和地貌的正射投影图。由于制图的区域范围比较小,因此能比较精确而详细地表示地面地貌、水系、土地、植被等自然地理要素,以及居民点、交通线、境界线、工程建筑等社会经济要素。地形图是根据地形测量或航摄资料绘制的,误差和投影变形都极小。地形图是经济建设、国防建设和科学研究中不可缺少的工具,也是编制各种小比例尺普通地图、专题地图和地图集的基础资料。不同比例尺的地形图,具体用途也不同。

地图按照比例尺大小可分为大比例尺地图、中比例尺地图和小比例尺地图。但是由于各部门的用图范围不同而导致其划分标准不尽相同。

在地图制图部门,将比例尺大于1∶10万的地图称为大比例尺地图,将1∶10万至1∶100万的地图称为中比例尺地图,小于1∶100万的地图称为小比例尺地图。

在工程规划、设计和勘探等部门,通常将比例尺大于1∶1万的地图称为大比例尺地图,1∶1万至1∶5万的地图称为中比例尺地图,小于1∶5万的地图称为小比例尺地图。

另外,按照地图的用途可将地图分为航海图、航空(天)图、旅游图等。按照制图区域可分为世界地图、分洲地图、全国地图、分省地图等。按照地图的色数可将其分为单色地图和多色地图。按照地图的维数可将其分为平面地图和立体地图。按照地图的载体可将其分为纸质地图和数字(电子)地图等。

这里要强调的是:国家地图具有严肃的政治性、严密的科学性和严格的法定性,地图中的一点一线都关乎国家主权、安全和利益,因此,任何时候一定要按照国家相关法律法规及技术标准规范测制、使用地图。

二、地图比例尺

地图上任意一线段的长度与地面上相应线段的投影长度之比,称为地图的比例尺。

1. 数字比例尺

数字比例尺一般用分子为1的分数形式表示。如图上某一直线的长度为d,地面上相应线段的水平长度为D,则该地图的比例尺为

$$\frac{d}{D}=\frac{1}{M} \tag{2-1}$$

式中,M为比例尺分母。例如:当图上1cm代表地面上水平长度10m(即1000cm)时,该图的比例尺就是1/1000,也可写成1∶1000。由此可见,分母M就是将实地水平长度缩绘在图上的倍数。

比例尺的大小是用比例尺的比值来衡量的,分数值越大(即分母M越小),比例尺越大,分数值越小(即分母M越大),比例尺越小。

2. 图示比例尺

为了减小由于图纸伸缩而引起的误差以及提高用图精度,在绘制地形图时常在图上绘制图示比例尺,也叫直线比例尺,图2-1所示为1∶2000的比例尺,其基本单位为2cm,每一基本单位所代表的实地长度为2cm×2000=40m。

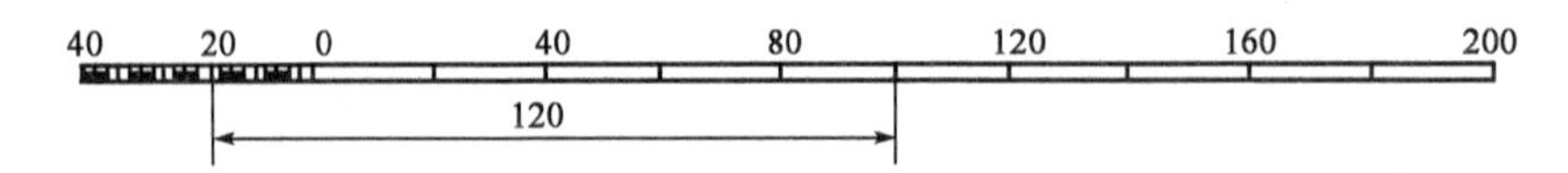

图2-1　图示比例尺(尺寸单位:mm)

另外,为了提高估读的准确度,也可以采用复式比例尺(斜线比例尺),如图2-2所示。

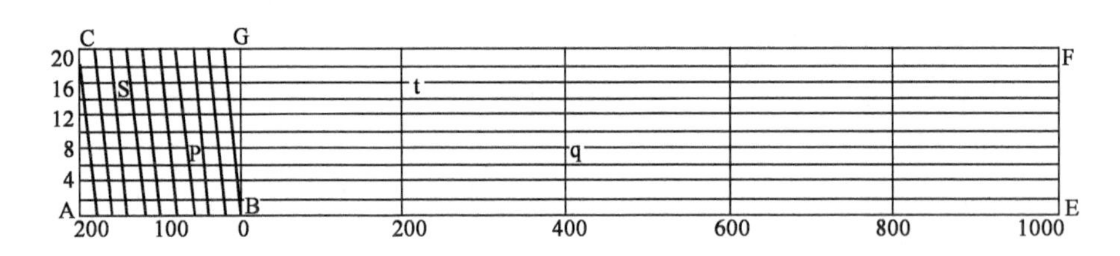

图2-2　复式比例尺(尺寸单位:mm)

3. 地图比例尺精度

通常,人的眼睛能分辨的图上最小距离是0.1mm,因此,把图上0.1mm所表示的实地水平长度称为地图比例尺的精度。根据地图比例尺精度,可以确定在测图时应准确到什么程度,选择什么样的地形图比例尺。例如,当测绘1∶1000比例尺地形图时,其比例尺的精度为0.1m,故量距精度到0.1m即可。同样,在工程设计要求实地面上最短距离为20cm时,根据比例尺的精度,可选择1∶2000的比例尺进行测绘。

表2-1所列为不同比例尺的比例尺精度,由此可见,比例尺越大,表示地物和地貌的情况就越详细,精度越高。但是必须指出,对于同一测区,采用较大比例尺测图往往比采用较小比例尺测图的工作量和投资增加数倍,因此,采用哪一种比例尺测图,应从工程规划、施工实际需要的精度出发,而不应盲目追求更大比例尺的地形图。

不同比例尺地形图的精度 表 2-1

比例尺	1∶500	1∶1000	1∶2000	1∶5000
比例尺精度(m)	0.05	0.10	0.20	0.50

第二节 地形图的内容

地形图的内容丰富,归纳起来大致可分为三类:一是数学要素,包括比例尺、坐标格网等;二是地形要素,即各种地物、地貌;三是注记和整饰要素,包括各类注记、说明资料和辅助图表等。

在地形图上,地物按图式符号加注记表示。地貌一般用等高线和地貌符号表示。等高线能反映地面的实际高度、起伏特征,并有一定的立体感,因此地形图多采用等高线表示地貌。

地形图是按照一定的规格和尺寸制作的,地形图的图廓和图廓外的注记也有严格的要求。

一、地形图符号

实地的地物和地貌是用各种符号表示在图上的,这些符号称为地形图图式。地形图图式是由国家测绘地理信息主管部门组织编制、国家质量监督检验检疫总局和国家标准化管理委员会联合发布的国家标准确定的,它是测绘和使用地形图的重要依据。地形图图式有三类:地物符号、地貌符号和注记。

1. 地物符号

地物符号是用来表示地物的类别、形状、大小及其位置的,分为比例符号、非比例符号和半比例符号。

2. 地貌符号

地形图上表示地貌的方法有多种,目前最常用的是等高线法。在地形图上,等高线不仅能表示地面高低起伏的形态,还可确定地面点的高程。对于冲沟、陡崖、滑坡、梯田等特殊地貌,不便用等高线表示时,则绘注相应的符号。

3. 注记

注记包括地名注记和说明注记。地名注记主要包括行政区划、居民地、道路、河流、湖泊、水库名称,山脉、山岭、岛礁名称等。说明注记包括文字和数字注记,主要用以补充说明对象的质量和数量属性,如房屋的结构和层数、管线性质及输送物质、比高、等高线高程、地形点高程以及河流的水深、流速等。

二、整饰要素

地形图上的整饰要素,按整饰内容在图上位置的不同,可分为图廓间的整饰要素和图廓外的整饰要素两部分。图廓间的整饰要素就是指内、外图廓间的整饰要素,包括:内图廓四角的经纬度注记、分度带、方里网注记、接合图号、磁南(北)点和界端注记等。图廓外整饰要素主要包括:图名、图号、区域注记、图例、比例尺、坡度尺、三北方向图以及说明性注记如附表、附图、标记和文字说明等。图 2-3 所示是我国 1∶1000 地形图整饰的示例。

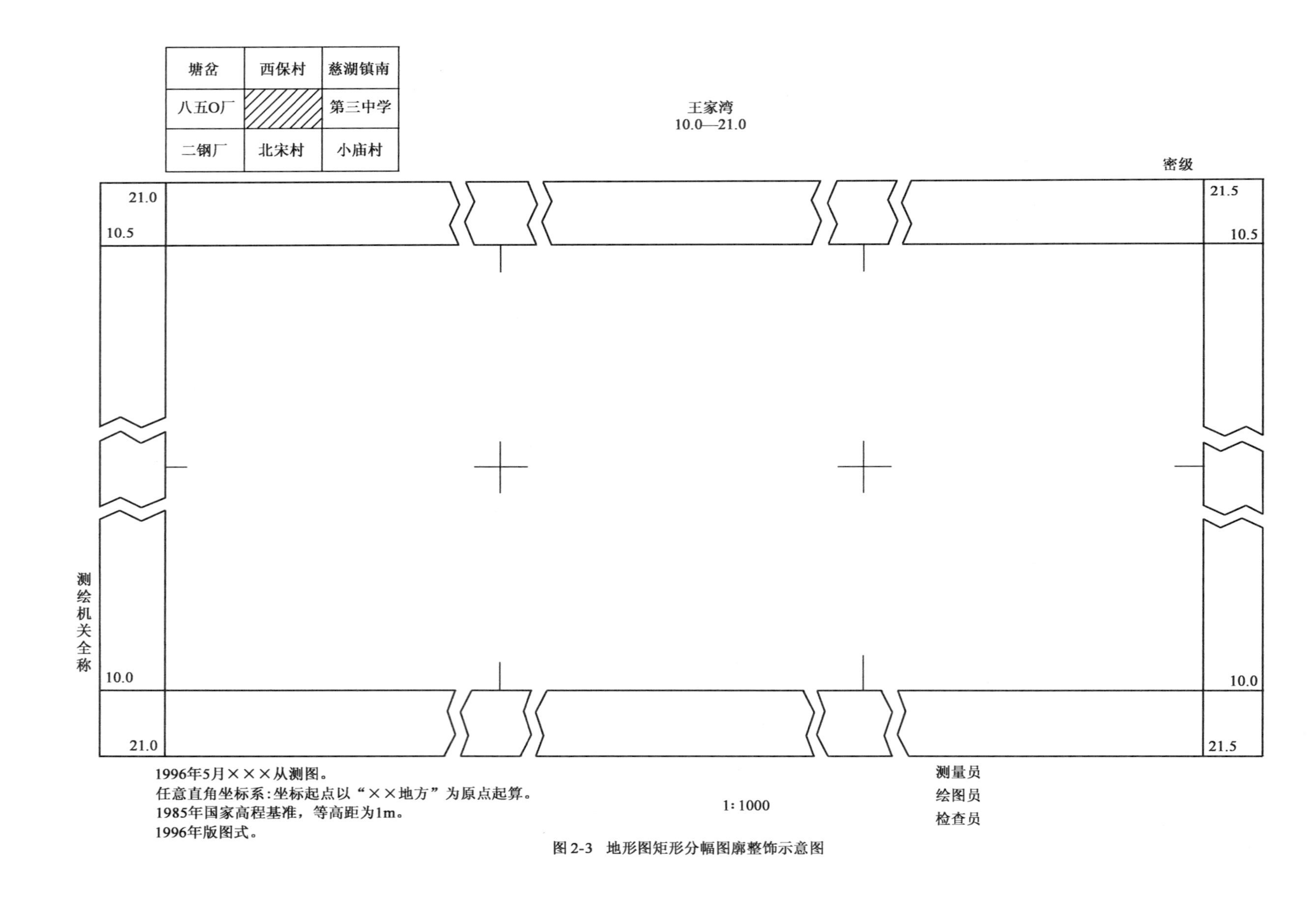

图 2-3　地形图矩形分幅图廓整饰示意图

1. 图廓间的整饰要素

图廓是地形图的边界，通常分内图廓、外图廓和分图廓。内图廓是图幅实际范围线，是细实线；外图廓是图幅的外围线，一般为粗实线，主要起装饰作用；分图廓绘在内、外图廓之间，也是细实线，与内、外图廓配合标绘分度线、标注经纬度和方里网注记，在不小于 1 : 1 万比例尺的地形图上一般不绘分图廓。

(1) 内图廓四角的经纬度注记与分度带

对于梯形分幅的地形图，内图廓线就是图幅的实际范围线，是由经纬线构成的。为表示图幅的地理位置，一般应在内图廓的四角标注经纬线的经纬度。

为了构成地形图的经纬网，在外图廓和分图廓之间，每隔经差或纬差 1′绘出一条短线以构成分度带，以便在需要时，借此在图内构成经纬网。

(2) 方里网注记

在地形图上均绘有高斯坐标网格(或其他平面直角坐标格网)，一般均以千米为单位标注，故又称为公里网或方里网。方里网线一般延长至分图廓。在内图廓和分图廓间的坐标格网线上方标注其坐标值(以千米为单位)。若图幅具有邻带坐标时，还要在外图廓的外侧，绘出与邻带方里网相应的短线，并在其上标注相应的坐标值。

(3) 磁南点与磁北点

为了标明图幅的磁子午线方向，通常在图幅右半幅内选一条适中的纵坐标线，以它与南图廓线的交点为"磁南"点，从此点开始按实际磁偏角绘出磁子午线，它与北图廓线的交点即为"磁北"点，并在图廓间分别将"磁南"和"磁北"标注在这两点附近。

(4) 界端注记

界端主要是指被内图廓截断的境界线、道路、水系、居民地等的"端点"。为了说明境界线，两侧的行政区划名称、道路的通达情况、水系和居民地的名称等，均需在图廓间的界端处进行注记，称为界端注记。

(5) 接合图号

为了表明本图幅与相邻图幅的接合关系，一般应在外图廓四边中央部位断开，标注相应的邻图图号，称为接合图号。

2. 图廓外的整饰要素

(1) 图名、图号、区域注记

图名即本幅图的名称，是以所在图幅内最具有代表性的地名来命名的，并标在北图廓的正上方中央。

为了区别各幅地形图所在的位置关系，每幅地形图上都编有图号。图号是根据地形图分幅和编号方法编写的，并应标注在图名的正下方。在图号下方还要标注本图幅包含的行政区划名称。

区域注记须注出省、自治区、直辖市、自治州、盟、省辖市、县、自治县、旗。图内面积大的注在前面。

(2) 图例

自 1958 年以后，我国地形图开始在东图廓外印出常用的图例符号，以便读图。

(3)比例尺

比例尺是地形图上最主要的数学要素之一。地形图的图幅下方中央一般均绘有直线比例尺,并标注有数字比例尺。

(4)坡度尺

为了在地形图上利用等高线量取地面坡度,通常在地形图图幅下方左侧绘有坡度尺。坡度尺是根据等高距 h 一定时,坡度 i 与等高线间平距 d 成反比的关系绘制而成的,即按式(2-2)计算:

$$i = \frac{h}{D} = \frac{h}{d \times M} \tag{2-2}$$

式中,M 为地形图比例尺分母。

(5)三北方向图

为了判明图幅的真北、磁北、坐标北之间的关系,在图幅的下方、坡度尺与比例尺之间的正中绘有三北方向图。地形图中的真子午线垂直于南图廓,其他两个北方向应按实际的相关位置描绘,但三北方向线间的夹角可不按实际角值绘制。

(6)接图表

接图表主要用于说明本图幅与相邻图幅的关系,供索取相邻图幅使用。通常是中间一格画有斜线的代表本图幅,四邻分别注明相应的图号(或图名),并绘注在图廓的左上方。

(7)说明性注记

一般在外图廓的左右下方,注明坐标系统和高程系统、基本等高距、测图日期、成图方法、测图单位以及资料说明等信息。

第三节　地物与地物符号

地球表面高低起伏、形态各异,虽复杂多样,但归纳起来可将其分为地物与地貌两大类。

本书中的地物是指地球表面上的相对固定的物体,如居民地、交通网、水系等;地貌是指地表高低起伏的形态,如山地、丘陵和平原等。地物和地貌总称为地形。

一、地物类别

地物是地面上天然或人工形成的相对固定的物体,一般可分为以下几种类型。

1. 水系

水系通常包括江河、运河、沟渠、湖泊、池塘、水井、泉等,以及堤坝、闸等附属建筑物。

2. 居民地

居民地通常包括城市、集镇、村庄、窑洞、蒙古包等,及其附属建筑物。

3. 道路网

道路网通常包括铁路、公路、乡村路、大车路、小路等,以及桥梁、涵洞等道路附属建筑物。

4. 独立地物

独立地物通常包括三角点、亭、塔、碑、牌坊、气象站、独立石等。

5. 管线与垣栅

管线与垣栅通常包括输电线路、通信线路、地面管道、地下管道、城墙、围墙、栅栏、篱笆等。

6. 境界与界碑

境界和界碑通常包括国界、省界、县界及其界碑等。

7. 土质与植被

土质与植被通常包括森林、灌木丛、果园、菜园、耕地、经济作物地、草地、沙地、石块地、沼泽地等。

二、地物符号

地物的类别、形状、大小及其在图上的位置,是用符号来表示的。根据地物的大小及绘图方法不同,地物符号被分为:比例符号、非比例符号、半比例符号(线形符号)及注记,见《国家基本比例尺地图图式 第1部分:1∶500 1∶1000 1∶2000 地形图图式》(GB/T 20257.1—2017)。

1. 比例符号

凡是能按照比例尺将其轮廓缩绘在图上的地物(如房屋、耕地和湖泊等),均可用特定的符号表示在图上。这种地物符号,称为比例符号。

当用比例符号仅能表示地物轮廓的形状及大小,而未能表示出其物类时,应在轮廓内加绘物类符号(如树种符号等)。

2. 非比例符号

有些地物(如测量控制点、塔、亭、里程碑、钻孔等),因其无轮廓或轮廓较小无法将其形状和大小依比例绘到图上,可不考虑其实际大小,采用规定的符号表示,这种符号称为非比例符号。

非比例符号不仅其形状和大小不按比例绘出,而且符号的中心位置与该地物实地的中心位置关系,也随着各种不同的地物而异,在测图和用图时应注意以下几点:

(1)规则的几何图形符号(如圆形、正方形、三角形等),以图形的几何中心点为实地地物的中心位置;

(2)底部为直角形的符号(如独立树、路标等),以符号的直角顶点为实地地物的中心位置;

(3)宽底符号(如烟囱、岗亭等),以符号底部中心为实地地物的中心位置;

(4)几种图形组合符号(如路灯、消火栓等),以符号下方图形的几何中心为实地地物的中心位置;

(5)下方无底线的符号(如山洞、窑洞等)或不规则符号,以符号下方两端点连线的中心为实地地物的中心位置;

(6)各种符号均按直立方向描绘,即与南图廓垂直。

3. 半比例符号(线形符号)

对于一些带状延伸地物(如道路、通信线、管道、垣栅等),其长度可按比例尺缩绘,而宽度无法按比例尺表示的符号称为半比例符号。这种符号的中心线,一般表示其实地地物的中心位置。

4. 注记

对地物除了应用以上符号表示外,有时还应进行必要的文字和数字注记以说明其名称、实质、类别或数字,此类符号称为注记符号。如城镇、工厂、河流、道路的名称和森林、果树的类别等,均以文字、数字或特定符号加以说明。

第四节　地貌与等高线

地貌是地表高低起伏的形态的总称,它是地形图上主要的要素之一。

在地图各要素中,地貌影响和制约着其他要素的特点和分布。例如,地貌的结构在很大程度上决定着水系的特点和发育,地貌的高低可以影响植被的分布,地貌对土壤的形成和分布也有很大影响。

地貌不仅对自然地理要素有着极大的影响,而且对社会经济要素的发展和分布也有明显影响。例如,居民地的建筑和分布明显地受到地表形态的制约,使得平坦地区的居民地大而稠密,山区居民地小而分散、且多沿谷地和分水岭分布。同样,平坦地区的高等级道路多而平直,山区高等级道路少而多弯曲。因此,在地形图上正确显示地貌具有十分重要的意义。

在地形图上表示地貌的方法很多,如写景法、等高线法、分层设色法和晕渲法等。在测量工作中常用等高线表示地貌,因为用等高线表示地貌不仅能表示地面的起伏形态,并且还能表示出地表的坡度和地面点的高程。对于等高线不能表示或不能单独表示的地貌,通常还可配以地貌符号和地貌注记来表示,本节主要讨论用等高线表示地貌的方法。

一、等高线的概念

等高线是地面上高程相等的相邻点连接而成的连续闭合曲线,如图 2-4 所示,设想有一座位于平静水中的小山头,山顶被水恰好淹没时的水面高程为 100m。当水位下降 5m,露出山头,此时水面与山坡就有一条交线,且交线是闭合曲线,曲线上各点的高程是相等的,这就是高程为 95m 的等高线。随后水位每下降 5m,山坡就与水面有一条交线,以此类推,从而得到一组高差为 5m 的等高线。若把这组实地上的等高线沿铅垂线方向投影到水平面 H 上,并按规定的比例尺缩绘到图纸上,就得到用等高线表示该山头高低起伏的等高线图。

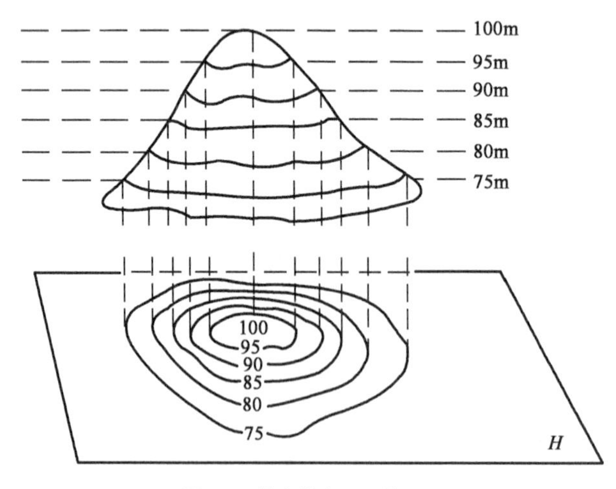

图 2-4　等高线表示地貌原理

二、等高距及示坡线

相邻等高线之间的高差称为等高距,常以 h 表示,如图 2-4 中的等高距为 5m。在同一幅地形图上,等高距是相同的。相邻等高线之间的水平距离称为等高线平距,常以 d 表示。因为同一张地形图内等高距是相同的,所以等高线平距 d 的大小与地面坡度的陡缓程度有着直接的关系。等高线平距越小,地面坡度就越大;等高线平距越大,则坡度越小;坡度相同,则平距相等。因此,可以根据地形图上等高线的疏密程度来判定地面坡度的缓陡程度。同时还可得出,等高距越小,则图上等高线越密,地貌显示就越详细、确切;等高距越大,则图上等高线越稀,地貌显示就越粗略。但不能由此得出结论认为等高距越小越好。如果等高距很小、等高线太密,不仅影响地形图图面的清晰程度,而且使用也不便,同时使测绘工作量大大增加。因此,等高距的选择必须根据地形高低起伏程度、测图比例尺的大小和使用地形图的目的等因素来决定。

由等高线表示地貌的原理可知,洼地和山丘的等高线在外形上非常相似。如图 2-5a)所示为洼地地貌的等高线,图 2-5b)所示为山丘地貌的等高线,它们之间的区别在于,山丘地貌是里面的等高线高程大,洼地地貌是里面的等高线高程小。为了便于区别这两种地貌,就在某些等高线的斜坡下降方向绘一短线来表示坡向,并把这种短线称为示坡线。洼地的示坡线一般选择在最高、最低两条等高线上表示,能明显地表示出坡度方向即可。山丘的示坡线仅表示在高程最大的等高线上。

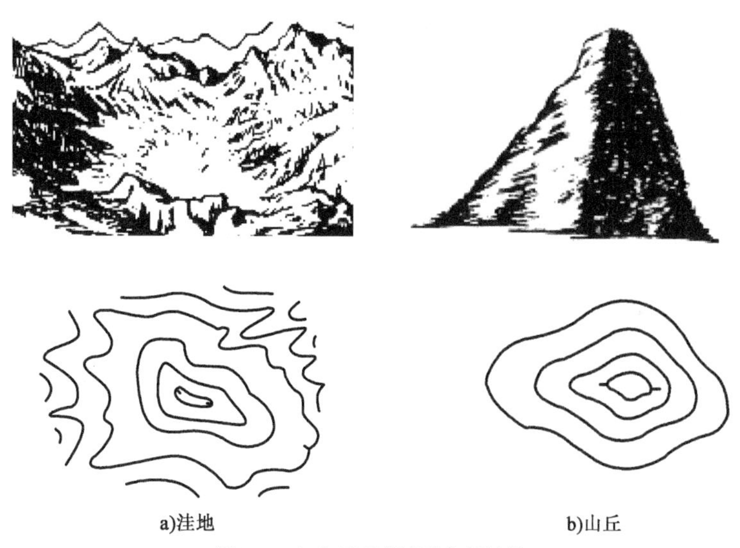

图 2-5 山丘、洼地等高线与示坡线

三、等高线的分类

为了更好地显示地貌特征便于识图和用图,地形图上主要采用以下四种等高线(图 2-6)。

1. 首曲线

按规定的等高距(称为基本等高距)描绘的等高线称为首曲线,又称基本等高线,用细实线描绘。

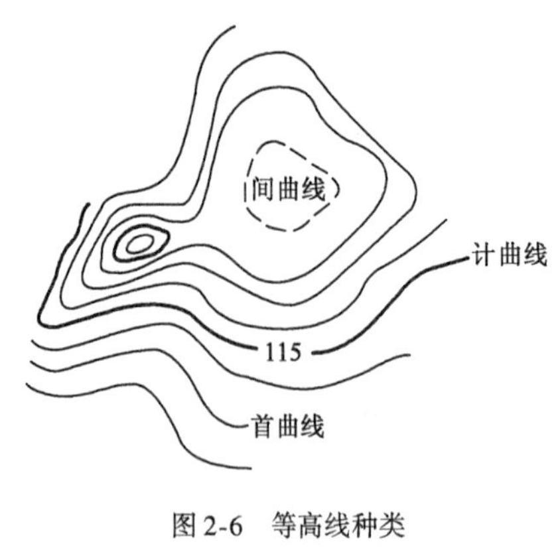

图 2-6　等高线种类

2. 计曲线

为了识图和用图方便,通常将基本等高线每隔四条加粗描绘,称为计曲线,亦称加粗等高线。一般选择高程为 5 或 10 的整倍数的首曲线作为计曲线,并在计曲线的适当位置上断开,注记其高程。

3. 间曲线

当用首曲线不能表示某些微型地貌而又需要表示时,可加绘等高距为 1/2 基本等高距的等高线,称为间曲线(又称半距等高线)。间曲线常用长虚线表示。

4. 助曲线

当用间曲线仍不能表示应该表示的微型地貌时,还可在间曲线的基础上再加绘等高距为 1/4 基本等高距的等高线,称为助曲线。助曲线常用短虚线表示。

四、等高线的特性

根据等高线的原理,可知等高线具有以下特性。

(1)同一条等高线上各点的高程处处相等。

(2)等高线是闭合曲线,如不在本图幅内闭合,则必在其他图内闭合。为使图面清晰易读,等高线应在遇到房屋、公路等地物符号及其注记时断开或消隐。鉴于间曲线和助曲线仅用于表示局部地貌,因此可在无需表示的地方中断。

(3)除悬崖或峭壁处外,等高线在图上既不重合,也不会相交。

(4)等高线与山脊线、山谷线正交。

(5)等高线平距的大小与地面坡度大小成反比。

五、典型地貌的等高线

地貌形态虽然千变万化、千姿百态,但归纳起来,不外乎由山地、盆地、山脊、山谷、鞍部等基本地貌组成。了解和熟悉用等高线表示典型地貌的特征,将有助于识读、应用和测绘地形图。

1. 山丘、洼地(盆地)及其等高线

图 2-5a)所示为洼地及其等高线,图 2-5b)所示为山丘及其等高线。由图可见,山丘和洼地的等高线都是一组闭合曲线。在地形图上区分山丘和洼地的方法是:凡是内圈等高线的高程注记大于外圈者为山丘,凡是内圈等高线的高程注记小于外圈者为洼地。如果等高线上没有高程注记,则用示坡线表示。

2. 山脊和山谷

山脊是山体延伸的最高棱线,该最高棱线为山脊线。由于雨水以山脊线为分界线而分别流向山脊的两侧,因此,山脊线又称分水线。它的等高线表现为一组凸向低处的曲线,如

图 2-7所示。

山谷是两山脊之间的凹部,两侧为谷坡,谷坡相交处为谷底。山谷最低点的连线称为山谷线;因其是雨水的汇集处,因此,山谷线又称集水线。山谷的等高线表现为一组凸向高处的曲线,如图 2-8 所示。

3. 鞍部

鞍部是两个山脊的会合处,呈马鞍形的地方,是山脊上一个特殊的部位。如图 2-9 所示,鞍部往往是山区道路通过的地方,有重要的方位作用,同时它也是两个山脊和两个山谷会合的地方。表示鞍部的等高线是近似对称的两对山脊等高线和山谷等高线的组合。

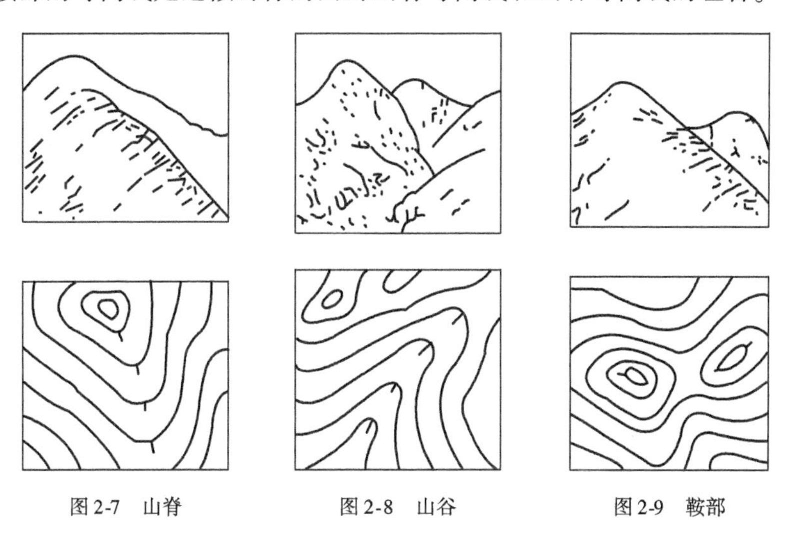

图 2-7 山脊　　图 2-8 山谷　　图 2-9 鞍部

4. 陡崖和悬崖

陡崖是坡度大于 70°的陡峭崖壁,有石质和土质之分。图 2-10 所示是石质陡崖的表示符号。

悬崖是上部突出、下部凹进的陡崖,如图 2-11 所示。这种地貌的等高线因下部凹进,等高线出现相交。俯视时隐蔽的等高线用虚线表示。

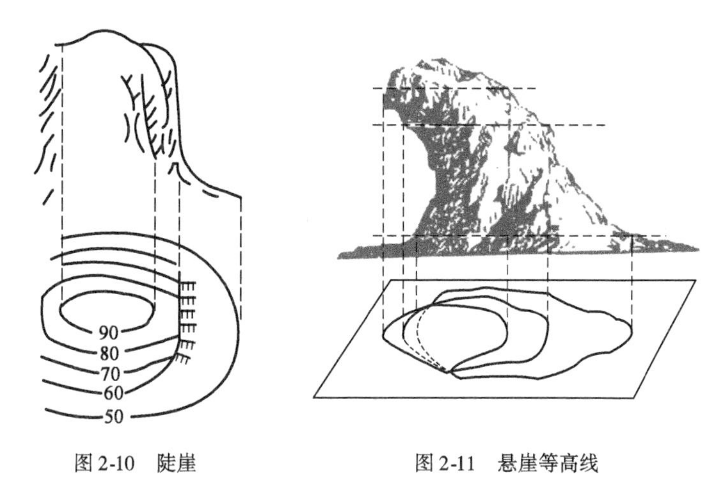

图 2-10 陡崖　　图 2-11 悬崖等高线

对于不能用等高线表示的特殊地貌,如冲沟,滑坡等,则用地貌符号表示。

第五节　地形图的分幅与编号

为了便于管理、检索、使用地形图,需要对各种比例尺的地形图进行统一的分幅和编号。地形图的分幅方法有按经纬线分幅的梯形分幅法和按坐标格网分幅的矩形分幅法。

一、地形图的梯形分幅与编号

梯形分幅是当前世界各国地形图和大区域的中小比例尺分幅地图所采用的主要分幅形式。其优点是每个图幅都有明确的地理位置概念,适用于大范围(国家、大洲和全世界)的分幅与编号,缺点是图幅间拼接不方便,易破坏地物的完整性,且随着纬度的增加,相同纬度差所限定面积不断缩小,不利于有效利用纸张和印刷机版面。

我国基本比例尺地形图(1∶100 万~1∶5000)采用梯形分幅与编号方法。

1∶100 万地形图的分幅采用国际 1∶100 万地图分幅标准。每幅 1∶100 万比例尺地形图的范围是经差 6°、纬差 4°。由于图幅面积随纬度增加而迅速减小,规定在纬度 60°~76°之间双幅合并,即每幅图为经差 12°、纬差 4°。在纬度 76°~88°之间四幅合并,即每幅图为经差 24°、纬差 4°。我国位于北纬 60°以下,故没有合幅图。

1∶100 万地形图的编号采用国际统一的行列式编号。从赤道起分别向南向北,每纬差 4°为一纵列,至纬度 88°各分为 22 纵列,依次用大写拉丁字母(字符码)A、B、C、…、V 表示。从 180°经线起,自西向东每经差 6°为一行,分为 60 横行,依次用阿拉伯数字(数字码)1、2、3、…、60 表示。以两极为中心,以纬度 88°为界的圆用 Z 表示。

若已知某地的经纬度(B,L)欲求其编号时,首先计算出该地所在的 1∶100 万图幅行号(H)和列号(Z)(式 2-3),然后再求出该图幅的编号。

$$\begin{cases} H = \text{int}\left(\dfrac{B}{4°}\right) + 1 \\ Z = \text{int}\left(\dfrac{L}{6°}\right) + 31 \quad (\text{对于东半球}) \end{cases} \tag{2-3}$$

式中,int 为取整函数运算符。

例如,某地的经度为东经 108°55′08″,纬度为 34°12′16″,按式(2-3)可计算出其行号 H 为 9,列号 L 为 49,则所在的 1∶100 万比例尺图的图号为 I-49,如图 2-12 所示。

1∶50 万~1∶5000 地形图的分幅全部由 1∶100 万地形图逐次加密划分而成,编号均以 1∶100万比例尺地形图为基础,采用行列编号方法,由其所在 1∶100 万比例尺地形图的图号、比例尺代码和图幅的行列号共十位码组成。编码长度相同,编码系列统一为一个根部(图 2-13)。

若已知某地的经纬度,则可按式(2-4)计算 1∶50 万~1∶5000 各比例尺图幅代号的行号(c)和列号(d)。

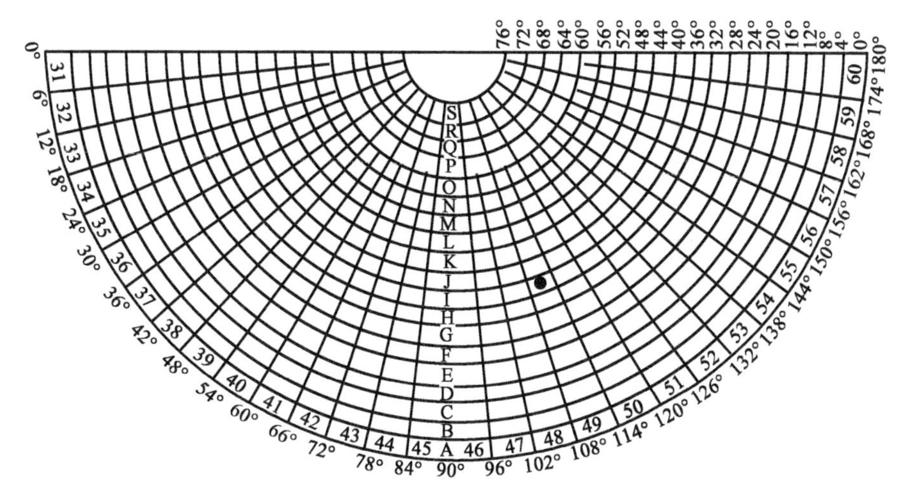

图 2-12　1∶100 万地形图分幅

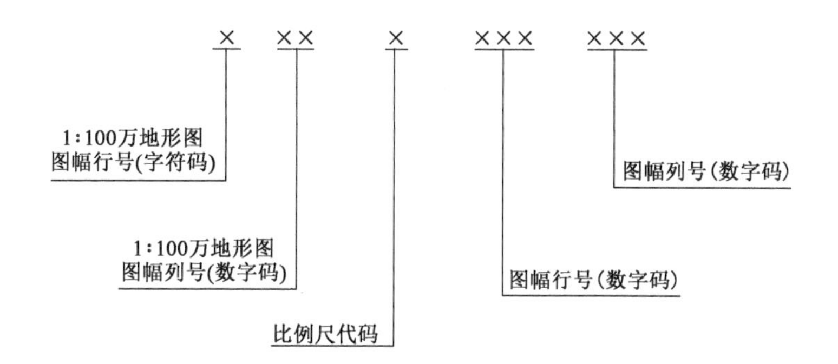

图 2-13　1∶50 万～1∶5000 地形图图号的构成

$$\begin{cases} c = \dfrac{4^\circ}{\Delta B} - \text{int}\,\dfrac{\text{mod}\,\dfrac{B}{4^\circ}}{\Delta B} \\[2ex] d = \left(\text{int}\,\dfrac{\text{mod}\,\dfrac{L}{6^\circ}}{\Delta L}\right) + 1 \end{cases} \tag{2-4}$$

式中，mod 为取余函数运算符；ΔB、ΔL 为某比例尺图幅的经差和纬差。

仍然以上述某地经纬度为例，按式(2-4)计算出 1∶1 万图幅的行号为 44，列号为 15，则该地所在的 1∶1 万图幅的图号为：I49G044015。

我国基本比例尺地形图分幅编号关系见表 2-2。

国家基本比例尺地形图分幅编号关系表　　表 2-2

比例尺		1∶100 万	1∶50 万	1∶25 万	1∶10 万	1∶5 万	1∶2.5 万	1∶1 万	1∶5000
图幅范围	经差	6°	3°	1°30′	30′	15′	7′30″	3′45″	1′52.5″
	纬差	4°	2°	1°	20′	10′	5′	2′30″	1′15″

续上表

比例尺		1∶100万	1∶50万	1∶25万	1∶10万	1∶5万	1∶2.5万	1∶1万	1∶5000
行列数量关系	行数	1	2	4	12	24	48	96	192
	列数	1	2	4	12	24	48	96	192
比例尺代码			B	C	D	E	F	G	H
图幅数量关系		1	4	16	144	576	2304	9216	36864
			1	4	36	144	576	2304	9216
				1	9	16	144	576	2304
					1	4	16	64	256
						1	4	16	64
							1	4	16
								1	4

二、地形图的矩形分幅与编号

在工程建设中常用的地形图通常是大比例尺地形图,其多采用矩形分幅法,它是按统一的直角坐标格网划分的,以整千米(或百米)坐标进行分幅。常见图幅大小为40cm×40cm、40cm×50cm和50cm×50cm。矩形分幅关系表见表2-3。

矩形分幅关系表 表2-3

比例尺	图幅大小(cm^2)	实地面积(km^2)	1∶5000图幅内的分幅数
1∶5000	40×40	4	1
1∶2000	50×50	1	4
1∶1000	50×50	0.25	16
1∶500	50×50	0.0625	64

矩形分幅法地形图的编号一般常采用图幅西南角坐标公里数编号法,编号时X坐标在前,Y坐标在后,中间用短线连接。通常1∶5000地形图坐标取至km,1∶2000、1∶1000地形图坐标取至0.1km,1∶500地形图取至0.01km。

例如,某幅1∶1000比例尺地形图西南角图廓点的坐标$x=83500$m,$y=15500$m,则该图幅编号为83.5-15.5。

此外,有些地形图是带状地形图或区域较小,也可以用行列号或自然序号进行编号。但当测区较大,且绘有几种不同比例尺地形图时,可采用1∶5000比例尺地形图为基础并以其图号为基础图号进行编号。如某1∶5000图幅西南角的坐标值$x=21$km,$y=26$km,则其图幅编号为21-26,如图2-14a)所示,其他较大比例尺就可以此图号作为图幅的基本图号,也就是在1∶5000图号的末尾分别加上罗马数字Ⅰ、Ⅱ、Ⅲ、Ⅳ。如图2-14a)中1∶2000比例尺图幅的编号为“21-26-Ⅰ”。同样,在1∶2000图幅编号的末尾分别再加上Ⅰ、Ⅱ、Ⅲ、Ⅳ,就是1∶1000图幅的编号,如图2-14b)中的图幅,其编号为“21-26-Ⅳ-Ⅲ”。而在图2-14b)中的图幅中,有阴影的编号为“21-26-Ⅳ-Ⅱ-Ⅰ”,它是在1∶1000比例尺的图号末尾再加上Ⅰ、Ⅱ、Ⅲ、Ⅳ,就是1∶500图幅的编号。

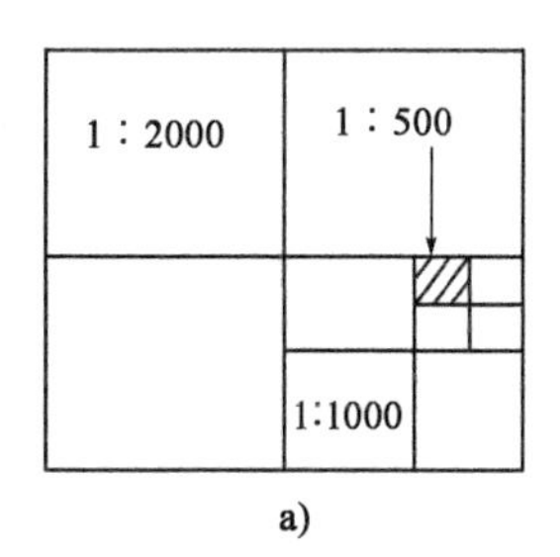

a)

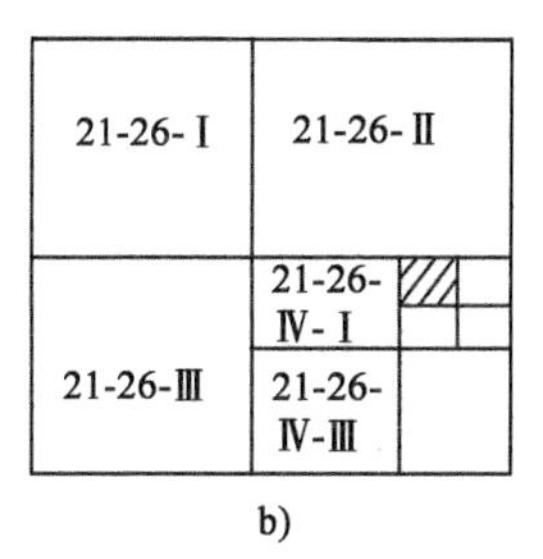

b)

图 2-14　矩形分幅与编号

思考题与习题

1. 何谓地形图？简述地形图的内容。

2. 何谓地图比例尺？地图比例尺有哪些类型？何谓地图比例尺精度？它在测绘工作中有什么意义？

3. 地物符号分哪几大类？各在什么情况下应用？

4. 何谓等高线？试用等高线绘制出山丘、洼地、山脊、山谷和鞍部等典型地貌。

5. 等高距、等高线平距与地面坡度三者有何关系？

6. 等高线分哪几类？它有哪些特征？

7. 若某点的经度为东经 107°33′16″，纬度为北纬 33°53′06″，试写出该点所在的 1∶10 万比例尺的图幅编号。

第三章

测量误差理论及其处理基础

【本章提要】

本章主要介绍测量误差基本概念、测量误差分类及特点、偶然误差的特性、衡量精度的指标、误差传播定律、等精度直接观测平差方法、不等精度直接观测平差方法及间接平差基本方法。

【学习要求】

通过本章的学习，应理解测量误差的基本概念、分类及其特点，熟知偶然误差的特性，熟练掌握衡量精度的指标及其特点、误差传播定律及其应用，能够应用等精度直接观测平差和不等精度直接观测平差方法进行测量数据处理，了解间接平差的基本原理及其应用。

第一节　概　　述

测量工作中的大量实践表明，当对某一客观存在的量进行多次观测时，不论测量仪器多么精密，观测进行得多么仔细，观测值之间总是存在着差异。例如，用全站仪反复观测某一角度，各次测量结果都不会完全相同。再如，观测某一平面三角形的三个内角，观测值之和往往不等于其理论值 180°。为什么会出现这些现象呢？这是由于观测值中不可避免地包含有观测误差的缘故。

测量工作中，一般把观测值与真值之差称为误差，严格意义上应称之为真误差。由于在实际工作中真值不易测定，一般把某一量的准确值与其近似值之差也称为误差。

一、测量误差产生的原因

产生测量误差的原因，包括以下三个方面。

1. 观测者的原因

由于观测者感觉器官的辨别能力存在一定的局限性，所以，测量仪器的安置、瞄准、读数等操作都会产生误差。例如，在厘米分划的水准标尺上，毫米数只能由估读而得，因此1mm以下的估读误差是完全有可能发生的。此外，观测者的技术水平和工作态度也会给观测成果带来不同程度的影响。

2. 测量仪器的原因

测量工作是需要利用特制的仪器、工具或传感器等进行的，但每一种测量仪器都只具有一定限度的精确度，因此导致测量结果受到一定的影响。例如，测角仪器的度盘分划误差可能达到3″，由此使所测的角度产生误差。另外，仪器制造或结构上的不完善使得仪器本身也具有一定的误差，如水准仪的视准轴不平行于水准管轴，经纬仪的水平度盘可能偏心、度盘刻划不均匀等，也会引起测量误差。

3. 外界环境的影响

测量工作进行时所处的外界环境中的空气温度、湿度、风力、气压、日光照射、大气折光、烟雾等客观情况时刻在变化，这些都会导致测量结果出现误差。例如，温度变化使钢尺产生伸缩，风吹和日光照射使仪器的安置不稳定，大气折光使望远镜的瞄准产生偏差等。

上述观测者、测量仪器和外界环境是测量工作得以进行的必要条件，通常把这三个方面综合起来称为观测条件。这些观测条件都有其本身的局限性并影响着测量精度，因此，测量成果中的误差是不可避免的，误差的大小决定了观测成果的精度。凡是观测条件相同的同类观测称为“等精度观测”；观测条件不同的同类观测则称为“不等精度观测”，不同种类观测的观测值的成果处理应有所区别。

二、测量误差的分类及其处理方法

按测量误差产生的原因和对观测结果影响性质的不同，其可以分为系统误差、偶然误差和粗差三类。

1. 系统误差

在相同的观测条件下，对某一量进行一系列的观测，如果出现的误差在符号和数值上都相同，或按一定的规律变化，这种误差称为系统误差。例如，用名义长度为30m而实际正确长度为30.004m的钢卷尺量距，每量一尺段就有使距离量短了0.004m的误差，其量距误差的符号不变，且与所量距离的长度成正比。因此，系统误差具有积累性。

又如，若水准仪的水准管轴与视准轴不平行，则会产生i角误差，使得中丝在水准尺上的读数不准确。水准仪离水准尺越远，i角误差就会越大。由于i角误差是有规律的，因此，它也是系统误差。

正是由于系统误差对观测值的影响具有一定的数学或物理规律性，因此，只要这种规律性能够被找到,则系统误差对观测值的影响就可以被改正,或者用一定的测量方法加以抵消或削弱。具体措施主要有以下几种。

(1)用一定的观测方法加以消除。例如,水准测量时,将水准仪安置在距前、后水准尺等距离的地方可以消除 i 角误差和地球曲率对高差的影响,通过"后、前、前、后"的观测顺序可以减弱水准仪下沉对高差的影响;在用全站仪进行水平角观测时,通过盘左盘右观测取平均值的方法可以消除全站仪的横轴误差、视准轴误差、水平度盘偏心误差的影响。

(2)用计算的方法加以改正。例如,在精密钢尺量距中加入尺长改正、温度改正和高差改正;在三角高程测量中加入球气差改正;光电测距中的仪器加常数和乘常数改正等。

(3)将系统误差限制在允许范围内。有的系统误差既不便于计算改正,也不能通过一定的观测方法加以消除,如全站仪的竖轴误差对水平角观测结果的影响。对于这类系统误差,则只能按照规范的要求精确检校测量仪器,将仪器的系统误差降低到最小限度或限制在一个允许的范围之内。

2. 偶然误差

在相同的观测条件下,对某一量进行一系列的观测,如果误差在数值大小和符号上都表现出偶然性,即从单个误差看,该系列误差的大小和符号没有规律性,但就大量误差的总体而言,具有一定的统计规律,这种误差称为偶然误差。

例如,在厘米分划的水准尺上估读毫米数的读数误差,测量时气象变化对观测数据产生微小变化,计算时的舍入误差等都属于偶然误差。如果观测数据的误差是由许多微小偶然误差项的总和构成的,则其总和也是偶然误差。比如测角误差可能是照准误差、读数误差、外界条件变化等多项误差的代数和。也就是说,测角误差实际上是许许多多微小误差项的总和,而每项微小误差又随着偶然因素的影响而发生无规则的变化,其数值忽大忽小,符号或正或负,无论是数值的大小或符号的正负都不能事先预知,这是观测数据中存在偶然误差的最普遍的情况。

总之,偶然误差是由偶然因素引起的,不是观测者所能控制的一种误差,它不可避免,也无法用计算的方法或用一定的观测方法简单地加以消除,只能根据偶然误差的特性来合理地处理观测数据,以减小偶然误差对测量成果的影响。

3. 粗差

粗差即粗大误差,是指比在正常条件下所可能出现的大于限差的误差,如瞄错目标、读错大数等。

粗差也称为错误。因此,严格意义上讲,粗差并不属于测量误差的范畴。一般认为粗差是由于工作人员的工作态度不认真或各种干扰所造成的。事实上,大量实践证明,粗差也是不可避免地存在于观测值之中的,特别是随着各种现代化电子测绘仪器的普及,粗差的出现更是不可防范。由于粗差是一种大量级的误差,而且它对于观测成果的影响比较大,因此,观测值中是不允许存在粗差的,必须将其剔除。所以,在测量工作中,除认真仔细作业外,还必须采取必要的检核措施来避免粗差的产生。

三、测量误差的处理原则

为了防止粗差的产生并提高观测成果的精度,在测量工作中,一般需要进行多于必要观测数的观测,称为多余观测。例如,一段距离用钢尺进行往、返丈量,如果将往测作为必要观测,则返测就属于多余观测;又如,由三个地面点构成一个平面三角形,在三个点上进行水平角观测,其中两个角度属于必要观测,则第三个角度的观测就属于多余观测。有了多余观测,就可以发现观测值中的错误,以便将其剔除和重测。

由于观测值中的偶然误差不可避免,有了多余观测,观测值之间必然产生矛盾(往返差、不符值、闭合差)。根据差值的大小,可以评定测量的精度:差值如果大到一定程度,就认为观测值误差超限,应予以重测(返工);差值如果不超限,则按偶然误差的规律加以处理,称为闭合差的调整,以求得最可靠的数值。

至于观测值中的系统误差,应该尽可能按其产生的原因和规律加以改正、消除或削弱。

四、测量平差

先看两个简单的测量实例。

例 3-1 设地面上有一条边长,为了求得其长度而进行距离测量。若只测量一次,则其观测值就是该边的长度,若观测值中存在大误差,那么所求边长就完全不正确。考虑到观测误差的不可避免性,实际上是对该边进行多次重复观测,并取其平均值作为该边的长度,这是一个最优的结果。因为根据偶然误差的定义,误差在大小和符号上呈现偶然性,即可正、可负,多次观测的误差在平均值中的影响可以得到削弱或消除,而且在多次重复观测值的相互比较中,误差大小可以相互进行检核。

例 3-2 设地面上有一平面三角形,如图 3-1 所示,为了确定其形状,观测了该三角形的三个内角,分别为 L_1、L_2 和 L_3,且 $L_1+L_2+L_3\neq180°$。若令 $L_1+L_2+L_3-180°=\omega$,则 ω 称为三角形闭合差或不符值,也是三个内角的观测误差之和(反号)。在三角形存在闭合差的情况下,任取其中的两个内角观测值,就可决定其形状。但问题是哪一个三角形的形状是符合真实形状的呢?按最优化数学方法,就是平均分配闭合差于每个观测值,对各观测值进行改正,得到观测值的平差值,用 $\hat{L}$ 表示,则有:

$$\hat{L}_1=L_1-\frac{\omega}{3},\hat{L}_2=L_2-\frac{\omega}{3},\hat{L}_3=L_3-\frac{\omega}{3}$$

及

$$\hat{L}_1+\hat{L}_2+\hat{L}_3=180°$$

由 $\hat{L}_1$、$\hat{L}_2$ 和 $\hat{L}_3$ 决定的三角形形状是唯一的,而且是最优的。

从以上两例可以看出,由于观测值中存在着偶然误差,对同一量进行多次观测,其观测值间会产生差异,对于一个几何图形,如三角形,则产生角度闭合差,致使所求的未知量(例 3-1 中的长度,例 3-2 中的三角形形状)产生多个解,这在生产实际中是完全不能允许的。为此,需要对观测值进行处理,从而达到消除观测值之间的矛盾的目的,求得最优结果。这就是测量平差要解决的问题。

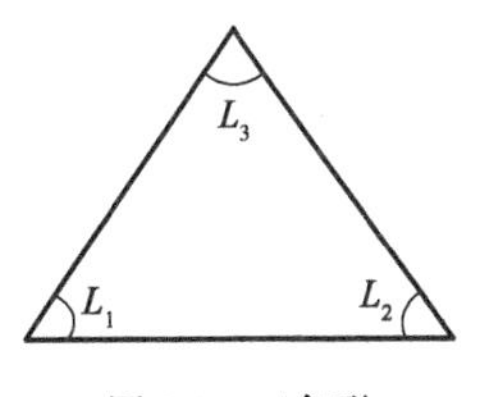

图 3-1 三角形

测量平差是测量数据调整的意思。其基本定义是:依据某种最优化准则,由一系列带有观测误差的观测值,求定未知量的最优估值及其精度的理论和方法。

第二节　偶然误差的特性

任意被观测的量,客观上总存在一个能代表其真正大小的数值,这一数值就称为该观测量的真值。

设某一观测量的真值为 X,在相同的观测条件下对此量进行 n 次观测,得到的观测值分别为 l_1、l_2、…、l_n,由于各观测值都带有一定的误差,因此,每一观测值与其真值 X 之间必存在一差数 Δ,即:

$$\Delta_i = l_i - X \quad (i=1,2,\cdots,n) \tag{3-1}$$

式中,Δ_i 为真误差。此处 Δ 仅表现为偶然误差。

从单个偶然误差来看,其符号的正负和数值的大小没有任何规律性。但是,根据大量的测量实践可知,如果观测的次数很多,通过观察大量的偶然误差就能发现隐藏在偶然性下面的必然规律,且进行统计的偶然误差的数量越多,其规律性也越明显。下面就结合某观测实例,用统计方法进行说明和分析。

在某一测区,在相同的观测条件下共观测了 358 个三角形的全部内角,由于每个三角形内角之和的真值(180°)为已知,因此,可以按式(3-1)计算每个三角形内角之和的偶然误差 Δ(三角形闭合差),并将它们分为负误差和正误差,按误差绝对值由小到大排列次序。以误差区间 $d\Delta = 3''$进行误差个数 k 的统计,并计算其相对个数 $k/n(n=358)$,k/n 为误差出现的频率。偶然误差的统计见表 3-1。

偶然误差的统计　　表 3-1

误差区间 dΔ(″)	负误差		正误差		误差绝对值	
	k	k/n	k	k/n	k	k/n
0～3	45	0.126	46	0.128	91	0.254
3～6	40	0.112	41	0.115	81	0.226
6～9	33	0.092	33	0.092	66	0.184
9～12	23	0.064	21	0.059	44	0.123
12～15	17	0.047	16	0.045	33	0.092
15～18	13	0.036	13	0.036	26	0.073
18～21	6	0.017	5	0.014	11	0.031
21～24	4	0.011	2	0.006	6	0.017
24 以上	0	0	0	0	0	0
Σ	181	0.505	177	0.495	358	1.000

为了直观地表示偶然误差的正负和大小的分布情况,按表 3-1 的数据作图 3-2。如图 3-2 所示,横坐标表示误差的正负和大小,纵坐标表示误差出现于各区间的频率(k/n)除以区间间隔($d\Delta$),每一区间按纵坐标画成矩形小条,则每一小条的面积代表误差出现于该区间的频率,而各小条的面积总和等于 1。图 3-2 在统计学上称为"频率直方图",其特点是能形象地表示出误差的分布情况。

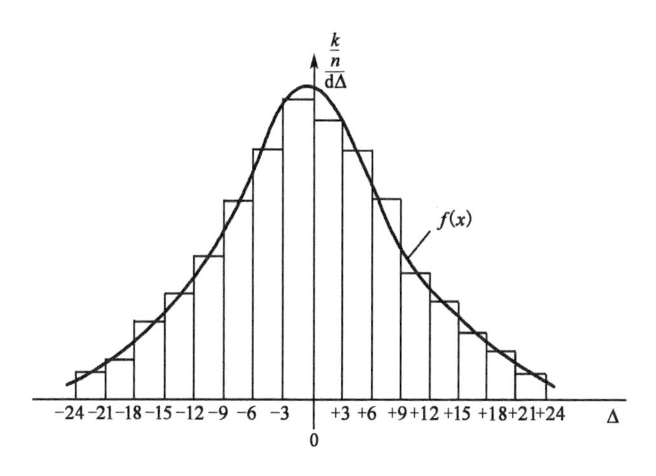

图 3-2 频率直方图

结合表 3-1 和图 3-2，可以归纳出偶然误差的特性如下：

(1) 在一定观测条件下的有限次观测中，偶然误差的绝对值不会超过一定的限值；

(2) 绝对值较小的误差出现的频率大，绝对值较大的误差出现的频率小；

(3) 绝对值相等的正、负误差具有大致相等的出现频率；

(4) 当观测次数无限增大时，偶然误差的理论平均值趋近于零，即偶然误差具有抵偿性，可表示为

$$\lim_{n \to +\infty} \frac{\Delta_1 + \Delta_2 + \cdots + \Delta_n}{n} = \lim_{n \to +\infty} \frac{[\Delta]}{n} = 0 \tag{3-2}$$

式中，[ ] 为取括号中数值的代数和。

上述的第四个特性是由第三个特性导出的。第三个特性说明了在大量偶然误差中，正负误差有互相抵消的性能。因此，当 n 无限增大时，真误差的理论平均值必然趋向于零。

需要指出的是，对于一系列的观测而言，不论其观测条件是好还是坏，也不论是对同一个量还是对不同的量进行观测，只要这些观测是在相同的条件下独立进行的，则它所产生的一组偶然误差都必然具有上述四个特性。而且，观测值的个数 n 越多，这种特性就表现得越明显，偶然误差的这种特性也称为统计规律性。

图 3-2 是根据表 3-1 中的 358 个三角形角度观测值闭合差绘出的误差出现频率直方图，表现为中间高、两边低并向横轴逐渐逼近的对称图形。图 3-2 并不是一种特例，而是统计偶然误差时出现的普遍规律，并且可以用数学公式来表示。

若误差的个数无限增大（$n \to +\infty$），同时又无限缩小误差的区间 dΔ，则图 3-2 中各小长条的顶边的折线就逐渐成为一条光滑的曲线。该曲线在概率论中称为"正态分布曲线"或称"误差分布曲线"，它完整地表示了偶然误差出现的概率 P。即当 $n \to +\infty$ 时，上述误差区间内误差出现的频率趋于稳定，称为误差出现的概率。

正态分布曲线的数学方程式为

$$f(\Delta) = \frac{1}{\sqrt{2\pi}\sigma} e^{-\frac{\Delta^2}{2\sigma^2}} \tag{3-3}$$

式中,π 为圆周率,π = 3.1416;e 为自然对数的底,e = 2.7183;σ 为标准差;σ^2 为方差。方差为偶然误差平方的理论平均值,即

$$\sigma^2 = \lim_{n\to\infty}\frac{\Delta_1^2 + \Delta_2^2 + \cdots + \Delta_n^2}{n} = \lim_{n\to\infty}\frac{[\Delta^2]}{n} \tag{3-4}$$

因此,标准差 σ 为

$$\sigma = \lim_{n\to\infty}\sqrt{\frac{[\Delta^2]}{n}} = \lim_{n\to\infty}\sqrt{\frac{[\Delta\Delta]}{n}} \tag{3-5}$$

由式(3-5)可知,标准差的大小决定于在一定条件下偶然误差出现的绝对值的大小。由于在计算标准差时取各个偶然误差的平方和,因此,当出现有较大绝对值的偶然误差时,在标准差的数值大小中会得到明显的反映。

式(3-3)称为“正态分布的密度函数”,即以偶然误差 Δ 为自变量,以标准差 σ 为密度函数的唯一参数,σ 是曲线拐点的横坐标值。

第三节　衡量精度的指标

测量平差的基本内容之一就是衡量测量成果的精度。在相同的观测条件下,对某一量所进行的一组观测对应着一种误差分布,因此,这一组中的每一个观测值都具有同样的精度。为了衡量观测值精度的高低,可以采用误差分布表或绘制频率直方图来评定,但这样做很不方便,有时也不可能。因此,需要建立一个统一的衡量精度的标准,给出一个数值概念,使得该标准及其数值大小能反映出误差分布的离散或密集的程度,称为衡量精度的指标。

一、精度的含义

在测量中,一般用精确度来评价观测成果的优劣。精确度是精密度与准确度的总称。精密度主要取决于偶然误差的分布;准确度主要取决于系统误差的大小。对于已基本排除了系统误差,而以偶然误差为主的一组观测值,主要用精密度来评价该组观测值质量的优劣。精密度简称精度,就是指误差分布的密集或离散的程度。

倘若两组观测成果的误差分布相同,则两组观测结果的精度相同;反之,若误差分布不同,则精度也就不同。在相同的观测条件下所进行的一组观测,由于它是对应着同一种误差分布,因此对于这一组中的每一个观测值,都称为同精度观测值。

二、衡量精度的指标

测量平差的基本内容之一就是衡量测量成果的精度。下面介绍几种常用的精度指标。

1. 方差和中误差

设对某一未知量 x 进行了 n 次等精度观测,其观测值为 l_1、l_2、…、l_n,相应的真误差为 Δ_1、Δ_2、…、Δ_n,则根据式(3-4)定义该组观测值的方差 D 为

$$D = \lim_{n\to\infty}\frac{[\Delta\Delta]}{n} \tag{3-6}$$

显然,方差 D 是当观测次数 n 趋于无穷大时的理论平均值。

中误差 σ 在数理统计中也称为“标准差”[式(3-5)],其定义式如下:

$$\sigma = \sqrt{D} = \lim_{n \to \infty} \sqrt{\frac{[\Delta\Delta]}{n}} \tag{3-7}$$

为了统一衡量在一定观测条件下观测结果的精度,用中误差 σ 作为依据是比较合适的。但是,在实际测量工作中,不可能对某一量作无穷多次观测,因此,当 n 为有限值时,σ 的估值 $\hat{\sigma}$ 为:

$$\hat{\sigma} = \sqrt{\frac{[\Delta\Delta]}{n}} \tag{3-8}$$

在测量工作中,$\hat{\sigma}$ 常用符号 m 代替,习惯写为:

$$m = \hat{\sigma} = \sqrt{\frac{\Delta_1^2 + \Delta_2^2 + \cdots + \Delta_n^2}{n}} = \sqrt{\frac{[\Delta\Delta]}{n}} \tag{3-9}$$

显然,m 也是中误差的估值。但是,在不特别强调“估值”的意义的情况下,也将 m 称为“中误差”。

例 3-3 对 10 个三角形的内角进行了两组观测,根据两组观测值中的偶然误差(三角形的角度闭合差,即真误差),分别计算其中误差,结果列于表 3-2 中。

按观测值的真误差计算中误差 表 3-2

次序	第一组观测值			第二组观测值		
	观测值	真误差 Δ(″)	Δ^2	观测值	真误差 Δ(″)	Δ^2
1	180°00′03″	−3	9	180°00′00″	0	0
2	180°00′02″	−2	4	179°59′59″	+1	1
3	179°59′58″	+2	4	180°00′07″	−7	49
4	179°59′56″	+4	16	180°00′02″	−2	4
5	180°00′01″	−1	1	180°00′01″	−1	1
6	180°00′00″	0	0	179°59′59″	+1	1
7	180°00′04″	−4	16	179°59′52″	+8	64
8	179°59′57″	+3	9	180°00′00″	0	0
9	179°59′58″	+2	4	179°59′57″	+3	9
10	180°00′03″	−3	9	180°00′01″	−1	1
Σ| |	—	24	72	—	24	130
中误差	$m_1 = \sqrt{\frac{\Sigma\Delta^2}{10}} = 2.7''$			$m_1 = \sqrt{\frac{\Sigma\Delta^2}{10}} = 3.6''$		

由此可见,第二组观测值的中误差 m_2 大于第一组观测值的中误差 m_1。虽然这两组观测值的误差绝对值之和是相等的,可是在第二组观测值中出现了较大的误差(−7″, +8″),因此,计算出来的中误差就较大,或者相对来说其精度较低。

在一组观测值中,如果中误差已经确定,就可以画出所对应的偶然误差的正态分布曲线。按式(3-3),当 $\Delta = 0$ 时,$f(\Delta)$ 有最大值,其最大值为 $\frac{1}{\sqrt{2\pi}m}$。

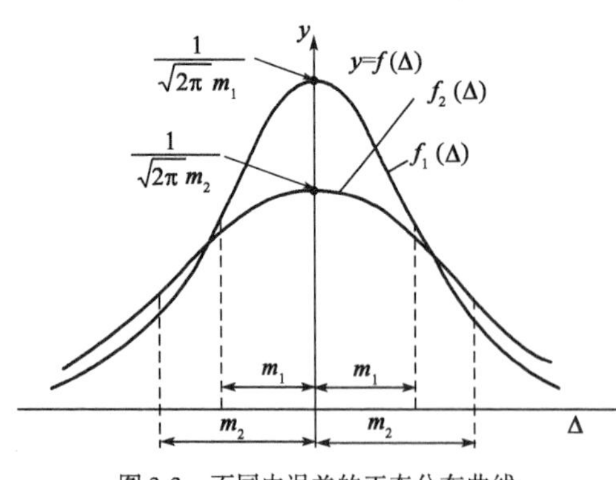

图 3-3　不同中误差的正态分布曲线

当 m 较小时,曲线在纵轴方向的顶峰较高,在纵轴两侧迅速逼近横轴,表示小误差出现的频率较大,误差分布比较集中;当 m 较大时,曲线的顶峰较低,曲线形状平缓,表示误差分布比较离散。以上两种情况的正态分布曲线如图 3-3 所示。

目前,在测量数据处理中,统一采用中误差作为衡量精度的指标。

2. 极限误差

由频率直方图(图 3-2)可知:图中各矩形小条的面积代表误差出现在该区间中的频率,当统计误差的个数无限增加、误差区间无限减小时,频率逐渐趋于稳定而成为概率,直方图的顶边即形成正态分布曲线。因此,根据正态分布曲线,可以表示出误差出现在微小区间 dΔ 中的概率为

$$p(\Delta)=f(\Delta)\cdot \mathrm{d}\Delta=\frac{1}{\sqrt{2\pi}m}\mathrm{e}^{-\frac{\Delta^2}{2m^2}}\mathrm{d}\Delta \tag{3-10}$$

根据式(3-10)的积分,可以得到偶然误差在任意大小区间中出现的概率。设以 k 倍中误差作为区间,则在此区间中误差出现的概率为

$$P(|\Delta|<km)=\int_{-km}^{+km}\frac{1}{\sqrt{2\pi}m}\mathrm{e}^{-\frac{\Delta^2}{2m^2}}\mathrm{d}\Delta \tag{3-11}$$

分别以 $k=1$、$k=2$、$k=3$ 代入式(3-11),可得到偶然误差的绝对值不大于 1 倍中误差、2 倍中误差和 3 倍中误差的概率:

$$\begin{cases}P(|\Delta|\leqslant m)=0.683=68.3\%\\ P(|\Delta|\leqslant 2m)=0.954=95.4\%\\ P(|\Delta|\leqslant 3m)=0.997=99.7\%\end{cases} \tag{3-12}$$

由式(3-12)可知,偶然误差的绝对值大于 2 倍中误差的约占误差总数的 5%,而大于 3 倍中误差的仅占误差总数的 0.3%。由于出现的概率很小,可以认为绝对值大于 $3m$ 的真误差实际上是不可能出现的,故通常以三倍中误差作为真误差极限误差的估值,即

$$\Delta_{限}=3|m| \tag{3-13}$$

在实际工作中,测量规范要求观测值中不应该存在较大的误差,常以 2 倍或 3 倍中误差作为偶然误差的容许值,称为容许误差,即

$$\Delta_{容}=2|m| \quad 或 \quad \Delta_{容}=3|m| \tag{3-14}$$

前者要求较严格,后者要求较宽松。如果在观测值中,某误差超过了规定的容许误差,则认为该观测值不可靠,其中可能含有系统误差或粗差,应舍弃不用或重测。

3. 相对中误差

有时只靠中误差还不能完全衡量观测结果的好坏。例如,某观测者分别丈量的 1000m 及 80m 的两段距离,观测值的中误差均为 2cm。虽然两者表面上观测精度相同,但就单位长度而言,两者精度并不相同。显然,前者的相对精度比后者要高。为此,通常又采用另一种衡量精

度的方法，即相对中误差 K，它是中误差与观测值之比。相对中误差是一个不名数，常用分子为 1 的分式来表示，即

$$K=\frac{|m|}{D}=\frac{1}{\frac{D}{|m|}} \tag{3-15}$$

如上述两段距离，前者的相对中误差为 1/50000，而后者则为 1/4000。因此，用相对误差可以很容易地衡量出这两段距离的丈量精度。

在距离测量中，常用往返测量结果的较差率来进行检核。较差率为

$$\frac{|D_{往}-D_{返}|}{D_{平均}}=\frac{|\Delta D|}{D_{平均}}=\frac{1}{\frac{D_{平均}}{|\Delta D|}} \tag{3-16}$$

较差率是真误差的相对误差，仅反映了往返测的符合程度，以资检核。显然，较差率越小，观测结果越可靠。

此外，在用全站仪测角时，不能用相对误差来衡量测角精度，因为测角误差与角度大小无关。

与相对误差相对应，真误差、中误差和极限误差均称为绝对误差。

第四节　误差传播定律

一、观测值的函数

上述几例介绍的都是对于某一量（例如一个角度、一段距离）直接进行多次观测，以求得其最优估值并计算出观测值的中误差，作为衡量其精度的标准。但是，在测量工作中，有一些需要知道的量并非直接观测值，而是根据一些直接观测值利用数学公式（函数关系）计算而得，因此称这些量为观测值的函数。由于观测值中含有误差，使函数受其影响也含有误差，称之为误差传播。阐述观测值的中误差与观测值函数的中误差之间关系的定律，称为误差传播定律。

在测量工作中，一般有下列一些函数关系。

1. 和差函数

例如，将两点间的水平距离 D 分为 n 段来丈量，各段量得的长度分别为 d_1、d_2、…、d_n，则 $D=d_1+d_2+\cdots+d_n$，即距离 D 是各分段观测值 d_1、d_2、…、d_n 之和，这种函数称为和差函数。其一般形式为

$$Z=x_1+x_2+\cdots+x_n \tag{3-17}$$

2. 倍数函数

例如，用尺子在 1∶1000 的地形图上量得两点间的距离 d，其相应的实地距离 $D=1000d$，则 D 是 d 的倍数函数。其一般形式为

$$Z=kx \tag{3-18}$$

3. 线性函数

例如,计算某观测量的算术平均值的公式为

$$\bar{x} = \frac{1}{n}(l_1 + l_2 + \cdots + l_n) = \frac{1}{n}l_1 + \frac{1}{n}l_2 + \cdots + \frac{1}{n}l_n \tag{3-19}$$

式(3-19)中,在直接观测值 l_i 之前乘以某一系数(系数不一定相同),并取其代数和,因此,可以把算术平均值看成是各个观测值的线性函数。和差函数和倍数函数也属于线性函数。线性函数的一般形式可写为

$$Z = k_1x_1 + k_2x_2 + \cdots + k_nx_n \tag{3-20}$$

4. 一般函数

例如,已知直角三角形的斜边 c 和一锐角 α, 则可求出其对边 a 和邻边 b,公式为 $a = c \cdot \sin\alpha, b = c \cdot \cos\alpha$。凡是在变量之间用数学运算符乘、除、乘方、开方、三角函数等组成的函数称为非线性函数。线性函数和非线性函数总称为一般函数。其一般形式为

$$Z = f(x_1, x_2, \cdots, x_n) \tag{3-21}$$

根据观测值的中误差求观测值函数的中误差,需要用误差传播定律。误差传播定律根据函数的形式把函数的中误差以一定的数学式表达出来,反映了观测值中误差与观测值函数中误差之间的特定关系。

二、误差传播定律

下面以一般函数关系为例来推导误差传播定律。

设有一形如式(3-21)所示的一般函数,其中 $x_1, x_2, \cdots, x_n$ 为可直接观测的未知量,Z 为不便于直接观测的未知量。

设 $x_i(i = 1,2,\cdots\cdots,n)$ 的独立观测值为 l_i,其相应的真误差为 Δx_i。由于 Δx_i 的存在,使函数 Z 也产生相应的真误差 ΔZ。将式(3-21)取全微分,得

$$\mathrm{d}Z = \frac{\partial f}{\partial x_1}\mathrm{d}_{x_1} + \frac{\partial f}{\partial x_2}\mathrm{d}_{x_2} + \cdots + \frac{\partial f}{\partial x_n}\mathrm{d}_{x_n}$$

因误差 Δx_i 及 ΔZ 都很小,故在上式中,可近似用 Δx_i 及 ΔZ 代替 $\mathrm{d}x_i$ 及 $\mathrm{d}Z$,于是有

$$\Delta Z = \frac{\partial f}{\partial x_1}\Delta x_1 + \frac{\partial f}{\partial x_2}\Delta x_2 + \cdots + \frac{\partial f}{\partial x_n}\Delta x_n \tag{3-22}$$

式中,$\frac{\partial f}{\partial x_i}$为函数 f 对各自变量的偏导数。将 $x_i = l_i$ 带入各偏导数中,即为确定的常数,设 $\left(\frac{\partial f}{\partial x_i}\right)_{x_i = l_i} = f_i$,则式(3-22)可写成

$$\Delta Z = f_1\Delta x_1 + f_2\Delta x_2 + \cdots + f_n\Delta x_n \tag{3-23}$$

为了求得函数和观测值之间的中误差的关系式,设对各 x_i 进行了 k 次观测,则可写出 k 个类似于式(3-23)的关系式

$$\Delta Z^{(1)} = f_1\Delta x_1^{(1)} + f_2\Delta x_2^{(1)} + \cdots + f_n\Delta x_n^{(1)}$$
$$\Delta Z^{(2)} = f_1\Delta x_1^{(2)} + f_2\Delta x_2^{(2)} + \cdots + f_n\Delta x_n^{(2)}$$
$$\cdots\cdots$$
$$\Delta Z^{(k)} = f_1\Delta x_1^{(k)} + f_2\Delta x_2^{(k)} + \cdots + f_n\Delta x_n^{(k)}$$

将以上各式等号两边平方后再相加,得

$$[\Delta Z^2] = f_1^2[\Delta x_1^2] + f_2^2[\Delta x_2^2] + \cdots + f_n^2[\Delta x_n^2] + \sum_{\substack{i,j=1\\i\neq j}}^{n} 2f_i f_j[\Delta x_i \Delta x_j]$$

上式两端分别除以 k,即

$$\frac{[\Delta Z^2]}{k} = f_1^2\frac{[\Delta x_1^2]}{k} + f_2^2\frac{[\Delta x_2^2]}{k} + \cdots + f_n^2\frac{[\Delta x_n^2]}{k} + \sum_{\substack{i,j=1\\i\neq j}}^{n} 2f_i f_j \frac{[\Delta x_i \Delta x_j]}{k} \tag{3-24}$$

设对各 x_i 的观测值 l_i 为彼此独立的观测,则 $\Delta x_i \Delta x_j$ 在当 $i \neq j$ 时,也是偶然误差。根据偶然误差的第四个特性可知,式(3-24)的最后一项当 $k \to \infty$时趋近于零,即

$$\lim_{k\to\infty}\frac{[\Delta x_i \Delta x_j]}{k} = 0$$

故式(3-24)可写为

$$\lim_{k\to\infty}\frac{[\Delta Z^2]}{k} = \lim_{k\to\infty}\left(f_1^2\frac{[\Delta x_1^2]}{k} + f_2^2\frac{[\Delta x_2^2]}{k} + \cdots + f_n^2\frac{[\Delta x_n^2]}{k}\right)$$

根据中误差的定义,上式可写成

$$\sigma_Z^2 = f_1^2\sigma_1^2 + f_2^2\sigma_2^2 + \cdots + f_n^2\sigma_n^2$$

当 k 为有限值时,上式可进一步写为

$$m_Z^2 = f_1^2 m_1^2 + f_2^2 m_2^2 + \cdots + f_n^2 m_n^2 \tag{3-25}$$

即

$$m_Z = \pm\sqrt{\left(\frac{\partial f}{\partial x_1}\right)^2 m_1^2 + \left(\frac{\partial f}{\partial x_2}\right)^2 m_2^2 + \cdots + \left(\frac{\partial f}{\partial x_n}\right)^2 m_n^2} \tag{3-26}$$

式(3-26)即为由观测值中误差计算其函数中误差的一般形式,称为中误差传播公式。而其他函数,如和差函数、倍数函数、线性函数等,都是式(3-26)的特例。

此外,在应用式(3-26)时,必须注意:各观测值必须是相互独立的变量。而当 l_i 为未知量 x_i 的直接观测值时,可认为各 l_i 之间满足相互独立的条件。

通过以上误差传播定律的推导,可以总结出求观测值函数中误差的四个步骤:

(1)列出观测值与其函数之间的正确表达式;

(2)若该函数为非线性函数,应对其求全微分;

(3)应用误差传播定律,写出观测值函数中误差的表达式;

(4)代入相应的数值,计算出观测值函数的中误差。

三、误差传播定律的应用

例 3-4 设有线性函数

$$Z = k_1x_1 + k_2x_2 + \cdots + k_nx_n \tag{3-27}$$

式中,$k_1, k_2, \cdots, k_n$ 为任意常数,$x_1, x_2, \cdots, x_n$ 为独立变量,其中误差分别为 $m_1, m_2, \cdots, m_n$。试计算函数 Z 的中误差。

解:按照误差传播定律,由于此时

$$\frac{\partial f}{\partial x_1} = k_1, \frac{\partial f}{\partial x_2} = k_2, \cdots, \frac{\partial f}{\partial x_n} = k_n$$

于是,可以得到线性函数 Z 的中误差为

$$m_Z = \sqrt{k_1^2 m_1^2 + k_2^2 m_2^2 + \cdots + k_n^2 m_n^2} \tag{3-28}$$

若对某一量进行了 n 次等精度观测,其算术平均值可以写成式(3-19)。按式(3-28),得

$$m_{\bar{x}} = \sqrt{\left(\frac{1}{n}\right)^2 m_1^2 + \left(\frac{1}{n}\right)^2 m_2^2 + \cdots + \left(\frac{1}{n}\right)^2 m_n^2}$$

由于是等精度观测,因此,$m_1 = m_2 = \cdots = m_n = m$,$m$ 为观测值的中误差。由此得到按观测值的中误差计算算术平均值的中误差的公式为

$$m_{\bar{x}} = \frac{m}{\sqrt{n}} \tag{3-29}$$

由此可见,算术平均值的中误差是观测值中误差的$\frac{1}{\sqrt{n}}$。因此,对于某一量进行多次等精度观测而取其算术平均值,是提高观测成果精度的一种有效方法。

例 3-5 设对某个三角形进行角度测量,观测了其中的两个内角 α 和 β,测角中误差分别为 $m_\alpha = 3.0''$、$m_\beta = 4.0''$,现按公式 $\gamma = 180° - \alpha - \beta$ 求得其第三个内角 γ,试计算 γ 角的中误差 m_γ。

解:按误差传播定律对式 $\gamma = 180° - \alpha - \beta$ 进行全微分,可得 $\mathrm{d}\gamma = -\mathrm{d}\alpha - \mathrm{d}\beta$,于是:

$$m_\gamma = \sqrt{m_\alpha^2 + m_\beta^2} = \sqrt{3.0^2 + 4.0^2} = 5.0''$$

例 3-6 在利用已知点 A 的坐标计算待定点 B 的坐标时,首先是按两点间的坐标方位角 α 和水平距离 D 计算两点间的坐标增量 Δx 和 Δy,然后按其中一个已知点 A 的坐标计算另一个待定点 B 的坐标。设已知观测值 α 和 D 的中误差 m_α 和 m_D,试计算出坐标增量的中误差 $m_{\Delta x}$ 和 $m_{\Delta y}$。

解:计算两点间坐标增量的函数式为

$$\Delta x = D\cos\alpha$$

$$\Delta y = D\sin\alpha$$

按误差传播定律,对上式求全微分,可得

$$\mathrm{d}\Delta x = \cos\alpha \cdot \mathrm{d}D - D\sin\alpha \cdot \mathrm{d}\alpha$$

$$\mathrm{d}\Delta y = \sin\alpha \cdot \mathrm{d}D + D\cos\alpha \cdot \mathrm{d}\alpha$$

将上式化为中误差的表达式,并将方位角误差以角秒表示,则有

$$\begin{cases} m_{\Delta x} = \sqrt{\cos^2\alpha \cdot m_D^2 + (D\sin\alpha)^2 \dfrac{m_\alpha^2}{\rho''^2}} \\ m_{\Delta y} = \sqrt{\sin^2\alpha \cdot m_D^2 + (D\cos\alpha)^2 \dfrac{m_\alpha^2}{\rho''^2}} \end{cases} \tag{3-30}$$

而 A、B 两点间的相对点位中误差计算为

$$M_{AB} = \sqrt{m_{\Delta x}^2 + m_{\Delta y}^2} = \sqrt{m_D^2 + \left(D\frac{m_\alpha}{\rho''}\right)^2} \tag{3-31}$$

式(3-31)右端根号内第一项为两点间的纵向误差,第二项为横向误差,即两点间的距离误差形成纵向误差,方位角误差形成横向误差。

在例3-6中,设A、B两点间的距离、方位角及其中误差分别为

$$D=360.440\text{m}+0.030\text{m},\alpha=60°24'30''+16''$$

代入式(3-30)和式(3-31),计算出的结果为

$$m_{\Delta x}=0.028\text{m},m_{\Delta y}=0.030\text{m},M_{AB}=0.041\text{m}$$

为方便应用,由式(3-25)及以上几例可以导出下列简单函数式的中误差传播公式,见表3-3。

几种简单函数式的中误差传播公式 表3-3

函数名称	函数式	中误差传播公式
和差函数	$Z=x_1\pm x_2\pm\cdots\pm x_n$	$m_Z=\sqrt{m_1^2+m_2^2+\cdots+m_n^2}$
倍数函数	$Z=kx$	$m_Z=km$
线性函数	$Z=k_1x_1\pm k_2x_2\pm\cdots\pm k_nx_n$	$m_Z=\sqrt{k_1^2m_1^2+k_2^2m_2^2+\cdots+k_n^2m_n^2}$

第五节 等精度直接观测平差

一、算术平均值

设在相同的观测条件下对某量进行了n次同精度观测,其真值为X,观测值为l_1、l_2、…、l_n,相应的真误差为Δ_1、Δ_2、…、Δ_n,则

$$\Delta_1=l_1-X$$
$$\Delta_2=l_2-X$$
$$\cdots$$
$$\Delta_n=l_n-X$$

将上列等式相加,得:

$$[\Delta]=[l]-nX$$

两端再同除以n,可得:

$$\frac{[\Delta]}{n}=\frac{[l]}{n}-X=L-X \tag{3-32}$$

式(3-32)中,L为算术平均值,即

$$L=\frac{l_1+l_2+\cdots+l_n}{n}=\frac{[l]}{n} \tag{3-33}$$

根据偶然误差的第四个特性,当$n\to\infty$时,$\frac{[\Delta]}{n}\to 0$,即

$$\lim_{n\to\infty}\frac{[\Delta]}{n}=0$$

于是$L\approx X$。即当观测次数n无限多时,观测值的算术平均值就趋向于未知量的真值。但是,在实际工作中,不可能对某一量进行无限次的观测。因此,当观测次数有限时,就把有限次

观测值的算术平均值作为该量的“最或是值”或“最或然值”。

二、观测值的改正数

算术平均值与观测值之差称为观测值的改正数。改正数一般用符号 v 来表示。

$$\begin{aligned} v_1 &= L - l_1 \\ v_2 &= L - l_2 \\ &\cdots \\ v_n &= L - l_n \end{aligned} \tag{3-34}$$

将上列等式相加,得

$$[v] = nL - [l]$$

再根据式(3-33),得

$$[v] = n\frac{[l]}{n} - [l] = 0 \tag{3-35}$$

由此可见,一组观测值取算术平均值后,其改正值之和恒等于零。这一特性可以作为计算中的校核依据。

三、精度评定

1. 等精度观测值的中误差

前已述及,等精度观测值中误差的定义式为:$m = \sqrt{\frac{[\Delta\Delta]}{n}}$。但由于未知量的真值 X 无法确知,真误差 Δ_i 也是未知数,故不能直接用其定义式来计算观测值的中误差。在实际工作中,一般用观测值的改正数 v_i 来计算观测值的中误差。

由真误差 Δ_i 和改正数 v_i 的定义可知:

$$\begin{cases} \Delta_i = l_i - X \\ v_i = L - l_i \end{cases} \qquad (i = 1, 2, \cdots, n)$$

以上两式对应相加,得

$$\Delta_i + v_i = L - X$$

设 $L - X = \delta$,将其代入上式,移项后可得

$$\begin{aligned} \Delta_1 &= -v_1 + \delta \\ \Delta_2 &= -v_2 + \delta \\ &\cdots \\ \Delta_n &= -v_n + \delta \end{aligned}$$

上列各式分别先自乘,然后求和,有

$$[\Delta\Delta] = [vv] + n\delta^2 - 2\delta[v]$$

因为$[v] = 0$,故有

$$[\Delta\Delta] = [vv] + n\delta^2$$

两端再同除以 n,则有

$$\frac{[\Delta\Delta]}{n} = \frac{[vv]}{n} + \delta^2 \tag{3-36}$$

又因为

$$\delta = L - X = \frac{[l]}{n} - X = \frac{[l-X]}{n} = \frac{[\Delta]}{n}$$

故

$$\delta^2 = \frac{[\Delta]^2}{n^2} = \frac{1}{n^2}(\Delta_1^2 + \Delta_2^2 + \cdots + \Delta_n^2 + 2\Delta_1\Delta_2 + 2\Delta_1\Delta_3 + \cdots)$$

$$= \frac{[\Delta\Delta]}{n^2} + \frac{2}{n^2}(\Delta_1\Delta_2 + \Delta_1\Delta_3 + \cdots)$$

由于 Δ_1、Δ_2、$\cdots$、Δ_n 是彼此独立的偶然误差，故 $\Delta_1\Delta_2$、$\Delta_1\Delta_3$、$\cdots$也具有偶然误差的性质。当 $n\to\infty$时，上式等号右侧第二项应趋近于零；当 n 为较大的有限值时，其值远比第一项小，故可忽略不计。于是，式(3-36)可以写为

$$\frac{[\Delta\Delta]}{n} = \frac{[vv]}{n} + \frac{[\Delta\Delta]}{n^2}$$

根据中误差的定义，上式可进一步写为

$$m^2 = \frac{[vv]}{n} + \frac{m^2}{n}$$

即

$$m = \sqrt{\frac{[vv]}{(n-1)}} \tag{3-37}$$

式(3-37)即为等精度观测中用观测值的改正数计算观测值中误差的公式，称为白塞尔公式。

2. 算术平均值的中误差

设对某量进行了 n 次等精度观测，其观测值为 $l_i(i=1,2,3,\cdots,n)$，观测值中误差为 m，其算术平均值(最或是值)为 L，则有

$$L = \frac{[l]}{n} = \frac{1}{n}l_1 + \frac{1}{n}l_2 + \cdots + \frac{1}{n}l_n$$

按误差传播定律，可算得该观测值的算术平均值的中误差为

$$M = \sqrt{\left(\frac{1}{n}\right)^2 m^2 + \left(\frac{1}{n}\right)^2 m^2 + \cdots + \left(\frac{1}{n}\right)^2 m^2}$$

即

$$M = \frac{m}{\sqrt{n}} = \sqrt{\frac{[vv]}{n(n-1)}} \tag{3-38}$$

式(3-38)即为等精度观测值的算术平均值的中误差计算公式。

比较式(3-38)与式(3-37)两式，可见除了以$[vv]$代替$[\Delta\Delta]$之外，还以$(n-1)$代替了 n。可简单解释为：在真值已知的情况下，所有的 n 次观测值均属多余观测；而在真值未知的情况下，则有一次观测值是必要观测，其余的$(n-1)$次观测值是多余的。因此，n 和$(n-1)$是分别代表真值已知和真值未知两种不同情况下的多余观测数。

例 3-7 设对某角进行了 5 次等精度观测，观测结果见表 3-4。试求其观测值的中误差及算术平均值的中误差。

等精度角度观测值及其改正数 表3-4

观测值	v	vv
$l_1=35°18'28''$	-3	9
$l_2=35°18'25''$	0	0
$l_3=35°18'26''$	-1	1
$l_4=35°18'22''$	+3	9
$l_5=35°18'24''$	+1	1
$L=\frac{[l]}{n}=35°18'25''$	$[v]=0$	$[vv]=20$

解:根据表中数据,由式(3-37)(白塞尔公式)可得观测值的中误差为

$$m=\sqrt{\frac{[vv]}{n-1}}=\sqrt{\frac{20}{5-1}}=2.2''$$

由式(3-38)可得其算术平均值的中误差为

$$M=\frac{m}{\sqrt{n}}=\frac{2.2''}{\sqrt{5}}=1.0''$$

同时,从式(3-38)可以看出:算术平均值的中误差与观测次数的平方根成反比。因此,增加观测次数可以提高算术平均值的精度。不同的观测次数对应的 M 值,见表3-5。

不同观测次数下的 M 值 表3-5

观测次数 n	2	4	6	8	10	12	14	16
算术平均值中误差 M(以中误差 m 为单位计)	0.71	0.50	0.41	0.35	0.32	0.29	0.27	0.25

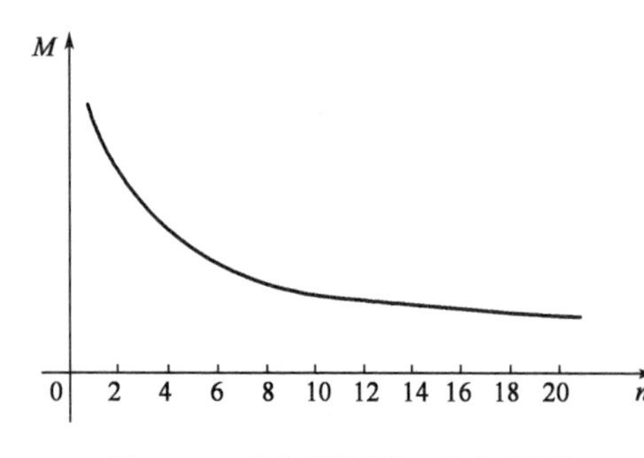

图3-4 M 值与观测次数 n 的关系曲线

以观测次数 n 为横坐标,算术平均值中误差 M 为纵坐标,并令 $m=1$,可以画出如图3-4所示的 M 值与观测次数 n 的关系曲线。从图3-4中可以看出,当观测次数达到了一定数值后(如10次以后),随着观测次数的增加,中误差减小得越来越慢。此时,再增加观测次数,工作量增加了许多,但提高精度的效果并不明显。故不能单靠增加观测次数来提高测量成果的精度,还应设法提高观测值本身的精度。例如,采用精度较高的仪器,提高观测技能,在良好的外界条件下进行观测等。

因此,测量一般精度的角,要求观测1~3个测回;对于中等精度要求的角,观测3~6个测回即可;只有对精度要求很高的角,才要求观测9~24个测回。

第六节 不等精度直接观测平差

对于某一未知的量,如何从 n 次等精度观测中确定未知量的最或是值(即取算术平均值),以及评定其精度的问题,前节已作了详细叙述。但是,在测量实践中,除了等精度观测以

外,还有不等精度观测。例如,有一个待定水准点,需要从两个已知点经过两条不同长度的水准路线测定其高程,则从两条路线分别测得的高程是不等精度观测,不能简单地取其算术平均值,并据此评定其精度。这时,就需要引入“权”的概念来处理这个问题。

一、权

“权”的原意为秤锤,是指用来测定物体重量的器具,此处用作“权衡轻重”之意。某一观测值或观测值的函数的精度越高(中误差 m 越小),其权应越大。在测量误差理论中,一般用符号 P 表示权。

1. 权的定义

一定的观测条件,对应着一定的误差分布,而一定的误差分布对应着一个确定的中误差。对不同精度的观测值来说,中误差越小,则精度越高,观测结果也越可靠,因而应具有较大的权。故可以用中误差来定义权。

设有一组不等精度观测值为 l_i,相应的中误差为 $m_i(i=1,2,\cdots,n)$,选定任一大于零的常数 λ,定义权 P_i 为

$$P_i=\frac{\lambda}{m_i^2} \tag{3-39}$$

在式(3-39)中,称 P_i 为观测值 l_i 的权。对一组已知中误差的观测值而言,选定一个 λ 值,就有一组对应的权。

由式(3-39)可以确定出各观测值权之间的比例关系为

$$P_1:P_2:\cdots:P_n=\frac{\lambda}{m_1^2}:\frac{\lambda}{m_2^2}:\cdots:\frac{\lambda}{m_n^2}=\frac{1}{m_1^2}:\frac{1}{m_2^2}:\cdots:\frac{1}{m_n^2} \tag{3-40}$$

2. 权的性质

由式(3-39)和式(3-40)可知,权具有如下的性质:

(1)权与中误差都是用来衡量观测值精度的指标,但中误差是绝对性数值,用于表示观测值的绝对精度,权是相对性数值,用于表示观测值的相对精度;

(2)权与中误差的平方成反比,中误差越小,权越大,表示观测值越可靠,精度越高;

(3)权始终取正号;

(4)由于权是一个相对性数值,对于单一观测值而言,权无任何意义;

(5)权的大小随常数 λ 的不同而不同,但权之间的比例关系始终保持不变;

(6)在同一个问题中只能选定一个 λ 值,不能同时选用几个不同的 λ 值,否则就破坏了权之间的比例关系。

二、测量中常用的定权方法

1. 等精度观测值的算术平均值的权

设一次观测的中误差为 m,由式(3-38)可知 n 次等精度观测值的算术平均值的中误差 $M=\frac{m}{\sqrt{n}}$。由权的定义,可设 $\lambda=m^2$,则一次观测值的权为

$$P=\frac{\lambda}{m^2}=\frac{m^2}{m^2}=1$$

算术平均值 L 的权为

$$P_L=\frac{\lambda}{\frac{m^2}{n}}=\frac{m^2}{\frac{m^2}{n}}=n \tag{3-41}$$

由此可知,取一次观测值之权为1,则 n 次观测的算术平均值的权为 n。故权与观测次数成正比。

在不等精度观测中引入“权”的概念,可以建立起各观测值之间的精度比值关系,以便更合理地处理观测数据。

例如,设一次观测值的中误差为 m,其权为 P_0,并设 $\lambda=m^2$,则 $P_0=\frac{m^2}{m^2}=1$。

权值等于1的权称为单位权,而权值等于1的中误差称为单位权中误差,一般用符号 μ 表示。对于中误差为 m_i 的观测值(或观测值的函数),其权 P_i 为

$$P_i=\frac{\mu^2}{m_i^2} \tag{3-42}$$

则相应的中误差的另一表达式可写为

$$m_i=\mu\sqrt{\frac{1}{P_i}} \tag{3-43}$$

2. 权在水准测量中的应用

设水准测量中每一测站观测高差的精度相同,其中误差为 $m_{站}$,则不同测站数的水准路线观测高差的中误差为

$$m_i=m_{站}\sqrt{N_i}\quad(i=1,2,\cdots,n) \tag{3-44}$$

式中,N_i 为各水准路线的测站数。

若取 C 个测站的高差中误差为单位权中误差,即 $\mu=\sqrt{C}m_{站}$,则各水准路线的权为

$$P_i=\frac{\mu^2}{m_i^2}=\frac{C}{N_i} \tag{3-45}$$

同理,可得

$$P_i=\frac{C}{L_i} \tag{3-46}$$

式(3-46)中,L_i 为各水准路线的长度。

由式(3-45)和式(3-46)可知,当各测站观测高差为等精度时,各水准路线的权与测站数或路线长度成反比。

3. 权在距离丈量中的应用

设单位长度(1km)的距离丈量中误差为 m,则长度为 Skm 的距离丈量中误差为 $m_S=m\sqrt{S}$。

若取长度为 Ckm 的距离丈量中误差为单位权中误差,即 $\mu=m\sqrt{C}$,则可得 Skm 的距离丈量的权为

$$P_S=\frac{\mu^2}{m_S^2}=\frac{C}{S} \tag{3-47}$$

由式(3-47)可知,距离丈量的权与长度成反比。

从上述几种定权公式中可以看出,在定权时,并不需要预先知道各观测值中误差的具体数值。在观测方法确定之后,权就可以预先确定。这一点说明,可以事先对最后观测结果的精度进行估算,这在实际测量工作中具有很重要的意义。

三、加权算术平均值

对某一未知的观测量,L_1、L_2、…、L_n 为一组不等精度的观测值,其中误差为 m_1、m_2、…、m_n,按式(3-39)计算其权为 P_1、P_2、…、P_n。按式(3-48)计算其加权算术平均值 x,作为该观测量的最或是值。

$$x=\frac{P_1L_1+P_2L_2+\cdots+P_nL_n}{P_1+P_2+\cdots+P_n}=\frac{[PL]}{[P]} \tag{3-48}$$

根据同一量的 n 次不等精度观测值,计算其加权算术平均值 x 后,还可用式(3-49)来计算各观测值的改正数 v_i:

$$v_1=x-L_1$$

$$v_2=x-L_2$$

$$\cdots$$

$$v_n=x-L_n$$

即

$$v_i=x-L_i \tag{3-49}$$

若将式(3-49)两边乘以相应的权

$$P_iv_i=P_ix-P_iL_i$$

并将 n 个等式相加后,可得

$$[Pv]=[P]x-[PL]==[P]\frac{[PL]}{[P]}-[PL]=0 \tag{3-50}$$

因此,式(3-50)可以用作计算中的检核。

四、加权算术平均值的中误差

不等精度观测值的加权算术平均值的计算公式[式(3-48)]可以写成如下的线性函数的形式:

$$x=\frac{P_1}{[P]}L_1+\frac{P_2}{[P]}L_2+\cdots+\frac{P_n}{[P]}L_n$$

根据线性函数的中误差传播公式,可得加权算术平均值的中误差为

$$M_x=\sqrt{\left(\frac{P_1}{[P]}\right)^2m_1^2+\left(\frac{P_2}{[P]}\right)^2m_2^2+\cdots+\left(\frac{P_n}{[P]}\right)^2m_n^2}$$

按式(3-42),上式中 $m_i^2=\frac{\mu^2}{P_i}$(μ 为单位权中误差),则加权算术平均值的中误差为

$$M_x=\mu\sqrt{\frac{P_1}{[P]^2}+\frac{P_2}{[P]^2}+\cdots+\frac{P_n}{[P]^2}}$$

即

$$M_x = \frac{\mu}{\sqrt{[P]}} \tag{3-51}$$

由式(3-42)可知,加权算术平均值的权即为观测值的权之和,即

$$P_x = [P] = \frac{\mu^2}{M_x^2} \tag{3-52}$$

五、单位权中误差的计算

根据一组对同一观测量的不等精度观测值,可以计算该类观测值的单位权中误差。由式(3-42)可得

$$\mu^2 = P_i m_i^2 \tag{3-53}$$

对于同一观测量,若有 n 个不等精度观测值,则有

$$\mu^2 = P_1 m_1^2, \mu^2 = P_2 m_2^2, \cdots, \mu^2 = P_n m_n^2$$

将上面的 n 个 μ^2 求和,得

$$\mu^2 = \frac{[Pm^2]}{n} = \frac{[Pmm]}{n}$$

此时,用真误差 Δ_i 代替中误差 m_i,得到在观测量的真值已知的情况下用真误差求单位权中误差的公式为

$$\mu = \sqrt{\frac{[P\Delta\Delta]}{n}} \tag{3-54}$$

将式(3-54)代入式(3-51)中,可得加权算术平均值的中误差为

$$M_x = \frac{\mu}{\sqrt{[P]}} = \sqrt{\frac{[P\Delta\Delta]}{n[P]}} \tag{3-55}$$

在观测量的真值未知的情况下,用观测值的加权算术平均值 x 代替真值 X,用观测值的改正值 v_i 代替真误差 Δ_i,并仿照式(3-37)的推导,得到按不等精度观测值的改正数计算单位权中误差的公式为

$$\mu = \sqrt{\frac{[Pvv]}{n-1}} \tag{3-56}$$

将式(3-56)代入式(3-51)中,可得加权算术平均值的中误差的实用计算公式为

$$M_x = \frac{\mu}{\sqrt{[P]}} = \sqrt{\frac{[Pvv]}{[P](n-1)}} \tag{3-57}$$

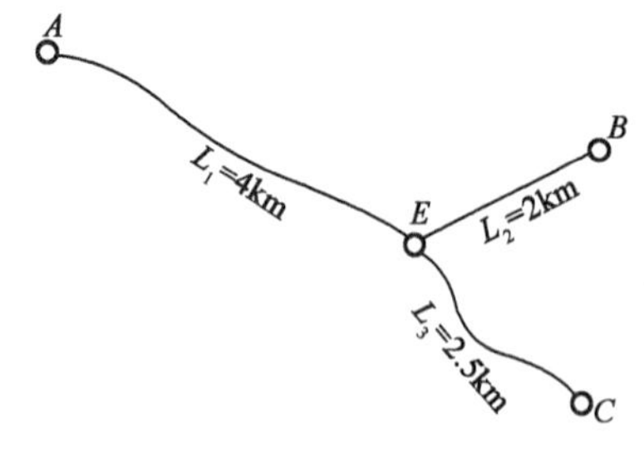

图 3-5 不等精度观测水准路线图

例 3-8 在水准测量中,从三个已知高程点 A、B、C 出发,来测量 E 点的高程值,水准路线如图 3-5 所示。测后分别得到 E 点的三个高程观测值:42.347m、42.320m、42.332m,L_i 各水准路线的长度,求 E 点高程的最或是值及其中误差。

解: 取各水准路线长度 L_i 的倒数乘以 C 为权,并令 $C=1$,计算数据见表 3-6。

E 点高程最或是值(加权算术平均值)**的计算** 表3-6

测段	高程观测值(m)	水准路线长度 L_i(km)	权 $P_i=\frac{1}{L_i}$	v(mm)	Pv(mm)	Pvv(mm)
AE	42.347	4.0	0.25	-17.0	-4.2	71.4
BE	42.320	2.0	0.50	+10.0	+5.0	50.0
CE	42.332	2.5	0.40	-2.0	-0.8	1.6
			$[P]=1.15$		$[Pv]=0$	$[Pvv]=123.0$

E 点高程的最或是值为

$$H_E=\frac{0.25\times42.347+0.50\times42.320+0.40\times42.332}{0.25+0.50+0.40}$$

$$=42.330(\mathrm{m})$$

单位权观测值中误差为

$$\mu=\sqrt{\frac{[Pvv]}{n-1}}=\sqrt{\frac{123.0}{3-1}}=7.8(\mathrm{mm})$$

最或是值中误差为

$$M_{H_E}=\frac{\mu}{\sqrt{[P]}}=\frac{7.8}{\sqrt{1.15}}=7.3(\mathrm{mm})$$

第七节 间接平差基本方法

测量平差法是处理带有误差的观测数据的一种最有效的方法。其目的是消除由于误差引起的观测值之间的矛盾现象,即消除其不符值,并运用某种最优化准则(如最小二乘准则),求出未知量的最或是值,同时按误差传播定律来估计未知量的精度。

在测量工程中,经常需要通过一系列观测值确定某些参数(又称未知数)的值。如图3-6所示,已知 A 点高程 H_A,观测了 L_1、L_2、L_3、L_4 和 L_5 五段高差,以确定 B、C、D 三点的高程。从图中可知,每一个观测值都可表达成所选参数的函数,则称这样的函数式为误差方程,并以此为基础求得参数的估计值。这种计算方法称为间接平差法,又称为参数平差法。

C
L2
L4
L3
B
D
L1
L5
A

图3-6 水准网示意图

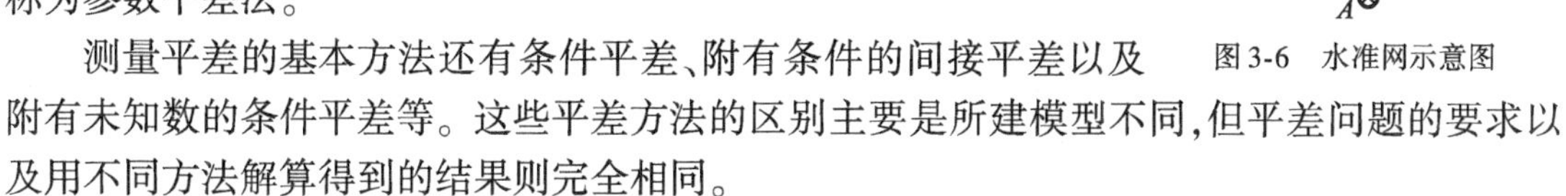

测量平差的基本方法还有条件平差、附有条件的间接平差以及附有未知数的条件平差等。这些平差方法的区别主要是所建模型不同,但平差问题的要求以及用不同方法解算得到的结果则完全相同。

一、最小二乘法的基本原理

最小二乘法是数理统计中进行点估计的一种常用的方法,是测量平差中求取服从正态分布的一组观测值的最或是值的基本方法。其基本原理是：如果以不同精度多次观测一个或多个未知量，为了求定各未知量的最或是值，各观测量必须加改正数，使其各改正数的平方乘以观测值的权的总和为最小。因此称之为最小二乘法。

设对某量进行了 n 次不等精度的独立观测，其观测值为 L_i，各观测值的权和中误差分别为 p_i、m_i，改正数 $v_i=\hat{L}_i-L_i(i=1,2,\cdots,n)$，$\hat{L}_i=L_i+v_i$ 为各观测值的最或是值（或称为平差值）。由最大似然估计准则可知，其似然函数（即观测值向量 L 的正态概率密度函数）为

$$G=\frac{1}{\prod_{i=1}^{n}m_i(\sqrt{2\pi})^n}e^{-\frac{1}{2}\left(\frac{v_1^2}{m_1^2}+\frac{v_2^2}{m_2^2}+\cdots+\frac{v_n^2}{m_n^2}\right)} \tag{3-58}$$

式中，$\prod$ 为连乘符号。

由最大似然估计的要求及式(3-58)可知，概率密度函数 G 越大，误差出现的概率就大，由此时的一组改正数 v_i 确定出的各观测值的最或是值 $\hat{L}_i$ 最接近于其真值。令 min 为最小值，而当 $\left(\frac{v_1^2}{m_1^2}+\frac{v_2^2}{m_2^2}+\cdots+\frac{v_n^2}{m_n^2}\right)=\min$ 时，函数 G 的值为最大。因此，此时选择的一组改正数应该是使 $\left(\frac{v_1^2}{m_1^2}+\frac{v_2^2}{m_2^2}+\cdots+\frac{v_n^2}{m_n^2}\right)=\min$ 成立的一组，即

$$\left(\frac{v_1^2}{m_1^2}+\frac{v_2^2}{m_2^2}+\cdots+\frac{v_n^2}{m_n^2}\right)=p_1v_1^2+p_2v_2^2+\cdots+p_nv_n^2=\min \tag{3-59}$$

或

$$[pvv]=\min \tag{3-60}$$

对于同精度观测，因 $p_1=p_2=\cdots=p_n=1$，故有

$$v_1^2+v_2^2+\cdots+v_n^2=\min$$

也即

$$[vv]=\min \tag{3-61}$$

式(3-60)和式(3-61)说明，如果以不等精度对未知量进行了多次观测，未知量的最或是值应使各观测值的改正数 v_i 的平方与各自的权 p_i 的乘积之和[pvv]为最小；在等精度观测时，未知量的最或是值应使各观测值的改正数 v_i 的平方和[vv]为最小，这就是最小二乘法的基本原理。

二、间接平差原理

设某平差问题有 t 个未知数 x_1、x_2、$\cdots$、x_t，有 n 个观测值 L_1、L_2、$\cdots$、L_n，其相应的权为 p_1、p_2、$\cdots$、p_n，平差值方程的一般形式为

$$\begin{cases}L_1+v_1=a_1x_1+b_1x_2+\cdots+t_1x_t+d_1\\L_2+v_2=a_2x_1+b_2x_2+\cdots+t_2x_t+d_2\\\cdots\\L_n+v_n=a_nx_1+b_nx_2+\cdots+t_nx_t+d_n\end{cases} \tag{3-62}$$

式中，d_i 为方程中的常数($i=1,2,\cdots,n$)。将已知的观测值 L_i 移至等号的右方，并令

$$l_i = d_i - L_i \tag{3-63}$$

即得一般形式的误差方程为

$$\begin{cases} v_1 = a_1x_1 + b_1x_2 + \cdots + t_1x_t + l_1, & p_1 \\ v_2 = a_2x_1 + b_2x_2 + \cdots + t_2x_t + l_2, & p_2 \\ \cdots \\ v_n = a_nx_1 + b_nx_2 + \cdots + t_nx_t + l_n, & p_n \end{cases} \tag{3-64}$$

式中，a_i、b_i、$\cdots$、t_i、l_i 为已知的系数和常数项。

式(3-64)的矩阵形式为

$$\underset{n,1}{v} = \underset{n,t}{B}\ \underset{t,1}{x} - \underset{n,1}{l}, \quad \underset{n,n}{p} \tag{3-65}$$

其中，

$$v=\begin{bmatrix} v_1 \\ v_2 \\ \vdots \\ v_n \end{bmatrix},\ B=\begin{bmatrix} a_1 & b_1 & \cdots & t_1 \\ a_2 & b_2 & \cdots & t_2 \\ \vdots & \vdots & \cdots & \vdots \\ a_n & b_n & \cdots & t_n \end{bmatrix},\ x=\begin{bmatrix} x_1 \\ x_2 \\ \vdots \\ x_t \end{bmatrix},\ l=\begin{bmatrix} -l_1 \\ -l_2 \\ \vdots \\ -l_n \end{bmatrix},\ p=\begin{bmatrix} p_1 & 0 & \cdots & 0 \\ 0 & p_2 & \cdots & 0 \\ \vdots & \vdots & \cdots & \vdots \\ 0 & 0 & \cdots & p_n \end{bmatrix}$$

在$[pvv]=v^{\mathrm{T}}pv=\min$ 的原则下求未知数 x，就是根据数学中求自由极值的理论，分别求 $v^{\mathrm{T}}pv$ 对 x 的偏导数，并令其等于零，然后从这些等式中解出 x。$v^{\mathrm{T}}pv$ 对 x 的偏导数为

$$\frac{\partial v^{\mathrm{T}}pv}{\partial x} = 2v^{\mathrm{T}}p\frac{\partial v}{\partial x} = 2v^{\mathrm{T}}pB \tag{3-66}$$

令式(3-66)等于零，去掉公因子 2，转置后可得：

$$B^{\mathrm{T}}pv = 0 \tag{3-67}$$

由式(3-67)中的 t 个方程，再联合式 (3-65)中的 n 个误差方程，就可以解得 n 个改正数 v 和 t 个未知数 x。这 $n+t$ 个方程就是间接平差中的基础方程组。解算这组基础方程的方法，通常是将式(3-65)代入式(3-67)中，即：

$$B^{\mathrm{T}}pv = B^{\mathrm{T}}pBx - B^{\mathrm{T}}pl = 0 \tag{3-68}$$

式(3-68)就是用于解算未知数的方程组，称之为法方程组，它的个数与未知数的个数相同。由这组方程解得未知数 $x=(B^{\mathrm{T}}pB)^{-1}B^{\mathrm{T}}pl$，代入式(3-65)即可求出一组相应的改正数 v，这一组 v 值一定满足$[pvv]=v^{\mathrm{T}}pv=\min$ 的要求。所以，由法方程组解出的未知数就是未知数的最或是值。如果用改正数 v 加到相应的观测值上，就可求得各观测量的平差值。

单位权中误差可按下式计算：

$$\mu = \sqrt{\frac{[pvv]}{n-t}} \tag{3-69}$$

观测值 L_i 的中误差为

$$m_i = \mu\sqrt{\frac{1}{p_i}} \tag{3-70}$$

未知数的最或是值 x_i 的中误差为

$$M_{x_i} = \mu\sqrt{\frac{1}{p_{x_i}}} \tag{3-71}$$

综上所述,间接平差法的基本原理是:针对具体的平差问题,选定未知量,通过误差方程达到消除不符值的目的,并以此为基础,利用数学中求自由极值的方法来解出未知量的最或是值。

三、间接平差计算示例

例 3-9 在图 3-6 中,已知 $H_A = 237.483\text{m}$,选取 B、C、D 三点高程 X_1、X_2、X_3 为参数,观测高差及各条路线的距离如下:

$L_1 = 5.835\text{m}, S_1 = 3.5\text{km}; L_2 = 3.782\text{m}, S_2 = 2.7\text{km}; L_3 = 9.640\text{m}, S_3 = 4.0\text{km};$

$L_4 = 7.384\text{m}, S_4 = 3.0\text{km}; L_5 = 2.270\text{m}, S_5 = 2.5\text{km}$

试求 B、C、D 三点的高程值 X_1、X_2、X_3 及单位权中误差。

解:列出各个高差的平差值与各点高程之间的关系式:

$$\begin{aligned}
L_1 + v_1 &= X_1 - H_A \\
L_2 + v_2 &= -X_1 + X_2 \\
L_3 + v_3 &= X_2 - H_A \\
L_4 + v_4 &= X_2 - X_3 \\
L_5 + v_5 &= X_3 - H_A
\end{aligned}$$

这就是平差值方程,其误差方程为

$$\begin{aligned}
v_1 &= X_1 - (H_A + L_1) \\
v_2 &= -X_1 + X_2 - L_2 \\
v_3 &= X_2 - (H_A + L_3) \\
v_4 &= X_2 - X_3 - L_4 \\
v_5 &= X_3 - (H_A + L_5)
\end{aligned}$$

为便于计算,选取各参数的近似值为 X_1^0, X_2^0, X_3^0,并令

$$X_1^0 = H_A + L_1 \quad X_1 = X_1^0 + x_1$$

$$X_2^0 = H_A + L_3 \quad X_2 = X_2^0 + x_2$$

$$X_3^0 = H_A + L_5 \quad X_3 = X_3^0 + x_3$$

则有

$$\begin{aligned}
v_1 &= x_1 \\
v_2 &= -x_1 + x_2 + 23 \\
v_3 &= +x_2 \\
v_4 &= x_2 - x_3 - 14 \\
v_5 &= +x_3
\end{aligned}$$

设 10km 的观测高差为单位权观测值,即按 $p_i = \dfrac{10}{S_i}$ 来定权,得各观测值的权分别为 $p_1 = 2.9, p_2 = 3.7, p_3 = 2.5, p_4 = 3.3, p_5 = 4.0$。

由式(3-64)和式(3-65)可知

$$B=\begin{bmatrix}1&0&0\\-1&1&0\\0&1&0\\0&1&-1\\0&0&1\end{bmatrix},\ l=\begin{bmatrix}0\\-23\\0\\14\\0\end{bmatrix},\ p=\begin{bmatrix}2.9&0&0&0&0\\0&3.7&0&0&0\\0&0&2.5&0&0\\0&0&0&3.3&0\\0&0&0&0&4.0\end{bmatrix}$$

由 $x=(B^{\mathrm{T}}pB)^{-1}B^{\mathrm{T}}pl$ 可得

$$x=(B^{\mathrm{T}}pB)^{-1}B^{\mathrm{T}}pl=\begin{bmatrix}11.75\\-2.04\\-7.25\end{bmatrix}(\mathrm{mm})$$

即

$$x_1=11.75\mathrm{mm},x_2=-2.04\mathrm{mm},x_3=-7.25\mathrm{mm}$$

于是,B、C、D 三点的高程值 X_1、X_2、X_3 分别为

$$X_1=X_1^0+x_1=243.3298(\mathrm{m})$$

$$X_2=X_2^0+x_2=247.1210(\mathrm{m})$$

$$X_3=X_3^0+x_3=239.7458(\mathrm{m})$$

再将求出的 x_1、x_2、x_3 代入误差方程中,可得各观测值的改正数为

$$v_1=11.8\mathrm{mm},\quad v_2=9.2\mathrm{mm},\quad v_3=-2.0\mathrm{mm},\quad v_4=-8.8\mathrm{mm},\quad v_5=-7.2\mathrm{mm}$$

将改正数加在相应的观测值上,即得各观测高差的平差值为

$$\hat{L}_1=L_1+v_1=5.8468(\mathrm{m})$$

$$\hat{L}_2=L_2+v_2=3.7912(\mathrm{m})$$

$$\hat{L}_3=L_3+v_3=9.6380(\mathrm{m})$$

$$\hat{L}_4=L_4+v_4=7.3752(\mathrm{m})$$

$$\hat{L}_5=L_5+v_5=2.2628(\mathrm{m})$$

按式(3-69)可计算出单位权中误差为

$$\mu=\sqrt{\frac{[pvv]}{n-t}}=\sqrt{\frac{1189.9}{5-3}}=24.4(\mathrm{mm})$$

按式(3-70)可计算出观测值的中误差分别为

$$m_1=14.3\mathrm{mm},m_2=12.7\mathrm{mm},m_3=15.4\mathrm{mm},m_4=13.4\mathrm{mm},m_5=12.2\mathrm{mm}$$

按式(3-71)可计算出未知数的最或是值的中误差分别为

$$m_{X_1}=11.0\mathrm{mm},m_{X_2}=10.0\mathrm{mm},m_{X_3}=10.1\mathrm{mm}$$

思考题与习题

1. 什么是误差？产生测量误差的原因有哪些？

2. 测量误差可以分为几类？这几类误差各有何特点？

3. 试简述偶然误差的四个重要特性。

4. 何谓精度？测量工作中常用的衡量精度的指标有哪些？

5. 什么是中误差？为什么中误差能作为衡量精度的标准？

6. 什么是误差传播定律？

7. 函数 $Z=Z_1+Z_2$，其中 $Z_1=x+2y$，$Z_2=2x-y$。x 和 y 相互独立，且 x 和 y 的中误差 m_x、m_y 均为 m，即 $m_x=m_y=m$，试求函数 Z 的中误差 m_Z。

8. 量得一圆的半径 $r=31.3\text{mm}$，已知其测量中误差为 0.3mm，求其圆周长、圆面积及相应的中误差。

9. 在一个三角形中观测了 α 和 β 两个内角，其测角中误差分别为 $m_\alpha=10''$、$m_\beta=20''$，利用三角形内角和的关系，从 180° 中减去 $(\alpha+\beta)$ 求出其另一内角 γ，试问 γ 角的中误差是多少？

10. 在三角高程测量，按 $h=D\tan\alpha$ 计算高差，已知 $\alpha=20°$，测角中误差 $m_\alpha=20''$，$D=345.67\text{m}$，$m_D=0.05\text{m}$，试求出高差 h 及其中误差 m_h。

11. 对某段距离丈量了六次，观测结果分别为（以 m 为单位）：246.535、246.548、246.520、246.529、246.550、246.537，试求出这段距离的算术平均值、算术平均值的中误差及其相对中误差。

12. 简述权的含义及其性质，并说明为什么不等精度观测需用权来衡量观测值的精度。

13. 什么是单位权？什么是单位权中误差？

14. 如图 3-7 所示，D 点高程分别由 A、B、C 三个已知点求得，各为 40.645m，40.638m，40.627m，试求出 D 点高程的加权算术平均值、改正数、单位权中误差及加权算术平均值的中误差。

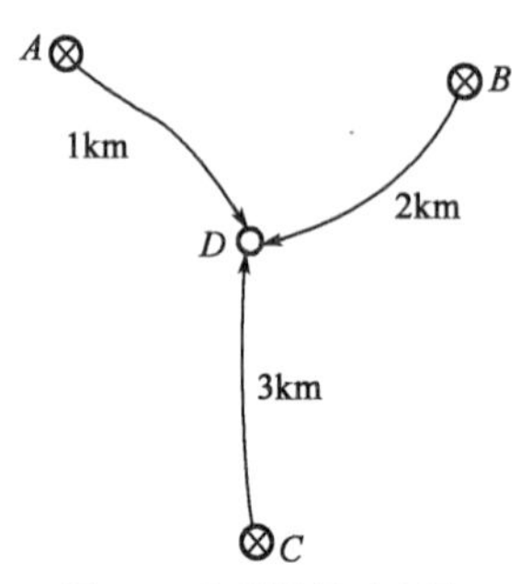

图 3-7　高程测量示意图

第四章

角度与距离测量

【本章提要】

本章主要介绍角度、距离有关概念；水平角、竖直角测量原理，电磁波测距原理；经纬仪、全站仪基本构造、使用方法以及三维激光扫描技术；角度测量方法与主要误差来源；距离测量方法。

【学习要求】

通过本章学习，应理解角度、距离有关概念与水平角、竖直角、电磁波测距原理；掌握全站仪使用法，以及角度测量、电磁波测距方法；掌握三维激光扫描测量技术基本知识。

第一节　角度测量原理

角度测量是确定地面点位的基本测量工作之一，包括水平角测量和竖直角测量。

一、水平角测量原理

所谓水平角，就是相交的两空间直线之间的夹角在水平面上的投影，角值为0°～360°。如图4-1所示，设A、B、C为地面上任意三点，M与N分别为过直线AC和直线BC所作的两个竖直面,它们与水平面 H 的交线分别为 A_1C_1、B_1C_1,则水平面 H 上的夹角 β 就是直线 AC 与直线 BC 间的水平角。

根据水平角的定义,在过 C 点的铅垂线上,任取一水平面,都可得到 AC 与直线 BC 间的水平角。由此可以设想,为了测得水平角 $\angle ACB$ 的角值,可在 O 点上水平地安置一个带有顺时针刻度的圆盘,其圆心 O 与 C 点位于同一铅垂线上。若竖直面 M 和 N 在刻度盘上截取的读数分别为 a 和 b,则水平角 β 的角值为

$$\beta = b - a \tag{4-1}$$

二、竖直角测量原理

竖直角是同一竖直面内目标方向与一特定方向之间的夹角。目标方向与水平方向之间的夹角称为竖直角,又称为高度角,一般用 α 表示。竖直角有仰角、俯角。

仰角:竖直面内目标方向在水平方向之上的竖直角,如图 4-2 所示的 $\angle AOH$。仰角为正值,角值为 $0° \sim +90°$。

俯角:竖直面内目标方向在水平方向之下的竖直角,如图 4-2 所示的 $\angle BOH$。俯角为负值,角值为 $-90° \sim 0°$。

目标方向与天顶方向(即铅垂线的反方向)之间的夹角称为天顶距,一般用 Z 表示,天顶距的大小为 $0° \sim 180°$,如图 4-2 所示。

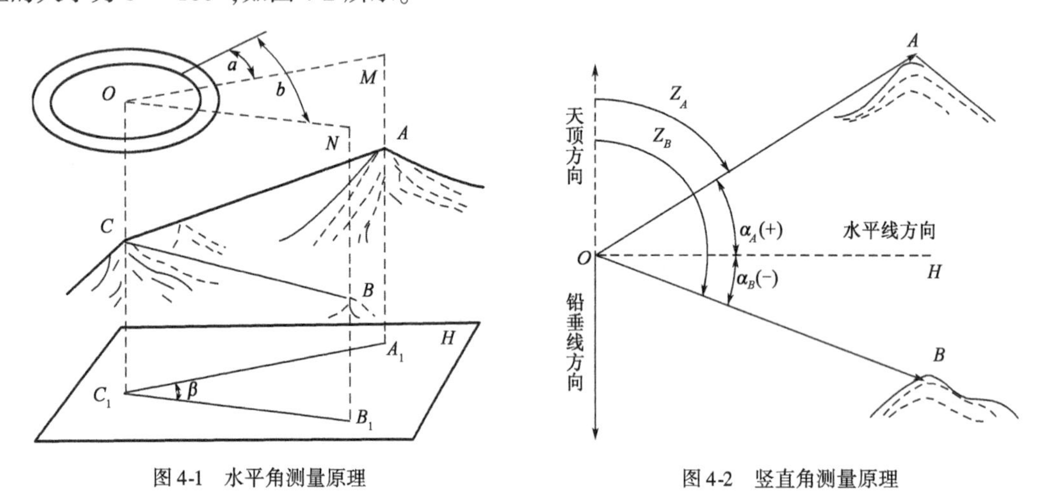

图 4-1 水平角测量原理　　图 4-2 竖直角测量原理

设在 O 观测 A 的天顶距为 Z_A,竖直角为 α,故天顶距 Z_A 与竖直角 α 的关系为

$$\alpha = 90° - Z_A \tag{4-2}$$

在式(4-2)中,当 $Z_A < 90°$时,α 值为正,是仰角;当 $Z_A > 90°$时,α 值为负,是俯角。

根据竖直角的基本概念,测定竖直角必然也与观测水平角一样,其角值也是度盘上两个方向读数之差,所不同的是两方向中必须有一个是水平方向。任何注记形式的竖直度盘(简称竖盘),当视线水平时,其竖盘读数应为定值,通常为 90°的整倍数,所以,在测定竖直角时只需读取目标点的竖盘读数,即可计算出竖直角。

第二节 角度测量仪器

根据角度测量原理,用于测量水平角和竖直角的仪器,应装有一个能置于水平位置的水平度盘及相应的读数设备和能置于竖直平面内竖直度盘及相应的读数设备,且水平度盘的中心能安置在过测站点的铅垂线上。为了能瞄准远近高低不同的目标,仪器上的望远镜不仅能在水平面内左右旋转,而且还能在竖直面内上下转动。经纬仪就是根据上述基本要求设计制造的测角仪器。经纬仪根据度盘刻度和读数方式不同,可分为光学经纬仪和电子经纬仪(全站仪同样具备电子经纬仪的功能)。

一、DJ_6 光学经纬仪

按照光学经纬仪测角精度的不同,我国把经纬仪分为 DJ_{07}、DJ_1、DJ_2、DJ_6、DJ_{15}等不同级别。其中“D”“J”分别是“大地测量”“经纬仪”两词汉语拼音第一个字母的简写,数字 07、1、2、6、15 等表示该级别仪器所达到的精度指标(该数字表示此类经纬仪野外一测回方向中误差),数字越大,级别越低。目前,工程测量中使用较多的光学经纬仪是 DJ_2 经纬仪和 DJ_6 经纬仪,两种经纬仪的结构大体相同。本节主要介绍 DJ_6 光学经纬仪的结构和使用方法,图 4-3 为 DJ_6 光学经纬仪基本结构示意图。

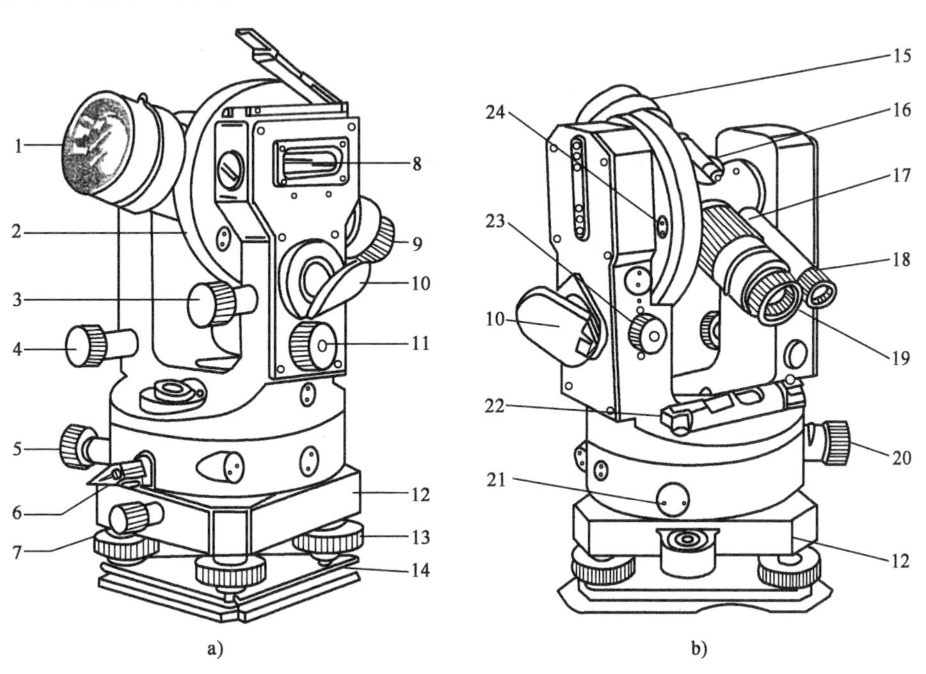

图 4-3 DJ_6 光学经纬仪基本结构示意图

1-物镜;2-竖直度盘;3-竖盘指标水准管微动螺旋;4-望远镜微动螺旋;5-水平微动螺旋;6-水平制动螺旋;7-轴座固定螺旋;8-竖盘指标水准管;9-目镜;10-反光镜;11-测微轮;12-基座;13-脚螺旋;14-连接板;15-望远镜;16-照准器;17-对光螺旋;18-读数显微镜;19-目镜对光螺旋;20-拨盘手轮;21-堵盖;22-照准部水准管;23-自动归零锁紧手轮;24-堵盖

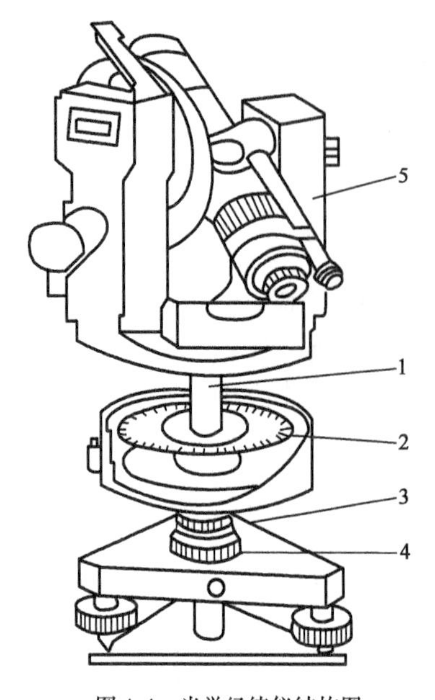

图 4-4　光学经纬仪结构图
1-度盘旋转轴;2-水平度盘;3-度盘旋转轴套;4-基座轴套;5-照准部

光学经纬仪的基本结构可分为照准部、水平度盘和基座三部分。

1. 照准部

照准部是指位于基座上方,能绕其旋转轴旋转部分的总称,如图 4-4 所示。照准部旋转轴称为光学经纬仪的竖轴。照准部水准器的水准轴与竖轴正交,水平度盘平面应与竖轴正交,竖轴应通过水平度盘的刻划中心。当水准气泡居中时,仪器的竖轴应在铅垂线方向,水平度盘处于水平位置。

(1)望远镜

光学经纬仪上的望远镜用于精确、清晰地瞄准远处的测量目标。望远镜的光学系统主要由物镜、调焦透镜、十字丝分划板和目镜组成,如图 4-5a)所示。

十字丝分划板的构造如图 4-5b)所示,竖直的一条称竖丝,横的一条称中丝,合起来称为十字丝。竖丝用来瞄准水平方向的位置,位于中丝上、下方的两条短横线称为上丝和下丝,亦称为视距丝。测量时望远镜是利用十字丝瞄准目标的,物镜光心与十字丝中心的连线称为视准轴。

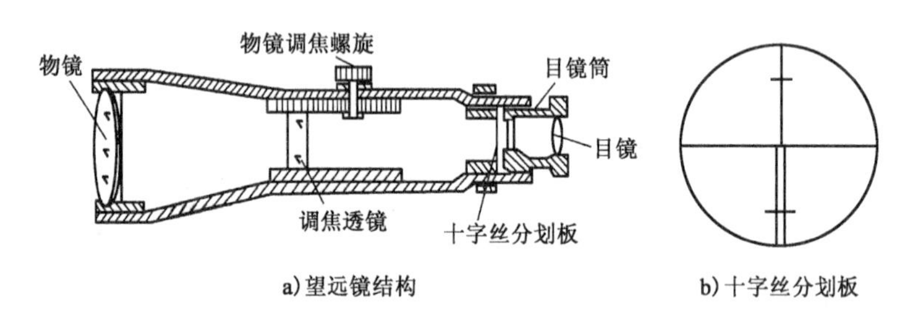

a)望远镜结构　　b)十字丝分划板

图 4-5　望远镜结构示意图

(2)水准器

光学经纬仪的水准器用于置平仪器,使仪器的某条轴线处于水平或铅垂位置。

水准器是内壁研磨成一定曲率的玻璃管,管内灌入酒精、乙醚等溶液,加热封闭冷却后形成一空隙(即水准气泡)。水准器有管水准器和圆水准器两种。

①管水准器(又称为水准管)。

经纬仪上的管水准器,主要用于指示竖轴是否处于铅垂位置并使水平度盘水平。管水准器是两端封闭的玻璃管,在玻璃管的纵剖面方向上,其内壁研磨成一定半径为 R 的圆弧,气泡恒位于圆弧的最高点。圆弧的中点 O 称为水准管的零点,过零点的圆弧切线 LL 称为水准管轴。如果气泡中心位于零点,则水准管轴 LL 处于水平状态,此时称气泡居中,如图 4-6a)所示。

在管水准器的玻璃外表面刻有分划线,分别位于零点的左右两侧,并以零点为中心成对称排列,如图 4-6b)所示。相邻两条分划线间圆弧长度为 2mm。2mm 圆弧所对的圆心角值称为水准管分划值 τ,即

$$\tau = \frac{2\rho''}{R} \tag{4-3}$$

式中，R 为水准管圆弧半径（mm）。

水准管圆弧半径越大，分划值 τ 越小，灵敏度越高，此时水准管一般较长，整平时亦较慢。因此，不同精度等级的仪器往往安装与之相匹配的水准管，如 DJ_6 光学经纬仪水准管分划值为 20″/2mm。

②圆水准器。

圆水准器外形如圆盒状，顶部玻璃的内表面为球面，中央刻有圆圈，当气泡位于圆圈中心时称为气泡居中。通过圆圈中心对圆球面所做的法线 LL 称为圆水准器轴，当气泡严格居中时，圆水准器轴即处于铅垂位置。圆水准器的分划值一般为 8′/2mm，精度比管水准器低，只能用于粗略置平仪器，如图 4-7 所示。

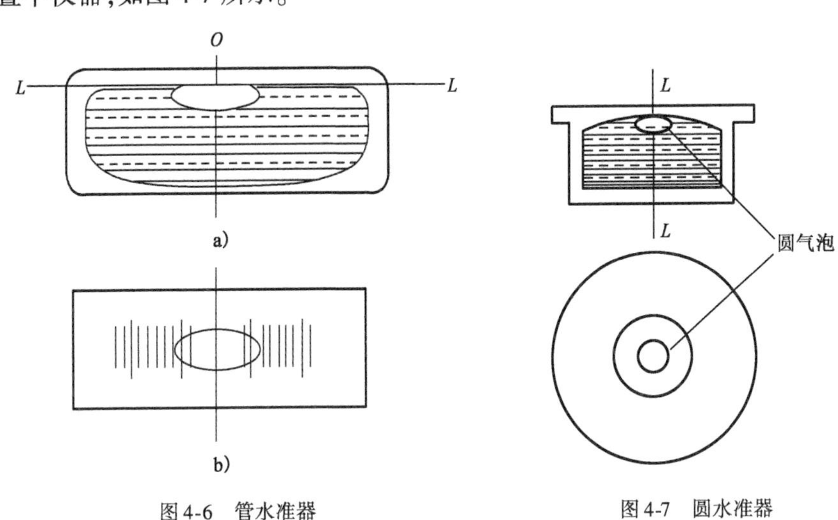

图 4-6　管水准器

图 4-7　圆水准器

2. 水平度盘

水平度盘是一个刻有分划线的光学玻璃圆盘，相邻两分划线间距所对的圆心角称为度盘的格值，又称度盘的最小分格值。一般 DJ_6 光学经纬仪的度盘格值为 1°，DJ_2 光学经纬仪的度盘格值为 20′，并按顺时针方向注有数字。水平度盘与照准部是分离的，观测水平角时，其位置相对固定，不随照准部一起转动。若需改变水平度盘的位置，可通过照准部上的水平度盘变换手轮或复测扳手将度盘配置到所需要的位置。

3. 基座

光学经纬仪基座主要由轴座、脚螺旋、底板、三角压板等组成。在光学经纬仪基座上，还有一个轴座固定螺旋，用来将照准部与基座固连在一起。利用基座的中心螺母和三脚架上的中心连接螺旋，可使仪器与三脚架固定在一起。

4. 读数设备和读数方法

光学经纬仪的水平度盘分划和竖直度盘分划由读数光学系统，成像在望远镜旁的读数显微镜中。不同级别的光学经纬仪，或由不同厂家生产的同一级别的光学经纬仪，由于采用的读数装置不同，其读数方法也不一定相同。目前，大部分 DJ_6 光学经纬仪都采用分微尺测微器读数装置。

分微尺测微器结构简单,读数方便,图4-8所示为分微尺测微器读数窗。读数窗上半部的影像为水平度盘读数,一般标有"H"或"水平"字样,下半部为竖直度盘读数,一般标有"V"或"竖直"字样。上半部和下半部各有一个分微尺,其长度与成像在读数窗分划面上的度盘分划值间隔的宽度相等。分微尺分为60小格,相当于把度盘上1°的分划间隔分成60等份,每小格的格值为1′,为了读数方便,每10小格标有注记。读数时,是以度盘的分划线作为读数的指标线。在图4-8中,"度"位由落在分微尺上的度盘分划线注记数直接读出,水平度盘的"度"位读数为214°,"分"位则从分微尺读出,其值等于分微尺的0分划线至度盘分划线之间的整格数,水平度盘的"分"位读数为44′,"秒"位为不足一格的估读数,一般最小可估读到0.1格(即$0.1\times1' = 6''$)。"秒"位读数为0.2格(即12″),就得到水平度盘读数为214°44′12″;同理,竖直度盘读数为90°28′48″。

二、电子经纬仪

电子经纬仪在结构和外观上与光学经纬仪基本类似,使用方法与光学经纬仪也基本相同。

电子经纬仪与光学经纬仪根本区别在于用电子测角系统代替光学读数系统,能自动显示测量数据。电子经纬仪采用电子度盘以及由它和机、光、电器件组成的测角系统。电子经纬仪有3种测角系统,即编码度盘测角系统、光栅度盘测角系统和动态法测角系统,各种测角系统的测角原理亦不相同。

1. 编码度盘测角系统

编码度盘测角系统采用的是编码度盘,它是在度盘上设置n个等间隔的同心圆环,每个圆环称为一个码道。同时,沿直径方向将度盘全周等分为2^n个同心角扇形,此扇形称为码区,这样构成编码度盘。

图4-9所示为一个纯二进制编码度盘,共有4个码道和16个码区,每个码区的角值为$360°/16 = 22.5°$,按一定规则将扇形圆环涂成透光和不透光的黑区和白区,透光表示"0";不透光表示"1"。这样对每一个码区沿径向方向由里向外可表示1个二进制数,里圈为高位数,外圈为低位数。如图4-9中由"0000"起,顺时针方向可以读得"0001" "0010"……"1111",相应于十进制数的0~15。

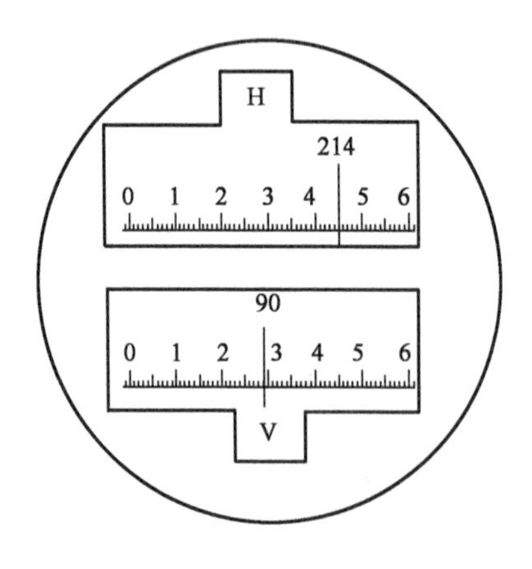

图4-8 分微尺测微器的读数窗

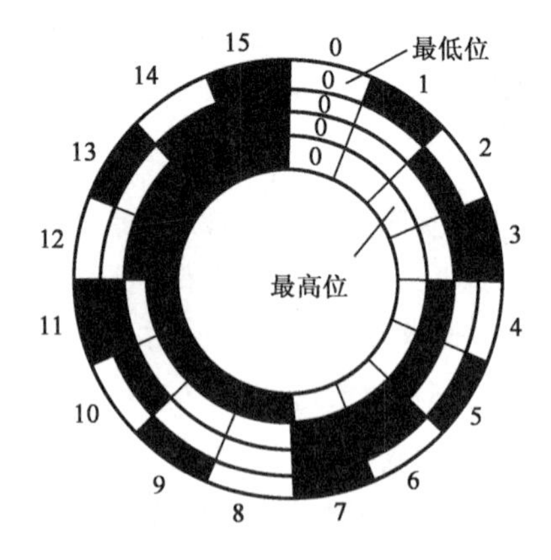

图4-9 编码度盘示意图

若在编码度盘的一侧沿码区对每个码道安置一个发光二极管,并在另一侧安置接收二极管,当发光二极管和接收二极管组成的光电探测器阵列位于某一码区时,发光二极管的光通过码道的黑区或白区,使各接收二极管输出高电位信号“1”或低电位信号“0”(图4-10)。由于每一个码区对应一个二进制数,经三极管放大和译码器处理后可以数字形式表示编码度盘上码区的绝对位置,故称绝对测角法。如图4-10所示为“1001”。

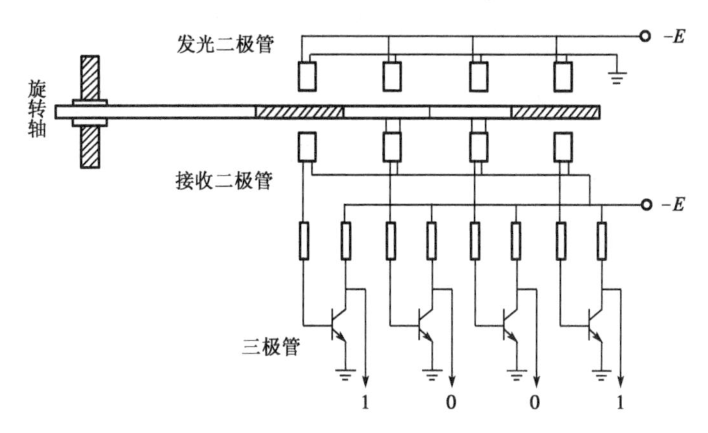

图4-10 编码度盘光电读数原理

编码度盘的分辨率 δ 与区间数 s 有关,区间数 s 取决于码道数 n,它们之间的关系为

$$s = 2^n$$

$$\delta = \frac{360°}{s}$$

n 越大,分辨率越高,但由于制造工艺的限制,n 不可能太大。由此可见,直接利用编码度盘不易达到较高的精度。因此,编码度盘只能用于角度粗测,精测必须采用电子测微技术。

2. 光栅度盘测角系统

在光学玻璃度盘的径向上均匀地刻制明暗相间的等角距细线条就构成光栅度盘,如图4-11所示。光栅的基本参数是刻划线密度(即每毫米刻的线条数)和栅距(相邻两栅之间的距离)。在图4-11中,设光栅的刻线宽度为 a,缝隙宽度为 b,通常 $a = b$,栅距为 $d = a + b$。圆光栅中,栅距所对应的圆心角即为栅距的分划值。电子经纬仪采用的是圆光栅,光栅的线条处为不透光区,缝隙处为透光区。在光栅度盘上下对应位置装上照明器和光电接收管,则可将光栅的透光与不透光信号转变为电信号。若照明器和接收管随照准部相对于光栅盘移动,则可由计数器累计求得所移动的栅距数,从而得到转动的角度值。因为光栅盘是靠累计计数,因而称这种系统为增量式读数系统。

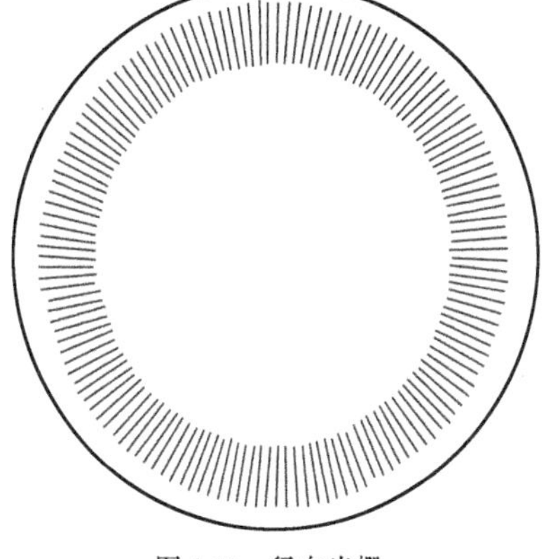

图4-11 径向光栅

一般光栅的栅距很小,但分划值却仍然较大。例如在80mm直径的度盘上刻有12500条线(刻线密度为50线/mm),其栅距的分划值为1′44″,为了提高测角精度,还必须对栅距进行细分,即将一个栅距用电子的方法细分成几十到上千等份。由于栅距太小,计数和细分都不易

准确,所以在光栅测角系统中都采用了莫尔条纹技术,将栅距放大,然后再进行细分和计数。

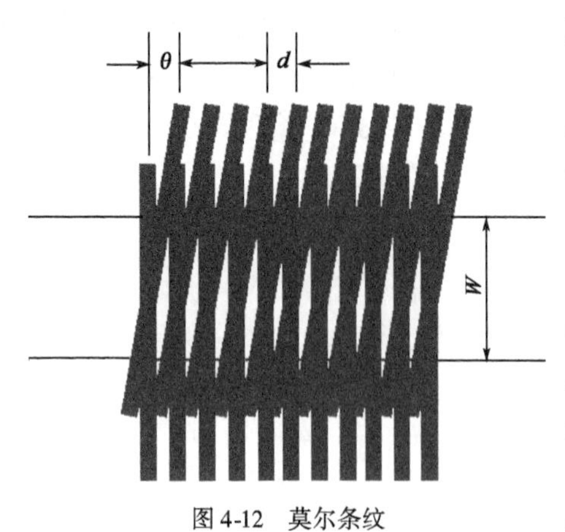

图 4-12　莫尔条纹

产生莫尔条纹的方法是:取一小块与光栅盘具有相同密度和栅距的光栅,称为指示光栅。将指示光栅与光栅盘以微小的间距重叠起来,并使其刻线相互倾斜一个微小夹角 θ,这时就会出现放大为明暗交替的条纹,这些条纹称为莫尔条纹(栅距由 d 放大到 W),如图 4-12 所示。测角过程中,转动照准部时同时带动指示光栅相对于度盘横向移动,所形成的莫尔条纹也随之移动。设栅距的分划值为 δ,则纹距的分划值亦为 δ。在照准部瞄准方向的过程中,可累计出移动条纹的个数 n 和计数不足整条纹距(不足一分划值)的小数 $\Delta\delta$,则角度值 ψ 可写为

$$\psi = n\delta + \Delta\delta \tag{4-4}$$

第三节　角度观测方法

一、经纬仪的安置

对中、整平

经纬仪安置的要求:经纬仪的中心在地面点的铅垂线上;经纬仪的水平度盘处于水平状态。在角度观测之前,必须正确安置经纬仪。经纬仪的安置包括对中、整平、调焦三个步骤,其对中、整平步骤与全站仪基本一致。

1. 对中

三脚架是安放经纬仪的支架,伸缩三脚架的架腿可调整三脚架至适当高度,将三脚架安置在地面标志点上,在架头中心处自由落下一块小石头,观其落下点位与地面标志点的偏差若在3cm 之内,则实现大致对中。从仪器箱中取出经纬仪放在三脚架架头上(手不放松),位置适中。另一只手把中心连接螺旋(在三脚架头内)旋进经纬仪的基座中心孔中,使经纬仪牢固地与三脚架连接在一起。旋转基座的脚螺旋通过光学对中器或激光对中器观察地面标志点的移动情况,使对中器的十字中心或激光点中心对准地面标志点,此时圆水准器可能不居中。松开脚架腿固定螺栓,适当调整三个脚架腿的长度,使圆水准器居中,此时地面标志点略偏离对中器十字中心。重复上述操作,直至地面标志点位于十字中心,且圆水准器也处于居中状态。

2. 整平

任选两个脚螺旋,转动照准部使管水准轴与所选两个脚螺旋中心连线平行,相对转动两个脚螺旋使管水准器气泡居中,如图 4-13a)所示。管水准器气泡在整平中的移动方向与转动脚螺旋的左手大拇指运动方向一致。转动照准部 90°,使管水准器处于垂直于该两个脚螺旋连线方向位置,此时转动第三个脚螺旋使管水准器气泡居中,如图 4-13b)所示。如此反复,直至水准器气泡在任意位置都精确居中。

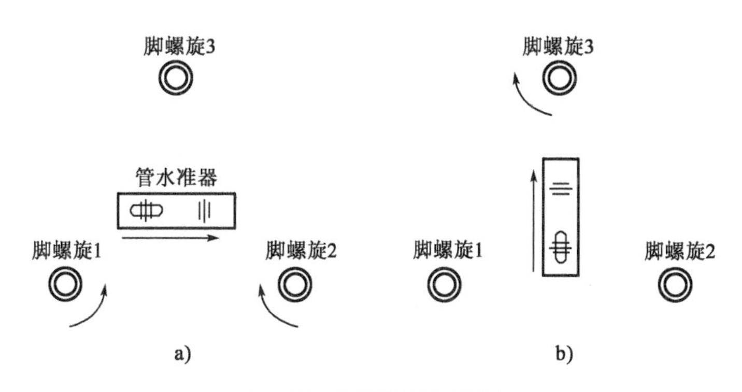

图 4-13　经纬仪整平示意图

3. 调焦

调焦包括目镜调焦和物镜调焦。首先进行目镜调焦,将望远镜对准白墙或天空,旋转目镜调焦螺旋,使十字丝最清晰。然后进行物镜调焦,旋转物镜调焦螺旋,使观测目标成像最清晰。如果调焦不完善,当眼睛在目镜边缘上下、左右稍许移动时,会出现十字丝与目标像之间有相对移动,这种现象称为"视差"。有了视差,就不可能进行精确的瞄准和读数。因此,必须消除视差。消除视差的方法如下:转动目镜调焦螺旋将十字丝调至最清楚,再转动物镜调焦螺旋将目标像调至最清楚,上下、左右移动眼睛,如果十字丝与目标像之间已无相对移动,则视差已消除,否则,重新进行目镜和物镜对光,直至视差消除为止。

二、水平角观测

水平角观测一般根据观测条件、观测精度要求和目标的数目来决定。常用的水平角观测方法有测回法和方向观测法。

1. 测回法

测回法适于观测只有两个方向的水平角,如图 4-14 所示,经纬仪安置在测站点 O 上,对中整平后按下述步骤进行水平角观测。

(1) 经纬仪置于盘左(用 L 表示)位置。所谓盘左,即观测者面对望远镜目镜,竖直度盘在望远镜的左侧。

(2) 精确瞄准起始目标 A,读取水平度盘读数 L_A,记入观测手簿。

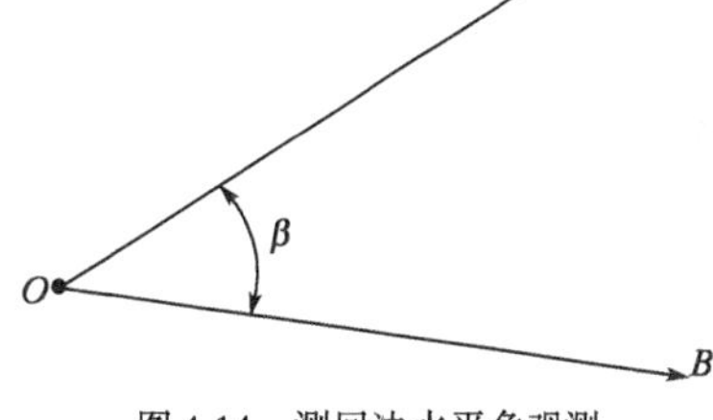

图 4-14　测回法水平角观测

瞄准目标的一般方法是:松开照准部和望远镜的制动螺旋,通过望远镜筒上面的粗瞄器粗略瞄准目标,并使目标的成像位于十字丝附近,旋转照准部和望远镜微动螺旋,应用十字丝竖丝精确瞄准目标(尽量瞄准目标底部,以便减小目标倾斜的影响)。

(3) 松开照准部制动螺旋,顺时针旋转照准部,精确照准目标 B,读取水平度盘读数 L_B,记入观测手簿。

以上观测过程称为上半测回,其观测角值 $\beta_{左} = L_B - L_A$。

(4)松开照准部制动螺旋和望远镜制动螺旋,纵转望远镜,使经纬仪置于盘右(用 R 表示)位置(即竖盘在望远镜右侧,又称倒镜)。然后精确照准目标 B,读取水平度盘读数 R_B,记入观测手簿。

(5)逆时针旋转照准部,精确照准目标 A,读取水平度盘读数 R_A,记入观测手簿。

上述(4)和(5)两步过程称为下半测回。下半测回观测角值为 $\beta_{右}=R_B-R_A$。

上半测回和下半测回合称为一个测回。理论上 $\beta_{左}$ 与 $\beta_{右}$ 应相等,但往往由于受各种误差的综合影响而不相等,实际观测中当 $\beta_{左}$ 与 $\beta_{右}$ 两者之差(称半测回较差)满足规范要求时(表4-1),可取两者的平均值作为该测回的观测结果 β。

$$\beta=(\beta_{左}+\beta_{右})/2$$

水平角观测技术要求 表4-1

仪器	半测回归零差(″)	半测回角值较差(″)	一测回内 $2C$ 互差(″)	同一方向值各测回互差(″)
DJ_6	18	36	—	24
DJ_2	12	24	18	12

当观测的测回数 n 大于一测回时应配置度盘,各测回之间起始目标的度盘读数应配置为 $180°/n$。打开手轮护盖或按下手轮盖,转动手轮,直至读数窗看到所需读数,然后关好手轮护盖(或弹回手轮盖)。测回法观测记录及计算见表4-2。

测回法观测手簿 表4-2

仪器等级:DJ_6　　仪器编号:1995035　　观测者:×××

观测日期:2015年5月5日　　天　　气:晴　　记录者:×××

测站	测回	目标	读数 盘左(° ′ ″)	读数 盘右(° ′ ″)	半测回方向值(° ′ ″)	一测回方向值(° ′ ″)	各测回平均方向值(° ′ ″)	备注
O	1							
		A	0 01 12	180 01 18	0 00 00	0 00 00	0 00 00	
		B	58 20 24	238 20 42	58 19 12	58 19 18	58 19 20	
					24			
	2	A	90 02 06	270 02 12	0 00 00	0 00 00		
		B	148 21 24	328 21 36	58 19 18	58 19 21		
					24			

2. 方向观测法

方向观测法又称为全圆观测法,适用于在一个测站上观测三个或三个以上的目标。与测回法不同的是,方向观测法在超过三个目标时每半测回依次观测各方向后,最后还应再次回到观测起始方向并进行读数,这一过程称为归零观测。

如图4-15所示,O 为测站点,A、B、C、D 为观测目标,方向观测法观测步骤如下。

(1)在测站点 O 安置仪器,对中整平。盘左瞄准起始方向 A,读数并记入观测手簿

(表4-3)中。

(2)按顺时针方向依次瞄准目标 B、C、D,读数并记入观测手簿中。

(3)再次瞄准起始目标 A,读数并记入观测手簿。两次瞄准目标 A 的读数之差称为半测回归零差(Δ),半测回归零差应不超过表4-1的规定。若归零差符合要求,取两次读数平均值作为起始目标 A 的读数,上述观测称为上半测回。

(4)盘右位置逆时针依次瞄准 A、D、C、B、A 各目标,读取读数并记入手簿。以上观测称为下半测回。

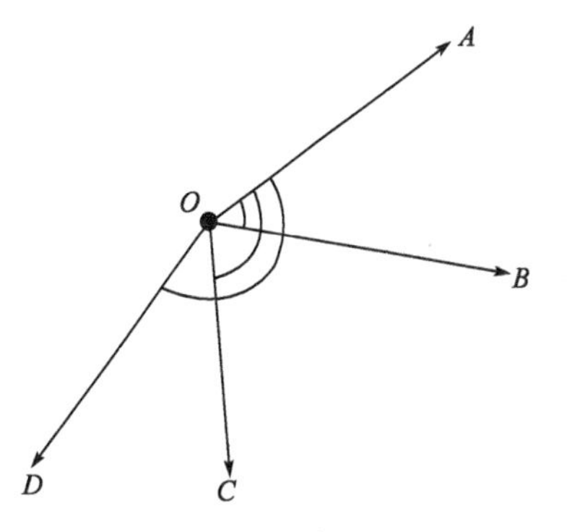

图4-15 方向法水平角观测

DJ_6 方向观测法记录、计算示例　　表4-3

仪器等级:DJ_6　　仪器编号:0103456　　观测者:×××

观测日期:2015年5月21日　　天　　气:晴　　记录者:×××

站点	读数				半测回方向值 (° ′ ″)	一测回平均方向值 (° ′ ″)	各测回平均方向值 (° ′ ″)	备注
	盘左		盘右					
	(° ′)	(″)	(° ′)	(″)				
1	2	3	4	5	6	7	8	9
第一测回		12		18				
A	0 01	06	180 01	18	0 00 00	0 00 00	0 00 00	
B	91 54	06	271 54	00	91 52 54	91 52 48	91 52 45	
					42			
C	153 32	48	333 32	48	53 31 36	153 31 33	153 31 33	
					30			
D	214 06	12	34 06	06	214 05 00	214 04 54	214 05 00	
					04 48			
A	0 01	18	180 01	18				
第二测回		24		30				
A	90 01	18	270 01	24	0 00 00	0 00 00		
B	181 54	00	01 54	18	91 52 36	91 52 42		
					48			
C	243 32	54	63 33	06	153 31 30	153 31 33		
					36			
D	304 06	36	124 06	30	214 05 12	214 05 06		
					05 00			
A	90 01	30	270 01	36				

上、下半测回合称一个测回,如需观测多个测回,各测回间应配置度盘。

任意两目标的方向值相减,即得该两方向之间的水平角。

若使用 DJ_2 经纬仪观测时,还需计算 $2C$(2 倍照准差)值,计算公式如下:

$$2C = L - (R \pm 180°)$$

一测回内各方向 $2C$ 互差($2C$ 最大值减去 $2C$ 最小值)不应超过表4-1 中的规定,当其中某方向目标竖直角大于 3°时可以单独比较。

三、竖直角观测

1. 竖盘装置的构造

经纬仪上的竖盘装置包括竖直度盘、指标水准管和指标水准管微动螺旋三部分。竖盘固定在望远镜横轴一端,随望远镜一起在竖直面内转动。指标线和竖直度盘水准管连在一起,水准气泡居中后,读数指标即处于正确位置。此时望远镜视准轴水平,竖盘读数为 90°的整数倍(即 0°、90°、180°、270°中的一个)。因此,观测竖角时,必须用竖盘指标水准管微动螺旋使指标水准管气泡居中后才能读数。

经纬仪的竖盘刻划的注记有顺时针方向[图 4-16a)]和逆时针方向[图 4-16b)]两种,一般为全圆式注记。

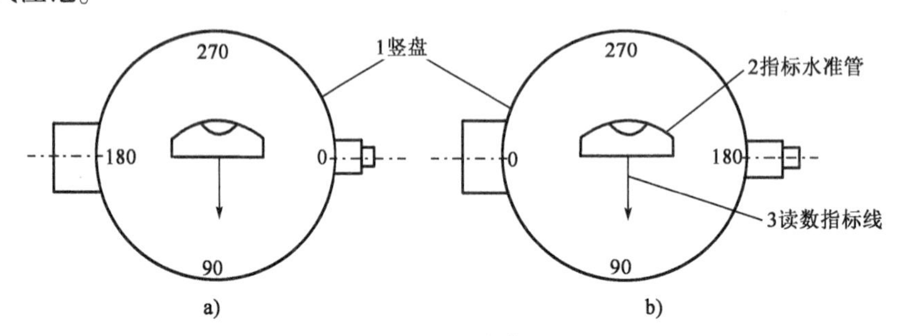

图 4-16　竖盘装置

目前,许多型号的经纬仪上都安装有一个竖盘指标自动补偿器,使用这种仪器时,仪器整平后就可以读得相当于指标处于正确位置的读数,使用极为方便。

2. 竖直角观测

竖直角观测方法有中丝法和三丝法。中丝法,即以十字丝横丝瞄准目标的观测方法,其观测步骤如下。

(1)在测站点上安置仪器,用盘左瞄准目标 A,使十字丝横丝切中目标,转动指标水准管微动螺旋,使竖直度盘的指标水准管气泡居中,读取读数 L,并记录在表 4-4 中。

竖直角测量记录与计算　　表 4-4

测站	目标	测回	盘左观测值 L (° ′ ″)	盘右观测值 R (° ′ ″)	指标差 (″)	一测回竖直角 (° ′ ″)	各测回平均值 (° ′ ″)
O	A	1	90 30 18	269 29 49	+04	-0 30 14	-0 30 13
		2	90 30 15	269 29 51	+03	-0 30 12	

(2)在盘右位置,仍然用十字丝横丝切中目标 A,转动指标水准管微动螺旋,使竖直度盘的指标水准管气泡再次居中,读取读数 R。

(3)竖直角的计算。竖直角 α 是目标方向的竖盘读数与水平方向的竖盘读数(90°)之差。但哪个数是被减数,哪个数是减数,则应按竖盘注记形式确定,如图 4-17 所示。

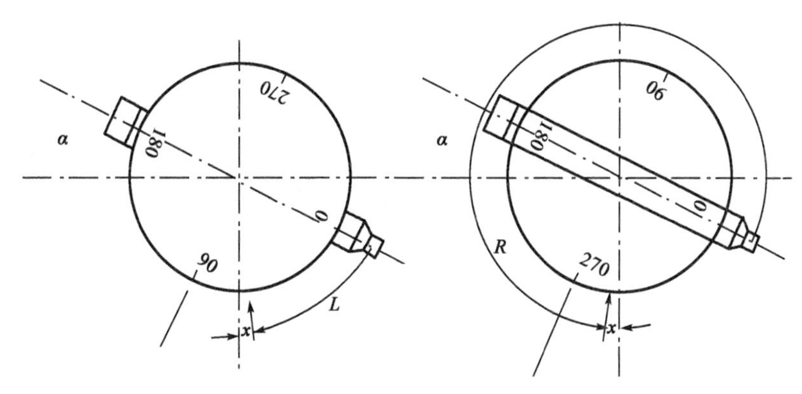

图 4-17 竖盘注记

盘左观测的竖直角 $\alpha_{左}$ 为

$$\alpha_{左}=90°-L$$

盘右观测的竖直角 $\alpha_{右}$ 为

$$\alpha_{右}=R-270°$$

将盘左、盘右取中数,则一测回竖直角 α 为

$$\alpha=\frac{\alpha_{左}+\alpha_{右}}{2}=\frac{1}{2}(R-L-180°) \tag{4-5}$$

3. 竖盘指标差

上述竖直角的计算,是假设竖盘指标水准管气泡居中时,指标应处于正确位置。由图 4-17 可知,由于某种原因指标线不可能严格处于垂线方向上,指标线在度盘读数中少了一个角度差 x,则望远镜瞄准目标时的准确度盘读数应加上角度差 x,即为 $L+x$ 或 $R+x$,在这里 x 称为指标差。

根据竖直角的定义,望远镜瞄准目标时盘左观测的正确竖直角 α 为

$$\alpha=90°-(L+x) \tag{4-6}$$

盘右观测的正确竖直角 α 为

$$\alpha=R+x-270° \tag{4-7}$$

将式(4-6)与式(4-7)相减,并整理得

$$x=\frac{1}{2}(R+L-360°) \tag{4-8}$$

指标差 x 可用来衡量观测质量。一般说来,经纬仪的指标差 x 不要太大,一般要求 $x\leqslant 1'$。Δx 称为指标差之差,观测竖直角时对 Δx 有严格的要求,如 DJ_2 经纬仪 $\Delta x\leqslant 15''$,DJ_6 经纬仪 $\Delta x\leqslant 25''$。

四、水平角测量的主要误差

水平角测量受多种误差的综合影响,主要有仪器误差、仪器安置误差、目标偏心误差、观测误差以及外界条件的影响。研究这些误差的成因及性质,以便采取适当措施来消除或减弱其对水平角的影响,从而提高测角的精度。

1. 仪器误差

仪器误差来源于仪器的制造加工误差和验校不完善,主要包括视准轴误差、横轴误差、竖轴误差、度盘偏心差以及度盘刻划误差等。仪器误差对水平角的影响是系统性的,所以,在开始观测水平角之前,必须对经纬仪进行检验与校正,并且在观测过程中要采取相应的措施消除或减弱其影响。例如仪器的视准轴误差、横轴误差、度盘偏心差等对水平角的影响,在盘左和盘右观测时,其影响值的大小相等,符号相反,因此可通过盘左、盘右观测取平均值的方法消除这些误差的影响。度盘刻划误差一般很小,在多测回观测中,可通过各测回配置度盘读数来减弱其影响。但仪器竖轴误差不能用盘左和盘右观测消除其影响,因此,当视线倾角较大时,应特别注意仪器整平。

2. 仪器对中误差

仪器对中时,光学对中器没有对准测站点标志中心,从而产生仪器对中误差。仪器对中误差对水平角的影响,与测站至目标间的距离成反比,距离越短影响越大,故在短边上测角时更应注意仪器的精确对中。

3. 目标偏心误差

测角时所瞄准的目标倾斜或者目标没有准确安置在标志中心时,将产生目标偏心误差。目标偏心对测角的影响与测站至目标间的距离成反比,距离越短影响越大,所以,照准标志必须竖直,在用标杆观测水平角时,应尽量瞄准标杆底部。或采用专用觇牌,以减少目标倾斜对水平角的影响。

4. 观测误差

观测误差包括照准误差和读数误差。

照准误差主要与人眼的分辨率和望远镜的放大倍数有关,人眼能分辨两个点的最小张角一般为60″,设望远镜的放大倍数为 v,则用该仪器观测时,其照准误差取

$$d\beta = \pm \frac{60''}{v} \tag{4-9}$$

此外,目标的形状、颜色、大小、亮度和背景等都会给照准误差带来影响。

读数误差主要取决于仪器的读数设备,也与读数窗的明暗程度和观测者的熟练程度有关。电子经纬仪由于读数自动显示,故不存在读数误差。

5. 外界条件的影响

外界条件影响的因素很多,例如:大风会影响仪器的稳定,地面热辐射影响大气的稳定而引起物像的跳动,烈日暴晒和温度变化使水准管气泡的位置发生变化,大气的透明度和目标背景的明暗程度会影响瞄准精度,大气折射和旁折光会改变光线的方向等。要完全避免这些不利因素的影响是不可能的,只能采取适当的措施以及选择有利的观测条件和时间,使外界因素的影响降低到最低程度。

第四节　距离测量

所谓距离,就是两点间连线的直线长度。两点间连线投影在水平面的长度称为水平距离,不在同一水平面的两点间连线的直线长度称为倾斜距离。距离测量是测量的基本工作之一,

距离测量的方法有多种,常用的方法有:钢尺量距、光电测距、视距测量。可根据不同的测距精度要求和作业条件选用不同的测距方法。

一、钢尺量距

钢尺是用于直接丈量距离的工具,尺带宽 10 ~ 15mm,厚 0.2 ~ 0.4mm,是长度有 20m、30m、50m 的卷钢带,尺面的基本分划为厘米,分米及米处均有毫米分划。钢尺量距还需要测钎、花杆(标杆)、垂球、温度计、拉力器等。

钢尺的尺长方程式是在一定拉力下(如对 30m 钢尺,拉力为 10kg),钢尺长度与温度的函数关系,其形式为

$$L = L_0 + \Delta L + \alpha(t - t_0)L_0 \tag{4-10}$$

式中,L 为钢尺在温度 t 时的实际长度;L_0 为钢尺的名义长度;ΔL 为尺长改正数,即钢尺在温度 t_0 时实际长度与名义长度之差;α 为钢尺膨胀系数,即温度每变化 1℃时单位长度的变化率,其值一般为$(1.15 \sim 1.25) \times 10^{-5}/1℃$;$t$ 为钢尺量距时的温度;t_0 为钢尺检定时的标准温度。尺长方程式在已知长度上比对得到,称为尺长检定,一般由专业的检定部门实施。

钢尺量距一般包括以下几方面工作。

(1)定线。若丈量距离大于尺段长度时,应在距离两端点之间用经纬仪定向,按尺段长度设置定向桩,并在桩顶刻划标志。

(2)量距,即丈量两相邻定向桩顶标志之间的距离。丈量时钢尺施以检定时的拉力(一般 30m 钢尺为 10kg,50m 钢尺为 15kg)。当钢尺达到规定拉力、尺身稳定时,司尺员按一定程序、统一口令,前后读尺员进行钢尺读数,两端读数之差即为该尺段的长度 l_i。

(3)测量定向桩之间的高差。为将丈量距离改化成水平距离,需用水准测量方法测定相邻桩顶间的高差 h_i。

(4)成果整理。对各段观测值进行尺长改正、温度改正、倾斜改正后相加即得所需距离。

$$D = \sum l_i + \frac{\Delta L}{L_0}\sum l_i + \alpha(t - t_0)\sum l_i - \sum \frac{h_i^2}{2L_i} \tag{4-11}$$

二、电磁波测距

1. 电磁波测距概述

电磁波测距是用电磁波作为载波进行距离测量的一种技术方法。与传统测距方法相比,光电测距仪具有精度高、测程远、操作简便、作业速度快和劳动强度低等优点。

光电测距的基本原理是通过测定电磁波在待测距离两端点间往返一次的传播时间 t 和电磁波在大气中的传播速度 c,来计算两点间的距离 D(图 4-18),其计算公式为

$$D = \frac{1}{2} c \cdot t \tag{4-12}$$

式中,c 为光波在大气中的传播速度,$c = c_{真}/n$($c_{真} = 299792458\text{m/s}$,为真空光速);$n$ 为光在大气中的折射率;t 为电磁波在待测距离上往返传播的时间。

常用的时间测定方法有相位法、脉冲法等。

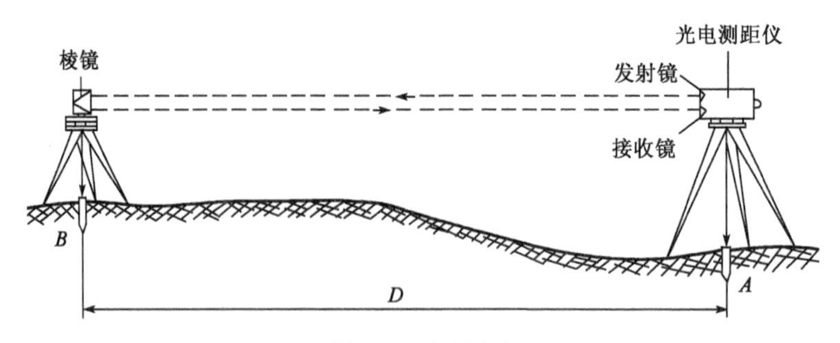

图 4-18 光电测距

依据这一基本原理设计制造的测距仪器即为电磁波测距仪。电磁波测距仪按载波的不同可分为:微波测距仪(以微波为载波的测距仪)、光电测距仪(以激光和红外光为载波的测距仪)。按测程的远近可分为:远程测距仪(20km 以上)、中程测距仪(5 ~ 20km)和短程测距仪(5km 以下)。远程测距仪一般都是激光测距仪,中、短程测距仪一般都是红外光电测距仪。按测量精度分为:Ⅰ级($m_D \leqslant 5$mm)、Ⅱ级(5mm < $m_D \leqslant 10$mm)、Ⅲ级($m_D > 10$mm),m_D为每千米测距中误差。

现在一些厂家生产的手持激光测距仪(图 4-19),外形小巧,只有手掌大小,且操作简便,适用于不同的距离测量。其内置的精密的计算系统可以瞬间计算出距离,实现快捷的测量。其载波为红色可见激光,测距时测量员只需将测距仪放置在被测距离一端,利用可见红色激光目视瞄准另一端,启动测量即可测出距离,测量不需任何反射棱镜,且可得到 3mm 以内的测量精度。由于其使用方便快捷,手持式激光测距仪可在某些场合发挥良好的作用,并广泛应用于室内装修、房产测量、容积测量、深度测量等方面。

图 4-19 手持激光测距仪

2. 脉冲式光电测距仪

脉冲式光电测距是通过直接测定光脉冲在测线上往返传播的时间 t,并按式(4-12)求得距离。

图 4-20 所示为脉冲式光电测距仪原理,仪器的大致工作过程如下。

首先,由光脉冲发射器发射出一束光脉冲,经发射光学系统后射向被测目标。与此同时,由仪器内的取样棱镜取出一小部分光脉冲送入接收光学系统,再由光电接收器转换为电脉冲(称为主波脉冲)以打开电子门,此时时标脉冲通过电子门进入计数器系统。从目标反射回来的光脉冲通过接收光学系统后,也被光电接收器接收并转换为电脉冲(称为回波脉冲)以关闭电子门，计数器系统停止计数。由于每进入计数系统一个时标脉冲就要经过时间 T，所以，如果在“开门”（即光脉冲离开测距仪的时刻）和“关门”（即目标反射回来的光脉冲到达测距仪的时刻）之间有 n 个时标脉冲进入计数系统，则主波脉冲和回波脉冲之间的时间间隔 $t=nT$。由式(4-12)可求得待测距离 $D=\frac{1}{2}c\cdot nT$。令 $l=\frac{1}{2}cT$，表示在时间间隔 T 内光脉冲往返所走的一个单位距离，则有

$$D=nl \tag{4-13}$$

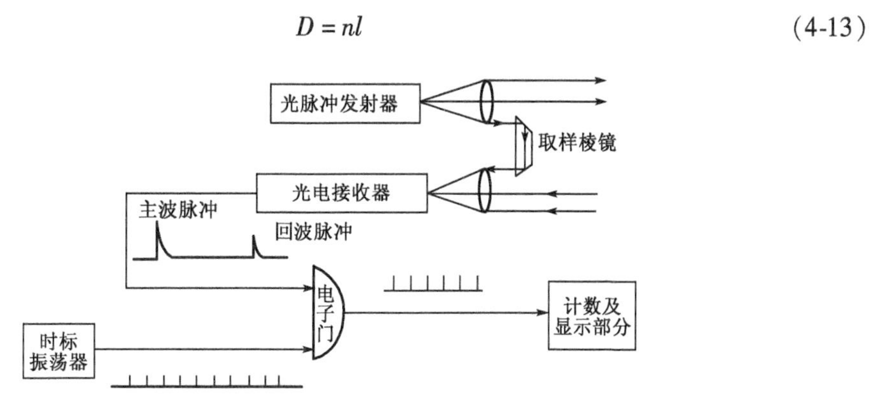

图 4-20 脉冲式光电测距仪原理

由式(4-13)可以看出，计数系统每记录一个时标脉冲，就等于记下一个单位距离 l，由于测距仪中 l 值是预先选定的（例如 0.1m）。因此计数系统在计数通过“电子门”的时标脉冲个数 n 之后，就可以直接将待测距离 D 显示出来。

目前，脉冲式测距仪一般用固体激光器发射出高频率的光脉冲，因而这类仪器可以不用合作目标（如反射器），直接用被测目标对光脉冲产生的漫反射进行测距。在地形测量中可实现无人跑尺，从而减轻劳动强度，提高作业效率。特别是在悬崖陡壁等地方进行地形测量时，此种仪器更具有实用意义。

随着电子技术的发展，出现具有独特时间测量方法的脉冲测距仪，采用细分一个时标脉冲的方法，使测距精度可达到毫米级。例如，南方测绘仪器公司生产的全站仪 NTS-300(RL)系列（图 4-21），无棱镜测距时达 200m，测距精度 5mm + 3ppm；日本拓普康生产的 GPT7500 系列（图 4-22），无棱镜测距时达 2000m，测距精度 10mm + 10ppm。

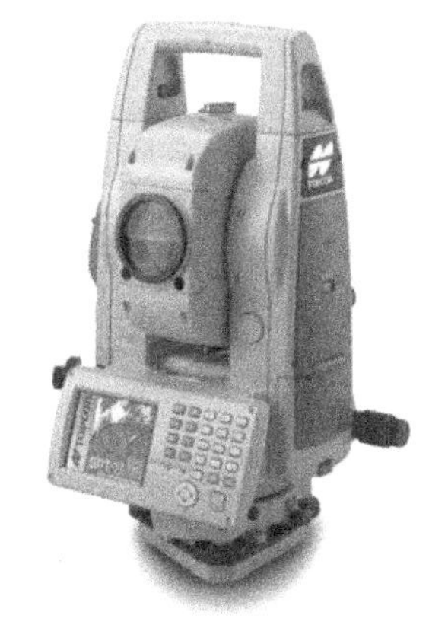

图 4-21 NTS-300(RL)系列全站仪

图 4-22 GPT7500 系列全站仪

3. 相位式光电测距仪

（1）相位式光电测距的基本原理

相位式光电测距是通过测量调制光在测线上往返传播所产生的相位移来求出距离 D。图 4-23所示为相位式光电测距仪原理示意图。

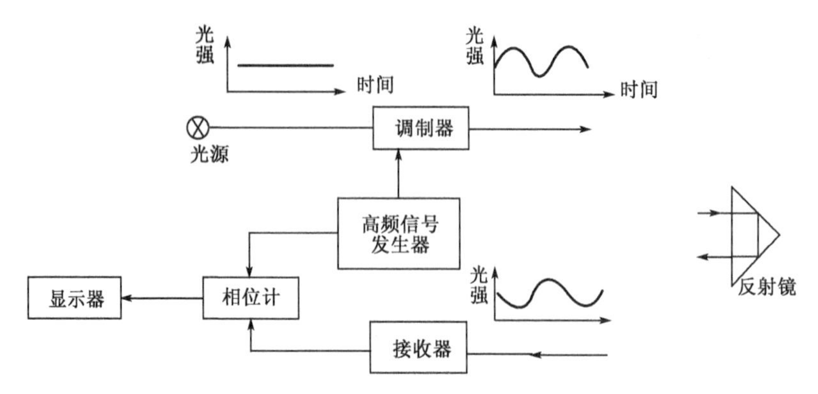

图 4-23　相位式光电测距仪工作原理

由光源发出的光通过调制器后，成为光强随高频信号变化的调制光射向测线另一端的反射镜。经反射镜反射后被接收器所接收，然后由相位计将发射信号（又称参考信号）与接收信号（又称测距信号）进行相位比较，获得调制光在被测距离上往返传播所引起的相位移 φ。如将调制波的往程和返程摊平，则有如图 4-24 所示的波形。

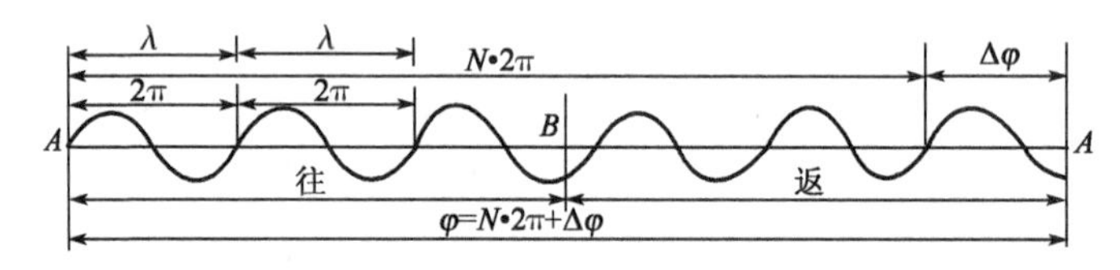

图 4-24　相位法测距的原理

由图 4-24 可知，调制光全程的相位变化值为

$$\varphi = N \cdot 2\pi + \Delta\varphi = 2\pi\left(N + \frac{\Delta\varphi}{2\pi}\right) \tag{4-14}$$

对应的距离值为

$$D = \frac{\lambda}{2}(N + \Delta N) \tag{4-15}$$

式中，N 为相位移的整周期数或调制光整波长的个数，其值可为零或正整数；λ 为调制光的波长；$\Delta\varphi$ 为不足一个整周期的相位移尾数，$\Delta N = \Delta\varphi/2\pi$。

通常令 $u = \dfrac{\lambda}{2}$，则

$$D = u(N + \Delta N) \tag{4-16}$$

式（4-16）即为相位式光电测距的基本公式。这种测距方法的实质相当于用一把长度为 u 的尺子来丈量待测距离，如同用钢尺量距一样。这一根“尺子”称为“测尺”，$u = \lambda/2$ 称为测尺长度。

在相位式测距仪中，一般只能测定 $\Delta\varphi$ 而无法测定整周期数 N，因此使式（4-16）产生多值

解,距离 D 无法确定。

(2)N 值的确定

由式(4-16)可以看出,当测尺长度 u 大于距离 D 时,则 $N=0$,此时可求得确定的距离值,即 $D=u\frac{\Delta\varphi}{2\pi}=u\Delta N$。因此,为了扩大单值解的测程,就必须选用较长的测尺,即选用较低的调制频率。根据 $u=\frac{\lambda}{2}=\frac{c}{2f}$,取 $c=3\times10^5\text{km/s}$,可算出与测尺长度相应的测尺频率(即调制频率),见表4-5。由于仪器测相误差(一般可达 10^{-3},即 $m_{\Delta\varphi}/2\pi<1/1000$)对测距误差的影响也将随测尺长度的增加而增大,为了解决扩大测程与提高精度的矛盾,可以采用一组测尺共同测距,以短测尺(又称精测尺)保证精度,用长测尺(又称粗测尺)保证测程,从而也解决了“多值性”的问题。这就如同钟表上用时、分、秒互相配合来确定12h内的准确时刻一样。根据仪器的测程与精度要求,即可选定测尺的数目和测尺精度。

测尺频率与测距误差的关系 表4-5

测尺频率	15MHz	1.5MHz	150kHz	15kHz	1.5kHz
测尺长度	10m	100m	1km	10km	100km
精度	1cm	10cm	1m	10m	100m

设仪器中采用两把测尺配合测距,其中精测频率为 f_1,相应的测尺长度 $u_1=\frac{c}{2f_1}$;粗尺频率为 f_2。相应的测尺长度为 $u_2=\frac{c}{2f_2}$。若用两者测定同一距离,则由式(4-16)可写出下列方程组:

$$\begin{cases} D=u_1(N_1+\Delta N_1) \\ D=u_2(N_2+\Delta N_2) \end{cases} \tag{4-17}$$

将式(4-17)稍加变换即得

$$N_1+\Delta N_1=\frac{u_2}{u_1}(N_2+\Delta N_2)=K(N_2+\Delta N_2) \tag{4-18}$$

式中,K 为测尺放大系数,$K=\frac{u_2}{u_1}=\frac{f_1}{f_2}$。

若已知 $D<u_2$,则 $N_2=0$。因为 N_1 为正整数,ΔN_1 为小于1的小数,等式两边的整数部分和小数部分应分别相等,所以有 N_1 等于 $K\Delta N_2$ 的整数部分。为了保证 N_1 值正确无误,测尺放大系数 K 应根据 ΔN_2 的测定精度来确定。

4. 距离测量

测距时,将测距仪和反射镜分别安置在测线两端,仔细对中。接通测距仪电源,然后照准反射镜,开始测距。为防止出现粗差和减小照准误差的影响,可进行若干个测回的观测。这里一测回的含义是指照准目标1次,读数2~4次。一测回内读数次数可根据仪器读数出现的离散程度和大气透明度做适当增减。根据不同精度要求和测量规范的规定确定测回数。往、返测回数各占总测回数的一半,精度要求不高时,只作单向观测。

测距读数值记入手簿中,接着读取竖盘读数,记入手簿的相应栏内。测距时尚应由温度计读取大气温度值,由气压计读取气压值。观测完毕可按气温和气压进行气象改正(测距精度不高时可省略),按测线的竖角值进行倾斜校正,最后求得测线的水平距离。

测距时应避免各种不利因素影响测距精度,如避开发热物体(散热塔、烟囱等)的上空及附近,安置测距仪的测站应避开受电磁场干扰,距高压线应大于5m,测距时的视线背景部分不应有反光物体等。要严格防止阳光直射测距仪的照准头,以免损坏仪器。

5. 测距成果的整理

电磁波测距是在地球自然表面上进行的,所得长度是距离的初步值。出于建立控制网等目的,长度值应换算为标石间的水平距离。因而要进行一系列改正计算。这些改正计算大致可分为三类:其一是仪器系统误差改正;其二是大气折射率变化所引起的改正;其三是归算改正。

仪器系统误差改正包括加常数改正、乘常数改正和周期误差改正。

电磁波在大气中传输时受气象条件的影响很大,因而要进行大气改正。

属于归算方面的改正主要有倾斜改正、归算到参考椭球面上的改正(简称归算改正)、投影到高斯平面上的改正(简称为投影改正)。如果有偏心观测的成果,还要进行归心改正。对于较长距离(例如10km以上),有时还要加入波道弯曲改正。

现代测距仪(全站仪)在测量时可自动进行改正,无需计算。下面简述改正计算内容。

(1)加常数改正

如图4-25所示,由于测距仪的距离起算中心与仪器的安置中心不一致,以及反射镜等效反射面与反射镜安置中心不一致,使仪器测得距离 D_0-d 与所要测定的实际距离 D 不相等,其差数与所测距离长短无关,称为测距仪的加常数,其值表示为

$$k=D-(D_0-d)$$

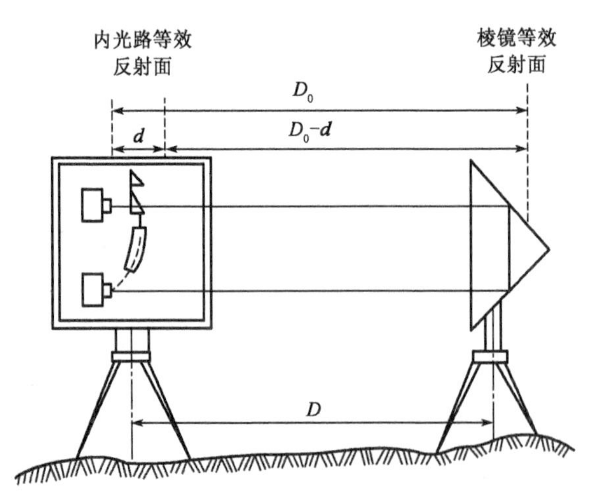

图4-25　加常数示意图

实际上,测距仪的加常数包含仪器加常数和反射镜常数,当测距仪和反射镜构成固定的一套设备后,其加常数可测出。由于加常数为一固定值,可预置在仪器中,使之测距时自动加以改正。但是仪器在使用一段时间以后,此加常数可能会有变化,应进行检验,测出加常数的变化值(称为剩余加常数),必要时可对观测成果加以改正。

(2)乘常数改正

测距仪在使用过程中,实际的调制光频率与设计的标准频率之间有偏差,而引起的一个计算改正数的乘常数,也称为比例因子。乘常数可通过一定的检测方法求得,必要时可对观测成果进行改正。如果有小型频率计,直接测定实际工作频率,就可方便地求得乘常

数改正值。

(3)气象改正

光的传播速度受大气状态(温度 t、气压 P、湿度 e)的影响。仪器制造时只能选取某个大气状态(假定大气状态)来定出调制光的波长,而实际测距时的大气状态一般不会与假定状态相同,因而使测尺长度发生变化,使得测距成果中含有系统误差,所以必须加气象改正。

(4)倾斜改正

由测距仪测得的距离观测值经加常数、乘常数和气象改正后,得到改正后的倾斜距离,若测得测线的竖角,可直接计算水平距离 S 为

$$S = D_{\alpha} \cdot \cos\alpha \tag{4-19}$$

三、视距法测距

1. 概述

视距测量是一种根据几何光学原理,应用三角定理进行测距的技术,是一种用简便的操作方法即能迅速测出两点间距离的方法。

视距测量是一种间接测距方法,利用定角测距方式进行测量。由于十字丝分划板的上、下视距丝的位置固定,因此,通过视距丝的视线所形成的夹角是不变的,即为定角。

视距测量测距简单,作业方便,观测速度快,一般不受地形条件的限制,但测程较短,测距精度较低,在比较好的外界条件下测距相对精度仅有 1/200 ~ 1/300。

2. 视距测量的原理

(1)视准轴水平时的视距公式

视距法测距是利用测量仪器望远镜十字丝的上、下丝获得尺子刻划读数 M、N,从而实现距离测量技术。如图 4-26 所示,经纬仪望远镜的几何光路原理:L_1 是目镜前的十字丝板;a、b 是上下丝的位置,二者相距宽度为 p;L_2 是望远镜的凹透镜;L_3 是望远镜的物镜;F 是物镜焦点。

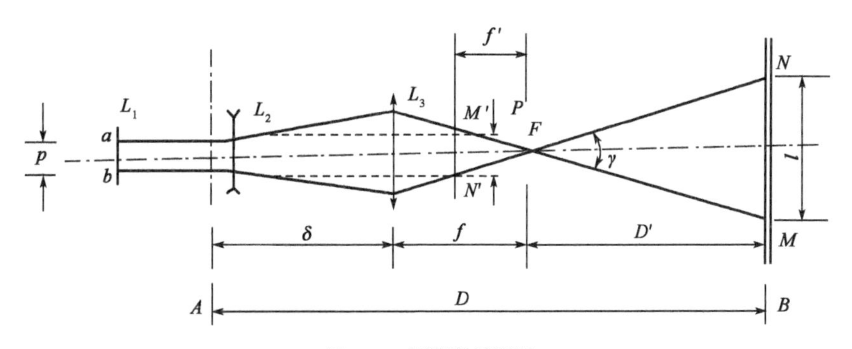

图 4-26 视距测量原理

A 为经纬仪的安置中心,B 为立尺点。M、N 是经纬仪望远镜视准轴处于水平状态瞄准直立的尺子后上、下丝在尺面截获的刻划值读数,且 $N > M$。N、M 的间隔长度 l 称为视距差,即

$$l = N - M \tag{4-20}$$

可根据几何光学原理推导得到望远镜视距法测距公式为

$$D = Kl + C \tag{4-21}$$

式中,K 为乘常数;C 为加常数。通常,在设计望远镜时,适当选择有关参数后,可使乘常

数 $K=100$,加常数 $C=0$。故式(4-21)可简化为

$$D=Kl=100l \tag{4-22}$$

(2)视准轴倾斜时的视距公式

当视准轴倾斜时,如尺子仍竖直立着,则视准轴不与尺面垂直,此时,水平距离 S 的计算公式为

$$S=Kl\cos^2\alpha \tag{4-23}$$

而两点间的高差 h 由竖直角 α、仪器高 i 及中丝读数 v 按下式计算:

$$h=D\tan\alpha+i-v \tag{4-24}$$

第五节　全　站　仪

全站仪(全站型电子速测仪)是集测角、测距等多功能于一体的电子测量仪器,能在一个测站上同时完成角度和距离测量,并根据测量员的要求显示测点的平面坐标、高程等数据。

一、全站仪的基本构造

全站仪基本结构

全站仪主要由电子测角、光电测距和内置微处理器组成,另外,还具有各种通信接口,如 USB 接口或六针圆形孔 RS-232 接口等。全站仪在获得观测数据之后,可通过这些通信接口与计算机相连,在相应的专业软件支持下,实现数字化测量。

全站仪主要构造如图 4-27 所示。全站仪种类和型号众多,其原理、构造和功能基本相似。

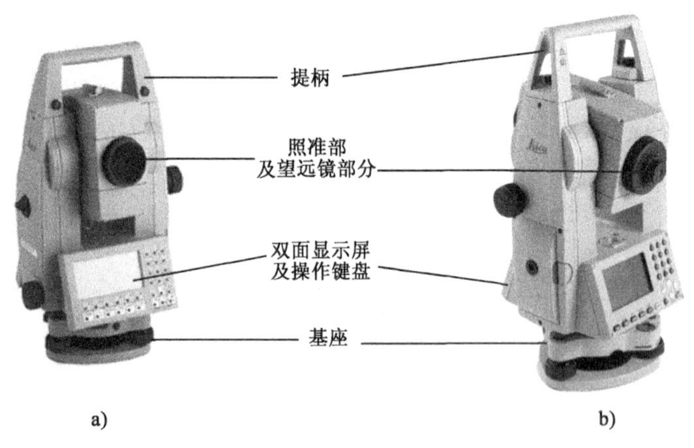

图 4-27　全站仪构造

1. 全站仪望远镜的光学系统

目前的全站仪基本上采用望远镜光轴(视准轴)和测距光轴完全同轴的光学系统,如图 4-28所示,一次照准就能同时测出角度和距离。

望远镜由物镜、分光棱镜、聚光棱镜、目镜等组成,是角度测量和距离测量的光学部分。可见光通过望远镜进入视场,完成角度测量的瞄准工作。物镜和分光棱镜组成测距仪光路,光路包括内光路和外光路,光纤连接发光二极管和接收管形成内光路,红外发光二极管(LED)发出的红外光通过闸门的转换经过内光路和外光路到达接收二极管,完成距离测量。

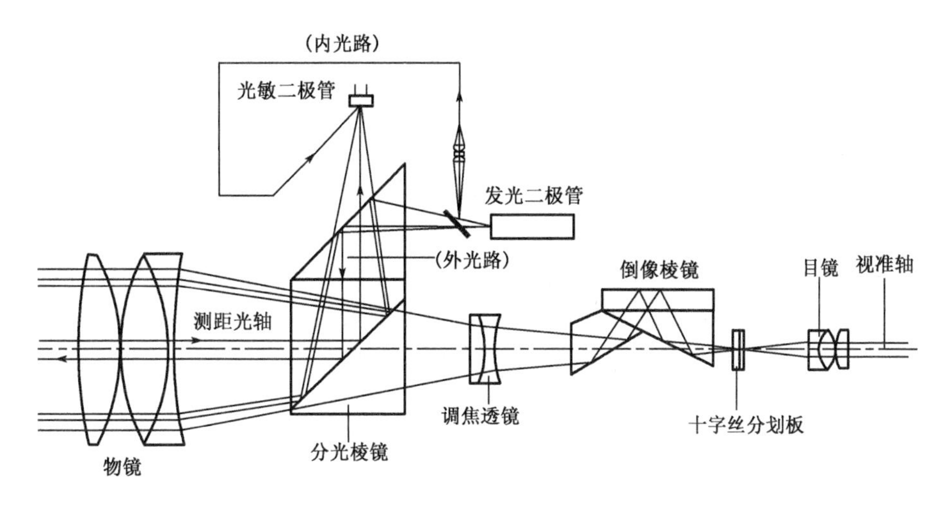

图 4-28　全站仪望远镜的光路图

2. 全站仪电子电路

全站仪电子电路包括两部分,一部分是由光栅度盘或编码度盘、光电转换器、放大器、计数器、显示器和逻辑电路等组成的测角部分;另一部分是由发光二极管、接收管、电子电路组成的距离测量部分,两者之间用串行通信连接成一个整体,从而完成电子经纬仪及测距仪的全部功能。

与全站仪配合使用的主要测量器材是反射棱镜。棱镜分单棱镜、三棱镜、九棱镜等几种形式,常用的主要是单棱镜和三棱镜两种。单棱镜主要用于测短距离,三棱镜主要用于测长距离,如图 4-29 所示。

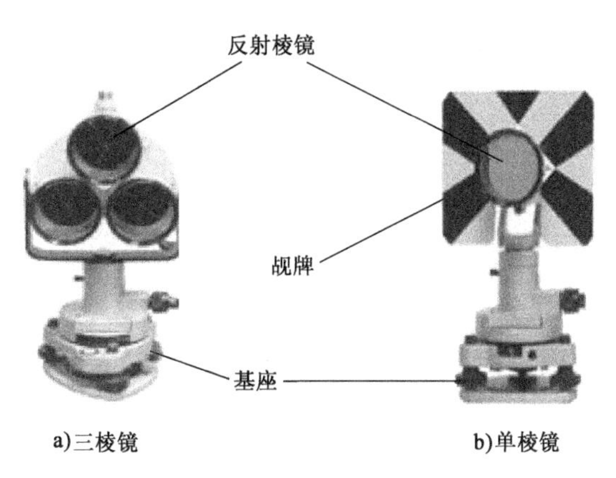

图 4-29　全站仪棱镜

二、全站仪的常用功能

全站仪可以同时完成水平角、垂直角和距离测量,加之仪器内部有预设的测量应用程序,因而可以现场完成多种测量工作,提高了野外测量的效率和质量。

全站仪测量

1. 角度测量

全站仪具有电子经纬仪的测角系统,除一般的水平角和垂直角测量外,还具有以下附加功能。

(1)水平角设置:将某方向水平读数设置为零或任意值;任意方向值的锁定(照准部旋转时方向值不变);右角/左角的测量(照准部顺时针旋转时角值增大/照准部逆时针旋转时角值增大);角度重复测量模式(多次测量取平均值)。

(2)垂直角显示变换:可以用天顶距、高度角、倾斜角、坡度等方式显示垂直角。

(3)角度单位变换:可用360°、400gon 等方式显示角度。

(4)角度自动补偿:使用电子水准器,可以测定出仪器在各个方向的倾斜量,从而具有自动补偿竖轴误差、横轴误差和视准轴误差等对角度观测的影响。

在高精度测量中,有时要对水平角进行多个测回观测,以提高水平角观测精度,全站仪机载多测回观测功能可满足此要求。

2. 距离测量

(1)全站仪具有光电测距仪的测距系统,除了能测量仪器至反射棱镜的距离(斜距)外,还可根据全站仪的类型、反射棱镜数目和气象条件,改变其最大测程,以满足不同的测量目的和作业要求。

(2)测距模式的变换。

①按具体情况,可设置为高精度测量和快速测量模式。

②可选取距离测量的最小分辨率,通常有 1cm、1mm、0. 1mm 三种。

③可选取测距次数,主要有:单次测量(能显示一次测量结果,然后停止测量);连续测量(可进行不间断测量,只要按停止键,测量马上停止);指定测量次数;多次测量平均值自动计算(根据所设定的测量次数,测量完成后显示平均值)。

(3)可设置测距精度和时间,主要有:精密测量(测量精度高,需要数秒测量时间);简易测量(测量精度低,可快速测量);跟踪测量(自动跟踪反射棱镜进行测量,测量精度低)。

(4) 各种改正功能:在测距前设置相关参数,距离测量结果可自动进行棱镜常数改正、气象(温度和气压)改正和大气折射率误差改正等。

(5)斜距归算功能:由测量的垂直角(天顶距)和斜距可计算出仪器至棱镜的平距和高差,并立即显示出来。如事先输入仪器高和棱镜高,测距测角后便可计算出测站点与目标点间平距和高差。

3. 坐标测量

对仪器进行必要的参数设定后,全站仪可直接测定点的三维坐标,如在地形测量数据采集时使用可大大提高作业效率。

首先,在一已知点安置仪器,输入测站点的三维坐标(X_A, Y_A, H_A),并输入仪器高(i),照准另一已知点(称为定向点或后视点)进行定向,即后视定向。后视定向的目的是设置水平角 0°方向与坐标北方向一致。经后视定向后,照准轴处于任意位置时,水平角读数即为照准方向的方位角。接着再照准目标点上的反射棱镜,输入棱镜高(v),按坐标测量键,即可得到目标点的三维坐标(X_i、Y_i、H_i),其计算公式为

$$\begin{cases} X_i = X_A + D\sin z \cdot \cos\alpha_{Ai} \\ Y_i = Y_A + D\sin z \cdot \sin\alpha_{Ai} \\ H_i = H_A + D\cos z + i - v \end{cases} \tag{4-25}$$

其中，$\alpha_{Ai}=\alpha_{A0}+\beta-360^{\circ}$。

4. 自由设站

全站仪自由设站功能是通过后方交会原理，通过测量测站点到各个已知点的角度和距离，解算出未知测站点坐标，并自动对仪器进行设置，以方便坐标测量或放样。

5. 单点放样

将待建物的设计位置在实地标定出来的测量工作称为放样。全站仪经测站设置和定向后，便可照准棱镜测量，仪器自动显示棱镜位置与设计位置的差值，据此修正棱镜位置直至到达设计位置。依据放样元素的不同，可采用极坐标法、直角坐标法和正交偏距法等方式。

6. 面积测量

通过顺序测定地块边界点坐标，按照任意多边形面积计算方法，可确定地块面积。

7. 悬高测量

测定无法放置棱镜的地物（如电线、桥梁等）高度的功能。如架空的电线和管道等因远离地面无法设置反射棱镜，而采用悬高测量，就能测量其高度。如图 4-30 所示，把反射棱镜设在欲测目标正下方，输入反射棱镜高，然后照准反射棱镜进行距离测量，再转动望远镜照准目标，便能显示地面至目标的高度。目标的高度可由式（4-26）计算：

$$\begin{cases}H_1=h_1+h_2\\h_2=S\cdot\sin z_1(\cot z_2-\cot z_1)\end{cases}\tag{4-26}$$

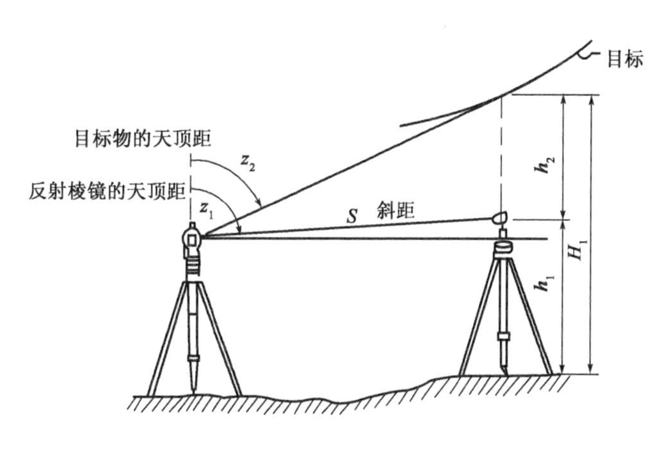

图 4-30 悬高测量

8. 主要辅助功能

（1）休眠和自动关机功能：当仪器长时间不操作时，可自动进入休眠状态，需要操作时可按功能键唤醒，仪器恢复到先前状态。也可设置仪器在一定时间内无操作时自动关机，以节省电源。

（2）电子水准器：由仪器内部的倾斜传感器检测竖轴的倾斜状态，以数字和图形形式显示，指导测量员高精度置平仪器。

（3）数据管理功能：测量数据可存储到仪器内存、扩展存储器（如 PC 卡），还可由数据输出端口实时输出到其他记录设备中，可实时查询测量数据。

三、全站仪的数据记录与传输

全站仪观测数据的记录，随仪器的结构不同有三种方式：一种是通过电缆，将仪器的数据传输直接存储在外接记录器中，外接记录器可以是电子手簿、掌上电脑、智能手机、笔记本等；另一种是仪器内部有一个大容量的存储器，用于记录数据，仪器内存记录的数据可以通过数据电缆传输到计算机上，或通过 USB 接口直接复制到移动存储器上；还有的仪器是采用数据记录卡，测量数据直接记录到数据卡上，再通过读卡器或数据电缆将数据传输到计算机上。

全站仪除了可以实时显示测量结果，将存储测量数据到内存或存储卡中，还可以将数据通过输出端口传输到其他设备。外业测量中常用计算机或专用电子手簿作为接收设备，对测量数据进行现场检核、处理和存储。另外，通过外接设备可以对仪器进行参数设置和指令控制，让仪器完成特定的测量工作，已知控制点数据和放样数据文件等可以上传到仪器内存或存储卡中，在作业时使用。上述操作多数全站仪是通过串行通信实现上述操作的。

四、自动全站仪

自动全站仪是一种能自动识别、照准和跟踪反射棱镜的一种全站仪，又称为测量机器人。如图 4-31 所示是几种自动全站仪。

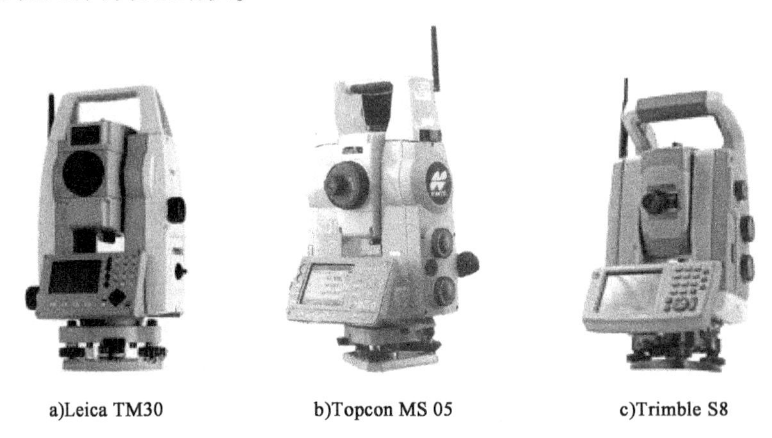

a)Leica TM30　　b)Topcon MS 05　　c)Trimble S8

图 4-31　几种自动全站仪

自动全站仪由伺服电动机驱动照准部和望远镜的转动和定位。它的基本原理是：仪器向目标发射激光束，经反射棱镜返回，并被仪器中的 CCD 相机接收，从而计算出反射光点中心位置，得到水平方向和天顶距的改正数，最后启动电动机，驱动全站仪转向棱镜，自动精确照准目标。

自动全站仪具有自动跟踪与识别目标的功能，因此可以进行全天候地数据采集，如在变形监测、多角多测回测量数据采集中都可以使用，具体流程包括测站设置、限差设置、学习测量和自动测量等。

1. 测站设置

测站设置时可以输入测站坐标、观测测回数、仪器高等信息。

2. 限差设置

在自动测量之前可以进行各项限差的设置，如水平角多测回观测可以设置水平角 $2C$ 限差、半测回归零差、一测回 $2C$ 互差、测回间方向值之差等，设置完各项限差后，可以开始学习测量。

3. 学习测量

在最初的半个测回，需要人工照准各个测量点，输入各个测量点的点号、棱镜高等信息，完成学习测量，此时仪器会自动确定各个测量点之间的相对关系，以便进行后续的自动测量。

4. 自动测量

在自动测量时，可以从学习测量的点列表中选择需要自动测量的点，仪器即可按照预先设置的各项参数，自动完成后续测量工作，并将原始数据自动记录下来。在测量完成后，可以让仪器自动进行相关数据处理，或将仪器记录数据导入到电脑中，进行其他后处理工作。

第六节　三维激光扫描仪

三维激光扫描仪是无合作目标激光测距仪与角度测量系统组合的自动化快速测量系统，在复杂的现场和空间对被测物体进行快速扫描测量，直接获得激光点所接触的物体表面的水平方向、天顶距、斜距和反射强度，自动存储并计算，获得点云数据。最远测量距离大于1000m，最高扫描频率可达每秒几十万，纵向扫描角接近90°，横向可绕仪器竖轴进行全圆扫描，扫描数据可通过 TCP/IP 协议自动传输到计算机，外置数码相机拍摄的场景图像可通过 USB 数据线同时传输到计算机中。点云数据经过计算机处理后，结合 CAD 可快速重构出被测物体的三维模型及线、面、体、空间等各种制图数据。

目前，生产三维激光扫描仪的公司有很多，典型的有瑞士的 Leica 公司、美国的 3D DIG-ITAL 公司和 Polhemus 公司、加拿大的 OpTech 公司等。不同公司产品的测距精度、测距范围、数据采样率、最小点间距、模型化点定位精度、激光点大小、扫描视场、激光等级、激光波长等指标会有所不同，可根据不同的情况如成本、模型精度要求等因素进行综合考虑之后，选用不同的三维激光扫描仪产品。图 4-32 所示是几种不同型号的地面三维激光扫描仪。

地面三维激光仪基本结构

a)ScanStation C10

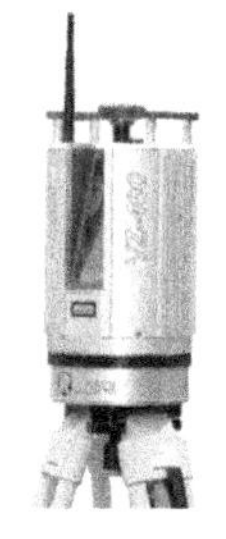
b)VZ-400

c)Focus 3D X330

d)ILRIS-3D

图 4-32　几种地面激光三维扫描仪

一、地面三维激光扫描仪测量原理

三维激光扫描仪是由一台高速精确的激光测距仪，配上一组可以引导激光并以均匀角速度扫描的反射棱镜组成的。激光测距仪主动发射激光,同时接收由自然物表面反射的信号,从而进行测距,针对每一个扫描点可测得测站至扫描点的斜距,再配合扫描的水平和垂直方向角,可以得到每一扫描点与测站的空间相对坐标。如果测站的空间坐标是已知的,则可以求得每一个扫描点的三维坐标。地面三维激光扫描仪测量原理如图4-33所示。

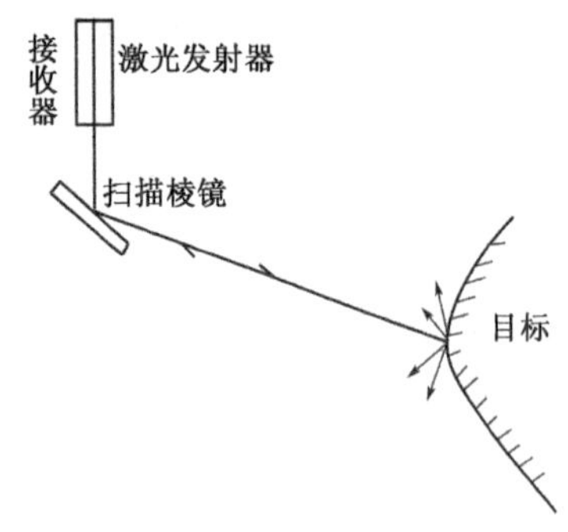

图4-33　地面三维激光扫描仪测量原理图

地面三维激光扫描仪测量原理主要分为测距、扫描、测角、定向四个方面。

1. 测距原理

激光测距作为激光扫描技术的关键组成部分,对于激光扫描的定位、获取空间三维信息具有十分重要的作用。目前,测距方法主要有:脉冲法和相位法。

脉冲法和相位法测距各有优缺点,脉冲测量的距离最长,但精度随距离的增加而降低。相位法适合于中程测量,具有较高的测量精度。

2. 扫描和测角原理

三维激光扫描仪通过内置伺服驱动电动机系统精密控制多面扫描棱镜的转动,决定激光束出射方向,从而使脉冲激光束沿横轴方向和纵轴方向快速扫描。目前,扫描控制装置主要有摆动平面扫描镜和旋转正多面体扫描镜。

三维激光扫描仪的测角原理区别于电子经纬仪的度盘测角方式,激光扫描仪通过改变激光光路获得扫描角度。把两个步进电机和扫描棱镜安装在一起,可分别实现水平和垂直方向扫描。步进电机是一种将电脉冲信号转换成角位移的控制微电机,它可以实现对激光扫描仪的精确定位。

3. 定向原理

三维激光扫描仪扫描的点云数据都在其自定义的扫描坐标系中,但是数据的后处理要求是大地坐标系下的数据,这就需要将扫描坐标系下的数据转换到大地坐标系下,此过程称为三维激光扫描仪的定向。

二、地面三维激光扫描仪的点云数据

点云数据是指通过3D扫描仪获取的海量点数据。以点的形式记录,每一个点包含有三维坐标,有些可能含有颜色信息或反射强度信息。颜色信息通常是通过相机获取彩色影像,然后将对应位置的像素的颜色信息赋予点云中对应的点。强度信息的获取是通过激光扫描仪接收装置采集到的回波强度,此强度信息与目标的表面材质、粗糙度、入射角方向以及仪器的发射能量、激光波长有关。

一般扫描仪采用内部坐标系统:X轴在横向扫描面内,Y轴在横向扫描面内与X轴垂直,Z轴与横向扫描面垂直,如图4-34所示。测量每个激光脉冲从发出经被测物表面再返回仪器所经过的时间(或者相位差)来计算距离S,同时内置精密时钟控制编码器,同步测量每个激光脉冲横向扫描角度观测值α和纵向扫描角度观测值θ,因此任意一个被测云点P的三维坐标为

激光点云处理

$$
\begin{cases}
x_P = S \cdot \cos\theta \cdot \cos\alpha \\
y_P = S \cdot \cos\theta \cdot \sin\alpha \\
z_P = S \cdot \sin\theta
\end{cases}
\tag{4-27}
$$

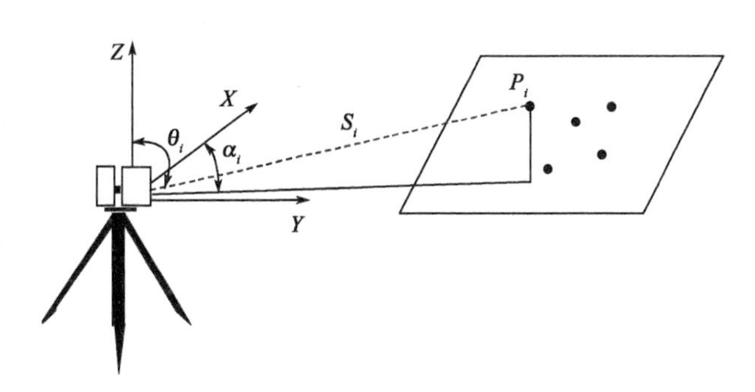

图 4-34 地面三维激光扫描仪测量原理

三、地面三维激光扫描仪的应用

地面三维激光扫描仪具有非接触测量、数据采样率高、高分辨率、高精度、数字化采集、兼容性好等优点，被广泛应用于测绘、文物数字化保护、土木工程、自然灾害调查、数字城市模型可视化、城乡规划等领域。

目前，三维激光扫描技术已经开始应用于测绘领域中。利用三维激光扫描技术制作的地形图精度优于传统方法，且可大大缩短外业工作时间，将大部分时间转为在软件中对扫描数据的内业处理，改变了传统测绘的作业流程，提高了作业效率，降低了外业人员的劳动强度，自动化程度也显著提高，特别适合于危险或人不可到达的小范围区域的大比例尺数字地形图测绘。三维激光扫描技术还应用于测绘行业的其他方面，主要包括建筑测绘、道路测绘、矿山测绘、数字城市地形可视化等。

在变形监测中，三维激光扫描通过对变形的实体表面进行精密扫描，然后进行同步或事后测量，利用数据处理软件可直接获得变形体的变化比对的毫米级断面图形数据，变形体变形数据的定量分析，并且可以通过三维模型更直观获取形变的趋势。

在文物保护中，利用三维激光扫描技术可以快速对文物及现场进行数据采集及建模，并且由于其非接触式测量的特点，也大大降低了测量过程中对文物的损坏，这些都使其在文物保护中发挥着重要的作用。

在医学方面，其建立的模型可以用于外科整形、人体测量以及矫正手术等方面，用以缩短治疗周期和提高患者的治疗效果，并且可以帮助医疗设备厂商制造新产品来提高医疗质量和挽救患者生命。

在制造业上，使用三维激光扫描仪可以设计新的 3D 模型，方便随时修改以满足客户需求，并且可以更精确地建立实物模型，以制造出更高质量的新产品。

在自然灾害防治中，可对一些滑坡等自然灾害进行模型建立，更直观地展开地质灾害研究分析，以采取适当的防治措施。

思考题与习题

1. 何谓水平角、竖直角、天顶距、竖盘指标差、度盘、对中与整平、测回、测回法、方向观测法、正镜与倒镜、距离测量、相位法测距、视距法测量?

2. 水平角测量原理是什么?观测水平角时,对中与整平的目的是什么?

3. 简述编码度盘测角系统、光栅度盘测角系统的基本原理。

4. 水平角测量的主要误差有哪些?

5. 用全站仪按测回法观测水平角两测回,结果见表4-6,试完成表中计算。

测回法观测记录 表4-6

测站	测回	目标	读数		半测回方向值(° ′ ″)	一测回方向值(° ′ ″)	各测回平均方向值(° ′ ″)	备注
			盘左(° ′ ″)	盘右(° ′ ″)				
O	1							
		A	0 00 24	180 00 30				
		B	35 18 36	215 18 48				
	2	A	90 01 06	270 01 12				
		B	125 19 24	305 19 36				

6. 距离测量的方法有哪些?光电测距基本原理是什么?相位式测距的基本原理是什么?

7. 影响光电测距精度的因素有哪些?测距成果应加哪些改正?

8. 全站仪的基本结构有哪些?全站仪有哪些常用功能?

9. 简述地面三维激光扫描技术的原理及其应用。

第五章
高程测量

【本章提要】

本章主要讲述水准测量基本概念及原理，水准仪及其使用，水准测量方法与测量误差分析，三角高程测量概念、原理及方法等。

【学习要求】

通过本章的学习，应理解水准测量与三角高程测量的基本概念及原理，熟悉水准仪及其使用，掌握水准测量和三角高程测量方法，能够进行三、四等水准测量和三角高程测量作业。

第一节　水准测量原理

水准测量是测定地面点高程的主要方法之一。水准测量就是使用水准仪和水准尺，根据水准仪提供的水平视线，并借助水准尺来测定两点之间的高差，从而由已知点的高程推求未知点的高程。

如图 5-1 所示，若已知 A 点的高程 H_A，欲求未知点 B 的高程 H_B。则首先应测出 A 点与 B 点之间的高差 h_{AB}，于是 B 点的高程 H_B 为

$$H_B = H_A + h_{AB} \tag{5-1}$$

由此可计算出 B 点的高程 H_B。

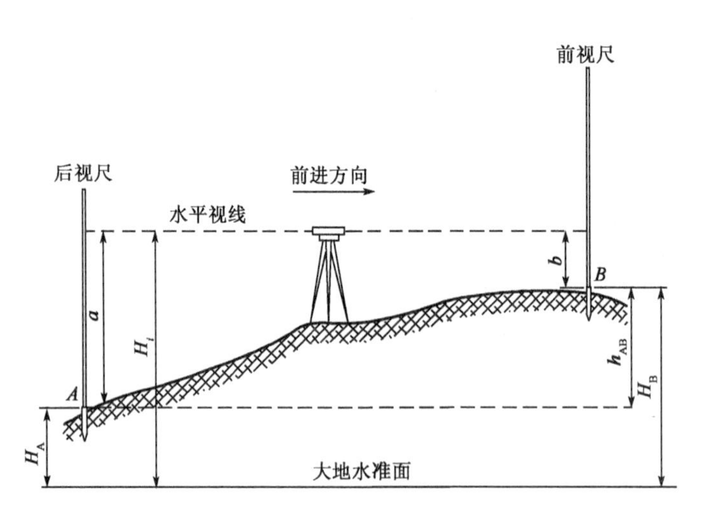

图 5-1　水准测量原理

测定 A、B 两点之间高差 h_{AB} 的步骤如下：在 A、B 两点上各竖立一根带有标准刻度的水准尺，并在 A、B 两点之间安置一台水准仪，根据水准仪提供的水平视线在前后水准尺上分别读数。设水准测量的前进方向是由 A 点(已知高程点)向 B 点(未知高程点)，则规定 A 点为后视点，其水准尺读数为 a，称为后视读数；B 点为前视点，其水准尺读数为 b，称为前视读数。则 A、B 两点间的高差即为后视读数减前视读数 h_{AB}：

$$h_{AB} = a - b \tag{5-2}$$

于是 B 点的高程 H_B 可按式(5-3)计算：

$$H_B = H_A + (a - b) \tag{5-3}$$

高差 h_{AB} 可正可负，当 a 大于 b 时，h_{AB} 值为正，即 B 点高于 A 点；当 a 小于 b 时，h_{AB} 值为负，即 B 点低于 A 点。

为了避免计算高差时发生正、负号的错误，在书写高差 h_{AB} 时必须注意 h 下标的写法。例如 h_{AB} 是表示由 A 点至 B 点的高差；而 h_{BA} 表示由 B 点至 A 点的高差，即

$$h_{AB} = -h_{BA} \tag{5-4}$$

此外，从图 5-1 中还可以看出，B 点的高程也可以利用水准仪的视线高程 H_i(也称为仪器高程)来计算，即

$$\begin{cases} H_i = H_A + a \\ H_B = H_A + (a - b) = H_i - b \end{cases} \tag{5-5}$$

式(5-3)是直接利用高差 h_{AB} 计算 B 点高程的，称为高差法；式(5-5)是利用仪器的视线高程 H_i 计算 B 点高程的，称为仪高法或视线高法。

当安置一次水准仪需测出若干个未知点的高程时，用仪高法比高差法方便。仪高法在各种施工测量中被广泛使用。

第二节 水准仪及其使用

一、水准仪的构造

水准仪是用于水准测量的仪器,目前,我国水准仪是按仪器所能达到的每千米往返测高差中数的偶然中误差这一精度指标划分的,共分为四个等级,见表5-1。

水准仪系列的分级及主要用途　　表5-1

水准仪系列型号	DS_{05}	DS_1	DS_3	DS_{10}
每千米往返测高差中数的偶然中误差	≤0.5mm	≤1mm	≤3mm	≤10mm
主要用途	国家一等水准测量及地震监测	国家二等水准测量及其他精密水准测量	国家三、四等水准测量及一般工程水准测量	一般工程水准测量

表中"D"和"S"是"大地"和"水准仪"汉语拼音的第一个字母,通常在书写时可省略字母"D";"05""1""3"及"10"等数字表示该类仪器的精度。S_3 级和 S_{10} 级水准仪称为普通水准仪,用于国家三、四等水准及普通水准测量;S_{05} 级和 S_1 级水准仪称为精密水准仪,用于国家一、二等精密水准测量。由于一般工程测量和施工测量中广泛使用 S_3 级水准仪,因此本章将着重介绍这类仪器。

根据水准测量的原理,水准仪的主要作用就是提供一条水平视线,并能照准水准尺进行读数,从而获得两点间的高差。根据其工作原理的不同,水准仪可分为光学水准仪和电子水准仪两种。

1. 光学水准仪

光学水准仪的基本结构可分为望远镜、水准器和基座三部分。图5-2所示即为一种 S_3 微倾式水准仪的外形和各部件名称。

图中的望远镜1和水准管2连成一个整体,在靠近望远镜物镜一端用一弹簧片3与支架4相连,转动微倾螺旋5,可使顶杆升降,从而使望远镜和水准管相对于支架作上、下微倾,使水准管气泡居中,导致望远镜的视线水平。由于用微倾螺旋使望远镜上、下倾斜有一定限度,所以,应该使支架首先大致水平,支架的旋转轴即仪器的纵轴,插在基座6的轴套中,转动基座的三个脚螺旋7,使支架上的圆水准器8的气泡居中,使支架面大致水平。这时,再转动微倾螺旋,使水准管的气泡居中、望远镜的视线水平。

图5-2中的9是望远镜目镜调焦螺旋,转动它可使十字丝像清晰;10是望远镜物镜调焦螺旋,转动可使目标(水准尺)的像清晰。11是水准管气泡观察镜。12是制动螺旋,能控制水准仪在水平方向的转动,转紧它再旋转微动螺旋13,可使望远镜在水平方向作微小的转动,便于瞄准目标。望远镜上方的缺口14和准星15用于从望远镜外面寻找目标。

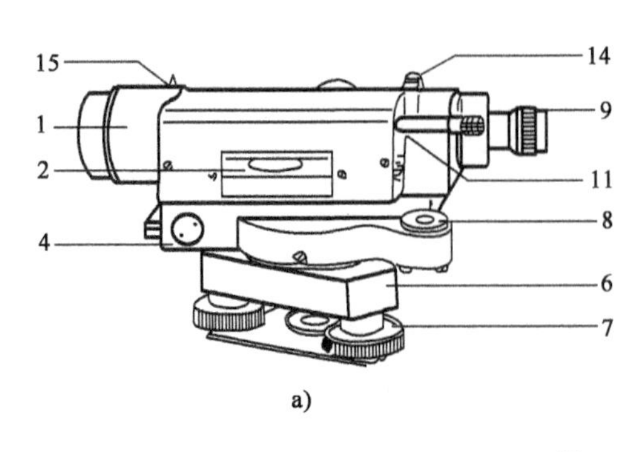

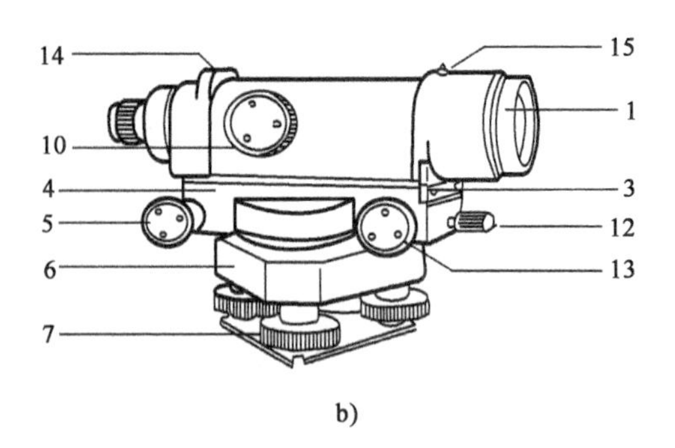

图 5-2 S3 型水准仪

1-望远镜物镜;2-水准管;3-簧片;4-支架;5-微倾螺旋;6-基座;7-脚螺旋;8-圆水准器;9-望远镜目镜;10-物镜调焦螺旋;11-气泡观察镜;12-制动螺旋;13-微动螺旋;14-缺口;15-准星

(1)望远镜

水准仪上的望远镜是用于瞄准远处目标和读数,主要由物镜、目镜、调焦透镜、分划板组成。

S3 级水准仪望远镜中的十字丝分划板为刻在玻璃板上的三根横丝及一根纵丝,见图 5-3 中之 7。中间的长横丝称为中丝,用于读取水准尺上分划的读数。上、下两根较短的横丝分别称为上丝和下丝,总称为视距丝,用以测定水准仪至水准尺的距离(视距)。

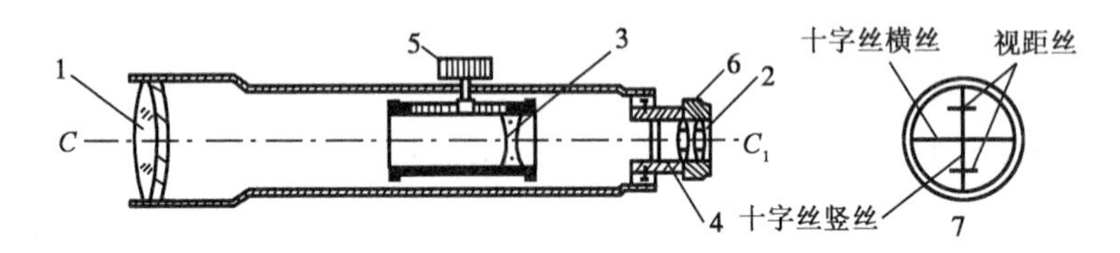

图 5-3 望远镜

1-物镜;2-目镜;3-调焦透镜;4-十字丝分划板;5-物镜调焦螺旋;6-目镜调焦螺旋;7-十字丝放大像

(2)水准器

水准器是用来指示视准轴是否水平或仪器竖轴是否竖直的装置。有管水准器(又称为水准管)和圆水准器两种,其结构与经纬仪的基本相同。管水准器用来指示视准轴是否水平;圆水准器用来指示竖轴是否竖直。

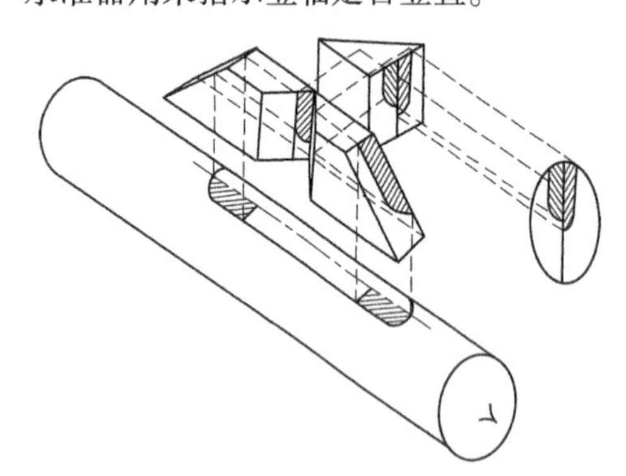

图 5-4 水准管与符合棱镜

①水准管与符合棱镜。

为了提高目估水准管气泡居中的精度,微倾式水准仪的水准管上方都装有符合棱镜,如图 5-4 所示,借助符合棱镜的反射作用,把气泡两端的影像反映到望远镜旁的水准管气泡观察镜内,当气泡两端的半像吻合时,表示气泡居中;当气泡的半像错开时,则表示气泡不居中,此时应转动微倾螺旋,使气泡两端的半像吻合。

②圆水准器。

圆水准器的灵敏度较低,仅用于粗略整平仪器。它可使水准仪的竖轴大致处于竖直位置,便于用微倾螺旋使水准管的气泡精确居中。

(3)基座

基座的作用是支承仪器的上部并与三脚架连接(图 5-2)。

利用微倾式水准仪进行水准测量时,每次在水准尺上读数都要用微倾螺旋将水准管气泡调至居中位置,这不利于提高水准测量的速度和精度。自动安平水准仪上没有水准管和微倾螺旋,使用时只需将水准仪上的圆水准器的气泡居中,然后借助安平补偿器自动地把视准轴置平,在十字丝交点上读得的便是视线水平时应该得到的读数。因此,使用自动安平水准仪可以大大缩短水准测量的工作时间。同时,安平补偿器还可以对由于水准仪安置不当、地面有微小的振动或脚架的不规则下沉等造成的视线不水平状况进行调整,从而迅速地得到正确的读数。

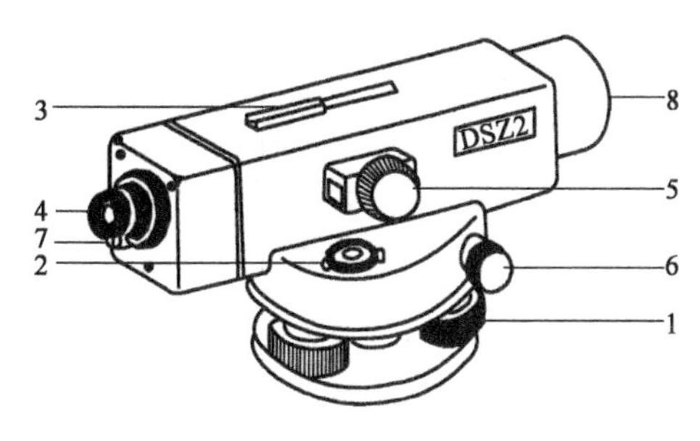

图 5-5　DSZ2 自动安平水准仪

1-脚螺旋;2-圆水准器;3-外瞄准器;4-目镜调焦螺旋;5-物镜调焦螺旋;6-微动螺旋;7-补偿器检查按钮;8-物镜

图 5-5 所示是苏州光学仪器厂生产的 DSZ2 自动安平水准仪。

2. 电子水准仪

电子水准仪基本结构

电子水准仪,又称数字水准仪,是以自动安平水准仪为基础,在望远镜光路中增加了分光镜和光电探测器(CCD),采用条码水准标尺和图像处理系统构成的光机电测量一体化的水准仪(图 5-6)。数字水准仪具有速度快、精度高、自动读数、使用方便、能减轻作业劳动强度、可自动记录存储测量数据、易于实现水准测量内外业一体化的优点。

a) Leica DNA03

b) Trimble DINI03

c) South DL-2003

图 5-6　部分电子水准仪

与光学水准仪相比,电子水准仪的主要不同点是在望远镜中安置了一个由光敏二极管构成的线阵探测器,仪器采用数字图像识别处理系统,并配用条码水准标尺。水准尺的分划用条纹编码代替厘米间隔的米制长度分划。线阵探测器将水准尺上的条码图像用电信号传送给信息处理机。信息经处理后即可求得水平视线的水准尺读数和视距值。因此,电子水准仪将原有的用人眼观测读数彻底改变为由光电设备自动探测水平视准轴的水准尺读数。

目前,电子水准仪采用的自动电子读数方法有以下三种:相关法,如 Leica 公司 NA2002, NA3003、DNA10 和 DNA03 电子水准仪;几何位置法,如 Zeiss 公司的 DiNi10, DiNi20 电子水准仪;相位法,如 Topcon 公司的 DL-101C, DL-102C 电子水准仪。

下面以 NA2002 电子水准仪为例,介绍相关法电子水准仪的基本原理。

(1)电子水准仪的一般结构

电子水准仪的望远镜光学部分和机械结构与光学自动安平水准仪基本相同。图 5-7 为

NA2002 电子水准仪望远镜光学部分和主要部件的结构略图。图中的部件较自动安平水准仪多了调焦发送器、补偿器监视、分光镜和线阵探测器 4 个部件。

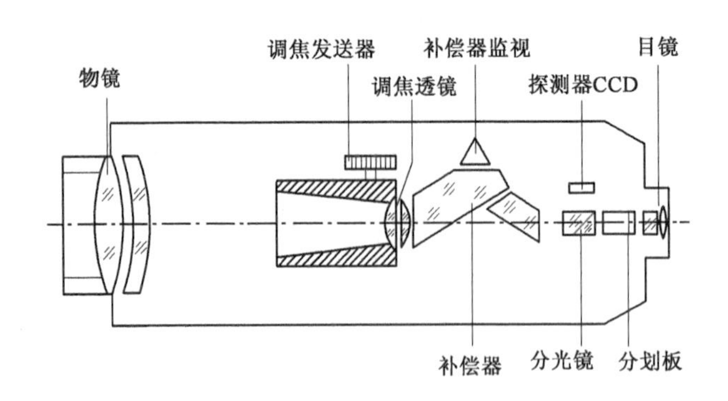

图 5-7 NA2002 电子水准仪结构略图

调焦发送器的作用是测定调焦透镜的位置,由此计算仪器至水准尺的概略视距值。补偿器监视的作用是监视补偿器在测量时的功能是否正常。分光镜则是将经由物镜进入望远镜的光分离成红外光和可见光两个部分。红外光传送给线阵探测器作标尺图像探测的光源,可见光源穿过十字丝分划板经目镜供观测员观测水准尺。基于 CCD 摄像原理的线阵探测器是仪器的核心部件之一,其长约 6.5mm,由 256 个光敏二极管组成。每个光敏二极管的口径约为 25μm,构成图像的一个像素。这样水准尺上进入望远镜的条码图像将分成 256 个像素,并以模拟的视频信号输出。

(2)相关法的基本原理

线阵探测器获得的水准尺上的条码图像信号(即测量信号),通过与仪器内预先设置的"已知代码"(参考信息)按信号相关方法进行比对,使测量信号移动以达到两信号的最佳符合,从而获得标尺读数和视距读数。

进行数据相关处理时,要同时优化水准仪视线在标尺上的读数(即参数 h)和仪器到水准尺的距离(即参数 d),因此这是一个二维(d 和 h)的离散相关函数。为了求得相关函数的峰值,需要在整条尺子上搜索。在这样一个大范围内搜索最大相关值大约要计算 50000 个相关系数,较为费时。为此,采用了粗相关和精相关两个运算阶段来完成此项工作。由于仪器距水准尺的远近不同时,水准尺图像在视场中的大小也不相同,因此粗相关的一个重要步骤就是用调焦发送器求得概略视距值,将测量信号的图像缩放到与参考信号大致相同。即距离参数 d 由概略视距值确定,完成粗相关,这样可使相关运算次数减少约 80%。然后再按一定的步长完成精相关的运算工作,求得图像对比的最大相关值 h_0,即水平视准轴在水准尺上的读数。同时亦求得精确的视距值 d_0。

由相关计算的过程可知,计算方法可分为如下三个部分。

①调焦发送器:根据调焦量确定概略视距,而不用在全部的视距范围进行二维相关,可以减少约 80% 的计算量。

②粗相关:CCD 的 A/D 转换为一位,测量信号的一位灰度值与参考信号相关,确定一个大致的视距范围。计算量较小,精度较低。

③精相关:CCD 的 A/D 转换为八位,在粗相关确定的范围内进行高精度计算,确定高程和

精确的视距读数。

相关法计算的硬件实现如图 5-8 所示。

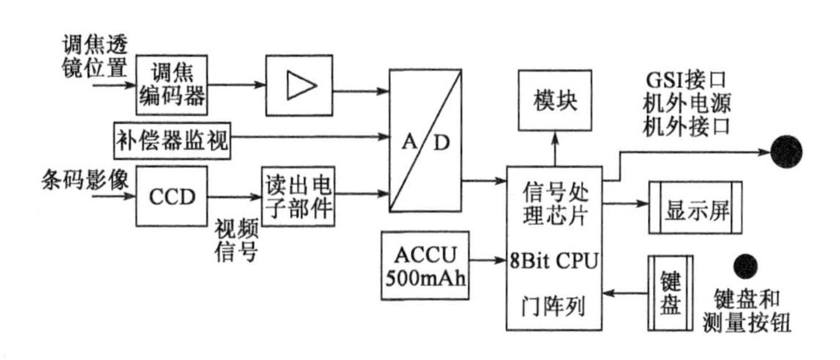

图 5-8 相关法计算的硬件实现

与传统的光学水准仪相比,电子水准仪具有以下优点。

①读数客观。不存在误读、误记问题,没有人为读数误差。

②精度高。视线高和视距读数都是采用大量条码分划图像经过处理后取平均得到的,因此削弱了标尺分划误差的影响;多数仪器都有进行多次读数取平均的功能,可以削弱外界条件如振动、大气扰动等的影响;这同时也就要求标尺条码要有足够的可见范围,用于测量的条码不能遮挡。

③速度快。由于省去了报数、听记、现场计算以及人为出错的重测工作量,测量时间与传统仪器相比可以节省 1/3 左右。

④效率高。只需调焦和按键就可以自动读数,减轻了劳动强度;视距还能自动记录、检核、处理并能输入计算机进行后处理,可实现内外业一体化。

⑤操作简单。由于仪器实现了读数和记录的自动化,并预存了大量测量和检核程序,在操作时还有实时提示,因此测量人员可以很快掌握使用方法,减少了培训时间,即使不熟练的作业人员也能进行高精度水准测量。

二、水准尺和尺垫

三、四等水准测量或普通水准测量所使用的水准尺是用干燥木料或玻璃纤维合成材料制成,一般长约 3 ~ 5m,按其构造不同可分为折尺、塔尺、直尺等数种。折尺可以对折,塔尺可以缩短,这两种尺运输方便,但用旧后的接头处容易损坏,影响尺长的精度,所以三、四等水准测量规定只能用直尺。为使尺子不弯曲,其横剖面做成丁字型、槽型、工字型等。尺面每隔一厘米涂有黑白或红白相间的分格,每分米有数字注记。为倒像望远镜观测方便起见,注字常倒写。尺子底面钉以铁片,以防磨损。水准尺一般式样如图 5-9 所示。

三、四等水准测量采用的尺长为 3m,以厘米为分划单位的区格式木质双面水准尺。双面水准尺的一面分划黑白相间称为黑面尺(也叫主尺),另一面分划红白相间称为红面尺(也叫辅助尺)。黑面分划的起始数字为“零”,而红面底部起始数字不是“零”,一般为 4687mm 或 4787mm。为使水准尺能更精确地处于竖直位置,可在水准尺侧面装一圆水准器。

作为转点用的尺垫[或称尺台,如图 5-10a)所示]系用生铁铸成,一般为三角形,中央有一突起的圆顶,以便放置水准尺,下有三尖脚可以插入土中。尺垫应重而坚固,方能稳定。在土质松软地区,尺垫不易放稳,可用尺桩(或称尺钉),如图5-10b)所示,作为转点。尺桩长约30cm,粗约2~3cm,使用时打入土中,比尺垫稳固,但每次需用力打入,用后又需拔出。

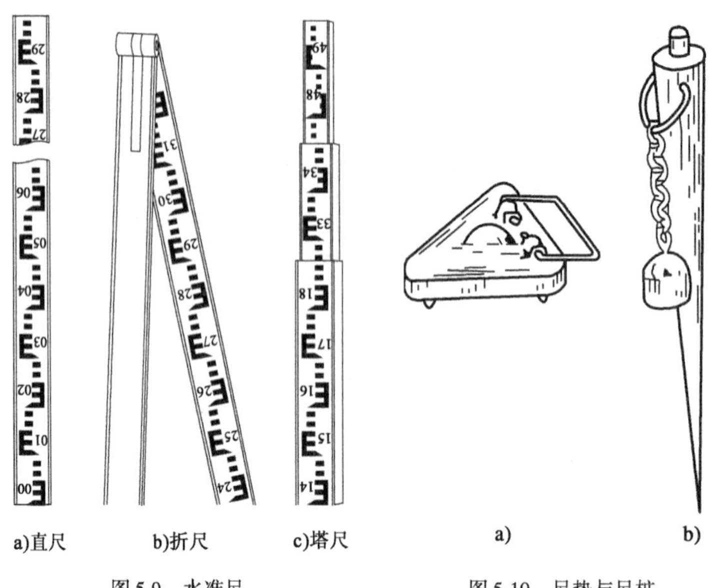

a)直尺　b)折尺　c)塔尺

图5-9　水准尺

a)　b)

图5-10　尺垫与尺桩

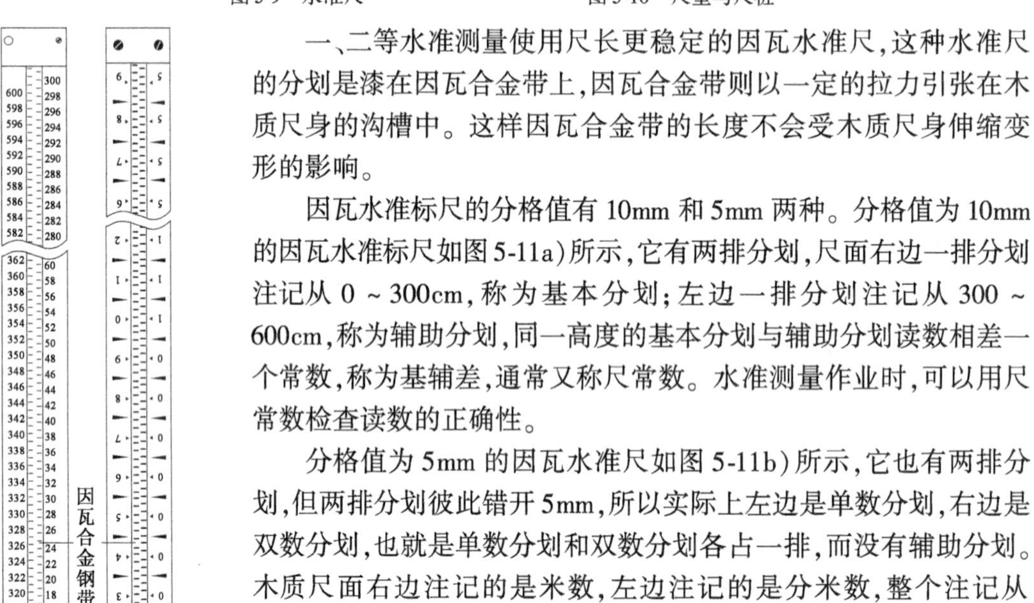

a)　b)

图5-11　因瓦水准尺

一、二等水准测量使用尺长更稳定的因瓦水准尺,这种水准尺的分划是漆在因瓦合金带上,因瓦合金带则以一定的拉力引张在木质尺身的沟槽中。这样因瓦合金带的长度不会受木质尺身伸缩变形的影响。

因瓦水准标尺的分格值有10mm和5mm两种。分格值为10mm的因瓦水准标尺如图5-11a)所示,它有两排分划,尺面右边一排分划注记从0~300cm,称为基本分划;左边一排分划注记从300~600cm,称为辅助分划,同一高度的基本分划与辅助分划读数相差一个常数,称为基辅差,通常又称尺常数。水准测量作业时,可以用尺常数检查读数的正确性。

分格值为5mm的因瓦水准尺如图5-11b)所示,它也有两排分划,但两排分划彼此错开5mm,所以实际上左边是单数分划,右边是双数分划,也就是单数分划和双数分划各占一排,而没有辅助分划。木质尺面右边注记的是米数,左边注记的是分米数,整个注记从0.1~5.9m,实际分格值为5mm,分划注记比实际数值大了一倍,所以用这种水准标尺所测得高差值必须除以2才是实际的高差值。

与电子水准仪相配套的是条码水准尺,其条码设计随电子读数方法不同而不同,目前,采用的条纹编码方式有二进制码条码、几何位置测量条码、相位差法条码等。

NA2002水准仪配用的条码标尺是用膨胀系数小于10×10^{-6}的玻璃纤维合成材料制成,重量轻,坚固耐用。该尺一面采用伪随机条形码(属于二进制码),如图5-12所示,供电子测量用;另一面为区格式分划,供光学测量使用。尺子由三节1.35m长的短尺插接使用,三节全长

4.05m。使用时仪器至标尺的最短可测量距离为1.8m，最远为100m。并要注意标尺不被障碍物（如树枝等）遮挡，因为标尺影像的亮度对仪器探测会有较大影响，可能会不显示读数。

用于精密水准测量的电子水准仪，其配用的条码标尺有两种，一种为因瓦尺，另一种为玻璃钢尺。

图5-12　条码水准尺

三、水准仪的使用

使用微倾式水准仪的基本操作包括安置水准仪、粗略整平、瞄准、精确整平和读数等步骤。

1. 安置水准仪

水准测量方法

在测站上打开三脚架，张开三脚架使其高度适中且架头大致水平，检查脚架腿是否安置稳固，脚架伸缩螺旋是否拧紧。然后从仪器箱中取出水准仪，安放在三脚架头上，一手握住仪器，一手立即将三脚架中心连接螺旋旋入仪器基座的中心螺孔中，适度旋紧，使仪器固定在三脚架头上。

2. 粗略整平

粗略整平（简称粗平）是用脚螺旋使圆水准器气泡居中，从而使仪器的竖轴大致铅直。粗平的操作步骤与经纬仪整平类似。若水准仪架设在土质比较坚实的地面上或水泥地面上，有经验的测量人员只需移动两个脚架腿即可将水准仪粗略整平；若水准仪架设在土质松软的地面上，则需将三个脚架腿的脚尖踩实，然后用伸缩脚架腿或移动脚螺旋的方法来粗略整平仪器。

3. 瞄准

在用望远镜瞄准目标之前，首先要进行目镜对光，即把望远镜对着明亮的背景，转动目镜调焦螺旋，使十字丝清晰。瞄准目标应首先使用望远镜上的瞄准器，在基本瞄准水准尺后立即用制动螺旋将仪器制动。若望远镜内已经看到水准尺但成像不清晰，可以转动物镜调焦螺旋至成像清晰，注意消除视差。最后用微动螺旋转动望远镜使十字丝的竖丝对准水准尺的中间稍偏一点以便读数。

4. 精确整平与读数

读数之前应用微倾螺旋调整水准管气泡居中，使视线精确水平（简称精平）。由于气泡的移动有惯性，所以转动微倾螺旋的速度不能过快，特别是在符合水准器的两端气泡影像将要对齐的时候尤应注意。只有当气泡已经稳定不动且居中的时候才达到精平的目的。

仪器精确整平后即可在水准尺上读数。为了保证读数的准确性，并提高读数的速度，可以首先看好厘米的估读数（即毫米数），然后再将全部读数报出。一般习惯上是报四个数字，即米、分米、厘米、毫米，并且以毫米为单位。如图5-13所示，水准标尺的黑面读数为1608（即1.608m），红面读数为6295（即6.295m）。

带有光学测微器装置的水准仪，使用因瓦水准尺。在仪器精平后，十字丝横丝往往不是恰好对准水准尺上某一整分划线，这时转动测微螺旋，使视线上、下移动，使十字丝的楔形丝正好夹住一个整分划线，水平视线在水准标尺的全部读数应为分划线读数加上测微器读数。图5-14所示为N3水准仪的读数视场图，读数为14865（即1.4865m）。图5-15所示为S1型水准仪的读数视场图，读数为19815（即1.9815m）。

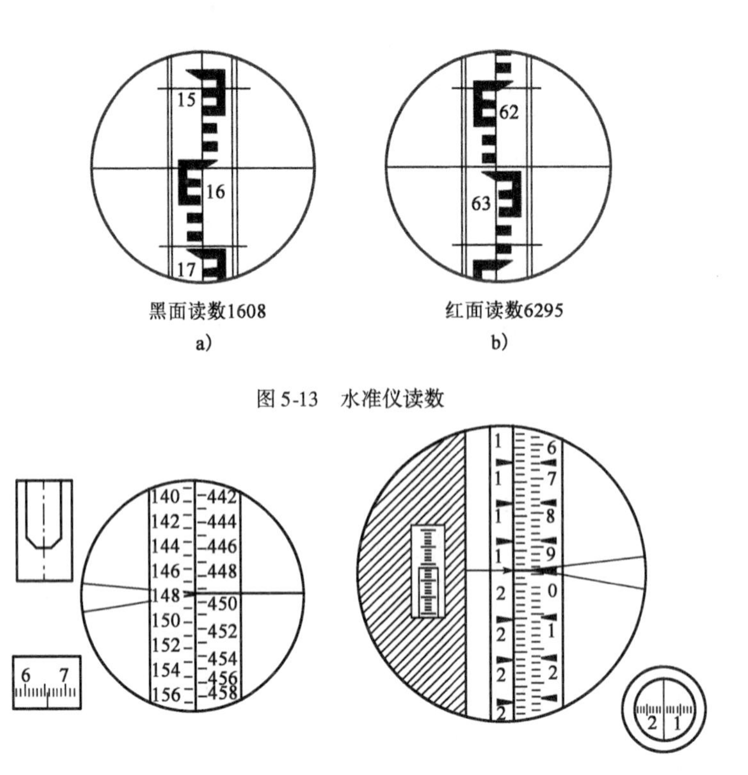

图 5-13　水准仪读数

图 5-14　N3 水准仪的读数视场图　　　　图 5-15　S1 型水准仪的读数视场图

精确整平和读数虽是两项不同的操作步骤,但在水准测量的实施过程中,应把两项操作视为一个整体。即每次读数时都要先精平后读数,读数后还要检查管水准气泡是否完全符合。只有这样,才能取得准确的读数。

用数字水准仪进行水准测量,需配合相应的条码水准标尺。仪器的安置、整平、照准、调焦等步骤与光学水准仪相同。测量时,选取好测量模式,瞄准标尺,点击测量键开始测量,仪器将同时测量距离和标尺上的读数。距离和高差等结果就显示在屏幕上,并可按记录键保存测量结果。

数字水准仪也可像普通自动安平水准仪一样配合分划水准标尺使用,不过这时的测量精度低于电子测量的精度。特别是对于精密水准测量,由于数字水准仪没有光学测微器,当作普通自动安平水准仪使用时,其精度更低。

第三节　水准测量方法

一、水准测量的基本方法

水准测量是用水准仪和水准尺测定地面上两点间高差的方法,因其简便易行而在高程测量中被广泛采用,也是高程测量中最常用的测量方法。

图 5-1 中所表示的水准测量是当 A、B 两点相距不远的情况,这时通过水准仪可以直接在水准尺上读数,且能保证一定的读数精度。如果两点之间的距离较远,或高差较大时,仅安置

一次仪器便不能测得它们的高差,这时需要加设若干个临时的立尺点,作为传递高程的过渡点,称为转点。如图5-16所示,欲求A点至B点的高差h_{AB},选择一条施测路线,用水准仪依次测出$A1$的高差h_{A1}、12的高差h_{12}等,直到最后测出nB的高差h_{nB}。每安置一次仪器,称为一个测站,而1、2、3、…、n等点即为转点。高差h_{AB}可由式(5-6)算得:

$$h_{AB}=h_{A1}+h_{12}+\cdots+h_{nB} \tag{5-6}$$

式(5-6)中,各测站的高差均为后视读数减去前视读数之值,即

$$\begin{cases}h_{A1}=a_1-b_1\\h_{12}=a_2-b_2\\\quad\cdots\\h_{nB}=a_n-b_n\end{cases} \tag{5-7}$$

式(5-7)中,等号右端用下标1、2、…、n表示第1站、第2站、…、第n站的后视读数和前视读数。因此,有

$$\begin{aligned}h_{AB}&=(a_1-b_1)+(a_2-b_2)+\cdots+(a_n-b_n)\\&=\sum_1^n(a-b)=\sum_1^n a-\sum_1^n b\end{aligned} \tag{5-8}$$

在实际作业中可先算出各测站的高差,然后取高差的总和而得h_{AB}。再根据式(5-8),即用后视读数之和减去前视读数之和来计算高差h_{AB},检核计算是否正确。

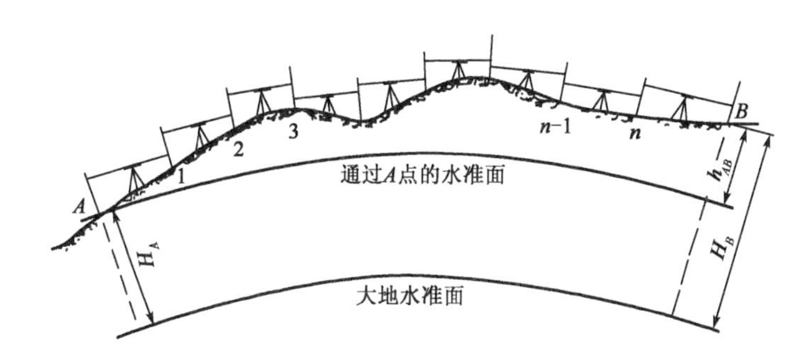

图5-16 水准高程传递示意图

二、普通水准测量

国家三、四等以下的水准测量为普通水准测量。

一般情况下,从一已知高程的水准点出发,要用连续水准测量的方法,才能算出另一待定水准点的高程,其施测程序如下。

将水准尺立于已知高程的水准点上作为后视,水准仪置于施测路线附近合适位置,在施测路线的前进方向上取仪器至后视大致相等的距离设置第一个转点TP_1,在转点上放置尺垫,在尺垫上竖立水准尺作为前视。观测员将仪器用圆水准器粗平后瞄准后视标尺,用微倾螺旋将水准管气泡居中,用中丝读后视读数至毫米。然后掉转望远镜瞄准前视标尺,再次将水准管气泡居中,用中丝读前视读数至毫米。记录员根据观测员的读数在手簿中记录相应数字,并立即计算高差。此为第一测站的全部工作。

第一测站结束后,记录员通知标尺员向前转移,用同样的方法在前进方向上设置第二个转点作为第二测站的前视点,并将仪器迁至第二测站。此时,第一测站的前视点成为第二测站的后视

点。依第一测站相同的工作程序进行第二测站的工作。依次沿水准路线方向施测终点为止。

表5-2所列为普通水准测量的手簿记录和高程计算示例。

水准测量手簿 表5-2

日期:2015年6月8日　仪器型号:DS_3　观测者:××

天气:晴　地　点:××　记录者:××

测站	点号	水准尺读数		高差 h (mm)	高程 H (m)	备注
		后视读数 a(mm)	前视读数 b(mm)			
1	A	0347			46.215	
	TP1		1631	-1284		
2	TP1	0306				
	TP2		2624	-2318		
3	TP2	0833				
	TP3		1516	-0683		
4	TP4	2368				
	B		0694	+1674	43.604	
计算检核	Σ	$\Sigma a=3.854$m	$\Sigma b=6.465$m	$\Sigma h=-2.611$m		
	$\Sigma a-\Sigma b=-2.611$m, $\Sigma h=-2.611$m					

根据上述的施测方法,若其中一个读数测错,都会影响高程计算的正确性。因此,对每一站的高差,都必须采取措施进行检核测量。常用的方法有变动仪器高法或双面尺法。

变动仪器高法是在同一个测站上用两次不同的仪器高度,测得两次高差以相互比较进行检核。双面尺法是仪器的高度保持不变,而立在前视点和后视点上的水准尺分别用黑面和红面各进行一次读数,测得两次高差,相互进行检核。

三、国家三、四等水准测量

四等水准测量

国家三、四等水准测量的精度要求较普通水准测量的精度高,其技术指标见表5-3。三、四等水准测量的水准尺,通常采用木质的两面有分划的红黑面双面标尺,表5-3中的黑红面读数差,即指一根标尺的两面读数去掉常数之后所容许的差数。

三、四等水准测量作业限差 表5-3

等级	仪器类型	标准视线长度(m)	前后视距差(m)	前后视距差累计(m)	黑红面读数差(mm)	黑红面所测高差之差(mm)	检测间歇点高差之差(mm)
三等	S3	65	3.0	6.0	2.0	3.0	3.0
四等	S3	80	5.0	10.0	3.0	5.0	5.0

三、四等水准测量在一测站上水准仪照准双面水准尺的顺序为:

(1)照准后视标尺黑面,进行视距丝、中丝读数;

(2)照准前视标尺黑面,进行中丝、视距丝读数;

(3)照准前视标尺红面,进行中丝读数;

(4)照准后视标尺红面,进行中丝读数。

以上观测顺序简称为“后、前、前、后”(黑、黑、红、红)。

四等水准测量每站观测顺序也可为“后、后、前、前”(黑、红、黑、红)。

无论采用何种观测顺序,中丝的读数必须在水准管气泡居中时读取。

四等水准测量的观测记录及计算的示例,见表5-4。表中带括号的号码为观测读数和计算的顺序。(1)~(8)为观测数据,其余为计算数据。

三(四)等水准测量观测手簿 表5-4

测自 A01 至 S06 2016年5月22日

时刻:始8时25分 天气:晴

末8时55分 成像:清晰

测站编号	后尺 下丝 / 上丝 / 后距 / 视距差 d	前尺 下丝 / 上丝 / 前距 / Σd	方向及尺号	标尺读数 黑面	标尺读数 红面	K+黑-红	高差中数	备注
	(1)	(5)	后	(3)	(8)	(10)		
	(2)	(6)	前	(4)	(7)	(9)		
	(12)	(13)	后-前	(16)	(17)	(11)		
	(14)	(15)						
1	1571	0739	后5(A01)	1384	6171	0		
	1197	0363	前6	0551	5239	-1		
	374	376	后-前	+0833	+0932	+1	+0832.5	
	-0.2	-0.2						
2	2121	2196	后6	1934	6621	0		
	1747	1821	前5	2008	6796	-1		
	374	375	后-前	-0074	-0175	+1	-0074.5	
	-0.1	-0.3						
3	1914	2055	后5	1726	6513	0		
	1539	1678	前6	1866	6554	-1		
	375	377	后-前	-0140	-0041	+1	-0140.5	
	-0.2	-0.5						
4	1965	2141	后6	1832	6519	0		
	1700	1874	前5(S06)	2007	6793	+1		
	265	267	后-前	-0175	-0274	-1	-0174.5	
	-0.2	-0.7						

1. 测站上的计算与校核

高差部分：

$$(9)=(4)+K-(7)$$
$$(10)=(3)+K-(8)$$
$$(11)=(10)-(9)$$

(10)及(9)分别为后、前视标尺的黑红面读数之差,(11)为黑红面所测高差之差。K 为后、前视标尺的红黑面零点的差数(尺常数);在表5-4的示例中,5号尺之 $K=4787$,6号尺之 $K=4687$。

$$(16)=(3)-(4)$$
$$(17)=(8)-(7)$$

(16)为黑面所算得的高差,(17)为红面所算得的高差。由于两根尺子红黑面零点差不同,所以(16)并不等于(17)[表5-4的示例中,(16)与(17)应相差100]。由此,(11)尚可作一次检核计算,即：

$$(11)=(16)\pm 100-(17)$$

视距部分：

$$(12)=(1)-(2)$$
$$(13)=(5)-(6)$$
$$(14)=(12)-(13)$$
$$(15)=\text{本站的}(14)+\text{前站的}(15)$$

(12)为后视距离,(13)为前视距离,(14)为前后视距差,(15)为前后视距累计差。

2. 观测结束后的计算与校核

高差部分：

$$\Sigma(3)-\Sigma(4)=\Sigma(16)=h_{黑}$$

$$\Sigma\{(3)+K\}-\Sigma(8)=\Sigma(10)$$

$$\Sigma(8)-\Sigma(7)=\Sigma(17)=h_{红}$$

$$\Sigma\{(4)+K\}-\Sigma(7)=\Sigma(9)$$

$$h_{中}=\frac{1}{2}(h_{黑}+h_{红})$$

$h_{黑}$、$h_{红}$ 分别为一测段黑面、红面所得高差,$h_{中}$ 为高差中数。

视距部分：

$$\text{末站}(15)=\Sigma(12)-\Sigma(13)$$
$$\text{总视距}=\Sigma(12)+\Sigma(13)$$

若测站上有关观测限差超限,在本站检查发现后可立即重测。若迁站后才检查发现,则应从最近的水准点或间歇点起,重新观测。

3. 注意事项

(1)将三脚架中心螺旋与仪器基座牢固连接,防止摔坏仪器。

(2)当符合水准气泡居中时方可读数,读数完成后需再次检查符合水准气泡是否居中。

(3)记录员要给观测员回报并确认每一个读数,防止听错或记错。

(4)在观测员未完成本站观测时,立尺员不得碰动尺垫或尺桩。

(5)每一测段的往测与返测,其测站数均应为偶数,否则应加入标尺零点差改正。由往测转为返测时,前后两根水准标尺必须互换位置,并应重新安置仪器。

(6)除路线拐弯处外,每一测站上仪器和前后视标尺的3个位置,应尽可能接近于一条直线。

第四节　水准测量误差分析

水准测量的误差包括仪器误差、观测误差和外界条件的影响三个方面。

一、仪器误差

1. 水准管轴与视准轴不平行的误差

由水准测量原理及水准仪的基本构造可知,水准管轴与视准轴应保持互相平行的,否则将引起水准测量误差。二者不平行在垂直面上投影的交角,称为 i 角误差。i 角误差的影响与距离成正比,只要观测时注意使前、后视距离相等,便可消除或减弱此项误差的影响。在水准测量中,对视距差及其累计做限差要求即为减弱 i 角误差对观测高差的影响。

i 角误差可用下述方法进行检验:

(1)如图5-17所示,在 S_1 处安置水准仪,从仪器向两侧各量约40m,定出等距离的 A、B 两点。

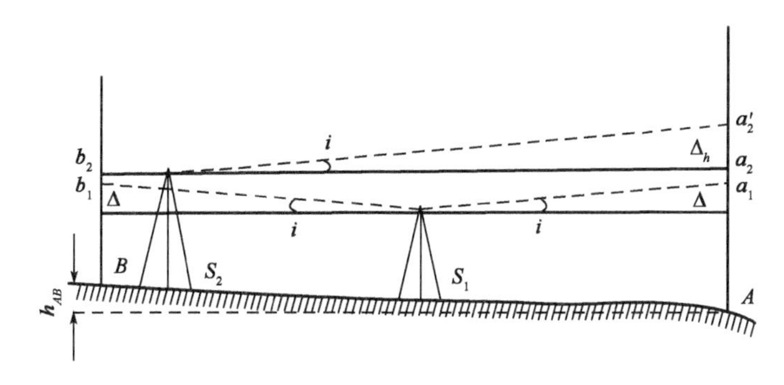

图5-17　i 角误差示意图

(2)在 S_1 处用变动仪器高法(或双面尺法)测出 A、B 两点的高差。若两次测得的高差之差不超过3mm,则取其平均值 h_{AB} 作为最后结果。由于距离相等,水准管轴与视准轴不平行的误差 Δ 可在高差计算中自动消除,故 h_{AB} 值不受 i 角误差的影响。

(3)安置仪器于 B 点附近的 S_2 处,离 B 点约3m,精平后读得 B 点水准尺上的读数为 b_2,因仪器离 B 点很近,水准管轴与视准轴不平行引起的读数误差可忽略不计。故根据 b_2 和 A、B 两点的正确高差 h_{AB} 算出 A 点尺上应有读数为

$$a_2 = b_2 + h_{AB} \tag{5-9}$$

(4)瞄准 A 点水准尺,读出水平视线读数 a_2'。如果 a_2' 与 a_2 相等,则说明水准管轴与视准轴平行,否则就存在 i 角,其值为

$$i=\frac{\Delta h}{D_{AB}}\rho'' \tag{5-10}$$

式中,$\Delta h=a_2'-a_2$;D_{AB}为 A、B 两点间的距离。

对于 S3 级微倾水准仪,i 角之值不得大于 20″,如果超限则需要校正。

2. 水准尺误差

水准尺刻划不准确、尺长变化、弯曲等因素,会影响水准测量的精度和可靠性。因此,水准尺须经过检验才能使用。至于水准标尺的零点差,可在一水准测段中使测站数为偶数的方法予以消除。

二、观测误差

观测误差主要有水准管气泡居中误差、读数误差、视差影响和水准尺倾斜影响等。由于精密水准仪上均装有微倾螺旋、符合水准器和光学测微装置,可以有效提高气泡居中精度和读数精度,因此水准管气泡居中误差和读数误差可以控制在很小的范围内。下面仅介绍视差影响和水准尺倾斜影响。

1. 视差影响

当存在视差时,十字丝平面与水准尺影像不重合,若眼睛观察的位置不同,便读出不同的读数,因而也会产生读数误差。所以,在观测时应注意消除视差的影响。

2. 水准尺倾斜影响

水准尺倾斜将使尺上读数增大,如水准尺倾斜 3°30′,在水准尺上 1m 处读数时,将会产生 2mm 的误差;若读数大于 1m,误差将超过 2mm。消除或减弱水准尺倾斜影响的办法是在水准尺上安装圆水准器,确保尺子铅垂。如果尺子上的水准器不起作用,应用“摇尺法”进行读数,即:在读数时,尺子前、后俯仰摇动,使尺上读数缓慢改变,读变化中的最小读数,即为尺子铅垂时的读数。

三、外界条件的影响

1. 仪器下沉

由于仪器下沉,使视线降低,从而引起高差误差。若采用“后、前、前、后”的观测程序,可减弱其影响。

2. 尺垫下沉

如果在转点处发生尺垫下沉,将使下一站后视读数增大,这将引起高差误差。若采用往返观测的方法,并取观测高差成果的中数,可以减弱其影响。

3. 地球曲率及大气折光影响

如图 5-18 所示,用水平视线代替大地水准面在尺上读数产生的误差为 Δh[式(1-16)],此处用 C 代替 Δh,则有:

$$C=\frac{D^2}{2R} \tag{5-11}$$

式中，D 为水准仪到水准尺的距离；R 为地球的平均半径，其值为 6371km。

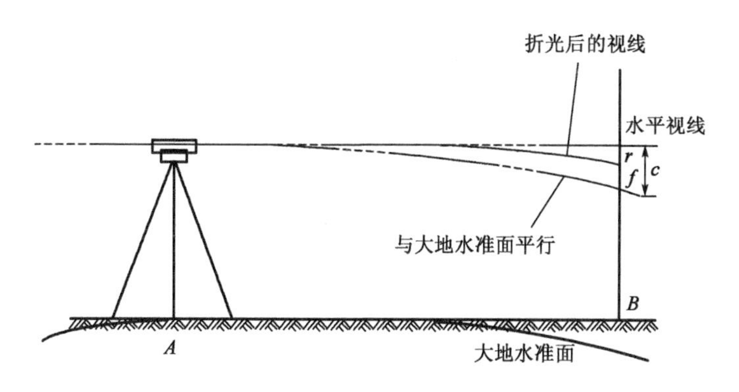

图 5-18 地球曲率及大气折光的影响

实际上，由于大气折光的影响，视线并非是水平的，而是一条曲线(图 5-18)，曲线的曲率半径约为地球半径的 7 倍，其折光量的大小对水准尺读数产生的影响为

$$r=\frac{D^2}{2\times 7R} \tag{5-12}$$

折光影响与地球曲率影响之和为：

$$f=C-r=\frac{D^2}{2R}-\frac{D^2}{14R}=0.43\frac{D^2}{R} \tag{5-13}$$

如果使前后视距离 D 相等，由于式(5-13)计算的 f 值则相等，地球曲率和大气折光的影响将得到消除或大大减弱。

4. 温度影响

温度的变化不仅引起大气折光的变化，而且当烈日照射水准管时，由于水准管本身和管内液体温度的升高，气泡会向着温度高的方向移动，从而影响仪器水平，产生气泡居中误差。因此，在烈日下进行水准测量时应注意给仪器撑伞遮阳。

第五节 三角高程测量

在高程测量中，除采用水准测量外，还可用经纬仪或全站仪观测竖直角进行三角高程测量。三角高程测量的基本思想是根据由测站向照准点所观测的垂直角(或天顶距)和它们之间的距离，计算出测站点与照准点之间的高差。这种方法简便灵活，受地形条件的限制较小，故适用于在地形起伏较大的地区(例如山区)测定地面点的高程。

在进行三角高程测量之前，必须用水准测量的方法在测区内引测一定数量的水准点，作为高程起算的依据。

一、三角高程测量原理

三角高程测量是根据两点间的距离和竖直角来计算两点间的高差的。如图 5-19 所示，已知 A 点的高程 H_A，欲测定 B 点的高程 H_B，可在 A 点上安置经纬仪或全站仪，量取仪器高 i(即仪器水平轴至测点的高度),并在 B 点设置观测标志(称为觇标)。用望远镜中丝瞄准觇标的顶部 M 点,测出竖直角 α,量取觇标高 v(即觇标顶部 M 至目标点 B 的高度),再根据 A、B 两点间的倾斜距离 S 或水平距离 D,则可算得 A、B 两点间的高差 h_{AB} 为

$$h_{AB}=S\sin\alpha+i-v=D\tan\alpha+i-v \tag{5-14}$$

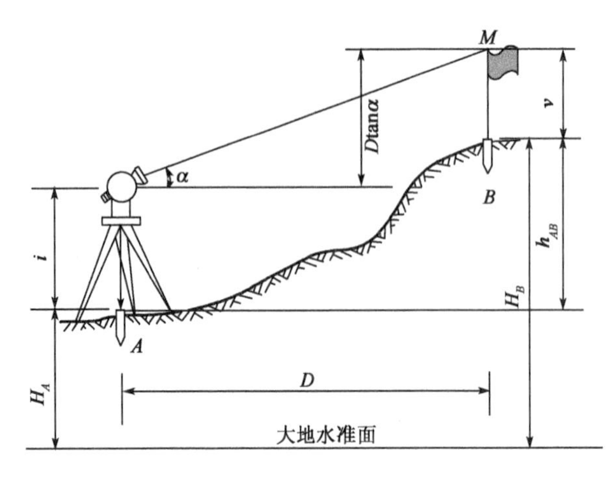

图 5-19　三角高程测量原理

B 点的高程 H_B 即为

$$H_B=H_A+h_{AB}=H_A+D\tan\alpha+i-v \tag{5-15}$$

当 A、B 两点间的水平距离 D 大于 300m 时,在式(5-15)中应考虑地球曲率和大气折光对高差的影响,其值 f(f 为两差改正)为 $(1-K)\dfrac{D^2}{2R}$,其中 K 为大气垂直折光系数。K 随气温、气压、日照、时间、地面情况和视线高度等因素而改变,一般取其平均值为 0.14,则 $f=0.43\dfrac{D^2}{R}$。此时,B 点的高程 H_B 为

$$H_B=H_A+h_{AB}=H_A+D\tan\alpha+i-v+f \tag{5-16}$$

为了消除或减弱地球曲率和大气折光的影响,三角高程测量一般应进行对向观测(或双向观测),亦称直、反觇观测。由 A 向 B 观测称为直觇,由 B 向 A 观测称为反觇。三角高程测量的对向观测,所求得的高差较差不应大于 $0.1D$(m),其中 D 为水平距离,以 km 为单位。若符合要求,则取两次高差的平均值作为该点的观测高差。

二、三角高程测量的方法

三角高程测量方法如下。

(1)将全站仪安置在测站 A 上,用钢尺量仪器高 i 和觇标高 v,分别量两次,精确至 0.5cm,两次量测结果之差不大于 1cm 时,取其平均值记入表 5-5 中。

(2)用全站仪十字丝的中丝瞄准 B 点觇标顶端 M,读出水平距离 D(或倾斜距离 S)和竖直角 α 的值,记入表 5-5 相应的栏中。竖直角 α 也可采用经纬仪进行测量,观测时要注意使竖盘水准管气泡居中,进行盘左、盘右观测,并读取竖直度盘读数 L 和 R,从而完成一测回的观测。竖直角观测测回数及限差规定见表 5-6。

(3)将仪器搬至 B 点,同法对 A 点进行观测。

三角高程测量计算表　　表 5-5

待求点	B	
起算点	A	
觇法	直	反
斜距 S(m)	351.84	350.66
平距 D(m)	341.23	341.23
竖直角 α	+14°06′30″	-13°19′00″
$D\tan\alpha$(m)	+85.76	-80.77
仪器高 i(m)	+1.31	+1.43
觇标高 v(m)	-3.80	-4.00
两差改正 f(m)	+0.01	+0.01
高差 h(m)	+83.28	-83.33
平均高差(m)	+83.30	
起算点高程(m)	279.25	
待求点高程(m)	362.55	

竖直角观测测回数及限差规定　　表 5-6

等级		一、二级小三角		一、二、三级导线		图根控制
仪器		DJ_2	DJ_6	DJ_2	DJ_6	DJ_6
测回数		2	4	1	2	1
各测回	竖直角互差 指标差互差	15″	25″	15″	25″	25″

三、三角高程测量的记录和计算

外业观测结束后，按式(5-14)、式(5-15)或式(5-16)即可计算两点间的高差和待求点的高程，计算实例见表 5-5。

四、三角高程的误差分析

三角高程测量的精度受竖直角观测误差、边长误差、大气折光误差、仪器高和目标高的量测误差等诸多因素的影响。其中边长误差的大小决定于测量的方法。对于仪器高和目标高的测定误差，用于测定地形控制点高程的三角高程测量，仅要求达到厘米级；当用光电测距三角高程测量代替四等水准测量时，仪器高和棱镜高的测定要求达到毫米级，用小钢卷尺认真地量测两次取平均，准确读数至 1mm 是不困难的，若采用对中杆量取仪器高和棱镜高，其误差可小于 ±1mm。因此，可认为三角高程测量的主要误差来源是竖直角观测误差、大气垂直折光系数的误差。

竖直角观测误差中有照准误差、读数误差及竖盘指标水准管气泡居中误差等。就现代仪器而言，主要是照准误差的影响。目标的形状、颜色、亮度、空气对流、空气能见度等都会影响照准精度，给竖角测定带来误差。竖直角观测误差对高差测定的影响与推算高差的边长成正比，边长越长，影响越大。

大气折光的影响与观测条件密切相关。大气垂直折光系数K是随地区、气候、季节、地面覆盖物和视线超出地面高度等条件不同而变化的，目前尚不可能精确测定其数值。通过实验发现，K值在一天内的变化，大致在中午前后数值最小，也较稳定；日出、日落时数值最大，变化也快。因而竖直角的观测时间最好在地方时10时至16时之间，此时K值约在0.08～0.14之间。

在三角高程测量中折光影响与距离平方成正比。因此，根据分析论证，对于短边三角高程测量在400m以内的短距离传递高程，大气折光的影响不是主要的影响因素。只要在最佳时刻测距和观测竖直角，采用合适的照准标志，精确地量取仪器高和目标高，达到毫米级的精度是可能的。

精密光电测距仪使测距精度有较为显著的提高，特别是短边测距精度可达毫米以内；对折光误差影响的研究也有了长足的进展；照准目标的改进和采取必要的观测措施，使竖直角的观测精度得到进一步的提高。因此当前利用光电测距仪进行三角高程测量已经相当普遍。

思考题与习题

1. 什么是高程测量？高程测量的方法有哪几种？
2. 水准测量的基本原理是什么？水准测量常用的仪器和工具有哪些？
3. 目前我国水准仪的精度等级是如何划分的？共分为几个等级？
4. 微倾式水准仪主要由哪几个部分构成？
5. 试简述电子水准仪的优点。
6. 水准仪的基本操作步骤包括哪些？
7. 在水准测量中，转点有何作用？
8. 设A为后视点，B为前视点；A点高程是19.827m，当后视读数为1.234m，前视读数为1.467m，问A、B两点的高差是多少？B点比A点高还是低？B点的高程是多少？并绘图说明。
9. 试完成表5-7中所列水准测量成果的计算，并求出BM2点的高程。

水准测量成果计算表　　表5-7

测站	测点	水准尺读数		高差		高程
		后视读数	前视读数	正(+)	负(-)	
1	BM1 TP1	1.464	0.897			24.889(BM1)
2	TP1 TP2	1.879	0.935			
3	TP2 TP3	1.126	1.765			

续上表

测站	测点	水准尺读数		高差		高程
		后视读数	前视读数	正(+)	负(-)	
4	TP3 BM2	1.612	0.711			(BM2)
	计算检核					

10. 为什么把水准仪安置在距离前、后视两根尺子大致相等的地方?
11. 试简述三角高程测量的基本原理。
12. 试简述三角高程测量的方法。
13. 三角高程测量的主要误差来源有哪些?

第六章

GNSS 卫星定位测量

【本章提要】

本章主要讲述 GNSS 卫星定位系统的组成及其特点,GNSS 卫星定位的基本原理,RTK 测量原理与方法,网络 RTK、CORS 和精密单点定位基本技术方法。

【学习要求】

通过本章学习,应知晓 GNSS 系统的组成与四大全球卫星导航系统(中国 BDS、美国 GPS、俄罗斯 GLONASS 和欧洲 Galileo)的特点,理解 GNSS 卫星定位的基本原理和 GNSS 卫星定位测量的主要误差来源,掌握 RTK 测量的基本原理及其测量步骤,了解网络 RTK、CORS 和精密单点定位基本技术及发展概况。

第一节　概　　述

GNSS 是"全球导航卫星系统(Global Navigation Satellite System)"的英文缩写,包括我国的北斗卫星导航系统(BeiDou Navigation Satellite System, BDS)、美国的 GPS 系统(Global Positioning System, GPS)、俄罗斯的 GLONASS 系统(Global Navigation Satellite System, GLONASS)、欧洲的 Galileo 系统(Galileo Satellite Navigation System,Galileo)以及相关的增强系统等。GNSS 的出现不仅是定位、导航技术的巨大革命,也是现代空间信息获取技术的巨大革命。它完全实现

了从局部测量定位到全球测量定位,从静态定位到实时高精度动态定位,从地表的二维定位到近地空间的全三维定位,从受天气影响的间歇性定位到全天候连续定位;其绝对定位精度也把传统精密天文定位的十米级提高到厘米级水平,把 $10^{-5} \sim 10^{-6}$ 相对定位精度提高到 $10^{-8} \sim 10^{-9}$ 水平,把授时精度从传统的毫秒级($10^{-3} \sim 10^{-4}$sec)提高到纳秒($10^{-9} \sim 10^{-10}$sec)级水平。由于 GNSS 的这些优良特性,从更广泛的意义上说,它的出现也推动了现代空间信息获取技术,特别是地球空间信息技术的革命。

目前,GNSS 定位技术被广泛应用于基础测绘、自然资源调查与开发、生态治理与监测、自然资源确权与不动产测绘、智慧城市建设与管理、智慧交通建设与管理及各种类型的变形监测等领域。

一、GNSS 系统的组成

GNSS 系统一般由空间星座部分、地面监控部分和用户部分三部分组成,如图 6-1 所示。

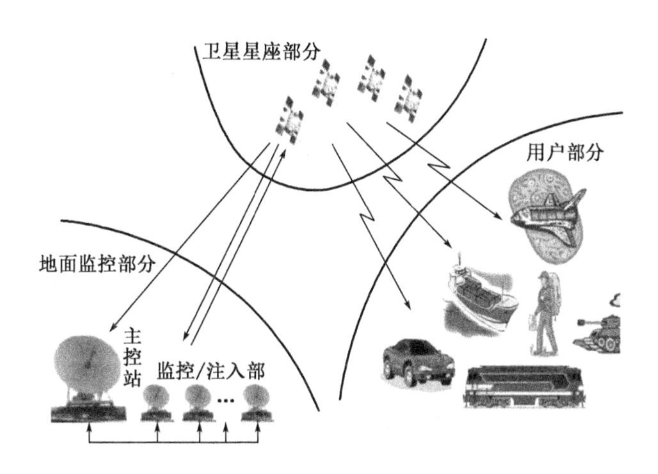

图 6-1 GNSS 系统组成示意图

1. 空间星座部分

GNSS 的空间卫星一般运行在距离地面 20000km 左右的太空,24 ~ 30 颗卫星组成星座,依据其结构设计分布在 3 个或 6 个轨道平面上,相邻轨道间的夹角相同。为保证系统的连续运行,一般在每个轨道上还部署一颗备份卫星,一旦有卫星发生故障,则可以立即替代。

空间星座部分的主要功能:

(1)为用户提供导航定位服务。卫星向用户播发导航信号,信号接收机接收信号后,根据导航电文和观测信号,可以实时推算和测量得到卫星的实时坐标,以及卫星至接收机的距离,进一步解算出用户的位置信息。

(2)为用户提供授时服务。GNSS 地面主控站和卫星都配有高精度的原子钟,卫星播发的导航电文可为用户提供高精度的授时服务。

2. 地面监控部分

地面监控部分由主控站、监测站、地面天线和通信辅助系统(数据传输)组成。

(1)主控站:主控站负责收集各个监测站的跟踪数据并计算卫星轨道和时钟参数,将计算结果通过地面天线(注入站)发送给卫星。同时,主控站还负责管理、协调整个地面监控系统的工作。

(2)监测站:每个 GNSS 系统都设有数量不等的监测站,各监测站配备有精密的原子时间标准和可连续测定到所有可见卫星伪距的接收机,采用电离层和气象参数对测得的伪距进行改正后,生成具有一定时间间隔的数据并发送到主控站。

(3)地面天线:在监测站的同址上安置有专用的地面天线,地面天线配置了将命令和数据发送到卫星并接收卫星的遥测数据和测距数据的设备。地面天线的所有操作都在主控站的控制下进行。

3. 用户部分

GNSS 接收机基本结构

用户部分即 GNSS 卫星信号接收机。其主要功能是能够捕获到卫星,并跟踪这些卫星的运行。当 GNSS 卫星信号接收机捕获到跟踪的卫星信号后,即可测量出接收天线至卫星的伪距离和距离的变化率,解调出卫星轨道参数等数据。根据这些数据,接收机中的微处理计算机就可按定位解算方法进行定位计算,得到接收机所在地点的经度、纬度、高程、速度、时间等信息。

GNSS 卫星信号接收机有各种类型,有用于航天、航空、航海的机载导航型接收机,也有用于大地定位的测量型接收机,也有大众使用的车载、手持型接收机。GNSS 卫星信号接收设备也可嵌入其他设备中构成组合型导航定位设备,如导航手机、导航相机等。

二、GNSS 系统的特点

四大全球卫星导航系统的特点如下。

1. 中国的 BDS

北斗卫星导航系统(简称为北斗系统)是中国着眼于国家安全和经济社会发展需要,自主建设运行的全球卫星导航系统,是为全球用户提供全天候、全天时、高精度的定位、导航和授时服务的国家重要时空基础设施。

20 世纪后期,中国开始探索适合国情的卫星导航系统发展道路,逐步形成了三步走发展战略:

(1)2000 年年底,建成北斗一号系统,向中国提供服务;

(2)2012 年年底,建成北斗二号系统,向亚太地区提供服务;

(3)2020 年,建成北斗三号系统,向全球提供服务。

在北斗系统的建设过程中,中国始终坚持“自主、开放、兼容、渐进”的建设原则,秉承“中国的北斗、世界的北斗、一流的北斗”发展理念,锻造了“自主创新、开放融合、万众一心、追求卓越”的新时代北斗精神,形成了由正圆形、写意的太极阴阳鱼、北斗星、网格化地球和中英文文字等要素组成的北斗卫星导航系统标志(图 6-2),是中国远古文明和现代文明火花的精彩碰撞,彰显了中国文化的底蕴。

图 6-2 中圆形构型象征中国传统文化中的“圆满”,与太极阴阳鱼共同蕴含了中国传统文化,深蓝色的太空和浅蓝色的地球代表航天事业。北斗星是自远古时起人们用来辨识方位的依据,司南是中国古代发明的世界上最早的导航装置,两者结合既彰显了中国古代科学技术成就,又象征着卫星导航系统星地一体,为人们提供定位、导航、授时服务的行业特点,同时还寓

意着中国自主卫星导航系统的名字“北斗”。网络化地球和中英文文字体现了北斗卫星导航系统开放兼容、服务全球的愿景。

北斗三号系统的空间星座由30颗卫星组成，如图6-3所示，包括3颗GEO卫星，3颗IGSO卫星和24颗MEO卫星，并酌情部署在轨备份卫星。GEO卫星轨道高度35786km，分别定点于东经80°、110.5°和140°；IGSO卫星轨道高度35786km，轨道倾角55°；MEO卫星轨道高度21528km，轨道倾角55°。

图6-2 北斗卫星导航系统标志

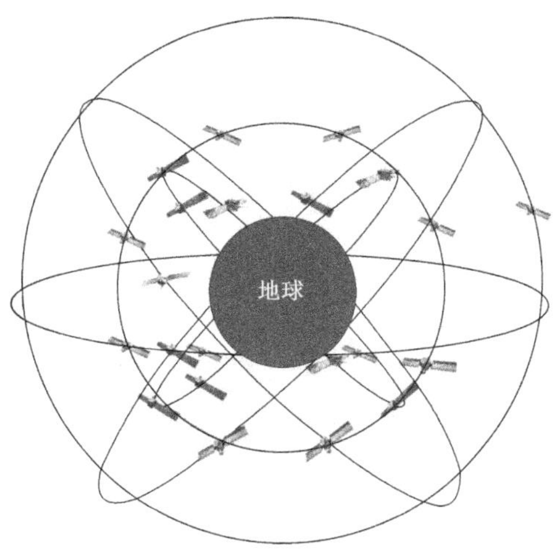

图6-3 北斗三号系统星座示意图

我国的北斗系统具有以下特点：

(1)北斗系统空间段采用三种轨道卫星组成的混合星座，与其他卫星导航系统相比高轨卫星更多，抗遮挡能力强，尤其在低纬度地区其性能特点更为明显；

(2)北斗系统提供多个频点的导航信号，能够通过多频信号组合使用等方式提高服务精度；

(3)北斗系统创新融合了导航与通信能力，具有实时导航、快速定位、精确授时、位置报告和短报文通信服务五大功能。

北斗系统监控部分包括主控站、时间同步/注入站和监测站等若干地面站，以及星间链路运行管理设施(图6-4)。尽管我国幅员辽阔，但对于全球覆盖运行的中高轨道(MEO)卫星，本土地面测控站的监控周期不足30%，为了解决这一世界难题，中国创造性地提出了星间链路的测控方式，给出了全球卫星导航系统建设的中国方案，为GNSS系统的建设和运行贡献了中国智慧。

探索宇宙时空是中华民族的千年梦想。从夜观“北斗”到建用“北斗”，从仰望星空到经纬时空，中国北斗未来可期、大有可为。中国将坚定不移走自主创新之路，以下一代北斗系统为核心，建设更加泛在、更加融合、更加智能的综合时空体系，书写人类时空文明新篇章。

2. 美国的GPS

GPS是美国海陆空三军主导建成的全球卫星导航系统，其英文全称为Navigation Satellite Timing and Ranging Global Position System，取其后三个单词的首写字母缩写为GPS。

GPS 的设计星座基本参数为:共 24 颗卫星,均匀分布在 6 个轨道平面上,平均卫星轨道高度 20200km,运行周期 11h58min,每个轨道面 4 颗卫星,卫星轨道面相对于地球赤道面的轨道倾角为 55°,各轨道平面的升交点的赤经相差 60°,一个轨道平面上的卫星比西边相邻轨道平面上的相应卫星升交角距超前 30°,图 6-5 所示为 GPS 的星座示意图。这种布局的目的是保证在全球任何地点、任何时刻至少可以观测到 4 颗卫星。

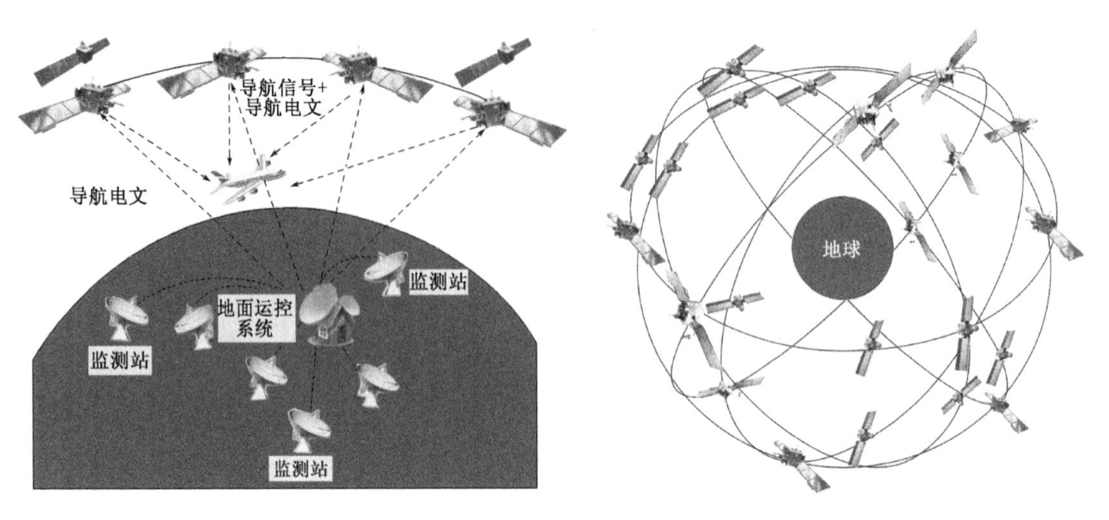

图 6-4　北斗系统监控部分　　　　图 6-5　GPS 星座示意图

地面测控部分是 GPS 系统的重要组成部分,其主要任务是:①监视和维护卫星的运行;②确定 GPS 时间系统;③跟踪并预报卫星星历和卫星钟状态;④向每颗卫星的存储器注入卫星导航数据。

GPS 的地面监控站从东经 180°到西经 180°,沿着赤道或较北纬低纬度分布,确保了对中高轨道(MEO)卫星的全周期运行监控。

3. 俄罗斯的 GLONASS

全球导航卫星系统(Global Navigation Satellite System,GLONASS)是由苏联(现由俄罗斯)国防部独立研制和控制的第二代军用卫星导航系统,与美国的 GPS 相似。

GLONASS 的设计星座基本参数为:共 24 颗卫星,其中 21 颗工作星,3 颗备份星。24 颗星均匀地分布在 3 个近圆形的轨道平面上,这三个轨道平面两两相隔 120°,每个轨道面有 8 颗卫星,同平面内的卫星之间相隔 45°,轨道高度 19100km,运行周期 11h15min,轨道倾角 64.8°,如图 6-6 所示。

GLONASS 地面监控部分由 2 个系统控制中心、9 个参考站、6 个上行注入站和 3 个激光测距站组成,主要完成 GLONASS 卫星轨道测量、时间测量、导航电文生成、遥测遥控等功能。俄罗斯东西跨度达 9000 多千米,折合经度 172°,几乎跨越了半个地球,其独特的地理特点为 GLONASS 星座监测提供了较充分的观测条件。但相对于 GPS,GLONASS 的地面监控站主要分布于北半球的高纬地区,经过低纬区域特别是南半球低纬地区的 GLONASS 中高轨道(MEO)卫星,难以提供全周期监控服务。为此,GLONASS 通过两种重要方式提高定轨精度和监控覆盖周期:①在卫星上配置了激光反射镜,通过激光测距对卫星和地面站的距离进行观测(精度优于 2cm)并校正无线电测距的结果,可大幅提高测距精度和卫星定轨精度;②在国外建设 GLONASS 监控站,弥补国内本土测控站覆盖范围受限的困境。

4. 欧洲的 Galileo

伽利略卫星导航系统(Galileo Satellite Navigation System, Galileo)是欧盟于1999年首次公布伽利略卫星导航系统计划,其目的是摆脱欧洲对美国全球定位系统的依赖,打破其垄断。因各成员国存在分歧,计划几经推迟。

Galileo 的设计星座为 30 颗星,其中 27 颗工作星,3 颗备份星。轨道高度 23616km,位于 3 个倾角为 56°的轨道平面内,轨道升交点在赤道上相隔 120°,卫星运行周期为 14h,每个轨道平面上有 1 颗备用卫星,如图 6-7 所示。

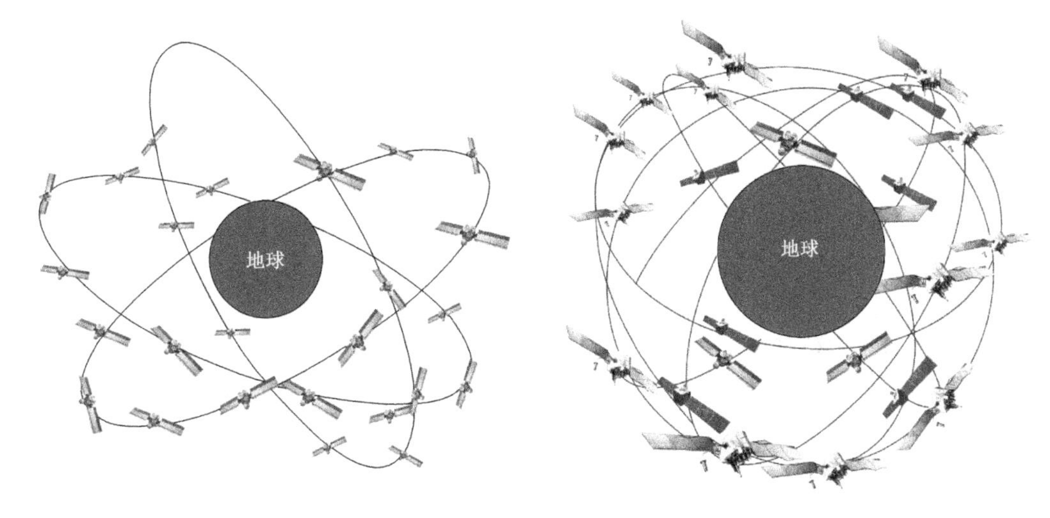

图 6-6　GLONASS 星座示意图　　图 6-7　Galileo 星座示意图

Galileo 的地面监控部分由完好性监控系统、轨道测控系统、时间同步系统和系统管理中心组成。伽利略系统的地面段主要由 2 个位于欧洲的伽利略控制中心(GCC)和 29 个分布于全球的伽利略传感器站(GSS)组成,另外还有分布于全球的 5 个 S 波段上行站和 10 个 C 波段上行站,用于控制中心与卫星之间的数据交换。控制中心与传感器站之间通过冗余通信网络相连。全球地面部分还提供与服务中心的接口、增值商业服务以及与目前国际通用的全球卫星搜救系统(COSPAS/SARSAT System)的地面部分一起提供搜救服务。

第二节　GNSS 卫星定位的基本原理

一、GNSS 定位方法分类

应用 GNSS 卫星信号进行定位的方法,可以按照用户接收机天线在测量中所处的状态,或者按照参考点的位置,分为以下几种。

1. 静态定位和动态定位

如果在定位过程中,用户接收机天线处于静止状态,或者认为待定点在协议地球坐标系中的位置是固定不动的,那么确定这些待定点位置的定位测量就称为静态定位。由于地球本身在运动,因此接收机天线的所谓静止状态,严格地说是指相对周围的固定点天线位置没有可觉察的变化,或者变化非常缓慢,以至在观测期内觉察不出而可以忽略。

在进行静态定位时,由于待定点位置固定不动,因此可通过大量重复观测提高定位精度。正是由于这一原因,静态定位在大地测量、工程测量、地球动力学研究和大面积地壳形变监测中得到了广泛的应用。随着快速解算整周模糊度技术的出现,快速静态定位技术已在实际工作中使用,静态定位作业时间大为缩短,在地形测量和一般工程测量领域内也将得到广泛的应用。

相反,如果在定位过程中,用户接收机天线处在运动状态,这时待定点位置将随时间变化。确定这些运动状态待定点的位置,称为动态定位。例如,为确定车辆、船舰、飞机和航天器运行的实时位置,就可以在这些运动着的载体上安置 GNSS 信号接收机,采用动态定位方法获得接收机天线的实时位置。

2. 绝对定位和相对定位

根据参考点位置的不同,GNSS 定位测量又可分为绝对定位和相对定位。

绝对定位是以地球质心为参考点,测定接收机天线(即待定点)在协议地球坐标系中的绝对位置。由于定位作业仅需使用一台接收机工作,所以又称为单点定位。

单点定位外业工作和数据处理都比较简单,但其定位结果受卫星星历误差和信号传播误差影响较显著,所以定位精度较低。这种定位方法适用于低精度测量领域,例如船只、飞机的导航,海洋捕鱼,地质调查等。

如果选择地面某个固定点为参考点,确定接收机天线相位中心相对参考点的位置,则称为相对定位。由于相对定位要求至少使用两台接收机、同步跟踪 4 颗以上 GNSS 卫星,因此相对定位所获得的观测量具有相关性,并且观测量中所包含的误差也同样具有相关性。采用适当的数学模型,即可消除或者削弱观测量所包含的误差,使定位结果达到相当高的精度。相对定位既可作静态定位,也可作动态定位,其结果是获得各个待定点之间的基线向量,即三维坐标差($\Delta x, \Delta y, \Delta z$)。目前,静态相对定位精度可达 $10^{-6} \sim 10^{-9}$,因此是精密定位的基本模式。

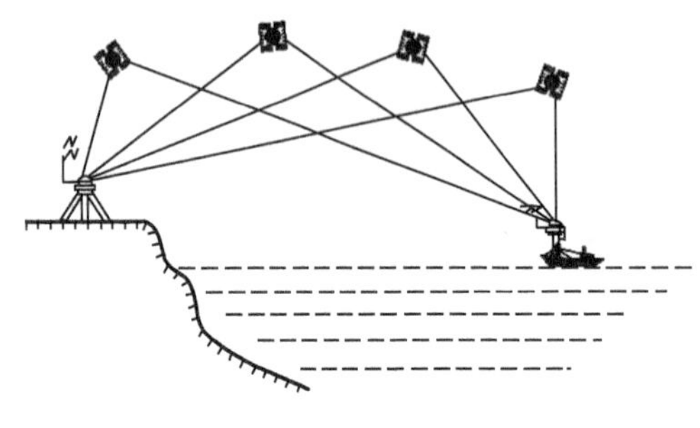

图 6-8 DGNSS 定位示意图

在动态相对定位技术中,差分 GNSS 定位即所谓 DGNSS(Differential Global Navigation Satellite System)定位受到了普遍重视。在进行 DGNSS 定位时,一台接收机被安置在参考点上固定不动,其余接收机则分别安置在需要定位的运动载体上(图 6-8)。固定接收机和流动接收机可分别跟踪 4 颗以上 GNSS 卫星的信号,并以伪距作为观测量。根据参考点的已知坐标,可计算出定位结果的坐标改正数或距离改正数,并可通过数据传输电台(数据链)发射给流动用户,以改进流动站定位结果的精度。

DGNSS 是建立在 C/A 码(Coarse-acquisition Code)伪距测量基础上的一种实时定位技术,其定位精度为米级,主要应用于导航、地质勘探、水深和水下地形测量等精度要求不太高的测量项目。

20 世纪 90 年代中期开发出一种载波相位差分实时动态定位技术，称为 RTK 技术。这种技术采用了载波相位观测量作为基本观测量，其定位精度能够达到厘米级。在 RTK 测量作业模式下，位于参考站的 GNSS 接收机，通过数据链将参考点的已知坐标和载波相位观测量一起传输给位于流动站的 GNSS 接收机，流动站的 GNSS 接收机根据参考站传递的定位信息和自己的测量成果，组成差分模型并进行基线向量的实时解算，可获得厘米级精度的定位结果。RTK 测量技术极大地提高了 GNSS 测量的工作效率，特别适用于各类工程测量以及各种用途的大比例尺测图或地理空间信息数据采集，为 GNSS 测量开拓了更广阔的应用前景。

二、GNSS 卫星定位测量的主要误差来源

正如其他测量工作一样，GNSS 测量同样不可避免地会受到测量误差的干扰。从误差性质分析，影响 GNSS 测量精度的误差主要是系统误差和偶然误差，其中系统误差的影响又远大于偶然误差，相比之下后者甚至可以忽略不计。从误差来源分析，GNSS 测量误差大体上又可分为以下三类。

1. 与 GNSS 卫星有关的误差

这类误差主要包括卫星星历误差和卫星钟误差，两者都是系统误差。在 GNSS 测量作业中，可通过一定的方法消除或者削弱其影响，也可采用某种数学模型进行改正。

2. 与 GNSS 卫星信号传播有关的误差

GNSS 卫星发射的信号，需穿过地球上空电离层和对流层才能到达地面。当信号通过电离层和对流层时，由于传播速度发生变化而产生时延，使测量结果产生系统误差，称为 GNSS 信号的电离层折射误差和对流层折射误差。在 GNSS 测量作业中，同样可通过一定的方法消除或者削弱其影响，也可通过观测气象元素并采用一定的数学模型进行改正。

当卫星信号到达地面时，往往受到某些物体表面反射，使接收机收到的信号不单纯是直接来自卫星的信号，而是包含了一部分反射信号，由此混合后产生干涉效应，从而产生信号的多路径误差。多路径误差与测站周围的环境有关，具有随机性质，是一种偶然误差。

3. 与 GNSS 信号接收机有关的误差

这类误差包括接收机的分辨率误差、接收机的时钟误差以及接收机天线相位中心的位置偏差。

接收机的分辨率误差也就 GNSS 测量的观测误差，具有随机性质，是一种偶然误差，通过增加观测量可以明显减弱其影响。接收机时钟误差，是指接收机内部高精度石英钟的钟面时间相对 GNSS 标准时间的偏差。这项误差与卫星钟误差一样属于系统误差，并且一般比卫星钟误差影响大，同样可通过一定的方法消除或削弱。在进行 GNSS 定位测量时，是以接收机天线相位中心代表接收机位置的。理论上讲，天线相位中心与天线几何中心应当一致，但因天线相位中心随着信号强度和输入方向的不同而变化，使天线相位中心偏离天线几何中心而产生定位系统误差。

三、GNSS 绝对定位的基本原理

GNSS 绝对定位所依据的观测量，是根据码相关测距原理测定的卫星至测站间的伪距。由于定位仅需使用一台接收机，速度快，灵活方便，被广泛应用于低精度测量和导航中。

1. 绝对定位原理及基本方程

已知数据信号:如图6-9所示,卫星坐标三维向量 $\boldsymbol{r}^j$ 由广播星历或精密星历提供相应参数后计算,其向量形式为 $\boldsymbol{r}^j=(x^j,y^j,z^j)$。

观测数据信号:卫星至测站的距离 ρ_i^j(因其中含有多项定位误差而称之为"伪距"),目前有五种不同的观测值方式,包括C/A码伪距观测值、P_1 和 P_2 码伪距观测值、L_1 和 L_2 载波相位伪距观测值。其向量形式为:$\boldsymbol{e}_i^j\boldsymbol{\rho}_i^j$,$\boldsymbol{e}$ 为 $\boldsymbol{\rho}$ 方向上的单位向量(方向余弦)。

待求量:$\boldsymbol{R}_i$ 为测站点在地球上的三维位置向量,$\boldsymbol{R}_i=(x_i,y_i,z_i)$。

在图6-9所示的空间直角坐标系中,有如下的向量方程

$$\boldsymbol{R}_i=\boldsymbol{r}^j-\boldsymbol{e}_i^j\boldsymbol{\rho}_i^j \tag{6-1}$$

$\boldsymbol{R}_i$ 中有三个未知数,但 $\boldsymbol{\rho}_i^j$ 只有一个观测量,不能求解出三个未知数,因此至少有三个不同卫星的伪距观测值 $\boldsymbol{\rho}_i^j(j=1,2,3)$ 才能解算出上述方程的三个未知数。

如图6-10所示,已知三颗卫星的坐标三维向量:$\boldsymbol{r}^1,\boldsymbol{r}^2,\boldsymbol{r}^3$;观测值为卫星至地面点的伪距:$\rho_i^1,\rho_i^2,\rho_i^3$;待求量为地面点的三维坐标:$\boldsymbol{R}_i=(x_i,y_i,z_i)$。

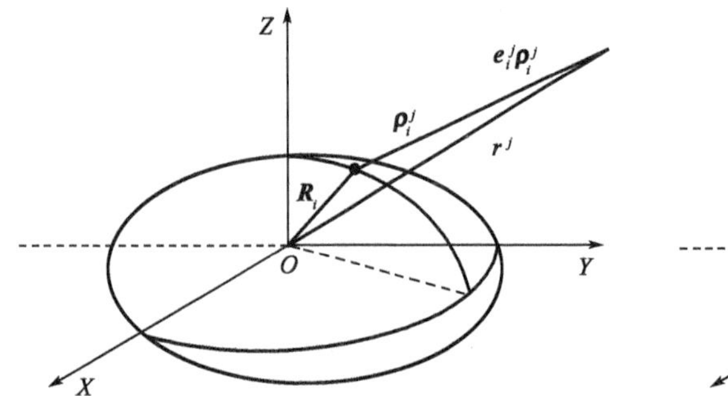

图6-9 GNSS定位原理示意图

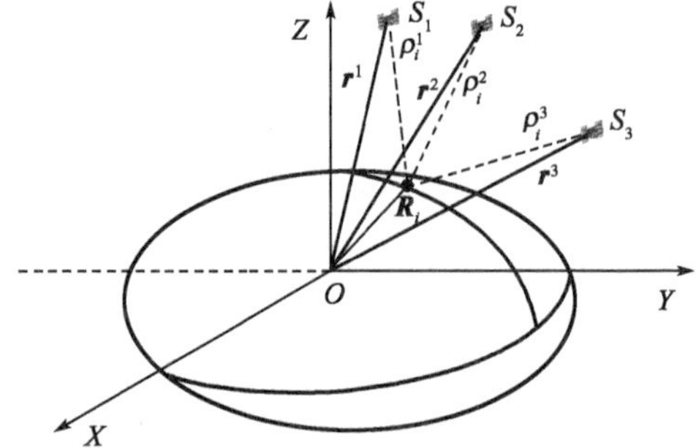

图6-10 三颗卫星GNSS定位原理示意图

按向量运算法则,有方程式:

$$\|\boldsymbol{r}^j-\boldsymbol{R}_i\|=\rho_i^j \quad (j=1,2,3)$$

其中,$\|\cdot\|$表示求向量的模,即长度,亦即:

$$\sqrt{(x^j-x_i)^2+(y^j-y_i)^2+(z^j-z_j)^2}=\rho_i^j \quad (j=1,2,3) \tag{6-2}$$

从上面的分析可以得到结论:利用三个不同卫星至测站点的伪距观测值,就可实现地面点三维坐标的定位。

2. 伪距观测方程及求解

在实际测量中,我们不能直接观测到卫星到地面点的几何距离,而是观测到包含了时间延迟等误差的伪距离 ρ_i^j,称为"伪距观测值"。为了建立伪距观测方程,引入如下符号。

t^j(GNSS)表示第 j 颗卫星发出信号瞬间的GNSS标准时间;t^j 是相应的卫星钟钟面时刻;t_i(GNSS)表示接收机在第 i 个测站上收到卫星信号瞬间的GNSS标准时间;t_i 是相应的接收机钟钟面时刻;δt^j 代表卫星钟钟面时相对GNSS标准时间的钟差;而 δt_i 则是接收机钟钟面时相对GNSS标准时间的钟差。

显然,卫星钟和接收机钟钟面时与 GNSS 标准时间之间存在如下关系

$$t^j = t^j(\mathrm{GNSS}) + \delta t^j \tag{6-3}$$

$$t_i = t_i(\mathrm{GNSS}) + \delta t_i \tag{6-4}$$

由此,卫星信号由卫星到达测站的钟面传播时间

$$\Delta t_i^j = t_i - t^j = t_i(\mathrm{GNSS}) - t^j(\mathrm{GNSS}) + \delta t_i - \delta t^j \tag{6-5}$$

如果不考虑大气折射(电离层和对流层折射)的影响,那么由钟面传播时间 Δt_i^j 乘以光速 c,即得卫星 S^j 至测站 T_i 间的伪距

$$\rho_i^j = c\Delta t_i^j = c(t_i(\mathrm{GNSS}) - t^j(\mathrm{GNSS})) + c(\delta t_i - \delta t^j) \tag{6-6}$$

引入记号 D_i^j 表示卫星 S^j 至测站 T_i 间的几何距离;δt_i^j 表示接收机钟与卫星钟的相对钟差,于是显然有

$$D_i^j = c(t_i(\mathrm{GNSS}) - t^j(\mathrm{GNSS})) \tag{6-7}$$

与

$$\delta t_i^j = \delta t_i - \delta t^j \tag{6-8}$$

将式(6-7)与式(6-8)代入式(6-6)可得伪距表达式的简化形式:

$$\rho_i^j = D_i^j + c\delta t_i^j \tag{6-9}$$

式(6-9)中,第二项 $c\delta t_i^j$ 表示接收机钟与卫星钟之相对钟差的等效距离误差。

现考虑大气层折射影响,则 t 时刻的伪距观测方程可写为

$$\rho_i^j(t) = D_i^j(t) + c\delta t_i^j + \delta I_i^j(t) + \delta T_i^j(t) \tag{6-10}$$

式(6-10)中,$\delta I_i^j(t)$ 为 t 时刻电离层折射延迟的等效距离误差,而 $\delta T_i^j(t)$ 则为 t 时刻对流层折射延迟的等效距离误差。

式(6-10)中的 $D_i^j(t)$ 是非线性项,表示测站与卫星之间的几何距离。显然有:

$$D_i^j(t) = \sqrt{(x^j(t) - x_i)^2 + (y^j(t) - y_i)^2 + (z^j(t) - z_i)^2} \tag{6-11}$$

式(6-11)中,$x^j(t)$、$y^j(t)$、$z^j(t)$ 为 t 时刻卫星 S^j 的三维地心坐标,为已知值;x_i、y_i、z_i 为测站 T_i 的三维地心坐标,为待求量。

由此可见,在卫星钟差已知的前提下,伪距就等于真空的几何距离、电离层延迟、对流层延迟与未知的卫星接收机钟差的延迟四项之和。

在式(6-10)中,$\delta I_i^j(t)$ 和 $\delta T_i^j(t)$ 可以通过信号传播的电离层和对流层的理论确定,δt^j 可由广播星历或精密星历的计算确定。

这样一来,式(6-10)中共有 x_i、y_i、z_j 和 δt_i 四个未知数,观测地面点至四颗卫星的伪距即可唯一确定上述四个未知参数。图 6-11即为 GNSS 定位的几何原理示意图。

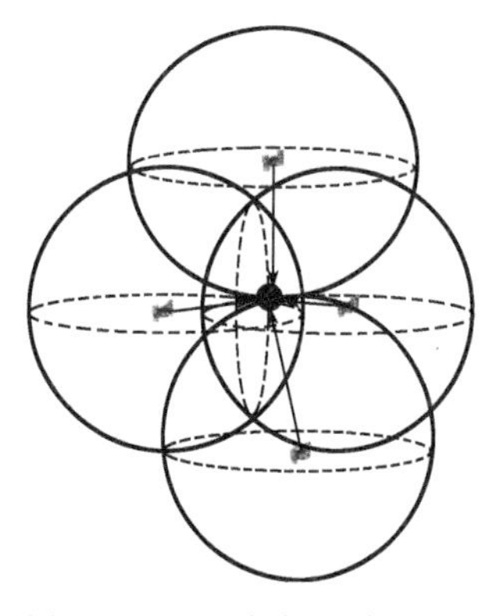

图 6-11　GNSS 定位的几何原理

以上定位原理说明,GNSS 技术可以同时实现三维定位与接收机时间的测定。一般来说,利用 C/A 码(粗码)进行实时绝对定位,各坐标分量精度在 5 ~ 10m,三维综合精度在 15 ~ 30m;利用 P 码(精码)进行实时绝对定位,各坐标分量精度在

1～3m,三维综合精度在3～6m;利用载波相位观测值进行绝对定位技术比较复杂,目前其实时或准实时定位各坐标分量的精度在0.1～0.3m左右,事后24小时连续定位三维精度可达2～3cm。

四、GNSS 相对定位的基本原理

根据绝对定位的原理可知GNSS绝对定位的精度一般较低,对于GNSS卫星定位来说,主要是由于卫星轨道误差、卫星钟误差、接收机钟误差、电离层延迟误差和对流层延迟等误差的影响不易用物理或数学的方法加以完全消除。但是对于相对定位来说,主要任务是确定 T_2 点相对 T_1 点的三维位置关系(图6-12)。利用GNSS定位技术,在 T_2 点和 T_1 点上同步观测伪距 $\rho_2^{s^k}$ 和 $\rho_1^{s^k}$,$(k=1,2,3,4)$,只要 T_2 离 T_1 点不太远(例如小于30km),那么由于卫星信号通过大致相似的大气层,其电离层和对流层延迟误差几乎相同,利用 $\rho_2^{s^k}$ 和 $\rho_1^{s^k}$ 组成新的观测量,又称差分观测量,即

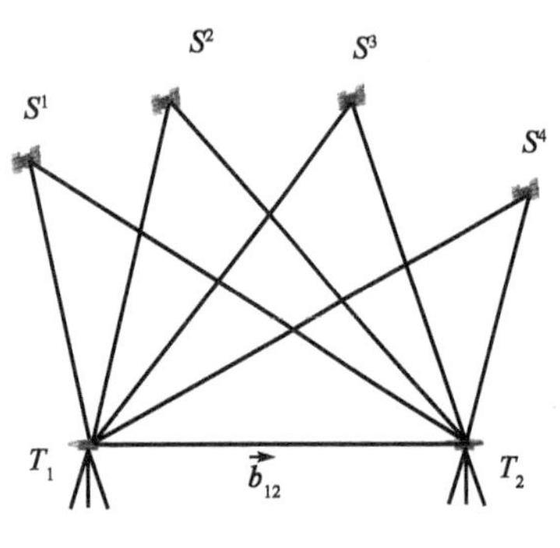

图6-12　GNSS相对定位原理

$$\Delta\rho_{12}^{s^k}=\rho_2^{s^k}-\rho_1^{s^k}\quad(k=1,2,3,4)\tag{6-12}$$

这种差分观测量不仅可以大大削弱电离层和对流层延迟误差的影响,还可以大大削弱卫星 S^k 的轨道误差影响,几乎完全消除卫星 S^k 钟误差的影响。

又如组成另一类新的差分观测量:

$$\Delta\rho_i^{s^ks^q}=\rho_i^{s^q}-\rho_i^{s^k}\quad(i=1,2)\tag{6-13}$$

它几乎可以完全消除测站点上接收机的钟误差,并削弱其通道误差的影响。

同理,在一次差分观测量的基础上还可组成二次差分观测量:

$$\Delta\nabla\rho_{ij}^{s^ks^q}=\Delta\rho_{ij}^{s^q}-\Delta\rho_{ij}^{s^k}=(\rho_j^{s^q}-\rho_i^{s^q})-(\rho_j^{s^k}-\rho_i^{s^k})\tag{6-14}$$

这种二次差分观测量又称为双差观测量,可大大削弱卫星轨道误差、电离层和对流层延迟误差的影响,几乎可以完全消除卫星钟误差和接收机钟误差的影响。用它们来进行相对定位,其精度就可以大大提高。

相对定位的原理及其观测方程如下:

已知量　　$r_{s^k}(k=1,2,3,4),r_{s^k}=(x^{s^k},y^{s^k},z^{s^k})^{\mathrm{T}}$

观测量　　$\rho_i^k,\rho_j^k\quad(k=1,2,3,4)$

待求量　　$b_{ij}=(\Delta x_{ij},\Delta y_{ij},\Delta z_{ij})^{\mathrm{T}}$

观测方程为:

(1)对于伪距差分

$$b_{ij}=f(r_{s^k},\Delta\rho_{ij}^{s^k})\quad(k=1,2,3,4)$$

(2)对于载波相位差分

$$b_{ij}=f(r_{s^k},\Delta\nabla\phi_{ij}^{s^k s^q})\quad(k=1,q=2,3,4,\text{此时 } s^1 \text{ 卫星为参考卫星})$$

其中,用f表示待求量b_{ij}与已知量r_{s^k}、观测量ρ_i^k、ρ_j^k、$\Delta\rho_{ij}^{s^k}$或$\Delta\nabla\phi_{ij}^{s^k s^q}$之间的某种函数关系,即测站点$T_j$相对于参考点$T_i$的三维位置是双差观测量和卫星坐标的函数。

GNSS相对定位的精度对于C/A码伪距测量可以达到0.5~5m,相对定位的两点之间距离可以为5m~200km。

对于载波相位测量,相对定位的精度可以达到厘米级乃至毫米级,相对定位的点间距离可以从几米一直到几千千米。

如果用平均误差与两点间的长度之比的相对精度来衡量GNSS载波相位相对定位的精度,其相对定位精度一般可以达10^{-6}(1ppm),最高可接近10^{-9}(1ppb)。

第三节　RTK测量原理与方法

测距码伪距差分GNSS能以米级精度实时地给出运动载体的位置,满足车辆、舰艇的导航、引航,以及水下测量等动态定位的需要。但由于测距码自身结构及测量中随机噪声误差的限制,很难达到更高的精度。载波相位测量的噪声误差远远小于测距码测量噪声误差,在GNSS静态相对定位中已实现10^{-6}~10^{-9}的相对定位精度。但是,整周模糊度求解需进行长时间的静止观测,以及数据的事后处理,均限制了载波相位测量在GNSS动态定位中的应用,因此也限制了载波相位定位的应用范围。

由于快速求解整周模糊度技术的出现,并不断改进,使整周模糊度可以被迅速确定。而差分GNSS的出现,使利用载波相位差分实时求解载体的位置成为可能。这一具有快速高精度定位功能的载波相位差分实时动态测量技术,通常简称为RTK(Real Time Kinematic)测量技术。

一、RTK测量的基本原理

载波相位实时差分GNSS定位与伪距差分GNSS原理相类似,其基本思想是:在基准站上安置一台GNSS接收机,对卫星进行连续观测,并通过无线电传输设备实时地将观测数据及站坐标信息传送给用户(流动)站;流动站一方面通过接收机接收GNSS卫星信号,同时还通过无线电接收设备接收基准站传送的观测数据,然后根据相对定位原理,实时地进行处理数据,并实时地以厘米级的精度给出用户站的三维坐标。

二、RTK测量系统的组成

载波相位差分实时动态GNSS测量系统(RTK)的构成,主要包括GNSS接收设备、数据传输系统、软件系统三部分,其硬件构成如图6-13所示。

1. GNSS接收设备

RTK测量系统中至少应包含两台GNSS接收机,其中一台安置在基准站上,另一台或若干

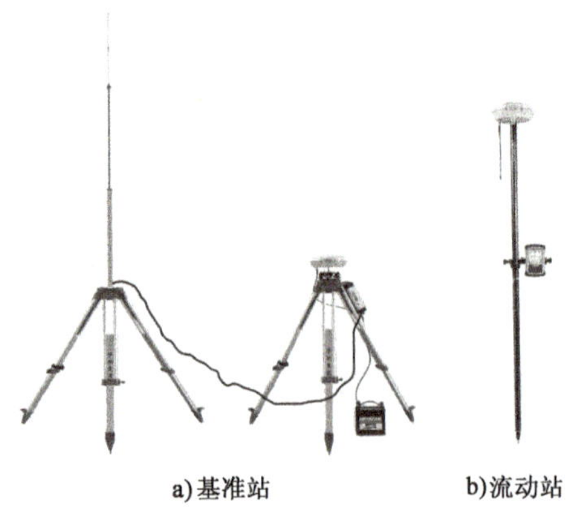

图6-13 RTK测量系统示意图

台分别安置在不同的流动站上。基准站应设在坐标已知且观测条件较好的控制点上。作业期间,基准站的接收机应连续跟踪全部可见的GNSS卫星,并将观测数据通过数据传输系统实时发送给流动站。GNSS接收机可以是单频或双频,当系统中包含多个用户接收机时,基准站上的接收机宜采用双频或多频接收机。

2. 数据传输系统

基准站与用户站之间的联系是由数据传输系统(数据链)完成的,数据传输设备是实现实时动态测量的关键设备之一,它由调制解调器和无线电台组成。在基准站上,调制解调器将有关的数据进行编码和调制,然后由无线电发射台发射出去。用户站上的无线电接收台将数据接收下来,并由解调器将数据解调还原,送入用户站上的GNSS接收机中。

3. 软件系统

软件系统的质量与功能,对于保障RTK测量的可行性、测量结果的精确性与可靠性具有决定性的作用。RTK测量的软件系统应具有如下主要功能:

(1)整周模糊度的动态快速解算。

(2)实时解算用户站在协议地球地心坐标系下的三维坐标。

(3)求解坐标系之间的转换参数。

(4)根据转换参数,进行坐标系统的转换。

(5)解算结果质量分析与精度评定。

(6)测量结果的显示与绘图。

三、RTK测量的步骤

RTK测量包括测量前的准备工作、设置基准站、设置流动站、系统初始化、数据采集等五个部分。

GNSS-RTK测量

1. 测量前的准备工作

RTK测量系统的硬件部分至少由一组收发电台和两台套GNSS接收机组成,一台接收机作为基准站(参考站),另一台为流动站。在赴野外进行工作之前,一定要检查RTK测量系统在运输箱中的所有必需部件和测量所需的已知数据以及其他资料是否齐备、电池电量是否饱满,以免影响工作。

2. 设置基准站

(1)选择合适的基准站点

要成功地进行RTK测量,首先要选择合适的站点来安置基准站系统。基准站点的选择有两个方面需要考虑:

①基准站GNSS天线与卫星之间应无遮挡物,保证地平线15°以上没有障碍。尽管在基准站站点附近可允许有一些障碍物,但最好的情况是对空开阔,以保证RTK系统可接收到最多

的可用卫星数量。

②相对于周围的地形，基准站点应处于较高处，目的是获得基准站电台传输的最大可能作用半径。若基准站和流动站之间有明显障碍，其作用区域将会缩小。

(2)基准站系统的架设

基准站接收机通常要安置在已知点上，接收机天线可架设在三脚架或固定高度的 GNSS 观测墩上，架设好之后要从互为 120°的三个方向分别量测基准站 GNSS 接收机的天线高度，并取其平均值作为最终结果，以确保天线高度无误。

如果电缆的长度足够长，电台天线可架设在基准站点附近的任何位置。在选好合适的位置后，用相应的电缆将电台天线与电台、电台与 GNSS 接收机、电台与外接电源、GNSS 天线与 GNSS 接收机、电子手簿与 GNSS 接收机分别连接起来，这些电缆的长度将决定电台天线的可能位置。此外，可用所提供的托架将电台天线架设在 GNSS 天线三脚架上，或者将电台天线另行架设。有时也会将电台天线架设在高杆上，以获得基准站和流动站之间的更大工作范围。设置好的基准站系统如图 6-14 所示。

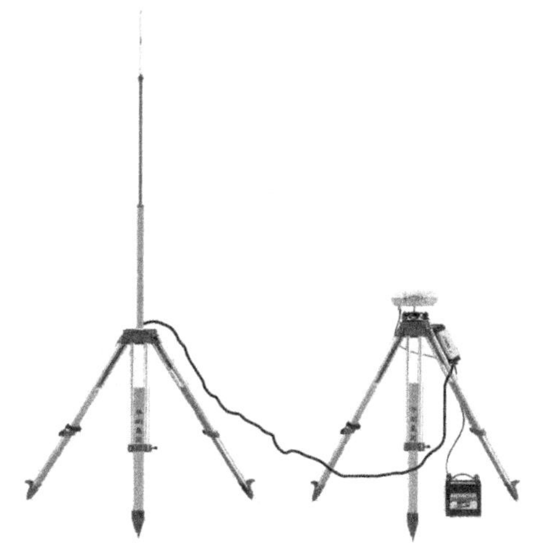

图 6-14　RTK 基准站系统

(3)基准站功能验证

按一下 GNSS 接收机上的电源开关，接通电源。打开电子手簿，确认所有部件电源接通。GNSS 接收机和电台上均有 LED 指示灯表明电源已接通，部件处于启动状态；然后设置 GNSS 接收机为 RTK 基准站模式，并用电子手簿中的 RTK 软件确定基准站系统是否工作正常。至此，基准站系统已设置完毕。

3. 设置流动站

流动站系统的设置同基准站系统基本一样。为了便于进行 RTK 测量，流动站 GNSS 接收机一般放置在背包里，而 GNSS 天线则安置在一根固定高度的测杆上，该测杆可精确地在测点上对中、整平。由于流动站的电台是接收电台，功率较小，电台天线可安置在流动站背包外的可伸缩杆上。对于目前比较流行的一体机而言，由于接收机的天线、主机和电台均集成在一起，故只需将其安置在固定高度的测杆顶部即可，电子手簿一般固定在测杆的中部，以方便操作。

在所有部件都连接好之后，接通电源，打开电子手簿，设置流动站接收机为 RTK 模式，然后确认流动站系统是否工作正常，完成流动站系统的设置。设置好的流动站系统如图 6-15 所示。

4. 系统初始化

用流动站系统进行测量定位和数据采集之前，首先必须完成初始化过程。初始化是保证高精度定位的必需过程。在初始化前，流动站系统会以低精度来计算点位，其精度可以是几分米，或是几米。初始化是在已知基线上为求解整周模糊度而采集足够数据的过程。初始化过程完成之后，流动站系统会以额定的精度水平工作，直至失锁(需重新初始化)为止。

图6-15　RTK流动站系统

为实现厘米级精度的定位,必须采集足够多的数据来计算一组整周模糊度参数。一旦整周模糊度计算完成,就可以精确地确定当前位置。解算整周模糊度是RTK数据采数中耗时最久的部分。整周模糊度求解成功后,测点定位便告确立。而且,在运动过程中只要保持锁定至少五颗卫星,整周模糊度将保持固定。如果由于遮挡物使卫星失去锁定(或锁定的卫星数目降到五个以下),整周模糊度也随之丢失,此时必须重新初始化才能继续测量(在丢失整周模糊度以前所采集到的全部数据不受影响)。

动态测量的初始化可由以下两种方式来实现。

(1)用静态测量方法做初始化

动态测量的初始化可以通过静态测量来实现,这是耗时最久的初始化方法,要求观测时间5min或更长(视基准站和流动站之间的距离而定)。下面是采用这种方法的一个例子:

到达动态测量的新测区后,如果没有足够的已知点,必须用静态测量来实现动态测量初始化。在一个已知坐标点或有近似坐标的任意点上设立基准站,为其编号为0001。在离基准点大约10m处打桩来标定另一个点,将其编号为0100。在该点上设置流动站系统,输入点号并观测5min,保证所采集的数据足够静态定位解算。至此,初始化即宣告成功,即可用流动站系统开始进行测量作业。

(2)在已知点上重新初始化

动态测量的初始化可在另一个已知点上进行短时间的数据采集来实现,该点相对于基准站的坐标是已知的。这是最快的动态初始化方法,只需在已知点上观测大约10s即可完成。

5.数据采集

初始化完毕后,即可用RTK流动站系统开始进行数据采集。此时,流动站上采集的所有数据都将达到厘米级精度。无论是流动采数还是安置于测点之上采数,存储在内存中的每一个数据都将得到厘米级的定位结果。如果将记录间隔设置为2s,数据样本每隔2s就会写入内存一次。连续行进采数后,系统将绘制出所走过的路线图。如果行进中,停留在某一测点观测10s,就会为这一测点观测到五个数据样本,从而获得比走动时更精确的定位结果。

四、RTK测量中的坐标转换

1.平面坐标转换

目前解决GNSS成果坐标转换问题有两种方法:一是进行GNSS基线向量网的约束平差(约束条件为地面网坐标、边长和方位角)或进行GNSS基线向量网与地面网常规的观测值联合平差;二是利用相对定位方法在全国范围内布设高精度GNSS大地控制网,该网中若干点具有精密的协议地球地心坐标,以这些精密的地心坐标为起算数据,建立协议地球地心坐标系内绝对定位精度很高的GNSS网。若该网的许多点都是国家大地坐标系中的高等级点,则可利用七参数法来精确求出协议地球地心坐标系与国家大地坐标系之间的转换参数。

GNSS 动态定位中,所提供的是协议地球地心坐标系坐标。但在工程应用中,一般为北京54 坐标、西安 80 坐标或当地任意坐标。动态定位的坐标转换不同于静态定位:一方面,它不可能利用较多的已知点进行计算,以求得最佳的转换参数;另一方面,它又要求实时地进行转换,即 GNSS 提供的数据应是所要求的当地坐标。因此,动态定位的坐标转换必须满足下列条件:

(1)实时快速,便于现场设置;

(2)精度要满足规范要求;

(3)能满足任何一种坐标系统。

根据测区所提供的已知数据的不同,可以采用如下方法对 RTK 测量中坐标转换参数进行求解(协议地球地心坐标系以 WGS-84 为例)。

方法一:适用于已知点有地方坐标但无 WGS-84 坐标的情况。

平面已知控制点只有地方坐标而无对应的 WGS-84 坐标,只有通过 RTK 坐标联测的方式,取得已知点相应的 WGS-84 系下的坐标才能求解出坐标转换参数。此方法颇为繁琐,但也是唯一的方法。此时至少需联测两个平面控制点,高程转换至少需要联测三个高程控制点(平面拟合),也可联测六个及六个以上高程点作曲面拟合。采取此方法时,基准点可以设在未知点上,待联测求解出转换参数后,基准站坐标便可转换为本地坐标,这里以基准站在已知点 O 上、方位点在 A 上为例(表 6-1、图 6-16),I 为任意待定点。

已知点有地方坐标但无 WGS-84 坐标的转换关系 表 6-1

点名	WGS-84 坐标系		当地坐标系	
	测量值	测量后计算值	已知值	欲求值
基准点 O	B_o,L_o	X_o,Y_o	x_o,y_o	
方位点 A	B_A,L_A	X_A,Y_A	x_A,y_A	
测量点 I	B_i,L_i	X_i,Y_i		x_i,y_i

其基本步骤如下:

(1)将基准点和方位点的 WGS-84 坐标投影到平面上,即由(B_o,L_o)、(B_A,L_A)分别计算出(X_o,Y_o)、(X_A,Y_A)。

(2)利用静态测量方法求出基准站和方位点的基线矢量,求出该基线在 WGS-84 坐标中的各种参数:

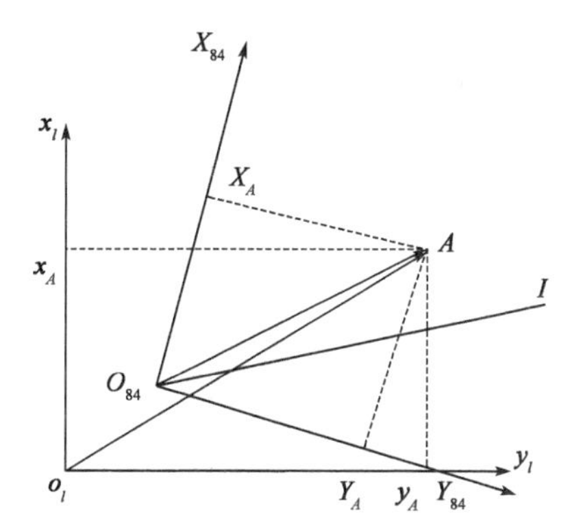

图 6-16 已知点有地方坐标但无 WGS-84 坐标的转换关系

坐标增量

$$\begin{bmatrix}\Delta X\\ \Delta Y\end{bmatrix}_{84}=\begin{bmatrix}X_A\\ Y_A\end{bmatrix}_{84}-\begin{bmatrix}X_O\\ Y_O\end{bmatrix}_{84} \tag{6-15}$$

方位角

$$\alpha_{84}=\tan^{-1}\left(\frac{\Delta Y}{\Delta X}\right)_{84} \tag{6-16}$$

边长

$$S_{84}=\sqrt{\Delta X^2+\Delta Y^2} \tag{6-17}$$

(3)利用基准点和方位点的已知当地坐标求出该基线在当地坐标系的各种参数:

坐标增量

$$\begin{bmatrix} \Delta x \\ \Delta y \end{bmatrix}_l = \begin{bmatrix} x_A \\ y_A \end{bmatrix}_l - \begin{bmatrix} x_O \\ y_O \end{bmatrix}_l \tag{6-18}$$

方位角

$$\alpha_l = \tan^{-1}\left(\frac{\Delta y}{\Delta x}\right)_l \tag{6-19}$$

边长

$$S_l = \sqrt{\Delta x^2 + \Delta y^2} \tag{6-20}$$

(4)由式(6-15)至式(6-20)可求出由 WGS-84 坐标系向当地坐标系转换的平移参数、旋转角和尺度因子:

平移参数

$$\begin{bmatrix} D_x \\ D_y \end{bmatrix} = \begin{bmatrix} X_O \\ Y_O \end{bmatrix}_{84} - \begin{bmatrix} x_O \\ y_O \end{bmatrix}_l \tag{6-21}$$

旋转角

$$\theta = \alpha_{84} - \alpha_l \tag{6-22}$$

尺度因子

$$m = \frac{S_{84} - S_l}{S_{84}} \tag{6-23}$$

(5)将测量点的 WGS-84 坐标投影到平面上,即将(B_i, L_i)分别计算成(X_i, Y_i)。

(6)求出测量点相对于基准点在 WGS-84 平面上的坐标增量:

$$\begin{bmatrix} \Delta X_i \\ \Delta Y_i \end{bmatrix}_{84} = \begin{bmatrix} X_i \\ Y_i \end{bmatrix}_{84} - \begin{bmatrix} X_O \\ Y_O \end{bmatrix}_{84} \tag{6-24}$$

(7)将式(6-24)计算得出的坐标增量转换成当地坐标系下的坐标增量:

$$\begin{bmatrix} \Delta x_i \\ \Delta y_i \end{bmatrix}_l = (1+m)\begin{bmatrix} \cos\theta & \sin\theta \\ -\sin\theta & \cos\theta \end{bmatrix}\begin{bmatrix} \Delta X_i \\ \Delta Y_i \end{bmatrix}_{84} \tag{6-25}$$

(8)最后,求出测量点在当地坐标系中的坐标:

$$\begin{bmatrix} x_i \\ y_i \end{bmatrix}_l = \begin{bmatrix} X_O \\ Y_O \end{bmatrix}_{84} + \begin{bmatrix} \Delta x_i \\ \Delta y_i \end{bmatrix}_l - \begin{bmatrix} D_x \\ D_y \end{bmatrix} = \begin{bmatrix} x_O \\ y_O \end{bmatrix}_l + \begin{bmatrix} \Delta x_i \\ \Delta y_i \end{bmatrix}_l \tag{6-26}$$

坐标转换参数即为:D_x、D_y(平移参数)、θ(旋转参数)、m(尺度参数)。当地坐标系可以是北京 54 坐标系或西安 80 坐标系,也可以是任意坐标系。

高程求解采用拟合的方法。

方法二:适用于已知点既有地方坐标又有 WGS-84 坐标的情况。

这种情况指用 GNSS 做控制测量时,同时提供 WGS-84 坐标系下的控制点坐标。这些点的坐标与参考点的相对关系是正确的,但参考点的绝对坐标不一定准确,这些点同时又具有地方坐标系下的坐标。利用同一点的两种坐标便可反求出两坐标系间的转换参数。

如表 6-2 所列,选取两个同时具有 WGS-84 坐标和地方坐标的点来求解坐标转换参数。

在这种情况下,由于已知点的 WGS-84 坐标和地方坐标都已知,所以我们可以直接采用平面坐标系统的转换模型来达到求解转换参数的目的。即利用式(6-27)将 P_1、P_2两已知点代入求解四个坐标转换参数 ΔX(平移参数)、ΔY(平移参数)、θ(旋转参数)、m(尺度参数)(图6-17)。

$$\begin{bmatrix} x_i \\ y_i \end{bmatrix}_l = \begin{bmatrix} \Delta X \\ \Delta Y \end{bmatrix} + (1+m)\begin{bmatrix} \cos\theta & \sin\theta \\ -\sin\theta & \cos\theta \end{bmatrix}\begin{bmatrix} X_i \\ Y_i \end{bmatrix}_{84} \tag{6-27}$$

已知点既有地方坐标又有 WGS-84 坐标的转换关系 表6-2

点名	WGS-84 坐标系		当地坐标系	
	已知值	已知的计算值	已知值	欲求值
P_1	B_1, L_1	X_1, Y_1	x_1, y_1	
P_2	B_2, L_2	X_2, Y_2	x_2, y_2	
测量点 I	B_i, L_i	X_i, Y_i		x_i, y_i

然后,利用转换参数即可以求出任意测量点在当地坐标系(也可以是北京54坐标系或西安80坐标系)中的坐标。

此外,转换参数及待定点坐标的求解也可参照方法一进行,此处只是测区已知点的已知条件发生了变化,此时可更加方便地求解坐标转换参数,求解的方法可以有多种,但基本思路是一致的。

高程求解采用拟合方法。

方法三:适用于已知 WGS-84 坐标系与地方坐标系之间转换参数的情况。

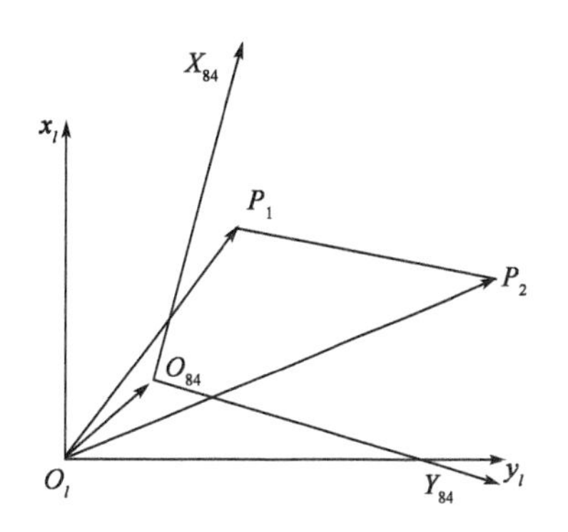

图6-17 已知点既有地方坐标又有 WGS-84 坐标的转换关系

WGS-84 系和地方坐标系之间的转换参数已知,将参数直接带入式(6-25)、式(6-26)或式(6-27)便可获得地方坐标系下的坐标。但在求解待定点坐标时,应当知道基准点相对其他控制点在 WGS-84 系下的纬度、经度和大地高。

在利用式(6-26)和式(6-27)时,实际作业的方法和计算程序的设计会有所不同。

高程求解采用拟合方法。

方法四:适用于自定义假定坐标系的情况。

我们可以在只有一个已知点或无已知点情况下进行坐标转换工作。如果没有已知点,可选用一个点并假定它的坐标。这样除了点位是假设之外,它和只有一个已知点的情况是一样的。此时,定向与尺度尚未确定。定向可取真北方向(以基准点子午线为准);尺度直接取用基于大地高的尺度。在具体操作时,首先在对空视野开阔的某一点设立基准站并任意假定其坐标,联测另一点(设为假定坐标系下一个点),先得出假定坐标系下两点的坐标,而后求解坐标转换参数。测量工作先不与已知坐标系取得联系,但各测点之间相互关系应是正确的。此假定坐标系的参考点位是"联测的另一点",而方位与尺度与 WGS-84 系一致。

在这种情况下,可以利用式(6-27)实现地方自定义坐标系与 WGS-84 坐标系之间的转换,并求解出坐标转换参数。也就是说,只要知道自定义独立坐标系下两点坐标和此两点在 WGS-84 坐标系下的坐标就能求出坐标转换参数。假定有两点 P_1、P_2,它们的坐标为(x_{p_1}, y_{p_1})、(x_{p_2}, y_{p_2}),测出它们在 WGS-84 系下的坐标为(X_{P_1}, Y_{P_1})、(X_{P_2}, Y_{P_2}),然后代入式(6-27)求解坐标转换参数。

如果需要,此方法所测坐标可以通过坐标平移、旋转进行坐标转换,化成统一地方系下的坐标。

高程求解采用拟合法。

2. 高程转换

上文中方法一至方法四中均详细论述了平面坐标转换参数的求解方法,而对于高程的转换(从大地高转换到实用的正常高),一般是采用数值拟合计算方法进行的。目前,主要的数值拟合计算方法有平面拟合法、曲面拟合法、多面函数拟合法、样条函数法等。下面分别进行简要介绍。

(1)平面拟合法

在小区域且较为平坦的范围内,可以考虑用平面逼近局部似大地水准面。进行平面拟合时至少要联测三个高程控制点。

据有关文献,此方法在 $120km^2$ 的平原地区,拟合精度可达 3 ~ 4cm。

(2)二次曲面拟合法

似大地水准面的拟合也可采用二次曲面拟合法,此时测区内至少需有 6 个公共点。二次曲面拟合还可进一步扩展为多项式曲面拟合法。

此方法适合于平原与丘陵地区,在小区域范围内拟合精度可优于 3cm。

(3)多面函数法

多面函数法的基本思想是:任何数学表面和任何不规则的圆滑表面,总可以用一系列有规则的数学表面的总和以任意精度逼近。

用多面函数法拟合高程异常时,如果核函数和光滑因子等选取合适,其拟合精度不低于二次曲面拟合法。

(4)样条函数法

高程异常曲面也可以通过构造样条曲面拟合,样条曲面拟合解法与多面函数法大致相同。此方法适合于地形比较复杂的地区,拟合精度也可达 3cm 左右。

曲面拟合法中还有非参数回归曲面拟合法、有限元拟合法、移动曲面法等。

当 GNSS 点布设成测线时,还可应用曲线内插法、多项式曲线拟合法、样条函数法和Akima法等。

无论采用哪种模型,拟合的基本思想都是相同的,即利用区域内若干同时具有 GNSS 高程和水准高程的重合点,求出这些点上的高程异常值,并按照一定的曲面函数关系,建立高程异常与曲面坐标之间的函数模型关系式,拟合出局部似大地水准面,即求出各点的高程异常值,从而实现 GNSS 大地高到正常高的转换。

在进行 RTK 测量作业时,可以根据测区及布测情况来选取不同的数值拟合方法,以取得最佳的拟合效果。

第四节　网络 RTK 和 CORS 技术

利用 GNSS 精密定位技术在一个国家、一个地区或一个城市布设分布密度各不相同的、长年运行的 GNSS 卫星永久性跟踪站,通过数据通信网络把这些站的精确坐标和 GNSS 卫星跟踪数据发播给用户,用户只需用一台不同类型的 GNSS 接收机,采用不尽相同的软件和作业方式,就可以进行毫米级、厘米级、分米级乃至米级、十米级、数十米级的实时、准实时、快速或事后定位,这种技术称为网络 RTK 技术。

同时,这些 GNSS 卫星永久性跟踪站也构成了一个基准站网络,并利用现代自动控制技术对这些基准站实现无人值守的连续运行,通过有线无线数字通信网络,使系统的数据实现局部或全球范围内的共享,这就是所谓的连续运行参考站系统——CORS 系统(Continuous Operation Reference Stations System)。

CORS 系统不但具有全自动、全天候、实时的定位导航功能,还具有辅助进行天气预报、灾害监测、电网及通信网络的时间同步等多种功能。

一、网络 RTK

1. 网络 RTK 的定义

网络 RTK 也称多基准站 RTK,是近年来在常规 RTK 和差分 GNSS 定位方法的基础上建立起来的一种新技术。常规 RTK 技术是一种对动态用户进行实时相对定位的技术,该技术也可用于快速静态定位。进行常规 RTK 工作时,基准站需将自己所获得的载波相位观测值(最好加上测码伪距观测值)及站坐标通过数据通信链实时播发给在其周围工作的动态用户。于是,这些动态用户就能依据自己获得的相同历元的载波相位观测值(最好加上测码伪距观测值)和广播星历进行实时相对定位,并进而根据基准站的站坐标求得自己的瞬时位置。为消除卫星钟和接收机钟的钟差,削弱卫星星历误差、电离层延迟误差和对流层延迟误差的影响,在 RTK 中通常都采用双差观测值。

网络 RTK 是由基准站网、数据处理中心和数据通信线路组成的。基准站上应配备双频或多频全波长 GNSS 接收机,该接收机最好能同时提供精确的双频或多频伪距观测值。基准站的站坐标应精确已知,其坐标可采用长时间 GNSS 静态相对定位等方法来确定。此外,这些基准站还应配备数据通信设备及气象仪器等。基准站应按规定的采样率进行连续观测,并通过数据通信链实时将观测资料传送给数据处理中心。数据处理中心根据流动站送来的近似坐标(可根据伪距法单点定位求得)判断出该站位于由哪三个基准站所组成的三角形内。然后根据这三个基准站的观测资料求出流动站处所受到的系统误差,并播发给流动用户来进行修正以获得精确的结果。基准站与数据处理中心间的数据通信可采用数字数据网或无线通信等方法进行。流动站和数据处理中心间的双向数据通信则可通过移动通信等方式进行。目前网络 RTK 大体可采用内插法、线性组合法及虚拟站等方法进行。图 6-18 为一个典型的网络 RTK 系统的基准站、控制中心、数据通信和用户的示意图。

2. 网络 RTK 的优势

(1)覆盖范围更广

网络 RTK 系统可以有多个基准站,但最少需要 3 个。如按边长 70km 计算,一个三角形可覆盖面积为 2200 多平方千米。与传统的 GNSS 网络相比,在扩大覆盖范围的同时,可节约成本近 70%。实际上,网络 RTK 系统可提供两种不同精度的差分信号,分别为厘米级和亚米级。若是精度要求更低,这个距离(70km)还可以扩展到几百千米。

(2)成本更低

网络 RTK 技术的应用,使得用户不需要再架设自己的基准站。而 70km 的边长,只用很少的几个基准站就能覆盖很大范围,从而使建设 GNSS 参考站网络的费用显著降低。与传统的 GNSS 网络相比,网络 RTK 在扩大覆盖范围的同时,节约成本近 70%。

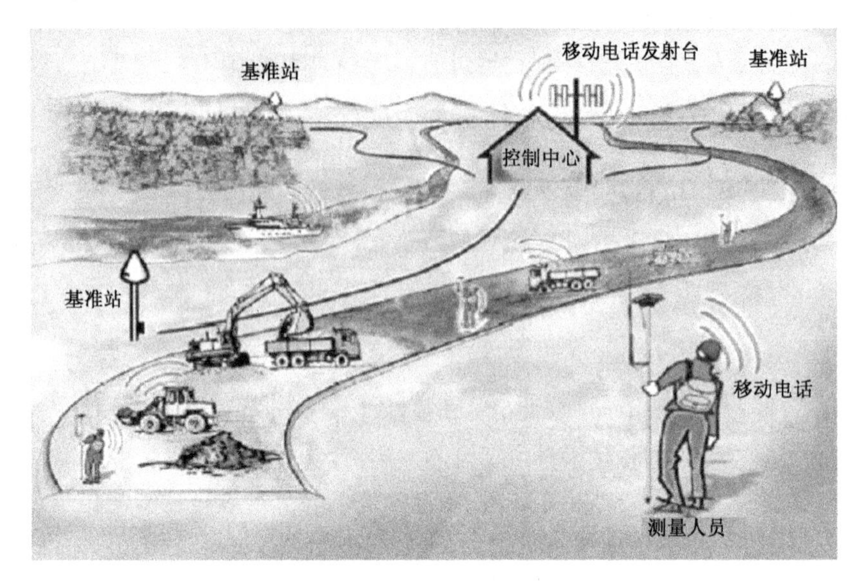

图 6-18 网络 RTK 系统结构示意图

(3)精度和可靠性更高

在网络 RTK 的控制范围内,精度可始终保持在 1 ~ 2cm。由于采用了多个参考站的联合数据,定位结果的可靠性也得到较大幅度的提高。

(4)应用范围更广

网络 RTK 技术可被应用于道路建设、城市规划、市政建设、交通管理、气象预报、环保、公共安全、工程与地壳形变监测、农业和林业资源普查以及所有在室外进行的各类勘察和测绘工作中。

(5)初始化时间更短

网络 RTK 技术可以更好地消除流动站的综合误差,因此可以更快速、更准确地确定流动站的整周模糊度,从而大大缩短了 RTK 作业的初始化时间。

二、CORS 系统

1. CORS 系统的定义

连续运行参考站系统(Continuous Operation Reference Stations System,简称 CORS 系统)可以定义为一个或若干个固定的、连续运行的 GNSS 参考站,利用现代计算机、数据通信和互联网技术组成的网络,实时地向不同类型、不同需求、不同层次的用户自动提供经过检验的不同类型的 GNSS 观测值(载波相位、伪距)、各种改正数、状态信息及其他有关的 GNSS 服务项目的系统。

2. CORS 系统的优点

与传统的 GNSS 作业相比较,连续运行参考站系统具有作用范围大、精度高、野外单机作业等众多优点,目前我国已建成了较为完善的连续运行参考站网络系统。

连续运行参考站系统的优点如下：

(1)具有跨行业特性,可为不同行业、不同类型的用户提供服务；

(2)可同时满足不同需求的用户在定位实时性方面的差异,能同时提供 RTK、DGNSS、静态或动态后处理及现场高精度准实时定位的数据服务；

(3)能兼顾不同层次的用户对定位精度指标的要求,提供覆盖米级、分米级、厘米级的数据；

(4)具有覆盖范围广、作业效率高、一次投资长期受益的特点,成为国家基础设施建设的新方向；

(5)可构建和维持稳定、统一的大地坐标系统；

(6)可提高作业精度和数据质量；

(7)可提高生产效率,单人测量系统将成为 GNSS 测量的主流作业模式。

连续运行参考站系统不仅可以构成国家的新型大地测量动态框架体系,目前也正在构建城市地区新一代动态参考站网体系。它们不仅可以满足各种测绘、基准需求,还能够满足多种环境变迁动态信息监测需求。

第五节　精密单点定位测量

精密单点定位(Precise Point Positioning,PPP)就是利用全球若干地面跟踪站的 GNSS 观测数据计算出的精密卫星轨道和卫星钟差,以及 GNSS 定位中的各类误差改正模型,对单台 GNSS 接收机所采集的相位和伪距观测值进行定位解算,直接确定单个测站在国际地球参考框架(International Terrestrial Reference Frame,ITRF)框架下三维坐标的一种定位方式。在这种定位方式中,用户只需要利用单台 GNSS 接收机的观测数据,在数千万平方千米乃至全球范围内的任意位置都可以厘米级至分米级的精度进行实时动态定位,或以毫米级至厘米级的精度进行较快速的静态定位。

精密单点定位的优点在于:在进行精密单点定位时,除了能直接解算出测站坐标之外,还能同时解算出接收机钟差、码间偏差、电离层和对流层延迟改正信息等参数,这些结果可以满足不同层次用户的需要(如研究授时、电离层、接收机钟差及地球自转等)。因此,精密单点定位技术出现之后,便很快在精密定位、卫星定轨、导航、精密授时、测绘及相关行业中得到广泛应用。

一、精密单点定位的基本原理

与传统的 GNSS 相对定位技术相比,精密单点定位技术具有以下的优点：

(1)定位时仅需要一台 GNSS 接收机,不需要多台 GNSS 接收机进行同步观测,外业观测作业灵活方便、效率高,且大大节约了观测作业的成本；

(2)定位精度不受测站与基准站之间距离长短的限制；

(3)定位精度较高,目前已与 GNSS 相对定位的精度相当。因此,PPP 技术已成为目前 GNSS 领域的研究热点之一。

在精密单点定位中,一般是利用卫星钟差估计值消去卫星钟差项,并且采用双频观测值消

除了电离层一阶项的影响,即著名的无电离层组合模型(Ionospheric-Free),其观测值误差方程如下:

$$v_{\mathrm{p}}^{j}(i)=\rho^{j}(i)+C\cdot\delta t(i)+\delta\rho_{\mathrm{trop}}^{j}(i)-P^{j}(i)+\varepsilon_{\mathrm{p}} \tag{6-28}$$

$$v_{\Phi}^{j}(i)=\rho^{j}(i)+C\cdot\delta t(i)+\delta\rho_{\mathrm{trop}}^{j}(i)+\lambda\cdot N^{j}(i)-\lambda\cdot\Phi^{j}(i)+\varepsilon_{\Phi} \tag{6-29}$$

式(6-28)和式(6-29)中,j为卫星号;i为相应的观测历元;C为真空中光速;$\delta t(i)$为接收机钟差;$\delta\rho_{\mathrm{trop}}^{j}(i)$为对流层延迟影响;$\varepsilon_{\mathrm{p}}$、$\varepsilon_{\Phi}$为多路径、观测噪声等未模型化的误差影响;$P^{j}(i)$、$\Phi^{j}(i)$为相应卫星在第$i$历元的消除了电离层一阶项影响的组合观测值;$v_{\mathrm{p}}^{j}(i)$、$v_{\Phi}^{j}(i)$为其观测误差;$\lambda$为相应的波长;$\rho^{j}(i)$为信号发射时刻的卫星位置到信号接收时刻接收机位置之间的几何距离;$N^{j}(i)$为消除了电离层一阶项影响的组合观测值的整周模糊度。

将式(6-28)和式(6-29)线性化:

$$V(i)=AX(i)+L(i) \tag{6-30}$$

$$A=\begin{bmatrix}\dfrac{\partial f(P)}{\partial X} & \dfrac{\partial f(P)}{\partial Y} & \dfrac{\partial f(P)}{\partial Z} & \dfrac{\partial f(P)}{\partial \delta t} & \dfrac{\partial f(P)}{\partial \delta\rho_{\mathrm{trop}}} & \dfrac{\partial f(P)}{\partial N_{(j=1,\mathrm{nsat})}^{j}}\\ \dfrac{\partial f(\Phi)}{\partial X} & \dfrac{\partial f(\Phi)}{\partial Y} & \dfrac{\partial f(\Phi)}{\partial Z} & \dfrac{\partial f(\Phi)}{\partial \delta t} & \dfrac{\partial f(\Phi)}{\partial \delta\rho_{\mathrm{trop}}} & \dfrac{\partial f(\Phi)}{\partial N_{(j=1,\mathrm{nsat})}^{j}}\end{bmatrix} \tag{6-31}$$

其中,

$$\begin{gathered}\frac{\partial f}{\partial X}=\frac{x-X_{\mathrm{s}}}{\rho},\frac{\partial f}{\partial Y}=\frac{y-Y_{\mathrm{s}}}{\rho},\frac{\partial f}{\partial Z}=\frac{z-Z_{\mathrm{s}}}{\rho}\\ \frac{\partial f}{\partial \delta t}=C,\frac{\partial f}{\partial \delta\rho_{\mathrm{trop}}}=M(\theta),\frac{\partial f}{\partial N_{(j=1,\mathrm{nsat})}^{j}}=0\text{ 或 }1\\ X(i)=[x\quad y\quad z\quad \delta t\quad \delta\rho_{\mathrm{trop}}\quad N_{(j=1,\mathrm{nsat})}^{j}]^{\mathrm{T}}\end{gathered} \tag{6-32}$$

式(6-30)、式(6-31)和式(6-32)中,A为相应的设计矩阵;$L(i)$为相应的观测值减去概略理论计算值得到的常数项;$X(i)$为待估参数,其中(x,y,z)为三维位置参数;δt为接收机钟差参数;$\delta\rho_{\mathrm{trop}}$为对流层延迟参数;$N^{j}$为整周模糊度参数;$(X_S,Y_S,Z_S)$为已知的卫星坐标;$M(\theta)$为投影函数。

二、精密单点定位的数据处理

1.精密单点定位数据预处理

在精密单点定位中,必须首先进行数据预处理,其主要内容和步骤包括:野值剔除、周跳探测与修复、相位平滑伪距等。数据预处理的目的是得到“干净”的非差相位观测值和较为精确的伪距观测值。数据预处理工作的完成情况,直接关系到精密单点定位的平差处理和解算精度。

利用上述步骤进行数据预处理后,观测值中可能还包含小周跳,会对定位结果产生影响。可以通过分析数据处理后的观测值残差的方法来检测和修复这种小周跳,以消除其影响。

在精密单点定位数据预处理中,周跳探测和修复是关键,其方法很多,有差分法、电离层组合法、多项式拟合法、线性拟合法、Turboedit 方法等。其中,Turboedit 方法是常用且比较有效的方法之一。当然,Turboedit 方法也存在一些局限性,如四舍五入取整影响、历元较短时无法检测以及两个频率出现相同大小周跳时无法探测等。

2. 精密单点定位数据处理

在数据预处理之后，利用上述精密单点定位观测模型，即可采用序贯最小二乘法或卡尔曼滤波法进行非差精密单点定位计算。在解算时，位置参数在静态情况下可以作为未知参数处理；在未发生周跳或修复周跳的情况下，整周模糊度可当作常数处理，在发生周跳的情况下，整周模糊度则当作一个新的常参数进行处理；由于接收机钟较不稳定且存在着明显的随机抖动，因此将接收机钟差参数当作白噪声处理；而对流层影响变化较为平缓，可以先利用对流层模型加以改正，再利用随机游走的方法估计其残余影响。

三、精密单点定位的主要误差及其改正模型

在精密单点定位中，影响其定位结果的误差主要包括：与卫星有关的误差（卫星钟差、卫星轨道误差、天线相位偏差、相对论效应）；与接收机和测站有关的误差（接收机钟差、接收机天线相位误差、地球潮汐、地球自转等）；与信号传播有关的误差（对流层延迟误差、电离层延迟误差和多路径效应）。

由于精密单点定位没有使用双差分观测值，所以有很多误差没有被消除或削弱，必须利用各类误差估计方程来消除或削弱。一般可采用两种方法来解决：

（1）对于可以精确模型化的误差，采用模型改正；

（2）对于无法精确模型化的误差，加入参数估计或者使用组合观测值。例如，双频观测值组合可以消除电离层延迟；不同类型观测值之间的组合，不但可以消除电离层延迟，也可以消除卫星钟差、接收机钟差等；不同类型的单频观测值之间的线性组合还可以消除伪距测量的噪声等。

四、精密单点定位与 RTK 测量方法的对比

精密单点定位测量采用非差观测值模型，可用观测值多，保留了所有观测信息；能直接得到测站坐标；不同测站的观测值不相关，显然误差也不相关，测站与测站之间无距离限制。但精密单点定位方法的缺点是未知参数多，无法采用站间或星间差分的方法消除误差影响，必须利用完善的改正模型加以改正；另外，其整周模糊度不具有整数特性。

RTK 测量采用双差模型观测模型，其重要优点是消除卫星钟差、接收机钟差的影响。对于短基线情况，可以进一步消除电离层和对流层延迟的影响，整周模糊度具有整数特性。RTK 测量方法的缺点是差分后观测值减少且相关，必须至少在一个已知测站上进行同步观测才能求解出测站坐标，且在同步观测卫星较少时实现有困难，会影响作业效率。

与 RTK 测量等差分定位方法相比，精密单点定位无需和任何基准站或参考站同步观测，利用单台接收机即可在全球任意地方进行高精度定位，是一种非常高效的定位方法。除了个别对精度要求较高的情况外，它能满足大多数情况下的定位和测量需求。

采用精密单点定位技术，利用单个测站上的 GNSS 观测数据就可以达到几个厘米的精度，即传统 RTK 测量方法可以达到的精度，且其不受野外观测作业距离的限制、不需要额外的基准站数据支持，这无疑大大提高了高精度定位作业的灵活性，降低了作业成本。因此，精密单点定位技术在卫星定轨、国土资源调查、地理空间信息数据采集与更新、时间传递、气象预报、精密海洋工程测量、海岸线测量、海洋测量、大面积航空摄影测量等方面具有广阔的应用前景。

思考题与习题

1. GNSS 卫星定位系统由哪几部分组成？各部分的作用是什么？
2. 试简述 GNSS 定位方法的分类。
3. GNSS 卫星定位测量的主要误差来源有哪些？
4. 试述 GNSS 绝对定位的基本原理，并写出伪距法绝对定位的基本方程。
5. 试述 GNSS 相对定位的基本原理。
6. 试简述 RTK 测量的基本原理。
7. RTK 测量系统由哪几部分组成？如何进行 RTK 测量？
8. 什么是网络 RTK？网络 RTK 有哪些优点？
9. 什么是 CORS？CORS 有哪些优点？
10. 试简述精密单点定位测量方法的基本原理。
11. 精密单点定位与 RTK 测量方法各有哪些优缺点？

第七章
控制测量

【本章提要】

本章主要介绍控制测量的基本概念、基本方法、一般作业步骤、平面坐标基本计算方法；导线的布设、观测及计算；交会测量、三角网测量方法；GNSS控制测量方法；水准路线布设、观测及计算；三角高程控制测量方法等。

【学习要求】

通过本章的学习，应理解控制测量有关概念；熟悉控制测量的基本方法、一般作业步骤；掌握坐标方位角推算、平面坐标基本计算方法；掌握导线的布设、观测及计算方法；掌握水准路线的布设、观测及计算方法；熟悉GNSS控制测量方法和三角高程控制测量方法。

第一节 概　　述

一、控制测量的概念

在测量工作中，首先在测区内选择一些对整体具有控制作用的点，组成一定的几何图形，用相对精确的测量手段和计算方法，在统一坐标系中，确定这些点的平面坐标和高程，然后以此为基础来测定其他地面点的点位或进行施工放样，或其他测量工作。其中，这些具有控制意义的点称为控制点；由控制点组成的几何图形称为控制网；对控制网进行布设、观测、计算，确定控制点位置的工作称为控制测量。

控制测量分为平面控制测量和高程控制测量。在传统测量工作中,平面控制与高程控制网通常分别单独布设,有时也将两种控制网合起来布设成三维控制网。

二、平面控制测量

测定控制点平面坐标所进行的测量工作,称为平面控制测量。平面控制测量的主要方法有三角测量、导线测量、交会测量、GNSS 控制测量等。目前,导线测量和 GNSS 控制测量是最常用的方法。

三、高程控制测量

测定控制点的高程所进行的测量工作,称为高程控制测量。高程控制测量的主要方法有水准测量、三角高程和 GNSS 高程测量。用水准测量方法建立的高程控制网称为水准网。三角高程测量主要用于在地形起伏较大、直接利用水准测量较困难的地区建立高程控制网,以及为地形测图提供高程控制。GNSS 高程测量可精确测定控制点的大地高,也可通过高程异常模型将其转化为正常高。

四、国家基本控制网

在全国范围内建立的控制网,称为国家基本控制网,分为国家平面控制网和国家高程控制网。国家平面控制网提供全国性的、统一的空间定位基准,是全国各种比例尺测图和工程建设的基本控制网,同时也为空间科学技术和军事提供精确的点位坐标,并为研究地球的形状和大小、地壳运动以及地震预报提供重要依据。

我国原有国家平面控制网主要采用三角测量和精密导线测量建立起来的。按精度分为一、二、三、四等。一、二等三角测量是国家基本控制测量,三、四等三角测量属于加密控制测量。

20 世纪 80 年代末,GPS 技术开始在我国用于建立平面控制网。GPS 控制网按其精度分为 A、B、C、D、E 等级别。

2000 国家 GPS 控制网由国家测绘局布设的高精度 GPS A、B 级网,总参测绘局布设的 GPS 一、二级网,中国地震局、总参测绘局、中国科学院、国家测绘局共建的中国地壳运动观测网组成。该控制网整合了上述三个大型的、有重要影响力的 GPS 观测网的成果,共 2609 个点,通过联合处理将其归于一个坐标参考框架,形成了紧密的联系体系,可满足现代测量技术对地心坐标的需求,同时为建立我国新一代的地心坐标系统打下了坚实的基础。

在全国范围内采用水准测量方法建立的高程控制网,称为国家水准网。国家水准网按精度高低分为一、二、三、四等。国家一等水准网是国家高程控制网的骨干;二等水准网是在一等水准网环内布设,是国家高程控制网的全面基础;国家三、四等水准网是国家高程控制点的进一步加密,附合于高级水准点之间,它直接为地形测图和工程建设提供高程控制点。

五、城市控制网

在城市地区,为满足 1:500 ~ 1:2000 比例尺地形测图和城市建设施工放样的需要,应进一步布设城市平面控制网和高程控制网。城市平面控制网在国家控制网的控制下布设,按城市范围大小布设不同等级的平面控制网,分为二、三、四等三角网或三、四等导线网和一、二级小三角网或一、二、三级导线网。高程控制网主要是水准网,等级依次为二、三、四等。城市首级高程控制网不应低于三等水准,而且应布设成闭合环线。加密网可布设成附合路线、结点网和闭合环,一般不允许布设支水准路线。

六、工程控制网

为工程建设而布设的测量控制网称为工程控制网,按其用途分为测图控制网、施工控制网和变形监测网,其内容包括平面控制网和高程控制网。直接为测图而建立的控制网称为图根控制网。图根控制网一般应在测区的首级控制网或上一级控制网的控制下,采用图根导线等方法布设,但不宜超过两次附合;为建(构)筑物等工程的施工放样而建立的测量控制网称为施工控制网,分为场区控制网和建筑物控制网;为建筑物、构筑物的变形观测而建立的测量控制网称为变形监测网,主要有为沉降观测建立的高程控制网和为位移观测建立的平面控制网。

在小于 $10km^2$ 的范围内建立的控制网,称为小区域控制网。在这个范围内,水准面可视为水平面,采用平面直角坐标系,计算控制点的坐标,不需将测量成果归算到高斯平面上。小区域平面控制网,应尽可能与国家控制网或城市控制网联测,将国家或城市高级控制点坐标作为小区域控制网的起算和校核数据。如果测区内或测区附近无高级控制点,或联测较为困难,也可建立独立平面控制网。

国家制定了一系列相应的控制测量规范[如现行《国家一、二等水准测量规范》(GB/T 12897)、现行《国家三、四等水准测量规范》(GB/T 12898)、现行《城市测量规范》(CJJ/T 8)、现行《工程测量标准》(GB 50026)以及现行《卫星定位城市测量技术标准》(CJJ/T 73)等],对各种控制测量的技术要求做了详细的规定。在测量工作中应严格遵守和执行这些测量规范。

七、控制测量的一般作业步骤

控制测量作业包括技术设计、实地选点、标石埋设、观测和平差计算等主要步骤。在常规的高等级平面控制测量中,当某些方向受到地形条件限制不能使相邻控制点间直接通视时,需要在控制点上建立测标。采用 GNSS 定位技术建立平面控制网,由于不要求相邻控制点间通视,因此不需要建立测标。

控制测量的技术设计主要包括精度指标的确定和控制网的网形设计。在实际工作中,控制网的等级和精度标准应根据测区大小和控制网的用途来确定。控制网网形设计是在收集测区的地形图、已有控制点成果等资料的基础上,进行控制网的图上设计,然后到实地踏勘,判明图上标定的已知点是否与实地相符,并查明标石是否完好;查看预选的路线和控制点点位是否合适,通视是否良好;如有必要再作适当的调整并在图上标明。根据图上设计的控制网方案,到实地选点,确定控制点的最适宜位置。控制点点位一般应满足:点位稳定,等级控制点应能长期保存;便于扩展、加密和观测。经选点确定的控制点点位,要进行标石埋设,将它们在地面上固定下来。控制点的测量成果以标石中心的标志为准,因此标石的埋设、保存至关重要。标石类型很多,按控制网种类、等级和埋设地区地表条件的不同而有所差别,图 7-1 ~ 图 7-4 是一些标石埋设示意图。

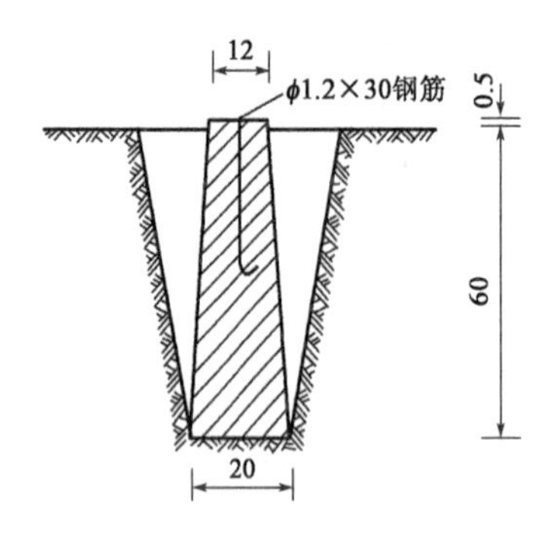

图 7-1 城市一、二级小三角点标石埋设图(尺寸单位:cm)

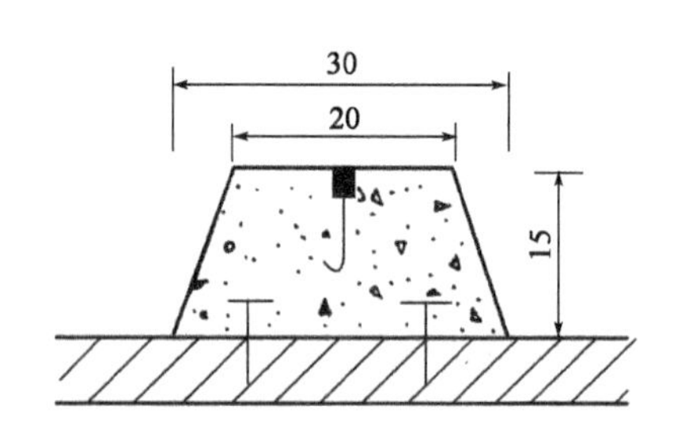

图 7-2 城市建筑物等级平面控制点标石埋设图(尺寸单位:cm)

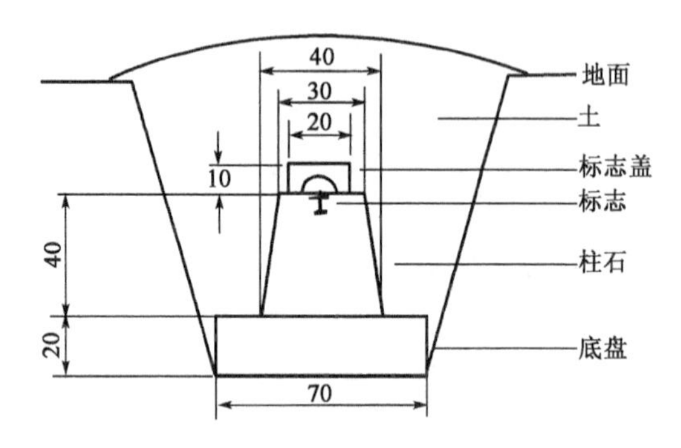

图 7-3 普通水准标石埋设图(尺寸单位:cm)

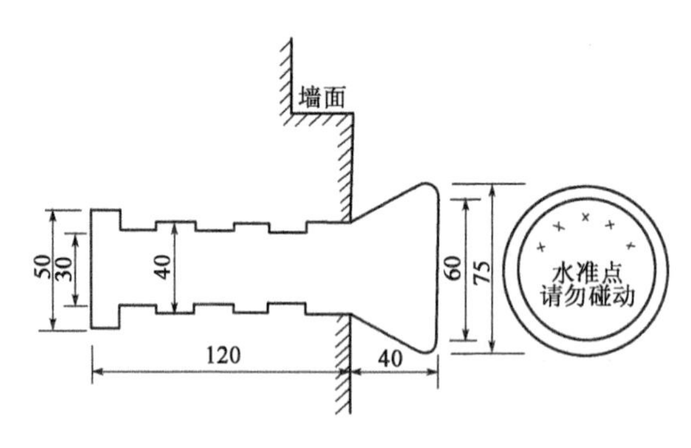

图 7-4 城市墙角水准点标志埋设图(尺寸单位:cm)

控制网的观测内容按控制网的种类不同而不同,有水平角或方向观测、距离测量、高程测量以及竖直角(或天顶距)观测。观测工作完成后,应对观测数据进行检核,保证观测成果满足要求,然后进行平差计算。对于高等级控制网需进行严密平差计算,而低等级的控制网允许采用近似平差计算。

八、平面控制点坐标计算基础

在控制网平差计算中,必须进行坐标方位角的推算和平面坐标的正、反算。

1. 坐标方位角的推算

如图 7-5 所示,已知直线 AB 的坐标方位角为 α_{AB},B 点处的转折角为 β,当 β 为左角时[图 7-5a)],则直线 BC 的坐标方位角 α_{BC} 为

$$\alpha_{BC}=\alpha_{AB}+\beta-180° \tag{7-1}$$

当β为右角时[图 7-5b)],则直线 BC 的坐标方位角 α_{BC}为

$$\alpha_{BC}=\alpha_{AB}-\beta+180° \tag{7-2}$$

由式(7-1)、式(7-2)可得出推算坐标方位角的一般公式为

$$\alpha_{前}=\alpha_{后}\pm\beta\pm180° \tag{7-3}$$

式(7-3)中,β为左角时,其前取"+",β为右角时,其前取"-"。如果推算出的坐标方位角大于 360°,则应减去 360°;如果出现负值,则应加上 360°。

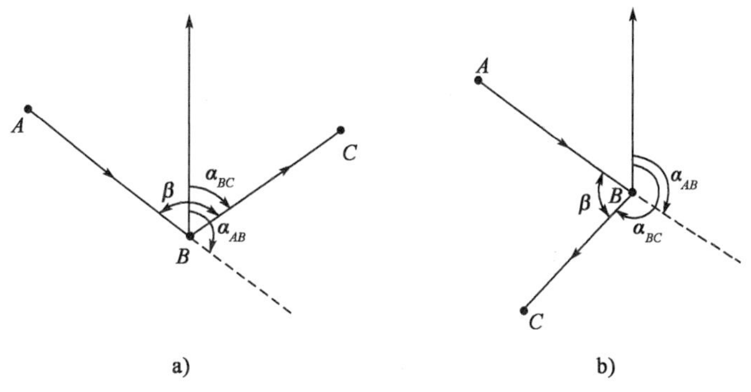

图 7-5 坐标方位角推算

2. 平面直角坐标正、反算

如图 7-6 所示,设 A 为已知点,B 为未知点,当 A 点坐标(x_A、y_A)、A 点至 B 点的水平距离 S_{AB} 和坐标方位角 α_{AB} 均为已知时,则可求得 B 点坐标(x_B、y_B)。通常称为坐标正算问题。

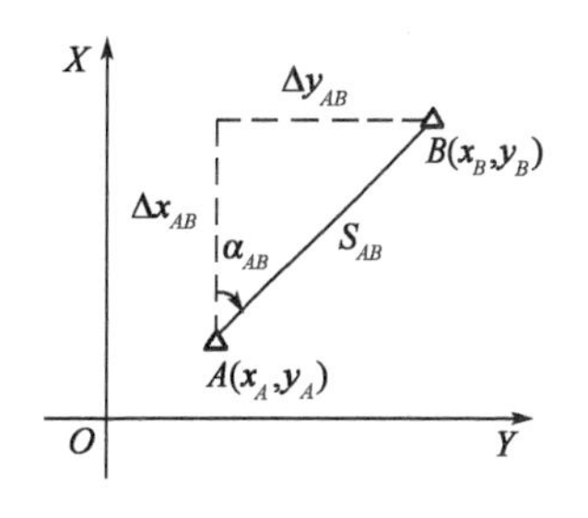

图 7-6 坐标正、反算

由图 7-6 可知

$$\begin{cases}x_B=x_A+\Delta x_{AB}\\ y_B=y_B+\Delta y_{AB}\end{cases} \tag{7-4}$$

其中

$$\begin{cases}\Delta x_{AB}=S_{AB}\cdot\cos\alpha_{AB}\\ \Delta y_{AB}=S_{AB}\cdot\sin\alpha_{AB}\end{cases} \tag{7-5}$$

所以,式(7-4)亦可写成

$$\begin{cases}x_B=x_A+S_{AB}\cdot\cos\alpha_{AB}\\ y_B=y_B+S_{AB}\cdot\sin\alpha_{AB}\end{cases} \tag{7-6}$$

式中,Δx_{AB}、Δy_{AB}为坐标增量。

直线的坐标方位角和水平距离可根据两端点的已知坐标反算出来,这称之为坐标反算问题。如图 7-6 所示,设 A、B 两已知点的坐标分别为 x_A、y_A 和 x_B、y_B,则直线 AB 的坐标方位角 α_{AB}和水平距离 S_{AB}为

$$\alpha_{AB}=\arctan\frac{\Delta y_{AB}}{\Delta x_{AB}} \tag{7-7}$$

$$S_{AB}=\frac{\Delta y_{AB}}{\sin\alpha_{AB}}=\frac{\Delta x_{AB}}{\cos\alpha_{AB}}=\sqrt{\Delta x_{AB}^2+\Delta y_{AB}^2} \tag{7-8}$$

在式(7-7)和式(7-8)中,$\Delta x_{AB}=x_B-x_A$;$\Delta y_{AB}=y_B-y_A$。

由式(7-8)能算出多个 S_{AB},可作相互校核。

应当指出,式(7-7)中 Δy_{AB}、Δx_{AB}应取绝对值,计算得到的为象限角 R,而测量工作中通常用坐标方位角表示直线的方向,因此计算出象限角 R 后,应将其转化为坐标方位角。

第二节 导线测量

一、导线测量的概念

将相邻控制点用直线连接起来形成折线,称为导线,这些控制点称为导线点,点间的折线边称为导线边,相邻导线边之间的夹角称为转折角(又称导线折角、导线角)。另外,与坐标方位角已知的导线边(称为定向边)相连接的转折角,称为连接角(又称定向角)。通过观测导线的边长和转折角,根据起算数据经计算而获得导线点的平面坐标,即为导线测量。导线测量布设简单,每点仅需与前、后两点通视,选点方便,特别是在隐蔽地区和因建筑物多而通视困难的城市,应用起来方便灵活。

二、导线的布设形式

导线可布设成单一导线和导线网。两条以上导线的汇聚点,称为导线的结点。单一导线与导线网的区别在于导线网具有结点,而单一导线则不具有结点。

导线布设

单一导线可被布设为附合导线、闭合导线和支导线。所谓附合导线是指起始于一个已知点而终止于另一个已知点的导线[图 7-7a)];闭合导线是指起闭于同一个已知点的导线[图 7-7b)];支导线是指从一个已知出发,既不附合于另一个已知点,也不闭合于起始点的导线[图 7-7c)]。附合导线具有较好的检核条件,闭合导线虽然有内角和条件对观测角值进行检核,但却无法检核出距离测量的系统偏差和导线的定向偏差。支导线由于缺乏检核条件而属限制采用之列。

导线网可被布设为附合导线网和自由导线网。所谓附合导线网是指具有一个以上已知点或具有附合条件的导线网[图 7-7d)],而自由导线网中仅有一个已知点和一个起始方位角[图 7-7e)]。

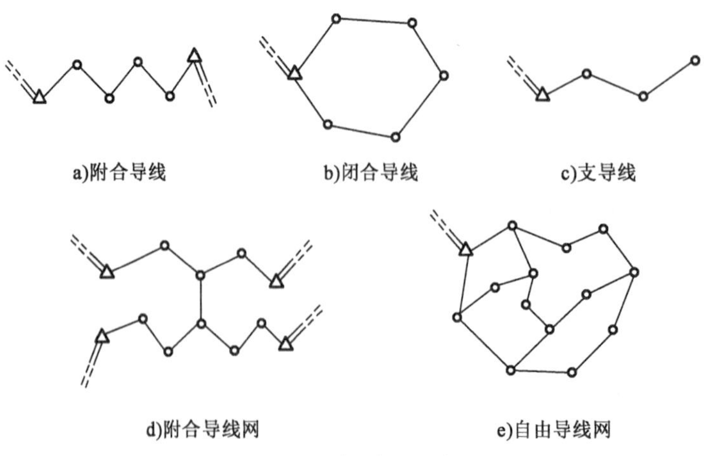

图 7-7 导线的布设形式

三、导线的观测

导线的观测包括转折角和导线边的观测,以及导线点的高程测量。

1. 导线角的观测

导线观测

转折角的观测一般采用测回法进行。当导线点上应观测的方向数多于两个时,应采用方向观测法进行。各测回间应按规定进行水平度盘配置。各等级导线测量水平角观测的技术要求见表 7-1。

导线测量的主要技术指标 表 7-1

等级	导线长度(km)	平均边长(km)	测角中误差(″)	测距中误差(mm)	测距相对中误差	测回数				方位角闭合差(″)	导线全长相对闭合差
						0.5″级仪器	1″级仪器	2″级仪器	6″级仪器		
三等	14	3	1.8	20	1/150000	4	6	10	—	$3.6\sqrt{n}$	≤1/55000
四等	9	1.5	2.5	18	1/80000	2	4	6	—	$5\sqrt{n}$	≤1/35000
一级	4	0.5	5	15	1/30000	—	—	2	4	$10\sqrt{n}$	≤1/15000
二级	2.4	0.25	8	15	1/14000	—	—	1	3	$16\sqrt{n}$	≤1/10000
三级	1.2	0.1	12	15	1/7000	—	—	1	2	$24\sqrt{n}$	≤1/5000

注:1. n 为测站数。

2. 当测区测图的最大比例尺为 1:1000 时,一、二、三级导线的导线长度、平均边长可放长,但最大长度不应大于表中规定相应长度的 2 倍。

在进行一、二和三级导线转折角观测时,一般应观测导线前进方向的左角。对于闭合导线,若按逆时针方向进行观测,则观测的导线角既是闭合多边形的内角,又是导线前进方向的左角。对于支导线,应分别观测导线前进方向的左角和右角,以增加检核条件。

当观测短边之间的转折角时,测站偏心和目标偏心对转折角的影响将十分明显。因此,应对所用仪器、觇牌和光学对中器进行严格检校,并且要特别仔细进行对中和精确照准。

2. 导线边的观测

导线边长可采用电磁波测距仪测量,亦可采用全站仪在测取导线角的同时测取导线边的边长。导线边长应对向观测,以增加检核条件。电磁波测距仪测量的通常是斜距,还需观测竖直角,用以将倾斜距离改化为水平距离,必要时还应将其归算到椭球面上和高斯平面上。

3. 导线点的高程测量

导线点的高程测量可采用水准测量或三角高程测量进行。目前,大多采用电磁波测距三角高程测量进行对向观测来确定导线点的高程,此时必须观测竖直角、量取仪器高和目标高。

4. 全站仪导线观测

通常使用三个既能安置全站仪又能安置带有觇牌的基座和脚架,基座应有通用的光学对中器。如图 7-8 所示,将全站仪安置在测站 i 的基座中,带有觇牌的反射棱镜安置在后视点 $i-1$ 和前视点 $i+1$ 的基座中,进行导线测量。迁站时,导线点 i 和 $i+1$ 的脚架和基座不动,只取下全站仪和带有觇牌的反射棱镜,在导线点 $i+1$ 上安置全站仪,在导线点 i 的基座上安置带有觇牌的反射棱镜,并将导线点 $i-1$ 上的脚架迁至导线点 $i+2$ 处并予以安置,这样直至测完整条导线为止。

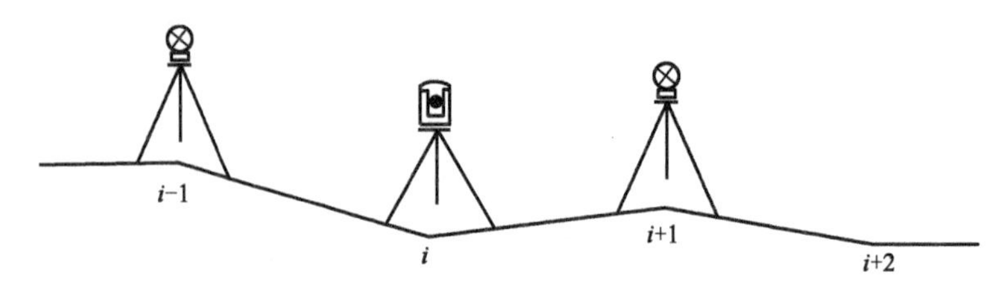

图 7-8 三联脚架法导线观测

在观测者精心安置仪器的情况下,三联脚架法可以减弱仪器和目标对中误差对测角和测距的影响,从而提高导线的观测精度,减少了坐标传递误差。

在城市或工业区进行导线测量时,可在夜间进行作业,以避免白天行人、车辆对作业的干扰;夜间作业空气稳定、仪器振动小,并可避免太阳暴晒,从而可提高观测成果的精度。

四、导线测量的近似平差计算

导线测量的目的是获得各导线点的平面直角坐标。计算的起始数据是已知点坐标、已知坐标方位角,观测数据为观测角值和观测边长。通常情况下,导线平差应进行严密平差,但对于二级及其以下等级的图根导线允许采用近似平差方法进行计算。

在进行导线测量平差计算之前,首先要按照相关规范要求对外业观测成果进行检查和验算,确保观测成果无误并符合限差要求,然后对边长进行加常数改正、乘常数改正、气象改正和倾斜改正。

1. 支导线的计算

以图 7-9 为例,支导线计算步骤如下:

(1)设直线 MA 的坐标方位角为 α_{MA},按式(7-3)计算各导线边的坐标方位角;

(2)由各边的坐标方位角和边长,按式(7-5)计算各相邻导线点的坐标增量;

(3)按式(7-4)依次推算 P_2、P_3、…、P_{n+1} 各导线点的坐标。

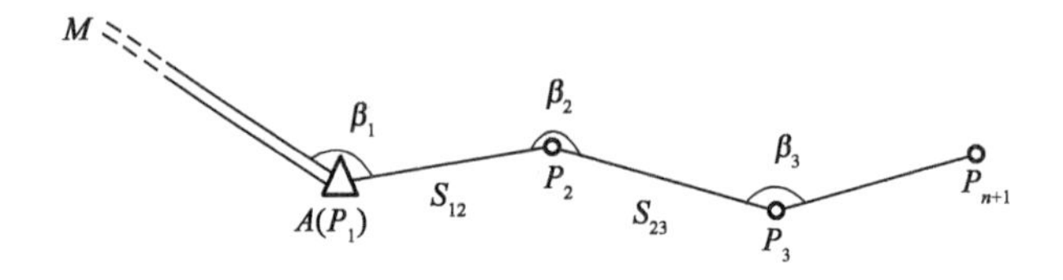

图 7-9 支导线计算示意图

2. 仅有一个连接角的附合导线的计算

如图 7-10 所示为仅有一个连接角的附合导线,A、B 为已知点,P_2、P_3、…、P_n 为待定点,β_i($i=1,2,\cdots,n+1$)为转折角,S_{ij}为导线的边长。导线的计算顺序与支导线相同,但其最后一点为已知点 B,故最后求得的坐标 x'_B和 y'_B的值由于观测角度和边长存在误差,必然与已知的坐标 x_B 和 y_B 不相同,将产生坐标闭合差 f_x、f_y,即

$$\begin{cases} f_x = x'_B - x_B \\ f_y = y'_B - y_B \end{cases} \tag{7-9}$$

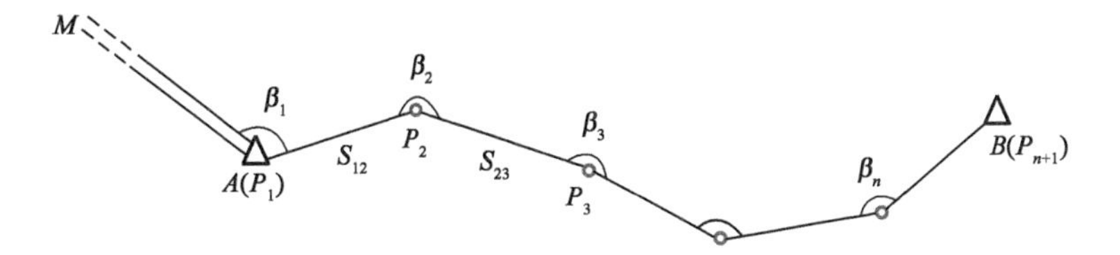

图7-10　仅有一个连接角的附合导线计算示意图

可见,这种导线较之支导线增加了一项处理坐标闭合差的计算,最简便的处理方法为按各导线边的长度成比例地改正它们的坐标增量,其改正数为

$$\begin{cases} v_{\Delta x_{ij}} = \dfrac{-f_x}{\sum S} \cdot S_{ij} \\ v_{\Delta y_{ij}} = \dfrac{-f_y}{\sum S} \cdot S_{ij} \end{cases} \tag{7-10}$$

改正后的坐标增量为

$$\begin{cases} \Delta x_{ij} = \Delta x'_{ij} + v_{\Delta x_{ij}} \\ \Delta y_{ij} = \Delta y'_{ij} + v_{\Delta y_{ij}} \end{cases} \tag{7-11}$$

求得改正后的坐标增量后,即可按式(7-4)依次推算P_2、P_3、…、$B(P_{n+1})$各导线点的坐标,此时,B点的坐标应等于已知值。

在仅有一个连接角的附合导线计算中,导线全长相对闭合差是评定导线精度的重要指标,它是全长绝对闭合差f_S与其导线全长$\sum S$的比值,通常用k表示,即

$$k = \frac{1}{\dfrac{\sum S}{f_S}} \tag{7-12}$$

式中,$f_S = \sqrt{f_x^2 + f_y^2}$。

3. 具有两个连接角的附合导线计算

如图7-11所示为具有两个连接角的附合导线,由于B点观测了连接角,因此可由已知坐标方位角α_{MA}推求BN的坐标方位角α'_{BN},由于各转折角存在观测误差,使得α'_{BN}不等于已知坐标方位角α_{BN},而产生坐标方位角闭合差f_β,即

$$f_\beta = \alpha'_{BN} - \alpha_{BN} \tag{7-13}$$

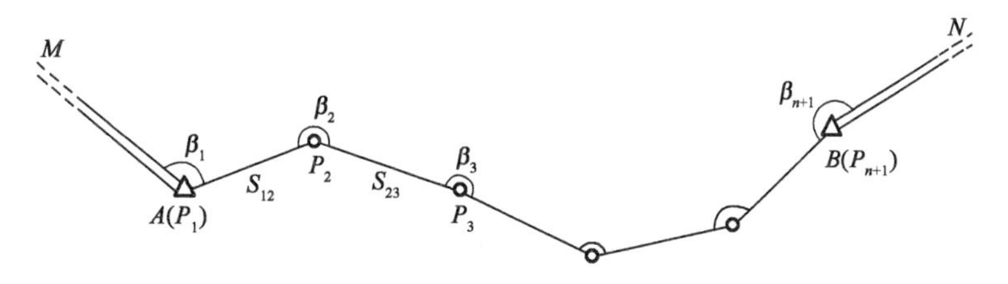

图7-11　具有两个连接角的附合导线计算

由于各转折角都是按等精度观测的,所以坐标方位角闭合差f_β可平均分配到每个角度上,即每个角度应加上改正数v_{β_i}。当β_i为左角时,其改正数为

$$v_{\beta_i}=\frac{-f_\beta}{n+1} \tag{7-14}$$

当β_i为右角时,其改正数为

$$v_{\beta_i}=\frac{f_\beta}{n+1} \tag{7-15}$$

各转折角的观测值改正后的导线计算,与仅有一个连接角的附合导线的计算相同。

具有两个连接角的附合导线的精度可用坐标方位角闭合差和导线全长相对闭合差来评定,在图根导线测量中,通常以坐标方位角闭合差不应超过其限值来控制其测角精度。坐标方位角闭合差的限值,一般应为相应等级测角中误差先验值m_β的$2\sqrt{n+1}$倍,即

$$f_{\beta容}=2\sqrt{n+1}\cdot m_\beta \tag{7-16}$$

导线全长相对闭合差的计算与仅有一个连接角的附合导线相同。

具有两个连接角的附合导线算例见表7-2。

具有两个连接角的附合导线计算 表7-2

点名	观测角 (° ′ ″)	坐标方位角 (° ′ ″)	边长S(m)	Δx (m)	Δy (m)	x (m)	y (m)
M							
		237 59 30					
$A(P_1)$	+7 99 01 00					2507.69	1215.63
		157 00 37	225.85	+4 −207.91	−4 +88.21		
P_2	+7 167 45 36					2299.82	1303.80
		144 46 20	139.03	+2 −113.57	−2 +80.20		
P_3	+7 123 11 24					2186.27	1383.98
		87 57 51	172.57	+3 +6.13	−3 +172.46		
P_4	+7 189 20 36					2192.43	1556.41
		97 18 34	100.07	+2 −12.73	−1 +99.26		
P_5	+7 179 59 18					2179.72	1655.66
		97 17 59	102.48	+2 −13.02	−2 +101.65		
$B(P_6)$	+7 129 27 24					2166.72	1757.29
		46 45 30	Σ=740.00	Σ=−341.10	Σ=+541.78		
N							
Σ	888 45 18	$\alpha_n-\alpha_0=-191°14'00''$		$f_x=-0.13$m $f_y=+0.12$m $f_S=\sqrt{f_x^2+f_y^2}=0.18$m		x_B-x_A $=-340.97$m	y_B-y_A $=+541.66$m
$f_\beta=-42''$		$f_{\beta容}=\pm40''\sqrt{6}=\pm97''$		$K=\frac{f_S}{\Sigma S}=\frac{0.18}{740.00}=\frac{1}{4100}<\frac{1}{4000}$			

4.闭合导线的计算

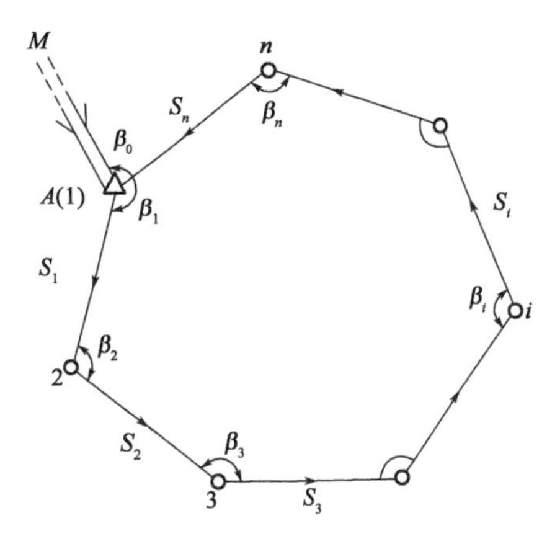

图7-12 单一闭合导线计算

如图7-12所示为闭合导线，由于角度观测值存在误差，使得多边形（共有 n 条边）内角和的计算值 $[\beta_{内}]_1^n$ 不等于其理论值，而产生角度闭合差，即

$$f_\beta = [\beta_{内}]_1^n - (n-2) \cdot 180° \tag{7-17}$$

其角度观测值改正数 v_{β_i} 可按式(7-18)计算：

$$v_{\beta_i} = \frac{-f_\beta}{n} \tag{7-18}$$

角度改正后的导线计算，与仅有一个连接角的附合导线的计算相同，只是在计算坐标闭合差时，采用式(7-19)计算：

$$\begin{cases} f_x = [\Delta x]_1^n \\ f_y = [\Delta y]_1^n \end{cases} \tag{7-19}$$

式中，Δx_i、Δy_i 为各导线边的坐标增量（$i=1,2,3,\cdots,n+1$）。

闭合导线的精度评定与具有两个连接角附和导线精度评定相同，可采用角度闭合差和导线全长相对闭合差来评定，但连接角或已知方位角若出现错误都将导致整个闭合图形的旋转，因此闭合导线的可靠性较差，所以在实际测量工作中应避免单独使用。

5.无连接角附合导线的计算

由于无连接角导线没有观测导线两端的连接角，致使推算各导线边的方位角发生困难。解决这一问题的途径是：首先假定导线第一条边的坐标方位角作为起始方向，依次推算出各导线边的假定坐标方位角，然后按支导线的计算方法推求各导线点的假定坐标。由于起始边的定向不正确以及转折角和导线边观测误差的影响，导致终点的假定坐标与已知坐标不相等。为消除这一矛盾，可用导线固定边的已知长度和已知方位角分别作为导线的尺度标准和定向标准对导线进行缩放和旋转，使终点的假定坐标与已知坐标相等，进而计算出各导线点的坐标平差值。

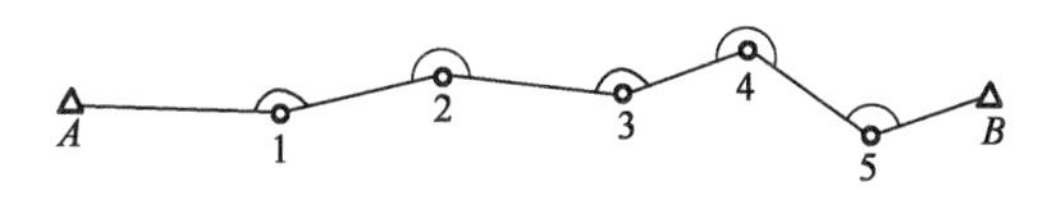

图7-13 无连接角导线计算

如图7-13所示为一无连接角导线，$A(x_A, y_A)$、$B(x_B, y_B)$ 为已知点，S_{AB}、α_{AB} 分别为导线固定边 AB 的边长和坐标方位角；β'_i、S'_i 和 β_i、S_i 分别为转折角和导线边的观测值和平差值；(x'_i, y'_i) 和 (x_i, y_i) 分别为导线点坐标的计算值和平差值。

设起始边 $A1$ 的假定坐标方位角为 α'_{A1}，根据导线角的观测值可推算各导线边的坐标方位角的计算值，进而计算各导线边坐标增量的计算值，最终算得固定边 AB 的坐标增量的计算值 $\Delta x'_{AB}$、$\Delta y'_{AB}$。由此可计算出固定边的边长计算值 S'_{AB} 和坐标方位角计算值 α'_{AB}。

若令导线的旋转角为 δ，缩放比为 Q，则有

$$\frac{S_{A1}}{S'_{A1}} = \frac{S_{A2}}{S'_{A2}} = \cdots = \frac{S_{Ai}}{S'_{Ai}} = \cdots = \frac{S_{AB}}{S'_{AB}} = Q \tag{7-20}$$

$$\alpha_{A1} - \alpha'_{A1} = \alpha_{A2} - \alpha'_{A2} = \cdots = \alpha_{Ai} - \alpha'_{Ai} = \cdots = \alpha_{AB} - \alpha'_{AB} = \delta \tag{7-21}$$

由于 $\Delta x_{Ai}=x_i-x_A=S_{Ai}\cdot\cos\alpha_{Ai}$;$\Delta y_{Ai}=y_i-y_A=S_{Ai}\cdot\sin\alpha_{Ai}$,由式(7-20)和式(7-21),得

$$\Delta x_{Ai}=Q\cdot S'_{Ai}\cdot\cos(\alpha'_{Ai}+\delta)=Q\cdot S'_{Ai}(\cos\alpha'_{Ai}\cdot\cos\delta-\sin\alpha'_{Ai}\cdot\sin\delta)$$

$$\Delta y_{Ai}=Q\cdot S'_{Ai}\cdot\sin(\alpha'_{Ai}+\delta)=Q\cdot S'_{Ai}(\sin\alpha'_{Ai}\cdot\cos\delta+\cos\alpha'_{Ai}\cdot\sin\delta)$$

令 $Q_1=Q\cdot\cos\delta$;$Q_2=Q\cdot\sin\delta$,则有

$$\begin{cases}\Delta x_{Ai}=Q_1\cdot\Delta x'_{Ai}-Q_2\cdot\Delta y'_{Ai}\\ \Delta y_{Ai}=Q_1\cdot\Delta y'_{Ai}+Q_2\cdot\Delta x'_{Ai}\end{cases}\tag{7-22}$$

当导线点 i 为终点 B 时,式(7-22)可变为

$$\begin{cases}\Delta x_{AB}=Q_1\cdot\Delta x'_{AB}-Q_2\cdot\Delta y'_{AB}\\ \Delta y_{AB}=Q_1\cdot\Delta y'_{AB}+Q_2\cdot\Delta x'_{AB}\end{cases}$$

在上式中,Δx_{AB}、Δy_{AB}为已知值,$\Delta x'_{AB}$、$\Delta y'_{AB}$为坐标增量计算值。由此解出 Q_1和 Q_2,即

$$\begin{cases}Q_1=\dfrac{\Delta x'_{AB}\cdot\Delta x_{AB}+\Delta y'_{AB}\cdot\Delta y_{AB}}{(\Delta x'_{AB})^2+(\Delta y'_{AB})^2}\\[2ex] Q_2=\dfrac{\Delta x'_{AB}\cdot\Delta y_{AB}-\Delta y'_{AB}\cdot\Delta x_{AB}}{(\Delta x'_{AB})^2+(\Delta y'_{AB})^2}\end{cases}\tag{7-23}$$

将 Q_1、Q_2代入式(7-22),可得计算各导线点坐标的公式:

$$\begin{cases}x_i=x_A+Q_1(x'_i-x_A)-Q_2(y'_i-y_A)\\ y_i=y_A+Q_1(y'_i-y_A)+Q_2(x'_i-x_A)\end{cases}\tag{7-24}$$

无连接角导线的精度可采用固定边长相对闭合差 k 来评定,即

$$k=\frac{1}{\dfrac{S_{AB}}{|f_S|}}\tag{7-25}$$

式中,$f_S=S'_{AB}-S_{AB}$,S'_{AB}、S_{AB}可按式(7-8)计算。

五、导线测量错误的检查方法

在导线计算中,当角度闭合差或导线全长相对闭合差超限时,很可能是转折角或导线边观测值含有粗差,或可能在计算时有错误。测角错误将表现为角度闭合差超限,而测边错误或计算中用错导线边的坐标方位角则表现为导线全长相对闭合差超限。

1. 角度闭合差超限,检查角度错误

如图 7-14 所示的附合导线中,假设转折角中含有粗差,则可根据未经调整的转折角观测值自 A 向 B 计算各导线边的坐标方位角和各导线点的坐标,并同样自 B 向 A 推算之。如果只有一点的坐标极为接近,而其余各点坐标均有较大的差数,则表明坐标很接近的这一点上,其测角有错误。若错误较大(如5°以上),直接用图解法也可发现错误所在。即先自 A 向 B 用量角器和比例直尺按角度和边长画导线,然后再由 B 向 A 画导线,则两条导线相交的导线点上测角有错误。

图 7-14　检查导线测量角度错误

对于闭合导线亦可采用此法进行检查,不过不是从两点对向检查,而是从一点开始以顺时针方向和逆时针方向分别计算各导线点的坐标并按上述方法作对向检查。

2. 导线全长相对闭合差超限,检查边长或坐标方位角错误

由于在角度闭合差未超限时才进行导线全长相对闭合差的计算,所以导线全长相对闭合差超限,可能是边长或坐标方位角错误所致。若边长含有粗差,如图7-15中的 de 边上错了 ee',则闭合差 BB' 将平行于该导线边。若计算坐标增量时用错了 ef 的坐标方位角,则闭合差 BB' 将大致垂直于错误方向的导线边。为确定错误所在,就必须先确定全长闭合差的方向。

由图7-16所示,导线全长闭合差 BB' 的坐标方位角的正切值为

$$\tan\alpha = \frac{f_y}{f_x}$$

根据上式求得 α 后,则将其与各边的坐标方位角相比较,若有与之相差90°者,则检查该坐标方位角有无用错或算错。若有与之平行或大致平行的导线边,则应检查该边长的计算。如果从手簿记录或计算中检查不出错误,则应到现场检查相应的边长观测。

上述导线测量错误检查方法,仅对只有一个错误存在时有效。

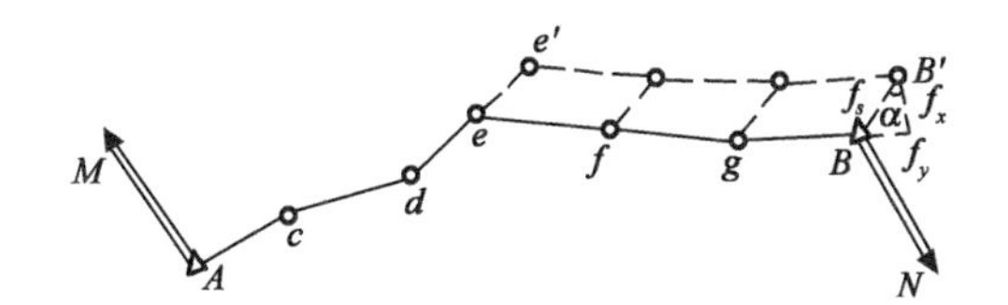

图7-15 检查导线测量边长错误

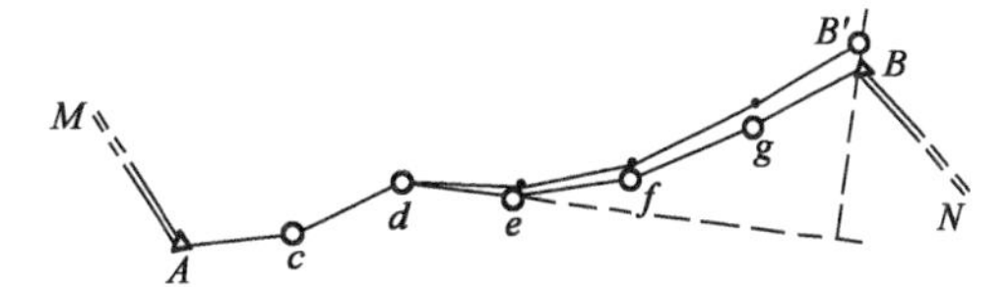

图7-16 检查导线测量坐标方位角错误

第三节 交会测量

交会测量是加密控制点常用的方法,它可以在数个已知控制点上设站,分别向待定点观测方向或距离,也可以在待定点上设站向数个已知控制点观测方向或距离,而后计算待定点的坐标。

常用的交会测量方法有前方交会、后方交会、测边交会和自由设站法。

一、前方交会

前方交会即在已知控制点上设站观测水平角,根据已知点坐标和观测角值,计算待定点坐标的一种控制测量方法。

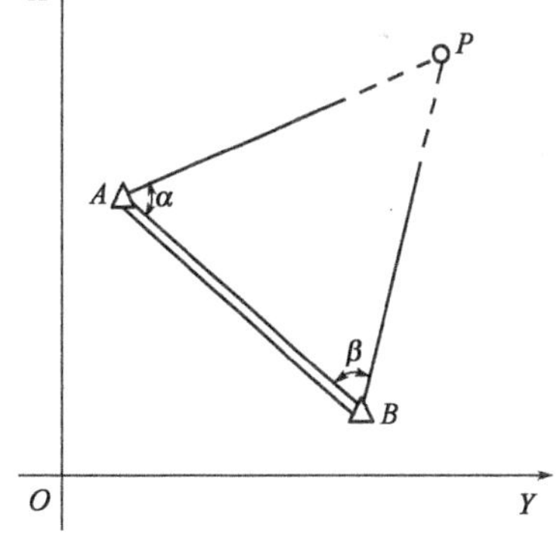

图7-17 前方交会

如图7-17所示,根据已知点 A、B 的坐标(x_A、y_A)和 B(x_B、y_B),通过平面直角坐标反算,可获得 AB 边的坐标方位角 α_{AB} 和边长 S_{AB},由坐标方位角 α_{AB} 和观测角 α 可推算出坐标方位角 α_{AP},由正弦定理可得 AP 的边长 S_{AP}。由此,根据平面直角坐标正算公式,即可求得待定点 P 的坐标,即

$$\begin{cases} x_P = x_A + S_{AP} \cdot \cos\alpha_{AP} \\ y_P = y_A + S_{AP} \cdot \sin\alpha_{AP} \end{cases}$$

当 A、B、P 按逆时针编号时,$\alpha_{AP} = \alpha_{AB} - \alpha$,将其代入上式,得

$$\begin{cases} x_P = x_A + S_{AP} \cdot \cos(\alpha_{AB} - \alpha) = x_A + S_{AP} \cdot (\cos\alpha_{AB}\cos\alpha + \sin\alpha_{AB}\sin\alpha) \\ y_P = y_A + S_{AP} \cdot \sin(\alpha_{AB} - \alpha) = y_A + S_{AP} \cdot (\sin\alpha_{AB}\cos\alpha - \cos\alpha_{AB}\sin\alpha) \end{cases}$$

由 $x_B - x_A = S_{AB} \cdot \cos\alpha_{AB}, y_B - y_A = S_{AB} \cdot \sin\alpha_{AB}$,则有

$$\begin{cases} x_P = x_A + \dfrac{S_{AP} \cdot \sin\alpha}{S_{AB}}[(x_B - x_A) \cdot \cot\alpha + (y_B - y_A)] \\ y_P = y_A + \dfrac{S_{AP} \cdot \sin\alpha}{S_{AB}}[(y_B - y_A) \cdot \cot\alpha - (x_B - x_A)] \end{cases} \tag{7-26}$$

由正弦定理可知

$$\frac{S_{AP} \cdot \sin\alpha}{S_{AB}} = \frac{\sin\beta}{\sin P}\sin\alpha = \frac{\sin\alpha \cdot \sin\beta}{\sin(\alpha + \beta)} = \frac{1}{\cot\alpha + \cot\beta}$$

将上式代入式(7-26),并整理得

$$\begin{cases} x_P = \dfrac{x_A \cdot \cot\beta + x_B \cdot \cot\alpha + (y_B - y_A)}{\cot\alpha + \cot\beta} \\ y_P = \dfrac{y_A \cdot \cot\beta + y_B \cdot \cot\alpha - (x_B - x_A)}{\cot\alpha + \cot\beta} \end{cases} \tag{7-27}$$

式(7-27)即为前方交会计算公式,通常称为余切公式,是平面坐标计算的基本公式之一,在平面坐标计算中占有重要地位。

在此应指出,式(7-27)是在假定$\triangle ABP$的点号A(已知点)、B(已知点)、P(待定点)按逆时针编号的情况下推导出的。若A、B、P按顺时针编号,则相应的余切公式为

$$\begin{cases} x_P = \dfrac{x_A \cdot \cot\beta + x_B \cdot \cot\alpha - (y_B - y_A)}{\cot\alpha + \cot\beta} \\ y_P = \dfrac{y_A \cdot \cot\beta + y_B \cdot \cot\alpha + (x_B - x_A)}{\cot\alpha + \cot\beta} \end{cases} \tag{7-28}$$

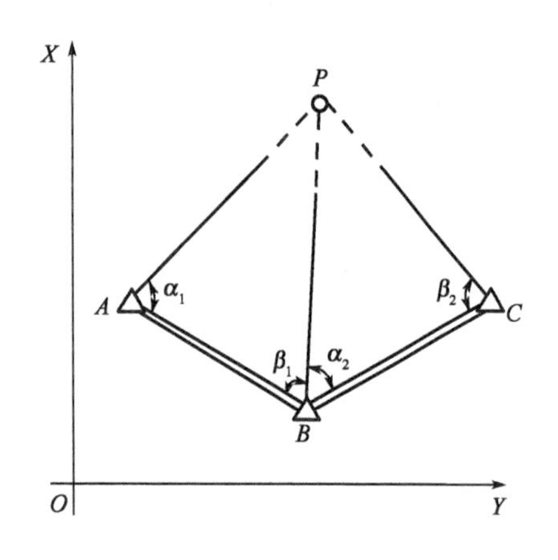

图 7-18 前方交会检核

一般测量中,通常将前方交会布设成三个已知点的情形,如图 7-18 所示。此时,可分两组利用余切公式计算交会点坐标。先按$\triangle ABP$由已知点A、B的坐标和观测角α_1、β_1计算交会点P的坐标(x'_P、y'_P),再按$\triangle BCP$由已知点B、C的坐标和观测角α_2、β_2计算交会点P的坐标(x''_P、y''_P),若两组坐标的较差e在允许限差之内,则取两组坐标的平均值为P点的最后坐标。

对于图根控制测量,两组坐标较差的限差可按不大于两倍测图比例尺精度来规定,即

$$e = \sqrt{(x'_P - x''_P)^2 + (y'_P - y''_P)^2} \leqslant 2 \times 0.1 \times M \quad (\text{mm})$$

式中,M为测图比例尺分母。

在前方交会测量中,交会点P的点位中误差计算公式(推证略)为

$$M_P = \frac{m}{\rho} \cdot \frac{S_{AB}}{\sin^2\gamma} \cdot \sqrt{\sin^2\alpha + \sin^2\beta} \tag{7-29}$$

由式(7-29)可以看出,除了测角中误差 m 和已知边长 S_{AB} 对交会点精度产生影响外,交会点精度还受交会图形形状的影响。由未知点至两相邻已知点方向间的夹角称为交会角(γ)。前方交会测量中,要求交会角一般应大于30°并小于150°。前方交会算例见表7-3。

前方交会计算 表7-3

点名	观测角值(° ′ ″)		角之余切		纵坐标(m)		横坐标(m)	
P					x'_P	52396.761	y'_P	86053.636
A	α_1	72 06 12	$\cot\alpha_1$	0.322927	x_A	52845.150	y_A	86244.670
B	β_1	69 01 00	$\cot\beta_1$	0.383530	x_B	52874.730	y_B	85918.350
			Σ	0.706457				
P					x''_P	52396.758	y''_P	86053.656
B	α_2	55 51 45	$\cot\alpha_2$	0.678006	x_B	52874.730	y_B	85918.350
C	β_2	72 36 57	$\cot\beta_2$	0.313078	x_C	52562.830	y_C	85656.110
			Σ	0.991083	x_P	52396.760	y_P	86053.646
$e=\sqrt{(x'_P-x''_P)^2+(y'_P-y''_P)^2}=0.01\text{m}\leq 0.2\text{m}$($M$ 取 1000)								

二、测边交会

在交会测量中,除了观测水平角外,也可测量边长交会定点,通常采用三边交会法。如图7-19所示,A、B、C 为已知点,P 为待定点,A、B、C 按逆时针排列,a、b、c 为边长观测值。

由已知点反算边的坐标方位角和边长为 α_{AB}、α_{CB} 和 S_{AB}、S_{CB}。在 $\triangle ABP$ 中,由余弦定理得

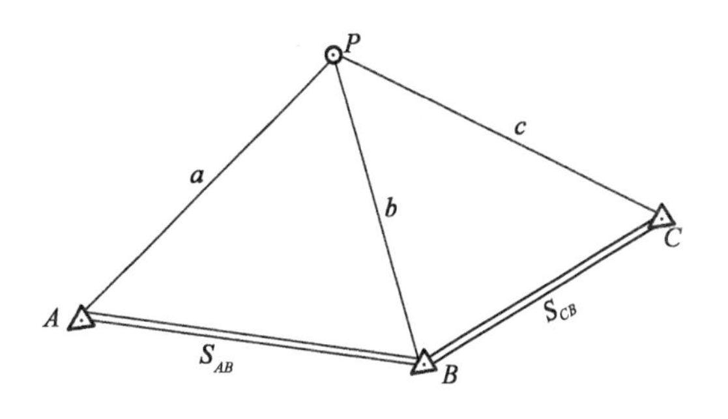

图7-19 平面测边交会

$$\cos A=\frac{S_{AB}^2+a^2-b^2}{2a\cdot S_{AB}}$$

因 $\alpha_{AP}=\alpha_{AB}-A$,则

$$\begin{cases}x'_P=x_A+a\cdot\cos\alpha_{AP}\\y'_P=y_A+a\cdot\sin\alpha_{AP}\end{cases}\tag{7-30}$$

同理,在$\triangle BCP$ 中,

$$\cos C=\frac{S_{CB}^2+c^2-b^2}{2c\cdot S_{CB}}$$

$$\alpha_{CP}=\alpha_{CB}+C$$

$$\begin{cases}x''_P=x_C+c\cdot\cos\alpha_{CP}\\y''_P=y_C+c\cdot\sin\alpha_{CP}\end{cases}\tag{7-31}$$

按式(7-30)和式(7-31)计算的两组坐标,若其较差在容许限差内,则取它们的平均值作为

P 点的最后坐标。

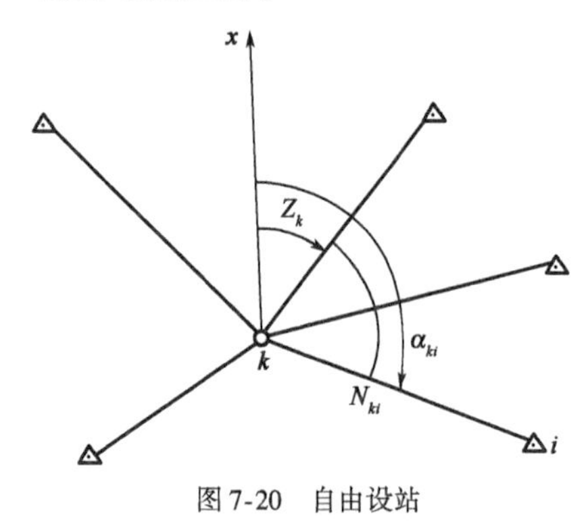

图7-20　自由设站

三、自由设站

自由设站法是在待定控制点上设站,向多个已知控制点观测方向和距离,并按间接平差方法计算待定点坐标的一种控制测量方法,通常用于控制点的加密和工程施工测量中。

如图7-20所示,在 k 点安置全站仪,依据全站仪的观测程序,输入已知点 1 ~ i(最多10个已知点)的坐标。然后分别瞄准已知点,测出夹角和距离,利用全站仪的内部计算程序即可计算出 k 点的坐标。

全站仪种类繁多,其观测程序和计算方法不尽相同,使用时要详细阅读使用说明书。

第四节　三 角 测 量

三角测量是以三角形为基本图形构成的测量控制网,按观测值的不同,三角测量分为三角测量、三边测量和边角测量。三角测量观测各三角形内角和少数边长(称为基线),三边测量观测所有的三角形边长和少量用于确定方位角的角度,而边角测量是在三角测量中多测一些边或在三边测量中多测一些角度或观测三角网中的所有角度和边长。在三角网中没有观测的角度和边长可以通过三角形解算计算出来;实际作业中,为了进行观测值校核并提高图形强度,往往增加一些多余观测值。

三角测量的实施有两种扩展形式:一是同时向各个方向扩展而构成网状,称为三角网(图7-21)。它的优点在于点位分布均匀,各点之间相互牵制,图形强度较高,但缺点是扩展比较慢。二是向某一方向推进而构成锁状,称为三角锁(图7-22)。三角锁具有扩展迅速、能通过适当选择推进方向而避开困难地带的优点,但图形强度不如三角网。

根据已知点的数量和位置,三角锁又可布设成单三角锁[图7-22a)]或线形三角锁[图7-22b)]。二者的区别在于:单三角锁的已知边(或基线边)是三角形的某条边;而线形三角锁的已知边则不是三角形的边。

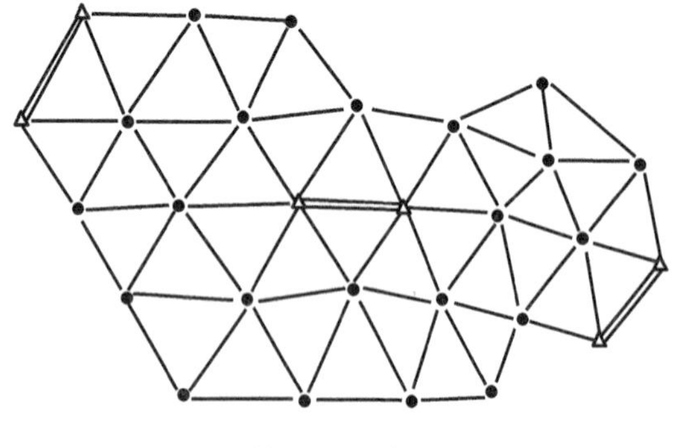

图7-21　三角网

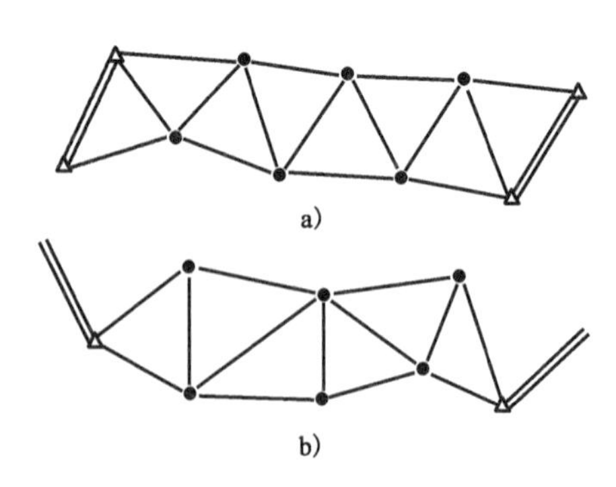

图7-22　三角锁

三角测量的图形也可布设成三角网(锁)的基本图形:单三角形、中心多边形、大地四边形和在固定角内插点的扇形网。

三角测量的平差计算方法有严密平差法和近似平差法两种。国家等级的三角网(锁)的平差计算应采用严密平差法,小三角网(锁)可采用近似平差法。

第五节　高程控制测量

高程控制测量主要采用水准测量和三角高程测量方法,用于测定各等级水准点和平面控制点的高程。国家高程系统,现采用"1985 国家高程基准",城市和工程高程控制,凡有条件的都应采用国家高程系统。

一、水准测量路线的布设

水准测量路线的布设分为单一水准路线和水准网。单一水准路线的形式有三种,即附合水准路线、支水准路线和闭合水准路线。如果是从一个已知高程的水准点开始,沿一条路线进行水准测量,以测定其他若干水准点的高程,最后联测至另外一个已知高程的水准点上,称为附合水准路线[图 7-23a)]。如果最后没有联测到已知高程的水准点,则称之为支水准路线[图 7-23c)]。为了对水准测量成果进行检核,支水准路线必须进行往返观测或单程双转点观测。从一个已知高程的水准点开始,沿一条环形路线进行水准测量,测定沿线若干水准点的高程,最后又回到起始水准点上,称之为闭合水准路线[图 7-23b)]。

水准路线布设

水准网由若干条单一水准路线相互连接构成。单一路线相互连接的交点称为结点。在水准网中,如果只有一个已知高程的水准点,则称为独立水准网[图 7-23d)];如果已知高程的水准点的数目多于一个,则称为附合水准网[图 7-23e)]。

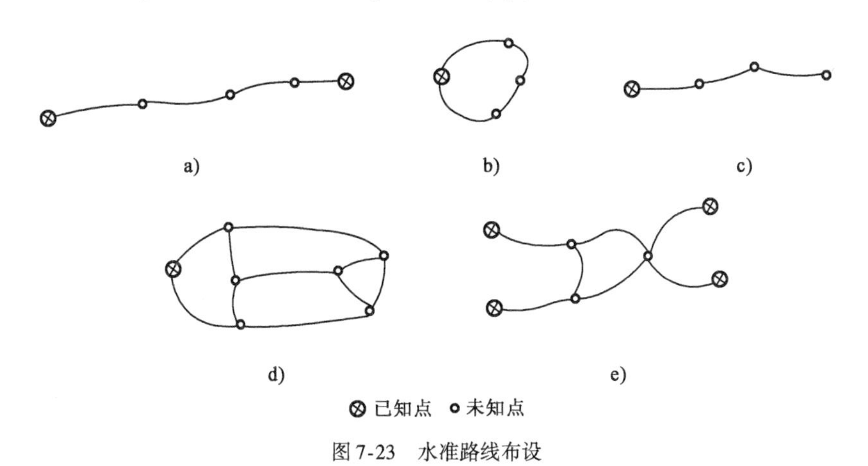

图 7-23　水准路线布设

二、水准测量的施测

一、二等水准测量采用精密水准仪和因瓦水准尺,用光学测微法读数,进行往返观测。三等水准测量采用中丝读数法,进行往返观测,当用光学测微法观测时,也可以用单程双转点法观测。四等水准测量采用中丝读数法，当水准路线为附合路线或闭合路线时，可只进行单程观测。凡跨越江河、洼地、山谷等障碍地段的水准测量，采用跨河水准测量方法施测。

三、水准测量数据处理

水准测量数据处理的目的是为了检查外业观测成果的质量，消除观测数据中的系统误差，对偶然误差进行平差处理，以及对观测成果和平差结果进行精度评定。

1. 单一附合水准路线平差

如图7-24所示为一附合水准路线。A、B为高程已知的水准点，点$1,2,3,\cdots,n-1$为待定高程的水准点，经观测和概算后的各测段高差为$h_i(i=1,2,3,\cdots,n)$。

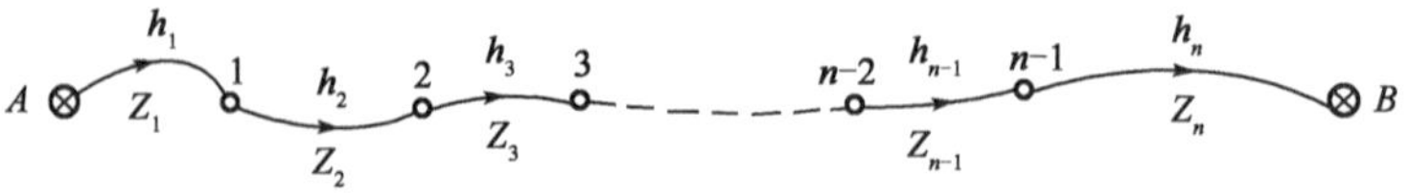

图7-24 单一附合水准路线平差

平差计算步骤如下。

(1)求待定点最或然高程

由于存在测量误差，观测高差之和一般不等于A、B两点间的高差，其差值称为路线的高程闭合差f_h，即

$$f_h=H_A+h_1+h_2+h_3+\cdots+h_n-H_B=[h]-(H_B-H_A) \tag{7-32}$$

显然各测段的观测高差改正数v_i之和，应与闭合差等值反号，即

$$[v_i]+f_h=0 \tag{7-33}$$

根据水准测量的定权公式，可知各测段观测高差之权为：

$$P_i=\frac{C}{L_i} \quad 或 \quad P_i=\frac{C}{n_i} \tag{7-34}$$

式中，C为定权的任意常数；L_i为测段的水准路线长度；n_i为测段的测站数。

由最小二乘原理可推导出：各测段高差改正数的大小，应与其权倒数成正比。再由式(7-34)可知，各测段高差改正数应与路线长度或测站数成正比，即

$$v_i=-\frac{f_h}{[L]}\cdot L_i \quad 或 \quad v_i=-\frac{f_h}{[n]}\cdot n_i \tag{7-35}$$

求出各测段观测高差的改正数后，即可计算各测段观测高差的平差值$\bar{h}_i$和各待定点高程平差值H_i，即：

$$\begin{cases}\bar{h}_i=h_i+v_i\\ H_i=H_A+\bar{h}_1+\bar{h}_2+\cdots+\bar{h}_i\end{cases} \tag{7-36}$$

(2)精度评定

单位权中误差为

$$\mu=\sqrt{\frac{[Pvv]}{N-t}}$$

式中，N为测段数；t为待定水准点的个数。

任一点高程中误差为：

$$m_i = \frac{\mu}{\sqrt{P_i}}$$

式中,$P_i = \frac{C}{[L]_1^i} + \frac{C}{[L]_{i+1}^n}$。

由此可见,单一附合水准路线点的平差计算可这样进行:将该水准路线的高程闭合差反号、按与水准路线长度(或测站数)成正比例地分配到各测段的观测高差上,然后,按改正后的高差计算各水准点的高程。

在单一附合水准路线平差计算时应注意到:

①按式(7-32)计算附合水准路线的高差闭合差,应与相应等级的限差相比较。若超限,要查明原因,并分别进行相应处理;若不超限,则可继续下面的计算。

②按式(7-35)计算各测段观测高差改正数时,改正数的取位一般与观测高差取位相同,改正数的总和应恰好与路线高程闭合差等值反号。

③逐点计算各待定水准点的高程平差值,直到另一已知高程点,此时计算值应等于已知值。

(3)算例

单一附合水准路线平差计算在表 7-4 中,A、B 为已知高程点,1 和 2 为待定水准点。

单一附合水准路线平差计算表 表 7-4

点名	观测高差 h (m)	距离 L (km)	权 $p=\frac{1}{L}$	高差改正数 v (mm)	最或然高程 H (m)	pvv
(1)	(2)	(3)	(4)	(5)	(6)	(7)
A					47.231	
	+7.231	4.5	0.22	+8		14.08
1					54.470	
	-4.326	7.2	0.14	+13		23.66
2					50.157	
	-8.251	7.0	0.14	+12		20.16
B					41.918	
Σ	-5.346	18.7		+33		57.90

$f_h = \Sigma h + (H_A - H_B) = -5.346 + (47.231 - 41.918) = -33\text{mm}$

单位权中误差为:$\mu = \sqrt{\frac{[Pvv]}{N-t}} = \sqrt{\frac{57.90}{3-2}} = 7.6\text{mm}$

1 点高程中误差为:$m_1 = \frac{\mu}{\sqrt{P_1}} = \frac{7.6}{\sqrt{0.29}} = 13.9\text{mm}$

2 点高程中误差为:$m_1 = \frac{\mu}{\sqrt{P_2}} = \frac{7.6}{\sqrt{0.23}} = 15.8\text{mm}$

2. 单一闭合水准路线的平差

单一闭合水准路线可以看作首尾相连的附合水准路线。因此,闭合水准路线的平差计算与附合水准路线相同,只是路线高程闭合差的计算公式略有不同。在式(7-32)中,若考虑到 $H_A = H_B$,则可得:

$$f_h = h_1 + h_2 + \cdots + h_n = [h] \tag{7-37}$$

上式即为单一闭合水准路线高程闭合差的计算公式。

3. 往返测水准路线的平差

对于往返测水准路线,各测段的最或然高差显然应为相应测段往返测高差的算术平均值。故对往返测水准路线进行平差时,应首先计算出往返测高差不符值,并与相应等级的限差相比较。若不超过限差,则求出各测段往返测高差的算术平均值作为其平差值,进而从已知高程点开始,逐点推算各待定水准点的高程。最后一点与起始点高程之差,应等于各测段高差平差值之和。

四、三角高程控制测量

当用三角高程测量方法测定平面控制点的高程时,应组成闭合的或附合的三角高程路线。每条边均要进行对向观测。用对向观测所求得的高差平均值,计算闭合环线或附合路线的高差闭合差为

$$f_h = \pm 0.05\sqrt{[D^2]} \quad (\mathrm{m}) \tag{7-38}$$

式中,D 为各条边的水平距离 km。

三角高程的计算方法与相应的水准网的计算方法基本相同,所不同的是其定权方法不同。

三角高程单向观测边的高差的权为

$$P = \frac{C}{2S^2}$$

而双向观测边的高差的权为

$$P = \frac{C}{S^2}$$

式中,S 为边长(km);C 为常数。

第六节　GNSS 控制测量

目前,GNSS 定位技术被广泛应用于建立各种级别、不同用途的控制网。较之导线测量、三角测量等常规方法,GNSS 在布设控制网方面具有测量精度高、选点灵活、不需要造标、费用低、可全天作业、观测时间短、观测与数据处理全自动化等特点,但由于 GNSS 定位技术要求测站上空开阔,以便接收卫星信号,由此,GNSS 技术不适合隐蔽地区和地下空间进行控制测量。

一、GNSS 静态控制测量

GNSS 静态控制测量的工作内容主要包括控制网的技术设计、外业观测和 GNSS 数据处理。

GNSS 控制网的技术设计主要包括控制网精度指标的确定和控制网的图形设计。

1. GNSS 控制网的技术设计

(1)GNSS 控制网的精度指标

根据《工程测量标准》(GB 50026—2020),GNSS 控制网划分为二、三、四等网和一、二级网。控制网的主要技术要求应符合表 7-5 的规定。

GNSS 控制网的主要技术要求　　表 7-5

等级	平均边长(km)	a(mm)	b(mm/km)	约束点间的边长相对中误差	约束平差后最弱边相对中误差
二等	9.0	≤10	≤2	≤1/250000	≤1/200000
三等	4.5	≤10	≤5	≤1/150000	≤1/70000
四级	2.0	≤10	≤10	≤1/100000	≤1/40000
一级	1.0	≤10	≤20	≤1/40000	≤1/20000
二级	0.5	≤10	≤40	≤1/20000	≤1/10000

注:a 表示固定误差,b 表示比例误差系数。

(2)GNSS 控制网的图形设计

在采用静态相对定位的测量方法时,需要两台以及两台以上的 GNSS 接收机在相同的时间段内同时连续跟踪相同的卫星组,即实施所谓同步观测。同步观测时各 GNSS 点组成的图形称为同步图形。

不同台数 GNSS 接收机同步观测一个时段,便组成以下各种不同同步图形结构(图 7-25)。总之,当 T 台接收机同步观测获得的同步图形由 n 条基线构成,其中 $n = T(T-1)/2$。

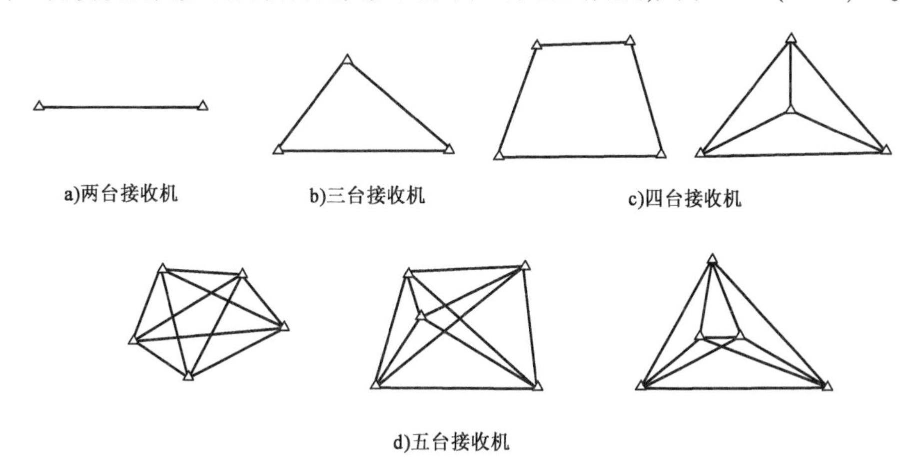

图 7-25　同步图形示例

同步图形是构成 GNSS 网的基本图形。而在组成同步图形的 n 条基线中,只有$(T-1)$条是独立基线,其余基线均为非独立基线,可由独立基线推算得到。由此,也就在同步图形中形成了若干坐标闭合差条件,称为同步图形闭合差。由于同步图形是在相同的时间观测相同的卫星所获得的基线解构成的,基线之间是相关的观测量。因此,同步图形闭合差不能作为衡量精度的指标,但它可以反映野外观测质量和条件的好坏。

在 GNSS 测量中,与同步图形相对应的,还有非同步图形或称为异步图形,即由不同时段的基线构成的图形。由异步图形形成的坐标闭合差条件称为异步图形闭合差。当某条基线被两个或多个时段观测时,就有了所谓重复基线坐标闭合差条件。异步图形闭合条件和重复基线坐标闭合条件是衡量精度、检验粗差和系统差的重要指标。

GNSS 网是由同步图形作为基本图形扩展延伸得到的。采用不同的连接方式,网形结构就会有不同形状。GNSS 网的布设任务就是如何将各同步图形合理地衔接成一个有机的整体,使之能达到精度高,可靠性强,且作业量和作业经费少的要求。

GNSS 网的布设按网的构成形式分为:星形网、点连式网、边连式网、网连式网。下面我们按照布网的形式,逐一讨论各种构网方式的优劣。

①星形网。

星形网的图形如图 7-26 所示。这种网形在作业中只需要两台 GPS 接收机,作业简单,是一种快速定位作业方式,常用在快速静态定位和准动态定位中。但由于各基线之间不构成任何闭合图形,所以其抗粗差的能力非常差。一般只用在工程测量、边界测量、地籍测量和碎部测量等一些精度要求较低的测量中。

②点连式网。

所谓点连式网,就是相邻同步图形间仅由一个公共点连接成的网,其网形如图 7-27 所示。

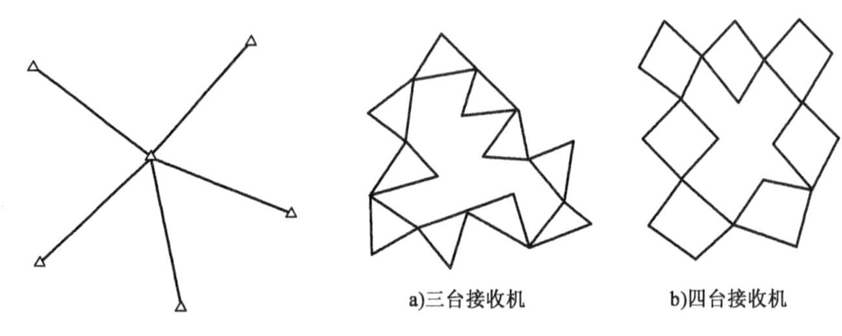

图 7-26　星形网图形　　　图 7-27　点连式 GNSS 网

任意一个由 m 个点组成的网,由 T 台接收机观测,则完成该网至少需要 n 个同步图形:

$$n = 1 + \mathrm{int}[(m - T)/(T - 1)] \tag{7-39}$$

例如,当 $m = 30$ 时,采用三、四、五台接收机观测,最少同步图形分别为 15、10、8。网的必要观测基线数为 $m - 1$,而网中 n 个同步图形总共有 $n \times (T - 1)$ 条独立基线。

显然,以这种方式布网,没有或仅有少量的异步图形闭合条件。因此,所构成的网形抗粗差能力仍不强,特别是粗差定位能力差,网的几何强度也较弱。在这种网的布设中,可以在 n 个同步图形的基础上,再加测几个时段,增加网的异步图形闭合条件的个数,从而提高网的几何强度,使网的可靠性得到改善。

③边连式网。

边连式布网是指相邻同步图形之间通过两个公共点相连,即同步图形由一条公共基线连接。

任意一个由 m 个点构成的网,若用 $T(T \geqslant 3)$ 台接收机采用边连式布网方法进行观测,则完成该测量任务的最少同步图形个数 n 为:

$$n = 1 + \mathrm{int}[(m - T)/(T - 2)] \quad (T \geqslant 3) \tag{7-40}$$

相应观测获得的总基线数为 $n \times (T - 1) \cdot T/2$,其中独立基线数为 $n \times (T - 1)$,而网的多余观测基线数为 $n \times (T - 1) - (m - 1)$。边连式构网图形如图 7-28 所示。

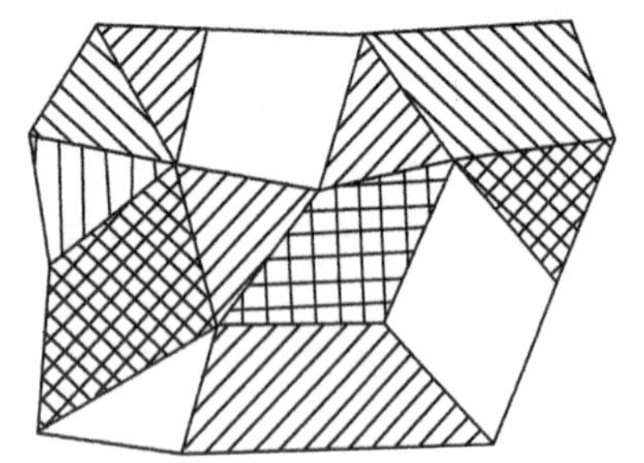

图 7-28　边连式 GNSS 网

比较边连式与点连式布网方法,可以看出,采用边连式布网方法有较多的非同步图形闭合条件,以及大量的重复基线边,因此用边连式布网方式布设的 GPS 网其几何强度较高,具有良好的自检能力,能够有效发现测量中的粗差,具有较高的可靠性。

④网连式网。

所谓网连式布网是指相邻同步图形之间有两个以上公共点相连接,相邻同步图形之间存在互相重叠的部分,即某一同步图形的一部分是另一同步图形中的一部分。

这种布网方式通常要4台或更多的GNSS接收机,这样密集的布网方法,其几何强度和可靠性指标是相当高的,但其观测工作量以及作业经费均较高,仅适用于网点精度要求较高的测量任务。

2. GNSS控制测量的外业工作

(1)选点

由于GNSS观测是通过接收天空卫星信号实现定位测量,一般不要求观测站之间相互通视。而且,由于GNSS观测精度主要受观测卫星的几何状况的影响,与地面点构成的几何状况无关。因此,网的图形选择也较灵活,选点工作较常规控制测量简单方便。但由于GNSS点位的适当选择,对保证整个测绘工作的顺利进行具有重要的影响。所以,应根据控制测量的目的、精度、密度要求,在充分收集和了解测区范围、地理情况以及原有控制点的精度、分布和保存情况的基础上,进行GNSS点位的选定与布设。在GNSS点位的选点工作中,一般应注意:

①点位应紧扣测量目的布设。例如:测绘地形图,点位应尽量均匀;线路测量点位应为带状点对。

②应考虑便于其他测量手段联测和扩展,最好能与相邻1~2个点通视。

③点应选在交通方便、便于到达的地方,以便安置接收机设备。视野开阔,视场内周围障碍物的高度角一般应小于15°。

④点位应远离大功率无线电发射源(如电视台、电台、微波站等)和高压输电线,以避免周围磁场对GNSS信号的干扰。

⑤点位附近不应有对电磁波反射强烈的物体,例如:大面积水域、镜面建筑物等,以减弱多路径效应的影响。

⑥点位应选在地面基础坚固的地方,以便于保存。

⑦点位选定后,均应按规定绘制点之记,其主要内容应包括点位及点位略图,点位交通情况以及选点情况等。

(2)外业观测

依据《工程测量标准》(GB 50026—2020),GNSS测量各等级作业的基本技术要求应符合表7-6的规定。GNSS测量的观测步骤如下。

①观测组应严格按规定的计划线路及时间进行作业。

②安置天线。将天线架设在三脚架上,进行整平对中,天线的定向标志线应指向正北。观测前、后应各量一次天线高,两次较差不应大于3mm,取平均值作为最终成果。

③开机观测。用电缆将接收机与天线进行连接,启动接收机进行观测;接收机锁定卫星并开始记录数据后,可按操作手册的要求进行输入和查询操作。

④观测记录。GNSS观测记录形式有以下两种:一种由GNSS接收机自动记录在存储介质上;另一种是外业观测手簿,在接收机启动前和观测过程中由观测者填写,包括控制点点名、接收机序列号、仪器高、开关机时间等相关测站信息,记录格式参见有关规范。

GNSS 测量作业基本技术要求　　表 7-6

等级		二等	三等	四等	一级	二级
接收机类型		多频	多频或双频	多频或双频	双频或单频	双频或单频
仪器标称精度		$3mm+1\times10^{-6}$	$5mm+2\times10^{-6}$	$5mm+2\times10^{-6}$	$10mm+5\times10^{-6}$	$10mm+5\times10^{-6}$
观测量		载波相位	载波相位	载波相位	载波相位	载波相位
卫星高度角(°)	静态	≥15	≥15	≥15	≥15	≥15
有效观测卫星数	静态	≥5	≥5	≥4	≥4	≥4
有效观测时段长度(min)	静态	≥30	≥20	≥15	≥10	≥10
数据采样间隔(s)	静态	10~30	10~30	10~30	5~15	5~15
PDOP		≤6	≤6	≤6	≤8	≤8

3. GNSS 测量数据处理

GNSS 测量数据处理可以分为观测值的粗加工、预处理、基线向量解算(相对定位处理)和 GNSS 网与地面网数据的联合处理等基本步骤,其过程如图 7-29 所示。

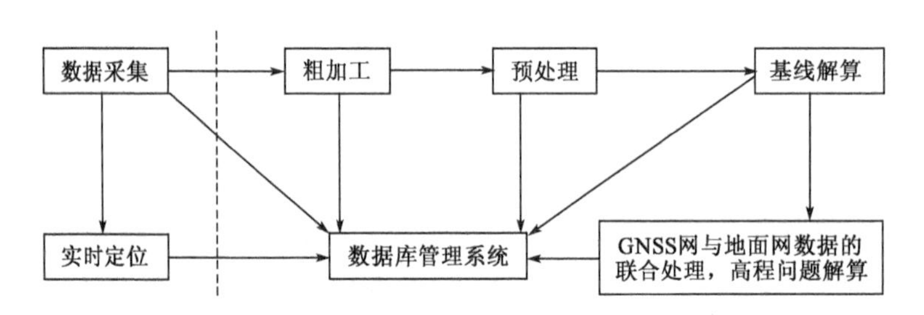

图 7-29　GNSS 测量数据处理的基本流程

(1)数据预处理

数据预处理是将接收机采集的数据通过传输、分流,解译成相应的数据文件,通过预处理将各类接收机的数据文件标准化,形成平差计算所需的文件。预处理的主要目的在于:

①对数据进行平滑滤波处理,剔除粗差,删除无效或无用数据;

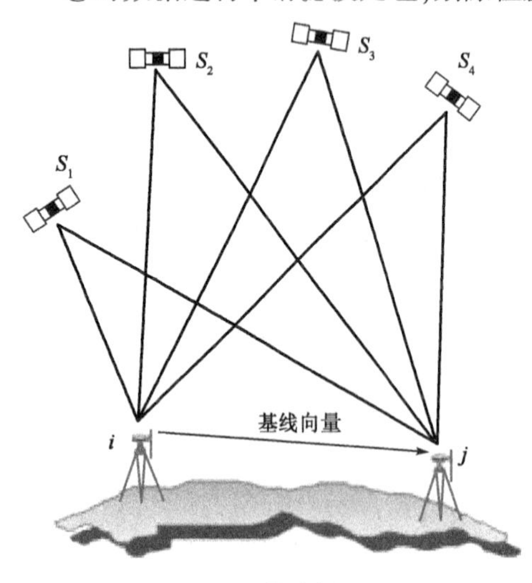

图 7-30　基线向量图

②统一数据文件格式,将各类接收机的数据文件加工成彼此兼容的标准化文件;

③GNSS 卫星轨道方程的标准化,一般用一多项式拟合观测时段内的星历数据(广播星历或精密星历);

④诊断整周跳变点,发现并恢复整周跳变,使观测值复原;

⑤对观测值进行各种模型改正,最常见的是大气折射模型改正。

(2)基线向量的解算

基线向量,如图 7-30 所示,两台 GNSS 接收机 i 和 j 之间的相对位置,即基线 $\overrightarrow{ij}$,可以用某一坐标系下的三维直角坐标增量或大地坐标增量来表示，因此，它是既有长度又有方向特性的矢量。

基线解算一般采用双差模型，有单基线和多基线两种解算模式。

GNSS 控制测量外观测的全部数据应经同步环、异步环和复测基线检核，满足同步环各坐标分量闭合差及环线全长闭合差、异步环各坐标分量闭合差及环线全长闭合差、复测基线的长度较差的要求。

(3) GNSS 控制网平差

GNSS 控制网平差的类型有多种，根据平差的坐标空间维数，可将 GNSS 网平差分为三维平差和二维平差，根据平差时所采用的观测值和起算数据的类型，可将平差分为无约束平差、约束平差和联合平差等。

①三维平差与二维平差。

三维平差：平差在三维空间坐标系中进行，观测值为三维空间中的基线向量，解算出的结果为点的三维空间坐标。GNSS 网的三维平差，一般在三维空间直角坐标系或三维空间大地坐标系下进行。

二维平差：平差在二维平面坐标系下进行，观测值为二维基线向量，解算出的结果为点的二维平面坐标。二维平差一般适合于小范围 GNSS 网的平差。

②无约束平差、约束平差和联合平差。

无约束平差：GNSS 网平差时，不引入外部起算数据，而是在 WGS-84 系下进行的平差计算。

约束平差：GNSS 网平差时，引入外部起算数据（如 P54、C80 及 CGCS2000 坐标系的坐标、边长和方位）所进行的平差计算。

③联合平差：平差时所采用的观测值除了 GNSS 观测值以外，还采用了地面常规观测值，这些地面常规观测值包括边长、方向、角度等。

4. GNSS 控制点高程拟合计算

需要指出的是，采用 GNSS 技术所确定的控制点高程是以参考椭球面为基准的大地高，而不是在实际应用中广泛采用的正常高，正常高（$H_{常}$）与大地高（H）之间的转换公式见式(7-41)。

$$H_{常} = H - \zeta_H \tag{7-41}$$

由式(7-41)可知，若能够获得控制点的高程异常（ζ_H），即可将大地高转化为正常高。

确定控制点高程异常的方法有：大地水准面模型法、重力测量法、区域几何内插法、曲面拟合法、整体平差法、区域似大地水准面法等。

在局部范围内，高程异常与所在点的平面位置有关，可将高程异常表示为点位的函数，若采用二次曲面来拟合，则可将曲面拟合模型表达为：

$$\zeta = a_0 + a_1 x + a_2 y + a_3 x^2 + a_4 y^2 + a_5 xy \tag{7-42}$$

式中，x、y 为二维坐标；a_i 为多项式系数。

利用测区中一些具有水准资料的所谓公式点上大地高和正常高，可以计算出这些点的高程异常 ζ。二次多项式曲面拟合法需确定 6 个参数，则至少需要 6 个公共点。若存在 m($m>6$) 个公共点，则可列出误差方程式，组成方程式解算拟合系数。

$$V_i = a_0 + a_1 x_i + a_2 y_i + a_3 x_i^2 + a_4 y_i^2 + a_5 x_i y_i - \zeta_i \tag{7-43}$$

采用最小二乘法确定多项式系数的最佳估值,则

$$x = (B^{\mathrm{T}}B)^{-1}B^{\mathrm{T}}\zeta \tag{7-44}$$

其中:

$$x = [a_0 \quad a_1 \quad a_2 \quad a_3 \quad a_4 \quad a_5]^{\mathrm{T}}$$

$$\zeta = [\zeta_1 \quad \zeta_2 \quad \cdots \quad \cdots \quad \zeta_m]^{\mathrm{T}}$$

$$B = \begin{bmatrix} 1 & x_1 & y_1 & x_1^2 & y_1^2 & x_1y_1 \\ 1 & x_2 & y_2 & x_2^2 & y_2^2 & x_2y_2 \\ \cdots & \cdots & \cdots & \cdots & \cdots & \cdots \\ 1 & x_m & y_m & x_m^2 & y_m^2 & x_my_m \end{bmatrix}$$

在求得拟合系数后,则在任一卫星定位的点上拟合后的正常高为:

$$H_{常} = H - (a_0 + a_1 x_k + a_2 y_k + a_3 x_k^2 + a_4 y_k^2 + a_5 x_k y_k) \tag{7-45}$$

它与该点已知的正常高之间的偏差,即为该点的拟合误差,由各点的拟合误差大小可以判定其拟合效果。更为可靠的检查方法是,选择若干个具有已知正常高的卫星定位点不参与拟合,这样可按拟合模型得出的拟合系数求得正常高的推算值,比较推算值和已知的正常高,可更好地检查拟合效果。

拟合效果与诸多因素有关,如测区大小、地形、拟合点的数量和分布。参与拟合的水准联测点宜大致均匀分布在整个测区且具有足够多的点,对于地势平坦、面积又不大的测区,经拟合后的卫星定位点的正常高往往能达到较高的精度。

二、GNSS 实时动态控制测量

GNSS 实时动态控制测量可采用网络 RTK 测量和单基准站 RTK 测量方法,按《工程测量标准》(GB 50026—2020)规定, 一、二级 GNSS 控制测量主要技术要求见表 7-7。

GNSS 控制网动态测量主要技术要求 表 7-7

等级	相邻点间距(m)	平面点位中误差(mm)	边长相对中误差	测回数
一	≥500	≤50	≤1/30000	≥4
二	≥250		≤1/14000	≥3

注:1. 网络 RTK 测量应在连续运行基准站系统的有效服务范围内;

2. 对于通视困难地区,相邻点间距离可缩短至表中的 2/3,但边长中误差不应大于 20mm。

网络 RTK 测量要求各设备连接要牢固可靠、电源充足、存储空间充足,接收机内置参数正确。坐标系统转换时,计算转换参数的控制点应均匀分布在测区及周边,平面坐标转化的残差绝对值不应超过 20mm,RTK 观测前接收机设置的平面收敛阈值不应超过 20mm,垂直收敛阈

值不应超过30mm,观测前应进行初始化,观测值应在得到固定解且收敛稳定后开始记录,每测回的观测时间不少于10s,测回间应对接收机重新初始化,测回间的时间间隔应在60s以上,测回间的平面坐标分量较差不应超过20mm、垂直坐标分量较差不应超过30mm。

单基准站RTK测量,其基准站应设置在已知点上,卫星截止高度角不低于10°,基准站电台电源充足,发射频率应符合国家无线电使用管理规定,基准站电台与流动站接收机电台频率应保持一致,RTK作业期间不得进行更改基准站设置、仪器高度、GNSS天线位置等操作。

RTK测量要及时将外业采集的数据传输到计算机,并进行数据备份和处理。外业观测记录及原始观测数据应及时保存,不得进行任何形式的剔除和改动。当RTK测量成果的点位相对关系不满足需求时,可利用实测的边长、角度和高差对RTK成果进行修正。

思考题与习题

1. 什么是控制测量?控制测量的目的是什么?何谓国家平面控制网?何谓城市平面控制网?

2. 控制测量的方法有哪些?简述控制测量的一般作业步骤。

3. 何谓坐标正、反算?试分别写出其计算公式?

4. 何谓导线测量?它有哪几种布设形式?试比较它们的优缺点。

5. 如图7-31所示为一附合导线,起算数据及观测数据如下。

起算数据:$x_B = 200.000\text{m}$　$x_C = 155.372\text{m}$　$\alpha_{AB} = 45°00'00''$

$y_B = 200.000\text{m}$　$y_C = 756.066\text{m}$　$\alpha_{CD} = 116°44'48''$

观测数据:$\beta_B = 120°30'00''$　$D_{B2} = 297.26\text{m}$

$\beta_2 = 212°15'30''$　$D_{23} = 187.81\text{m}$

$\beta_3 = 145°10'00''$　$D_{3C} = 93.40\text{m}$

$\beta_C = 170°18'30''$

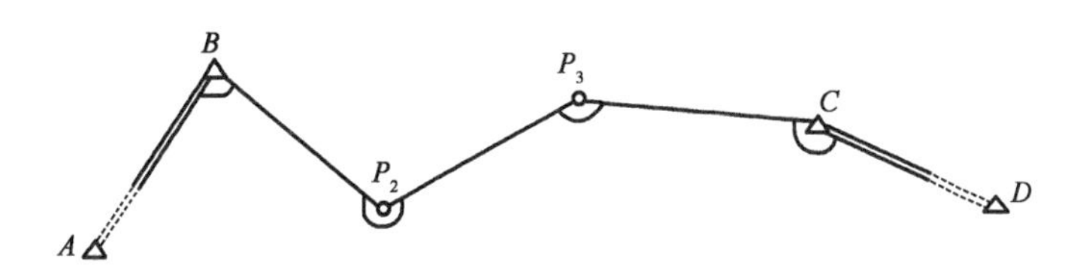

图7-31　附合导线

(1)试计算导线各点的坐标及导线全长相对闭合差。

(2)若在导线两端已知点B、C上均未测连接角,试按无定向附合导线计算P_2、P_3点的坐标。

6. 何谓交会测量?交会测量有哪些常用形式?何谓三角测量?

7. 水准测量路线的布设形式有哪些?各有何优缺点?

8. 一条附合水准路线的起算数据及观测数据载于表7-8中。试计算各水准点的高程。

某附合水准路线的起算数据及观测数据　　表7-8

点名	距离(km)	高差(m)	高程(m)
BM12			73.702
	0.36	+2.864	
301			
	0.30	+0.061	
302			
	0.48	+6.761	
303			
	0.32	-4.031	
304			
	0.30	-1.084	
305			
	0.26	-2.960	
306			
	0.20	+1.040	
BM31			76.365

9. 试述 GNSS 静态相对定位技术在建立 GNSS 控制网方面的特点。

10. 在 GNSS 控制测量中,何谓同步图形和异步图形?

11. 试述 GNSS 静态控制位测量的外业观测过程。

12. 试述 GNSS 控制测量数据处理的内容和步骤。

13. GNSS 基线向量网平差分哪几种类型? 它们有哪些特点?

第八章

大比例尺地形图测绘与应用

【本章提要】

本章主要介绍大比例尺地形图测绘的概念、基本要求与基本程序；大比例尺地形图测绘的常用方法，全站仪(RTK)外业数据采集、数字地形图绘制方法及作业流程，数字地形图的应用等。

【学习要求】

通过本章学习，应理解大比例尺地形图测绘有关概念，熟悉大比例尺数字地形图测绘常用方法，掌握全站仪(RTK)外业数据采集、数字地形图绘制方法及作业流程，掌握数字地形图的应用等。

第一节　概　　述

一、大比例尺地形图测绘的概念

大比例尺地形图通常是指1:5000、1:2000、1:1000和1:500的地形图。由于在国民经济建设中，大比例尺地形图是工程建设和自然资源调查的常用基础图件，所以它的测绘和应用较为广泛而频繁。大比例尺地形图测绘的特点是:比例尺大、精度要求高、地形要素全且相对详细,在如何真实地反映地表形态和地物分布方面,具有特殊的矛盾。

在大比例尺地形图的测绘中,地物的测绘即地物平面形状的测绘。地物平面形状也就是地物平面轮廓线的形状,它由轮廓线上的拐点或中心点等特征点来表征,因此地物的测绘可归结为地物特征点的测绘。至于地貌,尽管形态十分复杂,但可将其归结为许多不同方向、不同坡度的平面交合而成的几何体,其平面交线就是方向变化线和坡度变化线。只要确定这些线上的方向和坡度变换点(称为地貌特征点)的平面位置和高程,地貌的基本形态也就反映出来了。因此,不论地物还是地貌,它们的形态都是由一些特征点(称为碎部点)的点位所决定。地形图测绘的实质就是测定碎部点的平面坐标和高程,因此,地形图测绘又被称为碎部测图(量)。

二、大比例尺地形图测绘的基本要求

大比例尺地形图测绘必须遵循《城市测量规范》(CJJ/T 8—2011)或《工程测量标准》(GB 50026—2020)等相关规范,地形图上各类地形要素表示必须遵守《国家基本比例尺地图图式 第1部分:1:500、1:1000、1:2000地形图图式》(GB/T 20257.1—2017)之规定。

大比例尺地形图测绘的平面坐标和高程系统,一般均应采用国家统一坐标系和高程系统。各级平面控制点的坐标,应在三度带高斯投影平面直角坐标系内进行计算,三度带的中央子午线按国家统一规定选取。当测区跨于两个投影带时,可采用两投影带间的分带子午线作为中央子午线。在独立地区因工程需要而测图时,若与国家坐标系联测的确有困难,可采用独立坐标系。

三、大比例尺地形图测绘的基本程序

在进行大比例尺地形图测绘时,应按照一定的程序进行工作,即:在收集资料和现场初步踏勘的基础上,拟定技术计划;进行测区的基本控制测量和图根控制测量;进行测图前的准备工作,以保证测图工作的顺利进行;逐步完成碎部测图工作;检查、验收及资料整理等结束工作。

第二节 大比例尺地形图测绘方法

大比例尺地形图测绘的方法有经纬仪(平板仪)测图等传统测图法、地面数字测图法、数字摄影测量法、三维激光扫描法。传统测图法的实质即图解测图,具有测图周期长、精度低等缺点,目前基本不再使用。数字摄影测量测图具有速度快、精度均匀、效率高等优点。它可以将大量野外测绘工作转移到室内进行,以减轻测绘工作者的劳动强度。尤其对高山区或人不易到达的地区,数字摄影测量更具有优越性。地面数字测图法由于具有自动化程度高、精度高、不受图幅限制、便于使用管理等优点,是获取大比例尺数字地形图、各类地理信息系统以及保持其现势性所进行的空间数据更新的常用方法。

无人机倾斜摄影测量已广泛应用于大比例尺地形图测量中。倾斜摄影配有多台相机,可同时从垂直和倾斜方向不同角度采集影像,将这些影像数据通过区域网平差、多视影像匹配、数字表面模型(Digital Surface Model,DSM)生成、正射纠正和三维建模等流程,形成地形图等

产品(详见第九章)。

数字测图是对利用各种手段采集到的地表数据进行计算机处理,而自动生成以数字形式存储在计算机介质上的地形图的方法。根据采集数据手段的不同分为地面数字测图、数字摄影测量测图和地形图数字化等三种方法。

一、地面数字测图法

地面数字测图是指对利用全站仪、GNSS 接收机等仪器采集的数据及其编码,通过计算机图形处理而自动绘制地形图的方法。

地面数字测图的基本思想是利用上述技术将采集到的地形数据传输到计算机,并由成图软件进行数据处理、成图显示,再经过编辑、处理,生成数字地形图,最后将地形数据和地形图分类建立数据库,或用数控绘图仪或打印机完成地形图和相关数据的输出,如图 8-1 所示。地面数字测图系统基本硬件包括:全站仪或 GNSS-RTK、计算机和绘图仪等。软件基本功能主要有:野外数据的输入和处理、图形文件生成、等高线自动生成、图形编辑与注记和地形图自动绘制。

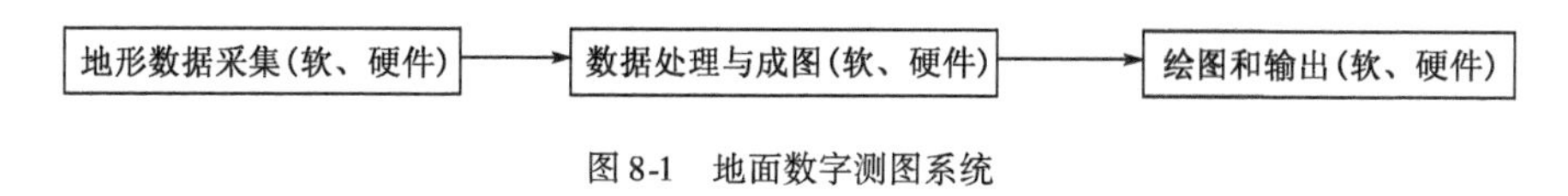

图 8-1　地面数字测图系统

二、数字摄影测量法

数字摄影测量地形测量作业过程分为外业、内业两部分,其作业步骤及主要内容如下:

(1)影像数据采集:利用搭载在飞机等设备上的航摄仪按既定的路线和摄影规范采集影像数据。

(2)像控点测量:利用 GNSS 或全站仪等测量仪器测量内业测图所需要的像片控制点的地面坐标。

(3)像片判读:根据航摄像片上的影像与相应目标在形状、大小、色调、阴影、纹形、布局和位置等特征(这些特征称为判读特征),识别目标和解释某种现象。

(4)像片调绘:像片调绘以像片判读为基础,把摄影像片上所代表的地物识别和辨认出来,并按照规定的图式符号和注记方式表示在摄影像片上。目前大多采用先内业判绘,后野外检查补绘的方法来完成。

(5)内业成图:内业数字测图的作业流程,如图 8-2 所示(以 Virtuozo 数字摄影测量系统为例)。

由原始航空影像生成的 DLG 与 DOM 叠加显示图如图 8-3 所示。

三、三维激光扫描法

地面三维激光扫描仪是以扫描仪中心为原点建立的独立局部扫描坐标系,为建立一个统一的测量坐标系,需要先建立地面控制网,通过获取扫描仪中心与后视靶标坐标,将扫描仪坐标系转换到控制网坐标系,从而建立起统一的坐标系统。其工作内容包括数据采集、点云数据处理、数字地形图生成等。

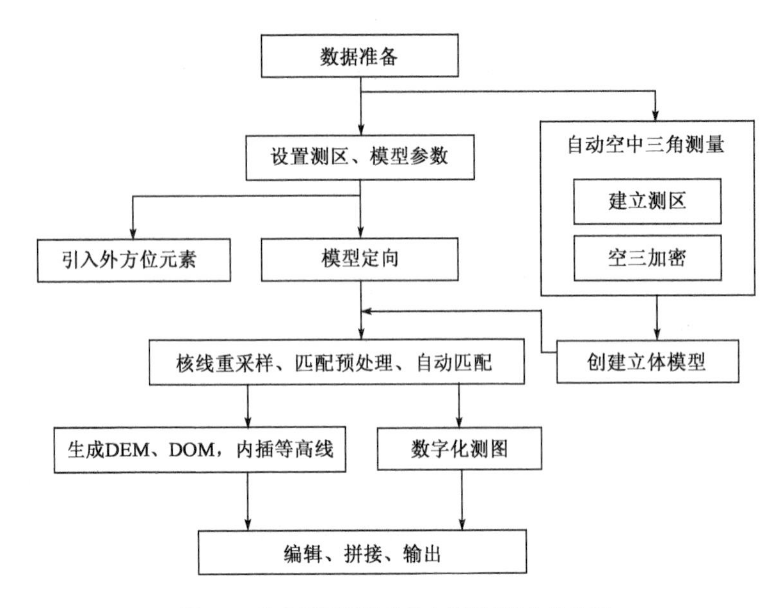

图 8-2　数字摄影测量系统立体测图的作业流程

图 8-3　DLG 与 DOM 叠加显示图[1]

1. 数据采集

地面点云数据的采集主要分为包括场地踏勘、控制网布设、靶标布设、扫描作业四个步骤。

[1] 武汉测绘科技大学现已合并至武汉大学。

(1)场地踏勘

场地踏勘的目的是根据扫描目标的范围、形态及需要获取的重点目标等,完成扫描作业方案的整体设计,其中主要是扫描仪设站位置的选择。

(2)控制网布设

对大场景可采用导线网和 GNSS 控制网等,对扫描仪测站点与后视点可用 GNSS-RTK 进行测定。控制点之间通视良好,各控制点的点间距大致相同,控制点选在有利于仪器安置,且受外界环境影响小的地方。平面控制可按二级导线技术要求进行测量,高程可按三等水准进行测量,经过平差后得到各控制点的三维坐标。

(3)靶标布设

扫描测站位置选定后,按照测站的分布情况进行靶标的布设。通过靶标配准统一各测站点云坐标时,靶标的布设应满足以下要求。

①相邻两测站之间需扫描到三个或三个以上靶标位置信息,以作为不同测站间点云配准转换的基准。

②靶标应分散布设,不能放置在同一直线或同一高程平面上,防止配准过程中出现无解情况。

③条件许可的情况下,尽量选择利用球形靶标,这不仅可以克服扫描位置不同所引起的靶标畸变问题(平面标靶易产生畸变,不利于后续标靶坐标的提取),同时也可提高配准精度。

(4)扫描作业

根据场地实际情况确定扫描方案后,在设置好的每个扫描测站中,应采用不同的分辨率进行扫描,首先以非常低的分辨率(如 1/20 的分辨率)扫描整体场景,然后选择欲采集区域,按照正常分辨率(如 1/4 的分辨率)扫描该区域,这样一站扫描结束后分别保存区域点云文件。在提取扫描测站点与后视靶标坐标时,应确保提取精度,否则无法将各测站的点云转换到同一个坐标系统。

2. 点云数据处理及地形图绘制

首先对获取的点云数据进行处理,内容包括点云拼接、点云去噪、重采样、模型生成。再将模型数据转换为点数据并按一定的间距进行抽稀,将抽稀后的数据导入到数字地形图绘制软件进行地形图绘制。如图 8-4 为点云数据处理框图,图 8-5 为某山体的点云图,图 8-6 为该山体的等高线地形图。

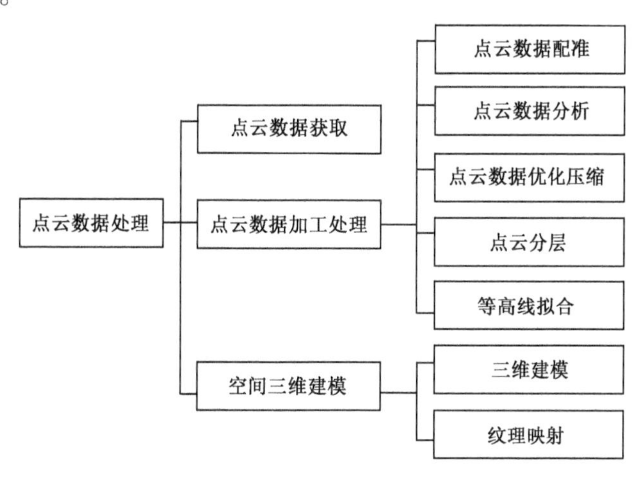

图 8-4 点云数据处理步骤

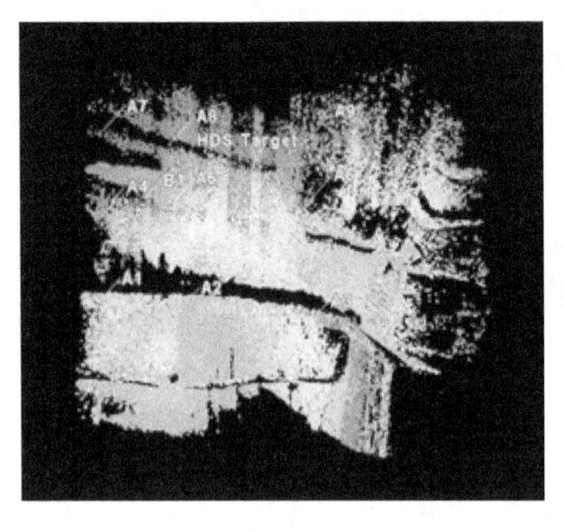

图8-5　某山体的点云数据

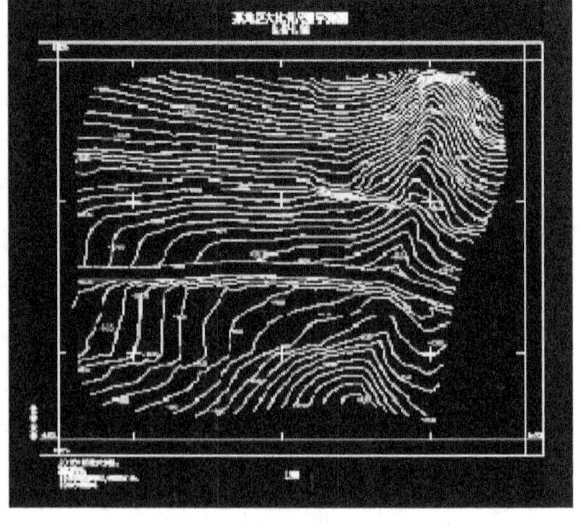

图8-6　某山体的等高线

第三节　地面数字测图外业数据采集

外业数据采集即利用全站仪或GNSS-RTK,以控制点为基础测定碎部点的三维坐标并对其进行编码。包括碎部点的选取、测定及编码。

1. 测定碎部点的基本方法

在地面数字测图中,根据测区情况,测定碎部点坐标的基本方法主要有极坐标法、距离交会法、方向交会法、直角坐标法等,或直接采用GNSS-RTK进行数据采集。

2. 全站仪外业数据采集

全站仪外业数据采集的步骤如下。

全站仪碎部测量

(1)仪器安置:在测站点上安置全站仪,进行对中、整平。

(2)测站设置:安置好全站仪后,进行测站设置(初次使用还要进行项目设置),即把测站点坐标值输入到全站仪,并量取仪器高和棱镜高,把其值输入仪器。

(3)后视定向:测站设置好后,用全站仪瞄准后视已知点进行定向,即把后视点坐标值输入仪器并进行精确瞄准定向,测定后视点位坐标和高程进行复核,定向完成后最好再找另一已知点进行复核。

(4)测定碎部点:用全站仪瞄准碎部点上的棱镜并进行观测,即可直接获得碎部点的三维坐标,并将其保存全站仪中。

(5)工作草图绘制:野外数据采集除采集碎部点的坐标外,还要获取与绘图有关的其他信息,如碎部点的地形要素名称、碎部点连接线型等,以便计算机生成图形文件,进行图形处理。为了便于室内计算机成图,一般还要在野外绘制工作草图,即在工作草图上记录地形要素名称、碎部点连接关系。然后在室内将碎部点显示在计算机屏幕上,根据工作草图,采用人机交互方式连接碎部点绘制成地形图。如果条件允许,也可在现场直接成图。

(6)迁站:在一个测站上将测站四周所要测的全部碎部点测完后,经过全面检查无误和无遗漏后,即可迁至下一测站,重新按上述方法、步骤进行施测。

在全站仪进行外业数据采集时,应注意的事项如下:

(1)在每次观测时,要注意检查水准管气泡是否居中;如重新对中、整平后,应重新定向。

(2)立镜人员应将棱镜杆立直,并随时观察立尺点周围地形,弄清碎部点间关系;地形复杂时还需协助草图绘制人员绘制草图。

(3)一测站工作结束时,应检查有无地物、地貌遗漏,确认无遗漏后,方可迁站。

3. GNSS-RTK 野外数据采集

利用 GNSS-RTK 测定碎部点的作业步骤为基准站设置、流动站设置、碎部点的数据采集(包括外业草图的绘制),其方法见第六章第三节。

GNSS-RTK 数据采集时应注意的事项如下:

(1)流动站无线电的频率与基准站的相同。

(2)流动站的位置应在基准站的控制范围之内(一般不应超过 20km)。

(3)在量取天线高时,应注意所量至的位置应与设置的位置一致。

GNSS-RTK
碎部测量

(4)基准站宜布设在测区内中央最高控制点上,旁边不能有大面积水面、高大树木、建筑物或电磁干扰源(如电台的发射塔、高压电线等)。

(5)GNSS 信号失锁时需要重新进行初始化,等到重新锁定卫星时再进行碎部点观测,为了确保安全可靠,最好回到一参考点上进行校核。

(6)在作业结束时,应先保存好数据后再关机,否则有可能造成测量数据的丢失。

(7)在 RTK 接收信号困难地区,可用全站仪配合测量。

第四节　地面数字测图内业成图与检查验收

一、数字地形图的绘制和输出

在地形数字测图中,当野外数据采集完毕后,还需对采集的碎部点数据进行预处理,并利用计算机和绘图软件进行人机交互编辑,才能生成所需数字地形图。

1. 数据的组织与处理

野外数据采集的碎部点数据一般都是点的位置等散点信息,这些散点信息传输到计算机之后,要对原始记录数据作检查,并修改含有错误的信息码并生成点文件,该点文件是建立数字地面模型(Digital Terrain Model,DTM)的基础。点文件建好后,并不能绘出地物,还需要知道地物点的属性信息,即地物点的连接顺序及线型以及地物类型等信息。这就存在着野外采集的数据与实地或图形之间的对应关系问题,为了解决这一问题,各个成图软件都需要对建立的点文件进行地形信息编码和连接,但无论采用何种成图软件,其地物属性的数据组织都大同小异。

为使绘图人员和计算机能够识别所采集的数据,便于对其进行加工、处理,必须对所采集的每一个碎部点给予一个确定的地形信息编码,即图形信息码。按照《国家基本比例尺地形图图式　第 1 部分:1∶500、1∶1000、1∶2000 地形图图式》(GB/T 20258.1—2017)标准,地形图要素分为 9 个大类:定位基础、水系、居民地及设施、交通、管线、境界、地貌、植被与土质、注记。

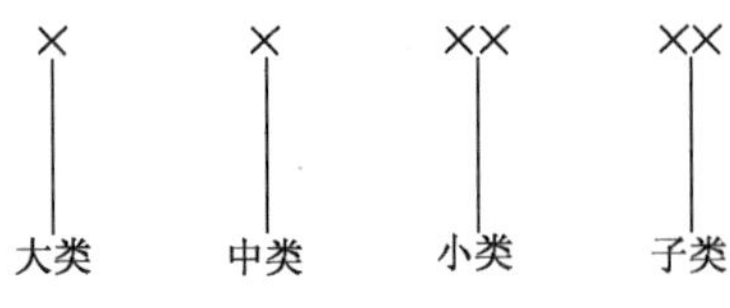

图 8-7 地形要素分类代码结构

按照《基础地理信息要素分类与代码》(GB/T 13923—2022),地形图要素分类代码由六位数字码组成(图 8-7),例如图根点分类代码为 110103,普通建成房屋分类代码为 310301,地铁分类代码为 430101。

同时为了描述点间的关系,后面还可加一位连接线信息,如用数字 1、2、3 分别表示直线、曲线和圆弧线,又称连接码。例如现测量一条道路编码为 4321,其野外测点关系图如表 8-1 和图 8-8 所示。在表 8-1 中,可根据具体情况分为三个单元,既 1、2、3、4 为一单元,5、6、7 为一单元,8 单独分为一单元。因 4 为断点,其中第七列的连接点 7 表示既与上一记录点 6 相联,又与 4 点连接,连接线型-2 表示本单元以曲线相连接,而绘图顺序却和上一单元相反。在实际工作时,亦可用屏幕光标指示被连接的点及线型菜单。连接信息码和线型码可由软件自动搜索生成,无须人工输入。

图形信息的编码 表 8-1

<table>
<tr><th>点号</th><th>编码</th><th>连接点</th><th>连接线型</th></tr>
<tr><td>1</td><td>420400</td><td>1</td><td rowspan="4">2</td></tr>
<tr><td>2</td><td>420400</td><td></td></tr>
<tr><td>3</td><td>420400</td><td></td></tr>
<tr><td>4</td><td>420400</td><td></td></tr>
<tr><td>5</td><td>420400</td><td>5</td><td rowspan="3">-2</td></tr>
<tr><td>6</td><td>420400</td><td></td></tr>
<tr><td>7</td><td>420400</td><td>-4</td></tr>
<tr><td>8</td><td>420400</td><td>5</td><td>1</td></tr>
</table>

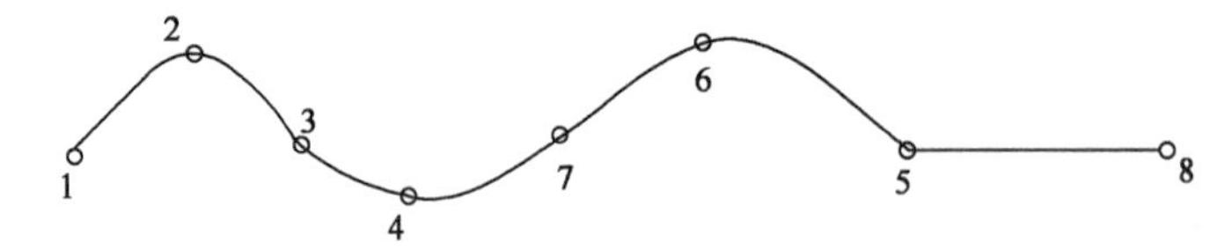

图 8-8 图形信息

确定好每个地物由哪些点组成、各点的连接顺序及线型,是哪类地物等属性信息后,根据各成图软件的地形信息编码规则,就可绘制出规范的数字地形图。由于大多地形图成图不是在现场绘制,而是在室内依据建立的点文件数据,由计算机软件自动处理(自动识别、检索、连接、自动调用图式符号等)和人机交互方式将碎部点显示在计算机屏幕上成图,这就需要野外绘制工作草图。因此野外绘制工作草图尤为重要。

等高线绘制

地貌的描绘需借助等高线来实现,它是用与等高线有关的点记录生成等高线图形文件,一般是利用生成的等高线点文件数据,在建立数字地面模型(DTM)的基础上生成等高线图形文件。由于地形构造的复杂性,所以生成等高线图形文件需要足够且布局合理的点位信息数据。对于有些特殊地貌如冲沟、雨裂、砂(土)崩崖、陡崖、滑坡等不能用等高线表示的,可用测绘地物的方法,测绘出这些地貌的轮廓位置,用图式规定的符号表示。

2. 图形的编辑和输出

在地物和地貌图形文件都生成后,还需进一步编辑和修改才能输出,其内容包括:

(1)查看是否有地物和地貌遗漏和测错,如有则需进行实地对照检查补测、修改和编绘。

数字地形图编辑

(2)在满足用图要求和精度的条件下,为使图形美观大方,可对部分地物进行修饰和配置。

(3)对地形图上的有关道路、河流、村庄、单位等名称进行注记和说明,尤其重要地物要标注。

(4)图廓生成。即生成内外图廓线、方里网、接图表及内外图廓的各种注记说明等。

地形图分幅

当完成地图图形文件修改、编辑后,就可以存储起来或借助打印机或绘图仪进行图形的打印输出。该数字图件输出时,可以根据要求分类、分层专题输出,也可以放大、缩小进行输出。也可以直接在数字地形图上进行各项辅助设计(如道路、管线的设计)及计算(如体积、面积的量算)达到一测多用、一图多用的目的,同时该图件在建立拓扑结构后并经过数据完整性、逻辑一致性、位置精度、属性精度等数据质量的控制与评价后就可进入地形图数据库,从而作为 GIS 的数据源。

二、地形图的检查验收

1. 大比例尺数字地形图的基本要求

大比例尺数字地形图的平面坐标采用以“2000 国家大地坐标系统”为大地基准、高斯-克吕格投影的平面直角坐标系,投影长度变形值不应大于 25mm/km,特殊情况下可采用独立坐标系。高程基准采用“1985 国家高程基准”。

根据《城市测量规范》(CJJ/T 8—2011)大比例尺数字地形图地物点的平面位置精度,要求地物点相对邻近控制点的图上点位中误差在平地和丘陵地区不得大于 0.5mm,在山地和高山地不得大于 0.75mm,特殊困难地区可按地形类别放宽 0.5 倍。高程精度,在城市建筑区和基本等高距为 0.5m 的平坦地区,高程注记点相对邻近控制点的高程中误差不得大于 0.15m;其地区高程精度以等高线插求点的高程中误差应符合表 8-2 中的规定,困难地区可放宽 0.5 倍。图上高程注记点分布均匀,高程注记点间距约为图上 20 ~ 30mm 或每 $100cm^2$ 内 8 ~ 20 个。

等高线插求点的高程中误差 表 8-2

地形类别	平地	丘陵地	山地	高山地
高程中误差	$\leq 1/3 \times H$	$\leq 1/2 \times H$	$\leq 2/3 \times H$	$\leq 1 \times H$

注:H 为基本等高距。

2. 大比例尺数字地形图的质量要求

大比例尺数字地形图的质量要求通过对产品的数据说明、数学基础、数据分类与代码、位置精度、属性精度、逻辑一致性、完备性等质量特性的要求来描述。

数据说明包括产品名称和范围说明、存储说明、数学基础说明、采用标准说明、数据采集方法说明、数据分层说明、产品生产说明、产品检验说明、产品归属说明和备注等。

数学基础是指地形图采用的平面坐标系、高程基准、等高线和等高距。

大比例尺数字地形图数据分类与代码应按照现行《基础地理信息要素分类与代码》(GB/T 13923)等标准执行,补充的要素及代码应在数据说明备注中加以说明。

位置精度包括地形点、控制点、图廓点和格网点的平面精度、高程注记点和等高线的高程精度、形状保真度、接边精度等。

地形图属性数据的精度是指描述每个地形要素特征的各种属性数据必须正确无误。

地形图数据的逻辑一致性是指各要素相关位置应正确,并能正确反映各要素的分布特点及密度特征。包括线段相交,无悬挂或过头现象,面状区域必须封闭等。

地形要素的完备性是指各种要素不能有遗漏或重复现象,数据分层要正确,各种注记要完整且指示明确等。

数字地形图模拟显示时,其线划应光滑、自然、清晰、无抖动、重复等现象。符号应符合相应比例尺地形图图式规定。注记应尽量避免压盖地物,其字体、字大、字向等一般应符合地形图图式规定。

3. 大比例尺数字地形图平面和高程精度的检查和质量评定

(1)检测方法和一般规定

野外测量采集数据的数字地形图,当比例尺大于1:5000时,检测点的平面坐标和高程采用外业散点法按测站点精度施测,每幅图一般各选取20~50个点。用钢尺或测距仪量测相邻地物点间距离,量测边数每幅图一般不少于20处。平面检测点应是均匀分布、随机选取的明显地物点。

(2)检测点的平面坐标和高程中误差计算

地物点的平面坐标中误差按式(8-1)计算:

$$\begin{cases} M_x = \sqrt{\dfrac{\sum\limits_{i=1}^{n}(X_i' - X_i)^2}{n-1}} \\ M_y = \sqrt{\dfrac{\sum\limits_{i=1}^{n}(Y_i' - Y_i)^2}{n-1}} \end{cases} \tag{8-1}$$

式中,M_x为坐标X的中误差;M_y为坐标Y的中误差;X_i'为坐标X的检测值;X_i为坐标X的原测值;Y_i'为坐标Y的检测值;Y_i为坐标Y的原测值;n为检测点个数。

相邻地物点之间间距中误差按式(8-2)计算:

$$M_S = \sqrt{\frac{\sum\limits_{i=1}^{n}\Delta S_i^2}{n-1}} \tag{8-2}$$

式中,ΔS_i为相邻地物点实测边长与图上同名边长较差;n为量测边条数。

高程中误差按式(8-3)计算:

$$M_h = \sqrt{\frac{\sum\limits_{i=1}^{n}(H_i' - H_i)^2}{n-1}} \tag{8-3}$$

式中,H_i'为检测点的实测高程;H_i为数字地形图上相应内插点高程;n为高程检测点个数。

4. 大比例尺数字地形图的检查验收

对大比例尺数字地形图的检查验收实行"两级检查,一级验收"制度,两级检查指的是过程检查和最终检查,验收工作应经最终检查合格后进行。在验收时,一般按检验批中的单位产品数量的10%抽取样本。检验批一般应由同一区域、同一生产单位的产品组成,同一区域范围较大时,可以按生产时间不同分别组成检验批。在验收中对样本进行详查,并进行产品质量核定,对样本以外的产品一般进行概查。如样本中经验收有质量为不合格产品时,须进行二次抽样详查。验收工作完成后,编写验收报告,随产品归档。

第五节　数字地形图应用

数字地形图与纸质地形图的应用相比,具有明显的优势和广阔的应用前景。如数字地形图可以传输、处理和多用户共享;可以自动提取点位坐标、两点距离、方位以及地块面积等;通过接口,还可以将数字图传输给工程 CAD 使用;可供 GIS 建库使用;可依软件的性能,方便地进行各种处理(如分层处理),从而可绘出各类专题图(如房屋图、道路图、水系图等);还可进行局部更新,如对房屋建筑的改扩建、地籍或房产的变更等都可以在数字地形图中方便地做到局部修测、局部更新,始终保持数字地图整体的现势性。

由此可见,数字地形图所赋予图以巨大的生命力,大大提高了地形图的自身价值,扩大了地形图的服务范围。因此为了更好的利用地形图,我们应当具备地形图应用的基本知识及地形图的识读能力。数字地形图获取数据的基础原理与传统测图数据获取基本一致,因此我们在熟悉数字地形图应用之前,需先了解传统纸质地形图的应用。

一、地形图的识读

在获得一幅地形图后,从图廓外的注记我们就可以知道测图的时间及测图单位,以及该地形图的坐标系统、高程系统、比例尺大小及基本等高距等情况。另外还可以了解到该图的图名、图号,以及相邻图幅的名称等内容。

对于地形图地物的判读,首先要熟悉地形图常用的符号。

对于地貌,首先根据典型地貌的等高线表示方法进行判别,再根据等高线的疏密程度判读地形的起伏状态。

由于现代社会发展迅速,地形图上的地物和地貌变化也较快,因此在地形图的识读过程中,要紧密结合实地勘察,对地形图作全面正确的了解。

二、地形图的基本应用

1. 求点的坐标

如图 8-9 所示,欲求图上两点的平面坐标,可利用该图廓坐标格网的坐标值进行求解。首先找出 2 点所在方格的西南角坐标 x_o、y_o,图中 $x_o=5600$、$y_o=8600$m。然后通过两点作坐标格网的平行线 ab、cd,再按测图比例尺(1:2000)量出 $a2$ 和 $d2$ 的长度分别为 8mm 和 6mm,则

$$x_2=x_0+d2\times2000=5600+12=5612(\mathrm{m})$$

$$y_2=y_0+a2\times2000=8600+16=8616(\mathrm{m})$$

2. 求两点间的水平距离

点间距量取方法

求图上两点的水平距离可用以下两种方法求解。

(1)解析法

解析法求两点的水平距离,就是先在图上分别量出 A、B 两点的坐标 x_A、y_A 和 x_B、y_B。然后用式(8-4)计算 AB 的水平距离。

$$D_{AB} = \sqrt{(x_A - x_B)^2 + (y_A - y_B)^2} \tag{8-4}$$

(2)图解法

图解法就是直接量取 AB 两点的长度,再与图示比例尺比量即可得出 AB 的水平距离。

3. 确定直线的方位角

求取某直线的方位角,可以在图上直接量取,也可先量取两点的坐标(x_A,y_A)和(x_B,y_B),再利用坐标反算公式[式(7-7)]求得坐标方位角。

4. 求点的高程

在地形图上欲求某一点的高程,可根据等高线或其高程注记来完成。如图 8-10 所示,当所求点恰好在某一条等高线上,则该点高程即为该等高线的高程。如果所求点位于两等高线之间,则可根据等高线内插的方法,即通过该点 P 作相邻等高线的垂线 mn,从图上量取平距 $mn = d$,$mp = d_1$。则 P 点的高程:

$$H_P = H_m + \Delta h = H_m + \frac{d_1 \times h}{d} \tag{8-5}$$

式中,H_m 为点 m 的高程;h 为基本等高距。

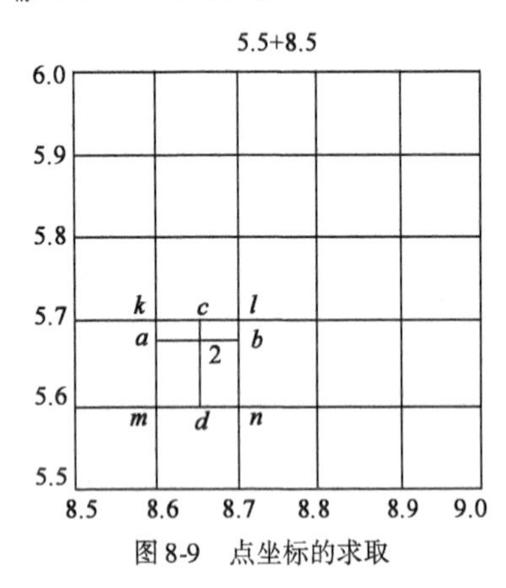

图 8-9 点坐标的求取

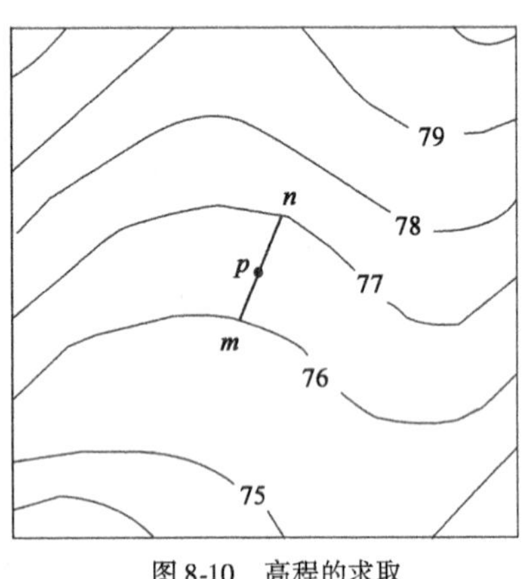

图 8-10 高程的求取

5. 在图上量取直线的坡度与按一定坡度选定最短路线

坡度是地面上两点间的高差与其水平距离的比,用 i 表示。欲求图上某直线的坡度,可先求出直线的水平距离 D 与高差 h,即可计算出其坡度:

$$i = \frac{h}{D} = \frac{h}{d \times M} \tag{8-6}$$

式中,d 为图上两点间的长度;M 为比例尺分母。

坡度是在线路(如铁路、公路等)工程设计时经常遇到的问题,为了达到最佳路线并减少工程量,降低施工费用,常要求在不超过坡度限值的前提下选择一条最短的路线。如图 8-11 所示,在比例尺为 1:1000,等高距为 1m 的地形图上,要从 A 点到 B 点选一条最短路线,路线的坡度限值为 5% 。为了满足坡度限值的要求，按坡度公式求出路线经过相邻两条等高线之间的允许最短平距为 20mm。

然后以 A 点为圆心，以 $d=20\text{mm}$ 为半径画弧，弧线与至 B 点方向的相邻等高线相交于点 1，再以点 1 为圆心，以 d 为半径继续画弧，弧线与至 B 点方向上的另一相邻等高线相交于点 2，依次类推直至 B 点，将 A、1、2、…、B 相连即为 A 点至 B 点且坡度不超过 5% 的最短路线。

但有时在选线时，将出现不止一条最短路线的情况，例如图中的最短路线 A、1′、2′、…、B，这时可综合考虑地形、地质及其本地的经济发展等要素，从中选择一条最佳路线。另外，如果相邻两等高线间的平距大于 d，所画圆弧与等高线将无交点，则说明地面坡度小于限制坡度，这时可按至 B 点的前进方向径直画一直线段与上一条等高线相连。

6. 按一定的方向绘制断面图

所谓断面图，就是指在一定方向的竖直面与地面的交线，它反映了在这一指定方向上地形的高低起伏形态，又称剖面图。它是线路规划、设计、施工和预算的重要依据资料之一。欲沿图 8-11中的直线 MN 方向绘制纵断面图，其方法如下：

绘制断面图

首先在方格纸上或绘图纸上绘制 MN 水平线，过 M 点作 MN 的垂线，并将此垂线作为高程轴线（图 8-12），为了使地面起伏变化明显，一般高程比例尺比水平距离比例尺大 10 ~ 20 倍，而水平距离比例尺一般与地形图比例尺一致。然后以 M 点作起点，沿地形图上 MN 方向线量取与等高线的交点 a、b、c、…、N 之间的距离，并依次将它们截取于 MN 水平线上，再依次将各点的高程作为纵坐标在各点的上方标出。最后将图中的各点用光滑曲线连接，即得 MN 方向上的断面图。

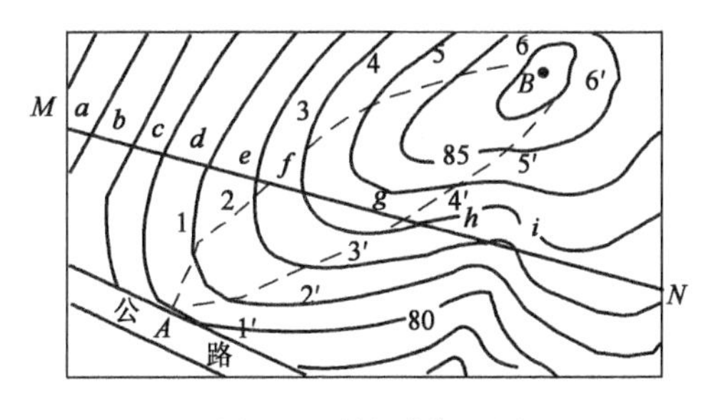

图 8-11　最短路线的选择

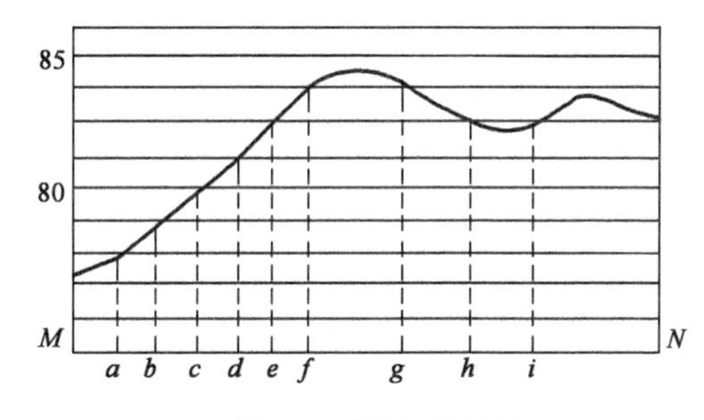

图 8-12　断面图的绘制

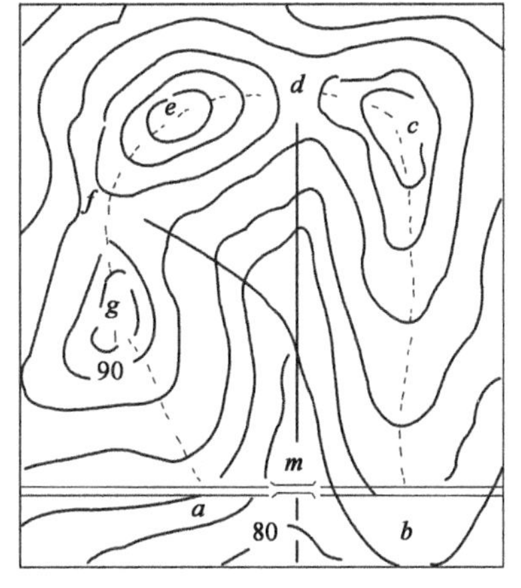

图 8-13　汇水面积的确定

7. 在地形图上确定汇水面积

确定汇水面积

在设计铁路、公路跨越河流或山谷时，就必须修建桥梁或涵洞，而修建水库时要筑拦水坝。桥梁、涵洞的大小与结构、拦水坝的设计位置与高度等，都要取决于通过桥梁或涵洞的水流量，而水流量又与该地区汇集水量的面积有关，此面积称之为汇水面积。

由于雨水是沿山脊线（又称分水线）处向两侧山坡分流，所以汇水面积的边界线是由一系列的山脊线连接而成的。如图 8-13 所示，一条公路经过一山谷，拟在 m 处架桥或修涵洞，其孔径大小应根据流经该处的水流量决定,水流量计算与汇水面积有关。在图8-13中由山脊线 bc、cd、de、ef、fg、ga 与公路中线 ab 线段所围成的区域,就是这个山谷的汇水区,此区域的面积为汇水面积。求出汇水面积后,再依据当地的水文气象资料,便可求出流经 m 处的水量,以此决定该处桥梁或涵洞结构形式与规模。

8. 地形图在土地平整时的应用

在各项工程建设中,通常在规划设计时要对拟建地区的自然地貌加以改造、平整场地,使其适合布置和修建工程,便于排水,并满足交通运输和敷设地下管线的要求等。为此要先在地形图上进行规划设计,为了节约工程费用一般按照挖填平衡的原则进行土地平整。其常用方法是方格网法。

计算土方量

如图8-14所示,拟在地形图上将原地形按挖填平衡的原则改造成水平场地,并概算土(石)方量,其步骤如下。

(1)绘制方格网

一般方格网的网格大小取决于地形的复杂程度、地形图的比例尺大小和土方量概算的精度,通常方格的边长为10m或20m。

在图上绘制完方格网后,根据图上等高线用内插法求出每一方格顶点的地面高程,并将其标注在相应顶点的右上方,如图8-14所示。

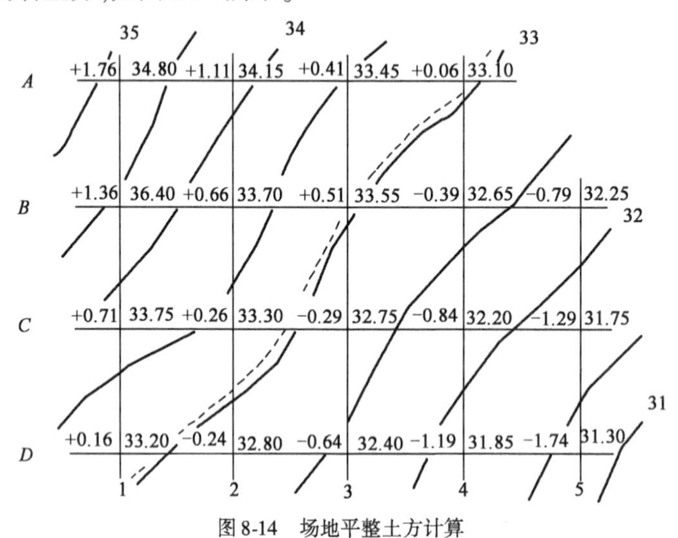

图8-14 场地平整土方计算

(2)计算设计高程

将每一小方格的各顶点高程加起来取平均得到每一方格的平均高程 H_i,然后将所有小方格的平均高程再加起来除以方格总数,就得到设计高程 H_0,即

$$H_0 = \frac{H_1 + H_2 + \cdots + H_n}{n} \tag{8-7}$$

式中,H_i为第 i 个方格的平均高程($i = 1, 2, \cdots, n$);n 为方格总数。

在计算高程时可以看出方格网上的角点 A_1、A_4、B_5、D_1、D_5的高程只用到一次,边线上的点 A_2、A_3、B_1、C_1、D_2、D_3、…用到两次,拐点 B_4用到三次,中间点 B_2、B_3、C_2、C_3…用到四次,因此设计高程的计算公式可改写为:

$$H_0 = \frac{\sum H_{角} + 2\sum H_{边} + 3\sum H_{拐} + 4\sum H_{中}}{4n} \tag{8-8}$$

式中，$H_{角}$、$H_{边}$、$H_{拐}$、$H_{中}$为角点、边点、拐点、中点的高程。

将该地形图设计方格网顶点的地面高程代入上式，即可算出设计高程为33.04m。然后用内插法将高程为33.04m的等高线在图上绘出来（图中的虚线），此线即为填、挖的边界线。

（3）计算挖填高度

由以上可知将各方格顶点地面高程减去设计高程，即可得到每个顶点的填高和挖深，故挖填高度为：

$$\Delta H = 地面高程 - 设计高程$$

（4）计算填、挖土（石）方量

分别计算各方格内的填、挖土（石）方量，就可以求出总的土（石）方量。每一方格的土（石）方量可根据方格顶点的挖填高度乘以方格的面积S来计算：

角点　挖填高 $\times S/4$；

边点　挖填高 $\times S/2$；

拐点　挖填高 $\times 3 \times S/4$；

中间点　挖填高 $\times S$

如图8-15所示，每一方格的面积为400m^2，计算出的设计高程是426.2m，按挖填方平衡的原则进行场地平整，其计算的结果见表8-3。

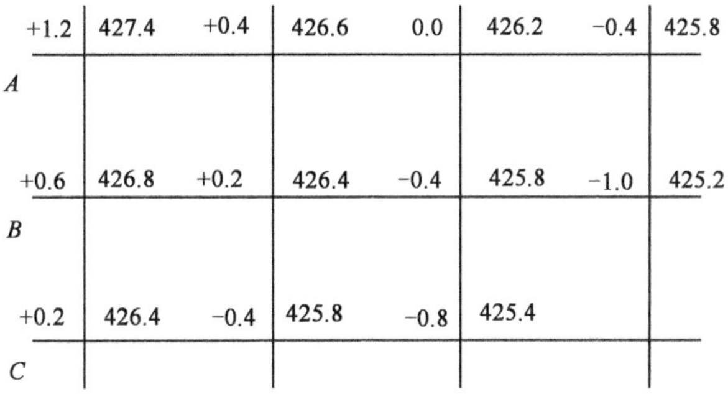

+1.2　427.4　+0.4　426.6　0.0　426.2　−0.4　425.8

A

+0.6　426.8　+0.2　426.4　−0.4　425.8　−1.0　425.2

B

+0.2　426.4　−0.4　425.8　−0.8　425.4

C

图8-15　填挖土（石）方量计算

挖填方平衡计算表　　表8-3

点号	挖深（m）	填高（m）	所站面积（m^2）	挖方量（m^2）	填方量（m^2）
A_1	+1.2		100	120	
A_2	+0.4		200	80	
A_3	0.0		200	0	
A_4		−0.4	100		40
B_1	+0.6		200	120	
B_2	+0.2		400	80	
B_3		−0.4	300		120
B_4		−1.0	100		100
C_1	+0.2		100	20	

续上表

点号	挖深(m)	填高(m)	所站面积(m^2)	挖方量(m^2)	填方量(m^2)
C_2		-0.4	200		80
C_3		-0.8	100		80
总计				$\Sigma=420$	$\Sigma=420$

另外,在有些情况下,要求将原地形改造成某一坡度的倾斜面,一般也可根据挖填平衡的原则,绘出设计倾斜面的等高线,即可算出土方量。它的挖填边界线,就是地形图上绘出的等高线与原地面上同高程等高线的交点的连线,即挖填边界线。如图 8-16 所示,图中绘有短线的一侧为填土区,另一侧为挖土区。

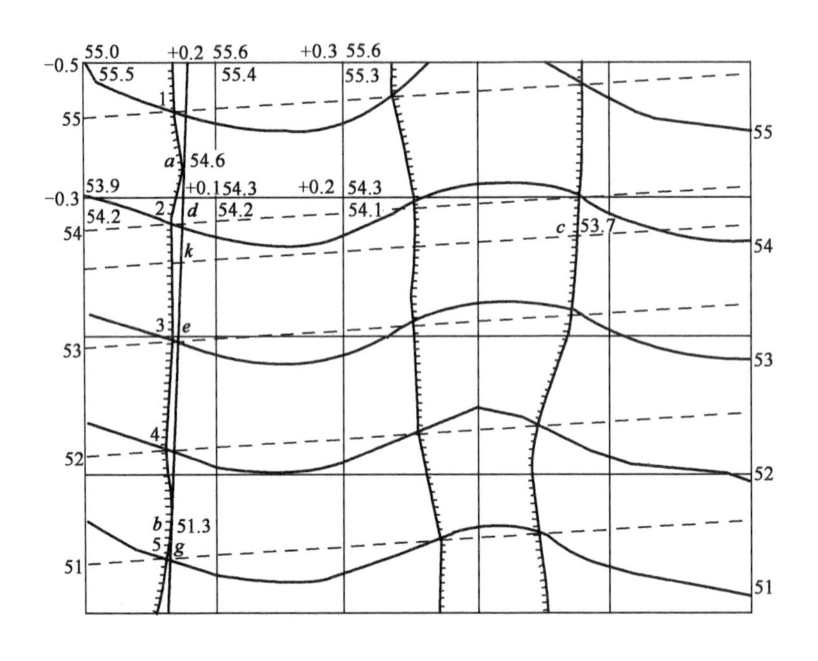

图 8-16　倾斜面上土地整理

三、图形面积与体积的量算

在地形图上进行面积和体积的量算也是地形图应用的一项基本内容,尤其在工程建设和规划设计时经常用到。

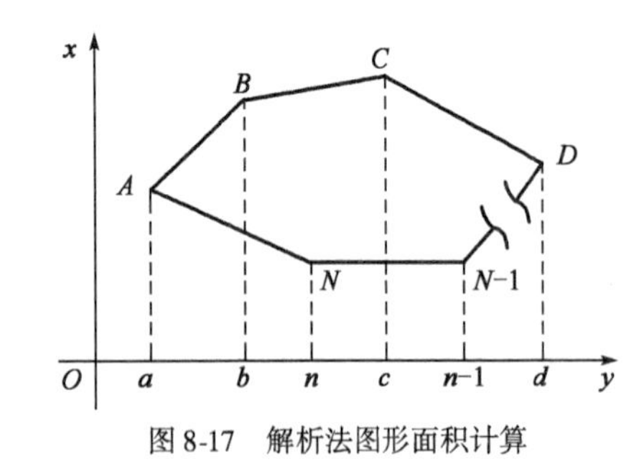

图 8-17　解析法图形面积计算

1. 图形面积的量算

面积量算的常用方法有:方格法,平行线法、解析法和求积仪法。在数字地形图上进行面积量算时,主要应用解析法。

在图 8-17 中,设 $ABC\cdots N$(按顺时针方向排列)为任意多边形,在测量坐标系中,其顶点的坐标分别为 $(x_1,y_1),(x_2,y_2),\cdots,(x_n,y_n)$,则多边形面积为

$$P=\frac{1}{2}(x_1+x_2)(y_2-y_1)+\frac{1}{2}(x_2+x_3)(y_3-y_2)+$$
$$\frac{1}{2}(x_3+x_4)(y_4-y_3)+\cdots+\frac{1}{2}(x_n+x_1)(y_1-y_n)$$

化简得

$$P=\frac{1}{2}\sum_{i=1}^{n}(x_i+x_{i+1})(y_{i+1}-y_i) \tag{8-9}$$

或

$$P=\frac{1}{2}\sum_{i=1}^{n}(x_iy_{i+1}-x_{i+1}y_i) \tag{8-10}$$

式中，n 为多边形顶点的个数，$x_{n+1}=x_1$，$y_{n+1}=y_1$。

2. 体积的量算

体积量算在工程设计和建设中是经常遇到的，如线路设计和场地平整，以及水库的库容量和矿山的矿产储量等都需要计算体积。一般体积量算常用方法有等高线法，断面法和方格法。

(1)根据等高线计算体积

如图 8-18 所示，欲计算某一高程面以上的体积，则首先量算等高线在平面上所包围的面积，然后按台体和锥体计算每一个体积，最后求各层体积之和即可求出总体积。在图 8-19 中，设 F_0、F_1、F_2及 F_3为各等高线围成的面积，h 为等高距，h_k为最上一条等高线至山顶的高度。则

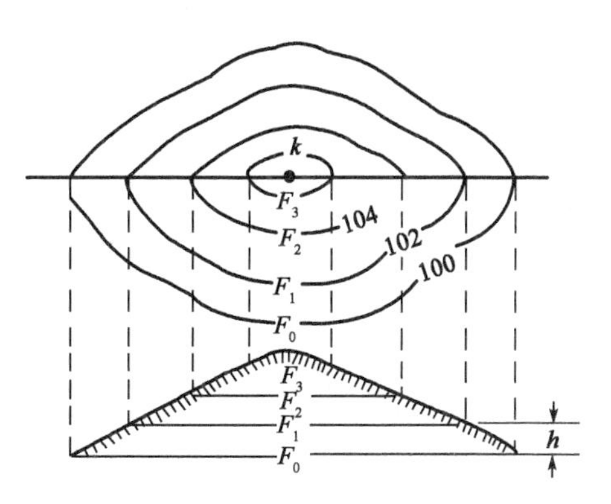

图 8-18 体积的计算

$$\begin{cases} V_1=\frac{1}{2}(F_0+F_1)h \\ V_2=\frac{1}{2}(F_1+F_2)h \\ V_3=\frac{1}{2}(F_2+F_3)h \\ V_4=\frac{1}{3}F_3h_k \\ V=\sum_{i=1}^{n}V_i \end{cases} \tag{8-11}$$

(2)断面法

一般在带状图上计算土石方量时常用断面法求体积，如路基、大坝等带状体，在计算其体积时，根据断面的起伏情况，按基本一致的坡度划分为若干同坡度路段，各段的长度为 d_i。过各分段点作横断面图，如图 8-19 所示，量算各横断面的面积为 S_i，则第 i 段的体积为

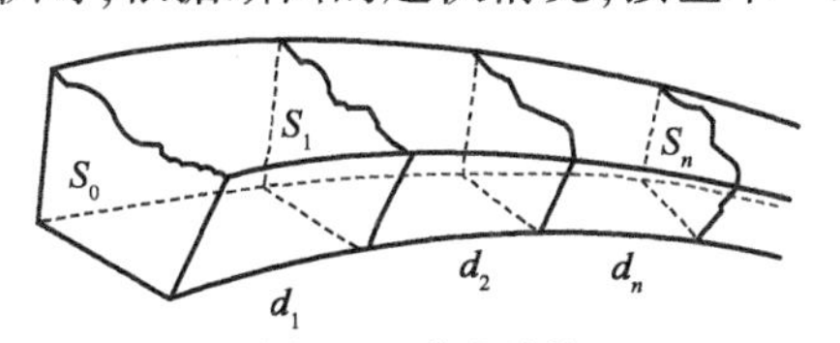

图 8-19 体积计算

$$V_i=\frac{1}{2}d_i(S_{i-1}+S_i) \tag{8-12}$$

带状土工建筑物的总体积为

$$V=\sum_{i=1}^{n}V_i=\frac{1}{2}\sum_{i=1}^{n}d_i(S_{i-1}+S_i) \tag{8-13}$$

四、数字高程模型的应用

1. 数字高程模型的概念

数字高程模型(Digital Elevation Model,DEM),是以数字的形式按一定结构组织在一起,表示实际地形特征空间分布的模型,是定义在 x、y 域离散点(规则或不规则)上以高程表达地面起伏形态的数字集合。

2. 数字高程模型的应用

数字高程模型在测绘地理信息、土木工程、地质与矿业工程、军事工程、国土空间规划、通信工程等领域得到广泛应用。下面介绍由 DEM 派生的几个简单地形属性数据的计算方法。

图 8-20 双线性多项式内插

(1)计算单点高程

DEM 最基础的应用是求 DEM 范围内任意点的高程。图 8-20 中,A、B、C、D 为正方形格网四个角点,正方形格网边长为 L,内插点 P 相对于 A 点的坐标为 x、y,则可直接利用下式求得正方形格网中待定点 P 的高程

$$z_P=\left(1-\frac{x}{L}\right)\left(1-\frac{y}{L}\right)z_A+\frac{x}{L}\left(1-\frac{y}{L}\right)z_B+\frac{x}{L}\cdot\frac{y}{L}z_C+\left(1-\frac{x}{L}\right)\frac{y}{L}z_D \tag{8-14}$$

DEM 应用

(2)计算地表面积

地表面积的计算可看作是其所包含的各个网格的表面积之和。若网格中有特征高程点,则可将网格分解为若干个小三角形,求出它们斜面面积之和作为网格的地表面积。若网格中没有高程点,则可计算网格对角线交点处的高程,用四个共顶点的斜三角形面积之和作为网格的地表面积。

空间三角形面积的计算公式如下:

$$A=\sqrt{P(P-S_1)(P-S_2)(P-S_3)} \tag{8-15}$$

式中,$P=\frac{1}{2}(S_1+S_2+S_3)$;$S_i$ 为三角形边长,按下式计算:

$$S_i=\sqrt{\Delta x^2+\Delta y^2+\Delta z^2}$$

(3)计算体积

DEM 体积由四棱柱(无特征高程点格网)和三棱柱体积进行累加得到。下表面为水平面或参考平面,计算公式为

$$\begin{cases}V_3=\dfrac{h_1+h_2+h_3}{3}\cdot A_3\\[2ex] V_4=\dfrac{h_1+h_2+h_3+h_4}{4}\cdot A_4\end{cases} \tag{8-16}$$

式中,h_i 为各地表点相对于下表面点的高差($i=1,2,3,4$);A_3、A_4 为三棱柱、四棱柱的底面积。

根据体积公式式(8-16),可计算工程中的挖、填方量,由原 DEM 体积减去新的 DEM 体积求得。

(4)绘制地形剖面图

从 DEM 可以很方便地制作任一方向上的地形剖面。根据工程设计的路线,只要知道所绘剖面线在 DEM 中的起点位置和终点位置,就可以唯一地确定其与 DEM 格网的各个交点的平面位置和高程以及剖面线上相邻交点之间的距离,然后按选定的垂直比例尺和水平比例尺,依距离和高程绘出地形剖面图。

剖面线端点的高程按求单点高程方法计算,剖面线与 DEM 格网交点 P_i 的高程可采用简单的线性内插计算。图 8-21 是由三角网绘制的地形剖面图。

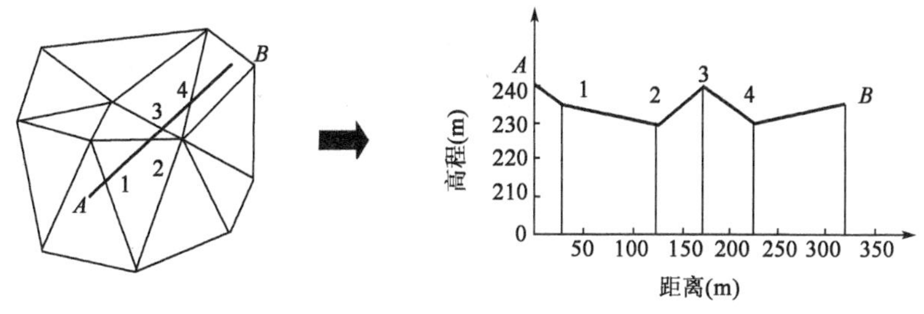

图 8-21 剖面图

剖面图不一定必须沿直线绘制,也可沿一条曲线绘制。

设交点 P_i 的坐标为(x_i,y_i,z_i),则剖面的面积为

$$A=\sum_{i=1}^{n-1}\frac{z_i+z_{i+1}}{2}\cdot D_{i,i+1} \tag{8-17}$$

式中,n 为交点数;$D_{i,i+1}$为 P_i 与 P_{i+1}之距离,按式(8-18)计算:

$$D_{i,i+1}=\sqrt{(x_{i+1}-x_i)^2+(y_{i+1}-y_i)^2} \tag{8-18}$$

3. 数字高程模型的可视化

根据数字高程模型,可进一步利用透视原理生成透视立体图,极大地提高地形的可视化效果。

DEM 三维可视化

绘制三维真透视立体图的步骤为:建立绘图区域的格网数字地面模型,确定左右两个消失点,计算透视变换网格点的坐标和高程修正值,处理隐藏线和绘制剖面线立体图。图 8-22 为绘制的三维真透视立体图。

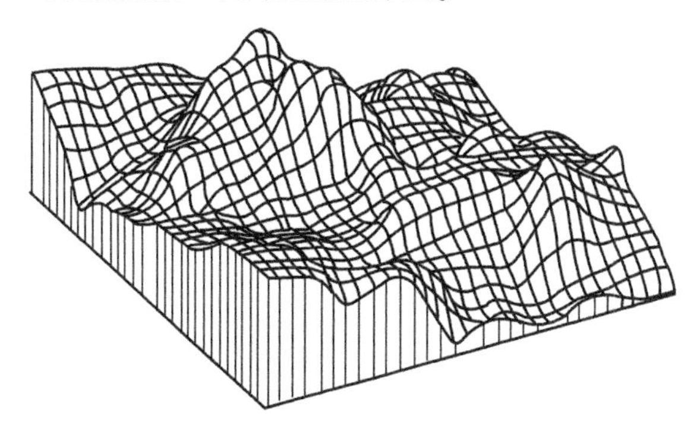

图 8-22 三维透视立体图

4. 地形三维景观图

各类遥感影像数据记录了地形表面丰富的地物信息和纹理信息,通过建立纹理影像与地形立体图之间的映射关系,然后确定 DEM 数据每一地面点在影像上的位置,通过重采样获取其灰度,最后经过透视变换、消隐、灰度转换等处理,生成一幅以真实影像纹理构成的三维地形景观图,如图 8-23 所示。

图 8-23　基于遥感影像的三维地形景观图

五、数字地形图的空间分析

1. 坡度和坡向的计算

坡度和坡向是相互联系的两个参数。坡度反映斜坡的倾斜程度;坡向反映斜坡所面对的方向。空间曲面的坡度是点位的函数,除非曲面是一平面,否则曲面上不同位置的坡度是不相等的,给定点位的坡度是曲面上该点的法线方向 N 与垂直方向 Z 之间的夹角 α(图 8-24)。坡向是过格网单元所拟合的曲面片上某点的切平面的法线的正方向在平面上的投影与正北方向的夹角,即法线方向水平投影向量的方位角 β。

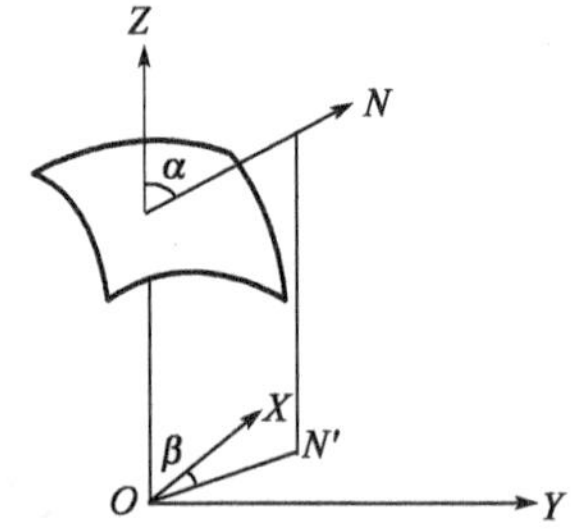

图 8-24　坡度、坡向示意图

坡度和坡向的计算通常使用 3 × 3 的格网窗口,每个窗口中心为一个高程点。窗口在 DEM 数据矩阵中连续移动后完成整幅图的计算工作。

坡度的计算公式为

$$\tan\alpha = \sqrt{\left(\frac{\partial z}{\partial x}\right)^2 + \left(\frac{\partial z}{\partial y}\right)^2} \tag{8-19}$$

坡向的计算公式为

$$\tan\beta = \frac{-\frac{\partial z}{\partial y}}{\frac{\partial z}{\partial x}} \tag{8-20}$$

在式(8-19)、式(8-20)中,$\frac{\partial z}{\partial x}$与$\frac{\partial z}{\partial y}$一般采用二阶差分方法计算。在图 8-25 所示的格网中,对于(i,j)点有:

$$\begin{cases} \left(\dfrac{\partial z}{\partial x}\right)_{ij} = \dfrac{z_{i,j+1} - z_{i,j-1}}{2\Delta x} \\ \left(\dfrac{\partial z}{\partial y}\right)_{ij} = \dfrac{z_{i+1,j} - z_{i-1,j}}{2\Delta y} \end{cases} \tag{8-21}$$

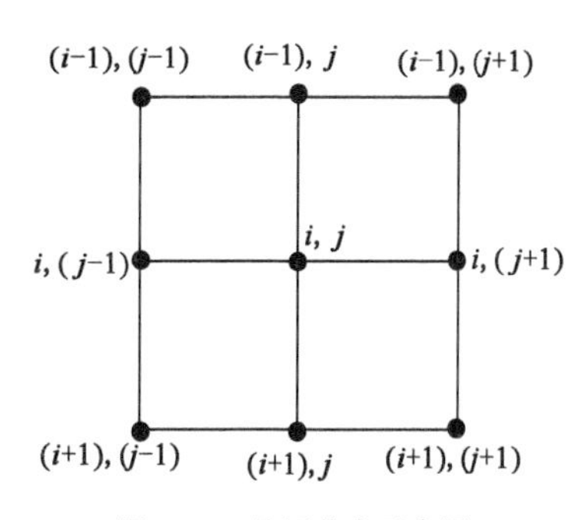

图 8-25 格网节点示意图

式中，Δx，Δy 为格网节点 x、y 方向的间距。

在计算出各地表单元的坡度后，可对坡度计算值进行分类，使不同类别与显示该类别的颜色或灰度对应，即可得到坡度图。

在计算出每个地表单元的坡向后，可制作坡向图。坡向图是坡向的类别显示图，因为任意斜坡的倾斜方向可取方位角 0°～360°中的任意方向。通常把坡向分为东、南、西、北、东北、西北、东南、西南 8 类，加上平地共 9 类，并以不同的色彩显示即可得到坡向图。

2. 通视分析

通视分析是指以某一点为观察点，研究某一区域通视情况的地形分析。

通视分析在航海、航空以及军事方面有重要的应用价值，比如在航海、航空中设置雷达站、电视台的发射站、森林中火灾监测点的设定、道路选择、航海导航等；在军事上如布设阵地、设置观察哨所、铺设通信线路等；有时还可能对不可见区域进行分析，如低空侦察飞机在飞行时，为尽可能避免敌方雷达的捕捉，飞机要选择雷达盲区飞行。

根据问题输出维数的不同，通视可分为点的通视、线的通视和面的通视。点的通视是指计算视点与待判定点之间的可见性问题；线的通视是指已知视点与计算视点的视野问题；区域的通视是指已知视点与计算视点能可视的地形表面区域集合的问题。

通视分析的基本思路是以 O 点为观察点，对格网 DEM 或三角网 DEM 上的每个点判断通视与否，通视赋值为 1，否则为 0。由此可以得到属性为 1 和 0 的格网或三角网；以观察点 O 为轴，以一定的方位角间隔算出 0°～360°的所有方位线上的通视情况，得到以 O 点为观察点的通视图（图 8-26）。

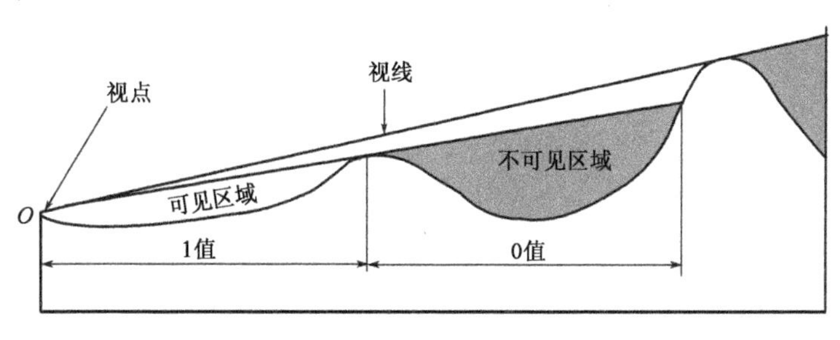

图 8-26 通视分析

思考题与习题

1. 何谓数字测图？它有哪些优点？

2. 试述全站仪在一测站测图的工作步骤。

3. 碎部的常用方法有哪些?

4. 地形图的识读一般从哪几个方面进行?

5. 试绘出图 8-27 所给数据的等高线。

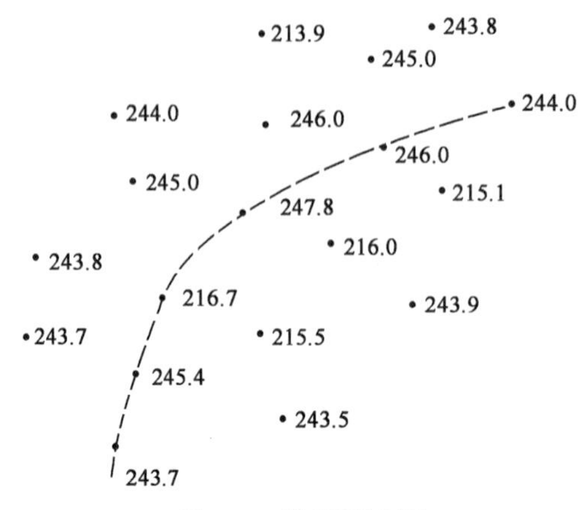

图 8-27 等高线绘制图

6. 图 8-28 所示为 1:1000 比例尺地形图,图中正方形 *ABCD* 为一欲整平场地范围,边长为 60m,试求:

(1)确定 *A*、*B*、*C*、*D* 四点的坐标和高程;

(2)测定四边形 *ABCD* 的面积及四边的距离、坐标方位角和坡度;

(3)在挖填方平衡的原则下,将四边形 *ABCD* 所示的区域平整成平面,并估算挖、填土方量(方格边长为 20m)。

(4)绘制出 *AB* 方向间的断面图。

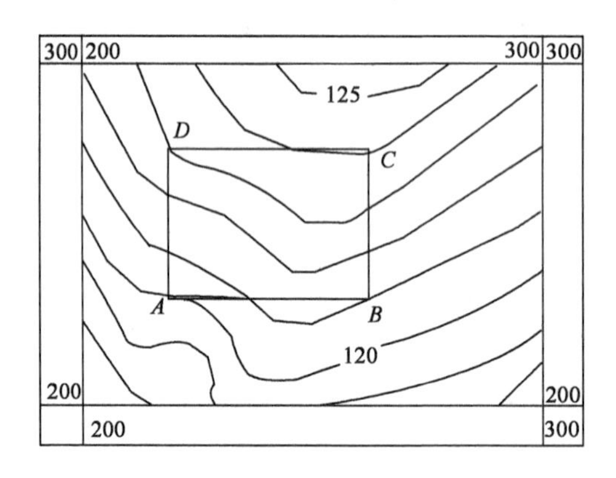

图 8-28 土方量计算图

第九章

无人机测绘

【本章提要】

本章主要介绍无人机测绘外业数据采集设备及其作业方式，无人机摄影测量、机载三维激光扫描测量技术理论基础，无人机摄影测量数据和三维激光点云数据采集、处理及测绘产品制作流程等。

【学习要求】

通过本章的学习，掌握无人机测绘技术的基础知识和基本原理，能够进行无人机航测数据采集、处理及大比例尺无人机测绘产品的制作。

第一节 概　　述

当前地面数字地形图测绘技术具有精度高、技术流程成熟等优势，但也具有外业劳动强度大、效率低等局限，适合于小范围高精度测绘任务，航天遥感系统目前存在技术和资金上的困难，因此如何提高大范围数字地形图测绘任务的作业效率、降低成本，一直是众多测绘学者关注的问题（表9-1）。

近年来，随着无人机及相关技术的飞速发展，无人机测绘已成为大比例尺数字地形图测绘的主要技术方法，是卫星遥感测绘和地面测绘的重要补充。它是利用无人机搭载的数码相机或三维激光扫描仪等设备,通过航空摄影或扫描的方式获取地面或目标物体的图像或非图像信息,并进行数据处理,以获取满足需求的二三维地理信息产品。与以 RTK 技术为主的地面测绘技术以及卫星立体测图技术相比,无人机测绘具有高效率、高精度、低成本等优势,因此在许多领域得到了广泛而日益深入应用。

不同数字地形图测绘技术方法对比　　表 9-1

技术类型	卫星测绘	无人机测绘	新型地面测绘	传统地面测绘
飞行高度	高(太)空(通常在 200km 以上)	低空(通常几十米至 5km)	车载、背包或手持	地面
主要任务载荷	专用成像或激光设备	数码相机、三维激光扫描仪	三维激光扫描仪、数码相机	GNSS、全站仪等
成图比例尺	中、小比例尺	大比例尺	大比例尺	大比例尺
主要数据成果	多视影像、激光数据	多视影像或激光数据	多视影像、激光数据	二维或三维空间点坐标
制约因素	轨道位置、大气影响	天气影响、空域审批	通视性及可到达性受限	通视性,可到达性差
劣势	易受卫星轨道、太阳光照位置、雾及大气影响大。影像地面分辨率 1m 以上,数据更新周期较长,时效性较差	不受大气云团影响,但易受天气影响,对天气要求较高,有时需要空域审批	通视性及可到达性在一定程度上受地面地物及地形的影响	易受通视条件、可通达性影响

根据无人机平台上搭载的传感器不同,无人机测绘技术可以分为以数码相机为主的无人机摄影测量技术和以三维激光扫描仪为主的无人机载三维激光扫描测量技术。

无人机航摄系统一般由飞行平台、传感器系统、地面终端、数据处理系统等四部分组成。地面系统包括用于作业指挥、后勤保障的车辆等;飞行平台包括无人飞机、维护系统、通信系统等;影像获取系统包括电源、GNSS 程控导航与航摄管理系统、数字航空摄影仪、云台、控制与记录系统等;数据处理系统包括空中三角测量、正射纠正、立体测图等。

利用无人机航摄系统完成外业数据采集之后,使用数据处理系统的空中三角测量、影像定向进行处理,一个与地面一致的立体模型就建立起来了。通过这个立体模型就能够完成各类数字产品的生产,包括数字高程模型(Digital Elevation Model,DEM)、数字正射影像(Digital Orthophoto Model,DOM)、数字表面模型(Digital Sorfave Model, DSM)、数字线划图(Dightal Line Graph,DLG)、数字栅格地图(Digital Raster Graph,DRG)。近年来,随着无人机测绘遥感技术的发展,测绘产品类型越来越多,例如真数字正射影像(Ture Digital Orthophoto Model,TDOM)、实景三维模型、三维点云等其他形式的数字产品。

无人机测量系统

无人机测绘技术是一种高效、精准的地理信息获取方式,能够快速获取高分辨率的地理信息数据,为各行业提供重要的决策支持。它通常用于自然资源与生态环境监测、各类工程建设等领域,提供重要的基础地理空间数据产品。而无人机载三维激光扫描测量技术主要用于电力线路安全巡检、林下地形测绘、森林调查等领域。

随着无人机技术、人工智能(Artificial Intelligence,AI)、自动驾驶等技术的不断发展与交叉融合,无人机测绘技术也走向智能化时代。其中即时定位与建图(Simultaneous Localization and Mapping, SLAM)技术逐渐成为一种集导航定位、地图构建、目标检测和场景识别为一体的新型测绘技术,在自动驾驶、智能机器人、增强现实等领域发挥了重要作用,逐渐形成了以激光和相机为主的激光SLAM、视觉SLAM两种技术模式,其中语义视觉SLAM环境感知技术目前处于快速发展的阶段,逐渐成为了推动智能装备从被动规划式环境感知技术向主动交互式环境感知技术发展的重要力量。

随着无人机技术、人工智能、通信、导航定位、大数据与云计算等技术的不断发展与交叉融合,这些新型测绘技术也正在各个领域中得到更深入的应用,在测绘领域将呈现以下趋势:

(1)高精度与高效率。无人机测绘将进一步提高测绘的精度和效率,提供更丰富的测绘产品,以满足行业领域中更多的需求。

(2)多传感器融合。在无人机测绘中将更多的传感器融合,以提高数据获取的多样性和完整性。

(3)AI技术应用。AI技术将在无人机测绘数据处理和分析中发挥越来越重要的作用,提高数据处理的效率、精度和智能化水平。

(4)法规与安全问题。随着无人机测绘的广泛应用,相关的法规和安全问题也将越来越受到关注,需要不断完善相关法规和技术标准。

总之,随着无人机技术及相关技术的不断发展和创新,无人机测绘技术将在更多领域中得到更深入的应用,其在各行各业及国民经济生活的应用也将不断扩大和深入,为人们的生活带来更多的便利和效益。

本章将从无人机航测数据采集、数据处理理论、测绘产品生产作业流程以及无人机测绘技术应用几个方面进行详细阐述。

第二节　无人机航测数据采集设备

一、无人机航摄传感器系统

常用的无人机摄影系统一般由飞行平台、定位导航飞行控制系统、数码相机传感器、传输系统和地面监控系统五个部分组成。

1.飞行平台

无人机的全称无人驾驶飞行器(Unmanned Aerial Vehicle,UAV),是利用无线电遥控或自备程序控制装置操纵的不载人飞机。

按工作原理无人机可分为多旋翼、固定翼、直升机、伞翼、飞艇五种类型(图9-1)。

按无人机大小(空机重量)可分为:微型、轻型、小型、大型。

按活动半径可分为:超近程为15km以内;近程为15~50km之间;短程为50~200km之间;中程为200~800km之间;远程为大于800km。

按飞行方式可分为固定翼无人机、多旋翼无人机、固定翼混合垂直起降无人机。

(1)固定翼无人机

固定翼无人机是指由动力装置产生前进的推力或拉力,由机身的固定机翼产生升力,在大气层内飞行的重于空气的航空器。固定翼飞行器主要由机身、发动机、机翼、尾翼、起落架等构成,如深圳飞马F200固定翼无人机(图9-2)。

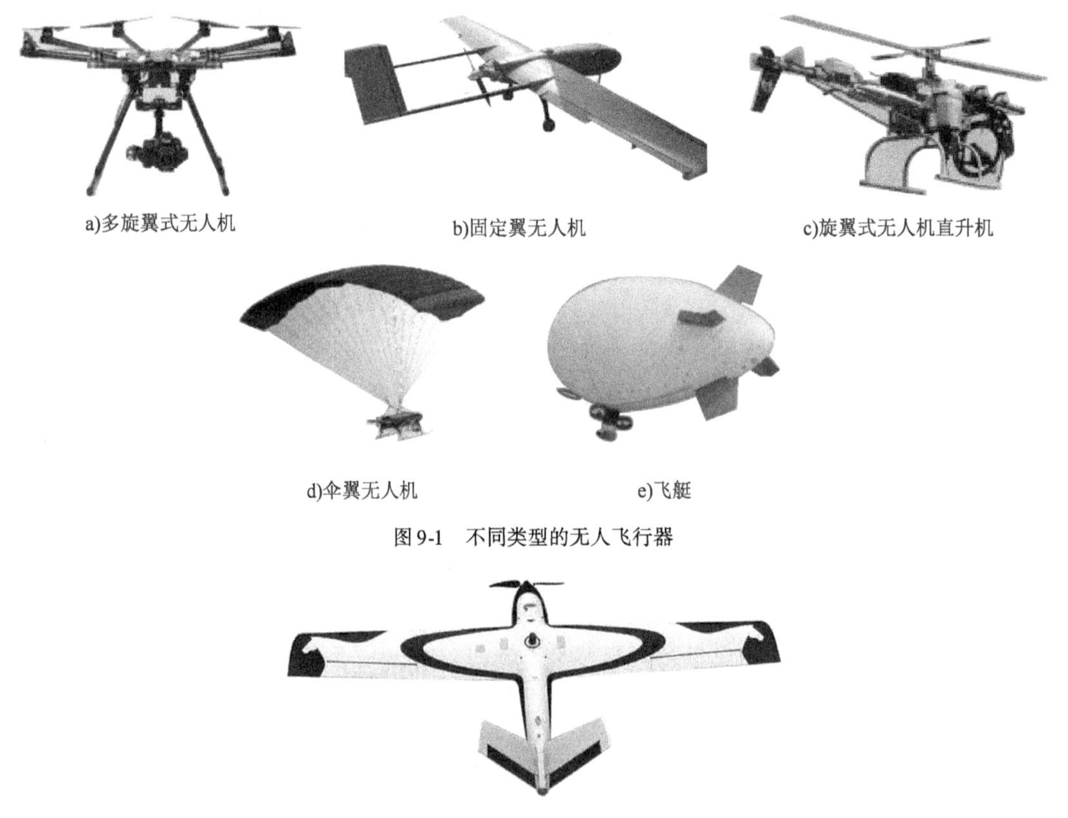

a)多旋翼式无人机　b)固定翼无人机　c)旋翼式无人机直升机

d)伞翼无人机　e)飞艇

图 9-1　不同类型的无人飞行器

图 9-2　深圳飞马 F200 固定翼无人机

(2)多旋翼无人机

多旋翼无人机通常有 4 个以上的旋翼的飞行器(如四旋翼、六旋翼、八旋翼无人机),飞行器的机动性通过改变不同旋翼的扭力和转速来实现,多个螺旋桨可以产生强大的升力,为飞行员提供精确的控制。多旋翼无人机具有体积小、控制性能好等特点。它们可以轻松悬停和垂直起飞,从而增加了多功能性。但旋翼的增加会使无人机更难学习和控制,同时这些运动部件也会消耗额外的电能,从而更快地消耗电池电能,大多数多旋翼无人机器只有不到一个小时的飞行时间。目前大多数小型无人机都是多旋翼机型,如大疆精灵 4 无人机,大疆经纬 M300、四旋翼 M350 无人机(图 9-3)。

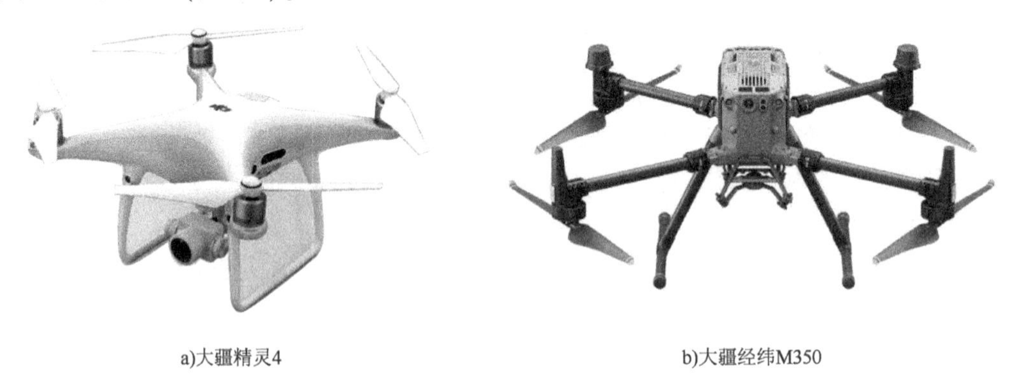

a)大疆精灵4　b)大疆经纬M350

图 9-3　四旋翼无人机

(3)固定翼混合垂直起降无人机

固定翼混合垂直起降无人机是一种新的无人机技术,它们结合了固定翼无人机的长距离飞行时间和基于旋翼装置的垂直起飞能力,如成都纵横 cw15 无人机、深圳飞马 V10 无人机(图 9-4)。

a)成都纵横cw15　　b)深圳飞马V10

图 9-4　固定翼混合垂直起降无人机

多旋翼飞行器主要由云台、电机、电调和桨叶组成,为了满足实际飞行需要,一般还需要配备电池、遥控器及飞行辅助控制系统,如图 9-5 所示。

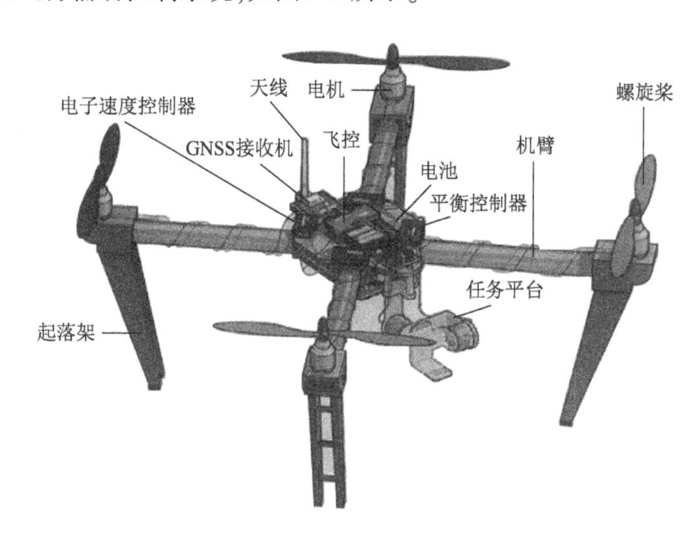

图 9-5　多旋翼飞行器主要构造

2. 飞行控制系统

飞行控制系统主要负责控制无人机的飞行,包括飞行姿态、高度、速度和路线等,能够通过内置的传感器、处理器和算法实现对无人机的自主控制,使其能够按照预设的飞行航线进行自主飞行,是无人机摄影测量的核心系统。无人机的状态参数能够实时传输至地面控制系统,使地面飞行人员能够实时掌控无人机,并采集影像。

飞行控制系统中,定位定向系统(Position and Orientation System,POS)是利用全球定位系统(GNSS)和惯性测量装置(Inertial Measurement Unit,IMU)直接确定传感器空间位置和姿态的集成技术。它是通过 GNSS 获取位置数据作为初始值,通过 IMU 获取姿态变化增量,应用卡尔曼滤波器、反馈误差控制迭代运算,生成实时导航数据。

对于装有动态差分 GNSS 定位系统的无人机来说,动态差分 GNSS 定位系统不仅能够提供无人机飞行时的实时坐标数据,还能起到飞行导航、控制航线的作用。而IMU通过测量无人机的加速度和角速度来估计其运动状态,获取准确的无人机飞行姿态参数和速度,也能够对无人机飞行姿态进行调整,提高无人机平台在飞行测量时的稳定性。但GNSS与惯性测量装置有各自的不足,因此,通常将惯性测量装置与动态差分GNSS系统结合使用,通过GNSS/INS组合导航核心算法,实现优势互补,提高对飞行载体定位测姿的精度。除去GNSS/INS组合导航核心算法,POS硬件部分中的GNSS和IMU高精度时间同步和杆臂补偿等,也是保证POS系统达到厘米级甚至毫米级定位精度的关键技术。

在无人机摄影测量技术中,应用机载POS组合导航定位定向系统可以获取摄影相机的外方位元素和飞机的绝对位置的初始值,即无人机等移动平台位置和姿态的轨迹数据,可实现定点摄影成像和无地面控制的高精度对地直接定位。因此,POS能够实现直接对地几何定位,可以减少或省略空中三角测量的地面控制点,在稀少控制点和无控制点条件下可提高影像的几何定位精度。

此外,POS可以与多种的量测类型的传感器,如航摄像机、机载激光雷达(LiDAR)、高光谱成像仪、机载合成孔径雷达(SAR)等,直接连接使用。

3. 数码相机传感器

数码相机被搭载在飞行平台上,并与GNSS/IMU集成在一起,使得飞行定点曝光时刻可获得拍摄区域的一张或多张影像,同时利用GNSS/IMU传感器可以获得曝光时刻的飞机姿态与位置,为后续的立体测绘提供数据源。

4. 传输系统

传输系统由地面终端和机载终端组成。机载终端包括飞控系统及各类传感器。机载计算机通过无线电通信链向地面终端实时发送飞机状态参数,地面终端获取信息后,由地面飞行人员实时控制无人机,通过无线通信向机载终端下达命令,机载控制计算机对命令进行接收和处理,调配指令控制传感器等设备。

5. 地面监控系统

地面监控系统一般为装有飞行控制软件的笔记本电脑,携带、操作更为便捷,该系统将飞行器与数据传输系统连接,主要有以下三个功能:

(1)飞行监控功能。地面监控系统能够实时获取飞行器的空中姿态信息,飞行人员根据这些信息对飞行器进行掌控,对飞行器做出相应指令。

(2)导航地图功能。地面监控系统能够实时显示飞行器的地理位置、高度、航线等数据。

(3)航线制定功能。无人机起飞前,可以在地面监控软件上对航线进行合理的规划,设置各种飞行参数,以便满足需求顺利飞行。

二、无人机摄影方式

按无人机载数码相机镜头个数及摄影方式来分,可分为:常规的单镜头正直摄影、单镜头倾斜摄影、多镜头倾斜摄影。其中,倾斜摄影方式与正直摄影方式对比如图9-6所示。

1. 单镜头近似垂直摄影

单镜头近似垂直摄影是指单摄影机主光轴垂直于地面或与铅垂线的夹角是一个小角度,这种方式下获得的像片称水平像片或垂直像片。也称为正直摄影测量方式。

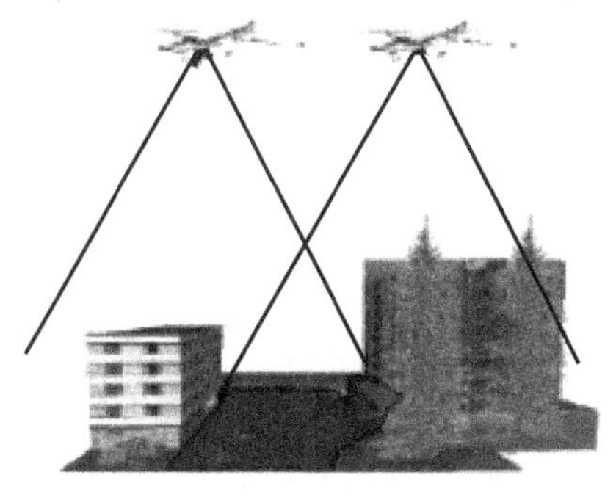

a)传统垂直摄影测量

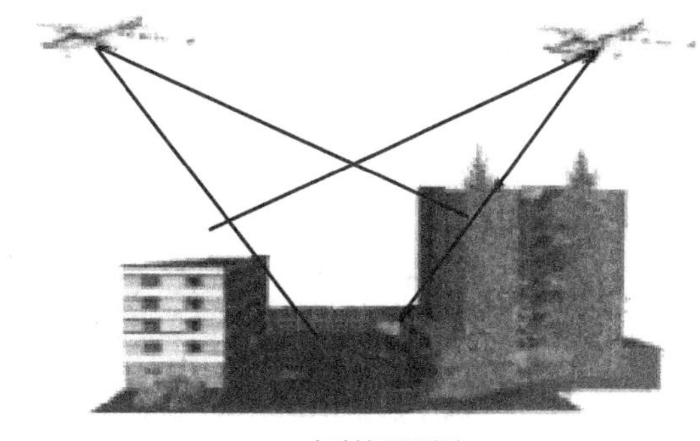

b)倾斜摄影测量

图 9-6　垂直摄影测量与倾斜摄影测量对比

2. 单镜头倾斜摄影

贴近摄影测量(Nap-of-the-Object Photogrammetry)通常采用单镜头倾斜摄影方式,它主要是利用旋翼无人机对非常规地面(如滑坡、大坝、高边坡等)或者人工物体表面(如建筑物立面、高大古建筑、地标建筑等)进行亚厘米甚至毫米级别分辨率影像的自动化高效采集,并通过高精度空中三角测量处理,以实现这些目标对象精细化重建的一种摄影测量方法。贴近摄影与近似垂直摄影方式(仿地摄影与等高摄影)对坡面拍摄的示意图如图 9-7 所示。

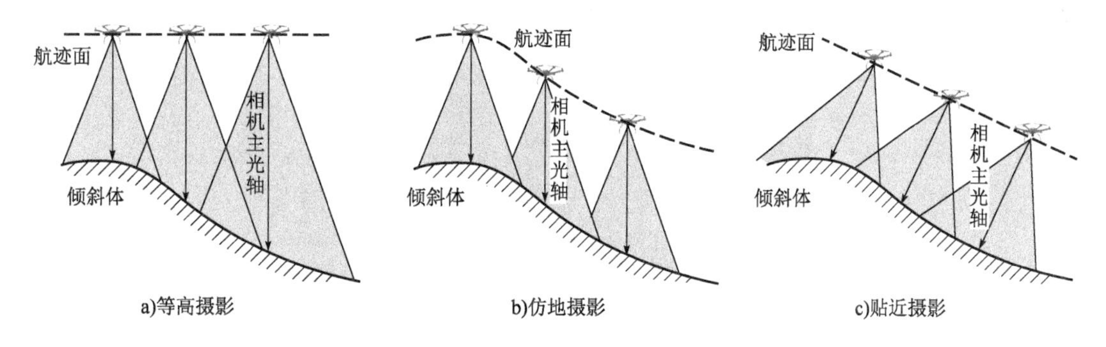

图 9-7　贴近摄影与近似垂直摄影方式(仿地摄影与等高摄影)对坡面拍摄的示意图

贴近摄影测量技术流程如图 9-8 所示,该摄影方式具有以下特点。

(1)目标导向飞行。摄影路线沿着被摄物体的表面,可避免统一飞行高度带来的影像分辨率变化的问题。

(2)贴面拍摄。根据目标表面形状,调整无人机角度或相机拍摄角度,因此也要求数据获取平台具备较高的灵活性。

(3)近距离摄影。可获取目标表面超高分辨率影像(亚厘米甚至毫米级别)。

(4)从粗到细作业。先对目标进行常规或倾斜摄影,获取目标粗粒度三维信息,然后自动规划精细获取的航线和摄影角度,控制无人机进行精细影像获取。

3. 多镜头倾斜摄影

多镜头倾斜摄影技术是通过在传统的垂直摄影无人机平台上安装多个角度的相机采集不同视角的影像(图 9-9),可同时获取目标区域的下视影像和倾斜侧视影像,使得该技术从获取单一的下视影像转变为能够获取包含建筑物侧面、被植物遮蔽的地物地面、崎岖地表等地物在内的倾斜影像(图9-10)。基于多镜头倾斜摄影的无人机测绘技术适用于城市三维模型、建筑立面、城市规划等领域。它利用高分辨率、倾斜角度大的倾斜摄影图像,可实现实景三维建模。

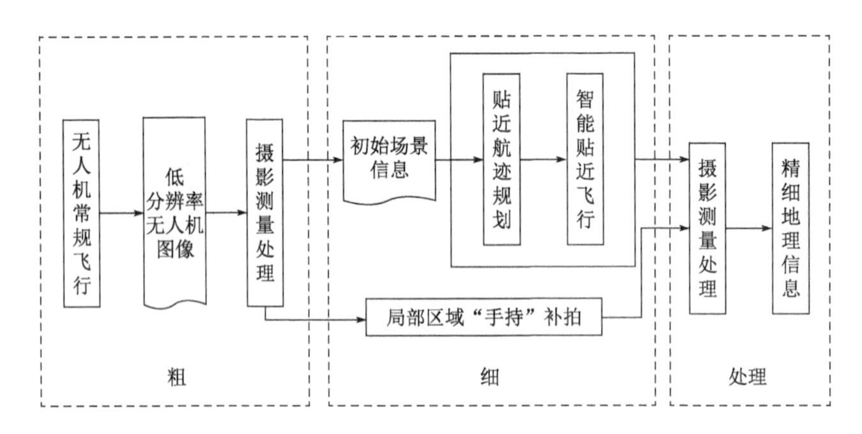

图9-8　贴近摄影测量技术流程

图9-9　五镜头倾斜摄影设备

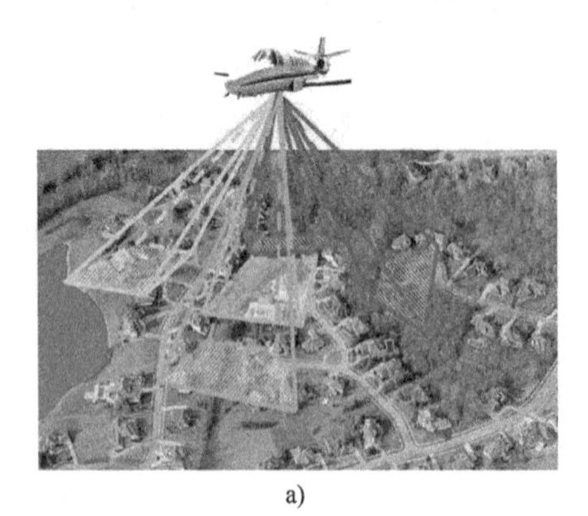

a)

图　9-10

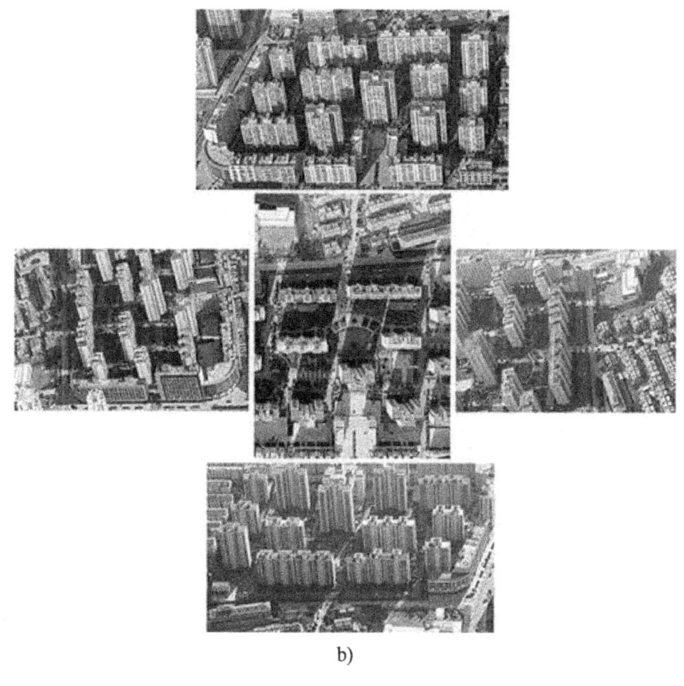

b)

图 9-10 五镜头倾斜摄影方式及同时获取的五张影像

三、无人机载 LiDAR 传感器系统

典型的机载激光雷达(LiDAR)系统组成(图 9-11)由空中单元和地面单元两大部分组成。其中,空中单元主要包括:全球导航卫星系统(GNSS)、惯性测量单元(IMU)、激光扫描仪/数码相机、控制单元;地面单元主要包括:数据预处理、数据后处理以及与无人机进行通信的地面站。

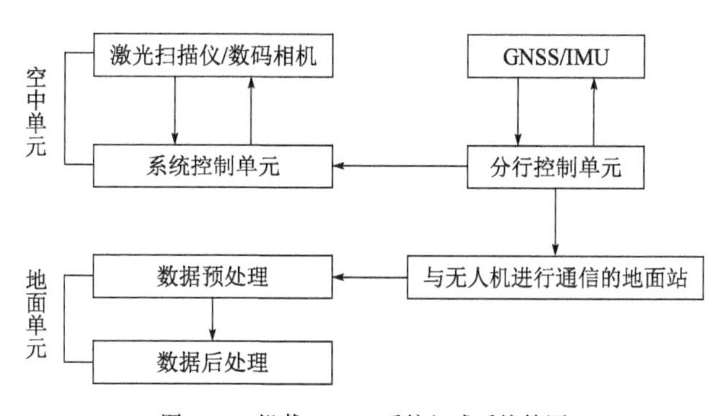

图 9-11 机载 LiDAR 系统组成系统简图

1. 空中飞行控制单元

空中飞行控制单元主要由全球导航卫星系统(GNSS)、惯性测量单元(IMU)等组成。GNSS 用于快速准确地记录信号收发点的空间位置信息数据,可向飞行平台操作者以图文的形式提供及时可靠的航线起始点间距离,航线横向偏差、航线偏向等飞行平台状态数据;IMU 用于记录测量平台三个空间姿态参数信息,如拍摄中心的瞬时俯仰角、侧倾角和航向角。

2.数码相机

数码相机主要用于记录地面的纹理信息,为后续处理提供参考,数码相机像素可达1亿像素甚至更高,并且能够很好地和激光扫描宽度相匹配。

3.激光扫描测距系统

激光扫描测距系统又可以分为激光测距系统、光电扫描器和数据处理系统。激光发射器发射脉冲信号,光电扫描器调整发射方向达到横向扫描的目的,接收器接收信号并由数据处理系统将之转换为电信号,而激光测距系统通过计算激光发射和接收之间的时间差,计算出发射中心与目标点间的距离。

4.数据传输系统

成像设备采集到的图像和视频数据需要实时传输到地面站或存储设备,以便后续处理和分析。传输方式可以是无线传输、有线传输或存储设备的直接读取。

5.数据记录与处理系统

数据记录与处理系统负责对各类数据进行存储,如回波数据、导航数据等,还负责参数计算、数据分类、坐标点实时解算等工作。飞行操控人员可以根据飞行软件显示的实时数据对无人机航线进行调控,以满足实际需要。

6.中心控制单元

中心控制单元用于协调GNSS接收机、惯性测量单元和激光扫描仪三者的工作,使三者保持高精度的时间同步,确保数据的采集工作按照规划好的设计轨迹进行;机载激光测量系统能够获取的数据量是非常巨大的,所以数据的处理必须使用专业软件进行。

第三节　无人机摄影测量理论基础

一、摄影测量基本概念

1.摄影比例尺

假设把像片当作水平像片,地面取平均高程,在这种情况下像片上的一个长为l的线段与地面上相应水平距离L的比值为摄影比例尺($1/m$),即

$$\frac{1}{m}=\frac{f}{H}=\frac{l}{L} \tag{9-1}$$

式中,f为摄影机主距;H为摄影航高。摄影比例尺越大,地面的影像愈清晰。严格意义上的摄影比例尺是指水平航摄像片上一个长为l的线段与地面上相应线段水平距离L的比值。但是,由于地形有起伏、像片有倾角,不可能同时满足上述假设条件,所以影像上各点的摄影比例尺通常不相等。

2.中心投影与正射投影

用一组假想的直线将空间物体向几何面投射称为投影。其投影线称为投影射线。投影的几何面通常取平面(称为投影平面)。投影平面的图形称为该物体在投影平面上的投影。

投影可分为中心投影与平行投影，而平行投影又有倾斜投影与正射投影之分。其中，当投影射线汇聚于一点时，称为中心投影；当投影射线与投影平面正交时，称为正射投影。航空像片是地面的中心投影，地形图是地面的正射投影，因此，摄影测量的主要任务之一就是把地面按中心投影规律获得的某航摄比例尺的像片转换成按成图比例尺要求的正射投影的地形图。

3. 像片的重叠度

当相邻的两张像片拍摄的区域有重叠时，重叠部分占整张像片的比例，称为像片的重叠度。对于无人机航测，通常设定：航向重叠度为70% ~80%，旁向重叠度为60% ~70%，实际作业时需要根据地形及飞行效率等要求来进行调整。

4. 像片的内方位元素

表示摄影中心 S 与所摄像片之间相对位置的参数称为像片的内方位元素，包括：像片主距 f，以及像主点 o 在像平面坐标系 $\bar{o}xy$ 中的坐标(x_o, y_o)。其中，像主点 o 是物镜主光轴 S_o 与像平面的交点；像片主距 f 是摄影机物镜后节点 S 到像主点 o 的垂距，由于它与摄影机焦距几乎相等，因此有时也称为摄影机主距(常用摄影机焦距近似表示)，如图9-12所示。内方位元素决定了投影(或摄影)光束的形状，对量测型摄影机而言，内方位元素(x_o, y_o, f)通常可以从航摄仪鉴定书中获得。

5. 内定向

对数码相机拍摄得到的数字影像来说，内定向是实现像点的像素坐标向像主点为原点的像平面坐标的转换。

6. 外方位元素

描述航摄像片空间方位的参数称为外方位元素，包括三个线元素和三个角元素。线元素确定了拍摄瞬间投影中心 S 在地面坐标系中的坐标(X_S, Y_S, Z_S)，角元素则确定了像片在地面坐标系中的空间姿态，即航向倾角 φ、旁向倾角 ω、像片旋角 κ，如图9-13所示的是以 Y 轴为主轴的 φ、ω、κ 角元素的描述方法。除此之外，还有其他常用的转角系统。

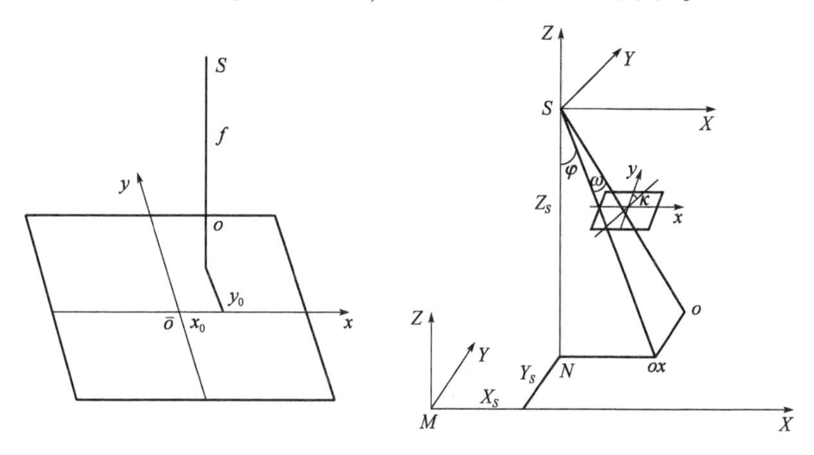

图9-12 像片的内方位元素　　图9-13 像片外方位元几何示意图

外方位元素决定了投影光束在空间的方位，如果已知每张像片的6个外方位元素，就能确定摄影瞬间被摄物体与航摄像片的关系，重建地面的立体模型。但通常需要需根据已知地面控制点来求取各像片的外方位元素。

二、摄影测量常用的坐标系

摄影测量几何定位是根据像片上像点的位置来确定相应地面点的空间位置。为此,首先必须选择适当的坐标系来定量地描述像点和地面点之间的位置关系,然后才能从像点坐标量测值出发,求出相应点在物方的坐标,实现坐标系的变换。在摄影测量中,有多种用于描述像点在像平面的位置的常用坐标系,统称为像方坐标系;用于描述像素在空间的位置,统称为像空间坐标系;用于描述地面点的位置,统称为物方空间坐标系。而在像点的像平面点坐标向物方坐标转换的过程中,还需要用到一系列过渡坐标系。

1.像平面坐标系

描述像点在像平面上位置的坐标系称为像平面坐标系,通常采用右手坐标系,x、y轴的选择按需要而定。在摄影测量解析计算中,像点的坐标通常采用以像主点为原点的像平面坐标系 oxy 中的坐标。对于目前常见的数码相机直接获得的数字影像来说,需建立以像素为单位的像平面坐标系,即图像像素坐标系 $o'uv$ 由于像主点与像素坐标系原点不重合,需将像点在像素坐标系中的坐标转化至以像主点为原点的像平面坐标系,两个坐标系之间的关系如图9-14所示。

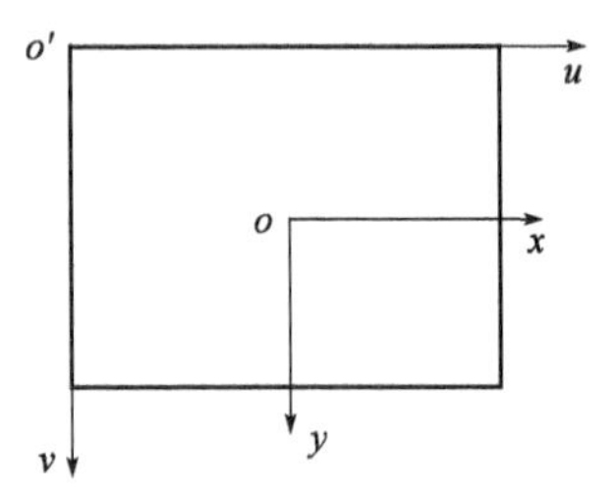

图9-14 像素坐标系与像主点坐标系的关系

2.像空间坐标系 S-xyz

描述像点在像空间位置的坐标系称为像空间直角坐标系。它是以摄影中心 S 为坐标原点,其 x、y 轴与像平面坐标系的 x、y 轴平行,z 轴与主光轴重合,通常采用右手系。某一像点的像平面坐标(x,y)转换成像空间坐标系为$(x,y,-f)$,其中,f 为摄影机主距。

3.像空间辅助坐标系 S-XYZ

每张像片的像空间坐标系不统一,这将给计算带来困难。为此,需要建立一种相对统一的坐标系,即像空间辅助坐标系 S-XYZ。此坐标系的原点仍选在摄站点 S(也称为摄影中心或投影中心),坐标轴系的选择视需要而定。

4.物方空间坐标系

物方空间坐标系用于描述地面点在物空间的位置,摄影测量方法求得的地面点坐标最终是以地面测量坐标系 T-$X_tY_tZ_t$的形式提供给用户使用。地面测量坐标系 T-$X_tY_tZ_t$通常指地图投影坐标系,也就是大地测量所用坐标系,目前主要采用以下两种坐标系:一是传统采用的高斯-克吕格三度带或六度带投影(1980 年国家大地坐标系)和 1985 国家高程基准,X_t轴指向正北方向,采用左手系。另一种是 CGCS2000 坐标系。目前,一般根据生产要求选择合适的坐标系作为最终的地面测量坐标系。但是,在获得各地面点的地面测量坐标之前,通常需要借助以下两种过渡性坐标系:

摄影测量坐标系 P-$X_pY_pZ_p$:将像空间辅助坐标系 S-XYZ 沿着 Z 轴反方向平移至地面点 P,得到的坐标系;

地面摄影测量坐标系 M-$X_{tp}Y_{tp}Z_{tp}$:原点定义为测区内的某一已知点 M,X_{tp}轴水平且与摄影测量坐标系的 X_p轴大致一致,Z_{tp}轴铅垂,构成右手直角坐标系(后续章节中将该坐标系简写成

$M\text{-}XYZ$)。它是摄影测量坐标系与地面测量坐标系之间的一种过渡性坐标系。

像主点为原点的像平面坐标系、像空间坐标系、像空间辅助坐标系以及地面测量坐标系之间的相互关系如图9-15所示。

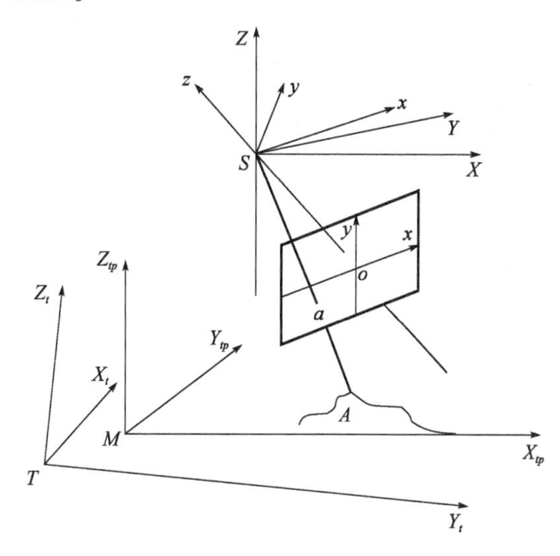

图9-15　常用坐标系及相互关系示意图

三、单像空间后方交会

获取各像片的外方位元素是摄影测量的核心问题。获取外方位元素的传统方法是采用空间后方交会的方法。单像空间后方交会是利用均匀分布在单张像片上至少3个已知地面控制点的物方坐标与其对应像点的像平面坐标，根据共线条件方程反求该像片的6个外方位元素的过程，其求解方法通常采用最小二乘法迭代解算外方位元素。

常见的框幅式单中心摄影的共线条件方程(也称为构像方程)描述如下：

描述像点、投影中心 S 和相应地面点三点共线(图9-16)这一几何关系的方程称为共线条件方程，简称共线方程。其表达式见式(9-2)：

$$\begin{cases} x - x_0 = -f\dfrac{a_1(X-X_S)+b_1(Y-Y_S)+c_1(Z-Z_S)}{a_3(X-X_S)+b_3(Y-Y_S)+c_3(Z-Z_S)} \\ y - y_0 = -f\dfrac{a_2(X-X_S)+b_2(Y-Y_S)+c_2(Z-Z_S)}{a_3(X-X_S)+b_3(Y-Y_S)+c_3(Z-Z_S)} \end{cases} \tag{9-2}$$

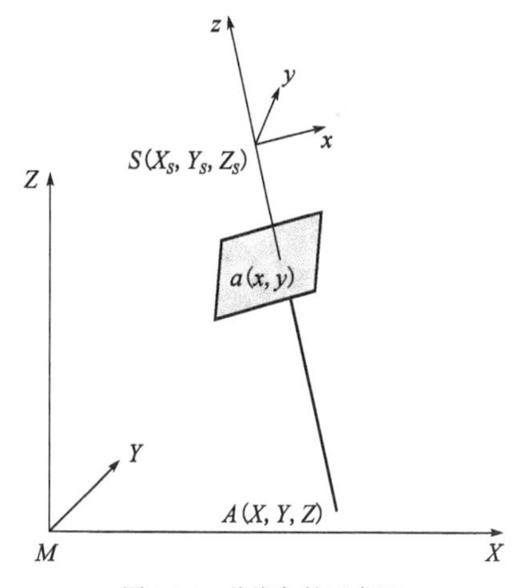

图9-16　共线条件示意图

式中，(x,y)为像点 a 在框标坐标系中的坐标；(X,Y,Z)为其对应物点在地面坐标系 $M\text{-}XYZ$ 中的坐标；(X_S,Y_S,Z_S)为摄影中心 S 在地面坐标系 $M\text{-}XYZ$ 中的坐标；$(x_0,y_0,-f)$为内方位元素；$(a_1,b_1,c_1,\cdots,c_3)$为用外方位角元素(φ,ω,κ)的正余弦表示的旋转矩阵中九个元素。

共线方程反映了空间物体和其构像之间的投影关系，因此，摄影测量的过程实质上是一种摄影过程的几何反转，它是利用像点与物方点之间存在的几何关系来实现的。当摄影过程中存在相机镜头畸变、地形起伏、大气折光、地球曲率等造成的像点位移(像点偏离理想位置)时,需要对像点坐标观测值(x,y)增加各类系统误差的改正量($\Delta x,\Delta y$),才使得上式更加严密。因此,进行了各类系统误差及偶然误差改正后的共线方程是一种严密的构像方程,它也是摄影测量中最基本、最重要的公式,具有广泛的应用。例如,空间后方交会及光束法空中三角测量获得像片的内、外方位元素、生成数字正射影像、影像模拟等。

四、双像解析摄影测量

1.像对的立体观察

由于人的双眼观察同一物体时,在左右两眼的视网膜上成像的位置不同,即具有生理视差。人眼的这种生理视差通过视觉神经传到大脑,通过大脑的综合作用,判断出景物的远近,便产生了物体的立体感。基于此原理,可得到与原物体一样的立体感觉,这就是人造立体视觉。像对的立体观察,就是基于这一原理。但要构成立体像对,实现像对的立体观察必须满足以下四个基本条件:

(1)必须采用不同站点拍摄的具有一定重叠的立体像对;

(2)立体像对的左、右像片的比例尺接近;

(3)两眼分别观察一张像片上的同名像点;

(4)使同名像点连线与眼基线大致平行。

如图9-17所示,从不同位置对同一地面点拍摄,获得一个立体像对,在其各自影像上构成的像点 a_1、a_2,称为同名像点(简称同名点)。

a)

b)

图9-17 立体像对与同名像点示意图

2.摄影过程几何反转与双像立体测图

在航空摄影中,飞机沿着航线方向在不同的空间点(摄站)进行摄影,得到了多张具有一定重叠度的航摄影像。如果能够将这些航摄影像恢复到摄影时的真实状态,那么根据人造立体视觉原理,就能够再现摄影时地面的实际状况。将航摄影像恢复到摄影真实状态的这一过程称之为摄影过程的几何反转,其原理如下:

图9-18表示从空中对地面摄影拍摄的两幅影像 P_1、P_2,S_1、S_2是相邻两个摄站,它们之间

的距离 S_1S_2 称为摄影基线 B。若将在摄影中心 S_2 获得的影像 P_2 沿着基线的反方向移动到位置 S_2'，就可以得到将地面 $ACDM$ 缩小了的地面模型 $A'C'D'M'$。

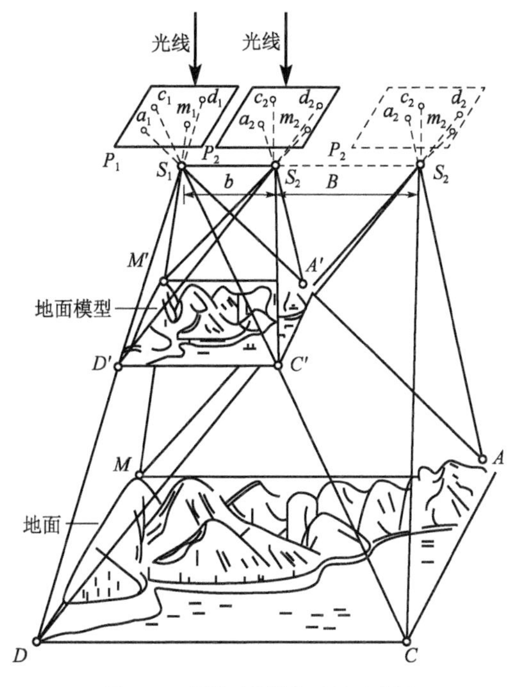

图 9-18　摄影过程几何反转示意图

根据这一思想，在恢复左、右像片的外方位元素后，左、右投影光线（同名光线）会“对对相交”，它们的交点就构成地面虚拟的几何模型。这一过程就是摄影过程的几何反转，然后利用立体测图仪对建立的几何模型进行测量，即可实现双像立体测图。而实现摄影过程的几何反转，其核心就是恢复左右影像的外方位元素，以建立一个三维立体模型。

3. 双像空间前方交会

已知某立体像对中左、右像片的内、外方位元素的情况下，通过量测某一地面点 A 在左、右像片上的像点坐标 $a_1(x_1,y_1)$、$a_2(x_2,y_2)$，确定该地面点在物方空间坐标系中的坐标 $A(X,Y,Z)$ 的方法称为双像空间前方交会，其几何示意图如图 9-19 所示。求解地面点坐标的方法通常有点投影系数法和基于共线方程的严密解法两种。

因此，采用“依次进行内定向、单像空间后方交会、双像空间前方交会”的方法便可确定某同名像点对应的地面点的物方坐标。

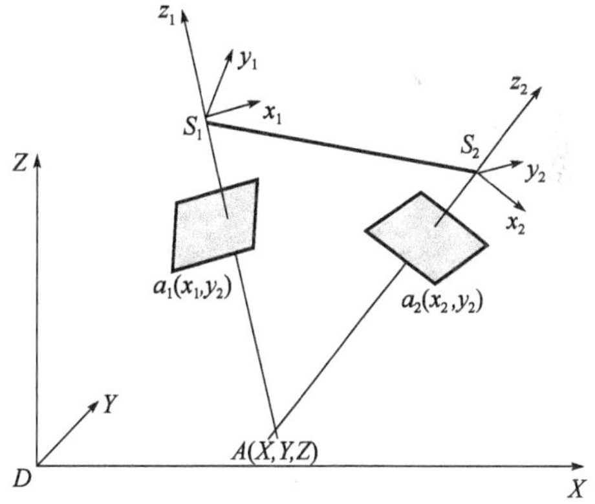

图 9-19　像空间前方交会几何示意图

4. 立体像对的相对定向

确定一个立体像对中左、右影像的相对位置关系称为相对定向。它是利用左、右像片的摄影中心 S_1、S_2 以及某一物方点 A 三点共面的几何关系来恢复两张像片的相对位置和姿态，达到同名光线“对对相交”并建立一个相对立体模型的目的。

由图 9-20 可知,S_1、S_2、A 三点共面,亦即三个矢量$\overrightarrow{S_1A}$、$\overrightarrow{S_2A}$和$\overrightarrow{S_1S_2}$共面。根据矢量代数,三个矢量的混合积等于零,即$\overrightarrow{S_1S_2}\cdot(\overrightarrow{S_1A}\times\overrightarrow{S_2A})=0$,这就是共面条件方程。

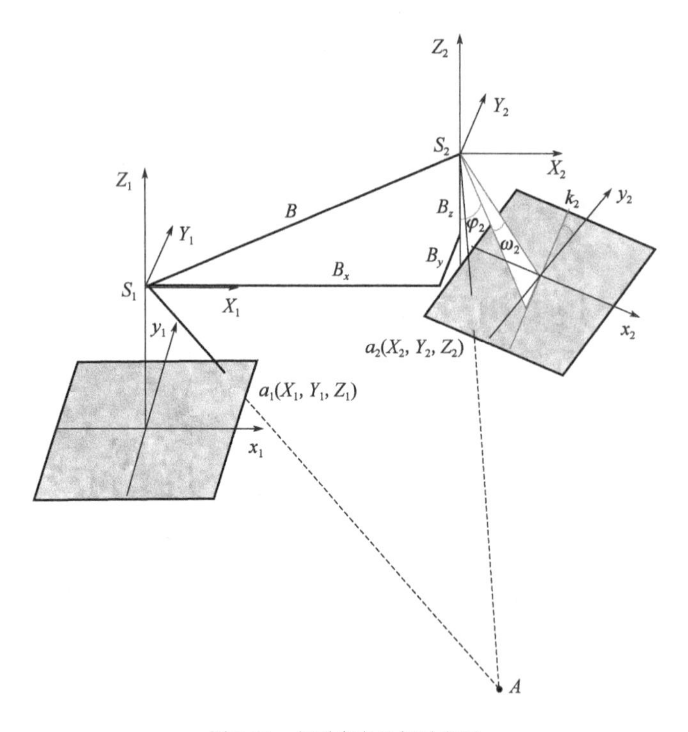

图 9-20 相对定向几何示意图

要实现立体像对的相对定向,需要对左、右像片一方或同时进行平移、旋转操作,直到立体像对中所有同名光线"对对相交",即满足共面条件方程,此时便可恢复两张像片的相对位置和方位关系,建立起一个相对立体模型。而平移、旋转的大小可用相对定向元素来描述。因此,相对定向的过程就是利用共面条件方程求解相对定向元素的过程。

根据立体像对选取的像空间辅助坐标系不同,分为连续法相对定向和单独法相对定向。两种方法中相对定向元素的定义也不同。下面以连续法相对定向为例描述一个立体像对的相对定向原理。

连续法相对定向是以左像片为基础,以左片的像空间坐标系 $S_1\text{-}X_1Y_1Z_1$ 为本像对的像空间辅助坐标系。设(X_1,Y_1,Z_1)是左像点 $a_1(x_1,y_1)$在左像空间辅助坐标系 $S_1\text{-}X_1Y_1Z_1$ 中的坐标,(X_2,Y_2,Z_2)是右像点 $a_2(x_2,y_2)$在右像空间辅助坐标系 $S_2\text{-}X_2Y_2Z_2$ 中的坐标,B_x、B_y、B_z是摄影基线 B 在左像空间辅助坐标系 $S_1\text{-}X_1Y_1Z_1$ 中的三个坐标分量。此时,共面条件方程可进一步表示为

$$\begin{vmatrix} B_x & B_y & B_z \\ X_1 & Y_1 & Z_1 \\ X_2+B_x & Y_2+B_y & Z_2+B_z \end{vmatrix} = \begin{vmatrix} B_x & B_y & B_z \\ X_1 & Y_1 & Z_1 \\ X_2 & Y_2 & Z_2 \end{vmatrix} = 0 \tag{9-3}$$

基于上述共面条件方程,利用最小二乘平差方法可以求解出连续法相对定向的五个相对

定向元素 B_y、B_z、φ_2、ω_2、κ_2（图9-20）。因此，相对定向的过程就是求解相对定向元素的过程。在连续法相对定向中，相对定向元素是假设左像片在左像空间坐标系中的角元素是已知的，右像片光束（或右像片的像空间坐标系）在左像空间坐标系中的外方位角元素（φ_2，ω_2，κ_2）是右像片相对于左像片的三个相对定向角元素。

在相对定向中，上下视差是衡量同名光线是否相交的标志。如图9-21a）所示，在没有恢复左右像片的相对关系之前，同名点的投影光线 S_1A_1 和 S_2A_2 在空间不相交，其差异可分解到 X 和 Y 两个方向上，在 X 方向上的差异称为左右视差 P_x，在 Y 方向上的差异称为上下视差 Q。若同名光线不相交，即同名点 a_1、a_2 的上下视差 $Q\neq0$，表明该像对未实现相对定向。如图9-21b）所示，当该像对所有同名像点的上下视差均为零（$Q=0$）时，即该像对同名光线"对对相交"，表明恢复了该立体像对左右像片的相对位置和姿态关系。

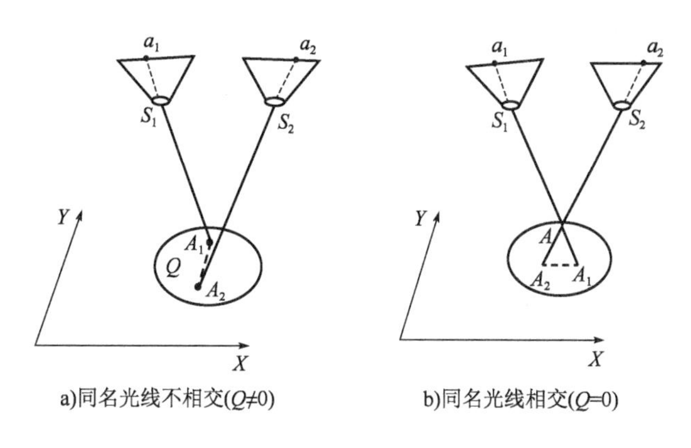

a)同名光线不相交($Q\neq0$)　　b)同名光线相交($Q=0$)

图9-21　立体像对上下视差示意图

因此，相对定向的实质是通过立体像对左、右像片的平移和旋转来消除像对上同名像点的上下视差。

5. 立体模型的绝对定向

在完成相对定向后，立体像对上的同名光线对对相交，建立了一个与地面外形相似的相对立体模型。但此时该模型的比例尺和空间方位均是任意的。为了实现对立体模型的测量，获取各种数字产品，还需要将该模型纳入到地面测量坐标系中，并符合规定的测图比例尺，这一过程称为立体模型的绝对定向。

绝对定向是对相对定向所建立起来的模型进行平移、旋转和缩放，利用一定数量的地面控制点反求平移、旋转和缩放变换中的七个绝对定向元素，从而将模型纳入到地面测量坐标系中，并归化为测图比例尺，如图9-22所示。

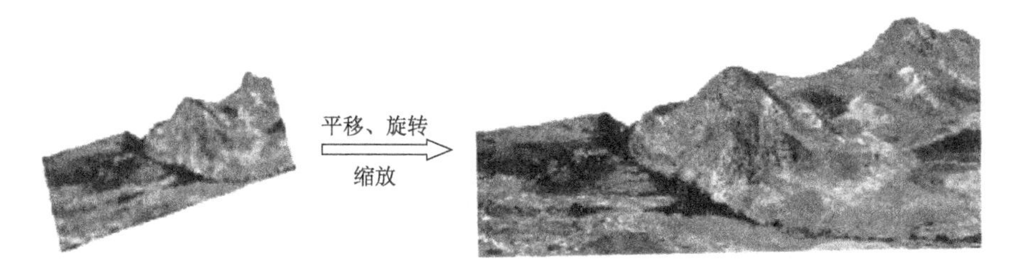

图9-22　绝对定向示意图

因此,采用“依次进行内定向、双像相对定向、模型绝对定向”的方法便可确定某像点对应的地面点的物方坐标。

五、解析空中三角测量

在摄影测量立体测图中,每个立体像对都要在野外至少测四个地面控制点,这样对于多条航带构成的区域网的处理需要测量的地面控制点个数很多,导致外业工作量较大,效率较低。因此在实际生产作业中,通常需要先经过空中三角测量,在内业用摄影测量的方法加密出每个立体像对需要的控制点物方坐标,然后用于各立体像对的测图。

1. 解析空中三角测量的定义

解析空中三角测量是以像片上量测的像点坐标为依据,采用严密的数学模型,按最小二乘法原理,用少量地面控制点解求出单个模型测图所需控制点的地面坐标,以及平差区域内所有影像的外方位元素的方法,也称为空三加密或空三平差。

根据平差范围不同,解析空中三角测量分为单模型法、航带法、区域网法解析空中三角测量;根据采用的平差数学模型不同,解析空中三角测量分为航带法、独立模型法、光束法空中三角测量。

下面阐述常用的光束法区域网空中三角测量(通常也称为光束法区域网平差)的基本思想及作业流程。

2. 光束法空中三角测量的基本思想及作业流程

光束法空中三角测量是理论最严密的、应用最广泛的一种方法。它是直接由每幅影像的光线束出发,以像点坐标为观测值,通过每个光束在三维空间的平移、旋转和缩放,使同名光线在物方最佳地交会在一起,并使之纳入到规定的物方坐标系,从而加密出待求点的物方坐标和影像的方位元素。其原理示意图如图9-23所示。

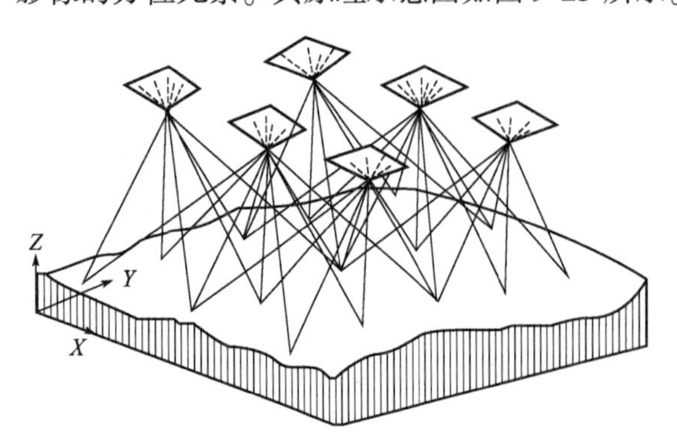

图9-23　光束法空中三角测量原理示意图

光束法平差的特点是以像点坐标等原始观测值列误差方程式,能最方便地顾及影像系统误差的影响,便于引入非摄影测量附加观测值,如GNSS观测数据、高程、距离等大地测量观测值。它还可以严密地处理非常规摄影以及非量测相机的影像数据。目前,光束法已被广泛应用于各种高精度的空中三角测量和点位测定实际生产中。但是,光束法平差未知数多、计算量大,计算速度也相对较慢。它不能像前两种方法那样,可将平面和高程坐标分开处理,只能进行三维网的平差。空中三角测量作业的大致流程如下:

(1)建立测区相关数据的准备(包括影像、相机参数、控制点的录入等);

(2)建立影像列表并对影像进行内定向;

(3)在此基础上进行航线内部和航线间的自动转点、影像的相对定向、模型连接等(具体步骤依据采用的平差模型来定);

(4)连接点编辑并进行平差解算,求解加密点的地面坐标和各影像的外方位元素。

经过空中三角测量，便可获得测区中加密点的地面坐标（即每个立体像对测图所需要的控制点地面坐标），然后采用“相对定向＋绝对定向”或“空间后方交会＋空间前方交会”的方法计算测区中各个待定点的地面坐标（最终需纳入到地面测量坐标系中），从而实现了目标的空间几何定位。

3. 自检校光束法区域网平差

在共线条件方程中，利用若干附加参数来描述系统误差模型，在区域网平差的同时解求这些附加参数，以自动测定和消除系统误差，也称为附加参数的自检校光束法区域网平差。其中，附加参数是指系统误差改正模型的参数。摄影测量像点坐标观测中包含的系统误差源通常包括：摄影机的系统误差（物镜畸变差等）、底片变形、大气折光、飞机飞行带来的误差、地球曲率、POS 观测设备等。因此，在平差过程中，需要增加上述系统误差导致的像点坐标改正量（$\Delta x,\Delta y$）[式(9-4)]，从而提高空三平差的精度。

$$\begin{cases} x-x_0+\Delta x=-f\dfrac{a_1(X-X_s)+b_1(Y-Y_s)+c_1(Z-Z_s)}{a_3(X-X_s)+b_3(Y-Y_s)+c_3(Z-Z_s)} \\ y-y_0+\Delta y=-f\dfrac{a_2(X-X_s)+b_2(Y-Y_s)+c_2(Z-Z_s)}{a_3(X-X_s)+b_3(Y-Y_s)+c_3(Z-Z_s)} \end{cases} \tag{9-4}$$

式中，f 为相机主距；a_i、b_i、c_i（$i=1,2,3$）为旋转矩阵元素，它是用影像的三个对方位角元素 φ、ω、κ 的方向余弦表示的。

因此，自检校光束法区域网平差过程是在光束法平差的基础上，通过引入并求解各类附加参数，以改正像点坐标观测值中的各类系统误差的过程，从而使在区域网平差中降低系统误差累积，提高像片位置和姿态参数求解的精度。

4. POS 辅助光束法空中三角测量

随着全球导航卫星系统（GNSS）和惯性导航系统（INS）集成的定位定向系统（Position and Orientation System，POS）在摄影测量几何定位中的应用，将 POS 与数码相机等传感器集成在飞行平台上，在平台运动过程中可获得所拍摄影像的空间位置和姿态参数观测值（$X_s,Y_s,Z_s,\varphi,\omega,\kappa$），因此直接利用经过系统误差改正后的 POS 数据进行空间前方交会可直接解算出地面点坐标，这称为直接传感器定向。它不需要经过空中三角测量，但其精度取决于改正后的 POS 数据精度。为了提高平差精度，通常将 POS 观测值与像片像点坐标观测值联合平差，即采用 POS 辅助的光束法空中三角测量的方法。

POS 辅助光束法空中三角测量是利用安装于飞机上与航摄仪相连接的 POS 系统连续观测 GNSS 卫星信号、同时测定航空摄影瞬间航摄仪的位置和姿态，经 GNSS 载波相位测量动态定位技术的离线数据后处理获取航摄仪曝光时刻摄站的三维坐标及影像的姿态角，然后将其视为带权观测值引入光束法区域网平差中，经采用统一的数学模型来整体确定地面目标点位和像片方位元素，并对其质量进行评定的理论、技术和方法。POS 与数码相机等传感器集成在飞机底部的示意图如图 9-24 所示。

POS 辅助的光束法空中三角测量能够利用 POS 集成传感器直接获取像片拍摄瞬间平台、相机的空间位置和姿态参数，大大降低了空三平差等摄影测量几何定位过程对外业控制点的依赖性。这种集成系统提高了作业成本和工作效率，也提高了定位的精度。

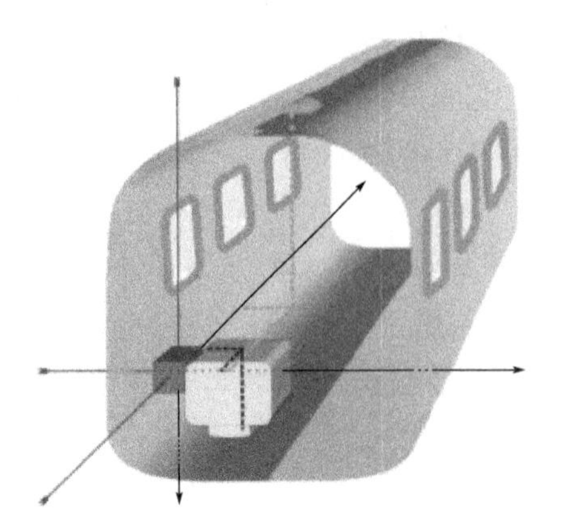

图9-24 POS与数码相机等传感器集成在飞行平台

六、影像匹配基础理论

1. 影像匹配基本概念

影像匹配是利用某一互相关函数评价不同影像块之间灰度或特征的相似性以确定同名点，有时也称为影像相关，其实质是在两幅(或多幅)影像之间识别同名点。它是自动空中三角测量和自动生成数字表面模型(Digital Surface Model，DSM)的基础。

同名点的确定以匹配测度为基础，常见的五种匹配测度有：相关函数、协方差函数、相关系数、差的平方和、差的绝对值和。

2. 影像匹配算法分类

影像匹配算法很多，其大致分类如下。

(1)根据是否利用物方的信息进行匹配，分为：基于像方的影像匹配(如最小二乘匹配法)和基于物方的影像匹配[如铅垂线轨迹法(Vertical Line Locus，VLL)]。

(2)根据搜索同名点的维度数量，分为：二维影像匹配和一维影像匹配(如核线影像匹配)。

(3)根据所利用的影像信息不同，分为：基于灰度的影像匹配和基于特征的影像匹配(如SIFT特征匹配)。

(4)根据其匹配的目的及处理环节不同，分为空三匹配和密集匹配。

3. 基于SIFT的空三特征匹配

空三连接点匹配是指在空中三角测量时，为了确定一些影像之间的同名连接点作为平差条件而进行的同名点匹配，常采用基于特征的影像匹配算法，也称为稀疏匹配。

尺度不变特征变换(Scale-Invariant Feature Transform，SIFT)算法是一种提取局部特征的算法，其基本思想是在尺度空间寻找极值点，提取位置、尺度、旋转不变量。它主要包括两个阶段，第一阶段是SIFT特征的生成，即从多幅图像中提取对尺度缩放、旋转、亮度变化无关的特征向量；第二阶段是SIFT特征向量的匹配。SIFT及其扩展算法已被证实在同类描述子中具有良好的表现。其主要特点：SIFT特征是图像的局部特征，对旋转、尺度缩放、亮度变化等具有良好的不变性，对视角变化、仿射变换、噪声也保持一定程度的稳定性，对物体运动、遮挡等因素也保持较好的可匹配性，从而可实现差异较大的两幅图像之间特征的匹配。

4. 影像密集匹配

在空三平差之后，由于特征点的数量有限，生成的点云较为稀疏，不能满足生产DSM、DEM的需求，因此需要进行多视影像密集匹配来获取更为密集的点云数据，以此来重建三维场景。

密集匹配技术是基于二维影像恢复三维信息的关键技术之一。它是在空三平差基础上，通过相邻影像间逐像素地寻找同名点，生成更稠密的三维点云的过程，通常采用的是基于灰度的影像匹配。常见的密集匹配方法有基于聚簇和面片模型的多视角密集匹配(Clustering-based Multi-View Stereo,CMVS;Patch-based Multi-View Stereo,PMVS;CMVS-PMVS)算法、半全局匹配(Semi-Global Match,SGM)、Patch Match 算法等,输入空三输出的稀疏点集,输出覆盖目标物体的稠密点云,其流程如图 9-25 所示。

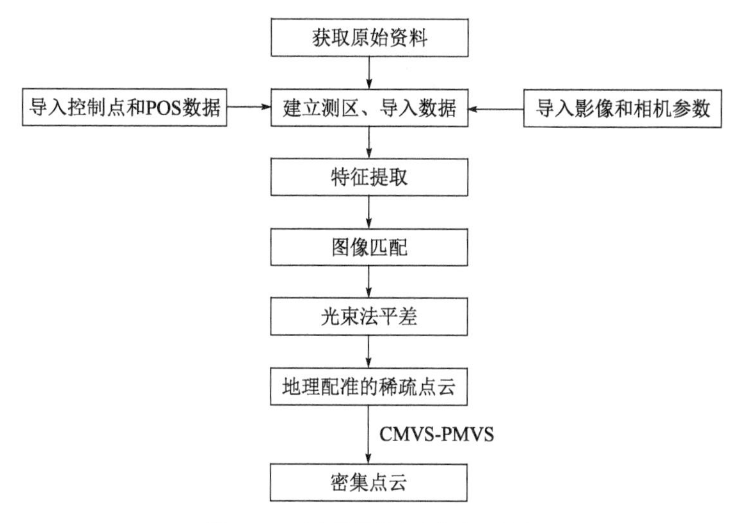

图 9-25 无人影像获取密集点云流程

近年来,在人工智能、计算机视觉理论发展的推动下,也出现了多种基于深度学习网络的匹配算法,促进了影像密集匹配算法的智能化发展。

七、摄影测量新理论

随着计算机视觉理论和无人机航测技术的发展,摄影测量理论(特别是空中三角测量理论)也有了新的发展,主要空中三角测量技术介绍如下。

1. 多视倾斜影像空中三角测量

多视倾斜影像光束法区域网平差方法通常可分为无约束区域网平差、有约束区域网平差以及直接定向的区域网平差,其中:

(1)无约束区域网平差是将所有倾斜影像视作具有相对独立的外方位元素,且由同一个相机获取的影像具有相同的相机参数。其不足是未将多个相机之间的安置参数作为约束条件纳入平差模型。

(2)有约束区域网平差是将多个相机之间的安置参数作为约束条件纳入平差模型。以下视影像的外方位元素以及倾斜相机与下视相机的安置参数作为区域网平差未知数,也可将地面场景约束条件带入区域网平差,如铅垂线、水平线及直角条件等,可以增强平差的稳健性,减少控制点的使用。

(3)直接定向的区域网平差是先采用传统的区域网平差方法对下视影像单独进行处理,获得每张下视影像的外方位元素;然后利用倾斜相机与下视相机之间的安置参数检校值,根据同一摄站的下视影像外方位元素计算相应倾斜影像外方位元素。其优势是可以直接利用传统的空三软件。但其未利用多传感器的优势,精度相对较低,精度取决于检校的多个相机之间的安置参数。

下面以直接定向方式为例,给出多视倾斜影像光束法区域网平差流程图(图9-26)。

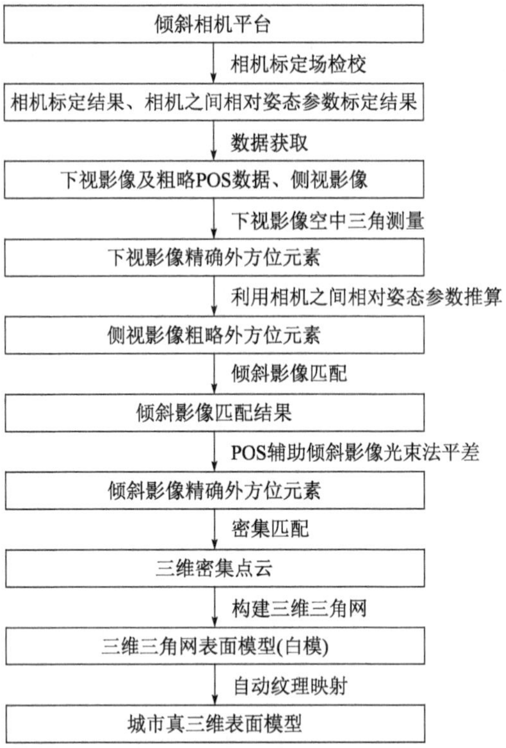

倾斜相机平台
↓ 相机标定场检校
相机标定结果、相机之间相对姿态参数标定结果
↓ 数据获取
下视影像及粗略POS数据、侧视影像
↓ 下视影像空中三角测量
下视影像精确外方位元素
↓ 利用相机之间相对姿态参数推算
侧视影像粗略外方位元素
↓ 倾斜影像匹配
倾斜影像匹配结果
↓ POS辅助倾斜影像光束法平差
倾斜影像精确外方位元素
↓ 密集匹配
三维密集点云
↓ 构建三维三角网
三维三角网表面模型(白模)
↓ 自动纹理映射
城市真三维表面模型

图9-26 直接定向的多视倾斜影像空中三角测量及实景三维建模

2. 基于SfM的空中三角测量

运动恢复结构(Structure from Motion,SfM)是计算机视觉中多视图三维重建的核心技术。它的基本原理是利用运动相机(如处于飞行状态无人机所携带摄像机)所拍摄若干不同角度二维图像,解算相机参数,得到较高精度的三维点的空间位置。

无人机影像数据具有姿态变化较大、重叠不规律等特点,而传统的POS辅助光束法空三平差算法中对于数据获取有着严格的要求:相机要事先经过几何定标,获取影像的同时得到影像的POS数据精度要求较高(或需测量型无人机),或通常地面要有一定数量分布合理的控制点。即对初始值的要求比较高,否则常会出现连接点提取失败、平差精度低甚至失败等问题。因此,SfM理论被引入至空三平差过程中,它具有对影像采集质量要求低,且不依赖于特定的假设条件、通用性好的特点。

按初始位姿计算方式,SfM可以分为增量式和全局式。增量式SfM是在特征匹配的基础上精心选择初始像对得到两幅影像的初始化模型,然后迭代增加一幅或者多幅影像,对新增加的公共特征点进行同名光线交会,并重新平差解算模型坐标和相机参数,直到所有影像添加完毕。相较于全局式SfM的一次性优化求解策略,增量式SfM通过不断迭代优化实现模型坐标和相机参数,具有较好的稳健性,解算精度更优,应用也更为广泛。

目前,多种无人机航测数据处理软件,如Pixi4D Mapper、Photoscan等众多软件都引入了SfM的影像位姿参数估计理论。

3. 基于 SLAM 的实时定位及地图重建

实时定位与地图构建(Simultaneous Localization and Mapping,SLAM)技术是指移动机器人在行进过程中一边自行定位,一边对环境定位,它是现代智能装备环境感知的核心技术之一,是驱动测绘向智能化方向发展的重要因素。近年来,随着 4 个主要环节技术的不断发展变化,先后出现了特征点法 SLAM、直接法 SLAM、语义 SLAM 和类脑 SLAM 等多个视觉 SLAM 算法模型,并在智慧交通、场景测绘、防灾减灾、虚拟(增强)现实和智慧医疗等领域开展了产业化应用探索。

近年来,视觉 SLAM 技术被引入测绘领域,用于解决室内外多视影像实时三维重建、正射影像拼接、视觉导航与定位等问题。其中,特征点法视觉 SLAM 技术框架如图 9-27 所示,包括以下四个主要技术环节。

(1)跟踪与位姿计算:估算相邻图像采集时相机的运动和计算局部地图;

(2)位姿优化:主要基于回环检测信息对图像位姿和地图信息进行优化;

(3)回环检测:根据图像信息识别已经出现的场景或位置,如果检测到回环,就把信息提供给后端进行处理;

(4)建图(重建)环节:主要根据估计的轨迹建立对应的地图,如三维点云、网格模型等。

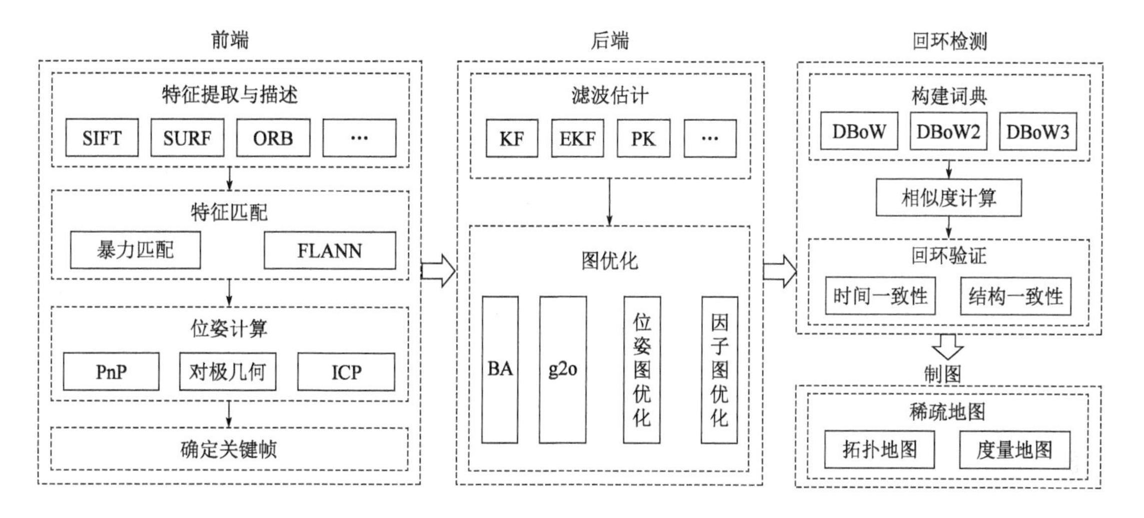

图 9-27 特征点法视觉 SLAM 技术框架

第四节 无人机载 LiDAR 技术基础

与传统航测技术相比,机载激光雷达技术有其独特的技术优势:

(1)生产效率高、工期短。三维激光点云数据是由激光直接进行测量而得到的,能快速生产 DEM 等成果。

(2)高程测量精度高。机载激光雷达技术要比传统航测方法高程测量精度高,尤其是在对传统测量手段里存在较大困难的树木覆盖的地区,激光有着比较强的穿透能力,可以获得到更高精度的地形表面的数据。

(3)在航飞的过程中受到天气的影响比传统航测影响更小,适合飞行的天气比较多。因此,机载激光雷达技术作为较新的无人机测绘技术,可作为无人机摄影测量技术有力的补充。

一、无人机载 LiDAR 测量基本原理

激光雷达(Light Detection and Ranging,LiDAR)是一种集激光、全球导航卫星系统(GNSS)和惯性导航系统(INS)技术于一体的空间测量系统(图 9-28),用于获得点云数据并生成精确的数字化三维模型;每一个点都包含了三维坐标信息(X、Y、Z),以及 RGB 颜色信息、反射强度信息、回波次数信息等。由大量密集的三维离散点数据形成了“点云”。LiDAR 技术在林下地形测绘、林业资源调查、电力巡检、古文物古建筑重建等方面有其独特的优势。

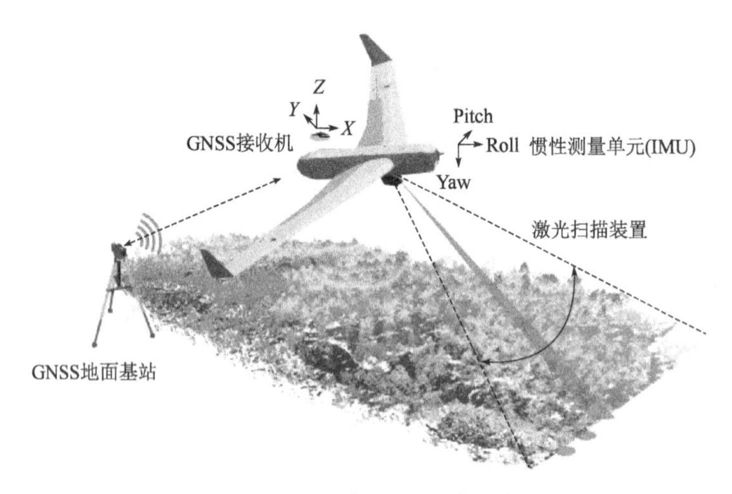

图 9-28　无人机载 LiDAR 系统示意图

LiDAR 定位原理是利用动态 GNSS 差分定位系统(由 GNSS 地面基站与机载 GNSS 接收机数据实时差分定位构成)、惯性测量单元(IMU)和激光扫描装置获取的数据解算出地面点的三维坐标,具体如下:激光测距系统获取脉冲发射器中心到地面激光点间的距离向量 R,利用动态差分 GNSS 求算出激光发射器中心的坐标,利用惯性导航系统量测获得俯仰角(Pitch)、横滚角(Roll)、航偏角(Yaw)三个姿态参数,通过系统内的编码器获取激光束的瞬时扫描角。由此可以解算出地面点的三维坐标。

激光测距单元通过测量光信号在空间的传播时间来量测发射器中心到目标点的距离;在激光扫描器的作用下,不同的脉冲激光束沿垂直于飞行方向的方向运动,形成到地面的一条扫描线。随着飞行器的飞行,形成了形成面的扫描,从而得到整个被照射区域的数据,激光扫描部分作为该测量系统的核心单元,每秒可向被照射目标发射几百万个激光点数据。

二、点云数据预处理

1. 点云坐标解算

航迹解算首先要利用地面 GNSS 基站数据和无人机平台的动态 GNSS 数据,联合求解出飞行轨迹的三维坐标,再与惯导数据组合,求解出带有瞬时位置和姿态信息的航迹。此外,还需要获取飞行器机载 LiDAR 系统各部件的检校数据,该数据一般由无人机生产商提供。联合该

数据、飞行轨迹和原始激光数据进行点云数据坐标解算，然后利用已有的转换参数将坐标进行转换，最后将点云数据输出为所要求的格式存储。

2. 点云航带系统误差改正

当无人机载 LiDAR 技术进行大范围数据测量采集时，受飞行高度、扫描角度、激光发射距离等限制，无法单航带采集测区完整数据，需将多航带采集的数据拼接后才能获取测区完整的点云数据。在相邻的两条飞行航带的扫描重叠区域内，相同地物的三维坐标会存在差异。因此需要进行航带平差，检查并纠正航带性系统误差。

3. 点云去噪

在无人机载 LiDAR 外业测量时，不可避免会采集到噪点或异常点，直接影响点云滤波等处理结果。因此，对原始点云去噪是必不可少的步骤。噪声点一般表现为高差异常点、垂直异常点和水平异常点。产生噪声点的主要原因：

(1)多路径效应或激光测距控制系统中的误差，使得高度较邻近其他各点的激光点要低得多。

(2)由于 LiDAR 自身原因或是受到外部环境因素如鸟类、飘浮物等影响，形成不同的噪声点，噪声点的出现会直接影响滤波的精度。

三、点云数据后处理

1. 点云数据配准

点云配准是将不同位置或视角获取的点云数据进行对齐的过程，目的是找到一个坐标变换或其他变换(平移、旋转等刚体变换或非刚体变换)，使得多个点云之间的对应点能够准确重合，从而提供更全面、准确的三维信息。点云配准通常可分为两个步骤，分别是粗配准和精配准。

粗配准主要是从每个点云中提取特征，例如表面法线、关键点等，然后将不同点云中提取的特征进行匹配，找到它们之间的对应关系。这一步骤可以使用最近邻匹配、描述子匹配等方法。

精配准是在初步变换的基础上，使用迭代最近点(Iterative Closest Point，ICP)等算法优化配准的精度。这一步骤通过最小化匹配点之间的误差来调整变换参数，使得点云之间的对应点更准确地重合。

点云配准可以应用于相邻扫描区域的点云之间的配准，也可以针对空、地平台对同一个区域进行扫描获取的点云数据之间的配准，从而获取覆盖更大范围区域的点云数据。

2. 点云滤波

经过预处理后的点云包含许多类型的点，通常包含地面点以及植被点、建筑点等非地面点。要生成 DEM，就必须将地面点和非地面类型点分开，将点云数据分为地面点和非地面点两大类，也就是点云滤波，并利用分离出来地面点构建数字地形。

点云滤波是基于三维激光数据脚点中的高程突变信息进行，主要有基于地形坡度滤波，常见的有渐进不规则三角网加密(PTD)算法，移动曲面拟合法等。下面以渐进不规则三角网加密算法为例，简述其步骤：

(1)地面种子点选取。去除粗差低点后，需要按照局部高程的最小数原则，利用移动窗口在该位置点云内均匀地选取一个近地面种子点，将剩余的一个点作为待定点。

(2)构建初始不规则三角网(Triangulated Irregular Network,TIN)。利用第一步中选择的初始地面种子点,建立初始TIN。

(3)迭代加密TIN。确认待定点所在三角面中的位置,计算三角面坡度值,判断其是否在阈值内;在阈值内时,计算三角面与待定点及其最近三角网顶点连线的夹角,以及待定点与三角面之间的距离,若两参数均在阈值内,则待定点为地面点;当坡度大于阈值时,则需要通过待定点在三角面上的镜像点辅助判断。接着再重新构造TIN,并迭代上述步骤,直至不能选取新的地面点或超过预先设定的迭代最大次数。

(4)返回步骤(3),直到没有新的地面点,滤波结束。

该算法对不连续性的地貌处理效果一般,但对连续性地貌例如丘陵、山区等效果较好。

3.点云分类

点云的分类是将点云分类到不同的点云集。同一个点云集具有相似或相同的属性,例如地面、树木、人等。点云滤波也可视为点云分类问题。

目前,点云分类主要采用先对点云数据进行特征提取,再利用特征进行点云分类的基本思路,但具体实现方法不完全相同。

第五节　无人机测绘产品制作

利用无人机测绘技术,可以生成多种二、三维数字产品,如数字表面模型(DSM)、数字高程模型(DEM)、数字正射影像(DOM)、真数字正射影像(TDOM)、数字线划图(DLG)、实景三维模型等。

一、数字高程模型

DEM主要是描述区域地貌形态的空间分布,是地形表面形态的数字化表达,如图9-29所示。

图9-29　反映地形起伏的DEM渲染图

DEM分辨率(格网大小)是DEM刻画地形精确程度的一个重要指标,同时也是决定其使用范围的一个主要的影响因素。DEM的分辨率是指DEM最小的单元格的长度。因为DEM

是离散的数据,所以(X,Y)坐标其实都是一个一个的小方格,每个小方格上标识出其高程,这个小方格的长度就是DEM的分辨率。分辨率数值越小,分辨率就越高,刻画的地形就越精确,同时数据量也呈几何级数增长。

1. DEM表示方法

数字高程模型的表示形式主要有两种:规则矩形格网DEM和不规则三角网(TIN)DEM。

规则矩形格网DEM:若利用一系列在X、Y方向上都是等间隔排列的地形点的高程Z表示地形,则形成一个矩形格网(Grid),如图9-30a)所示。这种形式的DEM特点是:无须记录每个格网点的平面坐标X、Y(可由起始原点坐标推算),只需记录各格网点的高程Z。

规则格网DEM优点是:(X,Y)位置信息可隐含,无须全部作为原始数据存储,由于是规则方格网高程数据,在数据处理方面比较容易。缺点是:数据采集较麻烦,因为网格点不总是特征点,部分微地形可能没有记录,不能准确地表示复杂地形的结构与细部,基于Grid绘制的等高线也不能准确地表示地貌。

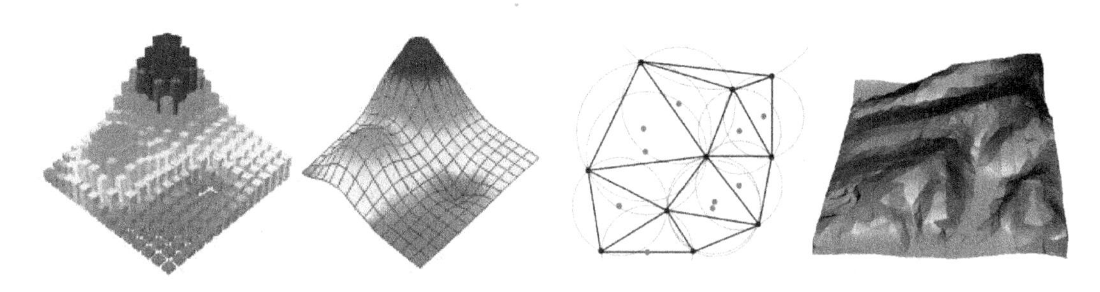

a)矩形格网DEM　　b)不规则三角网DEM(Delaunay算法)

图9-30　数字高程模型示意图

若将按地形特征采集的点按一定规则连接成覆盖整个区域且互不重叠的许多三角形,构成一个不规则三角网(TIN)表示的DEM,通常称为不规则三角网DEM,最常见的构建三角网的算法是Delaunay算法,如图9-30b)所示。不规则三角网DEM的特点是能较好地顾及地貌特征点、线,表示复杂地形表面比矩形格网精确。但是需记录的数据量较大,数据结构较复杂,使用与管理也较复杂。不规则三角网DEM的优点是能以不同层次的分辨率来描述地表形态,与格网数据模型相比,TIN模型在某一特定分辨率下能用更少的空间和时间更精确地表示更加复杂的表面,特别当地形包含有大量特征如断裂线、构造线时,TIN模型能更好地顾及这些特征。例如渐近不规则三角网法。

鉴于上述两种方法的优缺点,还有一种矩形格网和三角网混合表示的DEM,在较平坦地区使用矩形格网数据结构,在地形复杂多变地区则沿地形特征附加三角网数据结构。这种形式的DEM实现了矩形格网和三角网DEM的优势互补。

2. DEM制作方法

建立DEM的方法有多种,从数据源及采集方式而言,主要有以下几种:

(1)直接从地面测量,利用GNSS、全站仪等地面架设的仪器进行测量;

(2)根据航空或航天影像,通过摄影测量途径获取,如立体坐标仪观测及空三加密法、解析测图、数字摄影测量等;

(3)从现有地形图上采集,如格网读点法、数字化仪手扶跟踪及扫描仪半自动采集然后通过内插生成 DEM 等方法。

将从不同平台获取的遥感影像匹配后生成的一定密度的点云,或者直接获取的 LiDAR 点云数据进行滤波等处理,采用合适的数学模型或方法生成地形的三维模型。DEM 内插方法很多,主要有整体内插、分块内插和逐点内插三种方法:

(1)整体内插的拟合模型是由研究区内所有采样点的观测值建立的;

(2)分块内插是把参考空间分成若干大小相同的块,对各分块使用不同的函数;

(3)逐点内插是以待内插点为中心,定义一个局部函数去拟合周围的数据点,数据点的范围随待内插的位置变化而变化,因此又称移动拟合法。

数字高程模型的建立一般要经过数据取样、数据处理和数据存储三个过程。数据取样是对已采样到的平面及高程数据点的选取和其坐标值的量测。数据处理是以数据点作为控制基础,用某一数字模型来模拟地表面并进行内插计算,以取得一种密集矩形格网结点处的坐标值。数据存储是采用一定的数据结构将高程模型以数字的形式记录于存储器内。

3. 常见的构建 DEM 算法

建立格网 DEM 的方法有多种,不同方法有各自的特点,实际作业时应根据地形特点选择合适的算法。常见的构建 DEM 算法如下。

(1)移动曲面拟合法(MSF)

该方法首先将数据点进行分块存储,构成分块格网,使得数据点根据地形起伏尽量均匀分布。然后以 DEM 中某一个节点(待定点)$P(x_p, y_p)$为中心,选择适当的半径 r,在半径 r 的圆内对相应的分块格网进行搜索,使得包含足够的已知数据点(参考点),并用二次曲面拟合。待定点的高程 v_i 可以由式(9-5)求得。若点数不够($n<6$),则需扩大搜索半径,直到满足条件为止。

$$v_i = AX_i + BY_i + CX_iY_i + DX_i^2 + EY_i^2 + F - Z_i \tag{9-5}$$

式中,A、B、C、D、E、F 为待定系数;X_i、Y_i 为已知数据点 i 的平面坐标。

(2)反距离加权插值算法(IDW)

该方法是通过对待插值位置周围的已知点进行加权平均来估计待插值位置的值。其特点是离散点越少,计算越简单,随着离散点与插值点距离的扩大,其影响力不断降低,直至消除。该算法受采样地点特征的干扰很大。采样地点周围如果有明显局部凸起和塌陷,IDW 法会更为准确,因为插值所产生的标准差和最低值均出现在采样地点,使得山峰的高程降低,而山谷高程则增加,但也会导致局部信息被掩盖。

(3)克里金插值算法(Kriging)

该方法和 IDW 法类似,都是通过计算空间已知点之间的空间自相关性,确定如何将已知点的值加权平均,以获得未知点的值。该算法需要计算每个点与其他点之间的距离和方差,对于大量数据这个过程会非常耗时,并且该方法需要假设空间自相关性,在数据空间分布不均匀或有孔洞时,会有较大误差。它对未知点进行最优线性无偏估计,是一种最优内插估计量计算方法。

(4)不规则三角网插值法(TIN)

该方法是将点云数据连接成互不相交的不规则三角形,形成覆盖整个区域的三角网。其中,三角网构建的原则是任取一数据点,找与它距离最近的点相连成一条 TIN 的边。按构建 TIN 的条件寻找与此边构成三角形的第三个顶点。重复这一过程,直到所有的数据均被连接进三角形中。在内插时,利用三角形的形状和顶点数据,使用重心坐标法来计算点在三角形内的位置,再根据点在该三角形上的值进行加权平均得到估值。

该算法更能适应不规则地形,具有较好的空间连续性,因此能更好、更精确地还原真实地形,尤其适用于处理不规则的边坡区域,能够很好地表现坡面的地形特征。

4. DEM 制作流程

DEM 制作流程如图 9-31 所示。

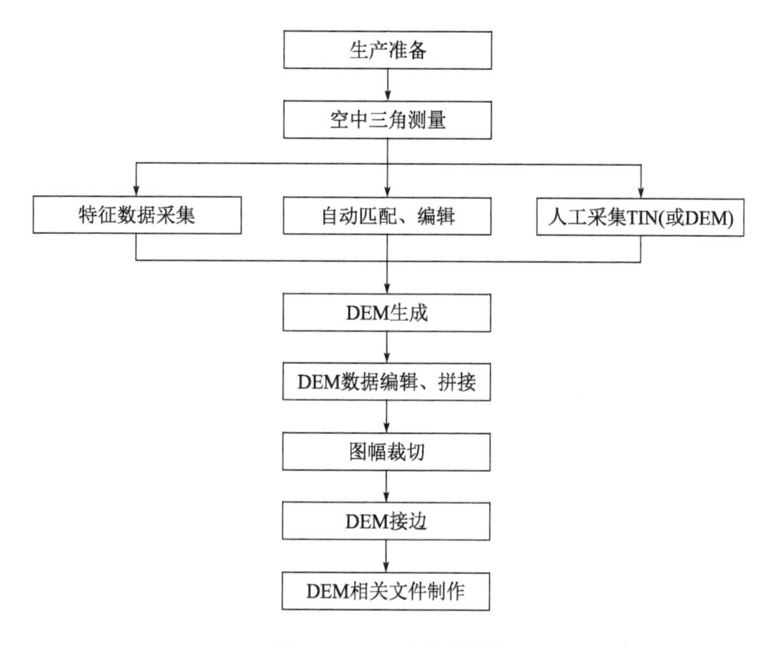

图 9-31 DEM 生产流程图

在上述流程中:

(1)DEM 可采用特征数据构建不规则三角网内插格网点方式或 DSM 滤波方式生成;

(2)基于立体模型或实景三维 mesh 模型对不能满足要求的 DEM 数据进行过程质量检查;

(3)应按照过程检查结果反复进行局部特征信息增强或滤波修正,必要时加测特征点、线,构成不规则三角网的三角形应贴于地面,且无不合理的三角形,直至 DEM 成果满足要求;

(4)生成的 DEM 成果质量应符合现行《基础地理信息数字成果 1:500、1:1000、1:2000 数字高程模型》(CH/T 9008.2)的相关要求。

由于 DEM 描述的是地面高程信息,它在测绘、水文、气象、地貌、地质、工程建设、通信、军事等国民经济、国防建设以及人文和自然科学领域有着广泛的应用。如在工程建设上,可用于如填挖土方量计算、通视分析等;在防洪减灾方面,DEM 是进行水文分析、如汇水区分析、水系网络分析、降雨分析、蓄洪计算、淹没分析等的基础;在无线通信上,可用于蜂窝电话的基站分析等等。

此外,DEM还可用于军事上的武器自动引导、作战训练模拟;风景景观分析、通视分析;道路纵断面坡度分析,水库坝址选择(库容量估计和淹没范围估计);计算坡度、坡向,研究日照强度、雨水流向、水土流失等;将地形和其他信息综合起来,进行土地评价;把"高程"(即第三维)换成其他数据,成为其他非地形性质的三维表面模型。

二、数字表面模型及实景三维建模

数字表面模型(Digital Surface Model, DSM)是包含了地表建筑物、桥梁和树木等高度的地面高程模型。DEM只包含了地形的高程信息,并未包含其他地表信息;和DEM相比,DSM是在DEM的基础上,进一步涵盖了除地面以外的其他地表信息的地面高程模型。它是一种地理信息处理中的重要工具,能够更全面地反映地球表面的复杂性,在一些对建筑物高度有需求的领域有重要作用。

实景三维mesh模型是一种由三维点云数据生成的可视化模型,广泛应用于地理信息系统、虚拟现实、机器人导航等领域。

实景三维mesh模型的生产流程,包括数据采集、预处理、网格生成和后处理等环节,一般流程如下。

(1)数据采集

实景三维mesh模型的数据采集主要依赖于无人机及地面的激光扫描仪、摄像机等设备对目标场景进行摄影或扫描,获得图像(原始图像数据需采用无人机摄影测量技术生成大量的三维点云数据)或点云数据。

(2)预处理

采集到的原始点云数据需要进行预处理,主要包括点云去噪、点云配准和点云滤波等步骤。点云去噪是为了去除由于设备误差或环境干扰导致的噪声点,常用的方法包括统计滤波、高斯滤波等。点云配准是将多个局部点云数据融合成一个全局点云数据,常用的方法有ICP(Iterative Closest Point)算法和SIFT(Scale Invariant Feature Transform)算法等。点云滤波则是为了提取目标物体的特征点,例如法线、曲率等。

(3)三维mesh模型生成

在预处理完成后,需要对点云数据进行网格化处理,生成实景三维mesh模型。网格生成是将点云数据转化为由三角面片构成的网格模型,常用的方法有Delaunay三角剖分算法和Marching Cubes算法等。这些算法可以根据点云的密度和分布情况自动进行网格的划分,并生成具有一定拓扑结构的网格模型。

(4)贴图处理

生成的网格模型通常只包含几何信息,为了美化模型并增加真实感,需要将纹理信息与网格模型进行融合,即贴图处理。贴图处理主要包括纹理映射和纹理融合两个步骤。纹理映射是将摄像机采集到的图像映射到网格模型上,常用的方法有投影映射和贴图坐标映射等。纹理融合则是将多个纹理图像进行融合,常用的方法有混合贴图和法线贴图等。

(5)模型编辑等后处理

生成实景三维mesh模型后,还需要进行后处理以满足特定需求。对初步生成的三维模型进行仔细检查,将有问题的三维瓦片在软件中及时进行相应的修改处理,再次运行建模软件。修正后的三维模型修正了初步模型的错误与漏洞,最终得到完整的实景三维模型。被修正处理过后的模型主要有几何模型与纹理模型两种不同类别，当几何模型导入后其纹理会被忽略，但又会在提交下个任务指令时再次生成，几何模型与纹理模型则将完全替换初步模型，常见的三维模型数据格式有 OSGB、DAE、OBJ、STL、3DS、PLY 等。

实景三维 mesh 模型的处理流程广泛应用于地理信息系统、虚拟现实、机器人导航等领域。在地理信息系统中，可以利用实景三维 mesh 模型实现地形分析、城市规划和导航路径规划等功能。在虚拟现实中，实景三维 mesh 模型可以用于构建真实感的虚拟场景，提供逼真的视觉体验。在机器人导航中，实景三维 mesh 模型可以用于建立环境模型，帮助机器人进行定位和路径规划。在军事领域，如巡航导弹的低空飞行过程中，DSM 的应用至关重要，它能够为导弹提供精准的地表高度信息，确保找到各种复杂地形中的最佳飞行轨迹。

目前市面上能建立实景三维模型的主要航空摄影测量数据处理及实景三维建模的软件有美国 Bentley 公司的 Context Capture 和 Skyline 公司的 PhotoMesh、法国 Astrium 公司的 Street Factory 以及国内的武汉天际航信息科技股份有限公司的 DP Modeler，瞰景科技的 Smart3D、大势智慧的模方 ModelFun、航天宏图信息技术股份有限公司的 PIE-TD Modeler 等。每个软件的实景三维模型的建立操作流程大同小异，利用 PIE-TD Modeler 软件建立实景三维模型的操作流程如图 9-32 所示。

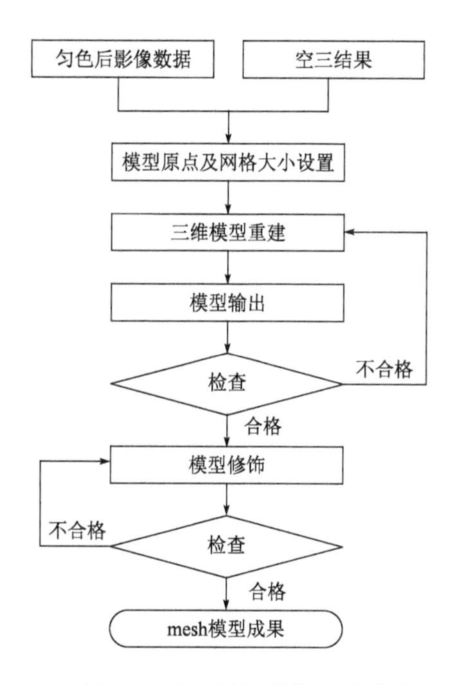

图 9-32　建立实景三维模型的操作流程

三、数字正射影像与数字真正射影像

数字正射影像图（Digital Orthophoto Map，DOM）是以航摄像片或遥感影像（单色/彩色）为基础，经扫描处理并逐像元进行辐射改正、微分纠正和镶嵌，按地形图范围裁剪成的影像数据，并将地形要素的信息以符号、线画、注记、公里格网、图廓（内/外）整饰等形式填加到该影像平面上，形成以栅格数据形式存储的影像数据库。它具有地形图的几何精度和影像特征。而基于数字表面模型（DSM），利用数字微分纠正技术改正原始影像的几何变形，可得到数字真正射影像图(True Digital Ortho Map,TDOM)。

DOM 及 TDOM 都是同时具有地图几何精度和影像特征的图像。DOM 具有精度高、信息丰富、直观逼真、获取快捷等优点,可作为地图分析背景控制信息,也可从中提取自然资源和社会经济发展的历史信息或最新信息,为防治灾害和公共设施建设规划等应用提供可靠依据;还可从中提取和派生新的信息,实现地图的修测更新。

由于获取制作正射影像的数据源不同,以及技术条件和设备的差异,数字正射影像图的制作有多种方法,主要包括下述三种方法。

(1)全数字摄影测量方法。通过数字摄影测量系统来实现,即对数字影像进行平差定向后,形成 DEM,按反解法做单元数字微分纠正,将单片正射影像进行镶嵌,最后按图廓线裁切得到一幅数字正射影像图,并进行地名注记、公里格网和图廓整饰等。经过修改后,绘制成 DOM 或刻录光盘保存。

(2)单片数字微分纠正。如果一个区域内已有 DEM 数据以及像片控制成果,就可以直接使用该成果数据制作 DOM,其主要流程是对航摄负片进行影像扫描后,根据控制点坐标进行数字影像内定向,再由 DEM 成果做数字微分纠正,其余后续过程与上述方法相同。

(3)正射影像图扫描。若已有光学投影制作的正射影像图,可直接对光学正射影像图进行影像扫描数字化,再经几何纠正就能获取数字正射影像的数据。几何纠正是直接针对扫描变换进行数字模拟,扫描图像的总体变形过程可以看作是平移、缩放、旋转、仿射、偏扭、弯曲等基本变形的综合作用结果。

上述三种方法的核心是数字微分纠正,下面阐述利用反解法进行单元数字微分纠正的原理。

生成数字正射影像图的实质是将中心投影的像片,采用数字微分纠正等方法生成正射投影影像的过程。其中,数字微分纠正就是根据有关的参数与数字地面模型,利用相应的构像方程式(如共线方程),或按一定的数学模型(如多项式函数)用控制点解算,从原始非正射投影的数字影像获取正射影像。

基于共线方程的反解法数字微分纠正的原理示意如图 9-33 所示。

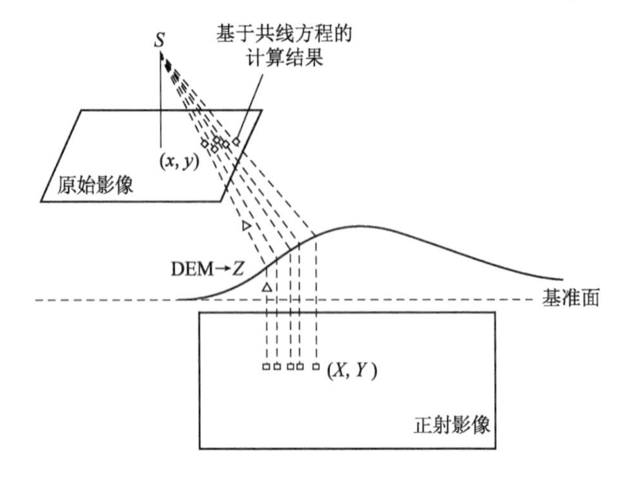

图 9-33　基于共线方程的数字微分纠正的原理示意图

正射纠正的过程在一定程度上限制了因地形起伏引起的投影误差和传感器等误差产生的像点位移。正射影像作为一种数字测绘产品,同时具有几何精度、数学精度和影像特征,信息量大,内容丰富,直观真实,可作为土地调查的工作底图,方便内业解译和外业实地调绘,也可用于地理信息系统的制作和更新,为城市规划、土地管理、交通规划等提供可靠数据支持;用于环境监测和资源调查,用于了解地表覆盖变化、植被生长状态等;还可用于地质灾害的监测与预警等。

数字正射影像的生产过程如图 9-34 所示,一般可分为以下几个步骤:

(1)原始影像、DEM 数据以及控制资料等收集。

(2)空三区域网平差解算内外方位解算。

(3)利用 DEM 对原始影像进行数字正射纠正处理。

(4)进行影像匀光匀色、镶嵌裁切、图像精编和分幅数据等处理。

总之,数字正射影像图生产的工艺流程需要严格按照要求进行,以保证产生的数据质量和精度符合要求。

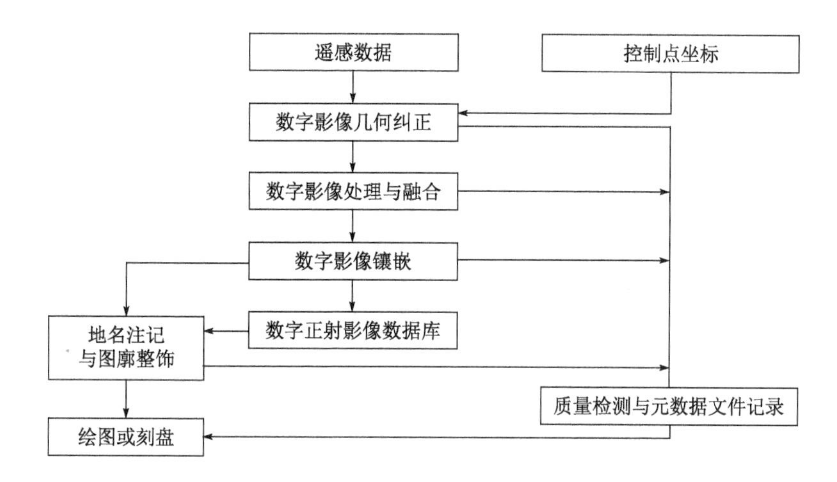

图 9-34 正射影像图生产流程

正射影像作为一个视觉影像地图产品,影像上由于投影差引起的遮蔽现象不仅影响了正射影像作为地图产品的基本功能发挥,而且还影响了影像解译能力。因此,在数字微分纠正过程中,如果以数字表面模型(DSM)为基础来进行数字微分纠正,可以生成真正射影像(TDOM)。TDOM 更有利于目标解译,其制作流程如图 9-35 所示。

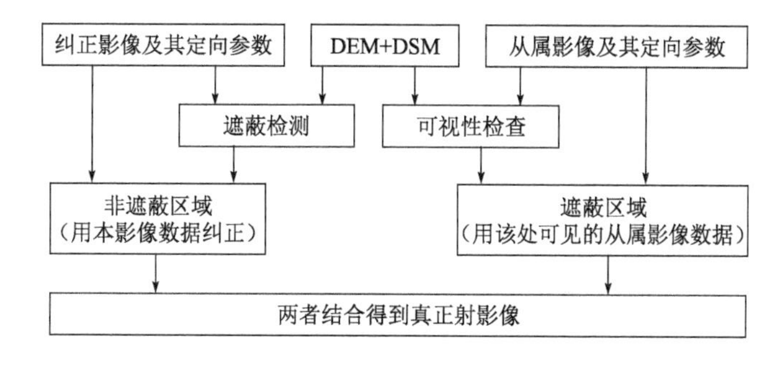

图 9-35 真正射影像技术流程

原始遥感影像与正射纠正后的真正射影像对比如图 9-36 所示。

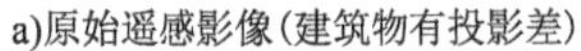

a)原始遥感影像(建筑物有投影差)　　b)纠正后的真正射影像(建筑物无投影差)

图9-36　原始遥感影像与正射纠正后的真正射影像

四、基于实景三维模型的数字测图

实景三维模型(3D Real Scene Model)是一种数字化的三维地图,旨在真实、立体且时序化地反映和表达人类生产、生活和生态空间的各个方面。这种模型不仅仅是对现实世界的抽象描述,而是进行直观的刻画,使它成为一种可以全方位、立体化呈现地表空间要素的虚拟世界。实景三维模型由多个组成部分构成,主要包括地形、建筑和景观。近年来我国实施的实景三维中国建设特指对中国国土范围内的人类生产、生活和生态空间的数字化表达。它为经济社会发展和各部门的信息化提供了统一的空间基底,因此实景三维模型在国家新型基础设施建设中占有重要地位。

近年来,随着小型无人机的快速发展与普及,基于实景三维模型的立体测图技术逐渐成为大比例尺数字成图的主要方法之一。该技术首先通过无人机获取多视角影像,进行数据处理并建立反映地物地貌的实景三维模型,再通过立体测图软件绘制大比例尺线划图,以更准确和真实地呈现地理空间。

通常,立体测图制作DLG可以基于前期生成的垂直摄影三维模型(基于DOM和DSM)或实景三维模型进行。而基于无人机多视影像建立实景三维模型的立体测图的一般步骤如下。

(1)基于多视影像三维模型的建立:按照利用无人机生成实景三维模型提到的方法,使用无人机采集的多视角影像,通过区域网平差、密集匹配和三维重建步骤,生成反映地形地物几何形状的表面三维模型。

(2)贴图和纹理映射:将实景图像贴在三维模型上,即通过将高分辨率图像投影到三维模型表面,赋予模型真实的纹理和颜色;调整贴图,确保图像在模型上的对齐和一致性,以获得更高的视觉逼真度。

(3)立体测图:确定立体测图的比例尺和所需的地理信息层次;将已建立的实景三维模型导入立体测图软件(如EPS等),通过相应的立体测图法采集各要素,如建筑物、道路、耕地、水系以及电力设施等,并分图层存储,最后绘制出大比例尺数字线画图。

(4)制图:使用专业软件(如ArcGIS),将各种地理信息图层叠加在三维模型上,形成完整的地理信息体系;添加地理信息标签和进行注释,说明地理要素的特征、属性和其他信息,提供有关地理特征的额外信息,如高度、距离等。

目前市面上能建立实景三维模型的主要航空摄影测量数据处理及立体测图的软件有武汉天际航信息科技股份有限公司的 DP Modeler、北京清华山维科技股份有限公司的 EPS 系列软件、广东南方数码科技股份有限公司的 CASS 三维立体测图软件模块、航天宏图信息技术股份有限公司的 PIE-TDModeler 软件等;美国 Bentley 公司的 ContextCapture 软件、Skyline 公司的 PhotoMesh 软件、法国 Astrium 公司的 Street Factory 软件等。每个软件的立体测图流程大同小异,其流程如图 9-37 所示(以 EPS 软件为例)。

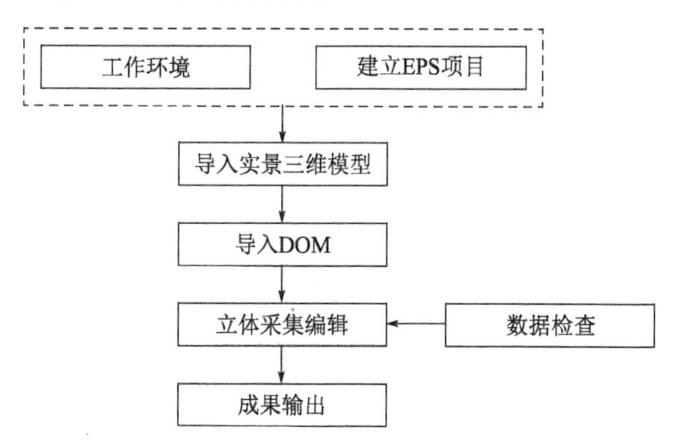

图 9-37 基于实景三维模型的 EPS 立体测图流程

第六节 无人机航测数据处理系统及作业流程

一、数字摄影测量软件简介

针对卫星影像、传统航空影像、无人机影像数据以及近景影像的数据处理、三维建模、立体测图以及实景三维模型等任务,国内外先后开发了多种数字摄影测量系统。例如早期由我国张祖勋院士团队自主研发的 Virtuo Zo 系统(后来升级为数字摄影测量网格系统 DPGrid)、中国测绘科学研究院开发的 JX-4,美国 Intergraph 公司的 ImageStation SSK、Inpho 摄影测量系统,以及合并的 Leica 与 Helava 系统。此外,还有法国的 Pixel Factory,以及加拿大的 PCI Geomatica 系统等。上述系统大多是集成航空、航天摄影测量测图与遥感图像处理、地理空间分析等功能一体化的多功能软件系统。

近年来,随着无人机技术、空天地一体化技术以及网络技术等相关技术的飞速发展,针对无人机搭载数码相机采集到的影像数据进行处理、实景三维建模以及模型的修饰、单体化等需求,早期开发的软件也不断推陈出新,同时也出现了一些新型的软件,下面对国内外常用的软件加以介绍。

1. 瞰景 Smart3D

Smart3D Capture 是国内瞰景科技公司开发的实景三维建模软件,Smart3D Mapper 是基于实景三维模型的测绘数据生产平台,兼容成都纵横、哈瓦、大疆等品牌的无人机设备,为用户提供从三维数据采集、编辑、质检到入库的一整套测绘数据生产解决方案。它基于高性能摄影测量、计算机视觉与计算几何算法开发,在实用性、稳定性、计算性能、互操作性方面能够满足严苛的工业质量要求。Smart3D Captur 能接受各种硬件采集的各种原始数据,包括大型固定翼飞机、载人直升机、大中小型无人机、街景车、手持式数码相机甚至手机,并直接把这些数据还原成连续真实的三维模型。无论大型海量城市级数据,还是考古级精细到毫米的模型,都能轻松还原出最接近真实的模型。

2. 天际航实景三维系列软件

实景三维软件产品包括:Mesh 三维模型数据生产,三维表达的基础地理实体数据采集生产,二维表达的基础地理实体数据转换生产、实景三维数据轻量化处理,实景三维数据管理,实景三维可视化与分析应用等六类软件。其中,自动建模软件 DP-Smart 是天际航具有完全自主知识产权,基于天空地多源序列影像,无须人工干预全自动生成高分辨率真三维模型的自动化建模软件。软件基于摄影测量、计算机视觉、人工智能与计算几何算法,具有全自动空三计算、密集点云生成、构建 TIN 网、自动纹理映射等功能,能够实现真三维模型的快速生成。实景三维测图系统 DP-Mapper 是天际航自主研发的一套大比例尺测图软件,提供基于三维模型、倾斜影像、地面影像、正射影像、立体像对模型、点云数据的二三维采集编辑工具。DP-Modeler 是天际航自主研发的一款集精细化单体建模及 mesh 网格模型修饰于一体的新型软件。

3. 航天远景 MapMatrix Grid

多源地理数据综合处理系统 MapMatrix 是武汉航天远景科技股份有限公司开发的一款功能强大的采编入库一体化网络版摄影测量平台。该系统专为团队项目级协同生产与新型基础测绘建设打造的,它包括:全自动倾斜摄影测量三维建模集群系统 Virtuoso3D、图阵三维智能测图系统 MapMatrix 3D、智能测图系统 SmartMatrix 等多个子系统。其中,MapMatrix Grid 客户端是由航天远景潜心研发的基于无人机、航空、卫星遥感等数据的网络版数字摄影测量立体测图系统,具备先进的倾斜摄影三维测图功能以及强大的基础测绘标准 4D 产品生产能力;MapMatrix 3D 图阵三维智能测图系统是专为大比例尺倾斜三维测图打造的高效智能化三维测图软件产品,具备多样化三维测图作业模式、丰富智能化地形地物采编操作以及一体化采编入库流程支持,能够智能高效地完成 1:500 基础测绘与房地一体项目绘制工作。

4. 数字摄影测量网格 DPGrid(Digital Photogrammetry Grid)

数字摄影测量网格 DPGrid(Digital Photogrammetry Grid)是由中国工程院院士张祖勋提出并指导研制的具有完全自主知识产权、国际首创的新一代航空航天数字摄影测量处理平台。该系统充分应用当前先进的数字影像匹配、高性能并行计算、海量存储与网络通信等技术,实现了航空航天遥感数据的自动化快速处理和空间信息的快速获取。

5. Context Capture

Context Capture 软件是 Bentley 公司的一款可由简单的照片和/或点云自动生成详细三维实景模型的软件。Context Capture 具有高兼容性,能对各种对象各种数据源进行精确无缝重建,从厘米级到千米级,从地面或从空中拍摄。只要输入照片的分辨率和精度足够,生成的三维模型可以实现无限精细的细节。

6. Agisoft Metashape

Agisoft Metashape 是俄罗斯 Agisoft 公司开发的影像自动生成三维模型软件。原名 PhotoScan。该软件无须设置初始值,不需要设置相机参数,采用计算机视觉的多视图三维重建技术,可对任意照片进行处理。它支持任意位置拍摄的照片,无论是航摄还是地面拍摄的影像都可以使用,整个工作流程全自动化进行,可生成精细 DEM、真正射影像和三维模型。

7. Pix4Dmapper

Pix4Dmapper 是瑞士 Pix4D 公司开发的无人机摄影测量系统,具有高度自动化处理能力。Pix4Dmapper 引入计算机视觉的相关算法,使用无人机影像开展影像定向、DSM 全自动提取、正射影像生产以及精细三维模型重建。Pix4Dmapper 整个过程完全自动化,并且精度更高。Pix4Dmapper 不仅支持无人机数据,还支持航片、倾斜摄影测量和近景摄影测量、卷帘快门效应矫正、比例和方向约束、图像掩模(去除图像中不需要的像素)、创建对象和矢量化、辐射校正(生成准确的指数地图和热力图)、没有 GNSS 也可以处理数据、新的像控点添加界面,提高控制点添加的速度、新的 raycloud 编辑器等方面。

二、无人机载航测数据采集及处理流程

(一)航测数据采集流程

数据采集过程中需要根据特定的任务需要求,进行无人机平台及倾斜摄影相机的选择及航飞方案的设计,具体如下。

1. 无人机飞行器的选择

每个项目的具体要求不同,设备选择就要根据实际情况进行测试,综合考虑选择最合适的机型。多旋翼无人机是进行建筑区倾斜摄影的首选,一般地区的倾斜摄影则可选择小型电动垂直起降固定翼无人机。

2. 数码相机及摄影方式的选择

倾斜摄像机需要搭载在中型无人机上,在实际运用中需要根据实际需求选择合适的相机类型。虽然市面上固定式五镜头倾斜摄影相机是无人机倾斜摄影普遍使用的设备之一,但也有专家探究了倾斜摄影三维重建对照片方位和数量、相机数量的具体要求。

3. 航线设计

飞行任务规划是指在区域空照、导航、混合三种模式下进行飞行任务的规划。举两个常见的例子。如使用多旋翼无人机和双镜头摆动式倾斜摄影系统进行建筑区 2cm 分辨率的倾斜摄影,航线设计的通常要求是:

(1)航摄分区尽量为矩形,航线沿矩形区域长边方向敷设,实际飞行范围应超出任务范围 1 个航高,分区内地形高差小于 1/2 航高;

(2)航线数量为双数且不少于 6 条,单航线最大长度按多旋翼无人机有效续航里程的 40% 计算;

(3)相对航高平均按 100m 设计,当航摄分区内有超过 30m 的建筑物时,最小相对航高应按 100m 加上建筑物高度计算;

(4)航向重叠度大于75%,旁向重叠度大于30%。

从建模效果来看,要想获得完整清晰、可供高精度量测的三维模型,生成比例尺1:500的地形图,建筑区倾斜影像的地面分辨率(GSD)一般要达到2~5cm,以增加对城区建筑物侧面信息的覆盖,以满足对建筑物等复杂目标精细三维重建的目的。要生成比例尺1:1000的地形图,GSD要达到6~8cm。

在龙羊峡水库北岸山地区域利用倾斜五相机无人机进行数据采集,测区的航线设计如图9-38所示。

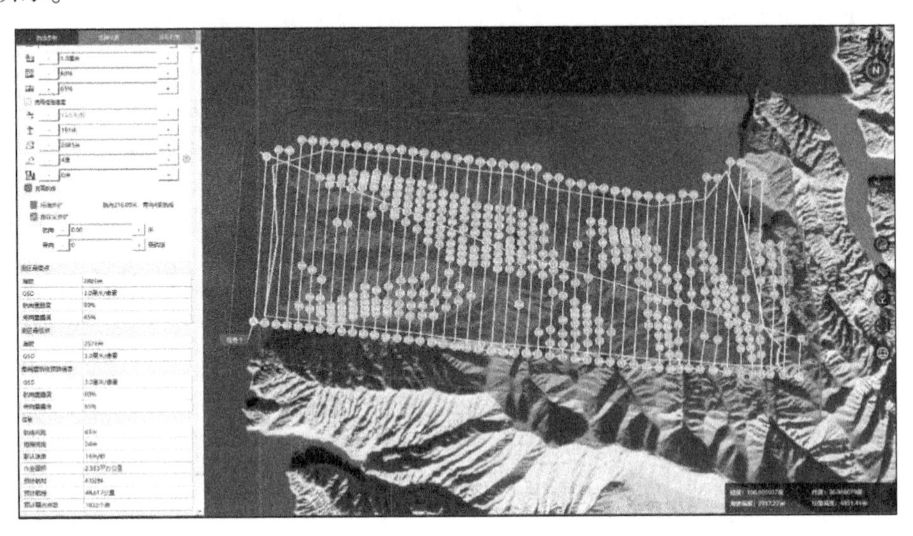

图9-38　无人机航线设计界面

4. 执行航飞及影像数据采集过程

根据制定的分区航摄计划,寻找合适的起飞点,对每块区域进行拍摄采集照片,具体过程如下。

(1)在设备检查完毕,并确认起飞区域安全后,将无人机解锁起飞。

(2)起飞时通过遥控器实时控制飞机,地面站飞控人员通过飞机传输回来的参数观察飞机状态。

(3)飞机到达安全高度后通过遥控器收起起落架,将飞行模式切换为自动任务飞行模式。同时,操控人员需通过目视无人机时刻关注飞机的动态,地面站飞控人员留意飞控软件中电池状况、飞行速度、飞行高度、飞行姿态、航线完成情况等,以此保证飞行安全。

(4)无人机完成飞行任务后,降落时应确保降落地点安全,避免路人靠近。

(5)完成降落后检查相机中的影像数据、飞控系统中的数据是否完整。

5. 无人机航测数据质量检查及输出

数据获取完成后,需对获取的影像进行质量检查,对不合格或缺失区域进行补飞,直到获取的影像质量满足要求。无人机航拍影像质量检查内容及方法如下:

(1)检查数据资料的齐全性、完整性,如检查影像数据、POS数据是否齐全和完整。

(2)检查人机航拍影像是否存在曝光过度或曝光不足现象。

影像的曝光过度或不足、影像的重影、散焦与噪点,将严重影响三维建模的质量。为了避免这类曝光问题的发生,在外出航拍时尽量提前看天气预报,在多云的天气拍摄比晴天更好,如果必须在晴天拍,最好选择中午左右使阴影区域最小化。

(3)检查是否存在航摄漏洞。如果存在航摄漏洞,对缺失区域进行补飞。

(4)整理质量合格的无人机影像、POS数据航线规划参数等数据,作为一套完整的外业成果输出。

如果无人机硬件设备不支持差分GNSS定位模式,需要一定数量的像片控制点(以下简称像控点)用于航测数据的处理或者对测量成果进行精度检验。像控点数据的外业采集工作主要包括以下两个步骤。

(1)像控点布设

在测区范围内的像片及地面上按照一定规律均匀分布一定数量的地面控制点,简称布点。目前,无人机摄影测量的外业像控布设方案主要依据现行《低空数字航空摄影测量外业规范》(CH/Z 3004)中关于1:500、1:1000、1:2000等大比例尺无人机航空摄影测量外业规范中像控点布设的准则。原则上,外业测量的像控点在满足精度需求的前提下,越少越好。

(2)像控点测量

常用的像控点测量主要采用RTK测量方法。如果测区有可用的CORS网络,使用RTK接收机连接CORS网络,其中控制点投影坐标可采用CGCS2000坐标系、高程系统采用大地高基准(CGCS椭球高)或1985高程基准(需要3~4个点算出高程异常,转换成1985高程基准)。如果无人机硬件设备支持差分GNSS定位模式,且测区有可用的CORS网络,则可以开展基于CORS网络的像控点的测量。否则,则在本测区内架设GNSS基站后进行RTK测量。

像控点布设及测量的技术要求参见现行《低空数字航空摄影测量外业规范》(CH/Z 3004)。

(二)作业流程

无人机航测数据采集是一个复杂的过程,涉及多个步骤,基本流程如图9-39所示。

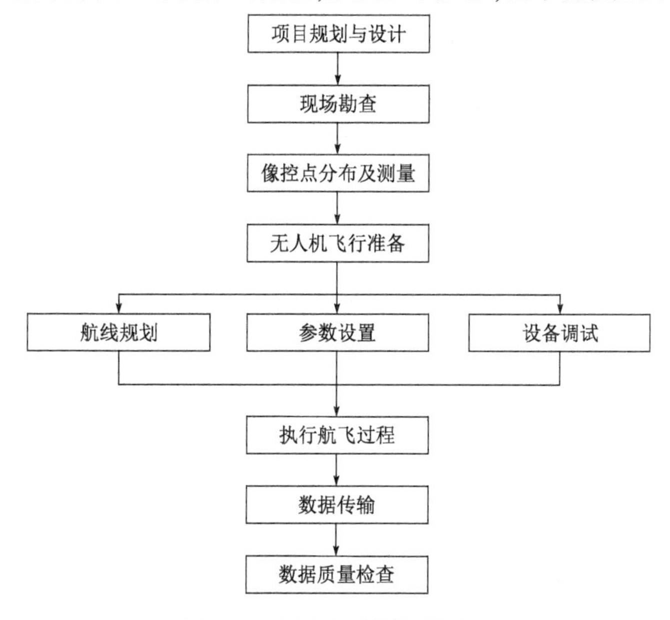

图9-39 无人机航测数据采集流程

1. 项目规划与设计

首先,明确项目的目标和需求,例如航测的区域、精度要求、所需数据类型等。然后,根据这些需求制定飞行计划,选择适合的无人机类型和传感器,并设置相关的参数。

2. 现场勘查与像控测量

在正式采集之前,需要对航测区域进行实地勘查,了解地形地貌、障碍物、天气等情况,确定合适的起飞和降落地点,以及安全措施。

根据地形地貌布设像控点,并采用 RTK 等设备测量像控点,并进行数据整理,制作"点之记"数据。

3. 无人机飞行准备及数据采集

在正式飞行之前,需要进行试飞以检查无人机的操控性能和传感器的响应情况。在确认一切正常后,按照规划的航线进行数据采集。这期间需要实时监控无人机的位置、高度、速度等参数,以及传感器的数据质量。数据采集过程中需要根据特定的任务需要求,进行无人机平台及倾斜摄影相机的选择及航飞方案的设计,并遵守相关的法律法规和飞行规定。具体流程如下:

(1)无人机设备调试。根据选定的无人机型号和传感器,进行组装和调试。确保无人机性能正常,传感器安装无误。

(2)航线规划与参数设置。在进行无人机摄影测量之前,要重视安全问题,确保人员和无人机的安全。首先需要进行航线规划和飞行准备。航线规划包括确定拍摄区域、确定航线的起点和终点以及确定无人机的飞行高度和航行速度等。飞行准备包括检查无人机设备的状态和电量,确保无人机工作正常。

(3)执行航飞过程。在无人机起飞后,开始进行飞行数据的采集工作。通过无人机搭载的摄像头,对目标区域进行航空摄影,获取图像信息。由于无人机的机动性强,可以在不同的角度和高度进行拍摄,从而获取到更多的图像信息。在飞行过程中,要确保人员和无人机的安全。

(4)数据传输。飞行数据采集完毕后,将采集到的数据传输到计算机中进行处理。一般情况下,无人机会将数据通过无线传输的方式发送到地面站。地面站接收到数据后,可以进行数据的备份和筛选等操作,确保数据的完整性和质量。

(5)数据质量检查。将采集到的各类数据进行完整性和质量检查,是否存在航摄漏洞,是否影像存在过度曝光或曝光不足等问题,若存在上述问题,部分或全部重新采集,直到符合要求。

(三)航测影像数据处理流程

摄影测量数据处理是指根据摄影测量的原理和方法进行摄影测量数据区域网平差,以求解每张像片的外方位元素,并求得一些物方点的三维空间坐标。接着对影像进行密集匹配生成密集点云,生成实景三维模型。最后根据测量的要求,对测量结果进行精度评定和质量控制,其流程如图 9-40 所示。

1. 外业数据整理与预处理

在采集完成后,将无人机上的数据进行整理和初步处理,如无效影像剔除、图像增强、图像几何校正、影像拼接等,以确保数据的完整性和良好的质量。其中,图像几何校正主要是消除摄影过程中因无人机的姿态变化、相机镜头畸变等造成的图像几何变形,以还原图像中地形或目标的几何形状。

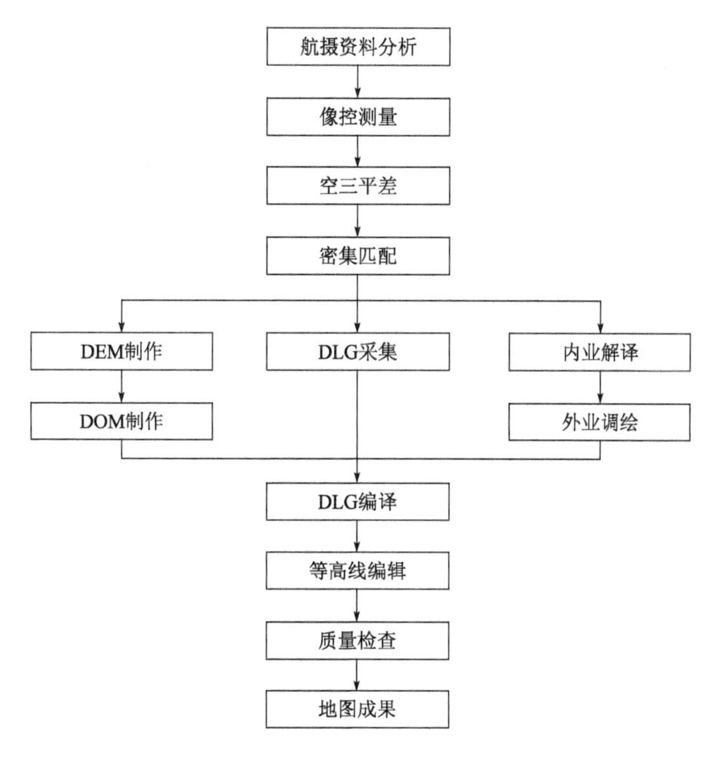

图 9-40　无人机航测数据处理作业流程

2. 无人机影像空中三角测量

通过匹配同一区域的多张图像,将它们的特征点进行匹配,从而实现图像的统一。

3. 三维重建与模型生成

在对无人机影像进行区域网空中三角测量之后,再对区域网中的影像密集匹配,生成更加稠密的三维点云。对点云进行三维重建,生成数字表面模型、数字高程模型、正射影像等,恢复出地表或地面目标物体的三维表面模型,进而可以生成数字线划图(DLG),为后续的测量和分析提供基础的二三维地图产品。

4. 测绘产品质量检查与成果输出

对处理后的数据进行质量检查,如对比实际地形与采集的数据,检查是否有遗漏或误差。最后,根据项目的需求,生成相应的成果,如数字高程模型、正射影像等。

5. 成果数据处理和分析

模型生成之后,可以根据实际应用需求将成果进行进一步的处理和分析,将数据转化为有价值的信息。根据需要可以对三维模型进行体积计算、距离测量、地形分析、目标变化检测等,提取出所需的地理信息。此外,也可以将三维模型与其他地理数据进行叠加,实现多种数据的综合分析和应用。

三、三维激光点云处理软件简介

近年来,随着 LiDAR 技术的迅猛发展,LiDAR 处理软件也不断推陈出新,常见的点云处理

软件如下:

1. TerraSolid 系列软件

TerraSolid 系列软件是第一套商业化 LiDAR 数据处理软件,它是基于 Microstation 开发的功能强大的专业软件,包括:TerraMatch、TerraScan、TerraModeler、TerraPhoto、TerraSurvey 等模块。其中,TerraMatch 软件模块主要功能是实现对不同航线的点云数据进行自动匹配,并进行航带间点云数据的系统误差;TerraScan 模块是处理 LiDAR 点云数据的软件,其主要功能包括对原始激光点云的读取、浏览、自动或手动分类、交互式目标提取(如铁塔、电力线、房屋)和探测等功能;TerraPhoto 是 TerraSolid 公司利用地面激光点云作为映射面对航空影像进行正射纠正以产生 DOM 的软件,是专门用于对 LiDAR 系统飞行时产生的影像做正射纠正的。TerraModeler软件模块是功能齐全的地形模型生成模块,它可以建立地表、土层或者设计的三角面模型,模型的产生可以是基于测量数据,或者是图形元素和 XYZ 文本文件。TerraSurvey是 TerraSolid 公司利用来自全站仪和 GNSS 的数据创建 3D 数字测图的软件模块。

2. LiDAR360 软件

LiDAR360 是数字绿土自主研发的专业点云处理软件,它包含机载、地面三维激光雷达点云数据交互编辑和处理所需的工具。其中 LiDAR 360 UAV 机载激光雷达点云数据处理分析软件,是数字绿土针对机载激光雷达采集的点云数据专门开发的一款后处理软件。该平台包括数据管理、航带拼接、分类和统计分析等模块。它还包含了面向不同行业如地形测绘、土方量测量、采矿量勘测、线状工程、林业调查、应急测绘等应用的软件模块。

3. JoLiDAR 点云处理软件

JoLiDAR 是成都纵横大鹏无人机科技有限公司自主研发的一款点云处理软件,可以实现点云配准、航带匹配、航带平差等功能,可获得高质量点云数据;提供点云滤波、点云分类、三维建模等处理方法,可获得高精度三维模型。此外,JoLiDAR 点云处理软件提供一键切档分类、杆塔信息化、航点规划,以及电力通道树障、交跨、弧垂、树倾倒分析、精细巡检、平台对接等行业应用功能。单个软件可实现从数据解析、数据处理、电力分析报告至内网平台对接等电力巡检所有功能。JoLiDAR-LR 激光雷达系统可用于大面积复杂地形测绘,激光点云与正射影像同步获取,激光点云数据与正射影像高精度配准,能够快速生成原始点云、真彩点云、高精度 DEM/DSM/DOM/DLG 成果。

4. LiDAR Studio 软件

LiDAR Studio 是武汉空间智测科技有限公司自主研发的点云数据处理与分析软件,利用计算机图形学的前沿技术,实现了海量点云数据的快速可视化与编辑(支持渲染、处理超过 300G 的点云数据),并提供丰富的编辑工具和先进的点云处理算法,可供测绘、电力、农林、深度学习点云标注等行业进行应用。

此外,一些航测软件也具有基本的点云数据处理的功能,如大疆智图、Pix4d 等软件都具有对三维点云进行滤波、分类、生成 DEM 及等高线生成等功能。深圳飞马科技有限公司的无人机管家软件中的智激光模块具备数据管理、海量点云浏览、点云操作等基本功能,并集点云解算、设备检校、航带平差、点云赋色等特色功能于一体,为用户提供从原始机载激光数据到标准通用数据的完备数据预处理解决方案。

此外,国内外也有一些免费的点云处理工具,例如 Cloud Compare 软件,以及开源二次开发平台 Point Cloud Library(PCL)开源库等。

四、无人机载 LiDAR 数据采集及处理流程

(一)无人机载 LiDAR 点云数据采集流程

无人机载 LiDAR 数据采集流程如下:

1. 准备工作

在数据采集之前需要进行多方面详细周密的准备工作,其中主要包括选择检校场、设计航线、申请空域和布设地面基站等。在数据采集的前后,都要进行对设备的检校,通常通过处理检校场数据、采集以及安装轴间精密的偏心角和计算出各仪器之间精密的偏心分量,继而对整个测区数据纠正系统误差,使精度提高。通常选择有山坡、平地、房屋的地区作为检校场。在进行飞检校场时,通常飞"田"字形或者"井"字形。

2. 空域办理

依据《中华人民共和国飞行基本规则》规定,航摄任务执行前向有关飞行管制部门提出申请。在批准期间选择适航天气飞行。

3. 航线设计

在对航飞路线设计时,要遵循经济、周密、安全和高效的原则,选择专门的航飞设计软件来对飞行路线进行设计。通常在航线设计时,要参考小比例尺的地形图,综合考虑测区的地貌、地形、机载激光雷达设备的参数(扫描角、相机镜头焦距、扫描频率等)、天气条件(雾、云、烟尘、降雨等)、航带重叠度、航带宽度和用户要求的点云密度考虑,设计出符合项目精度要求的航线。优秀的航线设计,既能满足精度要求也能降低成本,节省飞行时间。

4. 地面基站布设或 CORS 网联接

在测区内设置一定数量的 GNSS 基准站,进行动态 GNSS 定位,通常来说基站间距为 30 ~ 50km。将基站构建成网解算 GNSS 数据,可以减小大气误差、电离层延迟误差、卫星钟差及轨道差、对流层延迟误差等。

5. 采集数据

三维激光雷达系统同时采集数码影像、激光点云等多源原始数据。在飞机起飞前 30min,将地面基准站的 GNSS 接收机打开,在飞行到测区之前,将 POS 系统打开,并静止一段时间,继而按"8"字形飞,在飞完后进行 5min 的直飞,从而保证 POS 系统能够处于最佳的工作状态,然后开始数据的采集。在进行数据采集时,飞机可以按照设计航线进行自动飞行,相机和扫描仪、POS 系统根据设置的参数来采集数据。

(二)无人机载 LiDAR 点云数据处理

机载激光雷达飞行任务完成后,采集到的数据为激光扫描数据、机载 GNSS 数据、IMU 数据和 GNSS 参考站数据。激光扫描数据主要为距离信息、角度信息和回波信息等。为了获取精确的地面三维激光点云数据,必须经过点云解算、系统误差改正、点云噪声去除等预处理,以

及点云滤波等后处理。

激光雷达点云数据可以制作分类点云、DSM、DEM、等高线、DLG 等,对三维激光点云后处理的主要包括:在获取的标准激光点云数据基础上进行数据分块、噪点去除、分类,然后生产 DEM、DSM 以及 DLG 和等高线等成果的过程,其作业流程如图 9-41 所示。

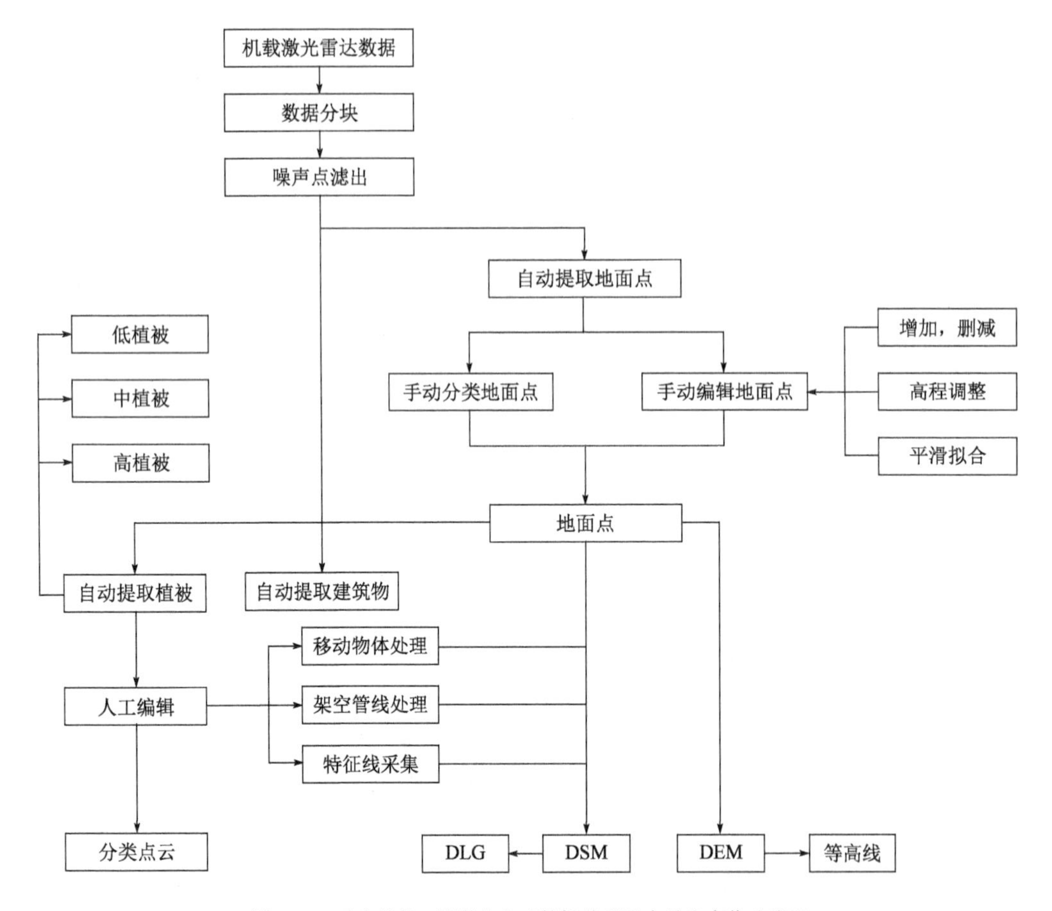

图 9-41　无人机载三维激光点云数据处理及产品生产作业流程

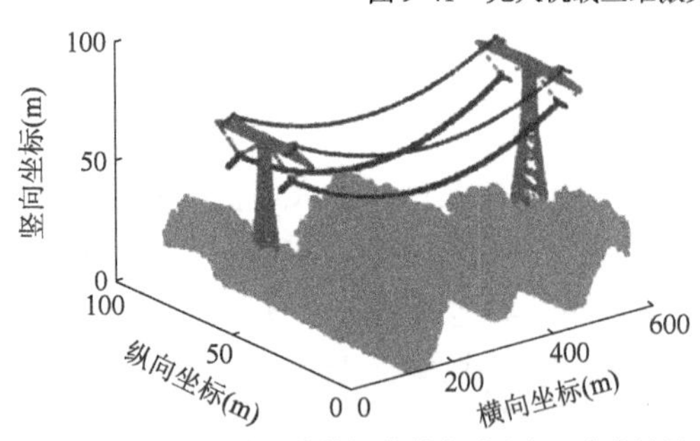

图 9-42　面向电力巡线的机载激光雷达点云分类结果

在点云分类时,应根据应用需求,选择合适的方法。下面以机载激光雷达电力巡线进行激光点云分类及输电线路树障隐患分析为目的点云自动分类为例(图 9-42),阐述其点云分类过程。

假设将狭窄的电走廊区域点云划分成如下类别:地面、植被、导线和杆塔及其他点云。可以采用分层分类法,具体步骤如下。

(1)地面点与非地面点分类。首先,采用滤波的方法分离地面点和非地面点,地面点用来构建 DEM,对非地面点需要进一步细分成电力线、杆塔、植被点云。

(2)电力线点云分类。根据滤波后获取的非地面点云的空间几何特性,电力线点不同于植被点和杆塔点,在局部范围内电力线点云的高程值与非电力线点云高程呈现分布不连续。

因此,首先以地面点建立基准高程面,通过设置合理的高程阈值,即可快速剔除大部分非电力线点云。

(3)杆塔点云分类。输电线路杆塔在高度上明显差异于其他地物,且其单位面积内点云数量较多,另外输电线路杆塔通常为铁质材料,其反射特性与植被有所不同。因此,可利用激光点云的高程、点云密度及反射强度信息、多光谱信息等特征,构建杆塔点云判别模型,提取杆塔点云。也可以采用人机交互的方法,先标记出杆塔点云区域,基于二维投影区域内的非地面点为杆塔点云的思想初步获得杆塔分类点云,再采用上述方法进行细分类。

(4)植被点云分类。可利用激光点云的高程、点云密度及影像多光谱信息等特征,采用分层阈值法将剩余的点云分成低植被(0.5~1m)、中植被(1~3m)、高植被(3m 以上)。

有些情况下,需要将其他类别的点云再进一步细分,无法基于激光雷达点云数据进行自动化分类,需通过交互式手动处理实现精细化分类,细分出建筑、公路、绝缘子、跳线等线路本体及通道地物类型。

第七节　无人机测绘技术应用

一、概述

随着无人机测绘技术的快速发展,其应用领域也非常广泛,已经成为应急救灾、突发事件处置、数字城市建设、自然资源调查、地质灾害监测、矿山监测、环境变化监测、工程设计等的重要技术手段。

1. 实景三维及智慧城市建设

无人机测绘技术可以生产大比例尺的基础地理信息数据(如正射影像和三维模型)以及各类地形图、交通图、建筑图等专题图。无人机可以获取城市级、部件级实景三维模型,为实景三维中国及智慧城市建设提供了有力的空间数据支持。

2. 无人机航测工程应用

无人机航测技术作为重要的基础地理数据采集手段之一,在城乡规划建设及国家重大工程中发挥着重要作用。在城乡规划建设中,无人机测绘可以提供高效、快速的数据采集和分析,获得建筑工地的实时进展状况、建筑物的完整性、周边环境等信息。这些数据有助于规划设计、体量测量、安全监测等工作的开展,为城乡规划与建设提供数据支持。在国家重大工程中,从勘测设计、建设施工到交付运营,利用无人机测绘技术可以提供重要的影像、点云数据以及实景三维模型、专题地图等二三维基础地理信息支撑,大大提高了工作效率,降低了成本,并能够实现工程的全过程智慧管控。

3. 线路安全巡检

无人机被广泛应用于道路、桥梁、水电站等基础设施的监测。利用无人机搭载各类数码相机可以对施工阶段或运营维护阶段的施工场地进行安全监测、并对沿线环境进行监管。例如,使用无人机能够精准检测高速公路、隧道等重要设施,协助完成设施的维护和监测;无人机可以探测水电站中水利设施的状况,包括水库、渠道、水文测量器和泵站等,以确保设施的稳定性、安全性和可靠性。此外,无人机还应用于检测飞机、火车和汽车等交通工具,对其进行机械和电子设备的测试和检修。利用无人机搭载激光雷达系统进行电力巡线,不仅可以大幅度提高工作效率,也能大大减少野外工作量,降低巡线成本。

4. 自然资源调查领域

在自然资源调查领域,通过无人机测绘可以高效地获取地质勘探、林业资源、土地利用等方面的数据。这些数据可以为地质勘探、林业规划、土地管理等提供重要支持,并有利于提高自然资源调查的效率和精度。

5. 生态环境领域

在生态环境监测中,通过无人飞行器搭载的各类成像传感器设备,可以实时监测城市环境、自然保护区、水域等的变化和污染情况。这些数据可以为环境监测、评估以及环境保护和污染治理等提供重要的参考。

6. 精准农业

通过无人飞行器搭载的数码相机及三维激光雷达测量设备,可以对农作物进行高分辨率的遥感监测,实时了解农作物生长情况、土壤湿度、病虫害等信息,这些数据为农作物的精细化种植、生长监测和产量评估等全过程智慧管理提供有力的技术支持,也有助于提高农作物的产量和品质。

7. 灾害应急响应

无人机可以迅速进入灾区,对震后的灾情调查、地质滑坡及泥石流等实施动态监测,并对道路损害及房屋坍塌情况进行评估,为后续灾区重建等方面的工作提供技术支撑。

8. 其他应用

无人机测绘遥感技术还在国防建设、交通等更多领域有广泛的应用。

下面以线路全生命周期工程应用、房地一体测量以及电力线路安全巡检为例,阐述无人机测绘技术的应用情况。

二、线路全生命周期工程应用

近年来,无人机航测技术快速发展,成为重要的信息采集手段。在工程建设领域,从勘测设计、建设施工到交付运营,无人机测绘技术能够为工程提供全生命周期技术服务。

施工前,利用无人机测绘技术可高效获取土地征拆区域的实景三维模型,以确定地界范围、测量面积并结合实地调查确认土地属性。进而,利用模型进行横纵断面测量,快速获取断面地形高程点数据,可用于设计线路横断面的形状、计算坡度、计算土石方量、放样边坡和布置各种构筑物。

施工中,可以通过无人机航测建立的不同时期的三维模型的对比和变化分析,进行土石方量测量,还可自动分析挖掘填充量变化,计算开挖及回填材料体积。这种工作方式有效降低了工程成本,提高了外业效率。此外,还可以通过无人机搭载变焦相机、热成像相机对施工进度进行监控,并将影像数据与数字底图进行叠加,动态掌握工地各个位置的状况,全面管理施工进度,并对工程造成的沿线环境影响进行监测和管理。同时,利用人工智能(Artificial Intelligence，AI）技术将视频中的关键信息进行自动化提取，实现对整体施工进度中关键信息的快速识别，提升整体巡视效率。

工程竣工后，为了将工程现场的整体面貌进行数字化管理，有效辅助工程运营维护工作，面向主体工程的精细化实景三维模型必不可少。

运行维护阶段，为对线路等设备进行保养、维修以预防和修复灾害性损坏，可以利用无人机进行病害隐患及安全巡检，大大提高了工作效率，降低了成本。

1. 线路 BIM 辅助设计

建筑信息模型（Building Information Model，BIM）是以三维数字技术为基础，集成了建筑工程项目各种相关信息的工程数据模型。基于无人机倾斜摄影测量技术建立的实景三维建模，集成了各类线路工程、建筑物的全生命周期的所有信息，有效构造出含有工程场地丰富信息的三维模型，在公路、铁路、水利等工程中得到了越来越多的探索和推广应用。其中，利用无人机低空遥感构建的实景三维模型，尤其是三维精细模型在水利工程 BIM 中得到了应用，将实景模型与虚拟模型叠加融合应用于水利工程建设管理全生命周期，可以使水利工程投资分析、设计、施工、管理等更加科学精准，其特点为可视化、协调性、模拟性、优化性、可出图性。

下面以宁夏青铜峡灌区续建配套与现代化改造工程（一期）为例，阐述工程施工前，如何利用实景三维模型辅助沟渠 BIM 设计。

首先用无人机航测技术生成渠道的倾斜摄影模型（渠首、汉延渠），为工程进一步设计改造提供基础数据，通过三维实景模型与 BIM 的结合进行河道改造工程设计和规划，下面阐述其具体方法。

利用无人机测绘技术进行道路勘测，主要流程如下：

（1）前期规划。搜集该测区相关材料并进行勘察，初步规划像控点的布设、检核点的采集以及航测参数选取等工作；

（2）外业测量。先进行像控点、检核点的实地布点，之后开展点位数据采集及实地航飞，并检查坐标数据及像片完整性；

（3）内业数据处理。利用无人机多视摄影测量技术对线路及周边区域所在的测区进行实景三维建模。利用 9.3.2 节所述方法，利用 ContextCapture 等软件实现多视倾斜影像的三维建模，经过模型编辑与修正、建立最终的实景三维模型。实景三维模型如图 9-43 所示。

（4）实景三维模型的单体化。为了获取工程区域内沟渠等所关注地物的单体信息，并便于各地物要素的分层管理，需要对实景三维模型中的关注地物进行单体化，其方法大致如下：

①地物的底面矢量化。以构建的三维模型基础，可利用无人机影像将建筑、水域、道路、植被等地物的底面进行矢量化，或从已生成的全要素或专题要素的矢量数据中提取地物底部的轮廓，得到地物的底面矢量数据，并使其坐标系统与倾斜摄影三维模型的坐标相一致。

②矢量面切割倾斜模型。分别将实景三维模型以及输出的地物底面矢量文件叠合分析，将建筑、道路、水域等要素与原模型分离并分层显示，实现测区内各个地物的单体化和分层管理。

图 9-43 河道及周边实景三维模型❶

(5)开挖区域 BIM 设计模型构建。

①收集开挖区域的地形地貌数据,以及设计模型空间基准所需的基点、测量点等相关数据。

②三维建模。利用 Revit、3Dmax 等软件对开挖区域进行三维建模,形成开挖区域虚拟的三维设计模型。

③开挖区域周边环境设计。采用上述方法对建筑物周边地形、建筑物、道路、环境绿化等多种要素构建其三维设计模型。

④三维模型渲染。BIM 设计模型建立后,对其进行质量、光照、天空等场景设置并为建筑物指定渲染材质,完成三维模型渲染。

(6)实景三维模型与 BIM 设计模型的融合。利用如 Sky-line 等软件平台将实景三维模型和开挖区域及周边各要素的 BIM 设计模型的数据导入,并进行模型融合输出 3DML 格式的模型文件。融合后的模型仍保留原 BIM 设计模型的属性信息,其技术路线如图 9-44 所示。

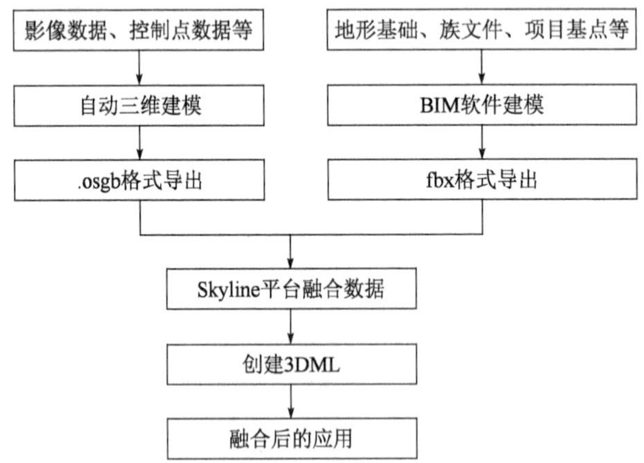

图 9-44 实景三维模型和 BIM 设计模型融合的技术路线图

❶ 引自成都睿铂科技微信公众号,2024 年 11 月 5 日。

融合后的模型如图9-45所示。通过实景三维模型与BIM虚拟模型的融合,可实现三维设计,能够根据3D模型自动生成各种图形和文档,而且始终与模型逻辑相关,当模型发生变化时,与之关联的图形和文档将自动更新。

图9-45 融合后的模型

(7)工程场景的3D漫游。为增加三维场景的沉浸感与交互感,可以对融合后的数据进行了3D漫游效果制作。实景模型与设计模型联合应用,既能展示工程建设完成后的效果,又能更加直观真实地展示工程进展情况。

利用无人机倾斜摄影技术构建的实景模型具有高精度及现势性,再结合工程的开挖场景模型,还可精确计算出工程量及工程项目投资,与工程监理确认的工程量及工程项目投资进行对比,从而实现对工程质量和进度的精细化管理。

2. 断面测绘

断面测绘是对某一方向剖面的地面起伏进行的测量工作,获得的断面图供设计坡度使用。下面以水深断面测绘为例,阐述利用无人机测绘技术进行断面测绘的作业方法,其作业流程如图9-46所示。

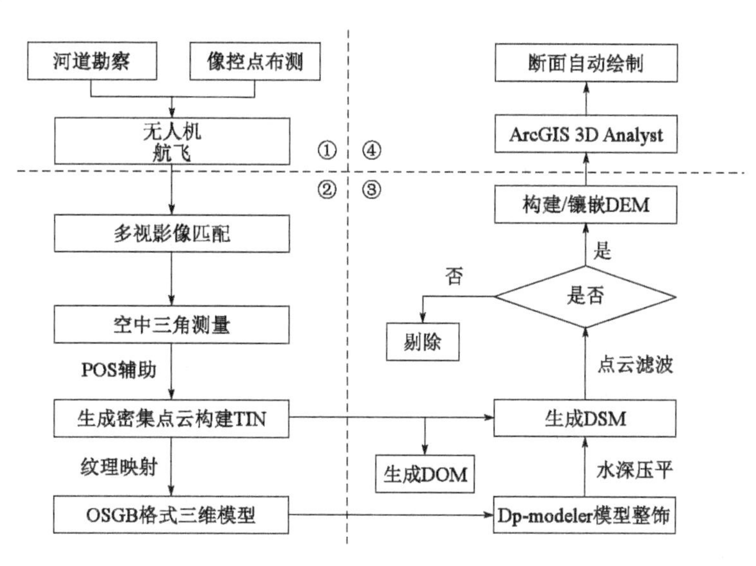

图9-46 无人机航测断面绘制流程

(1)以航飞采集的多视影像和地面布测的像控点为基础,利用 ContextCapture 等软件进行空三测量,再生成密集的三维点云以及 DOM。

(2)对点云数据进行滤波,获取较为精确的河道 DEM 数据。

(3)利用 ArcGIS 的 3D Analyst 功能,实现断面的自动绘制。

3. 方量计算

实景三维
基本量算

土方计算是线路勘测、施工过程中的开挖工程量计算的主要的内容之一,计算土方量的方法有多种,常用的有:断面法、方网法、散点法、DEM 法、等高线法等。利用无人机倾斜摄影测量技术或三维激光扫描设备可以获得高精度的 DEM 和等高线等多种测绘产品,且工作效率得到提高,是土体或矿山开挖等多种测绘任务中的方量计算的主要技术手段。下面阐述利用无人机航测技术进行施工过程中土方量计算的内容和方法。

(1)数据采集。利用无人机倾斜摄影测量技术或三维激光扫描设备对同一地块填充(或开挖)前后的场地进行航测数据采集。

(2)数据处理。依据本章第五节和第六节的方法对获取的航测数据进行处理,分别生成填充(或开挖)前后施工场景的点云数据、DEM。

(3)最后对两期点云数据或 DEM 分别提取地形起伏的高程点数据,采用一定的方法进行方量计算,获得挖填平衡变化信息或开挖土体或岩体的方量。

需要说明的是,有些土体开挖任务中还需要考虑施工区域的土壤类别以及填充(或开挖)前后土壤压实系数,以获得体积变化倍数。

4. 线路病害检测

安全巡检对于线路基础设施竣工后的运行和维护、养护十分重要。路面裂缝作为道路常见的病害,是道路各种病害的先期表现,自然灾害、车辆碾压、温度变化等都可导致裂缝出现,裂缝会使得道路的承载能力变弱、逐渐蔓延至整个表面,甚至导致结构坍塌,所以对于裂缝的处理尤为重要。及时发现并采取有效的措施补救可以保障车辆出行安全、延长道路的寿命。基于人力检测或路面检测车巡检费时费力,效率较低,难以满足路面寿命快速评估的需求,目前基于无人机的路面裂缝识别系统图像处理算法与深度学习理论相结合的无人机裂缝识别检测技术已得到普遍应用(图 9-47)。

a)无裂缝

b)有裂缝

图 9-47　路面裂缝的 AI 识别结果示意图

结合无人机遥感智能识别技术,建立高速公路病害巡检体系,解决传统巡检低效繁琐、主观粗放、巡检时间过长、人员安全无法保障、无法积累日常养护数据等问题。

无人机遥感高速公路病害智能识别技术流程如图9-48所示,裂缝识别步骤如下:

(1)无人机飞行采集路面影像数据;

(2)利用影像数据对路面场景进行三维建模;

(3)利用无人机影像,并结合二三维地理信息数据进行裂缝等病害的AI识别。

(4)结合二三维地理信息数据,确定各处裂缝等病害的位置信息,以及裂缝的长度、宽度以及毁损程度等信息,形成分析报告,并将病害三维可视化。

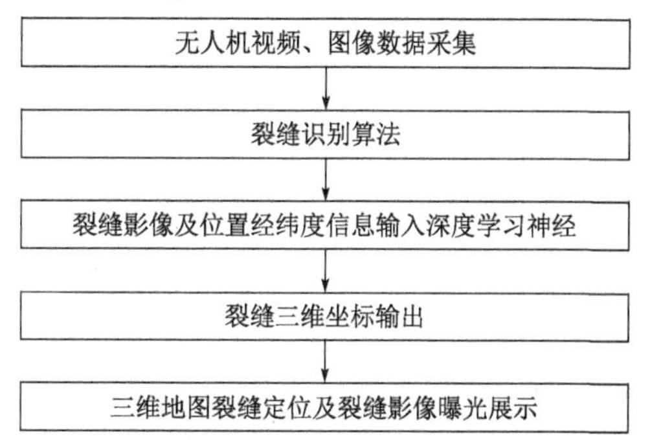

图9-48　无人机遥感高速公路病害智能识别技术流程图

三、房地一体测量

农村宅基地房屋使用权以及集体建设用地使用权调查是调查范围极广的一项基础性调查,需要投入大量的人力、物力来完成测量工作。使用无人机倾斜摄影测量技术,可以全面节约相关成本,实施有效的测量作业,利用信息化技术全面完善房屋的不动产信息。

利用无人机倾斜摄影测量技术进行房地一体化测量时,首先在调查范围内布设像控点和检查点,然后利用全站仪和RTK对调查范围内的相关点位信息进行测量,然后再布设无人机倾斜摄影测量的数据采集方案,利用影像数据制作测区的DOM和三维模型,最后进行外业测绘。其技术路线如图9-49所示。

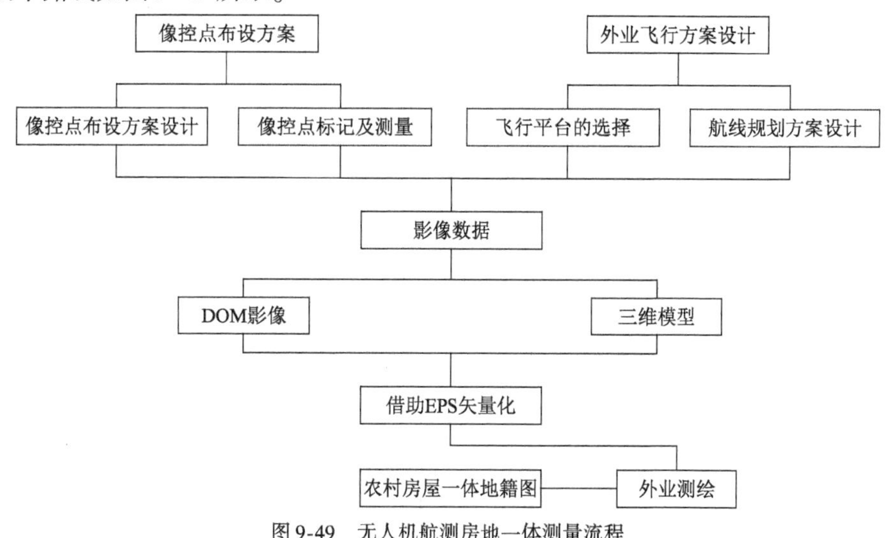

图9-49　无人机航测房地一体测量流程

四、电力线路安全巡检

由于国内电网规模不断扩大,长距离输电线路[如特(超)高压线路]长度增长迅速,而且很多的输电线路分布在崇山峻岭之中。为了日常电力线的维护,更新电力台账数据,防止电力事故的发生,需要对电力线进行日常巡查工作。目前,电力巡线的主要工作内容主要由电力工人翻山越岭,通过人工的方式对现有电力线进行巡查,工作辛苦、劳动量大,而利用无人机搭载激光雷达系统进行电力巡线可以大大减少野外工作、降低巡线成本,大幅度提高工作效率。

无人机 LiDAR 技术电力巡线工作内容主要包括:数据采集、数据预处理、点云数据后处理、点云数据分析及成果输出、质量检查。

1. 数据采集

利用选定的无人机 LiDAR 设备采用本章第四节的方法进行数据采集,获得激光点云、POS 数据等文件,再进行数据后续处理。

2. 激光点云与 POS 数据的预处理

POS 数据的预处理主要有原始数据格式转换、GNSS 解算、GNSS/INS 组合解算、解算平滑、输出结果。其中,利用 Inertial Explorer 等软件进行数据的预处理。进而,利用现有的 LiDAR360 软件等数据处理软件对 POS 数据和激光雷达数据的联合处理。它是将 GNSS、IMU、LIDAR 等传感器的原点统一到一个基准参考坐标系中,建立严密的坐标关系;统一时间基准,将整个系统传感器采集的数据建立在同一时间坐标系统中,以此实现 POS 数据和激光雷达数据的联合处理,输出带有给定坐标与投影系统下的标准点云数据,处理流程如图 9-50 所示。

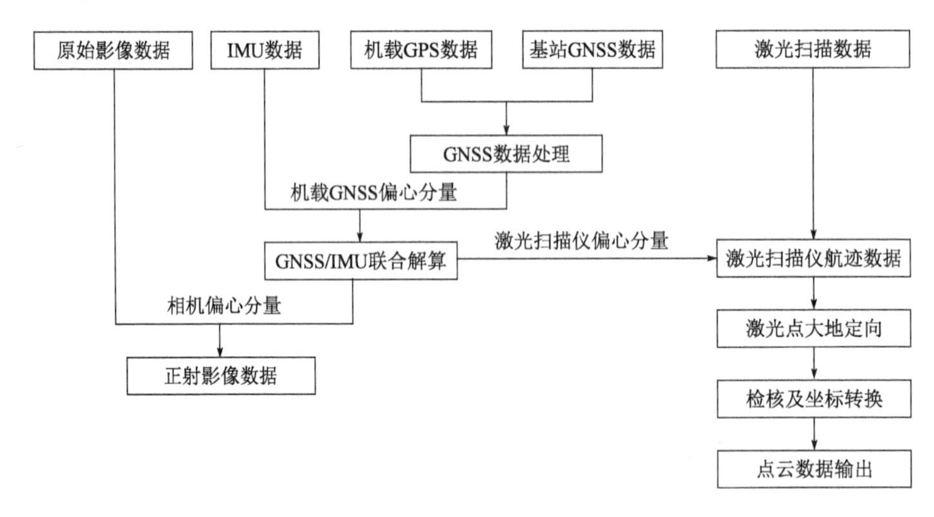

图 9-50 POS 数据和激光雷达数据的联合处理流程图

3. 点云数据后处理

利用 LiDAR360 激光雷达点云处理软件等可以进行对点云数据滤波、分类等的后处理,最后生成 DEM、DSM 等产品。以 LiDAR360 软件为例,面向电力线路资产管理及电力巡线的三维激光点云数据后处理流程图如图 9-51 所示。

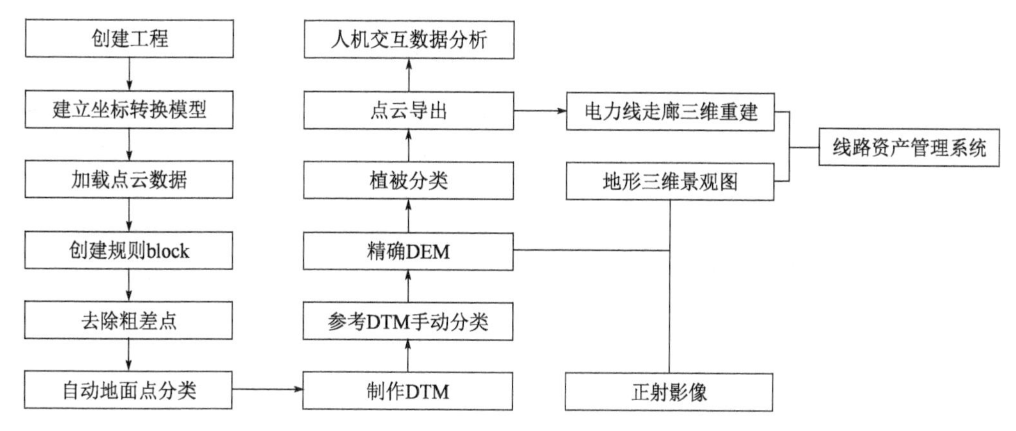

图 9-51　面向电力线路资产管理及电力巡检的三维激光点云数据后处理流程图

分类后可以区分电力线、植被、地面、杆塔等不同目标的点云。通过对不同分类后的点云数据进行线或面拟合三维建模(必要时结合倾斜摄影测量技术),可制作出电力线走廊的数字正射影像、地形三维模型、杆塔模型、实景三维模型以及电力线矢量等多种产品。

最后,将分类后点云与电力线走廊实景三维模型、各类人工模型、电力线等矢量数据以及全景照片等叠加显示(图 9-52),真实还原电网的三维场景,多维度展示电力线路所处地势地貌、走廊环境,并用于电力巡检的各类测量和数据分析任务。

图 9-52　分类后点云与电力线走廊实景三维模型等数据的叠加显示[1]

4. 数据分析

(1)导线矢量化。将拟合后的电力线进行矢量化,并测量其悬垂度等信息,构建矢量数据,并与其他点云类别叠加,可使结果更直观。

(2)实时工况安全距离分析。点云分类后,利用分类后的电力线、杆塔、树、地面点云分别进行拟合,并通过对电力线与树等地物的安全距离分析来快速定位危险点,并获取危险点位坐标、净空距离等信息,也可以根据设计参数及实际地形、地物点云信息来生成模拟电力线路上的危险点。

[1] 引自中科图新网站,http://www.tuxingis.com/solution/1088.html,2024 年 11 月 5 日。

(3)交跨点提取。可以快速定位交跨点位置,并提取每一对杆塔之间的交跨点坐标位置信息、垂直距离、净空距离,最后可形成各段线上每一个交跨点分析报告。

利用上述无人机载 LiDAR 技术进行电力线路安全巡检,可以构建电力走廊范围的地形及地物三维模型,与地形景观共同组成电力线路资产管理平台。根据已知的电力资产信息建立资产管理数据库,增加三维模型的拓扑关系和详细的资产信息,实现电力资产的三维可视化管理。根据电塔上的监控设备传回的数据,在三维数字化电网的基础上进行各种专业电力分析,如预测模拟不同温度、风速、覆盖条件下弧垂变化情况,模拟树木生长情况等,为线路管理决策提供有力支撑。

思考题与习题

1. 与 GNSS 等传统的测绘技术相比,无人机测绘技术在大比例尺地形图测绘方面有何优势?

2. 无人机航测系统的传感器组成有哪些?它们各自的功能是什么?它们是如何协调工作的?

3. 无人机摄影测量技术在大比例尺地形图测绘的基本作业流程是什么?

4. 与无人机摄影测量技术相比,无人机载三维激光测量技术在地形图测绘方面有何优势?

5. 什么是定位定向系统(POS)?它在无人机航测数据采集及处理中能发挥什么作用?

6. 无人机摄影测量外业数据采集及内业数据处理的基本作业流程是什么?

7. 在无人机载三维激光点云数据后处理中,什么是点云滤波及分类?其目的是什么?

8. 无人机测绘技术的主要产品有哪些,请简述它们在道路勘察设计、安全巡检等各行业、各领域的应用情况。

第十章

地理信息系统

【本章提要】

本章主要介绍地理信息系统的基本概念、构成与功能；空间数据库、空间数据的组织和管理方法；数字城市和智慧城市基本知识，以及地理信息系统的应用情况。

【学习要求】

通过本章的学习，应掌握地理信息系统的基本概念、构成与功能，知晓空间数据库、空间数据的组织和管理方法，熟悉数字城市和智慧城市基本知识，以及地理信息系统的应用情况。

第一节　概　　述

当今信息技术突飞猛进，信息产业空前发展，使得信息资源爆炸式扩张。多尺度、多类型、多时态的地理信息，是研究和解决自然资源利用与保护、生态文明建设、人口与社会治理、自然灾害预警与防治、公共设施规划与建设等重大问题时所必需的重要信息资源。地理信息系统（Geographic Information System，GIS）的出现，是空间信息处理技术的巨大革命，它通过由地图所承载的地理信息，转变着人类对世界的理解以及人类的行为方式，转变着人们看待和解决问题的方式。当我们有了更丰富的信息和更深刻的理解，我们就有可能以前所未有的方式来解决人类所面临的生存及发展问题。

从学科发展看,地理信息系统是一门交叉性学科,是空间信息科学与技术的一个重要组成部分,它融合了地理学、计算机科学与技术、测绘科学与技术、遥感科学与技术、空间科学与技术以及管理科学等众多学科的最新科学理论与技术成就,是一门新兴的前沿性学科。GIS作为一类获取、处理、分析、访问、表示以及在不同用户、不同系统、不同地点之间传输空间信息的计算机信息系统,无论是在理论上还是在应用技术上都处在一个飞速发展的阶段,且已经广泛地应用于国民经济的各个领域和社会生活的诸多方面。

一、信息与地理信息

1. 信息与数据

信息是对客观世界中各种事物的运动状态和变化的反映,是用文字、数字、符号、语言、图像等介质来表示事件、事物、现象等的内容、数量或特征,从而向人们(或系统)提供关于现实世界新的事实和知识,作为生产、建设、经营、管理、分析和决策的依据。信息是物质的普遍属性,但它不是物质本身。

信息来自数据(Data),数据是人类在认识世界和改造世界过程中,定性或定量对事物和环境描述的直接或间接原始记录,是一种未经加工的原始资料,是客观对象的表示。而信息则是数据内涵的意义,是数据的内容和解释。

数据所蕴含的信息不会自动呈现出来,需要利用一种技术,如统计、解译、编码等对数据进行解释,信息才能呈现出来。信息是数据的表达,数据是信息的载体。

就一般信息而言,主要具有以下几个方面的特点。

(1)客观性。信息是事物的特征和变化的客观反映。由于事物的特征和变化是不以人们意志为转移的客观存在,所以反映这种客观存在的信息,同样带有客观性。

(2)时效性。我们获取信息的目的在于利用,而只有那些及时传递出来并适合需求者的信息才能利用。信息的价值在于及时传递给更多的需求者,从而创造出更多的物质财富。时过境迁,信息就往往失去价值。所以,信息必须具有新内容、新知识,“新”和“快”是信息的重要特征。

(3)无限性。人类生活所接触到的一切空间,都在不断产生着信息,秘书写的文章是信息,宇宙天体传来的光波也是信息。随着时间的推移,信息又在无限地发展,客观世界是无限的,因而信息也是无限的。

(4)可传递性。传输是信息的一个要素,也是信息的明显特征,应高效地传递信息,没有传递就没有信息,就失去了信息的有效性。同样,传递的快慢对信息的效用影响极大。

(5)可开发性。信息作为一种资源,取之不尽、用之不竭,因而可以不断探索和开掘。从信息所载的内容看,由于客观事物的复杂性和事物之间的相互关联性,反映事物本质和非本质的信息常常交织在一起,加上它们难免受到历史和人们认知能力的局限,因而需要开发;从信息的价值看,利用信息可以开发出新的材料和新的能源。不仅新材料和新能源的开发有赖于信息的利用,而且新材料和新能源要得到充分和有效的利用,也有赖于信息。

2. 地理信息与地理数据

地理信息指与所研究对象的空间地理分布有关的信息,是有关地理实体和地理现象的性质、特征和运动状态的表征和一切有用的知识,它是对表达地理特征和地理现象之间关系的地理数据的解释。而地理数据是与地理环境要素有关的物质的数量、质量、分布特征、联系和规律等的数字、文字、图像和图形等总称。

地理信息除了具有信息的一般特性外,还具有以下特性。

(1)空间相关性。任何地理事物都是空间相关的,并且在空间上距离越近相关性越大,距离越远相关性越小,同时地理信息的空间相关性具有区域性特点。

(2)空间区域性。区域性是地理信息的天然特性,不仅体现在数据的分区组织,在应用中也是面向区域的。

(3)空间多样性。在不同地方或区域上,地理数据的变化趋势是不同的,地理信息的空间多样性意味着地理信息的分析结果需要依赖于其位置才能得出合乎逻辑的解释。地理信息的空间多样性也体现在不同区域对地理信息的需求不一样,特别是对地理信息服务,信息的生产、存储和使用等都需要考虑不同地方对信息的不同需求。

(4)空间层次性。空间层次性首先体现在同一区域的地理对象具有多重属性特征,如某地区的土壤侵蚀研究,相关因素包括该地区的土壤类型、植被覆盖、降雨等;其次是空间尺度上的层次性,不同空间尺度数据具有不同的空间信息特征。

二、信息系统与地理信息系统

1. 信息系统

信息系统是指采用计算机技术对数据进行采集、管理、分析和表达,并能够为用户的决策过程提供有用信息的系统,一般由计算机硬件、软件、数据和用户四大要素组成。

信息系统按照应用层次区分,有事物处理系统、管理信息系统和决策支持系统。根据处理的数据对象类型不同可分为空间信息系统和非空间信息系统,前者可处理带有空间位置特征的数据(包括属性数据),后者则只有一般的事务性数据(不含空间特征)。地理信息系统在应用层次上属于决策支持系统,在处理对象上属空间信息系统。

2. 地理信息系统

地理信息系统(GIS)是以计算机作为工具,以空间数据为研究对象,对空间数据进行采集、储存、管理、处理、分析、显示和描述的信息系统。它是一种特定的十分重要的空间信息系统。

地理信息系统处理、管理的对象是多种地理空间实体数据及其关系,包括空间定位数据、图形数据、遥感图像数据、属性数据等,用于分析和处理在一定地理区域内分布的各种现象和过程,解决复杂的规划、决策和管理问题。

(1)地理信息系统的分类

地理信息系统的分类有不同的标准。地理信息系统根据其研究范围,可分为全球性信息系统和区域性信息系统;根据其研究内容,可分为专题信息系统和综合信息系统;根据其使用的数据模型,可分为矢量信息系统、栅格信息系统和混合型信息系统;根据表达空间数据维数,可分为二维、2.5 维和布满整个三维空间的真三维地理信息系统。

(2)地理信息系统基本特征

与一般信息系统相比,地理信息系统具有以下基本特征。

①数据的空间定位特征。空间位置特征是地理数据区别于其他数据的本质特征,地理信息系统具有对空间数据管理、操纵和表达的能力。

②空间关系的复杂性。地理信息不仅有地理要素的属性数据,还有大量的空间数据,并且这两种数据之间具有不可分割的联系,仅空间关系就存在多种复杂的拓扑关系。另外,空间关系的复杂性也会引起空间数据管理的难题,在 GIS 中存储和管理的空间数据基本都是不定长的,且新的空间数据及其关系在空间分析的过程中还会不断的产生。

③海量数据特征。地理信息系统海量数据特征来自两方面,一是地理数据,地理数据是地理信息系统的管理对象,其本身就是海量数据;二是来自空间分析,GIS 在空间分析的过程中会不断产生新的空间数据,这些数据也具备海量数据特征。

(3)地理信息系统中“S”含义的演变

随着地理信息系统的发展,其简称“GIS”中“S”的含义也在不断地演变。最开始“S”即是系统(System),这是从技术层面的角度论述地理信息系统,即面向区域、资源、环境等规划、管理、分析和处理地理数据的计算机技术系统,更强调的是对地理数据的管理和分析能力。随着地理信息学科的不断发展,“S”开始转变为科学(Science),表示的是广义的地理信息系统,常称之为地理信息科学,是一个具有理论和技术的科学体系。

进入新世纪,随着遥感等信息技术、计算机技术、互联网技术等的进一步应用和普及,使得地理信息系统已从单纯的技术型和研究型逐步向地理信息服务层面转移,因此,“S”的含义又发生了变化,代表着服务(Service)。

当同时论述 GIS 技术、GIS 科学和 GIS 服务时,为避免混淆,一般用 GIS 表示技术,GIScience表示地理信息科学,GIService 表示地理信息服务。

(4)地理信息系统及相关学科的关系

地理信息系统作为传统科学与现代技术相结合的产物,为各门涉及空间数据分析的学科提供了新的技术方法,而这些学科又都不同程度地提供了一些构成地理信息系统的技术与方法。因此,认识和理解地理信息系统与这些相关学科的关系,对准确定义和深刻理解地理信息系统有很大的帮助。

地理信息系统为各种涉及空间分析的学科提供了新的研究方法,而这些学科的发展也不同程度地完善了地理信息系统的技术与方法(图 10-1)。

地理学为研究人类环境、功能、演化以及人地关系提供了认知理论和方法,是地理信息系统的基础理论依托。测绘学不但为 GIS 提供各种不同比例尺和精确的地理定位数据,而且其理论和算法可直接用于空间数据的变换和处理,并为获取这些地理信息提供了技术手段。应用数学(包括运筹学、拓扑数学、概率论与数理统计等)为地理信息的计算提供了数学基础。系统工程为 GIS 的设计和系统集成提供了方法论。计算机图形学、数据库原理、数据结构等为数据的处理、存储、管理和表示提供了技术和方法。软件工程和计算机语言为 GIS 软件设计提供了方法和实现工具(GIS 没有分析和可视化的工具)。计算机网络、现代通信技术、计算机技术是 GIS 的支撑技术。管理科学为系统的开发和系统运行提供组织管理技术。而人工智能、知识工程则为形成智能 GIS 提供方法和技术。

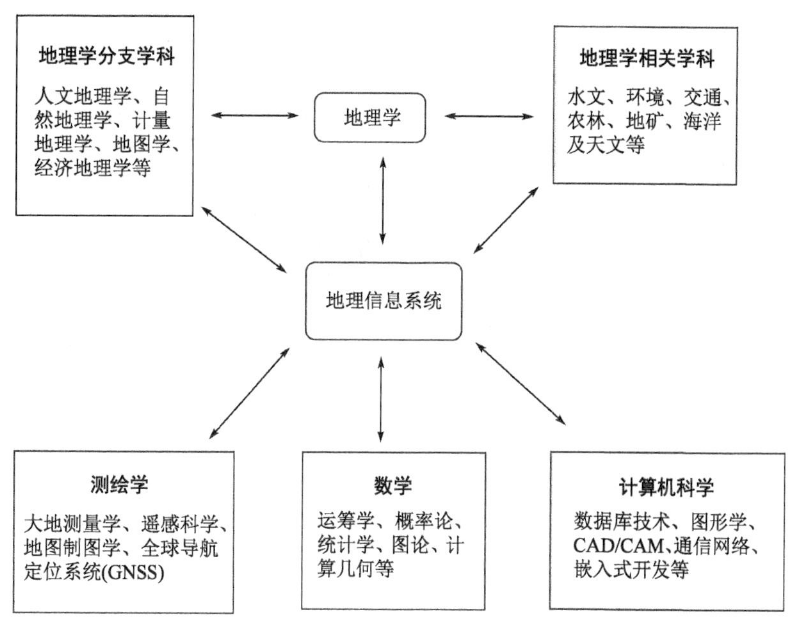

图 10-1　地理信息系统与相关学科的关系

第二节　地理信息系统的构成及功能

一、地理信息系统的构成

一个实用有效的地理信息系统,要支持对空间数据的采集、管理、处理、分析、建模和显示等功能,一般包括计算机硬件系统、软件系统、空间数据、人员和应用模型五大部分(图 10-2)。

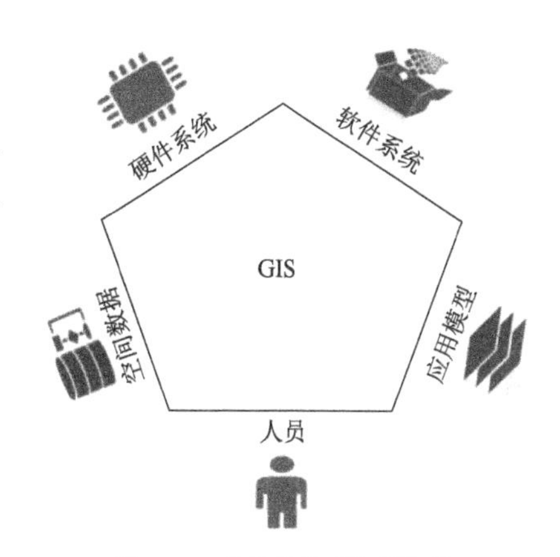

图 10-2　地理信息系统的构成

1. 计算机硬件系统

计算机硬件是计算机系统内的实际物理装置的总称,是地理信息系统的物理外壳(图 10-3)。GIS 硬件平台主要用来采集、存储、处理、传输和显示地理信息或空间数据。计算机与一些外部设备及网络设备的连接构成 GIS 的硬件环境。

①计算机主机。

目前运行 GIS 的主机包括大型、中型、小型机,工作站/服务器和微型计算机是硬件系统的核心,类型包括从主机服务器到桌面工作站,用于数据的处理、管理与计算。

②外部设备。

主要包括各种输入和输出设备,用于空间信息的输入、输出。主要的输入设备有数字化仪、图形扫描仪、解析和数字摄影测量设备等。主要的输出设备有各种绘图仪、图形显示终端和打印机等。

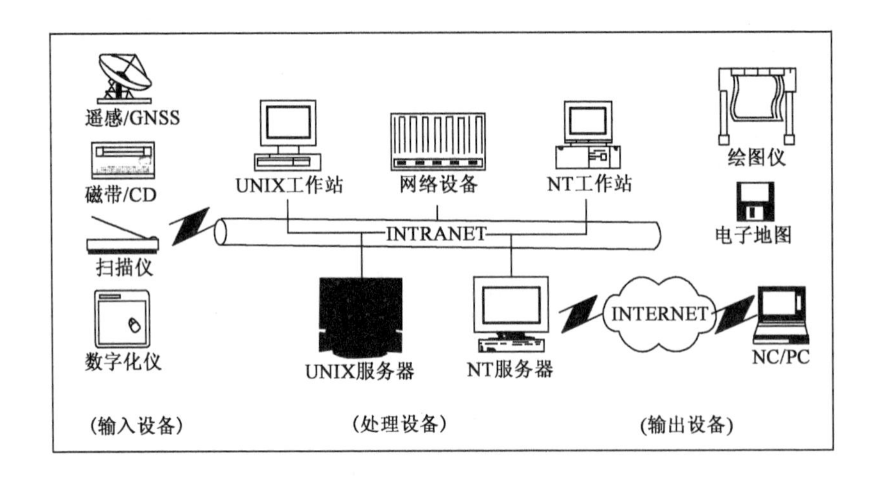

图 10-3　计算机硬件系统

③数据存储设备。

主要有基于磁介质存储(如硬盘、磁盘)、光介质存储(如光盘)以及基于永久性存储器的电子存储(如闪存、固态硬盘)等,是地理信息系统的重要存储介质。

④网络设备。

地理信息系统的网络设备包括布线系统、网桥、路由器和交换机等,具体的网络设备根据网络计算的体系结构来确定。

2. 计算机软件系统

GIS 软件是系统的核心,用于执行 GIS 功能的各种操作,包括数据输入、处理、数据库管理、空间分析和图形用户界面等。按照其功能分为:GIS 功能软件、基础支撑软件和操作系统软件等(图 10-4)。

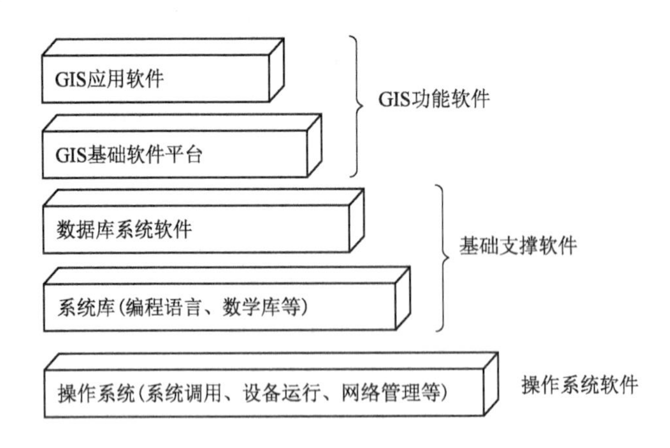

图 10-4　计算机软件系统

①GIS 功能软件。

GIS 功能软件常分为 GIS 基础软件平台和 GIS 应用软件。GIS 基础软件平台一般指具有丰富 GIS 专业功能的通用型 GIS 软件,是面向几乎所有行业应用开发的;它包含了处理分析地理数据的各种基本功能,可作为应用软件系统建设的软件平台。GIS 应用软件是以地理信息系统专业软件为基础平台，根据用户要求和应用目的进行设计和二次开发的一种解决一类或多类实际应用问题的地理信息系统。

②基础支撑软件。

基础支撑软件主要包括系统库软件和数据库软件等。系统库软件提供基本的程序设计语言以及数学函数库等用户可编程功能，如 C++运行库和编译系统等。数据库系统提供复杂空间数据的存储和管理功能，如 ORACLE、SQL Server 等。

③操作系统软件。

操作系统是计算机系统中支撑应用程序运行环境以及用户操作环境的系统软件。当今使用的操作系统有：Windows 系列、UNIX、LINUX、Apple Mac OS 系列、Android 系统、华为鸿蒙系统等。操作系统关系到 GIS 软件和开发语言使用的有效性，因此也是 GIS 软硬件环境的重要组成部分。

3. 空间数据

空间数据是 GIS 的“血液”，整个 GIS 都是紧紧围绕着空间数据的采集、存储、表达、处理和分析等展开的，因此它是 GIS 的操作对象，是现实世界经过模型抽象而产生的实质性内容，是地理信息表达的载体。不同用途的 GIS，其空间数据的来源、类型和精度等都各不相同。

空间数据描述的是现实世界各种现象的三大基本特征：空间特征、属性特征和时间特征。空间特征是指空间地物的位置、形状、大小等几何特征以及相邻地物之间的空间关系。对空间特征数据的表达主要有栅格和矢量两种基本形式。其中栅格数据结构是以规则的像元阵列来表示空间地物或现象的分布数据结构，其阵列中的每个数据即每个像元的值表示地物或现象的属性特征，如实体的类型、等级等属性编码，而每个像元的阵列号则表示位置。矢量数据结构则是通过坐标值来精确表示点、线、面等地理实体的，地理空间实体的位置、大小、形状、方向以及几何拓扑关系都可以通过空间坐标来体现。

属性数据表现了空间实体的空间属性和时间属性以外的其他属性特征，用以描述事物或现象的特征，来说明实体“是什么”，如事物或现象的类别、等级、数量、名称等；主要是对空间数据的说明。如一个城市点，它的属性数据有人口、GDP、绿化率等描述指标。属性数据既可以专门采集，也可从其他信息系统收集。

时间特性是现实世界中事物的一个普遍特性，因此也是空间数据不可或缺的组成部分。随着时空数据采集技术的不断提升，特别是大数据技术的发展，空间数据的时间特征越来越受到重视，时空数据模型的表达、管理和分析已经成为了 GIS 领域的研究热点。

4. 人员

地理信息系统中的人员，主要包括系统开发人员和地理信息系统的最终用户（图 10-5）。他们是 GIS 中最重要的组成部分，是地理信息系统的服务对象，他们的业务素质和专业知识是地理信息系统工程及其应用成败的关键。在应用地理信息系统时，应用人员不仅需要对地理信息系统技术和功能有足够的了解，而且需要具备有效、全面和可行的组织管理能力。熟练的操作人员通常可以弥补 GIS 软件功能的不足，而相反，最好的软件也无法弥补操作人员对 GIS 的一无所知所带来的负面作用。

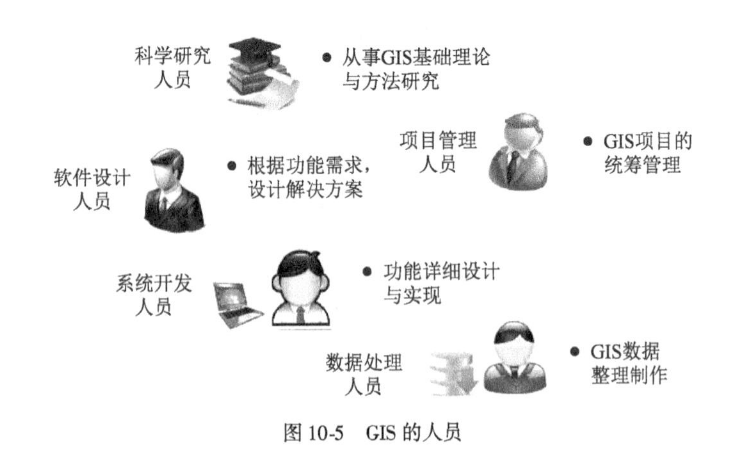

图10-5　GIS的人员

5. 应用模型

GIS应用模型的构建和选择也是系统应用成败至关重要的因素。虽然GIS为解决各种现实问题提供了有效的基本工具,但对于某一专门应用目的的解决,必须通过构建专门的应用模型。如土地利用适宜性模型、选址模型、洪水预测模型、人口扩散模型、森林增长模型、水土流失模型、最优路径模型等。因此应用模型是GIS与相关专业连接的纽带,直接决定了GIS应用的有效性。

二、地理信息系统的功能

地理信息系统的功能非常丰富,它紧紧围绕着地理空间数据的处理、分析以及应用等全生命过程。因此GIS的基本功能包括了以下6个方面。

1. 数据采集功能

在地理信息系统建设中,数据及数据库的构建约占到了整个系统的70%以上,作为基础工作,数据采集就是把现有地理实体或资料转换为计算机可处理的数字形式,并保证数据的完整性与逻辑的一致性。数据采集的总体目标是要对各种地理现象进行简化和抽象,以图形和图像的方式记录地理现象的位置属性以及它们之间的相互关系。

GIS的数据源有以下几种。在野外我们通过地面测量采集的图形数据,通过卫星或飞机等拍摄的影像数据,以及纸质的地图、文本、统计数据和多媒体数据,都可以通过相应的采集设备将它们输入到GIS的地理空间数据库中,这一过程就好比一个大的图书馆,可将所有的图书分门别类地存储在不同的空间位置上。

2. 数据编辑与处理功能

由于地理信息系统涉及的数据来源、类型多样,同一种类型数据的质量也可能有很大的差异。为了保证系统数据的规范和统一,使数据满足用户需求,数据编辑与处理也是GIS的基本功能之一。主要的数据处理任务和操作内容有:

(1)数据变换,指对数据从一种数学状态转换为另一种数学状态,包括投影变换、辐射纠正、比例尺缩放、误差改正和处理等;

(2)数据重构,指对数据从一种几何形态转换为另一种几何形态,包括数据拼接、数据截取、数据压缩、结构转换等;

(3)数据抽取,指对数据从全集合到子集的条件提取,包括类型选择、窗口提取、布尔提取和空间内插等。

3. 数据组织与管理功能

地理空间对象通过数据采集与编辑以后,存储在计算机的外存储设备上。对于海量的地理空间数据,需要采用数据库管理系统进行管理。GIS 的地理空间数据库是区域内地理要素特征,以一定的组织方式存储在一起的相关数据的集合。由于 GIS 地理空间数据库具有数据量大、空间数据与属性数据具有不可分割的联系、以及空间数据之间具有显著的拓扑结构等特点,因此 GIS 数据库管理功能除了与属性数据有关的数据库管理系统(Database Management System,DBMS)功能之外,对空间数据的管理技术主要包括:空间数据库的定义、空间数据库的建立、空间数据访问和提取、空间数据库的操作以及通信功能等。

4. 空间查询与空间分析功能

空间查询与分析功能是 GIS 的一个独立研究领域,它的主要特点是帮助确定地理要素之间新的空间关系,它不仅成为区别于其他信息系统的一个重要标志,而且为用户提供了灵活解决各类专门问题的有效工具。

尽管数据库管理系统一般都提供数据库查询语言,但对 GIS 而言,还需对通用数据库查询语言进行补充或重新设计,以满足常见的空间查询功能的要求。而空间分析是比空间查询更深层次的应用,基本的 GIS 软件平台都包括叠置分析、缓冲区分析、网络分析、统计分析、地形分析、决策分析等功能,这些空间分析方法为建立和解决复杂的应用问题和模型提供了基本的工具。

5. 数据输出与可视化表达功能

将地理空间数据处理和分析后的结果进行输出和显示是 GIS 的必备功能。输出产品的表现形式可以是各种地图、图表、图像、数据报表或文字说明及多媒体等,其中地图图形输出是地理信息系统的主要表现形式。通常 GIS 被称为“动态的地图”,它提供了比普通地图更为丰富和灵活的空间数据可视化表达。随着 GIS 与虚拟现实、视频技术相结合,二维三维数据和360°全景式的视频数据融为一体,GIS 数据的可视化程度更上一层楼,为城市景观、规划成果的展示提供了更好的应用平台。

6. 二次开发环境

为使 GIS 技术广泛、灵活地应用于各个领域,满足各种不同的应用需求,它必须具有的一个重要基本功能是具备二次开发环境,提供用户能够在系统基础上进行特殊功能的定制和特定的开发。

GIS 正是依托这些基本功能,通过利用空间分析技术、模型分析技术、网络技术、数据库和数据集成技术、二次开发环境等,演绎出丰富多彩的系统应用功能,被广泛地应用于资源管理、区域规划等领域,满足用户的广泛需求。

第三节　空间数据组织与管理

地理信息系统的操作对象是空间地理实体,建立一个地理信息系统的首要任务是建立空间数据库,即将反映地理实体特性的地理数据存储在计算机中。随着 GIS 技术的不断发展,空间数据以其惊人的数据量和空间复杂性,给传统数据库系统空间数据的组织和管理带来了极大挑战。本节主要介绍空间数据库的概念、设计、空间数据组织和管理等内容。

一、空间数据库概述

数据库就是为了一定的目的,以特定的结构组织、存储和应用的相关联的数据集合体。它可以看作是与现实世界有一定相似性的模型,是认识世界的基础,是集中、统一地存储和管理某个领域信息的系统,它根据数据间的自然联系而构成,数据较少冗余,且具有较高的数据独立性,能为多种应用服务。

由于空间数据具有其自身的特殊性,使得通用数据库管理系统在管理空间数据时表现出很多不适用的地方,因此空间数据库应运而生。空间数据库是地理信息系统中存放和管理空间数据的数据库,是描述空间物体的位置数据、位置数据元素之间拓扑关系及描述这些物体的属性数据的数据库。

在整个地理信息系统中,空间数据库具有极其重要的作用,是 GIS 发挥功能和作用的关键。在空间数据获取中,空间数据库用于存储和管理空间信息和非空间信息;在数据处理中,空间数据库既是资料的提供者,也是处理结果的存放处;在查询和输出显示中,空间数据库是形成图形文件或各类地理数据的数据源。与一般数据库相比,空间数据库具有以下特点。

(1)数据量特别大。地理信息系统是一个复杂的综合体,要用数据来描述各种地理要素,尤其是要素的空间位置,其数据量往往很大。

(2)数据关系多样。地理信息不仅有地理要素的属性数据,还有大量的空间数据,并且这两种数据之间具有不可分割的联系,仅空间关系就存在多种复杂多样的拓扑关系。

(3)数据应用广泛。地理信息应用于人类生产、生活、生态协调发展的广泛领域,例如地理研究、自然资源利用与保护、生态环境保护、人居环境建设及管理、交通、通信与物流建设及管理等。

二、空间数据库设计

1.设计内容

在建立地理空间数据库时,一方面应遵循和应用通用的数据库的原理和方法;另一方面又必须采取一些特殊的技术和方法来解决其他数据库所没有的问题。因此相比传统数据库,在空间数据库设计时,主要包括以下几方面。

(1)数据模型选择。在空间数据库设计的初级阶段,合理的地理实体表达至关重要,建模的地理对象是以点、线、面类型的矢量形式,还是以栅格形式,或仅仅以属性表的形式存储,是首要关注的问题。

(2)数据实体属性与空间结构确定。选择合理的数据模型后,还需要进一步对每个实体类的属性和数据结构进行设计,其中属性结构和类型的设计应遵循与传统数据库相同的设计原则。

(3)实现丰富的地理实体行为。地理实体的行为一般通过定义要素类中要素之间的一般空间关系和拓扑关系来实现,设计空间数据库中要素的行为,是实现要素类功能自动化和智能化的主要手段。

(4)属性关系及其完整性约束。相比空间关系和拓扑关系,属性关系及其完整性约束均继承于传统的数据库设计内容。在空间数据库中,还存在空间关系外的属性关系,称之为逻辑关系,它是指地理实体之间、实体与相关属性之间存在的关联关系,主要有“一对一”“一对多”“多对多”三种基本的逻辑关系。完整性约束则是指某个属性字段值的可取值范围,其可以是数值范围,也可是枚举范围。在空间数据库设计中,这些完整性约束可最大程度避免字段异常。

2. 设计步骤

空间数据库的设计是一个复杂的过程,其设计步骤一般包括以下几方面:

(1)确定需求与目标信息产品。GIS 数据库设计应反映其工作内容,因此应针对基本任务和具体应用的要求,明确需要使用的数据源,定义基本的数字底图,使其能满足数据设计的需求。

(2)根据信息需求确定主要数据专题。明确每个数据专题的关键内容,确定每个数据集的主要用途、编辑、建模和分析、表示业务工作流,以及制图和显示等。包括指定地图用途、数据源和空间表示、指定数据精度和采集方式、指定专题的表达方式、符号系统和注记等。

(3)确定数据主体的空间表达方式。为每个地图比例关联地理表示,可根据地图比例进行各种表达形式的概括或分解,如栅格数据可采用重采样的方式概括,离散要素可通过建模为点、线和面要素类实现分解,还可考虑用高级数据模型来建模图层及数据集各要素之间的复杂关系。

(4)为要素类定义属性数据库结构和行为。主要是为属性数据标识属性字段和列类型,包括属性域、关系和子类型的确定;有效值、属性范围和分类的定义;关系类的表格关系和关联的确定等。

(5)定义数据集的行为、关系和完整性规则。为要素添加空间行为和功能,也可利用地址定位器、拓扑、网络、地形等突出相关要素中固有空间关系的特征来达到相应的目的。

(6)构建可用的原型,进行优化设计和测试原型设计。构建地图、运行应用程序、执行编辑操作以测试设计的实用性,再根据测试结果进行设计的修改和优化。

(7)记录地理数据库设计。可使用绘图、地图图层示例、报表和元数据文档等多种方法描述数据库设计和决策。

三、空间数据组织

GIS 中的数据量非常庞大,远大于一般的通用数据库,常称为海量数据。这样的数据在数据库和系统中应用的时候,数据的组织和管理是需要重点考虑的内容。

空间数据的组织是指按照一定的方式和规则对数据进行整理和存储的过程。空间数据的组织方式与所采用的数据模型有关,一般主要有以下几种方式。

1. 空间数据的分块组织

当对大范围区域内众多类型空间数据进行存储和管理时,为了提高数据存储和管理的效率,可将空间数据所覆盖的区域范围分割为若干个块(或分区),按块分别进行空间数据的组织。在进行分块时,块可以是规则的,也可以是不规则的。一般需要根据以下的原则来处理。

(1)按存取效率较高的空间分布单元划分图块,以提高数据库的存取效率。

(2)图块的划分应使基本存储单元具有较高且较为合理的数据量。

(3)在定义图块分区时,应充分考虑未来地图更新的图形属性信息及空间分布,以利于更新和维护。

分块数据组织的优点是可提高数据存取的效率,是各级基础地理数据组织的基本方式,但其缺点是割裂了跨多个分块的地理要素,如水系、铁路等,所以往往会给空间数据查询、分析等操作带来不便。

2. 空间数据的分层组织

分层组织是将占据同一地理空间的众多不同类、不同级别的空间数据采用"分层"方式进行组织,每一层存放一种专题或一类信息。这种方法的优点是有利于用户根据实际需要,灵活地选择若干图层将其叠加组合在一起,构成数据层组或子集,进行分析和制图表达。既适合矢量数据也适合栅格数据,是绝大多数 GIS 空间数据库采用的主要数据组织形式。缺点是层与层之间的数据必须通过层的叠置处理才能关联在一起。

在实际中进行空间数据组织时,分块和分层是可以同时采用的,两者之间并不冲突,比如在每一分块的范围内,空间数据仍然可以分层组织。

3. 空间数据的无缝组织

无缝组织是指为了克服空间数据分幅或分块组织导致的跨越多个图幅或分块要素的割裂或不一致,在涉及大范围、海量空间数据的数据组织时,通常采用连续、无缝的数据组织形式。在无缝组织中,一般要满足:

(1)在平面方向上,分幅的数据要组织成无缝的一个整体;

(2)在垂直方向上,各种数据通过一致的空间坐标定位能够相互叠加和套合。

无缝空间数据组织有三种实现途径:几何无缝、逻辑无缝和物理无缝。

(1)几何无缝。将各分幅或分块的数据都转换到统一的坐标框架下进行几何接边处理,在数据查询和显示时,相邻若干图幅或分块的内容在视觉上不存在缝隙,是连续一致的图形。

(2)逻辑无缝。在几何无缝数据组织的基础上,对在分幅或分块边界处断裂的要素进行逻辑接边,并在逻辑上建立跨越多个图幅或分块的各个地理要素的唯一标识,链接关系或索引结构。要素本身在物理上仍然是保持分幅或分块存储的一种空间数据组织方式。

(3)物理无缝。在逻辑无缝数据组织的基础上将若干个或全部图幅或分块的空间数据通过物理接边,使其合并为一个整体,从而使被分割或分块割裂的各个地理要素不仅在逻辑上共享相同的 ID,在物理上也合并为同一个地理要素,并按单个要素进行组织和存储。

四、空间数据管理

空间数据管理方式与数据库技术发展是密不可分的,按照发展的过程,空间数据库的管理类型可分为以下几种方式:文件与关系数据库混合管理系统、全关系型空间数据库管理系统、对象-关系数据库管理系统和面向对象空间数据库管理系统。下面简单地介绍这几种管理方式。

1. 文件与关系数据库混合管理系统

由于空间数据的非结构化特征,通用的数据库管理系统难以满足空间数据管理的要求。因此,大部分 GIS 数据库都采用文件与关系数据库混合管理的模式,即用文件系统管理几何图形数据,数据库管理系统(DBMS)管理属性数据,它们之间通过目标标识码进行连接,除目标标识码以外,两者几乎是独立地组织、管理和检索。

GIS 通过 DBMS 提供的高级编程语言 C 或 Fortran 等接口,在 C 语言的环境下,直接操纵属性数据,查询属性数据库,并在 GIS 的用户界面下,显示查询结果。在 ODBC(开放式数据库互联技术)推出后,GIS 软件商只需开发 GIS 与 ODBC 的接口软件,就可将属性数据与任何一个支持 ODBC 的关系数据库管理系统(Relational Database Management System,RDBMS)连接。这样用户可在一个界面下处理图形和属性数据。

这种管理方式的特点在于:

(1)属性数据建立在 RDBMS 上,数据存储和检索比较可靠、有效;

(2)几何数据采用图形文件管理,功能较弱,特别是在数据的安全性、一致性、完整性、并发控制方面,比商用数据库要逊色得多;

(3)空间数据分开存储,数据的完整性可能遭到破坏。

2. 全关系型空间数据库管理系统

全关系型空间数据库管理系统是将空间数据和属性数据统一用现有的 RDBMS 管理,在标准的 DBMS 上开发可处理空间对象的功能。用 RDBMS 管理图形数据有两种模式:①基于关系模型的方式,图形数据按关系数据模型组织。由于涉及一系列关系连接运算,费时。②将图形数据的变长部分处理成 Binary 二进制 Block 块字段(多媒体或变长文本),从而省去大量关系连接操作,数据存取较快;但 Binary Block 的读写效率比定长的属性字段慢得多,特别涉及对象的嵌套等复杂的空间操作时效率较低。

这种管理方式的特点在于:①属性数据、几何数据同时采用关系型数据库进行管理;②空间数据和属性数据不必进行烦琐的连接,数据存取较快;③属于间接存取,效率比 DBMS 的直接存取慢,特别是涉及空间查询、对象嵌套等复杂的空间操作。

3. 对象-关系数据库管理系统

对象-关系数据库管理系统是将复杂的数据模型作为对象放入关系数据库中,并提供索引机制和简单的操作。通过在标准的关系数据库上增加空间数据管理层,即利用该层将地理结构查询语言(GeoSQL)转化成标准的 SQL 查询,借助索引数据的辅助关系实施空间索引操作。优点是解决了空间数据变长记录的存储问题,由数据库软件商开发,效率较高。缺点是用户不能根据 GIS 要求进行空间对象地再定义,因而不能将设计的拓扑结构进行存储。

4. 面向对象空间数据库管理系统

面向对象的基本思想是通过对问题领域进行自然的分割,以对象为基础,以消息来驱动对象执行处理的程序设计技术。面向对象模型最适应于空间数据的管理,它能在更高层次上综合利用和管理多种数据结构和数据模型,并用面向对象的方法进行统一的抽象;不仅支持变长记录,而且支持对象的嵌套、信息的继承与聚集;同时允许用户定义对象和对象的数据结构及其操作。

当前已经推出了一些面向对象的数据库管理系统,如 ObjectStore、Database 等,很多学者也对相关的技术和模型进行了大量探索,但整体上面向对象数据库管理系统还不够成熟。目前在整个地理信息系统领域中,基于对象-关系的空间数据库管理系统应用较为广泛,成为了 GIS 空间数据管理的主流模式。

第四节　数字城市与智慧城市

近十几年来,随着地理信息系统、遥感、全球导航定位系统以及计算机网络技术等的快速发展,出现了很多与地理信息系统相关的名词,如数字地球、数字城市、智慧城市等。本节简单地介绍数字城市及智慧城市的相关内容。

一、数字城市

数字城市是数字地球的重要组成部分,是传统城市的数字化形态。它是应用计算机、互联网、3S、多媒体等技术将城市地理信息和城市其他信息相结合,数字化并存储于计算机网络上所形成的城市虚拟空间。数字城市建设通过空间数据基础设施的标准化、各类城市信息的数字化整合多方资源,从技术和体制两方面为实现数据共享和互操作提供了基础,实现了城市3S技术的一体化集成和各行业、各领域信息化的深入应用。

如图10-6所示为数字城市整体框架。建设数字城市,真正实现城市的数字化变革,需要夯实数字基础,这些可通过图中的四大平台和五大体系来实现。

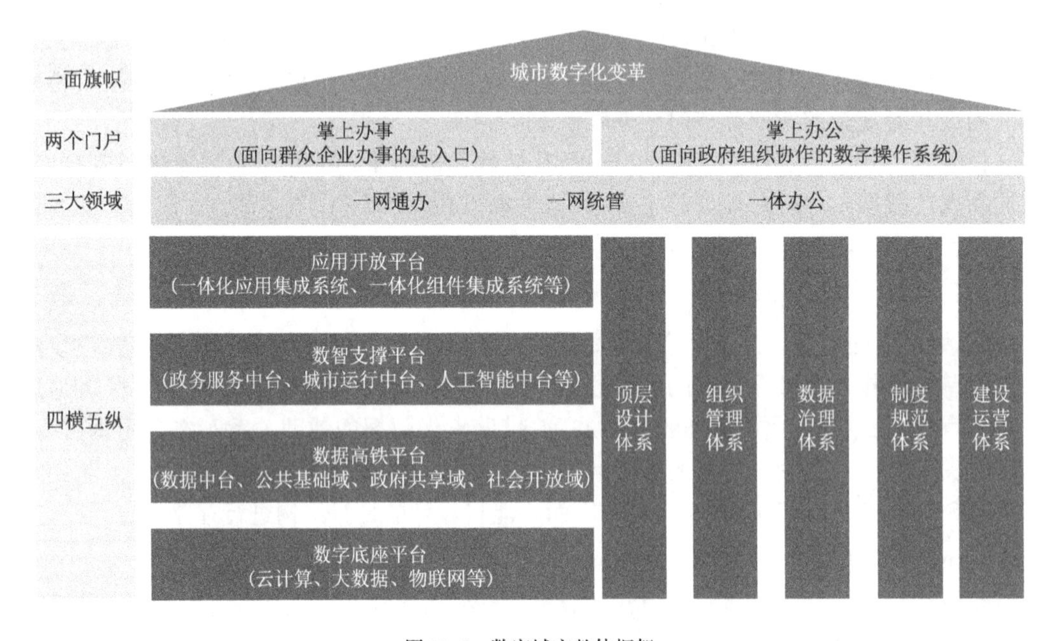

图10-6　数字城市整体框架

“数字城市”的基础主要有三项:①信息基础设施。要有高速宽带网络和支撑的计算机服务系统和网络交换系统,即“数字城市”的第一项任务是解决“修路”的问题。②基础数据,特别是空间数据。据统计人类生活和生产的信息有80%与空间位置有关,“数字地球”的基本概念也是定义在地球空间框架上集成和展示各种数据,数字地图和数字影像是“数字城市”的基础框架。衡量“数字城市”的指标,除宽带网里程以外,另一个重要指标即是数据量的大小,特别是各类基础空间数据的数据量。③“数字城市”的第三项基础是人,即管理“数字城市”和使用“数字城市”的人。管理“数字城市”要逐渐建立起相应的机构和规范,要不断对网络系统和数据进行建设、更新、维护和升级,并协调用户的访问;同时只有成千上万的企业和成百万、上千万的市民应用“数字城市”才可以产生巨大的社会经济效益,促进国民经济的快速发展。

数字城市的发展积累了大量的基础和运行数据,也面临诸多挑战,包括城市级海量信息的采集、分析、存储、利用等处理问题,多系统融合中的各种复杂问题,以及技术发展带来的城市发展异化问题。

二、智慧城市

研究机构对智慧城市的定义为:通过智能计算技术的应用,使得城市管理、教育、医疗、房地产、交通运输、公用事业和公众安全等城市组成的关键基础设施和服务更互联、高效和智能。从技术发展的视角,李德仁院士认为智慧城市是数字城市与物联网相结合的产物。从工程建设者的角度可给出智慧城市的建设思路:即以资源为对象、以时空为手段、以管理为目标,构建以政府、企业、市民为主体的交互共享平台,实现城市管理的空间化、智能化和生态化,使城市公共管理与服务更便捷高效,创新应用与服务模式,从而打造自然宜居的智慧城市(图 10-7)。

图 10-7　智慧城市

1. 智慧城市总体框架

智慧城市总体框架包括一个发展愿景,打造一个生态系统,构建四大核心体系以及建设一套信息基础设施。首先通过建设覆盖城市的感知信息基础设施,整合地理信息资源,打造城市资源信息云平台,并以此为基础,建设包括产业体系、应用体系、运行体系和保障体系四大体系,共同促进城市全面、协调和可持续发展,进而打造结构合理、功能高效、关系协调的城市生态系统。

2. 智慧城市核心体现

通过整合城市地理智能、云计算和物联网等新产品和新技术,建立海量的、精确的、动态的地理信息数据基础,探索智慧城市智能云平台的建设模式、共享模式和服务模式,实现智慧城市感知状态透彻化和空间分布智能化。大幅优化并提高城市运行效率和效益,同步提升城市经济发展水平和市民幸福指数,全面促进城市社会和平发展与稳定。

(1)城市智能云平台。针对现代智慧城市的建设和管理建设"城市智能云"。所谓城市智能云就是通过自主研发的核心软件构建智慧城市地理信息基础平台,以地理信息为智慧城市信息的载体,并在此基础上利用可托管的虚拟化技术构建城市智能云体系,使平台有效推动城市建设、管理与运行,实现智慧城市精细化和动态化管理。

(2)城市智慧运行中心。以城市智能云平台为基础,整合多个政府职能部门的专题数据,包括视频资源、经济统计信息、应急物资和重大项目。根据城市关键问题定制城市运行的体征参数,实时监测发现城市运行中的问题并提供更快、更有效的应急响应,做到平战结合,同时能协作预测分析,持续改进城市的生命线,真正成为城市信息的聚合者、智能决策的分析者、资源调配的指挥者。

(3)行业应用。重点开展民生、公共管理或城市管理、企业化运作三类示范应用,以政务协同、社会管理、城市管理、公共安全、国土资源、交通运输、卫生医疗和生态环保为基础,围绕重点领域提升服务水平、加快新兴技术应用,突出信息共享和深度挖掘,大力推进以信息感知、业务协同、系统集成为重点的智能应用。通过应用示范带动新技术、新业态、新模式的推广,使城市运行更安全、经济发展更协调、政府管理更高效、公共服务更完善、市民生活更便捷。

3. 智慧城市与数字城市的差异

对比数字城市和智慧城市,二者间有以下六方面的差异。

(1)数字城市是通过城市地理空间信息与城市各方面信息的数字化在虚拟空间再现传统城市,而智慧城市则更注重在此基础上进一步利用传感技术、智能技术实现对城市运行状态的自动、实时、全面透彻的感知。

(2)数字城市通过信息化提高了各行业的管理效率和服务质量,智慧城市则更强调从行业分割、相对封闭的信息化架构迈向作为复杂的巨系统开放、整合、协同的城市信息化架构,发挥城市信息化的整体效能。

(3)数字城市是基于互联网形成了初步的业务协同,智慧城市则更注重通过泛在网络、移动技术实现无所不在的互联和随时随地随身的智能融合服务。

(4)数字城市关注的是数据资源的生产、积累和应用,智慧城市关注的则是用户视角的服务设计和提供。

(5)数字城市主要是利用信息技术实现城市各领域的信息化以提升社会生产效率,智慧城市则更强调人的主体地位,更强调开放创新空间的塑造、市民参与、用户体验,及以人为本实现可持续创新。

(6)数字城市致力于通过信息化手段实现城市运行与发展各方面功能,提高城市运行效率,服务城市管理和发展,智慧城市则更强调通过政府、市场、社会各方力量的参与和协同实现城市公共价值塑造和独特价值创造。

智慧城市不但广泛采用物联网、云计算、人工智能、数据挖掘、知识管理、社交网络等技术工具,也更注重用户参与、以人为本的创新理念及其应用,从而构建有利于创新不断涌现的制度环境,以实现智慧技术高度集成、智慧产业高端发展、智慧服务高效便民、以人为本持续创新,完成从数字城市向智慧城市的跃升。因此智慧城市将是创新2.0时代以人为本的可持续创新城市。

第五节　地理信息系统的应用

地理信息系统的应用非常广泛,凡是与地理空间位置有关的领域,如交通、水利、农业、林业、国土、资源、环境、电力、电信、测绘、军事等部门都需要应用地理信息系统。它主要应用于两个方面:地理分析和空间信息资源的管理与应用。地理分析主要用于地理科学研究和辅助决策方面,例如:利用GIS分析城市的扩展规模、开展土地适应性评价的研究,以及生态与环境变迁的研究等。空间信息资源的管理与应用一般指GIS的工程应用,是当前GIS最广泛的应用,如国土资源管理、城市规划与管理、交通运输规划与管理等。

一、地理信息系统在城市建设与管理中的应用

城市是一个区域经济和文化的中心,在国民经济和社会发展中起着重要作用,城市化及城市环境、住宅、交通、社区等一直都是人们关注的"热点"。地理信息系统作为一种重要的信息技术手段,在城市建设和管理中起着非常重要的作用,对城市空间信息的有效管理和分析,以及数字城市、智慧城市的建设等都提供了有力支撑。

首先城市的建设与管理需要大量的数据和信息来支持,而地理信息系统正是提供这些数据和信息的重要手段之一。其次,现代城市建造中同样离不开地理信息系统的支持,如城市基础设施建设、城市交通规划、城市环境管理等。在城市基础设施建设中,地理信息系统可用于城市规划和土地利用分析,帮助政府人员协调城市的用地和发展,管理和维护城市道路、水电气设施等城市基础设施,提高基础设施的利用率和维护效率。在城市交通规划中,地理信息系统可用于交通分析和交通管理。例如,可以利用地理信息系统分析城市交通拥堵情况,优化交通路线和规划公共交通系统,有效地帮助应对交通拥堵和交通事故等问题。

在国家大力发展的数字城市、智慧城市建设中,地理信息系统也发挥了非常大的作用。GIS的一项重要功能就在于描述和构建城市的地形来建立相关模型,并借助相关设备对所要求的建筑以及道路规划进行三维描述。因此,GIS技术不仅为智慧城市的建设提供了基础信息,还可整合多个数据源并对这些海量、多源异构数据进行有效组织、管理、分析、处理和可视化,实现信息集成和动态管理,从而应用到城市交通、环境保护、抢险救灾、公安系统以及常用基础设施等各个方面。此外,GIS还可为智慧城市建设提供更精细化的管理和决策支持,有利于实现政府、市场、社会各个部门之间信息的有效共享和协调,从而为智慧城市的各个领域提供强大的智能决策服务,大幅度提高信息流通的时效性,使信息资源完备可靠。

二、地理信息系统在土地资源管理中的应用

在诸多地理信息资源中,土地资源最为重要,是国民经济和社会发展的重要物质基础和战略资源。随着我国工业化和城镇化的加快推进,土地资源需求量日益扩大,土地资源供需矛盾日益突出,严重制约着我国经济社会的可持续发展。因此,对土地资源实行精细化管理和集约

化利用,是有效改善土地资源供给量,缓解供需矛盾的主要途径。GIS技术作为一种地理空间信息处理工具,是提高国土资源监管自动化程度的理想工具。

在土地资源管理中GIS可通过空间分析和数据可视化,提高对土地信息的理解和利用,主要表现在:

(1)GIS可用于创建数字地图,标识和管理土地所有权、边界和用途,整合各种数据,包括土地利用、土地所有权、地形、气候等,帮助进行全面的土地资源调查与评估,提高土地管理的精度和效率。

(2)GIS能够帮助规划者在数字地图上进行土地利用规划、设施布局和基础设施规划,允许规划者分析土地的最佳用途,考虑如土质、地形和环境条件等因素,模拟不同规划方案以制定最优的土地使用规划。

(3)GIS可用于监测和管理土地上的自然资源,包括水源、农田、森林和野生动植物等,有助于土地资源的可持续利用。

(4)GIS可结合卫星影像和遥感技术动态监测土地利用变化,通过比较不同时间的卫星影像,监测土地利用和覆盖的变化,及时发现非法占用、违法建设等情况,帮助制定土地管理策略。

(5)GIS可以用于评估土地上的自然灾害风险,如洪水、地震和火灾等,通过分析土地利用变化对生态系统、水资源和空气质量的潜在影响,帮助规划灾害响应和恢复措施。

(6)将GIS与土地数据库相结合,可创建土地信息系统,为政府提供决策支持和有效的土地管理工具。

(7)GIS还可以整合社会经济数据,帮助评估土地整治对当地社区和居民的影响,包括就业机会、居住条件等方面。

土地资源是自然资源的重要组成部分,由于GIS技术在土地资源管理中的大量应用,自然资源管理领域现已成为我国利用GIS技术实现业务信息化的典范。目前正在实施的“一张图”工程旨在更高层次上实现山水林田湖草沙矿等自然资源及地政、矿政、灾害、测政、海政各系统的数据的整合和统一,形成覆盖上述业务部门的统一的数据流,在此基础上进一步实现地、林、草、矿、灾等业务的一体化审批和协同监管,最终实现自然资源管理数据流、业务流、决策流的一体化。

三、地理信息系统在地质矿产勘查中的应用

矿产资源被喻为工业的“粮食”和“血液”,是经济社会发展的重要物质基础,直接影响我国经济安全和社会可持续发展。地质矿产勘查是严重依赖地理空间信息开展工作的领域,GIS技术作为一种地理空间信息处理工具,是提升矿产勘查工作效率的理想工具。

在地质矿产领域,GIS可用于野外地质调查、地质资料管理以及矿产资源潜力评价等。主要表现在:

(1)在野外调查中,使用GIS可以使现场数据收集变得更加容易,可以将通过各种手段收集到的数据几乎接近实时地移动到集中式数据库中,实现了从野外区域地质调查到入库的无缝衔接。

(2)在地质资料管理中,利用GIS技术建立多源地质空间数据库是实现地质矿产勘查现代化的前提,特别是利用三维GIS技术建立的地质数据库非常强大,包括地质勘查中的工程信

息、物化探等全面的信息；同时具备查询功能，方便查找所需数据，并且能够将地质属性以表格的形式导出，达到一目了然的效果。

(3)在矿产勘察中，使用GIS技术，并结合海量的综合信息，能够很好地完成空间采样任务，从时空以及多元统计角度对构造演化、火成活动以及沉积等相关特征进行分析，从而预测成矿，合理地指导矿产勘探等一系列相关工作。

(4)在成矿预测中，GIS具有对地质异常进行分析的功能，可圈定出可能成矿的地段、可以进行找矿的地段以及找矿较为有利的地段，然后通过对地质异常进行分析，判断其是否与已知矿床具有一定的联系，进而通过处理分析，计算出异常与矿点之间的关系。再通过GIS的空间分析叠加功能，对成矿的预测区进行圈定，构建成矿空间预测模型，对找矿的具体地段进行圈定。

(5)在矿产潜力评价中，GIS能够有效地将各类地理信息与现代化的地质学理论相互结合，并进行有效分析，从而总结出其研究区域的矿产资源信息，最终通过矿产资源信息评价该地区的矿产资源潜力。

总之，GIS技术可以说已成为了地质矿产资源勘查中的首选技术。随着GIS和计算机技术的不断发展，已经实现构建空间智慧矿山可视化综合监管平台，建立的智慧矿山空间数据库，可实现矿山的全景显示、动态显示，真实、直观、准确、清晰地展现矿产地上地下三维场景。

四、地理信息系统在地质灾害防治中的应用

我国是一个地质灾害十分频繁且灾害损失严重的国家，每年因地质灾害死亡人数数百人，直接经济损失达上百亿元。因此，进行科学有效的地质灾害评价、监测、预警和及时地灾害信息发布，构建完备的地质灾害防治体系对降低地质灾害对人民群众生命财产损失，减少对生态地质环境破坏具有十分重大意义。而GIS可以对地质灾害涉及的大量地质、地貌、气象、水文、人类活动等与空间分布密切相关的多源信息进行综合处理和集成分析，从而为灾害的监测预警、影响评估、防灾抗灾、应急救援、灾后恢复等提供完整、精确、直观的数据支撑和模型支持。

在地质灾害信息管理方面，利用地理信息系统的各种功能，可建立地质灾害空间信息综合管理系统，生成地质灾害专题信息“一张图”，实现地质灾害专题数据的信息化，并能够以二、三维等多种可视化手段逼真反映灾害点所在位置的地形、地貌，利用三维景观分析地质灾害点的空间信息，实现地质灾害分析研究的多源、实时、动态、形象管理和信息的及时有效发布。

在地质灾害危险性评价方面，可运用GIS分析技术对影响地质灾害活动活跃程度的各种因素进行统计分析，研究地质灾害类型、分布规律和灾害损失度等，基于机器学习、人工智能等方法对地质灾害危险性现状进行综合评价与制图，实现如易发性分区、防治规划分区、灾害评估管理以及坡度分析等功能，并将其结果以空间图形化的形式在二三维地图上展现，使地质灾害风险评价更加效率化和科学化，为灾害的防治提供有力的支撑。

在地质灾害监测预警方面，可利用GIS建立灾情数据库，借助其独有的空间统计分析等功能，结合气象预报、地质灾害数据等影响地质灾害的相关数据，建立地质灾害预警系统，对群测群防信息、群测群防监测数据进行实时管理，并支持多种监测数据上报和预报预警信息的及时发布。特别是三维GIS技术强大的三维建模和可视化功能，为建立完善的地质灾害预警预测系统提供了强有力的技术支撑。很多相应的地震预警系统、滑坡监测预警系统和泥石流监测预警系统都已经建成并广泛的应用。这些系统不仅为政府部门提供综合的信息分析和管理支

持,而且也方便大众及时了解灾情,减少人民群众生命财产的损失。

在地质灾害防治方面,一方面可利用GIS进行灾害的模拟,预测灾害的发生和影响范围,从而采取相应的防治措施。另一方面可利用GIS进行应急响应。地质灾害的发生往往是突然的,因此,对地质灾害的应急响应显得尤为重要。三维GIS技术可以对地质灾害进行三维建模和可视化,以便于对地质灾害进行应急响应。如可以通过三维GIS技术对地震的影响范围进行预测,从而采取相应的应急措施,如制定救灾方案、疏散人员、转移物资、辅助决策等等。

未来,随着计算机技术的不断变革创新以及GIS研究体系更加成熟,将促进GIS技术开启全新视角,协同推进GIS技术在地质灾害预报、监测工作方面不断向前进步。

五、地理信息系统在生态环境保护中的应用

随着全球性的环境恶化,生态环境保护日益成为全球共同关注的热点。GIS不仅可用于监测环境污染、土地退化和水资源管理,还可帮助环保机构评估环境影响、制定环境保护政策和规划环境保护项目,以及用于监测气候变化、评估可再生能源潜力和推动可持续发展。

在环境监测与评估中,利用GIS技术可对实时采集的数据进行存储、处理、显示、分析,达到辅助环境决策的目的。如以某流域自然环境地理信息为基础,可利用GIS的地理数据库管理功能,对该流域的监测数据进行存储和管理,然后利用GIS技术直观显示和分析流域水环境现状、污染源分布、水环境质量评价,追踪污染物来源。还可结合数字地图提取历年监测数据、实时监测数据和各种统计数据,进行空间分析、辅助决策,为流域水环境的科学化管理和决策提供先进的技术手段。例如:①在空间质量监测中,利用GIS可生成质量分布图,进行空气质量的时空趋势分析;还可建立空气质量评估模型,预测和评估空气质量的变化趋势。②在水质监测中,GIS可存储和管理水质监测数据,进行水质评估和水资源规划,提出水质改善措施和管理建议。③在土壤污染监测中,GIS可辅助生成土壤污染分布图和污染源追踪图,进行土壤污染风险评估和污染治理方案制定。

在自然资源管理方面,GIS也具有重要作用。在森林资源管理中,GIS与遥感相结合,可进行森林资源动态监测和管理,还可构建森林资源评估模型,进行森林资源可持续利用规划和保护措施制定。在水资源管理中,利用GIS空间分析工具可进行水资源分布和利用评估,生成水资源管理图和水资源利用规划图,进行水资源供需平衡分析和水资源管理决策支持。在矿产资源管理中,空间分析工具可进行矿产资源评估和开发规划,生成矿产资源管理图和矿产开发方案,可通过构建矿产资源模型,进行矿产资源可持续开发和环境影响评估。

在生态保护和恢复方面,GIS还可用于生态系统评估、自然保护区管理和湿地保护与恢复。基于生态系统数据和地理信息数据,可建立生态系统模型,进行生态系统保护和恢复规划,提出生态保护措施和管理建议。基于自然保护区数据和地理信息数据,可生成自然保护区模型,进行自然保护区规划和管理决策支持。基于湿地资源数据和地理信息数据,可建立湿地模型,进行湿地保护和恢复效果评估和决策支持。

综上,GIS技术在生态环境保护中具有广泛的应用价值。通过GIS空间分析,可以更好地理解和利用地理空间数据,提高生态环境保护决策的准确性和效率。特别是随着三维地理信息系统的发展,将生态环境数据与三维地理信息系统相结合,可通过三维可视化技术,将生态环境数据以三维形式呈现出来,从而更好地理解和分析生态环境的状况,制定更加科学的决策方案,提高环境管理的效率和精度。

六、地理信息系统在交通行业中的应用

随着大数据、人工智能等新技术在交通行业的深入应用，GIS 技术与其结合，推动了 GIS 技术向智慧化、智能化方向发展，并推动它成为交通信息部门的重要技术手段，实现了对交通行业应用的智能高效管理。目前 GIS 已广泛应用于交通规划、工程设计、施工建设、运营管理、后期维护等方面，贯穿交通工程建设行业全生命周期，为缓解交通压力，实现智慧交通的科学规划和治理、高效运营管理，以及为民众出行的舒适体验提供全面的技术服务。

在交通网络规划中，基于 GIS 可综合分析交通规划中需要考虑的经济数据、各类城市规划的用地与规模、道路长度等级与通行能力、交通量、交通分区等各方面因素，利用 GIS 强大的空间分析功能优化交通网络，创建交通分区图和路网图，实现交通数字化和可视化。基于此开展各项交通规划工作，能大大减少数据调查和数据输入的时间和工作，缩短规划项目的设计周期，提高工作效率并快速有效地进行辅助决策。

特别地，通过 GIS 技术与虚拟现实技术、大数据可视化技术相结合，搭建了包含高速公路、普通道路、铁路线路、航空、水运航道、隧道、桥梁以及交通工具在内的全部交通数据可视化三维仿真管理体系，并在完成三维虚拟场景和交通数据融合的基础上，可使人、交通工具、交通之间的关联以可视化方法直观展现，这些都大大推进了交通网络规划的智能实现和智能决策。

城市智能交通的核心在于交通的安全与事故处理的能力，通过 GIS 技术建设智能交通地理信息系统，一方面可以分析城市交通的事故多发路段，并对事故发生原因进行分析，提供快速、有效的事故解决办法，提高道路交通安全水平；另一方面可通过丰富的可视化形式记录和呈现道路的通行状况，迅速定位事故点，抢修车辆的调度以及提供交通疏散的方案等，为提高道路的通行能力、舒缓交通阻力、提高道路通行的安全系数、紧急事故的处理等提供强有力的技术保障。

在车辆导航应用中，GIS 能够将交通专网数据（交通设施、设备、道路等数据）与电子地图深度融合，实现交通设施、设备在电子地图的精准定位、行车轨迹重现、热力图渲染、预警位置显示等功能，精准刻画当前交通设施、设备点位分布情况、公路线路的空间位置和走向、实时交通运行态势，以及交通流量等多方位信息。因此，在车辆运行中，它能够将当前的交通信息直观全面地呈现在驾驶员面前，辅助驾驶员获取最佳线路。特别地，随着三维 GIS 技术的发展，它能将交通设施模型与地形数据、倾斜摄影数据、激光点云数据等三维数据融合，并叠加遥感影像、地质勘测等二维空间数据和气象、地质勘测等环境数据，为驾驶员提供信息更加丰富、功能更加全面的三维乃至 360°全景式可视化驾驶场景。

在交通维护管理方面，基于 GIS 可建立全面的交通资产管理系统，实现了交通全要素对象集成应用，为交通资产管理提供一套科学化、高效化的管理工具。该系统不仅能实现对交通资产的数字化管理，更能够站立在管理者的角度，使管理者根据交通资产状况评价结果做出决策。因此，GIS 不仅使交通资产管理更加科学化、数字化，而且大大提高了交通运输部门的工作效率，降低了交通资产管理成本，使交通资源得到最大限度的利用，实现行业资源配置优化能力、公共决策能力、行业管理能力、公众服务能力的提升，推动交通运输更安全、更高效、更便捷、更经济、更环保、更舒适的运行和发展，带动交通运输相关产业转型、升级。

总之，GIS 技术凭借其发展性和科技性在交通行业应用中发挥了巨大优势，为交通行业建

设信息管理提供了全新的技术手段,特别是随着 GIS 技术与新基建(5G、人工智能、大数据、互联网 + 等)成果紧密结合,将为交通行业全生命周期发展注入新的活力,助力交通行业更加智慧化和高质量发展。

思考题与习题

1. 什么是地理信息系统?
2. 简述地理信息与信息的关系。
3. 简述地理信息系统与信息系统的关系。
4. 简述地理信息系统的分类及其与其他学科的相互关系。
5. 简述地理信息系统的主要构成及其主要功能。
6. 什么是空间数据库,它有何特点?
7. 简述空间数据管理的四种方式。
8. 简述地理信息系统在某个应用中的作用。
9. 试描述地理信息系统的发展前景。

第十一章
测设的基本工作

【本章提要】

本章主要介绍测设的概念,施工放样的观测量、程序和要求,角度(或方向)、距离、高差以及地面点测设的基本方法。

【学习要求】

通过本章的学习,应掌握测设的概念,施工放样的观测量、程序和要求,熟悉角度(或方向)、距离、高差、地面点以及直线的测设方法。

第一节 概 述

一、测设的概念

建筑物、构筑物在设计完成后就要按设计图及相应的技术要求进行施工。设计图中主要以点位及其相互关系表示建筑物与构筑物的形状、大小和高低。测设工作的目的与测图相反,是以控制点为基础,把设计在图纸上的建筑物与构筑物的位置、形状、大小和高程,在实地标定出来,以作为施工的依据。测设工作也称为施工放样,标定在实地的点位称为施工点或放样点。施工放样的观测量主要有角度(或方向)、距离、高差、方位角。

二、施工放样的程序与精度要求

施工放样的程序应遵守由总体到局部的原则,首先在现场定出建筑物的轴线,然后再定出建筑物的各个部分。即由施工控制网测设建(构)筑物的各主要轴线,由各主要轴线测设各辅助轴线,然后再测设建(构)筑物的各个细部。施工放样是联系设计与施工的重要环节,放样的结果是施工的依据。

施工放样的精度要求,系根据建(构)筑物的性质、它与已有建(构)筑物的关系以及建筑区的地形、地质和施工方法等情况来确定。

当施工控制网仅用于测设建(构)筑物的各主要轴线位置时,对主轴线的精度要求并不太高。当施工控制网除测设建(构)筑物的主轴线位置外,还要测设建(构)筑物的细部结构时,对施工控制网的精度要求就会大大提高。

施工放样按精度要求的高低排列为:钢结构、钢筋混凝土结构、毛石混凝土结构、土石方工程。按施工方法分:预制件装置式的方法较现场浇灌的精度要求高,钢结构用高强度螺栓连结的比用电焊连接的精度要求高。

关于具体工程的具体精度要求,如施工规范中有规定,则参照执行。对于有些工程,施工规范中没有测量精度的规定,则应由设计、测量、施工以及构件制作几方人员合作共同协商,来决定测施工测量的精度。

三、施工放样的工作要求

施工要进行,测量是先导。测量技术人员应熟悉施工现场情况,紧密结合施工的进程及需要,做好以下工作:

(1)熟悉设计图纸,理解相关设计思路。

(2)检查图纸,核实图纸的有关数据,做好施工测量的数据准备工作。

(3)了解施工工作计划和安排,协调测量与施工的关系,落实施工测量工作。

(4)核查或检测有关的控制点,确认点位准确可靠。查清工地范围的地形地物状态。

(5)熟悉施工的进展状况和施工环境,避免施工对测量产生的可能影响,及时准确完成施工测量工作。

(6)加强测量标志的管理、保护,注意受损测量标志的恢复等。

第二节　角度、距离与高程的测设

测量与放样所用的仪器以及计算公式是相同的。但测量的外业成果是记录下来的数据,内业计算在外业之后进行的;放样的数据准备要在外业之前做好,放样的外业成果是实地的标桩。由于两者已知条件和待求对象不同,因而测量与放样之间是有区别的:

(1)测量时常可作多测回重复观测,控制图形中常有多余观测值,通过平差计算可提高待定未知数的精度。放样不便作多测回观测,放样图形较简单,很少有多余观测值,一般不作平差计算。

(2)测量时可在外业结束后仔细计算各项改正数。放样时要求在现场计算改正数,这样既容易出错，也不能做得仔细。

(3)测量时标志是事先埋设的，可待它们稳定后再开始观测。放样时要求在丈量之后立即埋设标桩，标桩埋设地点也不允许选择。

(4)目前大多数测量仪器和工具主要是为测量工作设计制造的，所以用于测量比用于放样方便得多。

放样的基本工作主要是地面点的直接定位元素角度(方向)、距离、高差的放样。

一、角度放样

1. 角度放样的一般方法

如图11-1所示，图中A、B为已知点，AB是已知方向，$\angle BAP$为设计已知值β，AP方向是设计的待放样方向。

角度放样的目的是用测量方法将AP方向按β角的设计值测设到实地，测设步骤如下：

(1)在已知点A上安置全站仪，精确瞄准B点目标，配置水平度盘读数为$0°00'00''$。

(2)拨角，即转动全站仪照准部，使显示窗水平读数显示为β。此时望远镜的视准轴方向则指向AP的既定方向。

(3)按望远镜视准轴方向在地面上设立标志。通常在地面上落点位置钉上木桩(木桩移到望远镜十字丝竖丝方向上)，在木桩的顶面标出AP的精确方向。

2. 方向法角度放样

(1)在A点上安置全站仪，以盘左位置按角度放样的一般方法完成待定方向AP的设置，此时P用P'表示。

(2)以盘右位置瞄准B点目标，按角度放样一般方法测设AP方向，在实地标出AP方向的标志P''。

(3)取P'、P''的平均位置为P，即P为准确的AP方向的标志，如图11-2所示。

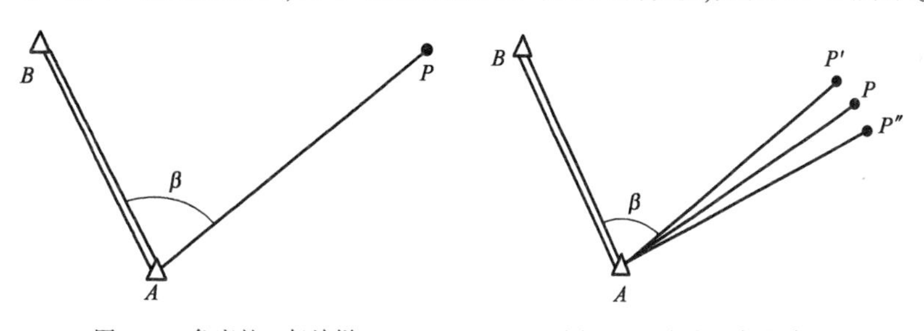

图11-1　角度的一般放样　　　图11-2　方向法角度放样

在一般工程上，可采用方向法角度放样抵消仪器水平度盘偏心差等误差的影响，提高角度放样的精度。

3. 归化法角度放样

为了提高放样的精度，放样可按下述方法进行：预先放样一个点作为过渡点，接着精密测量该过渡点与已知点之间的关系(边长、角度、高差等)；把测算得的值与设计值相比较得差数；最后从过渡点出发修正这一差数，把点位归化到更精确的位置上去，这种比较精确的放样方法叫归化法。

设 A、B 为已知点，待放样的角度为 β。

（1）先用一般放样方法放样 β 角后得过渡点 P'，然后选用适当的仪器和测回数精确测量 $\angle BAP'=\beta'$，并概量 AP' 的长度，设 AP' 的长度为 S。

（2）计算 $\Delta\beta$，即 β' 与设计值 β 的差数：

$$\Delta\beta=\beta'-\beta \tag{11-1}$$

式中，β' 为精确测定的角度值；β 为设计的角度值。

（3）按 $\Delta\beta$ 和 S 计算归化值 ε：

$$\varepsilon=\frac{\Delta\beta''}{\rho''}S \tag{11-2}$$

式中，$\rho''=206265''$。

从 P' 出发在 AP' 的垂直方向上归化一个 ε 值（归化时应注意归化的方向），即可得待求的 P 点，如图 11-3 所示。

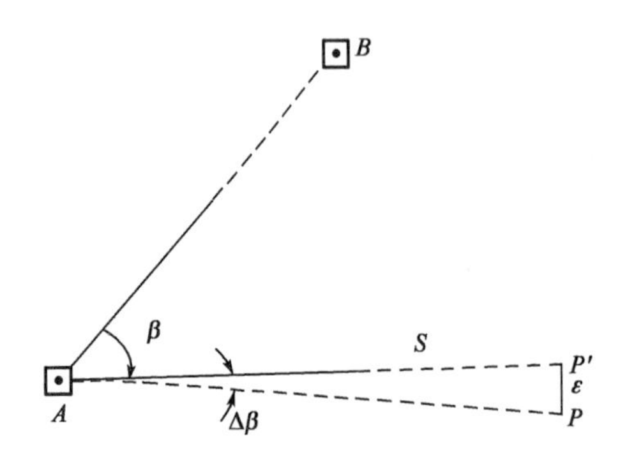

图 11-3　归化法角度放样

二、距离放样

距离放样是将设计的已知距离在实地标定出来，即按给定的一个起点和方向，标定出另一个端点。

1. 水平距离放样

如图 11-4 所示，A 是已知点，P 是 AB 方向上的待定点，设计拟定平距 $AP=S$。

（1）在实地沿 AB 方向量距（光电测距或钢尺丈量）长度 S，定出 P 点。

（2）为了检核，应往返测量 AP 的长度，检核放样点位的正确性，若往返测量的距离之较差在限差内，则取其平均值作为最后结果。

2. 倾斜地面的距离放样

在图 11-5 中，S 是设计平距，但实际地面 A 至 B 之间存在高差 h。要使 AB 的放样平距等于 S，则实地测设长度为 l_P，即

$$l_P=\sqrt{S^2+h^2} \tag{11-3}$$

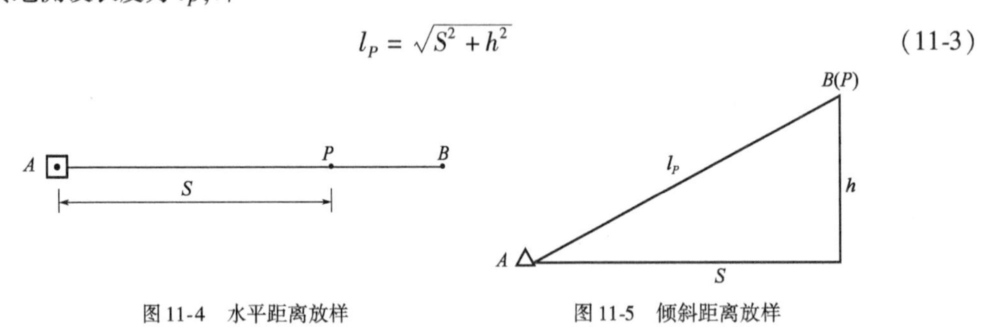

图 11-4　水平距离放样　　图 11-5　倾斜距离放样

因此倾斜地面的距离放样，按式（11-3）求 l_P，再按 l_P 沿 AB 方向量距（光电测距或钢尺丈量）P 点。此时得到的 P 点就是 B 点，其 AB 的平距长度等于 S。

3. 归化法距离放样

如图 11-6 所示，设 A 为已知点，待放样距离为 S。先设置一个过渡点 B'，选用适当的仪器及测回数精确测

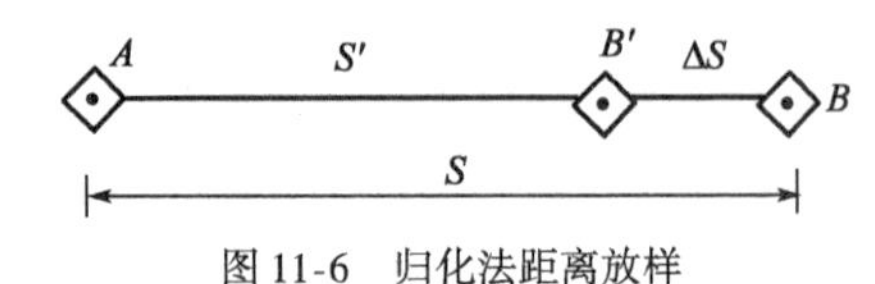

图 11-6　归化法距离放样

量 AB' 的距离，经加上各项改正数后可以求得 AB' 的精确长度 S'。

把 S' 与设计距离 S 相比较，得差数 $\Delta S = S - S'$

当 $\Delta S > 0$ 时，从 B' 点向前修正 ΔS 值就得所求之 B 点；当 $\Delta S < 0$ 时，从 B' 点向后修正 ΔS 值就得所求之 B 点。AB 即精确地等于要放样的设计距离 S。

归化法放样距离 S 的误差 m_S，由两部分组成：测量 S' 的误差 $m_{S'}$ 和归化 ΔS 的误差 $m_{\Delta S}$，即

$$m_S^2 = m_{S'}^2 + m_{\Delta S}^2$$

从表面上看似乎归化法放样的误差比一般放样法会大一些。事实不然，由于归化值一般较小，归化的误差比测量的误差小很多，从而其影响可略而不计，归化法放样的精度主要取决于测量的精度，而测量的精度通常比直接放样的精度高一些，因此归化法放样的精度常优于一般放样的精度。

4. 光电测距跟踪放样

光电测距跟踪放样是利用全站仪的跟踪测距功能进行测设。

(1) 在 A 点安置全站仪，量取仪器高 i，反光棱镜立于 AB 方向 P 点概略位置上 P' 处［图 11-7a)］，反光棱镜对准全站仪。

(2) 全站仪瞄准棱镜，启动全站仪的跟踪测距模式，进行跟踪测距，观察全站仪的距离显示值 S'，比较 S' 与设计值 S 的差别，指挥棱镜沿 AB 方向前后移动。当 $S' < S$ 时，棱镜向后移动，反之向前移动。

(3) 当 S' 比较接近 S 值时停止棱镜的移动，全站仪终止跟踪测距模式，同时启动正常测距模式，进行精密测距，并记下距离观测值 S''。计算精确值 S'' 与设计值 S 的差值 ΔS($\Delta S = S - S''$) 进行调整。在实地标定出 P 点的位置。

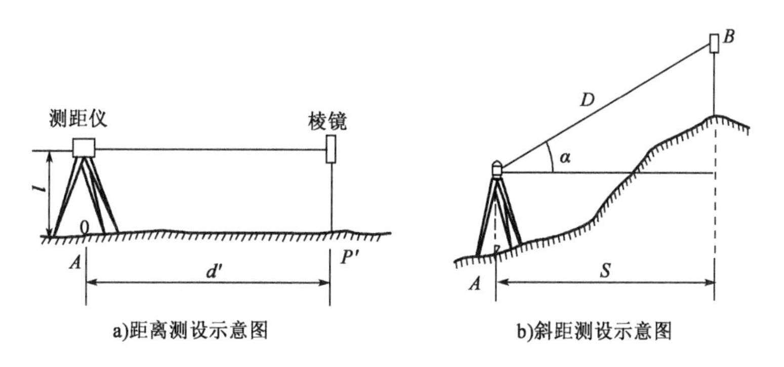

图 11-7　光电测距跟踪放样

如图 11-7b) 所示，如需测设斜距时，根据光电测距成果处理原理公式，光电测距平距 S 可表示为

$$S = (D + K + R \times D_{km})\cos\alpha \tag{11-4}$$

式中，D 为光电测距值；K 为全站仪加常数；R 为全站仪乘常数；D_{km} 为测距值 D 以 km 为单位的数值；α 为放样点与已知点之间的竖直角。根据式(11-4)，测距仪放样斜距 D 为

$$D = \frac{S}{\cos\alpha} - (K + R \times D_{km}) \tag{11-5}$$

三、高程放样

各种工程建设在施工过程中都要求测量人员放样出设计高程。放样高程的方法主要采用水准测量方法,有时也可采用钢卷尺直接丈量垂直距离或采用三角高程测量方法。

1. 水准测量高程放样方法

应用水准测量方法放样高程时,首先应将高程控制点以必要的精度引测到施工区域,建立临时水准点。

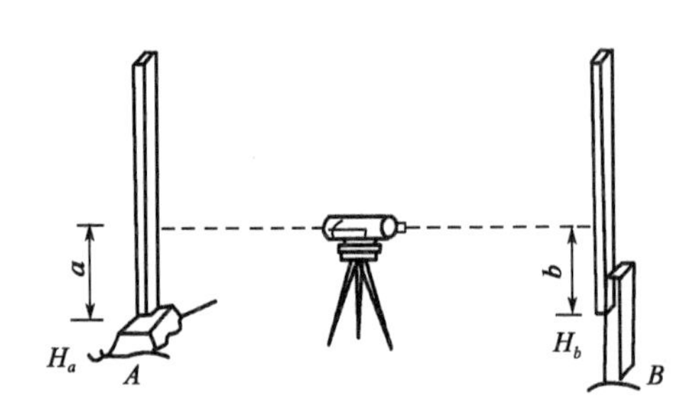

图 11-8　水准测量法高程放样

高程放样时,设地面有已知高程的水准点 A,其高程为 H_a。待定点 B 的设计高程也已知,设为 H_b。要求在实地标定出与该设计高程相应的水平线或待定点顶面。

如图 11-8 所示,a 为水准点 A 上水准尺的读数。待放样点 B 上水准尺的读数 b 按式(11-6)计算:

$$b=(H_a+a)-H_b \tag{11-6}$$

然后,上下移动 B 点的水准尺使仪器照准 B 尺上的读数为 b,并将水准尺的零点标定出来,此点即为高程的放样点。标定放样点的方法很多,如混凝土工程一般是用油漆标定在混凝土墙壁或模板上。

当待放样点 B 的高程 H_b高于仪器视线时,即 $H_b>H_a+a$,可以把尺子倒立,即用"倒尺"工作,此时,$b=H_b-(H_a+a)$。水准尺零点的高程即为放样点的高程。

当向高楼(即 $H_b \geq H_a+a$)(图 11-9)或深坑(即 $H_b \leq H_a+a$)(图 11-10)传递高程时,可以采用悬挂钢尺和两台水准仪进行工作。

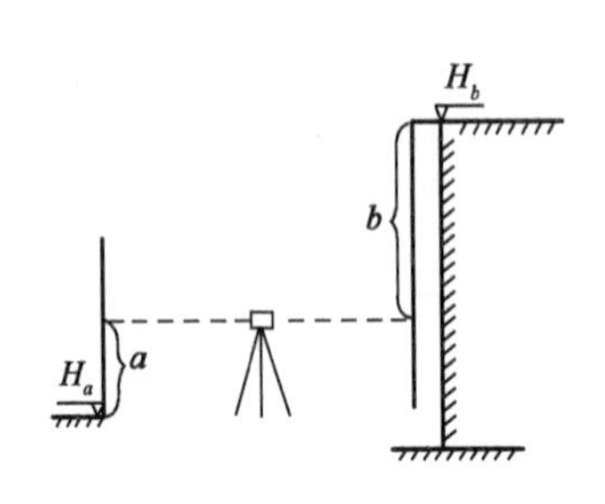

图 11-9　高楼的高程放样

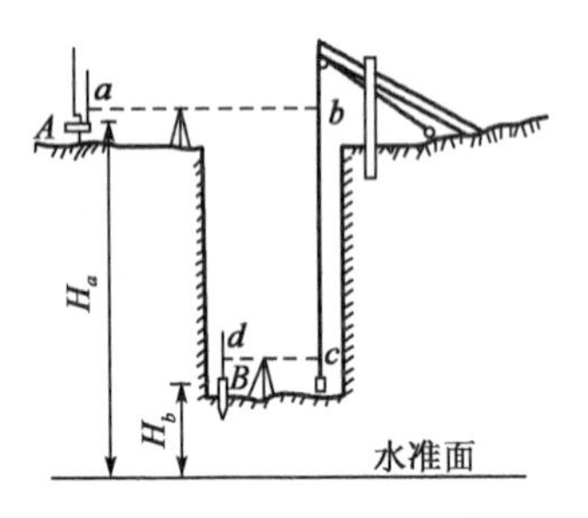

图 11-10　深坑的高程放样

当悬挂钢尺的零点在下端时:

$$H_b=H_a+a-(b-c)-d \tag{11-7}$$

由于 H_b已知,则待放样点 B 上水准尺的读数 d 为(图 11-10):

$$d=H_a-H_b+a-(b-c) \tag{11-8}$$

2. 全站仪高程放样方法

用全站仪进行较大高差的高程放样是一种比较高效的方法,如图 11-11 所示,地面点 A 的高程为 H_a,待定点 B 的设计高程为 H_b。其测设步骤如下:

(1)仪器安置在测站 A 点,反射棱镜安置于待放样点 B 处,量取仪器高 i 及棱镜高 l。

(2)放样准备。根据全站仪的功能进行测站设置,把 A 点的高程 H_a、仪器高 i 及棱镜高 l 存入仪器的存储器。

(3)高程放样。瞄准待放样点 B 处的反射棱镜。启动测距跟踪测量模式,观察显示高差和镜站高程。根据实测的 B 高程 H'_b 与 B 点的设计高程 H_b 比较,指挥升降反射棱镜的高度 l,使显示高差和镜站高程满足设计要求,把棱镜对中杆的底部标定出来,此点即为高程的放样点。

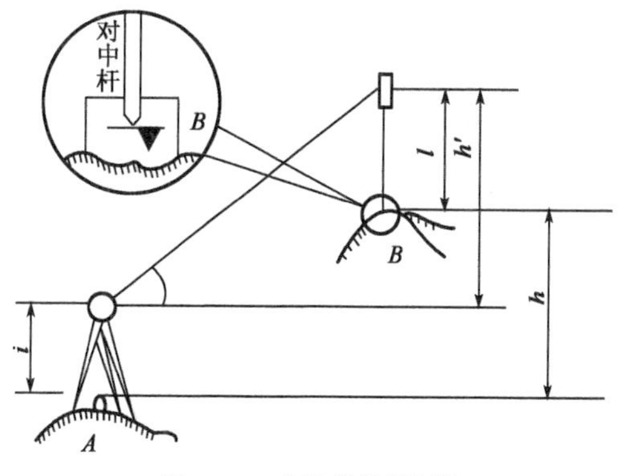

图 11-11 全站仪高程放样

第三节 地面点平面位置的测设

一、直角坐标法

直角坐标法是利用点位之间的坐标增量及其直角关系进行点位放样的方法。A、B 是已知点,P 是设计的待定点,其测设步骤如下。

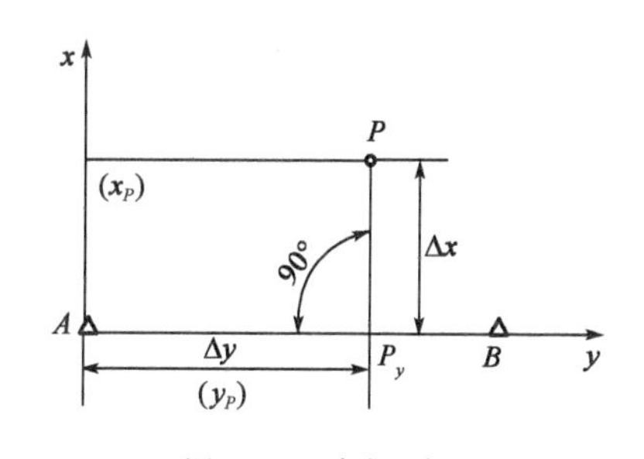

图 11-12 直角坐标法

(1)实地建立直角坐标系。设 A 为坐标系原点,AB 为 y 轴,x 轴便是过 A 点与 AB 垂直的直线。

(2)根据设计点位,确定待定点在坐标系中的坐标。如图 11-12 所示,待定点 P 与 A 点的坐标增量 Δx、Δy 在此坐标系中便是 x_P、y_P。

(3)放样 P 点。

①沿 y 轴量距 Δy 得 P_y;

②在 P_y 处安置仪器,瞄准 A 点并拨角 90°;

③沿视准轴方向(即 x 轴)量距 Δx 得 P 点的位置;

④实地标定 P 点。

二、极坐标法

极坐标法是利用点位之间的边长和角度关系进行放样的方法。如图 11-13 所示,A、B 是已知点,坐标为 (x_A,y_A)、(x_B,y_B);P 是待定点,设计坐标为 (x_P,y_P),其测设步骤如下。

(1)放样数据准备。根据已知点 A、B 的坐标,待定点 P 的设计坐标。按坐标反算公式计算极距 S_{AP} 和极角 $\angle BAP=\beta$。

极距

$$S_{AP}=\sqrt{(x_P-x_A)^2+(y_P-y_A)^2} \tag{11-9}$$

极角

$$\beta=\alpha_{AP}-\alpha_{AB} \tag{11-10}$$

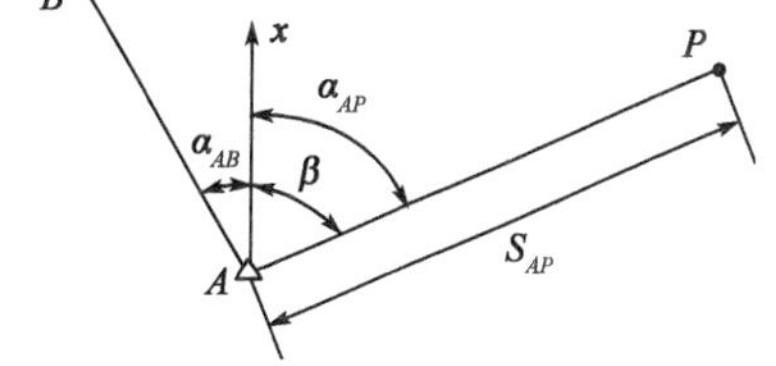

图 11-13 极坐标法

(2)在 A 点上安置仪器,按角度放样的方法在实地标

定 AP 方向线。

(3)沿 AP 方向线量距 $AP=S_{AP}$。

(4)在实地标定出 P 点的位置。

三、角度交会法

角度交会法是利用点位之间的角度关系进行点位放样的方法。如图 11-14 所示,A、B 是已知点,坐标为(x_A,y_A)、(x_B,y_B);P 是待定点,设计坐标为(x_P,y_P),其测设步骤如下。

(1)放样数据准备。图 11-14 中的 α、β 是角度交会法放样的数据。

$$\alpha=\alpha_{AB}-\alpha_{AP}$$

$$\beta=\alpha_{BP}-\alpha_{BA}$$

(2)在 A 点安置仪器,以 AB 为起始方向,以 $360°-\alpha$ 拨角放样 AP 方向,定骑马桩 A_1、A_2。

(3)在 B 点安置仪器,以 BA 为起始方向,以 β 拨角放样 BP 方向,定骑马桩 B_1、B_2。

(4)利用 A_1A_2、B_1B_2 相交于 P 点,实地标定 P 点位置。

四、距离交会法

距离交会法是利用点位之间的距离关系进行点位放样的方法。如图 11-15 所示,A、B 是已知点,坐标为(x_A,y_A)、(x_B,y_B);P 是待定点,设计坐标为(x_P,y_P),其测设步骤如下。

(1)放样数据准备。图 11-15 中的放样数据 S_{AP}、S_{BP}按坐标反算公式求得。

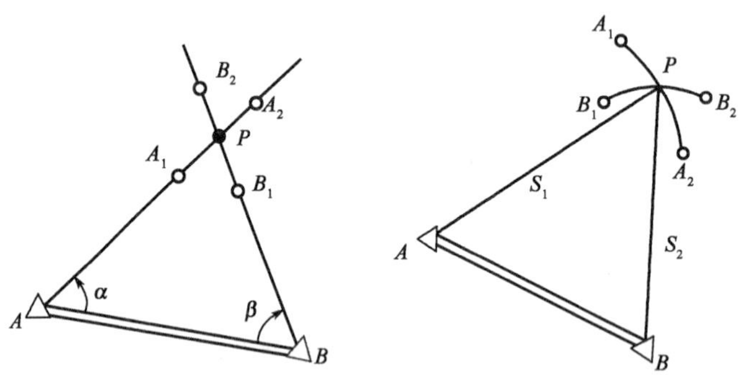

图 11-14　角度交会法　　图 11-15　距离交会法

(2)以 A 点为圆心,以 S_{AP}为半径画弧线$\overset{\frown}{A_1A_2}$。

(3)以 B 点为圆心,以 S_{BP}为半径画弧线$\overset{\frown}{B_1B_2}$。

(4)利用弧线$\overset{\frown}{A_1A_2}$、$\overset{\frown}{B_1B_2}$相交于 P 点,实地标定 P 点位置。

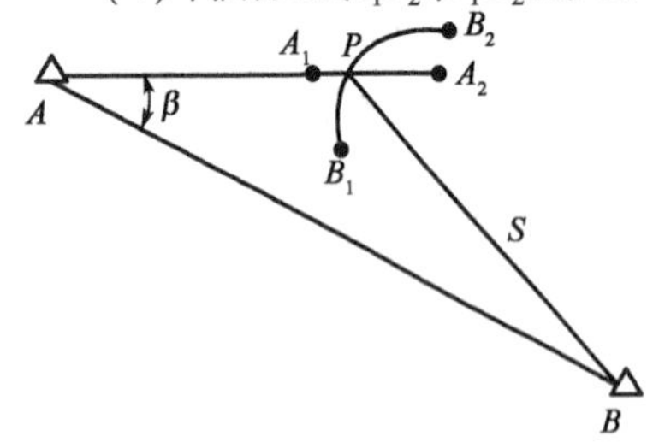

图 11-16　角边交会法

五、角边交会法

角边交会法是利用点位之间的角度、距离关系进行点位放样的方法。如图 11-16 所示,A、B 是已知点,坐标为(x_A,y_A)、(x_B,y_B);P 是待定点,设计坐标为(x_P,y_P),其测设步骤如下。

(1)放样数据准备。图 11-16 中的放样数据 β、S 由 A、B

和 P 点的坐标按坐标反算公式求得。

(2)在 A 点安置仪器,以角度放样方法在实地标出 AP 的方向线 A_1A_2。

(3)以 B 为圆心,以 S 为半径画弧线 $\overset{\frown}{B_1B_2}$。

(4)利用直线 A_1A_2 与弧线 $\overset{\frown}{B_1B_2}$ 相交于 P 点,实地标定 P 点位置。

六、全站仪坐标法

全站仪坐标法是利用待定点的设计坐标以全站仪测量技术进行点位放样的方法,其测设步骤如下。

(1)测站 A 安置全站仪,将已知点 A、B 和待定点 P 的坐标等参数输入全站仪。设置 AB 的坐标方位角 α_{AB} 并以 AB 方向定向。

全站仪放样

(2)测设时,全站仪瞄准 P' 点的反射棱镜,测量 P' 点的坐标得 x'_P、y'_P。同时与 P 点的设计坐标(x_P,y_P)比较,计算坐标增量 Δx、Δy,如图 11-17 所示。

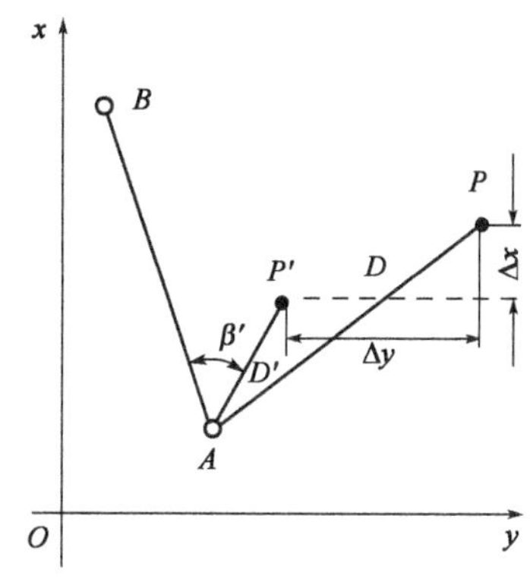

图 11-17 全站仪坐标法

(3)观测人员根据 Δx、Δy 的大小及正负指挥镜站移动,并连续跟踪测量,直至 $\Delta x = 0$、$\Delta y = 0$。此时,镜站所在点位就是待定点 P 的实际点位。

(4)在地面上标定 P 点的位置。

另外,GNSS-RTK 能够实时地提供在任意坐标系中的三维坐标数据,拥有彼此不通视条件下远距离传递三维坐标且测量误差不积累的优势。GNSS-RTK 坐标法能快速、高效地完成放样任务,目前已成为放样点位的常用方法。有关内容见第六章和相关仪器使用说明。

GNSS-RTK 放样

七、归化法放样

归化法放样点位有前方交会、侧方交会与后方交会归化法等方法,在此只介绍比较常用的前方交会归化法放样点位的方法。

设 A、B 为已知点,坐标为(x_A,y_A)、(x_B,y_B);P 是待定点,设计坐标为(x_P,y_P)。在放样之前按这些点的坐标准备好放样元素 β_a 和 β_b。

在现场先用一般方法放样一个过渡点 P',然后精确测量 $\angle P'AB = \beta'_a$、$\angle ABP' = \beta'_b$。可以用 β'_a、β'_b 及 A、B 两点的坐标按前方交会公式计算 P' 的坐标(x',y'),然后将 P'、A、B 三点视为控制点,从 P' 出发放样出 P 的点位。由于 PP' 距离比 AP、BP 小得多,所以从 P' 点出发放样 P 点的绝对误差较小。因此 P 点相对于 A、B 点的误差主要由 P' 相对于 A、B 点的误差所决定,即主要由测量β_a'、β_b'两角的误差所决定。

当$\Delta\beta_a=\beta_a-\beta_a'$、$\Delta\beta_b=\beta_b-\beta_b'$较小时,意味着$P'$离设计点位$P$相距不远,这时可以用图解方法从$P'$点出发求得$P$的点位。为此先作归化图纸:

(1)在图纸上适当的地方刺一点作为P'点(图11-18)。

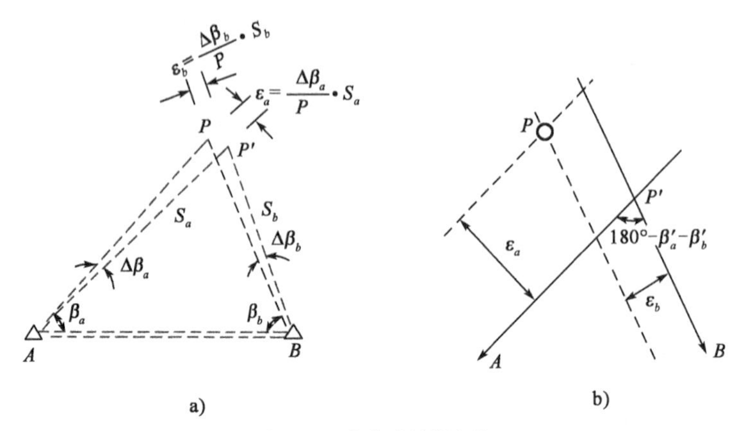

图11-18 归化法放样点位

(2)画两线,使其夹角为$(180°-\beta_a'-\beta_b')$。并用箭头指明$P'A$及$P'B$方向。为此也可以按A、B与P'(或P)的坐标差,缩小比例尺画出A、B两点位置。

(3)利用式(11-11)计算平移量。

$$\begin{cases}\varepsilon_a=\dfrac{\Delta\beta_a}{\rho}\cdot S_a\\[2ex]\varepsilon_b=\dfrac{\Delta\beta_b}{\rho}\cdot S_b\end{cases}\tag{11-11}$$

(4)作PA、PB两线,分别平行于$P'A$和$P'B$,平行线间距分别为ε_a和ε_b。参照$\Delta\beta_a$、$\Delta\beta_b$之正负号决定平行线在哪一侧。此两平行线的交点即P的点位。

(5)将此归化图纸拿到现场,让图纸上P'点与过渡P'的中心重合;转动图纸使图纸上$P'A$方向与实地$P'A$方向重合;用$P'B$方向作为校核。这时图纸上P点的位置就是实地P点应有的位置,把它转刺到实地上去,并标定P点的位置。这种归化方法计算比较简单,也较直观,归化精度也较高。

第四节 直线的测设

在公路、铁路、隧道、各种管道以及输电线路等线形工程中,放样直线是最频繁的测设任务之一,在其他工程中也有各种直线的放样工作。直线的放样方法有多种,比较常用的一般有内插定线法、外插定线法等。

一、外插定线

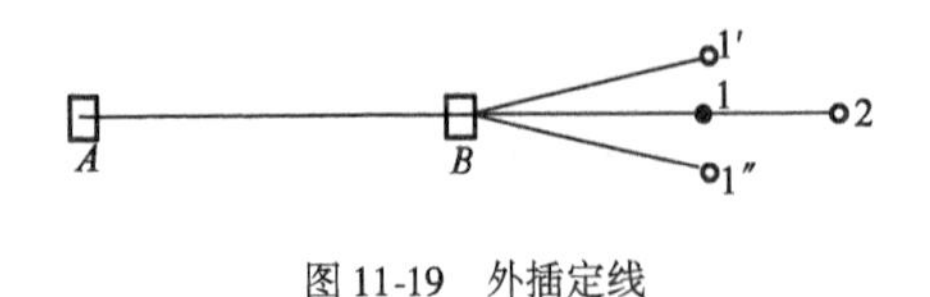

图11-19 外插定线

如图11-19所示,已知A、B两点,要在AB的延长线上定出一系列点,称为外插定线。

操作方法:将全站仪设于 B 点上,盘左照准 A 点后,固定照准部,然后把望远镜绕横轴旋转 180°定出待定点 1′;盘右重复上述步骤,定出待定点 1″;取 1′、1″的中点为 1 点的最终位置。同理可定出 2、3 等诸点。

外插定线时也可采用向前搬站的方法以提高定线的精度,如可将全站仪搬至 1 号点上,用 A、1 两点定出 2 号点,依次类推,可一站站向前搬站,称为逐点向前搬站法外插定线。也可把“向前搬站”的方法与简单定线方法结合使用。

二、内插定线

设在地面有 A、B 两点,现要在 AB 直线上定出一系列点,称为内插定线。

若在 A 点或 B 点能架设全站仪,那么望远镜照准 B 点或 A 点后固定经纬仪照准部,即可定出 AB 之间直线上的诸点。

若在 A、B 两点不便于设置全站仪,可采用正倒镜投点法或测角归化法内插定线。

1. 正倒镜投点法

正倒镜投点法是利用相似三角形的原理测出待定点偏离 AB 直线的距离。如图 11-20 所示,AB 为直线的两端点,O'(待定点)为仪器安置位置。当仪器无误差时,仪器后视 A,倒转望远镜前视时,十字丝中心不位于 B 点而位于其附近的 B' 点,量取 BB' 后,即可根据 AB 和 AO 的长度,求出待定点偏离 AB 直线的距离 $OO'=\dfrac{AO}{AB}\times BB'$。若将待定点 O' 向 AB 直线移动 OO',即可将待定点设定在 AB 直线上。

实际工作中,由于仪器存在着视准轴不垂直于横轴或者横轴不垂直于纵轴等误差,为克服其误差影响,先将仪器初步安置在 O' 点,再用盘左、盘右两个位置分别照准 A 点,倒镜后则十字丝中心分别位于 B_1、B_2(图 11-20),取其平均值为 B' 点,则 $AO'B'$ 在一直线上。

2. 测角归化法

在图 11-21 中,设已知点 A、B 间的长度为 L,现要求在距 A 点距离为 S_1 的地方放样 P 点,使 A、P、B 在一条直线上。经纬仪架设在过渡点 P' 上测量 $\angle AP'B=\gamma$,然后利用 γ 角计算归化值 ε。

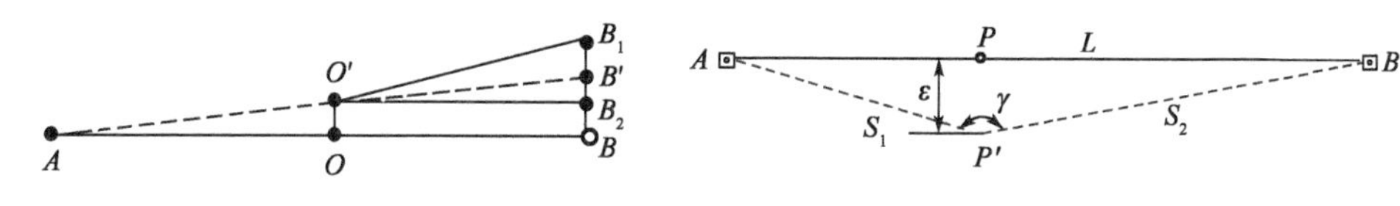

图 11-20　正倒镜投点法　　　图 11-21　测角归化法

$\triangle ABP'$ 的面积可由下式计算:

$$\frac{1}{2}S_1\cdot S_2\cdot\sin\gamma=\frac{1}{2}\varepsilon\cdot L \tag{11-12}$$

由此:

$$\varepsilon=\frac{S_1S_2\sin\gamma}{L}=\frac{S_1S_2\sin(180°-\gamma)}{L} \tag{11-13}$$

如果 $\gamma\approx180°$,则 $\Delta\gamma=180°-\gamma$ 是小角,所以:

$$\varepsilon=\frac{S_1\cdot S_2\cdot\sin\Delta\gamma}{L}\approx\frac{S_1S_2}{L}\cdot\frac{\Delta\gamma}{\rho} \tag{11-14}$$

由测角误差 m_γ 引起归化值的误差为：

$$m_{P'} = \frac{S_1 S_2}{L} \cdot \frac{m_\gamma}{\rho} \tag{11-15}$$

三、坡度线的直线测设

在场地平整、排水管道敷设、修筑道路等工程中，经常要测设已设计的坡度线。如图11-22所示，A 和 B 为设计坡度线的两端点，A、B 点间的平距为 D_{AB}，若已知 A 点高程为 H_A，设计坡度为 i_{AB}，则可求出 B 点的设计高程为

$$H_B = H_A - i_{AB} D_{AB} \tag{11-16}$$

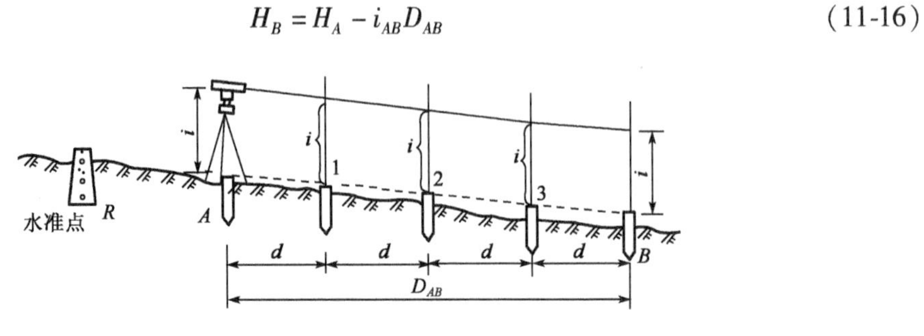

图11-22　坡度线的测设

为了控制施工质量，每隔一定距离 d(一般取 $d = 10\text{m}$)钉一木桩，测设方法一般用水准仪(若地面坡度较大，亦可用全站仪)进行，其测设步骤如下：

(1)根据附近水准点的高程将设计坡度线两端点的设计高程 H_A、H_B 测设于实地上，并钉设木桩。

(2)将水准仪(或全站仪)安置在 A 点上并量取仪器高 i，水准仪安置时使某两个脚螺旋的联线大致与 AB 方向线垂直，另一个脚螺旋则位于 AB 方向线上。

(3)旋转 AB 方向上的水准仪脚螺旋和微倾螺旋，使水准仪视线在 B 点标尺上所截取的读数等于仪器高 i。此时水准仪的倾斜视线与设计坡度线平行，当中间各桩点1、2、3上的标尺读数也都为 i 时，各桩顶的连线就是要测设的设计坡度线。

若各桩顶的标尺实际读数为 $b_i(i = 1,2,3)$，则各桩的填挖高度 h 可按下式计算：

$$h = i - b_i \tag{11-17}$$

由上式可知：当 $i = b_i$ 时，不填不挖；当 $i > b_i$ 时，h 值为挖深量；当 $i < b_i$ 时，h 值为填高量。

思考题与习题

1. 名词解释：测设(放样)，归化法放样，外插定线，内插定线。
2. 测设中的基本工作有哪些？施工放样的程序是什么？
3. 测设平面点位的方法有哪些？各适用于什么场合？

4. 放样高程的方法有哪些？在深基坑或高楼施工时，通常采用什么方法传递高程？

5. 直线的放样方法有哪些？坡度线的测设应注意什么问题？

6. 举例说明归化法放样与一般放样的差异。

7. 已知控制点 A、B 和待测设点 P 的坐标为 $A(725.680,480.640)$、$B(515.980,985.280)$、$P(1054.052,937.984)$，若采用极坐标法测设 P 点。

(1)试计算测设数据。

(2)试述极坐标法测设 P 点的步骤。

第十二章
地质勘探工程测量

【本章提要】

本章主要介绍勘探工程测量、地质剖面测量和地质填图测量的内容和方法。

【学习要求】

通过本章的学习,应掌握勘探工程测量、地质剖面测量、地质填图测量的内容和方法,能够服务于地质调查、地质勘探。

地质勘探通常是为了详细查明地下矿产资源,确定矿产的位置、产状、品位和储量等所进行的地质普查和勘察等工作。在进行勘探工程时所进行的测量工作,称为地质勘探工程测量。地质勘探工程测量的主要内容有:勘探工程测量、地质剖面测量和地质填图测量,其主要任务是:

(1)为地质勘探工程设计提供控制测量成果和各种比例尺地形图等基础测绘资料;

(2)根据地质勘探的设计在实地对工程进行定位、定线,并测出已施工完毕工程点的坐标和高程;

(3)为研究地层构造、编写地质报告和储量计算提供有关的测绘数据和资料。

第一节　勘探工程测量

一、勘探线、勘探网的测设

在地质勘探中,通常把各种勘探工程(探槽、探井、钻孔和坑道等)沿着一定的直线方向布设,布设的这些直线叫做勘探线,有时勘探线又构成一定形状的网格,叫做勘探网。勘探线、勘探网的设计必须由地质人员通过现场实地踏勘后,依据地形条件和矿体走向来确定。

1. 勘探线、勘探网的布设

勘探线、勘探网布设的密度和大小一般根据矿床的类型与储量而定。通常把勘探线布设成一组间距相等且与矿体走向基本垂直的平行线,勘探线的间距(又称线距)一般在 20 ~ 1000m 之间取 10m 的整倍数,在勘探线上的工程点间距(又称点距)一般也是按矿体储量和矿体倾角的变化而定。

勘探网是由两组相交的勘探线组成,一般有正方形、菱形和矩形等三种形式,如图 12-1 所示。为了控制勘探线和勘探网的测设精度,亦须遵循由整体到局部的测量工作程序。首先沿矿体走向布设一条"基线",然后在此基础上布设其他勘探线。如图 12-2 所示,M、N 为基线,P 为基点,A、B、C、D 为已知的国家控制点,一般基线两端 MN 应与控制点连接。勘探基线的选择可由矿区已有测绘资料来定,当有矿区地形图时,地质人员可在图上确定勘探线的位置和方向,并拟定勘探工程的位置,测绘人员以此设计要求就可在实地测设勘探网。对于新建矿区,地质人员可在实地选择某一工程点或矿体露头点作为勘探网的基点,并给出勘探线的方位和间距,此时测绘人员可以以选定的基点为基础,沿指定的基线方向测量勘探基线,该基线就是布设勘探网的基础。

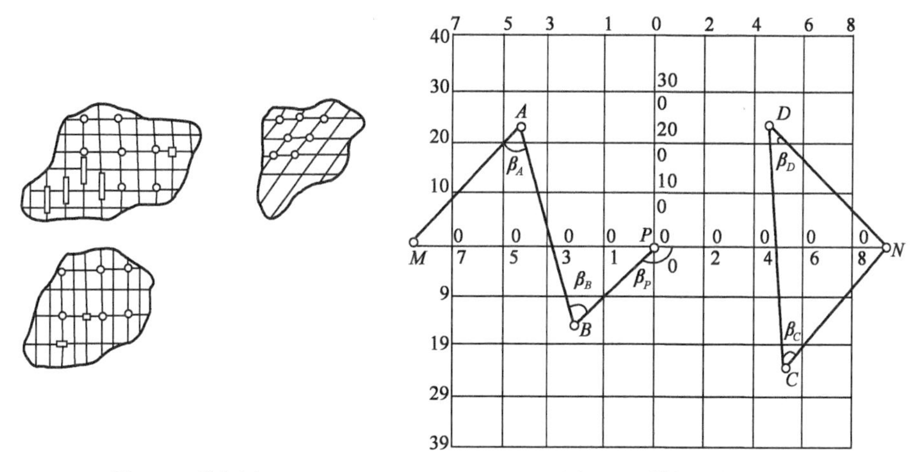

图 12-1　勘探网　　　　图 12-2　勘探网布设

勘探网的编号通常以分数形式表示,分母代表线号,分子代表点号。以通过基点 P 的零号勘探线为界,左边的勘探线用奇数号表示,右边的则用偶数号表示;以基线为界,以北的点用偶数号,以南的点用奇数号表示。如在基线上 P 点两侧按设计的勘探线距定出点有:$\frac{0}{2}$、$\frac{0}{4}$、

$\frac{0}{6}$、$\frac{0}{8}$及$\frac{0}{1}$、$\frac{0}{3}$、$\frac{0}{5}$、$\frac{0}{7}$等。

2. 勘探线、勘探网的测设

(1)勘探基线的测设

如图 11-2 所示,A、B、C、D 为已知控制点。首先根据图上设计的 M、N、P 点和已知控制点坐标,可利用全站仪或 GNSS-RTK 测量方法将欲定点 M、N、P 测设于实地。

当基线两端点 M、N 和基点 P 初步确定后,应检查三点是否在一条直线上,一般是将全站仪安置在其中任一点上进行检查(或利用 GNSS-RTK 放样模式检查或重新采集数据)。如果误差在允许范围内,则在基线两端点 M、N 埋设标石。然后重新测定其坐标,求出它们与设计坐标的差值,若误差在允许范围内,可取平均值作为最终坐标。否则应进行检查,必要时应重新施测。此时 M 或 N 点的实测坐标值便可作为勘探网坐标计算的起算数据,从而算出勘探网中各交叉点的设计坐标,然后就可向四周布设勘探线。

(2)勘探线、勘探网的测设

勘探基线测定以后,就可进行勘探网(线)的测设,而勘探线、勘探网的测设就是将基线与勘探线上的工程点测设于实地。常规的测设方法主要有:交会法、直角坐标法(测线法)以及极坐标法等或直接采用 GNSS-RTK 的放样模式,其具体测设方法及步骤可参见第十一章。但无论采用何种方法,在测设过程中应随时与测量控制点进行联测,以便检核。

(3)高程测量

基线端点和基点的高程,一般应在点位测设于实地后,用 GNSS-RTK 或三角高程方法与平面位置同时测定。实际高程与设计高程如在规定限差之内,取其平均值即可,否则应查找原因。勘探线、勘探网高程的测定,也可采用水准测量的方法进行,并布置成闭合或附合路线,以便于检核。

以上只是一般常规测设工作,随着精度较高的现代测绘仪器(如全站仪、GNSS-RTK)的普及应用,勘探网的测设也可以根据勘探区域情况不再布设控制基线,只在勘探区已有控制点的基础上,直接均匀布设一些加密控制点,用全站仪或 GNSS-RTK 直接将勘探工程点测设到实地,这样不仅能满足精度要求、提高作业效率,而且可大大降低劳动强度。

二、物(化)探网的布设

物(化)探工程也是进行矿产资源勘查的一种重要的方法,其目的是用物(化)探手段(磁法、电法、重力和地震等)探测地球本身的某些物理(化学)特性,研究地质现象,为工程或探矿提供资料。物(化)探工程测量就是将设计好的物探网施测到实地上,或将地面上已布设的物探网与国家控制点联测并绘制到地形图上,由此可见在用物(化)探等方法找矿时,都是在预先测设的物探网的基础上进行的。物探网也是由基线和测线组成的,如图 12-3 所示。

物探网是由若干互相平行测线和测线上一些等距或不等距的测点组成的,它的基线布设必须平行于矿体的异常轴走向,测线与基线垂直,沿基线按线距布置的一系列的点叫基点,测点与测点的间距称为点距,测线与测线的间距称为线距。物探网的密度通常以线距乘点距来表示,如线距为 50m,点距为 20m,则该测网的密度为“50 × 20”。

布设物探网的程序是先将设计的基线测设到实地上,并以规定的间距定出各基点位置,然后在基点上测设测线,并以规定点距定出各测点位置,其具体做法与勘探网的布设基本相同。

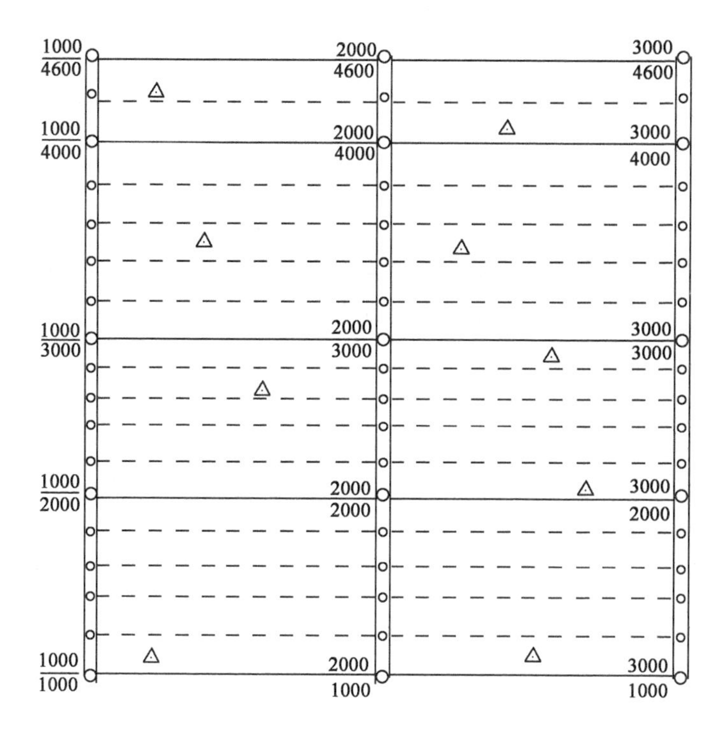

图 12-3 物探网

三、钻孔、探井及探槽等勘探工程定位测量

钻孔、探井及探槽等勘探工程测量都是为确定具体矿产情况而进行的一种重要的勘探手段,如通过钻探来获得矿体的深度、厚度、范围、产状及其变化等储存情况,通过布设探井及探槽等来了解矿区的地质现象。

1. 钻孔测量

钻孔是通过打钻(图 12-4),把地下岩芯(如煤芯)取出来,作为观察分析的资料。钻探是勘探阶级的主要手段,它一般布设在勘探线上,其密度随着矿床种类和储存情况的不同而不同,钻孔的位置一般由地质人员、钻探技术人员和测量人员共同研究决定。根据钻孔测量的要求,钻孔测量的内容包括:初测、复测和定测。

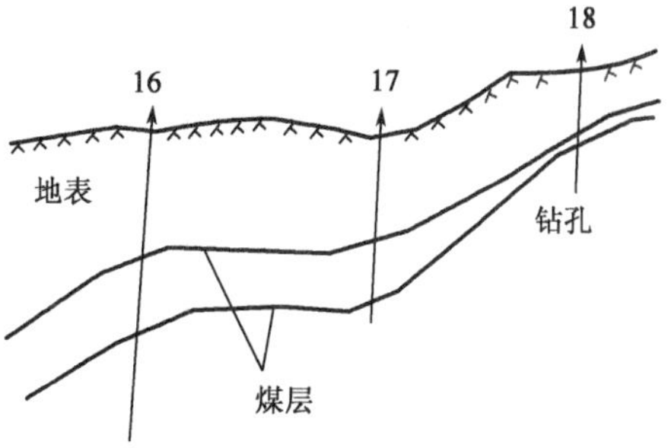

18
16
17
地表
钻孔
煤层

图 12-4 钻孔测量

(1)钻孔初测

钻孔初测就是根据钻孔的设计坐标,从附近的控制点,利用全站仪或 GNSS-RTK 测量即可将钻孔孔位测设于实地上。如受地形限制,钻孔位置也可适当移动一段距离,最后确定孔位,并设置标志。因其标志在钻探时易被破坏,通常还要设立校正点。

(2)钻孔复测

钻孔复测就是在平整机台后检查校正孔位,因钻孔的初测位置标志常被破坏,为了安装钻机,必须在平整后的机场平台恢复钻孔位置。钻孔位置的恢复一般用初测时设立的校正点进行恢复。

(3)钻孔定测

钻孔定测就是钻探完毕封孔后测定孔径的坐标,以便编制各种图件和计算储量。钻孔位置以封孔标石中心或套管中心为准,钻孔坐标的测定,可利用全站仪或 GNSS-RTK 测量等方法测定。

定测工作非常重要。如果把钻孔位置定错,会直接影响到地质资料的正确性。如果把穿过透水层、封孔质量又不好的钻孔位置定错,在将来的巷道掘进中遇到这种钻孔时就可能导致严重的透水事故,故应特别注意。所以钻孔测量的精度要求高于探井及探槽等勘探工程测量。

2. 探井、探槽测量

探井、探槽等都属于轻型山地工程,主要作用是揭露覆盖地区的地质现象,其测量工作一般包括初测和定测两个步骤。其作业方法同钻孔测设基本一样,首先在初测阶段把设计的探井、探槽测设于实地。当探槽较长时,一般还要求测设探槽两端点的位置。定测阶段是在探井、探槽等施工完毕后,测定其位置与高程,并将其标到图上。

第二节　地质剖面测量

为了解矿区的地质情况,如岩性特征、岩层的厚度以及地质构造等情况,一般都要进行地质剖面测量,尤其是在勘探后期,为了更好地掌握工程间相互关系和矿体变化,应进行剖面测量。地质剖面测量,通常是沿着给定方向(通常是勘察线方向)精测剖面,以测出该方向线上的地形特征点、地物点、工程点、地质点以及剖面控制点的平面位置及高程,然后按一定的比例尺绘制出剖面图。如果剖面图精度要求不高,也可在已有的地形地质图上直接切绘,其方法见第九章。

地质剖面测量的步骤和内容一般为:首先进行剖面定线,建立剖面线上的起讫点和转点,同时为了保证地质剖面测量的精度,还要在其间加密布设剖面控制点,以保证测量精度,然后进行剖面点测量,最后绘制成地质剖面图。

一、剖面定线

剖面定线的目的是定出剖面线的方向和位置,并定出剖面线的两端点的位置,具体分两种情况。

(1)如果剖面线是由地质人员根据设计资料并结合实地情况确定的,那么确定后的剖面线端点的坐标和高程由测量人员借助测量仪器用一定的测量方法与附近控制点联测来确定。

(2)如果剖面线端点是地质人员在地质图上设计的,则测量人员可根据附近控制点的坐标和端点的设计坐标,利用全站仪或 GNSS 在附近控制点上进行测设,从而确定剖面线端点在实地的位置,并埋设标志。采用全站仪测设时,如果两端点之间距离过长或不通视,为了保证地质剖面测量的精度,还须在剖面线上适当位置增设控制点和转点。另外也可以将建立勘查基线时所设计的地质剖面线间距的交叉点,作为剖面起始点。

二、剖面控制测量

根据剖面的比例尺及剖面线的长度，在剖面线中间尚需布设若干个剖面控制点（又称剖控点），以满足剖面点测量的需要。剖面控制点的布设根据地形条件可采取以下不同的方法：

（1）在地形起伏不大、通视良好的地区，可将全站仪架设在任一端点上，经对中、整平、定向后，在此剖面线上找出欲定剖面控制点的位置（或采用 GNSS-RTK 直接测定），并设标志；然后，用测定端点的方法测定其坐标和高程，并同时计算出剖控点至剖面端点以及剖控点之间的水平距离及高差。

（2）在地形起伏较大、通视不良的地区，可依据图上的设计坐标，用极坐标法或交会法等方法将剖控点测设于地面上，然后再测定其坐标及高程。

一般剖控点的测设也可与剖面定线同时进行。对未建立控制网地区，可先进行剖面测量，待控制网点建立后，再测端点及剖面控制点的坐标和高程。

三、剖面点测量

由于全站仪的普及使用，剖面点测量的方法在很大程度上不再受地形条件和测图比例尺的限制。其施测方法是首先将仪器架设在剖面端点上，对中、整平后，瞄准剖面另一端点或剖面线中任一控制点；然后，沿剖面线测出地形坡度变换点、工程地质点、地物点以及地质界限点的水平距离和高程。当前一测站的测量工作结束后，立即选定下一个测站点，选测站要注意前进方向线上视线开阔（采用 GNSS 则无此要求），一般剖面测量可与测设测站点同时进行。测定测站的距离及高差须往返观测。剖面点的密度，取决于剖面比例尺、地形条件和必要的地质点，一般是剖面图上距离约 1cm 左右测量一剖面点。

由剖面的一端点测量到另一端点时，应及时检查水平距离及高程是否与已知值相符，其差值是否超限或有无错误。否则应进行检查并补测或重测。

利用 GNSS-RTK 测量时，直接测定地形坡度变换点、工程地质点、地物点以及地质界限点的坐标和高程即可。

四、剖面图的绘制

一般在绘制剖面图前，应先检查和整理观测手簿记录。根据观测成果，求出剖面线上各控制点、测站点、地形地物点、地质工程点、地质点到起始端点的水平距离，并求出其高程。

其绘制方法是：在水平面上，按规定的比例尺，根据剖面线上各点与起始端点的水平距离，在水平向上展绘出各点；然后在各点的垂直方向上，按高程与选定的垂直比例尺，展绘出各点的位置；最后以圆滑的曲线连接之，即得地形剖面图，如图 12-5 所示。

在剖面图上，一般应将地质工程点、主要地质点编号，在剖面的左右两端应注明剖面线的方位角，在剖面图的下面标出剖面线和坐标线交点的位置，并注记其相应的坐标值。剖面图绘制完成后，还应在其最下面绘制出与剖面比例尺相同的平面图，剖面图上的工程点、主要地质点、剖面端点等可直接投影到平面图上，并注记编号；最后，写明剖面图名称、编号、比例尺、绘制日期，并绘出图例、图廓线。

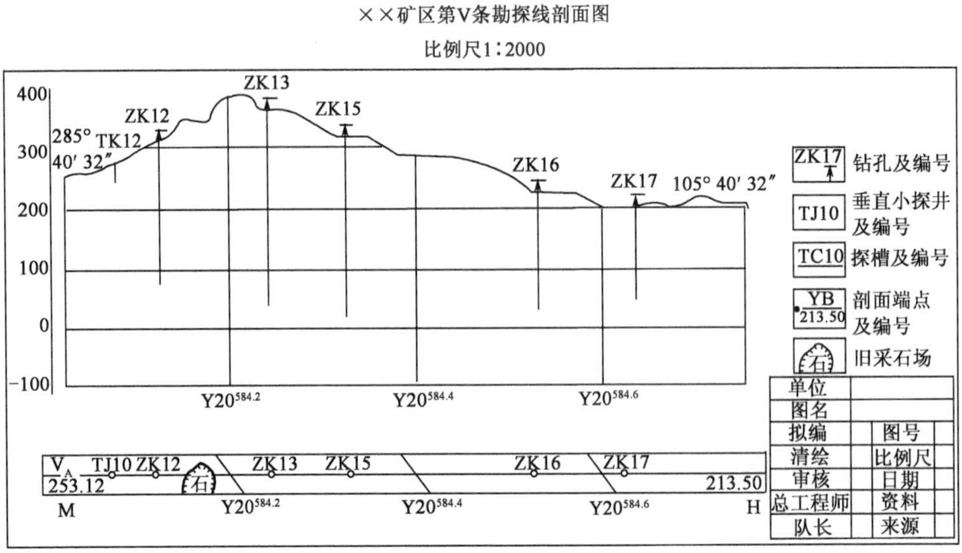

××矿区第V条勘探线剖面图

比例尺1∶2000

图 12-5 剖面图

第三节 地质填图测量

一、概述

地质填图一般是在地质勘探阶段,为了详细地查清地面地质情况,为下一步的勘探工作提供可靠的基础资料和依据而进行的一项测量工作。

将矿体的分布范围及品位变化情况、围岩的岩性及地层的划分、矿区的地质构造类型以及水文地质情况等填绘到图上,即地质填图。这类地质图可用作地质综合分析,正确解释成矿的地质条件及矿床类型,为矿区的勘探工程设计及最后的矿产储量计算提供资料和依据。地质填图是以相应比例尺的地形图作为底图,一般在大比例尺的地形图上进行的。为保证填图精度,地形图比例尺应比地质图比例尺大一倍。

填图的比例尺还应依矿床的具体情况而定。若矿床的生成条件较简单、产状较有规律(如沉积矿床)、规模较大、品位变化较小,则采用的填图比例尺就较小;反之,就应较大。勘探阶段的地质填图比例尺,通常用 1:10000、1:5000、1:1000 等几种比例尺地形图。对于煤、铁等沉积矿床,通常用 1:10000 和 1:5000 的地形图;对于铜、铅、锌等有色金属的内生矿床,通常采用 1:2000 和 1:1000 的地形图;对于某些稀有金属矿床,还可采用更大的比例尺的地形图,如 1:500比例尺地形图。

无论采用何种比例尺地形图进行地质填图,其基本工作都是从地质观察点做起,然后根据地质点来描绘各种岩层和矿体的界线,用规定的地质符号填绘到图上而最后制成所需的地质图。

综上所述,地质填图测量包括地质点测量及地质界线测量两个内容,其中的地质点测量是基本的测量工作。

二、地质点测量

地质点包括露头点、构造点、岩体、矿体界线点、水文点、重砂取样点等。一般地质人员在野外确定地质点的位置,注记编号后,测绘人员就可将地质点测绘到相应比例尺的地形图上。有了这种地形图,地质人员便可根据地质点描绘各种岩层和矿体的界线,填绘各种地质符号,最后就可制成地质图了。因此,地质点测量是地质填图测量中的一项基本工作。

测定地质点前一般应取得作为底图的地形图及地质点分布图、控制点等的资料,并对控制点进行图上对照检查,拟定出工作实施计划。数据采集时,将全站仪安置在一个测站点上,对中、整平后,以另一控制点定向;然后量测各地质点的水平角、水平距离及高程或直接获得地质点的坐标。这一方法与地形测量中的碎部测量相同。

在测区内,应有足够的控制点作为测站点,且在进行地质点测量时,充分利用填图区域已有的控制点,如果控制点不足,应加以补充。

条件许可的话,也可采用 GNSS-RTK 测量则直接可获取其地质点坐标,其数据采集方法可参见第六章第三节。

三、矿体及岩层界线的圈定

在测定地质点的基础上,根据矿体及岩层的产状与实际地形的关系,将同类地质界线点连接起来,并在其变换处适当加密测点,以保证界线位置的正确。所有地质点的位置,均应由地质人员选定,由测量人员在实地测绘。地质界线的圈定,由地质人员在现场进行,也可根据野外记录在室内完成。图 12-6是用地形图作为底图施测的部分地质界线。图中 SQ 为志留纪石英岩,SB 为志留纪石英斑岩。

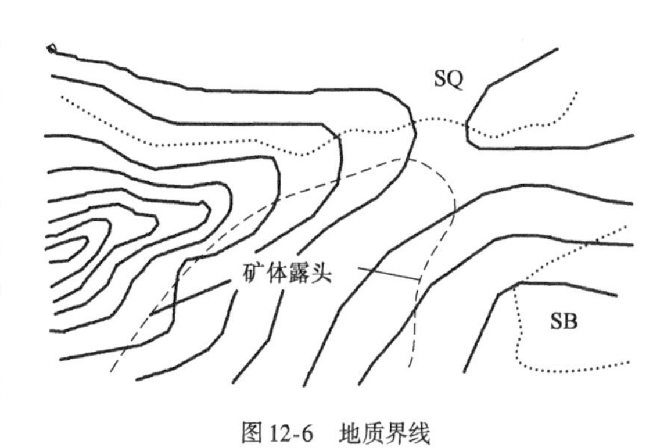

图 12-6　地质界线

思考题与习题

1. 勘探网是如何组成和布设的?

2. 勘探工程测量中什么是初测、复测和定测?

3. 试述地质勘探剖面测量的基本内容和方法。

4. 在某勘探工程中需要布设一钻孔,其设计坐标为 $X_P=3156766\text{m}$,$Y_P=21626360$,已知该钻孔点附近有测量控制点 A、B,其坐标为:$X_A=3156266\text{m}$,$Y_A=21626160$,$X_B=3156216\text{m}$,$Y_B=21626760$。试求测设钻孔点 P 所需的测设数据。

5. 试述地质填图测量的工作程序及内容。

第十三章
建筑施工测量

【本章提要】

本章主要介绍施工测量的目的、内容、特点、原则以及精度要求；建筑施工控制测量、施工测量和竣工测量的主要内容和方法。

【学习要求】

通过本章学习，应熟知施工测量的目的、内容、特点、原则以及精度要求，掌握建筑施工控制测量、施工测量和竣工测量的主要内容和方法。

第一节　概　　述

一、施工测量的目的和内容

每项工程都要经过勘测、设计、施工、竣工验收等阶段。在勘测阶段，测量工作主要是测绘建筑场地的地形图，为工程设计提供地形信息。工程设计完成后，就要进行施工测量。施工测量即把图纸上的设计方案测设到施工场地上的测量工作，施工测量的目的就是为工程施工打下良好的基础。施工测量贯穿于施工的全过程，施工测量的质量直接决定工程的质量，所以施工测量必须严格按照有关规范要求进行。

在施工前,首先要建立施工控制网,然后以施工控制网为基础,将设计好的建(构)筑物的平面位置和高程,按设计要求标定在实地。在施工过程中,施工测量要适时提供建(构)筑物的施工方向、高程和平面位置;同时,还要不断地检查建(构)筑物的施工是否符合设计要求,随时给出纠正和修改数据。施工结束后,还要进行竣工测量,编绘建筑工程的竣工图,以备今后管理、维修、改建、扩建时使用。高层建筑物和特殊建筑物,在施工期间和工程完成后,还应进行变形测量,以保证施工安全和积累资料,掌握变形规律,为今后建(构)筑物的使用和维护提供资料。

二、施工测量的特点

与测绘地形图工作相比,施工测量具有如下特点:

(1)目的不同。测图工作是将地面上的地物、地貌测绘到图纸上,而施工测量是将图纸上设计的建(构)筑物测设到实地。

(2)精度要求不同。施工测量的精度要求取决于工程的性质、规模、材料、施工方法等因素。此外,由于建(构)筑物的各部位相对位置关系的精度要求较高,因而工程的细部放样精度要求不一定低于整体放样精度。

(3)施工测量工序与工程施工工序密切相关。某项工序还没有开工,就不能进行该项目的施工测量。

(4)受施工干扰。施工场地上工种多、交叉作业频繁,并要填、挖大量土石方,地面变动很大,又有车辆等机械振动,因此各种测量标志必须埋设稳固且在不易破坏的位置。还应做到妥善保护控制点,经常检查,如有破坏及时恢复。

三、施工测量的原则

与测绘地形图一样,施工测量也应遵循"由整体到局部,先控制后细部"的原则,即先在施工现场建立统一的施工控制网,然后以此为基础,测设出各个建筑物和构筑物的细部位置。这样可以减少误差累积,保证测设精度,避免因建筑物众多而引起测设工作的混乱。

此外,施工测量责任重大,稍有差错就会酿成工程事故,造成重大损失。因此,必须加强外业和内业的检核工作。

四、施工测量的精度

工程建设中,施工测量的精度取决于工程的性质、规模、材料、施工方法等因素。因此,施工测量的精度应由工程设计人员提出的建筑限差(即建筑物竣工时实际尺寸相对于设计尺寸的允许偏差,亦称建筑限差)或工程施工规范来确定。建筑限差一般是指工程竣工后的最低精度要求,它应理解为允许误差。

工程竣工后的中误差由测量中误差和施工中误差组成,而测量中误差又由控制测量中误差和细部放样中误差两部分组成。上述各种误差之间的相互匹配要根据施工现场条件来确定,并以每一项作业工序的"难易度、成本比"大致相等为准则,既要保证工程质量,又要节省人力、物力。一般来说,测量精度要比施工精度高。

为了保证质量,我国许多行业主管部门都制订了相应的行业测量规范,如《水利水电工程施工测量规范》(SL 52—2015)、《既有铁路测量技术规则》(TBJ 105—1988)、《公路勘测规范》

(JTG C10—2007)、《冶金建筑安装工程施工测量规范》(YBJ 212—1988)等,国家标准有《工程测量标准》(GB 50026—2020)。具体工程的各项精度要求,如规范中有规定,则参照执行;如果没有规定则由设计、测量、施工以及构件制作相关技术人员协商决定。

第二节　建筑施工控制测量

一、施工控制网特点

建筑施工控制测量是建筑施工测量的基础,其主要任务是建立施工控制网。在工程建筑物的规划设计阶段所建立的控制网,一般是从测图方面考虑的,不太适应施工放样的需要,其点位的分布、密度和精度方面均不能满足施工放样的要求。因此,在工程施工之前,一般需要建立施工控制网,作为工程建筑物施工测量的依据。

施工控制网相对于测图控制网而言,具有下列特点:

(1)控制范围小,控制点的密度大,精度要求高,使用频繁。

(2)受施工干扰大。

工程建设的现代化施工,通常采用平行交叉的作业方法,这样就使得工地上各种建筑物的施工高度有时相差十分悬殊,因而妨碍了控制点之间的通视。另外,施工机械到处停放也阻挡了视线。因此施工测量受施工干扰大。

(3)施工控制网的等级宜采用两级布设。

在工程建设中,各建筑物轴线相互之间的关系,比之它们的细部相对于各自轴线的精度要求来说,其精度要低得多。因此在布设建筑施工控制网时,采用两级布网方案是比较合适的,但下级网的精度不一定比上级网的精度低。

(4)投影面的选择应满足"按控制点坐标反算的两点间长度与实地两点间长度之差尽可能小"的要求。

施工控制网中的距离通常不是投影到大地水准面而是投影到特定的平面上。例如,工业建设场地的施工控制网投影到厂区的平均高程面上;城市控制网投影到城市平均高程面上;也有的工程要求投影到精度要求最高的平面上。

(5)施工控制网的点位布设和精度常有特定要求。

点位布设要充分考虑施工放样的方便性。在精度上,并不要求网的精度均匀,而是要求保证某一特定方向或某几个点的相对位置的高精度。

(6)施工控制网常采用独立的建筑坐标系和高程系统。

建筑设计人员通常使用独立坐标系进行设计,其坐标原点一般选在建筑场地以外的西南角上,以使场地范围内点的坐标均为正值。独立坐标系的坐标轴平行或垂直于主轴线,使矩形建筑物相邻两点间的长度可以方便地由坐标差求得。同样,建筑物的间距也可由坐标差求得。这种坐标轴与建筑物主轴线成某种几何关系的平面直角坐标系称为建筑坐标系或施工坐标系。

当施工坐标系与测量坐标系不一致时,应进行坐标换算,其方法参见第一章有关内容。

二、建筑施工平面控制网的建立

建筑工程施工控制网分为平面施工控制网和高程施工控制网。根据工程项目的规模大小，平面施工控制网一般布设为建筑基线或建筑方格网形式，对于扩建或改建的建筑区及通视困难的场地，也可以布设导线网。采用建筑基线或建筑方格网便于使用直角坐标法测设。

高程施工控制网一般以按三、四等水准测量的精度布设。

1. 建筑基线

建筑基线是建筑场地的施工控制基准线，它适用于建筑设计总平面图布置比较简单的小型建筑场地。其布设形式根据建筑物的分布、场地地形等因素来确定，常见的形式有四种："一"字形、"L"字形、"T"字形和"十"字形，如图 13-1 所示。建筑基线的布设要求是：①主轴线应尽量位于场地中心，并与主要建筑物轴线平行，主轴线的定位点应不少于三个，以便相互检核；②基线点位应选在通视良好和不易被破坏的地方，且要设置成永久性控制点，如设置成混凝土桩或石桩。

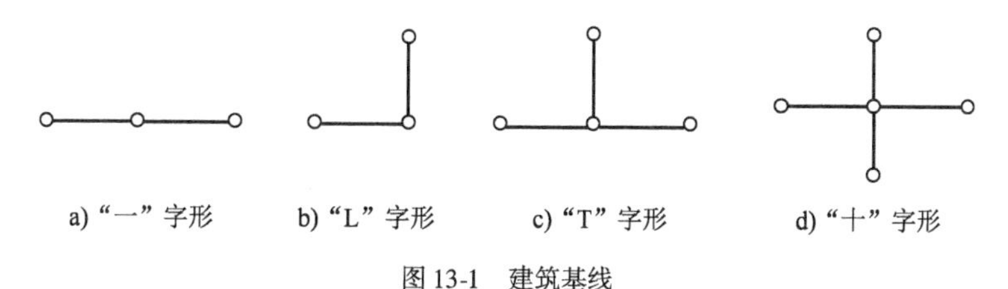

a) "一" 字形　b) "L" 字形　c) "T" 字形　d) "十" 字形

图 13-1　建筑基线

建筑基线的测设方法主要有以下两种：

(1) 根据建筑红线或中线测设。建筑红线也就是建筑用地的界定基准线，由城市测绘部门测定，可用作建筑基线测设的依据。一般采用直角坐标法测设出建筑基线。

(2) 利用测量控制点测设。利用建筑基线的设计坐标和附近已有测量控制点的坐标，按照极坐标测设方法计算出测设数据并进行测设。

2. 建筑方格网

在建筑场地上，各边组成方形或矩形格网且与拟建的建筑场轴线平行的施工控制网称为建筑方格网。建筑方格网是由格网的顶点组成的控制系统。

(1) 建筑方格网的布设及其主轴线的测设

建筑方格网一般是根据建筑设计总平面图并结合现场情况来布设。布网时应首先选定方格网的主轴线，建筑方格网的主轴线应考虑控制整个建筑场地，当场地较大时，主轴线可适当增加。由主轴线组成一级控制网，可采用"十"字形、"口"字形或"田"字形，然后再加密或扩展方格网。细部方格网是在一级控制网的基础上根据各工程建筑物施工放样的需要分期加密布设的，其形状和规格均不一样，主要以各工程建筑物施工放样使用方便为原则。

建筑方格网的图形应尽可能简单，其边长需按建筑方格网的不同用途和建筑物的分布情况来确定。

测设主轴线常用的方法有极坐标法和前方交会法。主轴线上的定位点一般不得少于 3 个，如图 13-2 所示，采用极坐标法测设出建筑方格网主轴线 AOB 上三点的概略位置，以 A'、O'、B'表示(图 13-3)。由于误差的存在，A'、O'、B'一般不在一条直线上，因此要在 O'点上安置精密全站仪,测出$\angle A'O'B'=\beta$。若直线角不满足180°±5″的要求,计算改正值ε[式(13-1)],并将其调整到一直线上。

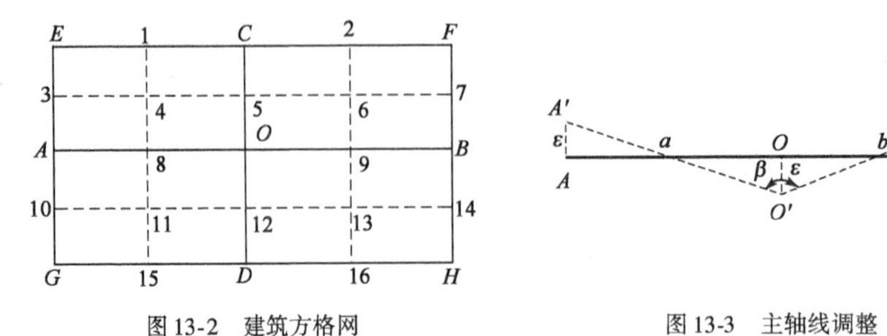

图13-2　建筑方格网

图13-3　主轴线调整

$$\varepsilon=\frac{ab(180^\circ-\beta)}{2(a+b)\rho} \tag{13-1}$$

如图13-2所示,在放样了主轴线AOB线后,仪器架于O点并旋转90°即可定出C、D,两轴线交角应满足90°±3″的要求。

(2)细部方格点放样

放样细部方格点的方法主要有直接法和归化法。

①直接法。如图13-2所示,主轴线AOB、COD经调整后,便可加密E、F、G、H各点。在A、C两点架设全站仪,后视O点,分别测设90°角,两方向线之交点即为E点。实量AE、CE边长进行检核。用同样方法可以交会F、G、H点。在建立了"田"字形方格网后,还需以此加密1～16各点。可在C点架设全站仪照准E点,按设计要求沿视线精密测距,即可定出点1。图中各细部格网点,如1、2、3、5、7、8、9、10、12、14、15、16各点,均可用直线内分法标定,而4、6、11、13各点又可用方向线交会法进行加密。

②归化法。如果建筑区对施工控制网的精度要求较高,则必须用归化法来建立方格网。首先按直接法放样各方格点。为了求得一大批方格点的精确坐标,可以采用任何一种控制测量方法如GNSS测量、三角测量、导线测量、交会法等,也可以联合应用几种方法来测量,然后通过严密平差精确计算出各点的实际坐标。将各点的实际坐标和设计坐标比较,求得各方格点的归化值,从而把各方格点归化到设计位置。

三、施工高程控制网的建立

高程控制网可分首级网和加密网,相应的水准点称为基本水准点和施工水准点。

1. 基本水准点

基本水准点应布设在不受施工影响、无震动、便于施测和能永久保存的地方,按三、四等水准测量的要求进行施测。为了便于检核和提高测量精度,场地高程控制网应布设成闭合环线、附合路线或结点网形。

2. 施工水准点

施工水准点用来直接放样建筑物的高程。为了放样方便和减少误差,施工水准点应靠近建筑物,通常可以采用建筑方格网点的标志桩加设圆头钉作为施工水准点。

为了放样方便,在建筑物附近,还要布设±0水准点[一般以底层建筑物的地坪标高(高程)为±0],其位置多选在较稳定的建筑物墙、柱的侧面,用红油漆绘成上顶为水平线的"▽"

形,其顶端表示 ±0 位置。

第三节　建筑施工测量

一、民用建筑施工测量

民用建筑工程一般指住宅、学校、医院等建筑物。有单层、低层(2～3 层)、多层(4～8 层)、高层(9 层以上)之分。由于建筑物类型不同,其施工测量方法及精度要求也有所不同,但总的放样过程基本相同,即建筑物定位、放线、建筑物基础施工测量、墙体施工测量等。本节着重介绍多层和高层民用建筑的施工测量。

1. 建筑物定位

建筑物定位就是根据施工控制网与拟建建筑物的关系将建筑物的轴线或轮廓点测设在地面上。如图 13-4 所示是根据施工导线Ⅱ、Ⅲ点用极坐标法测设房屋基础轴线 *AB* 的情况。全站仪设站于点Ⅱ,测设 β_1、D_1 以标定 *A* 点;然后设站于点Ⅲ,测设 β_2、D_2 以标定 *B* 点。然后以 *A* 点为准,精确测设 *AB* 的设计长度以校正 *B* 点位置。再分别安置仪器于 *A*、*B*,测设 90°角,在 *AD*、*BC* 线上精确测设 *AD*、*BC* 的设计长度以标定 *D*、*C* 点。检核∠*CDA*、∠*BCD* 是否等于 90°,不符值不应超过 ±40″;*DC* 的长度误差不应大于 1/5000。

考虑到在建筑物基槽开挖后,原测设的轴线桩都将被挖掉。为便于随时恢复点位,放样时要在轴线延长线上设置轴线控制桩(又称引桩),如图 13-5 所示。轴线控制桩应设在基槽开挖边界外 2～4m 处,每端不少于 2 个,对于小型建筑物也可采用龙门板法。

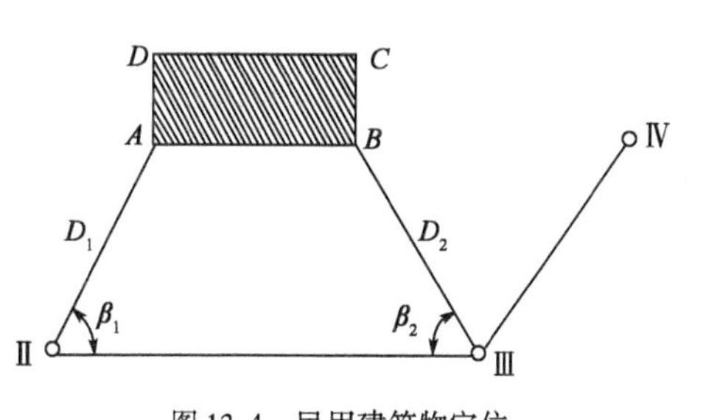

图 13-4　民用建筑物定位

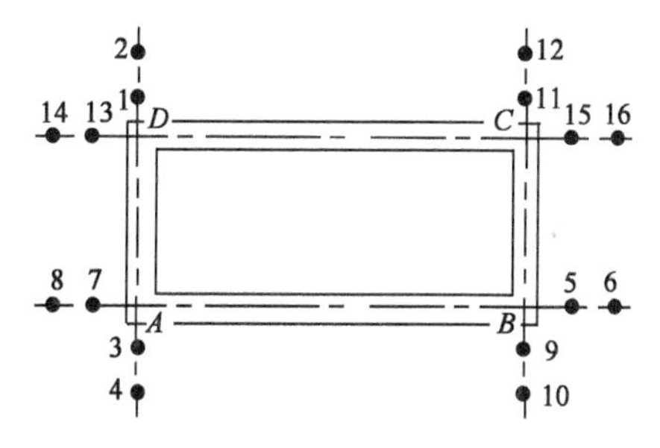

图 13-5　墙中线引桩

2. 基础施工测量

基础开挖前,要根据轴线控制桩的轴线位置、基础宽度、基础挖深和基槽坡度在地面上用白灰放出基槽的开挖线(也称基础开挖线)。

为了控制基槽开挖深度,当快挖到基底设计标高时,可用水准仪根据地面 ±0 水准点,在基槽壁上每隔 3～5m 及转角处测设一个腰桩(图 13-6),使桩的上表面离槽底的设计标高为整分米数(如 0.500m),以作为清理槽底和打基础垫层控制标高的依据,其测量限差一般为 ±10mm。若槽坑过深,可用第十一

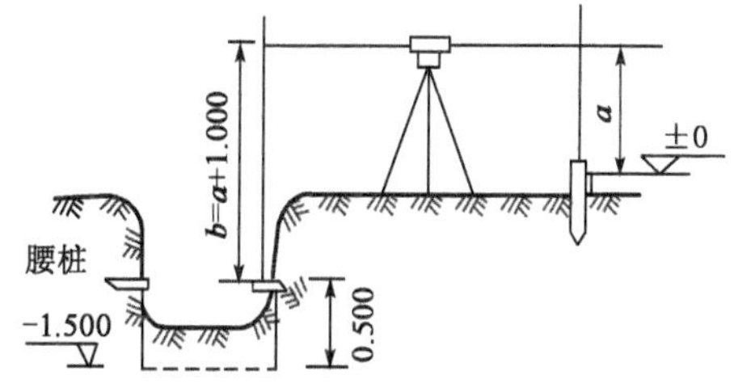

图 13-6　基槽腰桩测设(尺寸单位:m)

章的高程放样传递法施测。

在垫层浇灌之后,根据轴线控制桩,用仪器把轴线投测到垫层上去,然后在垫层上用墨线弹出墙中心线和基础边线,以便砌筑基础。

3. 楼层轴线投测

随着楼层不断升高,测量人员需将基础轴线精确地向上投测到各层上,使各层轴线严格一致。其垂直度偏差(或称竖向偏差)在本层内不得超过 ±5mm,全楼的累计偏差不得超过 $2H/10000$(H 为建筑物总高度),且应满足:$30\text{m} < H \leqslant 60\text{m}$ 时,不大于 10mm;$60\text{m} < H \leqslant 90\text{m}$ 时,不大于 15mm;$90\text{m} < H$ 时,不大于 20mm。

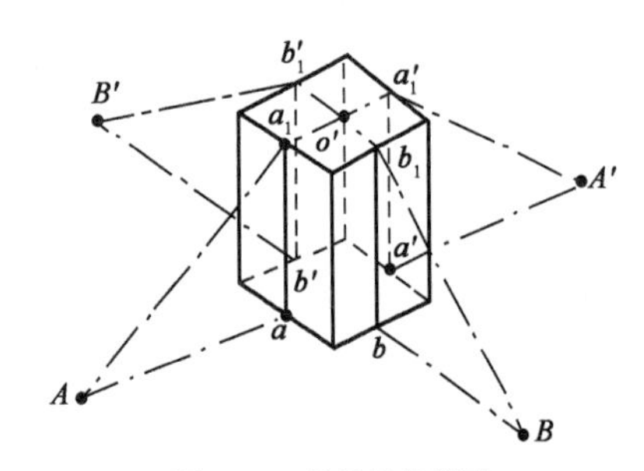

图 13-7　楼层轴线投测

投测轴线最简单的方法是在楼层轴线端点位置(楼板或柱边缘)悬吊垂球。

当楼层较多垂球投测困难时,可用经纬仪(全站仪)逐层投测中心轴线。如图 13-7 所示,将经纬仪(全站仪)分别安置在 A 轴和 B 轴的轴线桩 A、A'、B、B'上,用正倒镜投点法向上投测轴线到每层楼面上,取正倒镜平均位置作为该层中心轴线的投影点 a_1、a_1'、b_1、b_1',轴线a_1a_1'与轴线 b_1b_1'的交点 O'为该层中心点。此时轴线 a_1a_1'、b_1b_1'便是该层细部测设和施工的依据。同法,随着建筑物的不断升高,可逐层向上投测轴线。

二、工业厂房施工测量

工业厂房施工测量是在厂区控制网或厂房建筑方格网的基础上进行的,包括柱列轴线与柱基测设、柱子吊装测量、吊车梁及其轨道安装定位测量等。

1. 厂房柱列轴线和柱基的测设

(1)柱列轴线的测设

根据柱列中心线与厂房建筑方格网的尺寸关系,将各柱列中心线测设到建筑方格网的四条边线上,并钉设木桩,以小钉标明点位,如图 13-8 中 A、A'、B、B'、1、1′、…、15、15′等点,也称柱列轴线控制桩。

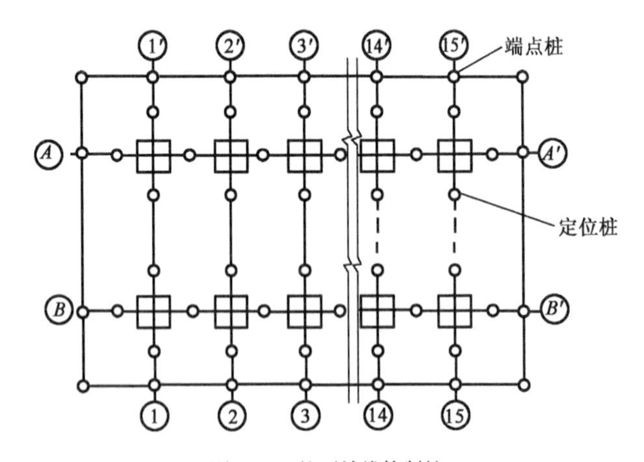

图 13-8　柱列轴线控制桩

(2)柱基的测设

以上述柱列轴线控制桩为依据,用两台经纬仪(全站仪)安置在两条互相垂直的柱列轴线控制桩上,沿轴线方向交会出每一个柱基中心的位置,并在柱基开挖范围外约0.5~1.0m处,沿轴线方向分别钉设两个小木桩,以小钉标明,作为基坑施工立模的依据,如图13-8所示。

(3)基坑的高程测设

当基坑挖到一定深度时,要在基坑四壁离坑底0.3~0.5m处测设几个腰桩(图13-9),作为基坑修坡和检查坑深的依据。此外,还应在基坑坑底测设垫层的标高,使桩顶高程恰好等于垫层的设计标高。

2. 柱子吊装测量

(1)柱子吊装应满足的要求

①柱子中心线必须对准柱列轴线,允许偏差为±5mm。

②柱身必须竖直,其全高竖向允许偏差为1/1000柱高,但不应超过20mm。

③牛腿面标高必须等于它的设计标高。柱高5m以下限差为±5mm,柱高5m以上限差为±8mm。

(2)吊装的准备工作

①弹出杯口定位线和柱子中心线。

根据轴线控制桩用全站仪将柱列轴线投测到杯形基础顶面上并画出定位线,当柱列轴线不通过柱子中心线时,应在杯口顶面加弹柱子中心定位线,并用红油漆画"▶"标志,如图13-10所示。另外,在柱子的三个侧面上应弹出柱中心线,并在每条线的上端和近杯口处用红油漆画"▶"标志,以作为校正时照准的标志。

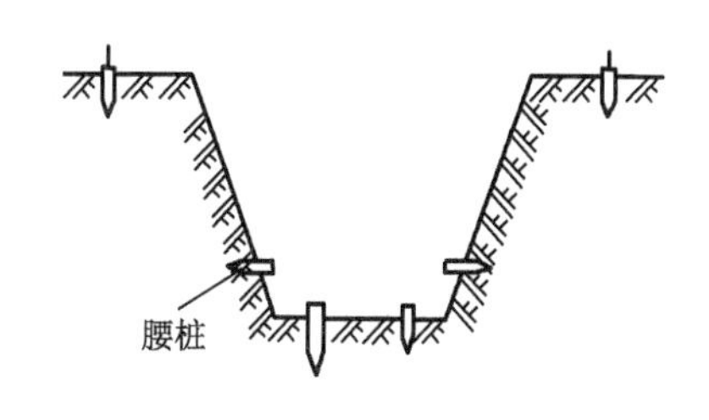

图13-9　基坑内的柱基定位

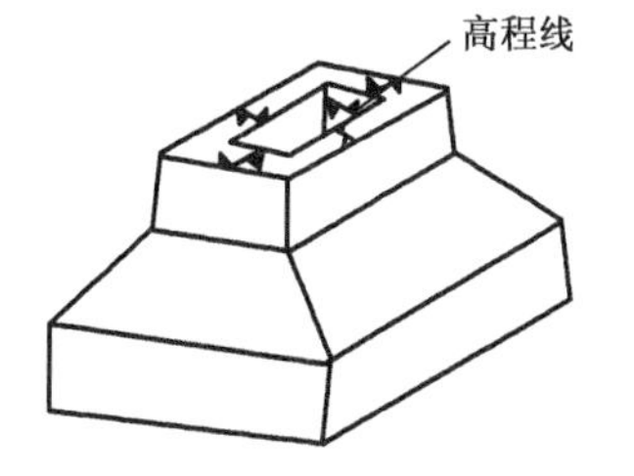

图13-10　杯口柱子定位线

②杯口内壁测设标高线。

在杯口内壁,可用水准仪测设一标高线,并画"▼"标志。该线至杯底设计标高为整分米数。

③柱身长度的检查与杯底找平。

检查柱身长度的目的是保证吊装后牛腿面标高等于其设计标高 H_2,由图13-11可知:

$$H_2 = H_1 + l \tag{13-2}$$

式中,H_1 为杯底设计标高;l 为柱底到牛腿面的设计长度。

由于柱子预制及杯底的施工误差,式(13-2)往往不能满足。为了保证牛腿面的标高等于设计标高,在浇筑基础时把杯形基础底面标高降低2~5cm,然后用钢尺从牛腿顶面(或从柱身上±0标志线)起,量出柱子四棱到柱底的实际长度,并与杯底的设计标高 H_1 相比较,得其差值,用1:2水泥砂浆在杯底进行填充找平,从而使牛腿面的标高符合设计要求。

(3)柱子吊装垂直度校正

柱子吊入杯口后,先使柱脚中心线与杯口定位轴线对齐,并在杯口处用木楔临时固定,然后在互相垂直的柱列轴线附近,距柱子约为柱高1.5倍的位置,安置两台经纬仪(全站仪)。先用经纬仪照准柱脚中心线,固定照准部后,逐渐抬高望远镜,检查柱体上部中线是否偏离视线,若有偏差,则指挥吊装人员予以调整,直到两个互相垂直的方向都符合要求为止,如图13-12所示。

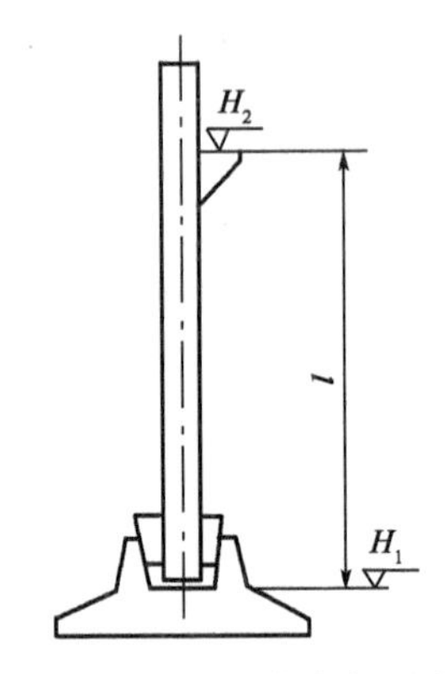

图13-11 牛腿、杯底高程图

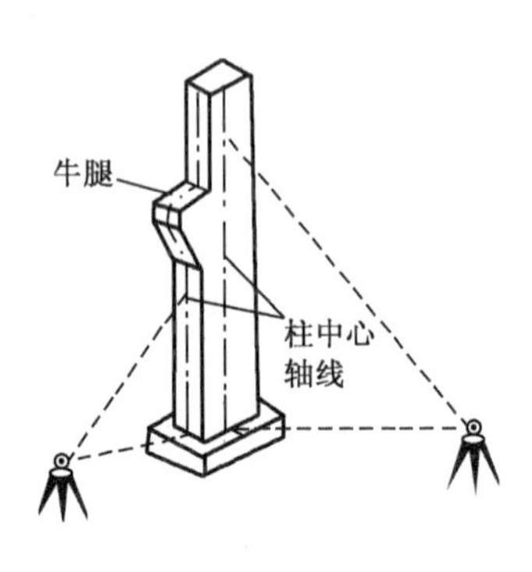

图13-12 柱子吊装时垂直度校正

应当注意,在校正变截面的柱子时,经纬仪(全站仪)必须安置在轴线上,以免发生差错。

柱子垂直度校正后,用水准仪检测柱身下部±0标志"▼"的标高是否正确。其误差即为牛腿面标高的误差,它是修平牛腿面或加垫块的依据。

3. 吊车梁的吊装测量

(1)吊车梁吊装应满足的要求

①梁面标高应与设计标高一致;

②梁的上下中心线应与吊车轨道中心线在同一竖直面内。

(2)吊装的准备工作

①在吊车梁顶面、吊车梁两端面上弹出中心线;

②将吊车轨道中心线投测到牛腿面上。如图13-13a)所示,利用厂房中心线A_1A_1,根据设计轨道跨距(图中设为$2d$)在地面上测设出吊车轨道中心线$A'A'$和$B'B'$。然后分别安置经纬仪于吊车轨道中心线的一个端点上,瞄准另一个端点,抬高望远镜,即可在每根柱子的牛腿面上用墨线弹出吊车轨道中心线。

(3)吊装吊车梁

吊装时,应使吊车梁端面中心线与牛腿面上的中心线对齐。随后,可用经纬仪或垂球吊线的方法进行吊车梁的竖直校正,即使梁的端面中心线上下端位于同一竖直面。

吊装完成之后,可将水准仪安置在吊车梁上检测梁面标高,每隔3m测一点,与设计标高之差值应小于±5mm,否则应在梁下用铁垫调整吊车梁的高度,使之符合要求。

4. 吊车轨道的安装测量

(1)轨道安装测量的要求

①每条轨道的中心线应是直线,轨道长18m,允许偏差±2mm;

②每隔 20m 检查一次跨距，与设计值校差，应小于 3 ~ 5mm；

③每隔 6m 检测一点轨顶标高，允许误差为 ±2mm；

④每根钢轨接头处各测一点标高，允许误差为 ±1mm。

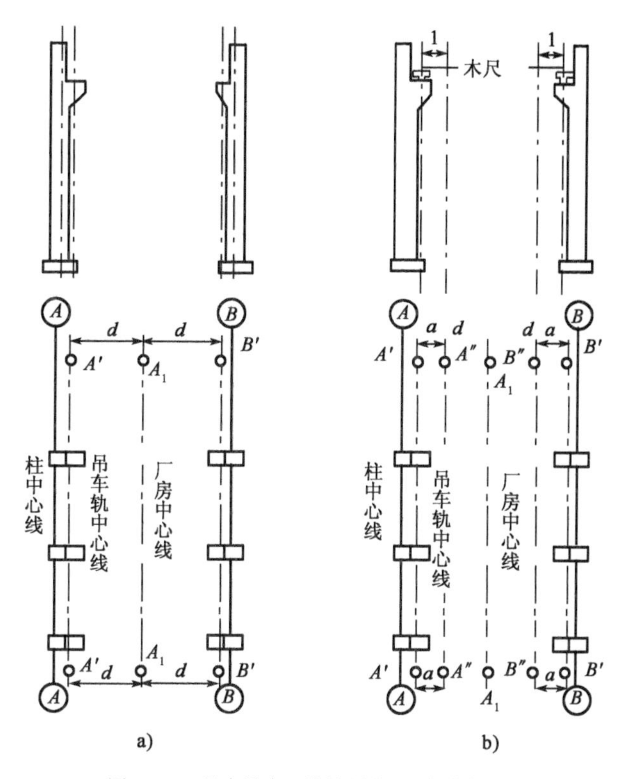

图 13-13　吊车梁中心线的测设(尺寸单位:m)

(2)准备工作

主要是对吊车梁上的吊车轨道中心线进行检测，这项工作常采用平行线法，如图 13-13b)所示。首先在地面上将吊车轨道中心线向厂房中心线量出 1m 得平行线 $A''A''$、$B''B''$，然后在一端点 A'' 上安置经纬仪，瞄准另一端点，固定照准部后，抬高望远镜投测；在梁上水平横放一标尺，当视线对准标尺上 1m 处的刻划线时，标尺的零点应对准吊车轨道中心线。若有误差应加以改正，并重新弹出墨线。

(3)安装吊车轨道

吊车轨道按校正后的梁上轨道中心线进行安装就位，然后用水准仪检测轨顶的标高，用钢尺检测跨距，用经纬仪检测轨道中心线，直至全部符合要求为止。

三、高层建筑物的施工测量

高层建筑一般是这样划分的：10 ~ 16 层为小高层；17 ~ 40 层为高层建筑；40 层以上为超高层建筑。

《高层建筑混凝土结构技术规程》(JGJ 3—2010)中对高层竖向轴线传递和高程传递的允许偏差均作了规定，见表 13-1。

高层竖向轴线传递和高程传递的允许偏差规定　　表 13-1

总高 H(m)	每层	$H \leqslant 30$	$30 < H \leqslant 60$	$60 < H \leqslant 90$	$90 < H \leqslant 120$	$120 < H \leqslant 150$	$H > 150$
允许偏差(mm)	3	5	10	15	20	25	30

高层建筑施工具有过程复杂、难度大、施工空间有限、多工种交叉等特点,施工测量的各阶段测量工作必须与施工同步且要服从整个施工的计划和进程。高层建筑施工测量中的主要问题是控制竖向偏差,也就是各层轴线如何精确地向上引测的问题。

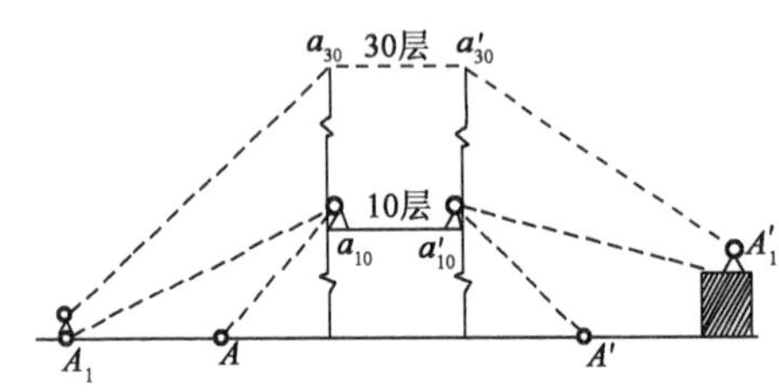

图 13-14　高层建筑经纬仪轴线投测

高层建筑物轴线投测的常用方法有经纬仪投测法和激光铅垂仪投测法。

1. 经纬仪投测法

经纬仪投测高层建筑物轴线时,将轴线控制桩引测到更远的安全地方,或者引测到附近高楼的屋顶上,如图 13-14 所示。引测方法是将经纬仪安置在第 10 层楼面轴线 a_{10}、a'_{10}上,将地面上原有轴线延长线上的控制桩 A、A',引测到 A_1、A_1'位置。10 层以上的楼层轴线投测,便可将经纬仪安置于新的轴线控制桩上,根据 a_{10}、a_{10}'定向,然后逐层向上投测轴线,直至工程结束。

值得注意的是,用于高层建筑放样的仪器在投测前要严格检校,投测时应仔细整平。

2. 激光铅垂仪投测法

为保证高层建筑垂直度、几何形状和截面尺寸达到设计要求,必须根据工程实际情况建立较高精度的施工测量控制网。目前,适应我国国情且被采纳的控制形式主要是内控制。所谓内控制就是在建筑物的 ±00 面内建立控制网,在控制点竖向相应位置预留竖向传递孔,用仪器在 ±00 面控制点上,通过竖向传递孔将控制点传递到不同高度的楼层。

内控制中的施工测量实施步骤为:

(1)考虑建筑物的形状,在底层布置矩形或"十"字形控制网,并转测至建筑物的 ±00 面,经复测检核后,作为建筑物垂直度控制和施工测量的依据。

(2)用激光铅垂仪或光学垂准仪在 ±00 面控制网点作竖向传递,将控制点随施工进程传递至相应楼层(控制点铅垂方向每层楼板预留有相应的传递孔,尺寸约为 30cm×30cm)。

(3)为消除仪器的轴系误差,仪器在每站投测时应采用 4 个对称位置分别向上投点,并取 4 个点的平均位置作为最后的投测点。

(4)接收靶通常采用透明的刻有"十"字线的有机玻璃,这种接收靶对采用激光铅垂仪和光学垂准仪都适用,这可使在接收位置的人透过接收靶看到激光铅垂仪投上去的激光斑点,并做记号;也能使光学垂准仪的操作人员通过调焦看到接收靶上的"十"字线的交点位置。

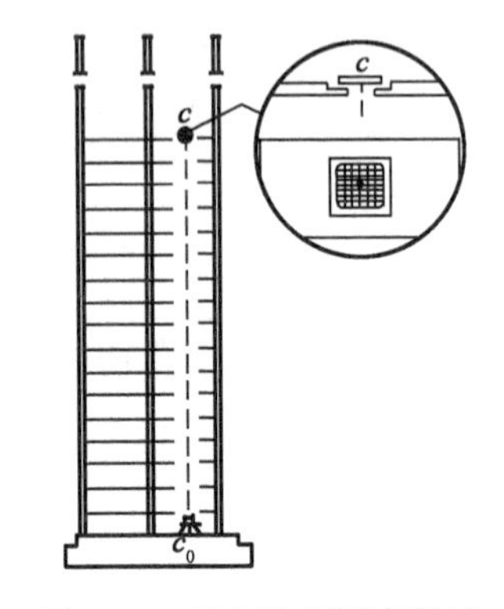

图 13-15　激光铅垂仪投测轴线

如图 13-15 所示,激光铅垂仪安置在底层测站 c_0点,进行严格对中整平,在高层楼板预留孔上水平放置接收靶 c,则激光光斑所指示的位置,即为测设站点 c 的铅直投影位置。两个投测中心即可构成一条垂直轴线。

3. 楼层高程传递

高层建筑的高程传递通常可采用悬挂钢尺法和全站仪天顶测距法两种。

(1)悬挂钢尺法。可采用第十一章中介绍的高程传递方法,用水准仪结合钢尺将地面上水准点高程传递到楼层上,在各层上设立临时水准点,然后以此为依据,测设各楼层细部的设计标高。

(2)全站仪天顶测距法。如图 13-16 所示,将全站仪架于底层轴线控制点上,使望远镜水平(竖直角为 0)向水准尺读得仪器相对底层 1m 线的高度,然后使望远镜朝上(竖直角为 90°),通过各层轴线传递孔直接向上测距,再用水准仪放样该层的 1m 线。

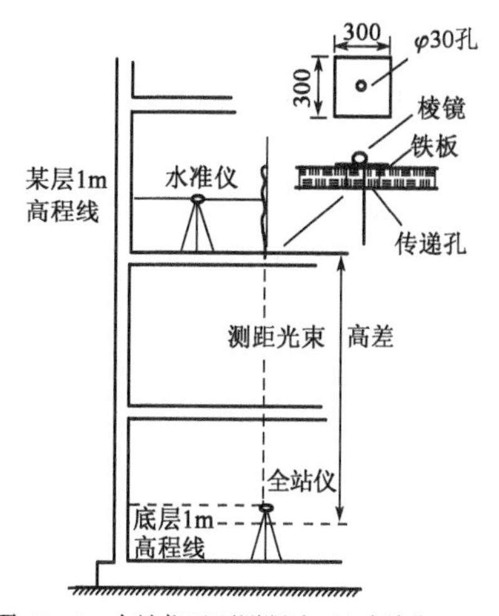

图 13-16　全站仪天顶测距法(尺寸单位:mm)

第四节　建筑竣工测量

竣工测量是建筑物和构筑物竣工验收时,为获得工程建成后的各建筑物和构筑物以及地下管网的平面位置和高程等资料而进行的测量工作,其最终成果就是竣工总平面图。由于在施工过程中,可能由于设计时没有考虑到的原因而使原设计位置发生变更,因此工程的竣工位置不可能与设计位置完全一致。此外,在工程竣工投产以后的经营过程中,为了顺利地进行维修,及时消除地下管线的故障,并考虑到为将来建筑的改建或扩建准备充分的资料,一般应编绘竣工总平面图。竣工总平面图及附属资料,也是今后的工程改、扩建设计和运营管理所需要的基础资料之一。

工业、企业建筑工程竣工总平面图是一种大比例尺的专用图。总平面图与一般地形图测绘的区别主要在于内容和精度不同,总平面图要测定许多细部点的解析坐标和高程,要求全面反映建筑物的平面位置和高程,并常常把解析坐标、高程及几何尺寸等数据注记在总平面图上。这些解析数据可根据图面容纳程度直接注记在图内,或在图内注记编号,或另用数据附表形式等。

竣工测量包括室外测量和室内竣工总平面图编绘工作。

一、竣工测量

每个单项工程完成后,都应进行竣工测量,提交竣工测量成果。

1. 工业厂房及一般建筑物测量

主要测定厂房各角点坐标、周边长度、人行道及行车道入口、各种管线进出口位置及标高,室内地坪、室外房角标高,并附注厂房及房屋的编号、名称、结构层数、面积和竣工时间等。

2. 厂区铁路测量

主要测定路线转折点、曲线起终点、车挡和道岔中心的坐标,曲线元素、道岔要素,桥涵等构筑物位置、标高及尺寸。直线段每 50m 测出轨顶及路基的标高;曲线段 $R<500$m 者,每 10m 取一点;$R>500$m 者,每 20m 取一点。

3. 厂区道路测量

主要测定道路起终点、交叉点和转折点的坐标,曲线元素、路面、人行道、绿化带界线、构筑物位置尺寸和标高等。

4. 地下管线测量

主要测定检修井、转折点、起终点和三通的坐标,井旁地面、井盖、井底、沟槽、井内敷设物和管顶等处的标高。井距大于 50m 时,除测出井内管顶或槽底标高外,尚需加测中间点。图上注明井的编号、管道名称、管径、管材、间距、坡度及流向等。

5. 架空管线测量

主要测定管线转折点、结点、交叉点和支点的坐标,支架间距及支架旁地面标高、基础面标高,管座、最高和最低电线至地面的净高,注明电压等。

6. 特种构筑物测量

主要测定如沉淀池、烟囱、煤气罐等及其附属构筑物的外形和角点坐标,圆形构筑物中心的坐标等。此外还要测出基础面标高、烟囱及炉体高度、沉淀池深度等。

7. 其他测量

测定围墙拐角点坐标,绿化区边界,以及一些不同专业需要反映的设施和内容等。

二、竣工总平面图编绘

编绘竣工总平面图,需要在施工过程中收集一切有关的资料,加以整理,及时进行编绘。为此,在开始施工时即应有所考虑和安排。绘制竣工总平面图的依据如下:

(1)设计总平面图、单位工程平面图、纵横断面图和设计变更资料;

(2)定位测量资料、施工检查测量及竣工测量资料。

竣工总平面图上应包括施工控制点、建筑方格网点、水准点、建(构)筑物辅助设施、生活服务设施、架空及地下管线、铁路等建筑物的高程和坐标,以及相关区域内空地等的地形,有关建(构)筑物的符号应与设计图例相同,有关地形图的图例应使用国家地形图图式符号。

如果所有的建(构)筑物绘在一张竣工总平面图上,因线条过于密集而不醒目时,则可采用分类编图。如综合竣工总平面图、交通运输竣工总平面图和管线竣工总平面图等。比例尺一般采用 1:1000。如不能清楚地表示某些特别密集的地区,也可局部采用 1:500 的比例尺。当施工的单位较多,工程多次转手,造成竣工测量资料不全、图面不完整或与现场情况不符时,需要对实地进行施测,这样绘出的平面图,称为实测竣工总平面图。

为了全面反映竣工成果,便于生产管理、维修和日后企业的扩建或改建,与竣工总平面图有关的一切资料,都应分类装订成册,作为竣工总平面图的附件保存。

思考题与习题

1. 名词解释：施工测量；施工坐标系；建筑方格网；竣工测量。
2. 建筑施工控制网的布设形式有哪些？其施工控制网的特点是什么？
3. 建筑工程测量的内容有哪些？
4. 建筑方格网起什么作用，如何建立？它与一般控制网有何区别？
5. 柱子吊装测量有哪些主要工作内容？
6. 何谓竣工测量？竣工总平面图编绘的目的是什么？

第十四章
线路测量

【本章提要】

本章主要介绍了线路测量的程序、内容、方法和特点，线路中线测量、曲线测设、纵横断面测量以及线路施工测量、竣工测量的内容和方法，高速铁路测量的主要技术方法。

【学习要求】

通过本章的学习，应熟知线路测量的程序、内容、方法和特点；掌握线路中线测量、曲线测设、施工测量、竣工测量的内容和方法；了解高速铁路测量控制网的布设与测量，高速铁路精密工程施工测量技术和方法。

第一节　概　　述

铁路、公路、输电线和输油(气)管等工程属于线形工程，其中线统称为线路。一条线路的勘测和设计工作，主要是根据国家的计划与自然地理条件确定线路经济合理的方案。线路在勘测设计阶段的测量工作称为线路测量。线路测量是为线路设计收集一切必须的地形资料，并将所设计的线路中线测设于实地。线路设计除了地形资料以外，还必须考虑线路所经地区的工程地质、水文地质以及经济等方面的因素，所以线路设计一般分阶段进行，其勘测工作也要分阶段进行。线形工程的勘测设计工作有许多的共同之处，相比之下公路、铁路的勘测工作较为细致和全面。因此本节将以公路、铁路工程为代表,介绍线路测量的具体工作内容及方法。

一、线路工程建设的基本程序

铁路、公路建设要经过勘测设计和施工的过程,建成后再交付运营。这些工作一般都由设计、施工和运营等部门分别承担。

勘测设计是为铁路、公路建设收集设计资料,并做出经济合理的设计,它是一项政策性强、涉及面广、技术复杂的工作,在铁路、公路建设中占有十分重要的地位。

铁路、公路勘测设计一般要经过下列过程,即:方案研究(室内研究、现场踏勘、提出方案报告)、初测、初步设计、定测、施工设计等过程。方案研究不作为一个设计阶段,故这种方式称为两阶段设计,即初步设计和施工设计,勘测工作分为初测和定测两个阶段。

二、线路测量基本内容

铁路、公路在设计、施工和运营中要进行各种测量工作。测量在铁路、公路工程中应用十分广泛,具有重要的作用。

勘测设计阶段的测量工作有初测和定测工作。

1. 初测

初测是铁路、公路设计中一个重要的勘测阶段,是初步设计的基础和依据,是初步设计阶段的测量工作,即在所选定的规划路线上进行的勘测工作,主要技术工作内容有:控制测量和带状地形图的测量,目的是为线路工程提供完整的控制基准及详细的地形资料。

控制测量即线路平面控制测量和线路高程控制测量,是在已有交通规划路线,且在实地也有了规划路线的基本走向的基础上,在相应的规划路线上进行测量。

(1)线路平面控制测量

线路平面控制测量可以采用 GNSS 测量、导线测量或三角测量等方法。

根据《公路勘测规范》(JTG C10—2007)规定,线路平面控制测量可布设为二、三、四等以及一、二级五个等级,各等级平面控制测量其最弱点点位中误差不得大于 5cm,最弱相邻点点位中误差不得大于 3cm,最弱相邻点边长相对中误差不得大于表 14-1 中的规定,相邻点平均边长符合表 14-1 的要求。

平面控制测量精度要求及平均边长　　表 14-1

测量等级	最弱相邻点边长相对中误差	相邻点平均边长(km)
二等	1/100000	3.0
三等	1/70000	2.0
四等	1/35000	1.0
一级	1/20000	0.5
二级	1/10000	0.3

①GNSS 线路控制测量。

按线路测量规范的规定,线路测量采用的坐标系要纳入国家大地测量坐标系。因此,线路的初测和定测导线必须与国家大地控制点联测。GNSS 静态相对定位法可以为线路导线测量建立导线的起闭点。同时要顾及线路工程自身的特点和线路定线、施工放样对控制点加密的需要,应分级建立 GNSS 线路控制网。为此可将线路控制网分两级:建立边长较长的高一级的 GNSS 线路首级平面控制网;用常规测量技术进行线路导线测量,各段导线两端点应附合在高一级的 GNSS 控制点上。

分级布网既能保证在几千米范围内的导线点间具有较高的相对点位精度和较高的可靠性,同时由于高一级 GNSS 线路首级控制网的统一布设,这种相对点位精度将在整条线路上顺次延续。

GNSS 线路控制网的点位选定除满足 GNSS 要求外,尚需考虑有利于后续用全站仪加密布设附合导线或施工放样的需要,GNSS 线路控制网的点位应选在沿线路方向离线路中线 50 ~ 300m 范围内不易被破坏、稳固可靠,且便于测量的地方。一般每隔 5km 左右布设一对相互通视的、边长为 500 ~ 1000m 的 GNSS 点。

用快速静态相对定位法,可直接代替常规的线路初测和定测导线测量。为此尽可能保持点间通视,在困难情况下,可降低为每个导线点上至少有 1 个通视方向(不一定是所有相邻点)。

②导线测量。

导线测量中首先要选择导线点位。这时应注意:导线点宜选在地势较高的地方,且能前后互相通视;导线点应选在开阔的地方,以便作为图根控制,进行地形测量;导线点间的距离要适中,不宜大于 400m 和小于 50m,即使地势平坦,视线清晰时,亦不应大于 500m。若使用测距仪或全站仪时,导线点间的距离可增至 1000m,并应在不远于 500m 处增设内分点;导线点应尽可能接近将来的线路位置,以便为定测时所利用。布设的各段导线两端点应附合在高一级的 GNSS 控制网点上。

导线点选定后,即进行导线观测。线路初测导线的水平角可用 DJ_1、DJ_2 及 DJ_6 级仪器以测回法观测右角,其观测要求及测回数应满足各等级水平角观测的主要技术要求。

线路初测导线的边长可采用光电测距仪或全站仪测量,往返测量,其观测要求及测回数应满足各等级光电测距的主要技术要求。

依据《公路勘测规范》(JTG C10—2007),公路初测导线测量的主要技术要求见表 14-2。

公路导线测量的主要技术要求 表 14-2

导线测量等级	附(闭)合导线长度(km)	边数	测边中误差(mm)	测角中误差(″)	导线全长相对闭合差	方位角闭合差(″)	测回数		
							DJ_1	DJ_2	DJ_6
三等	≤18	≤9	≤14	≤1.8	≤1/52000	$\leqslant \pm 3.6\sqrt{n}$	6	12	—
四等	≤12	≤12	≤10	≤2.5	≤1/35000	$\leqslant \pm 5\sqrt{n}$	4	6	—
一级	≤6	≤12	≤14	≤5.0	≤1/17000	$\leqslant \pm 10\sqrt{n}$	—	2	4
二级	≤3.6	≤12	≤11	≤8.0	≤1/11000	$\leqslant \pm 16\sqrt{n}$	—	1	3

注:表中 n 为测站数。

(2)高程控制测量

高程控制测量是在线路沿线及桥梁、隧道工程规划地段进行高程控制测量,其任务有两类,一是建立沿线高程控制点,二是测定导线点的高程。方法主要有水准测量与三角高程测量。

水准测量根据工作目的及精度的不同,水准测量分为基平测量和中平测量。

①基平测量。

基平测量系沿线路布设水准点。一般地段每隔约 2km 设立一点,在工程复杂地段 1km 设立一点,在 300m 以上的大桥两端以及隧道洞口附近各设一点。水准点的高程采用一组往返或两组单程水准测量的方法测定。往返测或两组高差不符值在 $\pm 30\sqrt{K}$mm(K 为相邻水准点间的线路长度,以 km 计)以内时取平均值,计算至 mm。

水准仪的型号应不低于 DS_3 型。水准测量应在成像清晰和大气稳定的条件下进行。视线长度一般不大于 150m,当跨越深沟、河流时,视线可增至 200m,前后视距应尽量接近。

当跨越大河深沟视线长度超过 200m 时,可参照国家颁布的现行水准测量规范[如《国家三、四等水准测量规范》(GB/T 12898—2009)、《工程测量标准》(GB 50026—2020)等]中五等跨河水准测量的要求进行。

用电磁波测距三角高程测量时,可与导线测量合并进行,导线点作为高程转点,高程转点间的距离和竖直角必须往返观测,并宜在同一气象条件下完成。斜距应加气象改正后,取往返观测的平均值。前后视的反射镜应置平与对中,仪器高与反射镜高应读至 mm。当竖直角大于 20°或边长短于 200m 时,应提高观测值的精度。

水准点高程测量应与国家水准点或相当于国家等级的水准点联测。当线路距上述水准点在 5km 以内时,应不远于 30km 联测一次,形成附合水准路线,联测允许闭合差为 $\pm 30\sqrt{L}$mm(L 为附合路线长度,以 km 计)。

②中平测量。

中平测量是测定导线点及中桩高程。一般采用单程水准测量。水准路线应起闭于基平测量时所设立的水准点上。导线点应作为转点,转点高程取位至 mm,中桩高程取位至 cm,中平测量允许闭合差为 $\pm 50\sqrt{L}$mm(L 为附合水准路线长度,以 km 计)。

在困难地段,中桩高程也可用三角高程测量获得。三角高程路线应起闭于基平测量中测定过高程的导线点上,其路线长度不宜大于 2km。但在隧道顶上进行三角高程测量时,其路线长度可放宽至 7km。

单独进行中桩电磁波测距三角高程测量时,其高程路线必须起闭于水准点上,中桩高程测量的距离和竖直角,可单向正镜观测两次,两次之间应变动反射镜的高度,也可单向观测一测回。两次或半测回间高差之差小于 100mm 时取平均值。中桩电磁波测距三角高程的闭合差应满足水准测量的闭合限差要求。

(3)带状地形测量

在已经建立的平面控制和高程控制基础上沿规划中线进行地形测量,地形图的比例尺,一般为 1:2000,地形简单的平坦地区可用 1:5000,困难地区使用 1:1000。测图带的宽度应能满足纸上定线的需要,一般在选点时根据现场情况决定。对于 1:2000 测图,测图带宽度在平坦地区约为 400 ~ 600m,在丘陵地区约为 300 ~ 400m。初测地形测量可采用航空摄影测量方法、全站仪(GNSS-RTK)数字化测图法、激光扫描法等方法测图。初测目前已较多地采用航测方法测绘地形图。

2. 定测

定测中要进行放线交点工作、中线的测设(包括直线和曲线的测设)、纵断面测量和横断面测量。

3. 线路施工及竣工阶段的测量工作

线路在施工阶段测量的任务主要是保证各种建筑物能按照设计位置准确地修建起来。施工阶段的首项工作是进行"复测"。复测是为了检查线路的主要控制桩的正确性和补设缺损的桩橛。在施工前要做"固桩"和"护桩"工作,以保证施工过程中桩点不致丢失或便于随时恢复。路基施工前还要进行路基边桩的放样。根据设计图纸及有关数据放样线路的边桩、边坡、路面及其他的有关点位,保证交通路线工程建设的顺利进行。在施工过程中要随时进行中线和高程测量,这些工作常常要反复进行多次,贯穿整个施工过程。在路基土石方工程完工以后,应进行线路竣工测量,其目的是最后确定中线位置,同时检查路基施工质量是否符合设计要求。它的内容包括中线测量、高程测量和横断面测量。

在运营阶段,当对既有线路进行改建或修建复线时,都需要进行一系列的测量,其测量工作的特点是以既有线路为基础并对既有线路要作详细的测量。为了更新资料,对线路现状和沿线地形每隔一定年份要进行全线的测量,即所谓"旧线测量"。

另外,铁路、公路测量按不同的工程来分类,有中线测量、桥梁测量、隧道测量和站场测量等。

三、路线测量的基本特点

根据线路工程的作业内容,线路测量具有全线性、阶段性和渐近性的特点。

全线性是指测量工作贯穿于线路工程建设的全过程。例如铁路、公路工程从项目立项、决策、勘测设计、施工、竣工图编制、营运监测等都需进行必要的测量工作。

阶段性既体现了测量技术本身的特点,也是路线设计过程的需要。在不同的实施阶段,所进行的测量工作内容与要求也不同,并要反复进行,而且各阶段之间测量工作也不连续。

渐近性说明了线路测量在项目建设的全过程中历经了由粗到精、由高到低的过程。线路工程项目高标准、高质量、低投资、高效益目标的实现,必须是严肃、认真、全面的勘察和科学、合理、经济、完美的设计与精心、高质量施工等的完美结合。因此测量工作必须遵循"由高级到低级"的原则,按阶段、分先后循序渐进逐步实施,同时也必须顾及到典型工程对测量的特殊要求。

第二节　线路中线测量

线路中线测量是把线路的设计中心线测设(又称放样)到实地上。路线中心线是由一系列线路转折点(称为交点)组成的,路线中线的平面几何线形由直线和曲线组成。因此中线测量工作主要包括测设中线,定出各交点和测设曲线(包括圆曲线和缓和曲线)等。

线路中线直线测量的基本任务是把纸上定线设计的路线中线直线方向、交点以及按一定间距的直线段放样到实地中。

一、中线直线段的放样

中线放样,应先获取中线的点位测设参数,然后进行点位放样。获取点位测设参数的方法有图解法和解析法。

解析法是利用初测控制测量成果，初步设计图纸和设计资料，计算获取中线点的测设参数。

图解法是从图上量取中线测设参数的方法。对每条直线段可根据量取的各交点的纵横坐标计算的每一段直线的距离和方向计算出直线段上若干待测设点的坐标，每条直线段最好有三个以上的点，以便核对。

中线直线段测设工作常采用穿线放线法、拨角放线法和坐标法等将纸上线路测设到实地上去。

1. 穿线放线法

此法适用于地形不太复杂，且定测中线离初测导线不远的地区。其放线的步骤为：

(1)室内选点。在初测地形图上，根据纸上线路与初测导线的相互关系，选择定测中线转点位置。其位置一般要选择在地势较高，且互相通视的地方，并且纸上线路的每条直线段最好有三个以上的点，以便核对。

(2)测设数据准备。如图 14-1 所示，C_1、C_2、C_3、…为初测导线点，在线路中线上选定 D_1、D_2、D_3、…，以它们作为定测的中线点。即可在图上量取相应的放样数据 S_i、β_i，作为放线的依据。

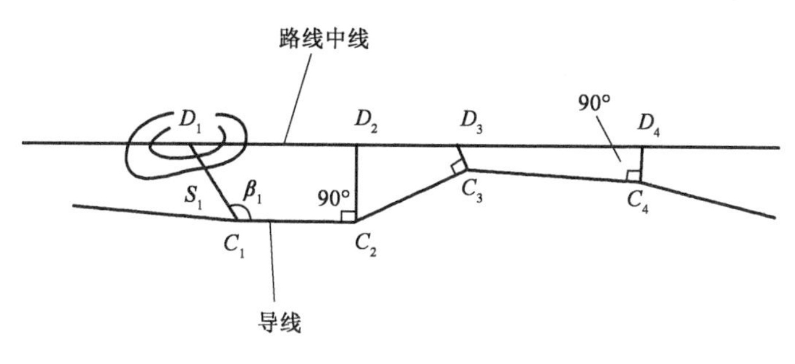

图 14-1 穿线放线

(3)现场放线。用全站仪实地测设各中线点。定测中线点放出后，如果个别点的位置不太合适，可以根据现场的实际情况调整支距或角度，使其位于适当的地点。

(4)穿线。根据实地上已放出的点位，用经纬仪检查这些点是否在一条直线上。当偏差不大时，可以适当调整其位置，使位于一条直线上。

(5)交点。如图 14-2 所示，A、B 是直线段调整后的两个中线点，延长 AB 在 CD 直线方向附近设骑马桩 B_1、B_2。C、D 是另一直线段调整后的两个中线点，延长 CD 在 AB 直线方向附近设骑马桩 C_1、C_2。由 B_1、B_2 与 C_1、C_2 的连线交会定出交点 JD。

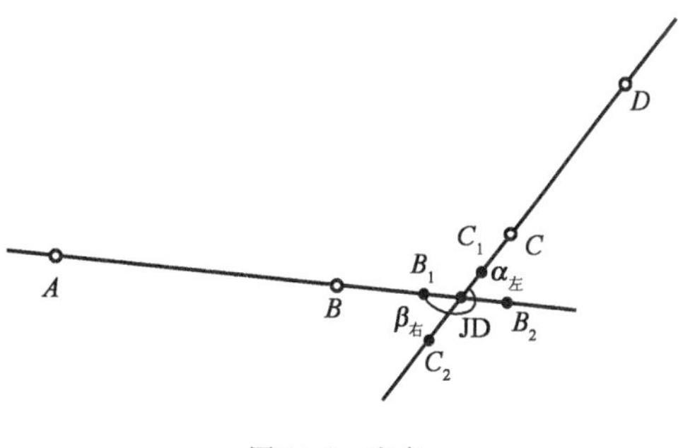

图 14-2 交点

交点也可用两台经纬仪从两个方向同时交出，考虑到日后恢复交点和交点桩以后的固桩，仍宜打上骑马桩。

交点定出后，在交点 JD 上观测 $\beta_右$ 一个测回，然后计算偏角 α，并注明其左偏或右偏。

偏角计算公式为

左偏角 $\alpha_{左}=\beta_{右}-180°$

右偏角 $\alpha_{右}=180°-\beta_{右}$

如果交点遇到障碍或位于不能置镜处或交点较远时,一般采用测设副交点的方法来解决。所谓副交点就是当交点不能设桩时,在两切线适当位置选择的辅助点。副交点通常选在便于测角量边处,并且要注明副交点与交点的关系。

2. 拨角放线法

拨角放线法是根据在图纸上所量得的设计线路各交点的纵横坐标,计算出每一段直线的距离和方向,从而算得交点上的转向角。外业人员按照这些资料,在现场直接拨角测距,而定出所设计的线路。拨角放线法适用于不论有无初测导线的任何地区,例如用航测图作纸上定线,因控制桩较少,只能用此法放线。此法放线可循序前进,较穿线法简便,工效高,但放线误差容易累积。因此一般连续放出若干个交点后应与初测导线点闭合,以检查偏差是否过大,然后重新由初测导线点开始放出以后的交点,以免误差积累。在地形、地质复杂的地段,更应经常地与初测导线闭合,以保证中线的正确位置。其工作方法如下:

(1)放线资料的内业计算

如图 14-3 所示,C_1、C_2、…、C_p、C_{p1}等点为初测导线点,JD_1、JD_2、…、JD_5为定测中线的交点,由初测地形图上依次量取每个交点的纵、横坐标(x、y),精度至 m。然后,计算出各交点之间直线长度 S_i 以及各点的拨角值β_i,并用地形图上的图解值进行校核。

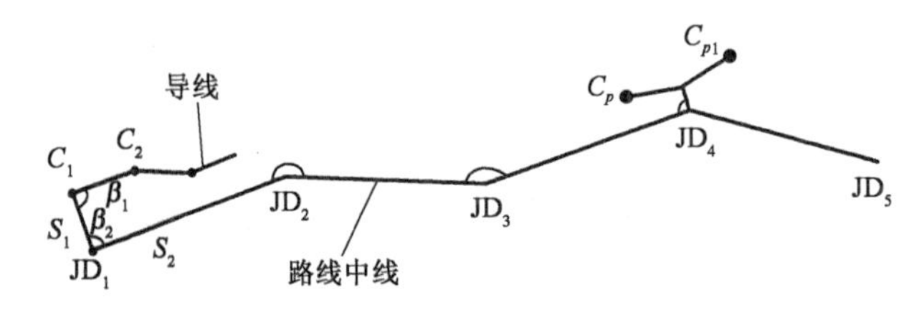

图 14-3 拨角放线

(2)放线定交点

放线资料计算完毕并经复核无误后,便可进行外业放线。首先将仪器置于 C_1点上后视 C_2点,拨角度β_1,测量距离 S_1,定出交点 JD_1。然后将仪器搬到 JD_1,后视 C_1点,拨角度β_2,测量距离 S_2,定出交点 JD_2。用同法依次可定出其他各交点。

(3)与初测导线联测

在实地放出若干个交点后,应与初测导线联测。若闭合差在允许的范围内时,一般不进行调整,以实际联测数据重新计算交点 JD_4 的坐标,并以此为起点测设下一段的各交点。若闭合差超过限差时,应检查不闭合的原因,并予以改正。

交点定出后,即可进行曲线测设,并沿线路定出百米桩及加桩等。

3. GNSS-RTK 法

用 GNSS-RTK 进行线路中线测量时,直线段可采用前期准备的测设坐标数据,曲线段可根据交点定位测量的偏角和曲线设计参数计算出各待测设点的坐标(包括曲线主点、曲线细部点坐标,具体计算可参见本章第三节)和整桩、桥位等加桩的坐标数据,然后将这些数据送到手持机中,有了坐标以后在实测前还应作坐标转换参数的计算,以便把 GNSS 测量结果转换到工程采用的坐标系统。这样便可在野外进行测设工作。具体测设方法可参见第六章。

4. 全站仪坐标法

全站仪是当今地面测量工作走向自动化、数字化的核心测量仪器，具有自动化、数字化、可编程等强大的功能。目前线路地面测量的外业工作与部分内业数据处理几乎都可在全站仪中完成。且全站仪坐标法具有放样方法简单、灵活的优点，在线路中线定测中普遍使用。具体测设方法可参见第十二章。

二、中线桩的设置

1. 里程、里程桩、中线桩

里程，即表示线路中线上点位沿线路到起点的水平距离。里程桩，即埋设在线路中线点上注有里程的桩位标志。

图 14-4 是里程桩的基本形式。里程桩上所注的里程又称为桩号，以千米数和千米以下米数相加表示。如图 14-4c）所示，K100 +560.56，表示里程为 100560.56m；K100，即 100km。

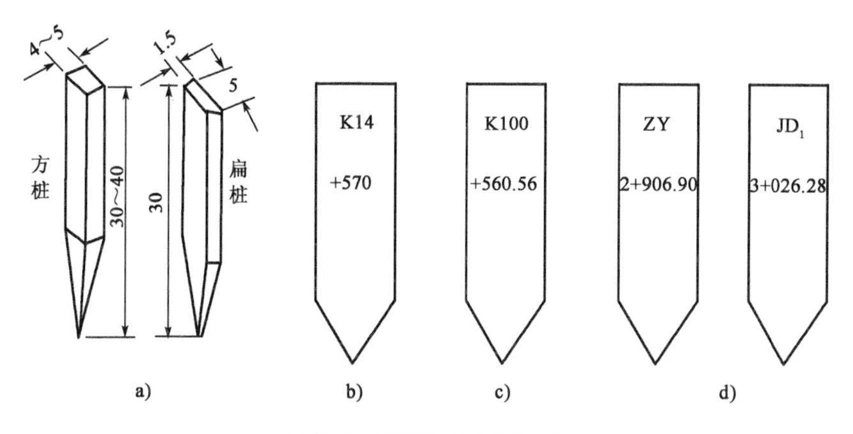

图 14-4 里程桩（尺寸单位：m）

2. 设立中线桩的基本要求

（1）决定线路中线直线方向的点位，如起点、终点、交点、方向转角、直线段中线点必须设立相应的中线桩。

（2）按相应间距在线路中线上设立中线整桩。中线整桩间距有整千米、整百米、整十米的形式。整十米间距分为整 10 米、整 20 米、整 40 米等几种间距，整桩的里程注记到米位。

（3）根据线路中线地形特征点位和线路中线特殊点设立附加的里程桩，即设立中线加桩。加桩里程应精确注记到厘米位，如图 14-4d）所示。

（4）各种中线里程桩设置测量应符合要求，表 14-3 所列是公路中线桩测量的限差要求。

中桩桩位测量的限差要求 表 14-3

公路等级	纵向误差（m）	横向误差（cm）
高等级公路	$s/2000+0.1$	10
一般公路	$s/1000+0.1$	10

注：s 是中线桩位测量的长度，以 m 为单位。

(5)重要桩位如公里桩、百米桩、方向转点桩、交点桩等重要中线桩应加固防损,必要时应对有关桩位设立指示桩、控制桩等。

第三节　曲线测设

一、曲线概述

就线路而言,由于受地形地物及社会经济发展的要求限制,道路总是不断从一个方向转到另一个方向。这时,为了使车辆能够平稳、安全地运行,道路必须用曲线连接。这种在平面内连接不同线路方向的曲线,称为平面曲线。平面曲线可分为圆曲线和缓和曲线。圆曲线上任意一点的曲率半径处处相等;缓和曲线上任意一点的曲率半径处处在变化。当缓和曲线是在直线与圆曲线之间设置的一段过渡曲线时,其半径变化范围自∞至圆曲线半径 R;若用以连接半径为 R_1 和 R_2 的圆曲线时,缓和曲线的半径便自 R_1 向 R_2 的过渡(图 14-5)。

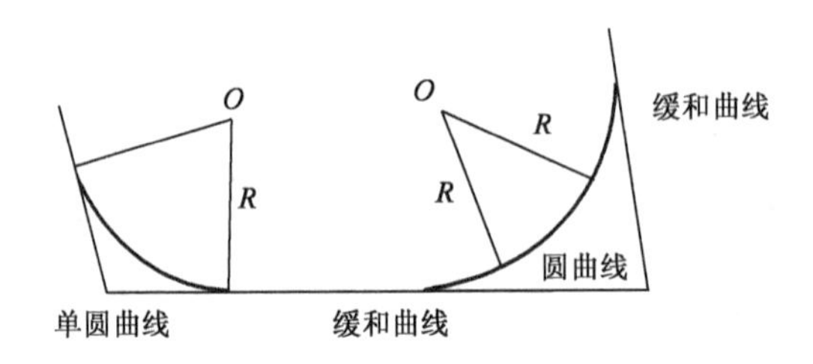

图 14-5　平面曲线

按曲线的连接形式不同,可分为:

单圆曲线——亦称为单曲线,即具有单一半径的曲线(图 14-5);

复曲线——由两个或两个以上同向的单曲线连接而成的曲线(图 14-6);

反向曲线——由两个方向不同的曲线连接而成的曲线(图 14-7);

回头曲线——由于山区线路工程展线的需要,其转向角接近或超过 180°的曲线(图 14-8);

螺旋线——线路转向角达 360°的曲线(图 14-9)。

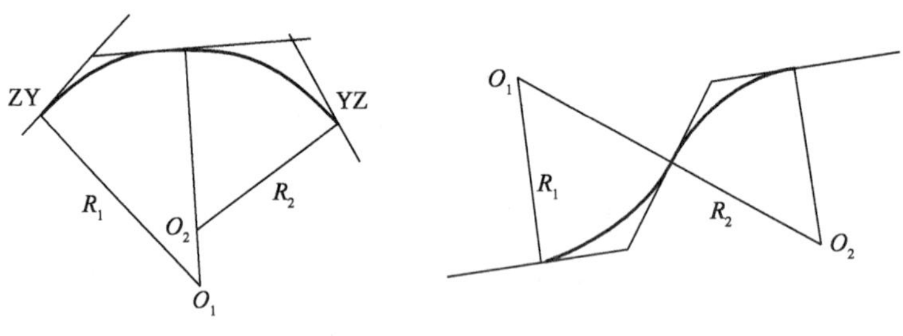

图 14-6　复曲线　　图 14-7　反向曲线

线路的纵断面是由不同的坡度连接的。当两相邻的坡度值的代数差超过一定值时,在变坡点处,必须用曲线连接。这种在竖面上连接不同坡度的曲线,称为竖曲线。竖曲线有凸形与凹形两种。顶点在曲线之上者为凸形竖曲线;反之称为凹形竖曲线(图 14-10)。

曲线测设的方法有多种,常见的有极坐标法、坐标法、切线支距法、偏角法等。

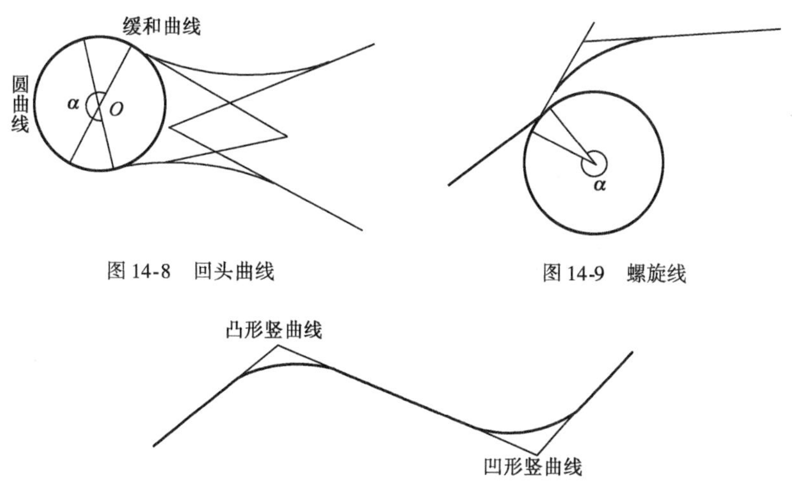

图 14-8 回头曲线

图 14-9 螺旋线

图 14-10 竖曲线

二、平面曲线

一般平面曲线是按"直线 + 缓和曲线 + 圆曲线 + 缓和曲线 + 直线"的顺序连接组成完整的线形。平面曲线最基本的是圆曲线和缓和曲线,其他曲线是由其派生而成的曲线。

1. 圆曲线

单圆曲线简称圆曲线,是最简单的一种曲线,其测设和资料计算都比较容易。在测设之前,必须进行曲线要素及主要点的里程计算。

(1)圆曲线要素及其计算

如图 14-11 所示,圆曲线的半径 R、偏角(即线路转向角)α、切线长 T、曲线长 L、外矢距 E 及切曲差 q(又叫校正数或超距),称为曲线要素。其中,R 及 α 均为已知数据。R 是在设计中按线路等级及地形条件等因素选定的;α 是线路定测时测出的。其余要素可按下列关系式计算得出:

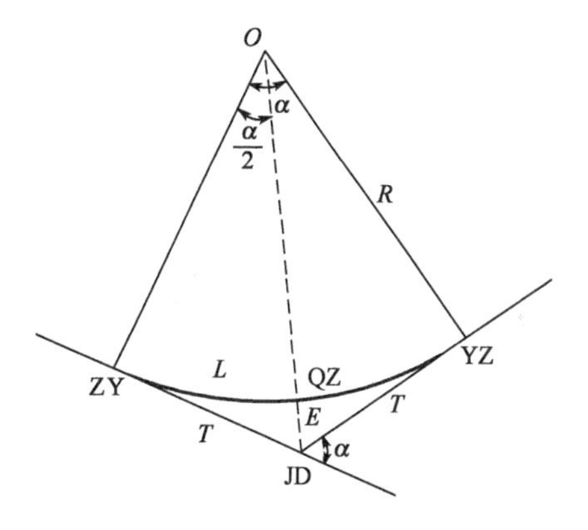

图 14-11 圆曲线

$$
\begin{cases}
T = R \cdot \tan \dfrac{\alpha}{2} \\
L = \dfrac{\pi}{180^\circ}\alpha \cdot R \\
E = R \cdot \left(\sec \dfrac{\alpha}{2} - 1\right) \\
q = 2T - L
\end{cases}
\tag{14-1}
$$

其中,切曲差 q 除了用来校核切线长 T 及曲线长 L 外,还用以验算主要点里程的计算。

例如,已知 $\alpha = 10°25'10''$、$R = 800\text{m}$,求曲线各要素。由式(14-1)计算可得:

$$T = 72.94\text{m}$$

$$L=145.48\text{m}$$

$$E=3.32\text{m}$$

$$q=2T-L=0.40\text{m}。$$

(2)圆曲线主要点里程的计算

从图14-11可以看出,圆曲线的主要点包括:

①ZY点(直圆点),即直线与圆曲线的连接点;

②QZ点(曲中点),即圆曲线的中点;

③YZ点(圆直点),即圆曲线与直线的连接点。

其主要点的里程,可自交点JD的里程算得。

接前面的例子,设已知JD的里程为DK11+295.78,求ZY、QZ、YZ点的里程。

JD	DK11+295.78
−)T	72.94
ZY	DK11+222.84
+)$\frac{L}{2}$	72.74
QZ	DK11+295.58
+)$\frac{L}{2}$	72.74
YZ	DK11+368.32

检核

JD	DK11+295.78
+)T	72.94
	DK11+368.72
−)q	0.40
YZ	DK11+368.32

2. *有缓和曲线的圆曲线*

缓和曲线可用螺旋线、三次抛物线等空间曲线来设置。我国铁路、公路上采用螺旋线作为缓和曲线。当在直线与圆曲线之间嵌入缓和曲线后,其曲率半径由无穷大(与直线连接处)逐渐变化到圆曲线的半径R(与圆曲线连接处)。螺旋线具有的特性是:曲线上任意一点的曲率半径R'与该点至起点的曲线长l成反比,即

$$R'\propto\frac{1}{l}\quad 或\quad R'=\frac{c}{l}$$

式中,c为常数,称为曲线半径变化率。当l等于所采用的缓和曲线长度l_0时,缓和曲线的半径R'等于圆曲线半径R,故:

$$c=R\cdot l_0 \tag{14-2}$$

如图14-12a)所示为单圆曲线的情形。在直线与圆曲线间嵌入缓和曲线时,当圆曲线两端加入缓和曲线后,圆曲线应内移一段距离,方能使缓和曲线与直线衔接。而内移圆曲线,可采用移动圆心或缩短半径的办法实现。我国在铁路、公路的曲线测设中,一般采用内移圆心的方法。如图14-12b)所示,若圆曲线的圆心O_1沿着圆心角的平分线内移至O_2[此时$O_1O_2=p\cdot\sec\frac{\alpha}{2}$,$p$值的大小按式(14-4)计算],圆曲线的两端就可以插入缓和曲线,把圆曲线与直线平顺地连接起来。

具有缓和曲线的圆曲线,其主要点为:

①ZH(直缓点),即直线与缓和曲线的连接点;
②HY(缓圆点),即缓和曲线和圆曲线的连接点;
③QZ(曲中点),即曲线的中点;
④YH(圆缓点),即圆曲线和缓和曲线的连接点;
⑤HZ(缓直点),即缓和曲线与直线的连接点。

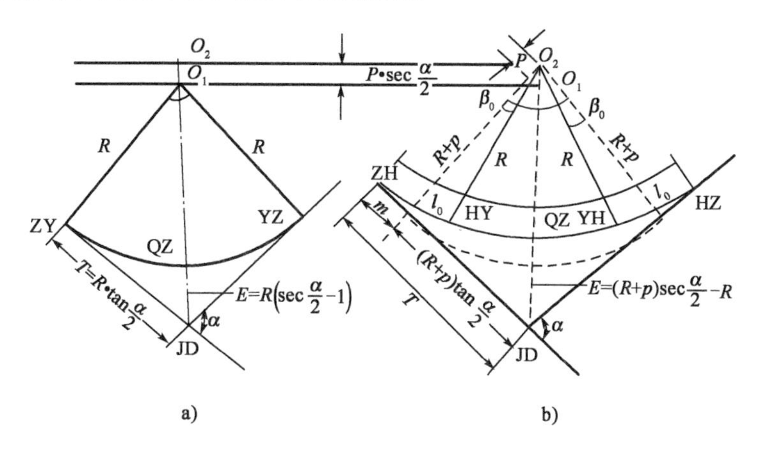

图 14-12 有缓和曲线的圆曲线

从图 14-12b)可以看出,加入缓和曲线后,其曲线要素可以用下列公式求得:

$$\begin{cases} T = m + (R+p) \cdot \tan\dfrac{\alpha}{2} \\ L = \dfrac{\pi R \cdot (\alpha - 2\beta_0)}{180^\circ} + 2l_0 \\ E = (R+p)\sec\dfrac{\alpha}{2} - R \\ q = 2T - L \end{cases} \tag{14-3}$$

式中,α 为偏角(线路转向角);R 为圆曲线半径;l_0为缓和曲线长度;m 为加设缓和曲线后使切线增长的距离;p 为加设缓和曲线后圆曲线相对于切线的内移量;β_0为 HY 点(或 YH 点)的缓和曲线角度。

其中,m、p、β_0称为缓和曲线参数,可按下式计算:

$$\begin{cases} \beta_0 = \dfrac{l_0}{2R} \cdot \rho \\ m = \dfrac{l_0}{2} - \dfrac{l_0^3}{240R^2} \\ p = \dfrac{l_0^2}{24R} \end{cases} \tag{14-4}$$

从图 14-12 及式(14-4)可以看出,在圆曲线与直线之间插入长度为 l_0的缓和曲线后,原圆曲线及直线的一部分,被缓和曲线代替,其数量为 l_0。

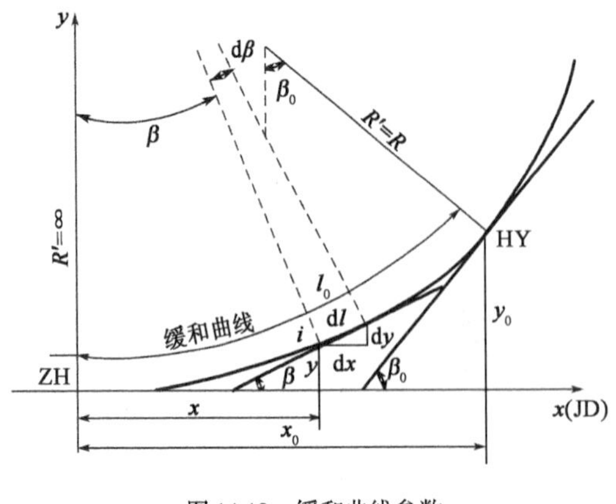

图 14-13　缓和曲线参数

三、平面曲线放样数据的准备

平面曲线有各种不同的形式。不论何种形式的曲线,在放样曲线之前,都要准备放样数据。

1. 有缓和曲线的圆曲线参数方程

有缓和曲线的圆曲线,一般分为缓和曲线及圆曲线两部分讨论。

(1)缓和曲线参数方程

如图 14-13 所示,建立以直缓点 ZH 为原点,过 ZH 的缓和曲线切线为 x 轴,ZH 点上缓和曲线的半径为 y 轴的直角坐标系。

缓和曲线上任一点以曲线长 l_i 为参数的缓和曲线参数方程的最后形式:

$$\begin{cases} x_i = l_i - \dfrac{l_i^5}{40R^2 l_0^2} + \dfrac{l_i^9}{3456R^4 l_0^4} - \cdots \\ y_i = \dfrac{l_i^3}{6Rl_0} - \dfrac{l_i^7}{336R^3 l_0^3} + \dfrac{l_i^{11}}{42240R^5 l_0^5} - \cdots \end{cases} \tag{14-5}$$

实际上应用上式时,可只取前一、二项,即 $x_i = l_i - \dfrac{l_i^5}{40R^2 l_0^2}$,$y_i = \dfrac{l_i^3}{6Rl_0}$。

(2)圆曲线参数方程

对于两端设置缓和曲线的圆曲线而言,如图 14-14 所示,仍用上述的直角坐标系,设 i 是圆曲线上的任意一点。从图中看出,i 点的坐标 x_i、y_i 可表示为:

$$\begin{cases} x_i = R \cdot \sin\alpha_i + m \\ y_i = R(1 - \cos\alpha_i) + p \end{cases} \tag{14-6}$$

其中,
$$\alpha = \frac{180^\circ}{\pi R}(l_i - l_0) + \beta_0$$

则圆曲线以曲线长 l_i 为参数的方程为:

$$\begin{cases} x_i = l_i - 0.5l_0 - \dfrac{(l_i - 0.5l_0)^3}{6R^2} + \cdots + m \\ y_i = \dfrac{(l_i - 0.5l_0)^2}{2R} - \dfrac{(l_i - 0.5l_0)^4}{24R^3} + \cdots + p \end{cases} \tag{14-7}$$

如果是单圆曲线(图 14-15),以曲线起点 ZY(或终点 YZ)为坐标原点,其切线为 x 轴、过 ZY(或 YZ)的半径为 y 轴建立直角坐标系。

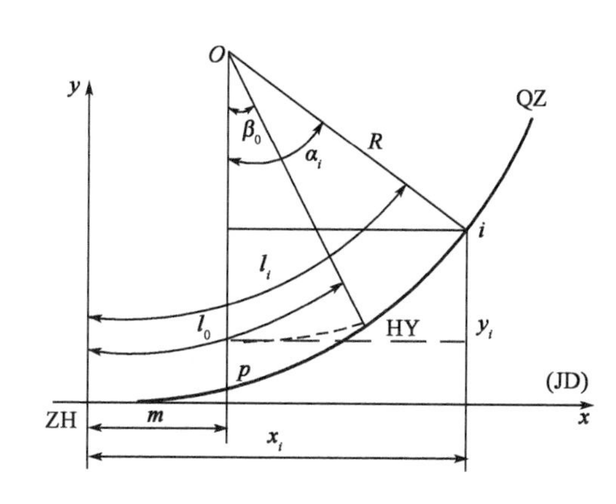

图 14-14 有缓和曲线的圆曲线参数

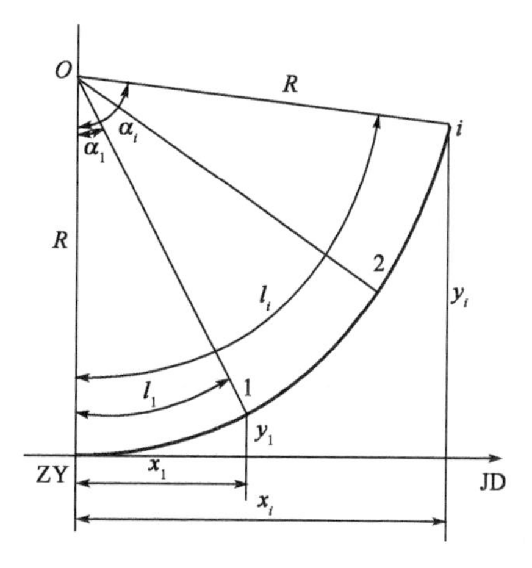

图 14-15 圆曲线参数

由图 14-15 中可以看出,圆曲线上任一点 i 的坐标为

$$\begin{cases} x_i = R \cdot \sin\alpha_i \\ y_i = R(1 - \cos\alpha_i) \end{cases} \tag{14-8}$$

以 $\alpha_i = \dfrac{l_i}{R}$ 代入上式并用级数展开,可得圆曲线以曲线长 l_i 为参数的参数方程式:

$$\begin{cases} x_i = l_i - \dfrac{l_i^3}{6R^2} + \dfrac{l_i^5}{120R^4} \\ y_i = \dfrac{l_i^2}{2R} - \dfrac{l_i^4}{24R^3} + \dfrac{l_i^6}{720R^5} \end{cases} \tag{14-9}$$

根据曲线半径 R 与曲线上任意一点 i 的曲线长 l_i 代入上式即得 i 点坐标 x_i 与 y_i。

2. 曲线坐标的计算

(1)曲线在切线直角坐标系中的坐标计算

在前面介绍了缓和曲线、圆曲线的参数方程,对曲线上任意一点的坐标都可以曲线长 l_i 为参数计算得到:

当 l_i 小于 l_0 时,所计算的坐标为缓和曲线上的坐标;

当 l_i 等于 l_0 时,即为缓圆点(HY)或圆缓点(YH)的坐标;

当 l_i 大于 l_0 时,所计算的坐标为圆曲线上的坐标;l_i 为圆曲线上的任意一点到 ZH 点的曲线长。

同样建立以缓直点 HZ 为原点,过 HZ 点的缓和曲线切线为 x' 轴,HZ 点上缓和曲线的半径为 y' 轴的直角坐标系,计算另一半曲线任意一点的坐标(x_i',y_i')。然后,通过坐标转换统一为以直缓点 ZH 为原点的直角坐标系中的坐标。如图 14-16 所示,HZ 点坐标为

$$\begin{cases} x_{HZ} = T_1 + T_2\cos\alpha \\ y_{HZ} = T_2\sin\alpha \end{cases}$$

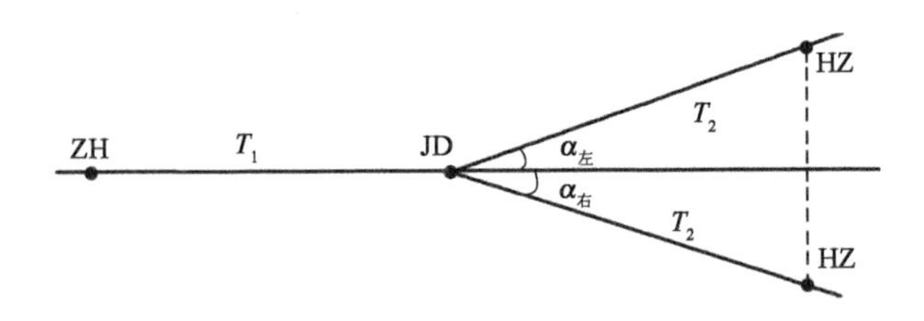

图 14-16　HZ 点在 ZH 切线直角坐标系中的坐标

当平面曲线右偏角时，过 HZ 点缓和曲线的切线 x'轴在以直缓点 ZH 为原点的切线直角坐标系中的旋转参数为 $180° + \alpha_{右}$，当平面曲线左偏角时，考虑到以缓直点 HZ 为原点的 y'轴方向与以直缓点 ZH 为原点的 y 轴方向相反，过 HZ 点缓和曲线的切线 x'轴在以直缓点 ZH 为原点的切线直角坐标系的旋转参数为 $180° + \alpha_{左}$。故无论线路曲线右偏或左偏，HZ 切线直角坐标系向 ZH 切线直角坐标系的旋转参数均为 $180° + \alpha$。通过坐标转换，则另一半曲线任意一点在 ZH 为原点的切线直角坐标系中的坐标为

$$\begin{cases} x_i = x_{HZ} - x_i'\cos\alpha - y_i'\sin\alpha \\ y_i = y_{HZ} - x_i'\sin\alpha + y_i'\cos\alpha \end{cases} \tag{14-10}$$

(2)曲线坐标转换到测量坐标系中的坐标

为了在已知坐标的测量控制点上进行曲线放样，必须将在以 ZH 点的切线直角坐标系中的曲线坐标转换到线路导线测量坐标系中去。根据 ZH 点切线所在直线段两端端点的测量坐标计算该边的坐标方位角为 A，ZH 点在测量坐标系中的坐标为 X_{ZH}和 Y_{ZH}，若曲线位于 ZH 点切线的右侧(右偏)，则曲线任意一点在线路测量坐标系中的坐标为

$$\begin{cases} X_i = X_{ZH} + x_i\cos A - y_i\sin A \\ Y_i = Y_{ZH} + x_i\sin A + y_i\cos A \end{cases} \tag{14-11}$$

若曲线位于 ZH 点切线的左侧(左偏)，则曲线任意一点在线路测量坐标系中的坐标为：

$$\begin{cases} X_i = X_{ZH} + x_i\cos A + y_i\sin A \\ Y_i = Y_{ZH} + x_i\sin A - y_i\cos A \end{cases} \tag{14-12}$$

四、曲线的放样方法

曲线测设通常分两步进行。首先测设曲线上起控制作用的点，称为主要点测设；然后根据主要点加密曲线上其他的点，称为曲线详细测设。

1. 曲线的主要点测设

(1)圆曲线主要点的测没

圆曲线的主要点包括 ZY 点(直圆点)、QZ 点(曲中点)、YZ 点(圆直点)。在测设圆曲线主要点之前，应根据已知的圆曲线半径 R、线路偏角 α 按式(14-1)计算曲线要素 T、E、L、q。

如图 14-17 所示，圆曲线主要点的测设步骤如下：

①将经纬仪置于交点 JD_i 上，以线路方向定向。自 JD_i 起沿两切线方向分别量出切线长 T，即得曲线起点 ZY 及曲线终点 YZ。

②在交点 JD_i 上后视 ZY，拨 $\frac{180° - \alpha}{2}$ 角，得分角线方向，沿此方向自 JD_i 量出外矢矩 E，即得曲线中点 QZ。

圆曲线主要点对整条曲线起着控制作用。其测设的正确与否，直接影响曲线的详细测设。所以，在进行作业时应仔细检查。在主要点设置后，还可以用偏角检核所测设的主要点有无错误。如图 14-17 所示，曲线的一端对另一端的偏角应为转向角 α 的一半；曲线的一端对曲线的中点 QZ 的偏角应为转向角 α 的四分之一。

(2)有缓和曲线的圆曲线主要点测设

有缓和曲线的圆曲线主要点有：ZH（直缓点）、HY（缓圆点）、QZ（曲中点）、YH（圆缓点）、HZ（缓直点），如图 14-18 所示。在测设有缓和曲线和圆曲线主要点之前，应根据圆曲线的半径 R、线路转向角 α 及缓和曲线的长度 l_0 确定曲线的要素 T、E、L、q。曲线要素按式(14-3)进行计算。

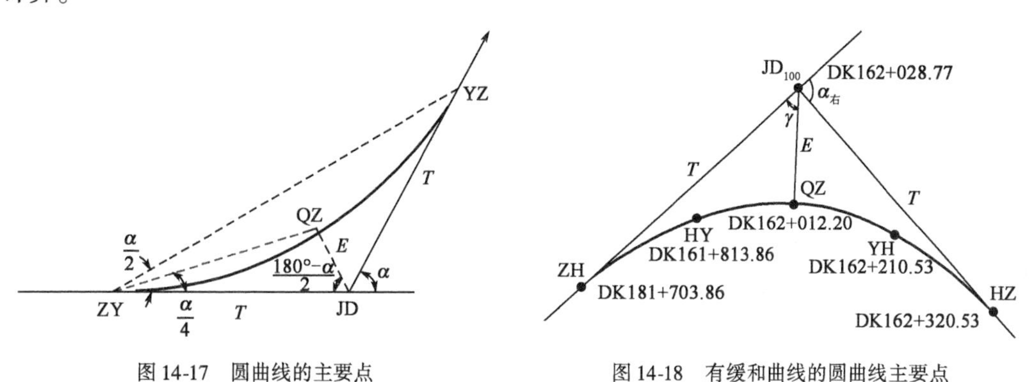

图 14-17　圆曲线的主要点　　　　图 14-18　有缓和曲线的圆曲线主要点

各主要点的里程计算出以后，就可以进行测设。其步骤如下：

①将经纬仪置于交点 JD_{100} 上定向，由 JD_{100} 沿两切线方向分别量出切线长 T，即得 ZH 及 HZ；

②在交点 JD_{100} 上，根据 $\gamma = \frac{180° - \alpha}{2}$，用经纬仪设置 $(180° - \alpha)$ 的平分线。在此平分线上由 JD_{100} 量取外矢距 E，即得曲线的中点 QZ；

③根据 x_0 及 y_0 设置 HY 及 YH。在两切线上，自 JD_{100} 起分别向曲线起、终点量取 $T - x_0$（或自 ZH、HZ 点起分别向 JD_{100} 点量取 x_0），然后沿其垂直方向量 y_0，即得 HY、YH 点。

若在测设平面曲线时采用极坐标法或坐标法，也可按式(14-10) ~ 式(14-12)计算曲线坐标的方法，计算出主要点和细部点在测量坐标系中的坐标，把主要点和细部点一并测设，不再细分之。

2. 曲线的详细测设方法

曲线主要点定出后，还要沿着曲线加密曲线桩，才能在地面上比较确切地反映曲线的形状。曲线的详细测设，就是指测设除主要点以外的一切曲线桩，包括一定距离的加密桩、百米桩及其他加桩。

曲线详细测设的方法有多种，常见的有极坐标法、坐标法、切线支距法、偏角法。

(1)极坐标法。

随着光电测距仪和全站仪在线路勘测中的应用越来越普及，利用极坐标法测设曲线也越来越受到重视。极坐标法测设曲线的主要问题是曲线测设资料的计算,按式(14-10)~式(14-12)计算曲线的坐标,并把有直线段、圆曲线段、缓和曲线段组合而成的曲线坐标归算到统一的测量坐标系中,计算极坐标法放样的数据,其极坐标(S_i,θ_i)可由测站点与待放样点坐标反算获得。该方法的优点是测量误差不积累,测设的点位精度较高。尤其是测站设置在中线以外任意一点的自由设站极坐标法测设曲线,给现场的曲线测设工作带来极大的方便。

(2)坐标法

①全站仪坐标法。

极坐标法测设曲线是根据曲线的测量坐标计算放样数据,而放样数据的计算是要根据仪器架设的位置而定的,现场仪器架设的位置会时而变化,就要重新计算放样数据。而全站仪坐标法测设曲线就不需要事先计算放样数据,只提供曲线的测量坐标即可。

②GNSS-RTK 法。

GNSS-RTK 法是一种全天候、全方位的新型测量系统,能够实时地提供在任意坐标系中的三维坐标数据,拥有彼此不通视条件下远距离传递三维坐标,且测量误差不积累的优势。在线路测量中,测量工作者已不满足于只将 GNSS 用于线路控制测量。近年来,由于 GNSS-RTK 法直接坐标法能快速、高效地完成测量放样任务,利用 GNSS-RTK 法放样线路中线已普遍应用。

极坐标法、坐标法放样见第十一章的有关内容。

(3)切线支距法(直角坐标法)

切线支距法是以曲线起点 ZH(或终点 HZ)为坐标原点,其切线为 x 轴、过 ZH(或 HZ)的半径为 y 轴的直角坐标系。利用曲线上各点在此坐标系中的坐标(x,y),便可采用直角坐标法测设曲线。曲线上各点的坐标(x_i,y_i)可用式(14-5)(缓和曲线的参数方程)及式(14-7)(圆曲线的参数方程)计算。其做法是在地面上沿切线方向自 ZH(或 HZ)量出 x_i,在其垂直方向量取 y_i,便可定出曲线上的 i 点(图 14-19)。

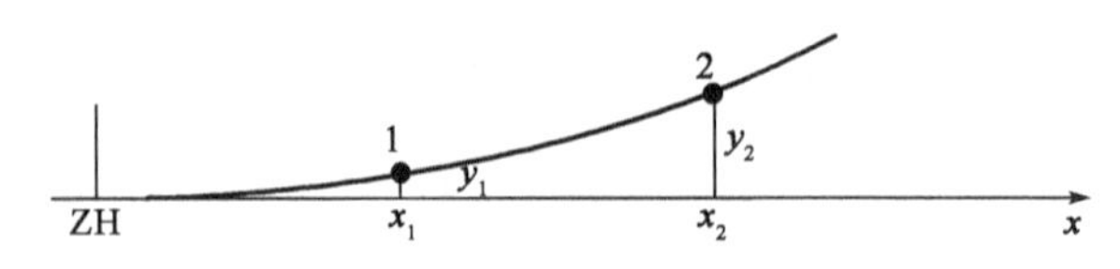

图 14-19 切线支距

用切线支距法测设曲线,由于各曲线点是独立测设的,其测角及量边的误差都不积累,所以在支距不太长的情况下,具有精度较高、操作较简便的优点,故应用也较广泛。

五、竖曲线

线路纵断面是由许多不同坡度的坡段连接成的。坡度变化之点称为变坡点。在变坡点处,相邻两坡度的代数差称为变坡点的坡度代数差,它对列车的运行有很大的影响。列车通过变坡点时,由于坡度方向的改变,会产生附加的力和附加的加速度,而使列车车钩受损,甚至产生脱钩、断钩或列车出轨的现象。

为了缓和坡度在变坡点处的急剧变化,使列车能平稳通过,变坡点的坡度代数差 Δ_i 不应超过规定限值[高速铁路规定 $\Delta_i \leq 1‰$,国家Ⅰ、Ⅱ级铁路 $\Delta_i \leq 3‰$,Ⅲ级铁路 $\Delta_i \leq 4‰$,公路一般为(3～4)%]若超过限值,则坡段间应以曲线连接。这种连接不同坡段的曲线称为竖曲线。

连接两相邻坡度线的竖曲线,可以用圆曲线,也可以用抛物线。目前,我国铁路、公路上多采用圆曲线连接。

下面简要介绍竖曲线的测设。

如图14-20所示,竖曲线与平面曲线一样,首先要进行曲线要素的计算。

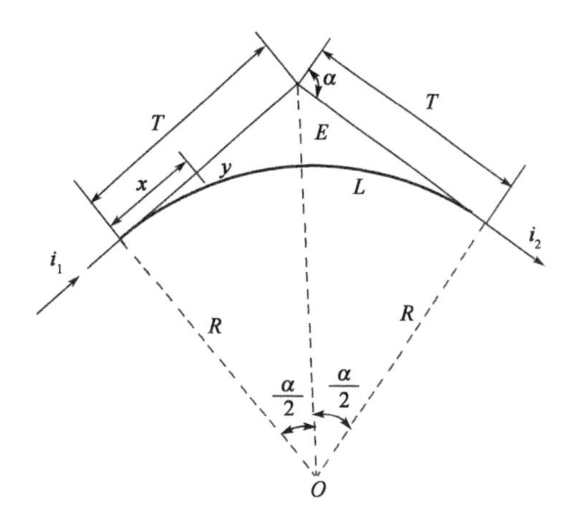

图14-20 竖曲线

根据《铁路线路设计规范》(TB 10098—2017)的规定,圆形竖曲线半径 R 不宜大于30000m,高速铁路不小于20000m,客货共线Ⅰ、Ⅱ级铁路不小于10000m,城际铁路不小于5000m。在工作量不过分加大的情况下,为了改善交通条件,竖曲线的半径应当尽可能地加大。

由于允许坡度的数值不大,可以认为纵断面上的曲折角 α 为

$$\alpha = \Delta_i = i_1 - i_2 \tag{14-13}$$

式中,i_1、i_2 为两相邻的纵向坡度值;Δ_i 为变坡点的坡度代数差。

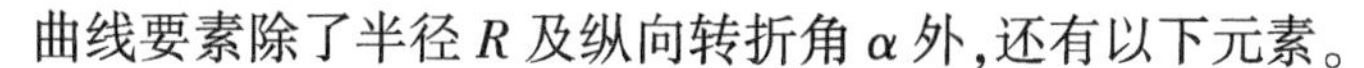

曲线要素除了半径 R 及纵向转折角 α 外,还有以下元素。

1. 竖曲线切线长度 T

$$T = R \cdot \tan\frac{\alpha}{2} \tag{14-14}$$

因为 α 很小,故:

$$\tan\frac{\alpha}{2} \approx \frac{\alpha}{2} = \frac{1}{2}(i_1 - i_2)$$

所以,

$$T = \frac{1}{2}R \cdot (i_1 - i_2) = \frac{R}{2} \cdot \Delta_i \tag{14-15}$$

在客货共线Ⅰ、Ⅱ级铁路上,取 $R = 10000$m,则 $T = 5000\Delta_i$;在城际铁路上,取 $R = 5000$m,$T = 2500\Delta_i$。

2. 竖曲线长度 L

由于转折角 α 很小,所以 $L \approx 2T$。

3. 竖曲线上各点高程及外矢距 E

由于 α 很小,故可以认为曲线上各点的 y 坐标方向与半径方向一致,也认为它是切线上与曲线上的高程差。从而得:

$$(R + y)^2 = R^2 + x^2$$

故:

$$2Ry = x^2 - y^2$$

又 y^2 与 x^2 相比较,其值甚微,可略去不计。故有:

$$2Ry = x^2$$

所以,

$$y = \frac{x^2}{2R} \tag{14-16}$$

算得高程差 y,即可按坡度线上各点高程,计算各曲线点的高程。

从图 14-20 上还可以看出,$y_{max} \approx E$,故:

$$E = \frac{T^2}{2R} \tag{14-17}$$

竖曲线上各点的放样,可根据纵断面图上标注的里程及高程,以附近已放样的整桩为依据,向前或向后量取各点的 x 值(水平距离),并设置标桩。施工时,再根据附近已知的高程点进行各曲线点设计高程的放样。

第四节　线路纵横断面测量

断面图是根据断面外业测量资料绘制而成,非常直观地体现了地面现状的起伏状况,是工程设计和施工中的重要资料,也是铁路、公路设计的基础文件之一。

一、线路纵断面的测绘

线路的平面位置在实地测设之后,应测出各里程桩处的高程。绘制表示沿线起伏情况的纵断面图,以便进行线路纵向坡度、桥面位置、隧道洞口位置的设计。

断面图采用直角坐标法绘制,其横坐标表示水平距离,纵坐标表示高程。线路纵断面图是以中桩的里程为横坐标,以其高程为纵坐标绘制的。常用的里程比例尺有 1:2000 和 1:1000。在纵断面图上,为明显表示地形起伏状态,通常使高程比例尺为水平比例尺的 10 ~ 20 倍。图 14-21为定测阶段结束后,编绘的线路详细纵断面图。

二、线路横断面的测绘

在铁路、公路设计中,只有线路的纵断面图还不能满足路基、隧道、桥涵、站场等专业设计以及计算土石方数量等方面的要求,因此必须测绘横断面图。线路横断面测量的主要任务是在各中桩处测定垂直于道路中线方向的地面起伏,然后绘制横断面图。横断面图是设计路基横断面、计算土石方和施工时确定路基填挖边界的依据。横断面测量的宽度,由路基宽度及地形情况确定,一般在中线两侧各测 15 ~ 50m。

1. *确定横断面方向*

在线路上,一般应在曲线控制点、公里桩和线路纵、横向地形明显变化处测绘横断面。在大中桥头、隧道洞口、挡土墙等重点工程地段,应适当加密横断面。

横断面的方向,在直线地段与线路方向垂直;在曲线地段与各点的切线方向垂直。其确定方法可用方向架、经纬仪等进行。

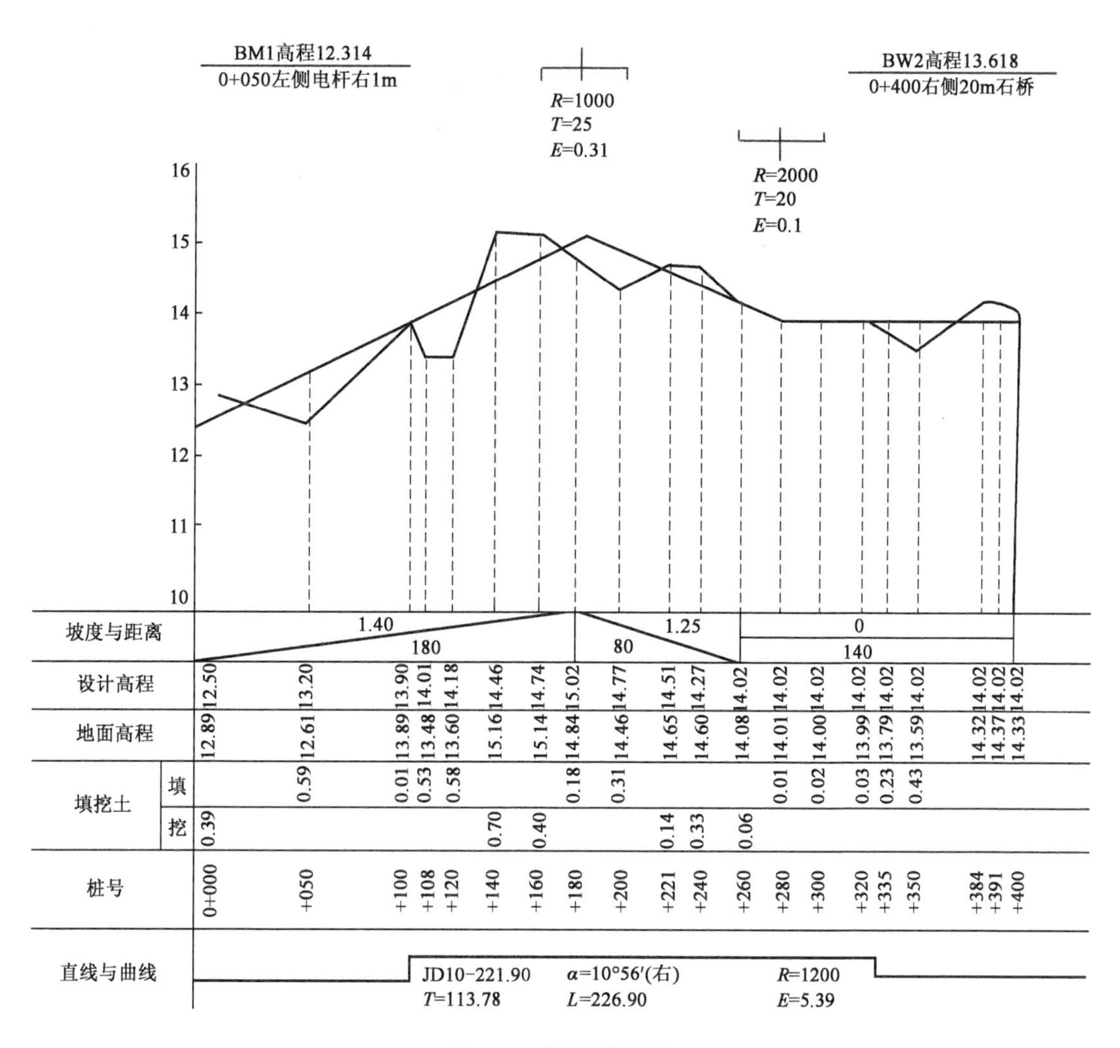

图 14-21 线路纵断面图

2. 横断面上点位的测定

横断面上中桩的地面高程已在纵断面测量时测出，横断面上各地形特征点相对于中桩的平距和高差可用经纬仪、水准仪皮尺法、全站仪、GNSS-RTK 等测定。

(1)采用经纬仪测量横断面时，是将仪器置于中线桩上，读取中线桩两侧各地形变化点的视距和垂直角，计算各观测点相对中桩的水平距离与高差。此法宜用于地形起伏变化大的山区。

(2)采用水准仪皮尺法测量横断面时，由方向架确定断面方向，皮尺量距，水准仪测量高差。该法适用于施测横断面较宽的平坦地区，如图 14-22 所示，水准仪安置后，则以中桩地面高程点为后视，以中桩两侧横断面方向地形特征点为前视，水准尺上读数至 cm。用皮尺分别量出各特征点到中桩的平距，量至 dm。记录格式见表 14-4 所列，表中按路线前进方向分左、右侧记录，以分式表示各测段的前视读数和平距。

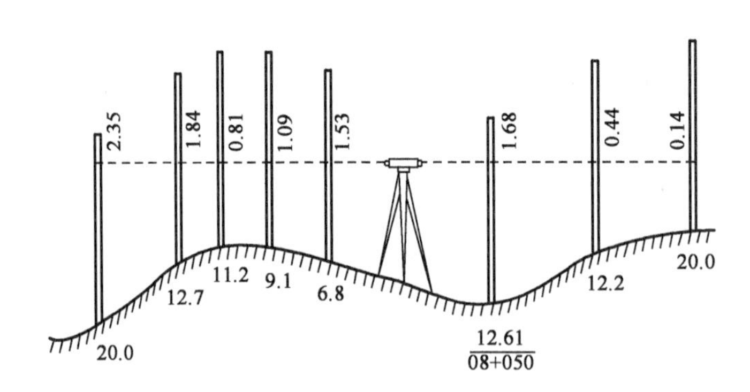

图 14-22　水准仪皮尺法测横断面

路线横断面测量记录　　表 14-4

$\dfrac{\text{前视读数}}{\text{距离}}$(左侧)	$\dfrac{\text{后视读数}}{\text{桩号}}$	(右侧)$\dfrac{\text{前视读数}}{\text{距离}}$
$\dfrac{2.35}{20.0}$ $\dfrac{1.84}{12.7}$ $\dfrac{0.81}{11.2}$ $\dfrac{1.09}{9.1}$ $\dfrac{1.53}{6.8}$	$\dfrac{1.68}{0+050}$	$\dfrac{0.44}{12.2}$ $\dfrac{0.14}{20.2}$

(3)采用全站仪测量横断面时,首先要建立横断面坐标系,即建立以各里程桩为坐标原点,以里程桩切线方向为 X'轴,法线方向为 Y'轴的临时坐标系。全站仪在该坐标系中测得的 X'值即为偏离 Y'轴(横断面的方向)的值,测得的 Y'值即为离 X'轴的距离(即至中线的垂直距离)。

将测量坐标系中的任一点 $P(X_p、Y_p)$转换成横断面坐标系中的坐标换算公式参见第一章第二节。

全站仪测量横断面的步骤为:

①选取视野开阔的已知点 P_1为测站,另一已知点 P_2为后视,按极坐标法测量断面点。

②测量里程桩的三维坐标,在横断面坐标系中,该点的坐标 $X'=0$,$Y'=0$。

③测量横断面的地形变化点,在横断面坐标系中,如果该点在断面方向上,则 $X'=0$,否则说明该点偏离横断面方向,如果超出允许范围,则由观测员指挥跑尺员调整位置;Y'值为地形变化点离里程桩的距离,正值为右侧,负值为左侧。同理测完其余各点。

3. 绘制横断面图

绘制横断面图的纵横比例尺应相同,一般采用1∶100 或1∶200。根据横断面测量中得到的各点间的平距和高差,检验横断面测量成果,横断面测量检测限差为:

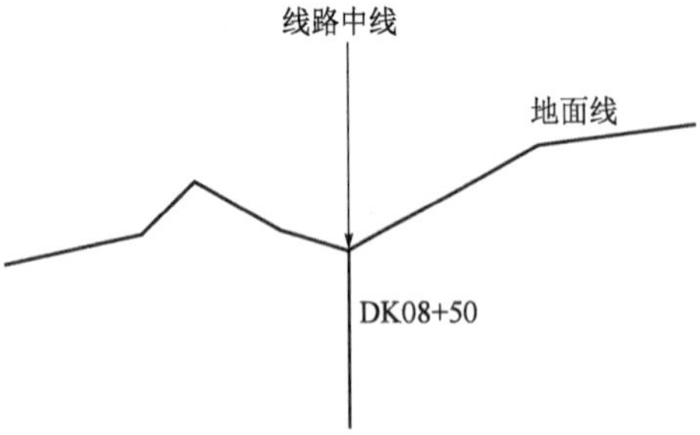

$$\Delta H_{限}=\pm\left(\frac{H}{100}+\frac{L}{200}+0.1\right)$$

$$\Delta L_{限}=\pm\left(\frac{L}{100}+0.1\right)$$

式中,H 为检查点至中桩的高差,(m);L 为检查点至中桩的水平距离(m)。

检验合格后,绘出各中桩的横断面图(图 14-23)。

线路中线　地面线　DK08+50

图 14-23　绘制横断面图

在横断面图上应标定中桩位置和里程,并逐一将地面特征点画在图上,再连接相邻点,即绘出横断面图。

第五节　线路施工测量

线路施工测量的主要任务是放样出作为施工依据的桩点的平面位置和高程。这些桩点是指线路中心位置的中线桩和路基施工边线的边桩。线路中线桩在定测时已在地面标定,但由于施工与定测间相隔时间较长,往往桩点已丢失、损坏或移位,在施工之前必须进行中线的恢复工作和对定测资料进行可靠性和完整性检查,这项工作称为线路复测。修筑路堤之前,需要在地面上把路基工程界线标定出来,这项工作称为路基边坡放样。

一、线路复测

线路复测工作的内容和方法与定测时基本相同。施工复测前,施工单位应检核线路测量的有关图表资料,会同设计单位进行现场桩橛交接。主要桩橛有:直线转点、交点、曲线主点、有关控制点、导线点、水准点等。

线路复测内容包括:转向角测量、直线转点测量、曲线控制桩测量和线路水准测量等。其目的是恢复定测桩点和检查定测质量,而不是重新测设,所以要尽量按定测桩点进行。若桩点有丢失和损坏,则应予以恢复;若复测和定测成果的误差在允许范围之内,则以定测成果为准;若超出允许范围,应查找原因,确定证明定测资料错误或桩点位移时,方可采用复测资料。

线路复测的精度和要求应符合规范相应等级的规定,依据《铁路工程测量规范》(TB 10101—2018)之规定,铁路线路控制测量复测限差要求如表14-5所示。

铁路线路控制测量复测限差要求　　表14-5

<table>
<tr><th rowspan="2">复测内容</th><th rowspan="2">方法</th><th rowspan="2">控制网</th><th rowspan="2">复测等级</th><th colspan="2">线路控制测量复测限差要求</th></tr>
<tr><th>坐标较差限差(mm)</th><th>相邻点相对精度限差(相邻点边长大于800m)</th></tr>
<tr><td rowspan="7">平面控制网</td><td rowspan="4">GNSS</td><td rowspan="2">CPⅠ</td><td>二等、三等</td><td>20</td><td>1/130000;1/80000</td></tr>
<tr><td>四等</td><td>25</td><td>1/50000</td></tr>
<tr><td rowspan="2">CPⅡ</td><td>三等、四等</td><td>15</td><td>1/80000;1/50000</td></tr>
<tr><td>五等</td><td>20</td><td>1/30000</td></tr>
<tr><td rowspan="3">导线测量</td><td colspan="2"></td><td>水平角较差(″)</td><td>边长较差(mm)</td></tr>
<tr><td>CPⅡ</td><td>三等、四等、一级</td><td>5;7;11</td><td>$2m_D$</td></tr>
<tr><td>CPⅢ</td><td></td><td>8</td><td>8</td></tr>
<tr><td rowspan="2">高程控制网</td><td rowspan="2">水准测量</td><td colspan="2"></td><td colspan="2">检测控制点高差之差限差(mm)</td></tr>
<tr><td colspan="2">二等、精密水准、三等、四等、五等</td><td colspan="2">$\pm6\sqrt{L}$; $\pm12\sqrt{L}$; $\pm20\sqrt{L}$; $\pm30\sqrt{L}$; $\pm40\sqrt{L}$</td></tr>
</table>

注:m_D为测距中误差;L为检测水准路线长度,单位为km。

线路中桩复测可采用导线测量、GNSS-RTK测量、水准测量等进行,复测限差要求为:桩点

的纵向桩位限差为 $S/2000+0.1$(S 为转点至桩位的距离,单位为 m),桩点的横向桩位限差为每 100m 不应大于 5mm,当点位距离超过 400m 时,亦不应大于 20mm;曲线横向闭合差为 10cm;采用 GNSS-RTK 进行中桩复测时,桩位限差为平面坐标互差应小于 7cm。桩位高程限差为 ±10cm。

中桩点在施工中将被填挖掉,因此在线路复测后,路基施工前,对中线的主要控制桩(如交点、直线转点及曲线五大桩)应设置护桩。护桩位置应选在施工范围以外不易被破坏的地方。一般设两根交叉的方向线,交角不小于 60°,每一方向上的护桩不少于 3 个。为便于寻找护桩,护桩的位置应用草图及文字作详细说明。

二、路基边坡放样

路基横断面是根据中线桩的填挖高度和所用材料在横断面上画出的。路基的填方称为路堤;挖方称为路堑;在填挖高度为零时,称为路基施工零点。

路基施工填挖边界线的标定,称为路基边坡放样。它是用木桩标出路堤坡脚线或路堑坡顶线到线路中线的距离,作为修筑路基填挖方开始的范围。设计横断面与地面实测横断面线之间所围的面积就是待施工(填或挖)的面积。根据相邻两个横断面面积和断面的间距,就可计算施工土方量。路基施工前除了要标定出中线桩以外,还要标定出路基的边桩,即路堤坡脚线或路堑的坡顶线。修筑路基的土石方工程就从边桩开始填筑和开挖。测设边桩可用下列方法。

1. 从横断面图上求出边桩位置

当所测的横断面图有足够的精度时,可在横断面图上根据填挖高度绘出路基断面,则左右两侧边桩离中线桩的水平距离从图上可直接量出。根据图上所得距离,在实地放出边桩,这是测设边桩最简单的方法。

2. 平坦地面路基边桩位置的测设

在平坦地面,路基边桩到中线桩的水平距离可用公式计算。如图 14-24 所示,水平距离 D_1 和 D_2 可按下式计算:

$$D_1=D_2=\frac{b}{2}+m\cdot H \tag{14-18}$$

式中,b 为路堤时为路基顶面宽度,路堑时为路基顶面宽加侧沟和平台的宽度;m 为边坡的坡度比例系数,填方通常为 1.5 或 1.75,挖方依地质条件而定,通常为 1.5、1、0.75 或 0.5 等;H 为中桩的填挖高度,可从纵断面图或填挖高表上查得。

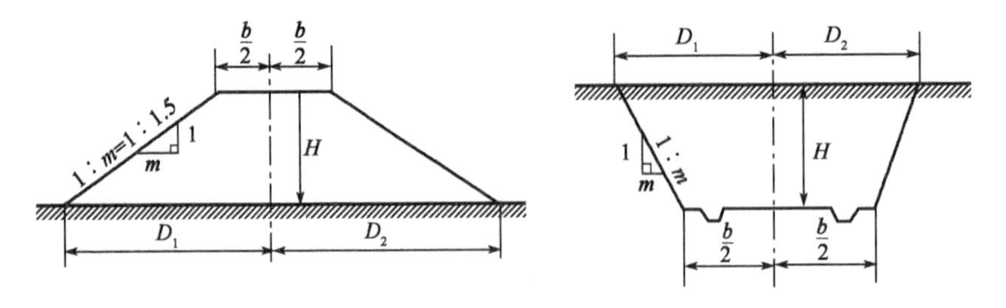

图 14-24　平坦地面路基边桩位置测设

3. 倾斜地面路基边桩位置的测设

当在倾斜地面上测设路基边桩位置时，不能利用式(14-18)直接计算路基边桩的水平距离，且路基两侧边桩的距离 D_1 和 D_2 也不相等，这时可用试探法在实地测设路堤或路堑边桩。

如图 14-25a)所示，当测设路堤的边桩时，在坡下一侧先估计大致的坡脚位置，假定在点 1 处。然后用水准仪测出 1 点与中桩的高差 h_1，再量出 1 点离中桩的水平距离 D_1'。当高差为 h_1 时，坡脚位置到中桩的距离应为：

$$D_1 = \frac{b}{2} + m(H + h_1) \tag{14-19}$$

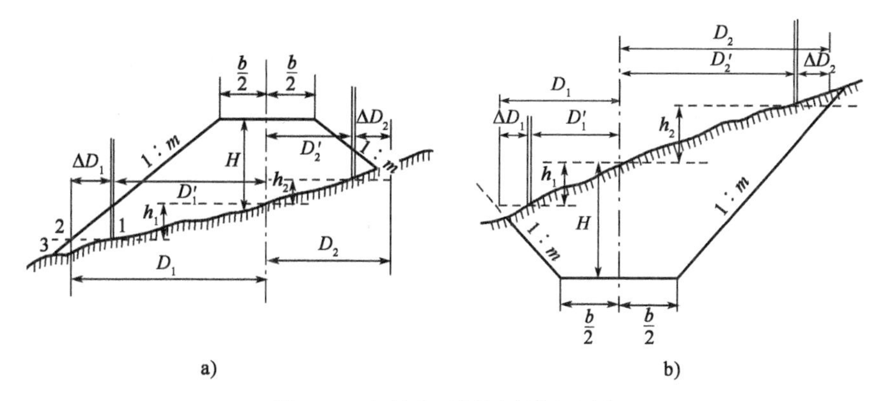

图 14-25 倾斜地面路基边桩位置测设

若计算所得的 D_1 大于 D_1'，说明坡脚应位于 1 点之外，如图 14-25a)所示；若 D_1 小于 D_1'，说明坡脚应在 1 点之内。按照差数 $\Delta D_1 = D_1 - D_1'$ 移动水准尺的位置(ΔD_1 为正时向外移，为负时向内移)，再次进行试测，直至 $\Delta D_1 < 0.1\text{m}$ 时，立尺点即可认为是坡脚的位置。从图 14-25a)上可以看出：计算出的 D_1 是 2 点到中桩的距离，而实际坡脚在 3 点，为减少试测次数，在路堤的坡下一侧，移动尺子的距离应稍大于 $|\Delta D_1|$。这样，一般试测一两次即可找出所需的坡脚点。

在路堤的坡上一侧，D_2 的计算式为：

$$D_2 = \frac{b}{2} + m(H - h_2) \tag{14-20}$$

而实际测得为 D_2'。根据 $\Delta D_2 = D_2 - D_2'$ 来移动尺子，但移动的距离应略小于 $|\Delta D_2|$。

如图 14-25b)所示，当测设路堑的边桩时，在坡下一侧，D_1 按下式计算：

$$D_1 = \frac{b}{2} + m(H - h_1) \tag{14-21}$$

实际量得为 D_1'。根据 $\Delta D_1 = D_1 - D_1'$ 来移动尺子，ΔD_1 为正时向外移，ΔD_1 为负时向里移。但移动的距离应略小于 $|\Delta D_1|$。

在路堑的坡上一侧，D_2 按下式计算：

$$D_2 = \frac{b}{2} + m(H + h_2) \tag{14-22}$$

实际量得为 D_2'。根据 $\Delta D_2 = D_2 - D_2'$ 来移动尺子，但移动的距离应稍大于 $|\Delta D_2|$。

三、路基高程的放样

路基高程的放样是通过中桩高程测量，在中桩和路肩边上竖立标杆，杆上划出标记，表示需要填筑的高度(图14-26)。如果填土高度较大,标杆长度不够时,可在桩上先划出一标记,再注明填土高度到标记以上若干米。挖土时,在标桩上划一记号,再注明需要下挖的尺寸。待土方接近设计高程时,再用水准仪精确标出最后应达到的高程。

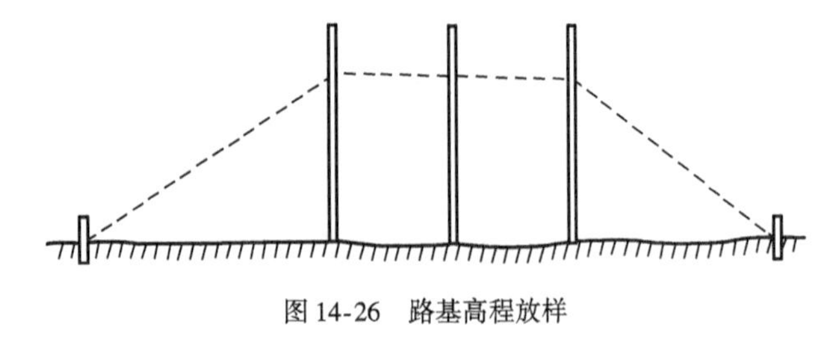

图14-26　路基高程放样

通常给出的设计高程是指路肩边的高程,可自纵断面图上查得。但是到路基最后整修时,所测设的是中桩路基面的高程。

第六节　线路竣工测量

在路基土石方工程完工以后,应进行线路竣工测量,其目的是最后确定中线位置,同时检查路基施工质量是否符合设计要求。它的内容包括中线测量、高程测量和横断面测量。

一、中线测量

首先根据护桩将主要控制点恢复到路基上。在有桥梁、隧道的地段,进行线路中线贯通测量,应检查桥、隧的中线是否与恢复的线路中线相符合。如果不相符合时,应从桥梁、隧道的线路中线开始向两端引测。贯通测量后的中线位置应符合路基宽度和建筑物接近限界的要求,同时中线控制桩和交点桩应固桩。

对曲线地段,应交出交点,重新测量转向角。当新测角值与原来转向角值差在允许范围内时,仍采用原来的资料。测角精度与复测时相同。曲线的控制桩点应进行检核,曲线的切线长、外矢距等检查误差在1∶2000以内时,仍用原桩点。曲线横向闭合差不应大于5cm。

在中线上,直线地段每50m,曲线地段每20m测设一桩。道岔中心、变坡点、桥涵中心等处需钉设加桩。全线里程自起点连续计算,消除由于局部改线或假设起始里程而造成的里程"断链"。

二、高程测量

竣工时应将水准点引测到稳固建筑物上或埋设永久性混凝土水准点,其间距不应大于2km,其精度与定测时要求相同,全线高程必须统一,消除因采用不同高程基准而产生的"断高"。中桩高程按复测方法进行,路基高程与设计高程之差不应超过5cm。

三、横断面测量

主要检查路基宽度。侧沟、天沟的深度、宽度与设计值之差不得大于5cm,路基护道宽度误差不得大于10cm。若不符合要求且误差超限时,应进行整修。

第七节　高速铁路测量

一、概述

按设计标准，铁路分为普速铁路和高速铁路，根据国际铁道联盟（International Union of Railways，UIC）的定义：高速铁路指允许速度达到250km/h的高速，或允许速度达到200km/h的既有线。高速铁路可分线下工程和轨道系统两部分。线下工程是指铁路的路基、桥梁、隧道和涵洞等，线下工程的施工精度不高，通常为厘米级，施工测量方法与传统铁路并无本质区别。轨道系统是在线下工程完工，且各种变形趋于稳定后，以线下工程为依托，通过特殊精调装置和专用测量设备，将轨道构件如轨道板、轨枕、钢轨等精确测设到设计位置，形成高平顺的轨道系统。线下工程测量和轨道系统测量有本质区别，高速铁路实现列车高速行驶的前提条件是轨道系统的高稳定性和高平顺性。与普速铁路的主要区别是要一次性地建成稳固、可靠的线下工程和高平顺性的轨道系统。线下工程的高稳定性需依靠对变形和沉降的严格控制来实现，轨道系统的高平顺性则要依靠精密测量技术。因此，变形控制和精密测量技术是高速铁路建设中与测量相关的两大关键技术。高速铁路实现列车高速行驶的前提条件：①轨道系统的高稳定性，一次性建成稳固、可靠的线下工程、严格控制沉降和变形；②轨道系统的高平顺性，精密测量技术：测量精度0.3mm；特殊测量手段：严格控制误差传递和积累，确保轨道平顺。

高速铁路轨道系统的施工测量属于精密工程测量范畴，其实质是精密的安装、定位测量，控制基准是轨道控制网。轨道控制网的精度要求是点位绝对精度2mm，相邻点间的相对精度1mm。轨道铺设精度（指两根轨枕间的轨道相对精度）为0.3mm。

本节主要介绍高速铁路控制网测量方法和精度要求，轨道系统精密测设、定位等内容。

二、高速铁路控制测量

1. 平面控制网

高速铁路平面控制网分四级布设，第一级为框架控制网，简称为CP0网；第二级为基础控制网，简称CPⅠ网；第三级为线路控制网，简称CPⅡ网；第四级为轨道控制网，简称CPⅢ网。上一级网是下一级网的起算基准。CP0网、CPⅠ网、CPⅡ网采用卫星定位技术建立（在隧道洞内的CPⅡ网采用导线法建立），CPⅢ网采用自由设站边角交会法建立。依据《高速铁路工程测量规范》（TB 10601—2009）的规定，高速铁路各级平面控制网的主要技术要求如表14-6所列。

高速铁路各级平面控制网的主要技术要求　　表14-6

控制网	测量方法	测量等级	点间距	相对点位精度（mm）	备注
CP0	GNSS	—	50km	20	—
CPⅠ	GNSS	二等	≤2km一个点或 ≤4km一对点	10	点间距≥800m

续上表

控制网	测量方法	测量等级	点间距	相对点位精度(mm)	备注
CPⅡ	GNSS	三等	400m～800m	8	—
	导线	三等	400m～800m	8	附合导线网
CPⅢ	自由测站边角交会	—	50～70m一对点	1	—

注:1. CPⅡ网采用GNSS测量时,CPⅠ网可按4km一个点布设。
2. 相邻点的相对中误差指X、Y坐标分量中误差。

框架控制网在线路初测前采用GNSS测量方法建立,全线一次性布网,统一测量,整体平差。CP0控制点应沿线路走向每50km左右布设一个点,在线路起点、终点或与其他线路衔接地段,应至少有1个CP0控制点。CP0控制网应与IGS参考站或国家A、B级GNSS点进行联测。全线联测的已知站点数不应少于2个,且在网中均匀分布。每个CP0控制点与相邻的CP0连接数不得小于3;IGS参考站或国家A、B级GNSS点与其相邻的CP0连接数不得小于2。CP0控制网应以2000国家大地坐标系作为坐标基准,以IGS参考站或国家A、B级GNSS控制点作为约束点,进行控制网整体三维约束平差。

基础控制网(CPⅠ网)在线路初测阶段建立,全线(段)应一次布网,统一测量,整体平差。CPⅠ控制网应沿线路走向布设,控制点每2km一个点或每4km一对点,点对间距不宜小于800m,宜设在距线路中心50～1000m范围内不易被施工破坏、稳定可靠、便于测量的地方。点位布设宜兼顾桥梁、隧道及其他大型构(建)筑物布设施工控制网的要求,CPⅠ网应构成由三角形、大地四边形组成的带状网,并附合在CP0网上。基础控制网的三维约束和无约束平差应在2000国家大地坐标系中进行,将基础控制网在2000国家大地坐标系中的空间直角坐标分别投影到相应的投影带,得到控制点在各投影带中的工程独立坐标。

线路控制网(CPⅡ网)在线路定测阶段建立,采用GNSS测量或导线测量方法施测。CPⅡ控制点宜选在距线路中线50～200m范围内、稳定可靠、便于测量的地方,应构成由三角形、大地四边形组成的带状网,并附合在CPⅠ网上。全线应一次布网、测量和整体平差。CPⅡ网的三维约束和无约束平差在2000国家大地坐标系中进行,三维约束平差起算点是所联测CPⅠ点。CPⅡ控制网的二维平面坐标是高速铁路线路工程独立坐标系中的坐标系统,CPⅡ控制网在2000国家大地坐标系中的空间直角坐标,分别投影到相应的平面坐标投影带中。

轨道控制网(CPⅢ网)在线下工程施工结束和沉降变形趋于稳定以后建立,是平面和高程共点的三维控制网,平面上是以CPⅠ点或CPⅡ点为已知点的一种全新的自由设站地面边角交会控制网,其主要作用是为轨道板铺设、钢轨铺设和检校提供基准。

2. 高程控制网

高速铁路高程控制测量划分为二等、精密水准、三等、四等、五等,各等级高程控制测量宜采用水准测量,三等及以下高程控制测量可采用光电测距三角高程测量,精度要求应符合相应规范中的各等级主要技术要求。高速铁路的高程控制网分为线路水准基点控制网和CPⅢ轨道高程控制网。线路水准基点应沿线路布设成附合路线或闭合环,沿线路约2km左右埋设一点,重点工程(大桥、长隧及特殊路基结构)地段应根据实际情况增设水准基点,水准点应选在土质坚实、安全僻静、观测方便和利于长期保存的地方。点位距线路中线50～300m为宜,并联测沿线的国家一、二等水准点;部分二等水准点与CPⅠ点共用标石;在平原地区,一般采用二等水准测量施测,相邻点的高差中误差不应大于2mm/km。在山岭、沼泽及水网地区,水准测量有困难时可采用精密三角高程测量施测。由于高速铁路对线下工程的稳定性要求很高,兼顾线下工程沉降监测的需要,沿线二等水准点常作为沉降监测的基准点。因此,在软土和区域沉降地区,要求每隔10km左右设置一个深埋水准点,每隔50km左右设置一个基岩水准点。

CPⅢ轨道高程控制网水准测量应附合于线路水准基点,点间距50~70m,按精密水准测量技术要求施测,水准路线附合长度不得大于3km,相邻CPⅢ点高程的相对中误差不应大于0.5mm。

3. 轨道控制网(CPⅢ网)

CPⅢ网是在工程独立坐标系下的精密三维控制网,在路基、桥梁、隧道等线下工程施工完成,并且各种变形趋于稳定,通过沉降变形评估和具备轨道工程施工条件后,在线下工程的结构物上布设。

(1)CPⅢ网布设

CPⅢ控制点成对且对称布置,一对点之间的间距为9~15m,点对之间的间距约60m,CPⅢ控制点要永久保存,或需建专用观测墩,或埋设在桥梁防护墙上,或埋设在隧道边墙上(隧道段)。CPⅢ网是一种狭长而规则的控制网,CPⅢ网为高速铁路轨道系统施工和线路运营维护带来了极大方便。

(2)CPⅢ控制网的施测

CPⅢ网测量应采用自由测站边角交会测量法和导线测量法施测。

①自由测站边角交会测量法。

CPⅢ测量前应对全线的CPⅠ、CPⅡ控制网进行复测,并采用复测后合格的CPⅠ、CPⅡ成果进行CPⅢ控制网测设。CPⅢ平面网应附合于CPⅠ、CPⅡ控制点上,每600m左右(400~800m)应联测一个CPⅠ或CPⅡ控制点,自由测站至CPⅠ、CPⅡ控制点的距离不宜大于300m。自由测站间距一般约为120m,自由测站到CPⅢ点的最远观测距离不应大于180m;每个CPⅢ点至少应保证有三个自由测站的方向和距离观测量,CPⅢ网水平方向应采用全圆方向观测法进行观测。测量时只需整平仪器,就可通过4~8个CPⅢ点,根据边角后方交会原理,精确设置测站(利用8个CPⅢ点设站,设站点三维坐标分量的精度通常优于0.7mm,定向精度优于2″),随时进行精密三维测量。CPⅢ网采用自由设站后方边角交会方式布设,用高精度智能型全站仪进行自动化测量。网形如图14-27所示。

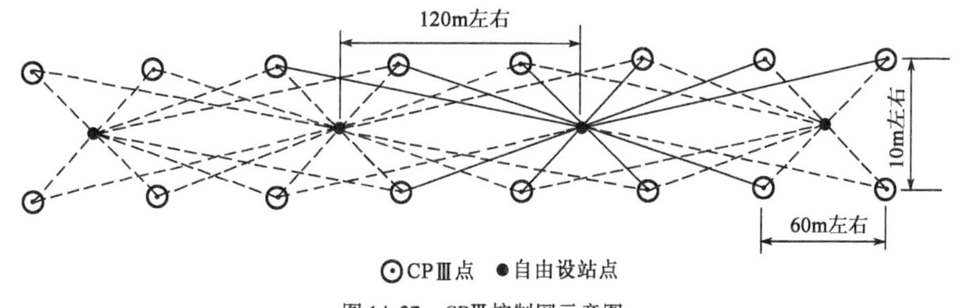

图14-27 CPⅢ控制网示意图

CPⅢ网与CPⅠ、CPⅡ控制点联测时,应至少通过2个自由测站或3个以上CPⅢ点进行联测,且联测点到测站的距离应小于200m,联测方法如图14-28所示。

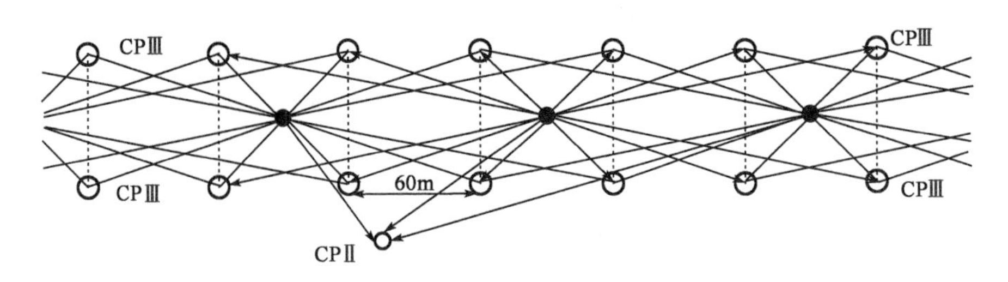

图 14-28　CPⅢ联测示意图

②导线测量法。

CPⅢ控制网也可用导线法测量,CPⅢ控制点距线路中线的距离宜为 2.5 ~ 4m,间距宜为 150 ~ 200m,应附合到 CPⅠ或 CPⅡ控制点,采用固定数据平差。采用附合导线方式构网,每 400 ~ 800m 联测一次高级 CPⅠ或 CPⅡ控制点,每 4km 左右进行一次方向闭合,可根据施工需要分段测量,分段测量长度不宜小于 8km,重叠区段不应小于 2 个 CPⅢ控制点。CPⅢ控制网按一级导线的精度要求施测。

全站仪的测量成果要在工程独立坐标系中,工程独立坐标系应确保轨面上的长度投影变形不大于 10mm/km。利用联测的 CPⅡ点作为强制约束点,分段进行约束平差,分段长度不能小于 4km,要求平差后点位绝对精度优于 2mm,相邻点的相对精度优于 1mm。

CPⅢ高程也可利用二等几何水准施测,要求相邻 CPⅢ点高程的相对精度为 0.5mm。就几何水准而言,这一精度要求并不很高,实现起来也比较容易。

4. 三网合一技术

CPⅠ网在高速铁路的勘测和建设期间起重要作用,并得到较好的保护,但很难在高速铁路的寿命期内完整保存。CPⅡ网点到线下工程完工时,一部分将因施工而被破坏,幸存的大部分 CPⅡ点,也将因通视或不满足联测要求(CPⅡ和 CPⅢ联测时,联测距离不能超过 200m)等原因而失去作用。鉴于以上原因,在轨道工程施工前,应在高速铁路建筑红线以内,布设一个全新的 CPⅡ网。新布设的 CPⅡ点要求埋设在高速铁路线下工程的结构物上,采用不锈钢标志,以便长期保存。新布设的 CPⅡ网宜将全部 CPⅠ点纳入网中,形成整体网,并将 CPⅠ网的无约束平差坐标作为约束条件,在 WGS84 系中进行整网三维约束平差。平差成果先转换至 2000 国家大地坐标系中,再根据实际需要,分段转换至工程独立坐标系中,为 CPⅢ网提供平面控制基准。这样,CPⅠ、CPⅡ、CPⅢ就形成一个三网合一的整体网,如图 14-29 所示。通过 CPⅠ网的联系作用,整体网具有两套坐标:一套是国家测绘基准下的坐标,另一套是工程独立基准下的精密坐标。为在高速铁路轨道系统精密测量和运营维护期间的测量提供测绘保障。

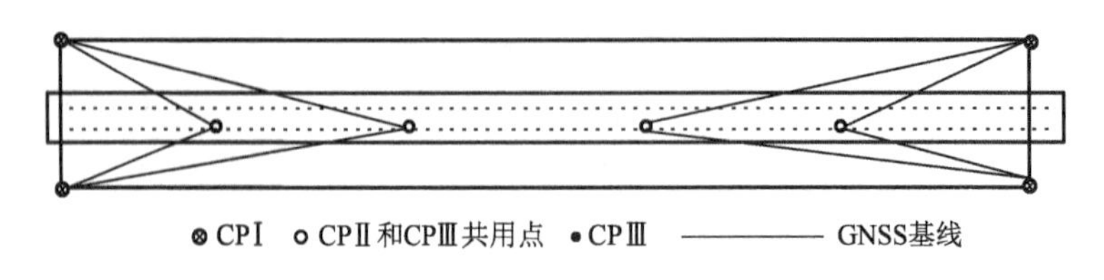

图 14-29　CPⅠ、CPⅡ、CPⅢ三网合一示意图

三、轨道系统精密测量

轨道系统的测量工作是高速铁路建设的关键环节，涵盖内容较多，精度要求各异。轨道系统现浇混凝土施工（如路基支承层、桥上底座板等）的测量工作量很大，与常规测量虽有差别，但精度通常为3～5mm，本节不做介绍。本节主要介绍轨道系统精调的基本方法。

我国的铁路轨道系统分为有砟轨道和无砟轨道，无砟轨道CRTS（China Railway Track System）分为双块式无砟轨道与板式无砟轨道，按施工方法划分，双块式无砟轨道系统又分为CRTS Ⅰ型和CRTS Ⅱ型双块式无砟轨道，CRTS Ⅰ型双块源于德国雷达2000技术，将预制的双块式轨枕组装成轨排，以现场浇注混凝土方式将轨枕浇入均匀连续的钢筋混凝土道床内；CRTS Ⅱ型双块源于德国旭普林技术，将预制的双块式轨枕通过机械振动法嵌入现场浇注的均匀连续的钢筋混凝土道床内形成整体。板式无砟轨道分为CRTS Ⅰ型、CRTS Ⅱ型和CRTS Ⅲ型板式无砟轨道，CRTS Ⅰ型板式无砟轨道是将预制轨道板通过水泥沥青砂浆调整层，铺设在现场浇注的钢筋混凝土底座上，由凸形挡台限位，没有承轨台，扣件活动量大，铺设精度要求低；CRTS Ⅱ型板式又称纵连板式无砟轨道，CRTS Ⅱ型板式和CRTS Ⅲ型板式铺设方法相近，是将预制轨道板通过水泥沥青砂浆调整层，铺设在现场摊铺的混凝土支承层或现场浇筑的具有滑动层的钢筋混凝土底座（桥梁）上；但CRTS Ⅲ型板式铺设精度要求稍低。

高速铁路无砟轨道调校分粗调和精调，采用全站仪自由设站法测量，配合轨检小车进行。首先按照图14-30所示方法，利用前后各两对CPⅢ点自由设站，然后测量轨检小车上的棱镜，小车的电脑系统可以实时显示左、右钢轨的调整量，如图14-31所示。

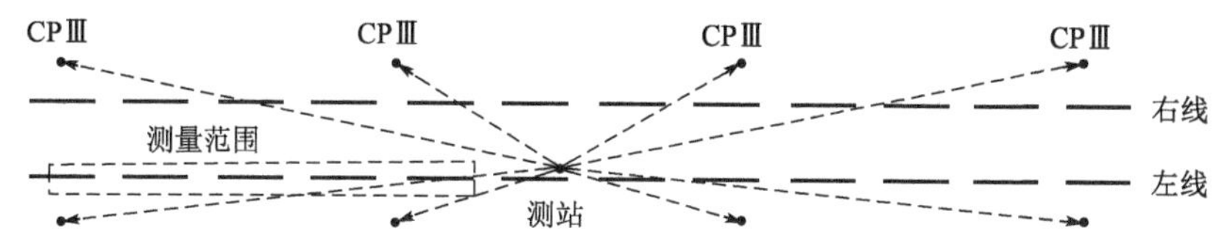

图14-30 利用CPⅢ自由设站测量示意图

图14-31 轨检小车测量示意图

设站时仪器尽量架设在所测轨道的中间，且测站前后的CPⅢ点大致对称，左右线分别设站和测量。粗调时，单站测距范围不超过100m，每隔3～5根轨枕（承轨台）测量一个点，通过多遍调整，将轨道大致调整到设计位置（与设计值偏差控制在1～2mm）。精调时，单站测距范围不超过70m，逐枕测量，通过多次反复调整，将轨道精确调整到设计位置。

有砟轨道可以对轨排进行整体调整,而无砟轨道需要通过更换不同尺寸的扣件来调整轨道。实际作业时,先将一根钢轨(称基本轨)调整到位,然后利用轨道尺以基本轨为基准,将另一根钢轨调整到位。直线地段基本轨可以自由选择;曲线地段的轨道高程以内轨为准,外轨存在超高平面和高程的基本轨要分开,且平面选外轨,高程选内轨。

曲线外轨超高 h 通常小于 150mm,轨距计算基长 L 为 1500mm,平距 d 和 h、L 有如下关系:

$$L = \sqrt{d^2 + h^2} \tag{14-23}$$

当 L 固定时,d 和 h 有如下微分关系:

$$\delta d = \frac{h}{\sqrt{L^2 - h^2}}\delta h \leqslant \frac{1}{10}\delta h \tag{14-24}$$

当 d 固定时,L 和 h 有如下微分关系:

$$\delta L = \frac{h}{L}\delta h \leqslant \frac{1}{10}\delta h \tag{14-25}$$

曲线地段无砟轨道应按如下过程进行精调:

(1)将外轨高程大致调整到位,平面位置精确调整到位。

(2)以外轨为平面基准,利用轨道尺固定轨距,通过高程测量,将内轨精确调整到设计位置。

(3)以内轨为基准,利用轨道尺控制超高,将外轨精确调整到设计位置。

四、轨道板精调

轨道板分为 CRTS Ⅰ型和 CRTS Ⅱ型,CRTS Ⅰ型板没有承轨台,扣件活动量大,轨道板施工精度低,本节主要介绍 CRTS Ⅱ型板精调技术。

1. 博格精调技术

CRTS Ⅱ型板施工过程如图 14-32 所示,首先施工下部基础;然后利用六个精调器,配合测量机器人,将轨道板逐块精确调整到设计位置;最后,通过灌注孔灌注 CA 砂浆,填充轨道板和下部基础之间的空隙。

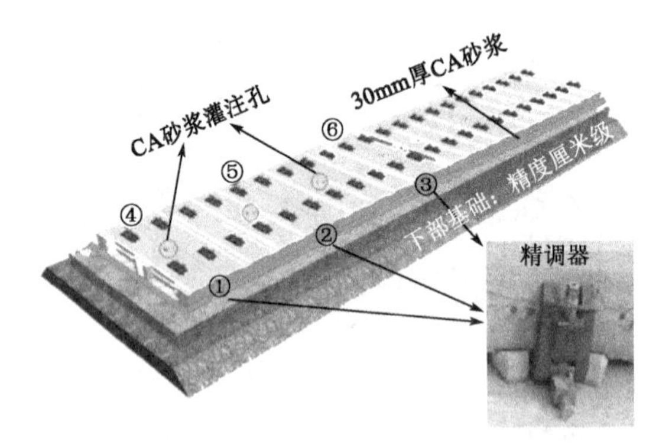

图 14-32　CRTS Ⅱ型板施工原理示意图

CRTS Ⅱ型轨道板的安装精度很高,绝对精度 1mm,板与板之间的相对精度 0.3mm,利用博格精调标架(图 14-33),配合测量机器人进行 CRTS Ⅱ轨道板精调。

图 14-33 CRTS Ⅱ 型板专用精调标架

博格技术的测量原理：精确测量标架上的某一棱镜，可得到该棱镜代表的轨道特征点的三维实测坐标，与理论坐标求差，就得到该棱镜所在点的纵向调整量 d_X、横向调整量 d_Y、竖向调整量 d_H，通过三个方向的精调，将每个承轨台从实测位置调整到设计位置。

2. 基于轨道的轨道板精调技术

该技术是利用自定心钢轨模拟装置模拟轨道特征点，钢轨模拟装置具备自定心功能，确保底座中心自动移至轨道中心，棱镜中心刚好位于钢轨顶的设计位置。

精调原理：用全站仪测量钢轨模拟装置上轨道特征点的三维坐标，根据实测坐标与设计线路的位置关系，确定轨道特征点的偏移量，从而将三维问题化为点与线之间的二维调整。该技术的特点是：利用了 CPⅢ网，采用全站仪自由设站测量，操作方便、精度高、速度快。

精调步骤如图 14-34 所示。

图 14-34 基于轨道的轨道板精调过程示意图

(1)在合适位置架设全站仪,利用测站前后各4个CPⅢ点,按边角后方交会法设站,获得测站三维坐标和方位。

(2)在仪器前面第四块轨道板的首端、中间、末端三对承轨台上各放置一个钢轨模拟装置,测量并精调轨道板首、末两端,通过逐步趋近,将其调整到设计位置;

(3)测量中间承轨台的三维坐标,将轨道板中部的高程调整到位;

(4)重复(2)、(3)步,将仪器前面的第3和第2块轨道板调整到位;

(5)全站仪后退3块轨道板,设站并精调后续轨道板。

思考题与习题

1. 名词解释:线路测量;初测;定测;交点;基平测量;横断面测量;纵断面测量;平面曲线;缓和曲线;竖曲线;复曲线;曲线测设;框架控制网(CP0网);基础平面控制网(CPⅠ网);线路平面控制网(CPⅡ网);轨道控制网(CPⅢ网)。

2. 线路初测、定测阶段测量工作的主要内容是什么?

3. 定测中线放样有哪些方法?试比较它们的优缺点及适用条件。

4. 试述横断面测量的目的和主要方法?

5. 线路施工复测的目的是什么?线路复测的内容是什么?

6. 线路竣工测量包括哪些内容?

7. 平面曲线测设的方法有哪些?试比较它们的优缺点及适用条件。

8. 已知交点JD的里程为DK19+513.00,线路转角$\alpha_{右}=28°10'24''$,圆曲线半径$R=480\text{m}$。试计算圆曲线的要素及各主要点的里程。

9. 已知交点JD的里程为DK21+571.21,线路转角$\alpha_{右}=25°38'34''$,圆曲线半径$R=600\text{m}$,缓和曲线长度为60m。试计算:

(1)曲线的要素及各主要点的里程。

(2)若曲线各细部点以20m为间隔,计算各曲线点在切线直角坐标系中的坐标。

(3)说明曲线测设的步骤。

10. 高速铁路控制网布网原则是什么?

11. 高速铁路轨道板精调的技术方法是什么?

第十五章

桥隧施工测量

【本章提要】

本章主要介绍了桥隧测量的内容、方法和特点,包括桥梁施工控制测量、地形测量、断面测量、施工测量、变形监测以及竣工测量等;隧道施工控制测量、施工测量、变形监测以及竣工测量等。

【学习要求】

通过本章的学习,应熟悉桥隧测量的内容、方法和特点,掌握桥梁施工控制测量、地形测量、断面测量、施工测量、变形监测以及竣工测量,掌握隧道施工控制测量、施工测量、变形监测以及竣工测量等。

第一节 概　　述

一、桥梁测量概述

桥梁在交通工程及城市建设中占有重要的地位,是铁路、公路工程建设的重要组成部分之一。桥梁工程往往地处交通繁杂地带,投资大、周期长。常见的桥梁有跨越河川峡谷的桥,有穿越城市街道的高架桥,有横直交错的立交桥等。桥梁有长短、大小之分(表15-1),桥梁工程的建造包括桥梁选址、桥梁设计到桥梁施工的全过程,其建设难易程度也将因桥梁的不同类型而异。桥梁是交通工程建设的重要设施,是地区性经济发展的标志,特别是在现代化建设中,大桥、特大桥成为城市交通建设的时代象征。

桥梁类型与桥长(单位:m)　　表 15-1

桥梁类型		小桥	中桥	大桥	特大桥
铁路桥长		≤20	20~100	100~500	>500
公路桥长	单孔	5~20	20~40	>40	>100
	多孔	8~30	30~100	>100	>500

桥址工程测量是桥梁工程建设的基础性工作,目的是为桥梁工程选址研究及设计提供准确可靠的数据和图件。桥梁测量工作必须因地制宜,采取适当的措施,解决困难环境中的测量技术问题。桥梁测量工作内容有:地形测量、断面测量、控制测量、施工测量及变形测量等。

1. 桥址选线

桥址选线是一项极其重要的工作,所涉及的问题很多且非常复杂。首先必须掌握建桥任务所要解决的主要问题,对桥址区的地形和工程地质条件、河道的演变和现状、水流情况、船筏走行情况、水工建筑物现状、环境景观、与线路总走向的配合,以及有关坐标、高程等作全面的了解。

桥址选线尽可能利用搜集的已有资料和地形图(比例尺较小,一般为1∶1万、1∶2.5万、1∶5万)进行预选,再经过现场踏勘以及有关资料的调查搜集,经研究比较,选出有比较价值的桥址方案后,要在现场定线,进行必要的实地补充测绘、水文测验和地质勘探,以便选出最佳桥址,满足建桥的要求。

2. 地形测绘

桥址地形测绘主要有两类:桥址方案平面图和桥址平面图,此外,有时需要测绘有特殊需要的地形图。

桥址方案平面图要求能满足选择桥址、桥头引线、概略布设桥头建筑物、导流设施和施工场地轮廓线的需要。桥址平面图是供桥梁平面设计应用的地形图,一般只对推荐的主要桥址方案或初测选定的桥址进行测绘。桥址方案平面图的比例尺一般为1∶2000~1∶5万,桥址平面图的比例尺一般为1∶500~1∶1万。

地形图等高线间距,平坦地区为0.5~2.0m,困难地区为5~10m;地形测点水平间距一般不得超过图纸上距离2cm,平坦地区可酌情予以放宽,对于桥址两岸陡峻地段及对于河岸、陡坎、河床沟心、河滩、河汊、水流边线、植被边界、建筑物处地形、地貌,应适当加密测点。

陆上地形测量方法见线路测量的有关部分。河床水下地形测量的测深方法有测深杆、测深锤、回声探测仪等,测深点定位的方法有断面索法、交会法等。

3. 桥址断面测量

在桥址测定并定桩后,就要进行一次全断面(包括水深测量在内)的桥址断面测量。两岸要测至历史最高洪水位以上0.5m,漫滩较宽的河流测至洪水边界或两岸防洪大堤,或根据引桥预计延伸长度施测。断面测点水面以上部分依地形变化确定,应尽量在线路中线测量,按要求一次完成。如线路中线加桩不足,可根据中线桩在地形变化处加密。测点距离在山区不得大于5m,平坦地区不得大于20~40m。加桩高程施测误差不得大于0.1m。断面图绘制比例尺为1:200~1:500,特长桥可采用1:1000。

水下部分以水下地形测量的方法进行施测。

二、桥梁施工测量基本内容

1.桥梁施工控制网的建立与维护

桥梁施工控制网包括平面控制网和高程控制网。

(1)平面控制网的建立

平面控制网一般采用三角网或GNSS网方式建立,其网形和精度根据工程的具体布局和特点制定,对于特大桥梁,目前平面控制网的最弱点点位精度通常控制在5mm以内。为保证工程的施工精度和放样工作的方便,平面控制网根据桥梁的工程特点投影到特定的高程面上。平面控制点一般都需建立混凝土标墩,并埋设强制归心底盘。由于大型桥梁的施工期较长,各标点应建立在稳固的基础上,以确保控制点的稳定性,在基础松软地区,控制点基础一般应埋设钢管,以提高控制点的稳定性。

(2)高程控制网的建立

高程控制网一般采用精密水准测量方法建立,为使两岸的高程系统严格一致,需进行跨河水准测量。在计算高程控制网平差时,一般只选用某一岸的一个点作为基准点。当两岸都有高级水准点时,由于通常不清楚他们之间是否存在系统差,因此,首次观测时一般仍用一个点作为已知点,只有通过联测确认其不存在系统差时,才能将两个点都作为已知点使用。为使高程控制点能得到有效的检核,在施工区域附近应设置高程工作基点。

(3)控制网的复测

由于大型桥梁的施工期较长,且施工过程中难免对控制点稳定性带来一定的影响,因此,施工控制网应根据实际情况进行全面复测。在施工过程中,对常用的控制点也应进行必要的检测。控制网复测时,一般要求采用相同的网形和观测纲要,并严格要求坐标系统的统一,但由于施工进度的差异和控制点的实际使用情况,网形一般会发生一些变化。

(4)控制点交桩

控制网观测成果通过检查验收后,由业主向各标段施工单位及测量监理进行测量标点的交接工作。施工单位必须对下发成果进行检验,并提交检测报告。施工单位对所用的控制桩点应采取有效的保护措施。

(5)控制点加密

由于首级施工控制点间距大、密度相对较小,一般不能完全满足施工测量的需求,因此,施工单位应根据实际需要加密控制点。加密控制点的精度应满足工程放样的实际需求,并应有必要的检核。

2.桥墩基础施工测量

桥墩基础的放样可根据工程的实际需要采用常规测量技术或GNSS-RTK技术。在基础桩定位精度要求较高时,宜采用全站仪放样。桥墩基础施工测量的主要内容包括:

(1)钢管桩定位、垂直度和倾斜度控制测量、高程控制测量、打入桩顶中心与高程测量;

(2)平台施工放样及稳定性的定期检测;

(3)导向架定位测量;

(4)钢护筒定位、垂直度控制测量、高程控制测量、钢护筒下沉就位后的中心测量与顶面高程测量;

(5)承台施工放样与中心位置测量。

3. 引桥及主桥塔柱施工测量

塔柱放样主要控制塔柱的平面位置、垂直度和方向,另外,对塔柱顶部或其他变化部位的高程加以控制。塔柱平面位置的放样一般采用全站仪坐标法进行,当控制点不满足放样要求时,也可采用GNSS(静态)加全站仪的放样模式。塔柱高程的控制可采用精密三角高程方法,也可采用钢尺传递的方法。

塔柱顶部的支座应采用精密方法测定其位置和高程,并用其他方法进行校核。

斜拉桥索导管的定位主要控制其平面位置、高程和倾斜角。主塔中的索导管定位直接关系到主桥的质量,其放样精度高,难度大,定位测量应认真仔细,并用恰当的方法检核。索导管平面位置一般用全站仪坐标法测定,用交会法或其他控制点进行检核。其高程一般采用精密三角高程方法测定,并用钢尺传递高程进行检核。倾斜角用高差测量方法进行控制。

4. 塔柱变形观测

为保证主桥的线形,在架设钢箱梁过程中应测量塔柱的变形情况。塔柱变形一般采用全站仪坐标法进行,该法需在塔顶合适部位预设监测标点,并架设全反射棱镜。塔柱变形监测一般在钢箱梁吊装过程中进行,在某些特殊工况下应进行24h连续跟踪测量。

5. 引桥桥面测量

在引桥桥面架设的各阶段应对桥面的中心位置和高程进行测定。在预制梁(或现浇梁)架设后应首先测定其中心位置和高程,在施加预应力后应测定每跨两端及中间的高程,在调平层施工前、后都应对全线引桥的高程进行测定,测定的方法一般采用水准测量方法。

6. 主桥钢箱梁架设施工测量

钢箱梁架设中的测量主要是控制桥轴线的位置和主桥的线形,另外对主塔的变形应进行观测。主桥的轴线控制一般采用全站仪坐标法进行,利用合适的控制点进行测量,并用恰当的控制点进行检核。主桥线形的测定一般采用水准测量方法进行,在每节钢箱梁吊装的每个工序都应对主桥的已成线形进行测定。在主桥合龙时,应对合龙段进行24h跟踪测量及主桥全线的贯通测量,并根据实际情况对大桥受日照等的影响进行观测。

7. 交工验收测量

当某一工程部位完工时,应对该工程部位进行工程验收测量。交工验收的内容和要求主要按设计文件和国家、行业相关规范的要求执行。

大桥主塔的测量验收内容主要包括:承台及塔外形尺寸、平面位置、各部位高程、桥梁高程及平整度、轴线偏位、塔柱倾斜度等,采用全站仪坐标法和精密水准仪测量方法进行检测。

主桥的交工验收测量主要包括主桥的线形和轴线偏位,采用水准测量方法检测主桥的线形,采用全站仪坐标法检测轴线的偏位。

引桥的交工验收测量主要包括引桥的线形、各部位的高程和桥面平整度,一般用水准测量方法检测引桥的高程和平整度。

三、地下工程与隧道测量概述

1. 地下工程概述

地下工程根据工程建设的特点可分为三大类：一类属于地下通道工程，如隧道工程（包括铁路隧道、公路隧道以及输水隧洞、城市地下铁道工程）等；另一类属于地下建（构）筑物，如地下工厂、仓库、影剧院、游乐场、舞厅、餐厅、医院、图书室、地下商业街、人防工程以及军事设施等；还有一类为开采各种矿产而建设的地下采矿工程。由于工程性质和地质条件的不同，地下工程的施工方法也不相同，可分为明挖法和暗挖法。浅埋的隧道常采用明挖法（即挖开地面修筑衬砌，然后再回填）；对于深埋的地下工程则采用暗挖法（包括盾构法和矿山法等）。由于施工方法的不同，对测量工作的要求也有所不同，但总的来说，地下工程在测量工作上却有着很多共同之处。

隧道是一种穿通山岭，横贯海峡、河道，盘绕城市地下的交通结构物。按不同的工程用途，隧道可分为公路隧道、铁路隧道、城市地下铁道、地下水道等。

通常隧道的开挖从两端洞口开始，即只有两个开挖工作面。如图 15-1 所示，A、B 两处为开挖隧道正洞。如果隧道工程量大，为了加快隧道开挖施工速度，必须根据需要和地形条件设立辅助坑道，增加新的开挖工作面。如横洞、平行导坑、竖井、斜井等都属于辅助坑道新工作面的形式。隧道正洞和辅助坑道都是整个隧道工程的组成部分。

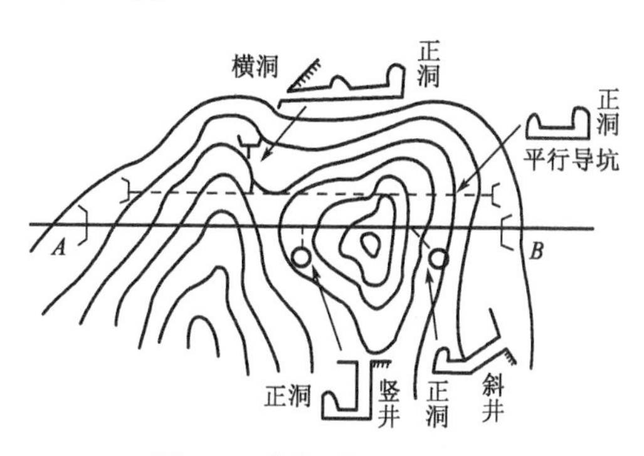

图 15-1 隧道及辅助坑道

以公路工程为例，隧道类型按隧道长短可分为四种，见表 15-2。

公路隧道类型（单位：m） 表 15-2

公路隧道分级	特长隧道	长隧道	中隧道	短隧道
直线型隧道长度	$L>3000$	$1000<L<3000$	$500<L<1000$	$L<500$
曲线型隧道长度	$L>1500$	$500<L<1500$	$250<L<500$	$L<250$

2. 地下工程测量及特点

一般地，特长隧道，对路线有控制作用的长隧道，以及地形、地质情况比较复杂的隧道，在勘测设计上采用两阶段设计，隧道测量工作也包括有初测和定测两个阶段。

初测的主要任务：根据隧道选线的初步结果，在选定的隧道地域进行控制测量、地形测量、纵断面测量，为地质填图、隧道的深入研究和设计提供点位参数、地形图件及技术说明书。

隧道控制测量必须与路线控制测量衔接，按所需的技术等级进行控制测量，为路线与隧道形成系统一致的整体提供基准保证。带状地形图测量按隧道选定方案进行，带宽 200 ~ 400m（视需要可加宽）。纵断面图按隧道中线地面走向测量。用于测量纵断面图的里程桩（包括地形加桩）应预先测设在隧道中线上（偏差小于 ±50mm）。

定测的主要任务：根据批准的初步设计文件确定隧道洞口位置，测定隧道洞口顶的隧道路线,进行洞外控制测量。

隧道测量技术工作的主要内容有:

(1)在所选定隧道工程范围内布设控制网,进行控制测量,建立精确的基准点、基准方向;

(2)提供隧道工程设计所需的带状地形图、隧道洞口点地形图、纵横断面图;

(3)根据隧道工程设计所提供的图纸及有关的参数,在实地以测设的方法确定隧道的开挖与修筑的标志,保证隧道工程的正常作业和精确贯通;

(4)根据隧道开挖的进展情况,不断在隧道的开挖巷道中建立洞内控制点,进行洞内控制测量,提高测设的可靠性,检测隧道开挖的质量。

总之,地下工程测量包括:建立地面控制网、地面和地下的联系测量、地下坑道中的控制、施工及竣工测量。

与地面工程测量相比,地下工程测量具有以下特点。

(1)地下工程施工面黑暗潮湿,环境较差,经常需进行点下对中(常把点位设置在坑道顶部),并且有时边长较短,因此测量精度难以提高。

(2)地下工程的坑道往往采用独头掘进,而洞室之间又互不相通,因此不便组织校核,出现错误往往不能及时发现。并且随着坑道的进展,点位误差的累积越来越大。

(3)地下工程施工面狭窄,并且坑道往往只能前后通视,造成控制测量形式比较单一,仅适合布设导线。

(4)测量工作随着坑道工程的掘进而不间断地进行。一般先以低等级导线指示坑道掘进,而后布设高等级导线进行检核。

(5)由于地下工程的需要,往往采用一些特殊或特定的测量方法(如为保证地下和地面采用统一的坐标系统,需进行联系测量)和仪器。

3. 地下工程施工测量的方法

地下工程施工测量方法有现场标定法和解析法。

对于简单或小型的地下工程,例如较短的铁路隧道或水工隧洞,可以不进行控制测量而直接测量,这就是所谓的现场标定法。

解析法是采用严格的地面和地下控制测量以及精确的测设方法。它是先建立一个控制网,将隧道中线上的主要点包括在网内,用解析法算出以控制网的坐标系(直线隧道常以隧道中线为 x 坐标轴,曲线隧道常取过贯通点的一切线作为 x 坐标轴)所表示的隧道中线上的一切几何要素,这样在地下开挖的过程中,就可以根据所建立的控制点,随时将隧道的中线放样出来。

第二节　桥梁施工控制测量

一、桥梁施工控制网的布设及要求

桥梁施工控制测量是桥梁工程建设的重要工作,目的是为桥梁选址、设计及施工各阶段提供统一的基准点位和参数。

桥梁施工控制测量包括平面控制测量和高程控制测量。桥梁平面控制以桥轴线控制为主,并保证全桥及桥梁与线路连接的整体性,同时兼顾到施工过程中桥梁建筑物定位、放样测量的需要,满足精度要求。高程控制主要是提供桥梁施工中统一的高程基准,与两端线路高程准确衔接,并与其他有关工程设施密切结合。

1. 平面控制网布设形式

布设桥梁施工控制网时,可利用桥址地形图,拟定布网方案。在仔细研究桥梁设计及施工组织计划的基础上,结合当地地形情况进行踏勘选点。桥梁控制网的点位布设应力求使:

(1)图形简单并具有足够的强度,以使所得的两桥台间距离的精度满足施工要求,并能用这些控制点以足够的精度放样桥墩。

(2)为了使控制网与桥轴线联系起来,桥轴线应作为控制网的一条边,控制点与桥台设计位置相距不应太远,以方便桥台的放样及保证两桥台间距离的精度要求。

(3)桥梁控制网的边长与河宽有关,一般在0.5~1.5倍河宽的长度范围内变动。

(4)为便于观测和保存,所有控制点不应位于淹没地区和土壤松软地区,并尽量避开施工区、堆放材料及交通干扰的地方。

(5)桥梁控制网可布设成主网与附网的形式,主网控制主桥,附网控制引桥。

为确保桥轴线长度和墩台定位的精度,按观测要素的不同,桥梁平面控制网可布设成三角网、边角网、精密导线网、GNSS网等。

桥梁三角网、边角网的基本网形为三角形和大地四边形,应用较多的有双三角形、大地四边形、大地四边形与三角形相结合的图形、双大地四边形等,如图15-2所示。

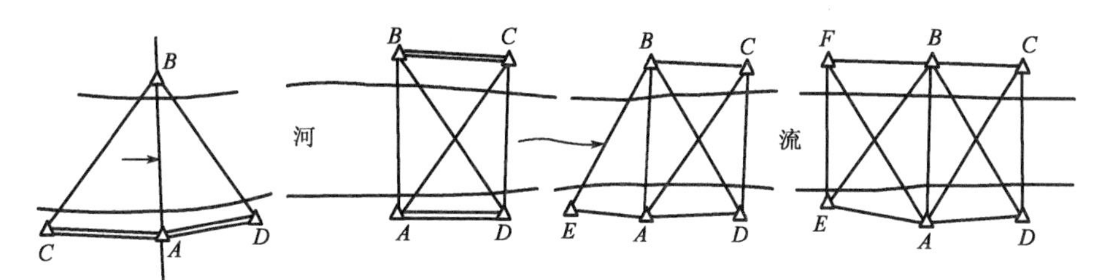

图15-2 桥梁三角网的布设形式

由于高精度测距仪的应用,桥梁施工控制网还可布设成精密导线网,如图15-3所示。

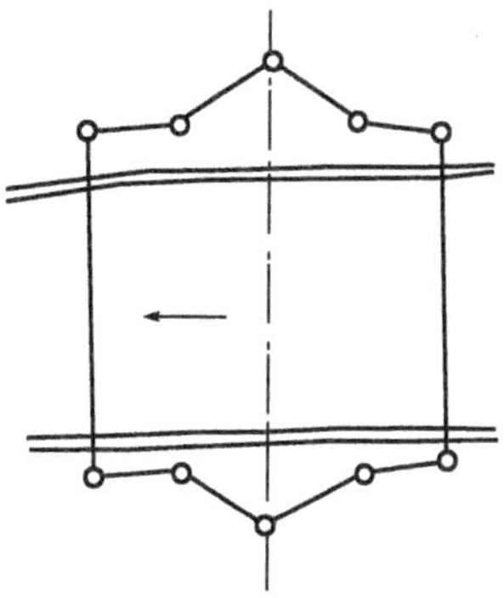

由于桥梁现场一般视野开阔,以GNSS技术建立的桥梁施工控制网,网形结构常采用三角网,图形简单,结构稳固,利用GNSS精确测定控制网各边长即可。

桥梁施工控制网点位是桥梁工程的基准标志,点位的选定应顾及控制网形结构,靠近施工场所;不影响工程和交通,占用场地小。点位的埋设应着眼于桥梁工程的需要,要求:基本点位埋设稳固(必要时应埋设在基岩上),应用方便,加强保护;重要点位,特别有长期用途的点位,应有重点长期保护的措施。

图15-3 精密导线网

2. 高程控制网布设形式

高程控制网的布设形式主要有水准网,按工程测量技术规范的规定,水准测量分为一、二、三、四等。作为桥梁施工高程控制的水准点,每岸至少埋设三个点,并与国家(或城市)水准点联系起来。同岸三个水准点中的两个应埋设在施工区以外,以免受到破坏,另外一个点埋设在施工区,以便直接将高程传递到需要的地方。水准点应采用永久性的固定水准标石,也可利用平面控制点的标石作为水准点。

二、桥梁施工控制网的精度设计

1. 桥梁施工控制网精度的确定方法

建立施工控制网的目的是控制桥轴线的架设误差和满足桥墩、桥台定位放样的精度要求。对于保证桥轴线长度的精度来说,一般桥轴线作为控制网的一条边,只要控制网经施测、平差后求得该边长度的相对中误差小于设计要求即可。对于保证桥墩、桥台中心定位的精度要求来说,既要考虑控制网本身的精度,又要考虑利用控制网点进行施工放样的误差;在确定了控制网和放样应达到的精度要求后,应根据控制网的网形、观测要素和观测方法及仪器设备条件等,在控制网施测前估算出能否达到要求。

对于桥梁施工放样而言,放样点位一般离控制点较远,放样不甚方便,因而放样误差较大。在建立施工控制网时,则有足够的时间和条件来提高控制网的精度。因此,在设计施工控制网时,应以"控制点误差对放样点位不产生显著影响"为原则,以便为以后的放样工作创造有利条件。根据这个原则,对施工控制网的精度要求分析如下。

设 M 为放样后所得点位的总误差;m_1 为控制点误差所引起的点位误差;m_2 为放样过程中所产生的点位误差,则

$$M = \sqrt{m_1^2 + m_2^2} = m_2\sqrt{1 + \left(\frac{m_1}{m_2}\right)^2} \tag{15-1}$$

显然,式(15-1)中 $m_1 < m_2$。将式(15-1)展开为级数,并略去高次项,则有

$$M = m_2\left(1 + \frac{m_1^2}{2m_2^2}\right) \tag{15-2}$$

若使式(15-2)括号中第二项为0.1,即控制网点误差的影响仅占总误差的10%时,即得

$$m_1^2 = 0.2m_2^2$$

将上式与式(15-2)联合解算得

$$m_1 \approx 0.4M \tag{15-3}$$

由此可见,当控制点误差所引起的放样误差为总误差的0.4倍时,则 m_1 使放样点位总误差仅增加10%,即控制点误差对放样点位不发生显著影响。

2. 桥梁施工控制网的精度设计

桥梁施工控制网是为保证桥轴线长度,桥墩、桥台中心定位和轴线测设的精度要求而布设,建立的桥梁施工控制网要达到或超过桥轴线长度中误差的估算精度要求。在桥轴线精度估算问题上存在不同意见:一种认为应按桥梁的形式、桥梁的长度作为控制依据;另一种认为应以桥墩、桥台中心点位误差为控制依据。

(1)根据桥梁跨越结构的架设误差确定桥梁施工控制网的必要精度

计算桥轴线长度应满足的精度,需要知道桥轴线的长度,同时要考虑桥跨的大小及跨越结构的形式。桥梁结构的不同,在制造、拼装和安装上存在的误差也不同,它们都影响桥梁全长的误差。例如钢桁梁存在着杆件制造误差、杆件组合拼装误差以及钢材因温度升降而涨缩的

误差,架设钢梁时支点沿桥中线方向与支座位置产生偏差,以及支座安装定位的误差。这些因素关系复杂,要全面、周密地考虑有一定的困难,可以用不同桥梁形式和长度及其拼装上的综合误差与支座安装误差作为依据,来估算控制网精度。有关桥轴线长度中误差估算式参见现行《既有铁路测量技术规则》(TBJ 105)。

为了使测量误差不至于影响工程质量,可取控制测量误差为桥轴线长度相对中误差$\frac{m_D}{D}$的$\frac{1}{\sqrt{2}}$倍。

(2)从桥墩放样的容许误差分析桥梁施工控制网的必要精度

桥墩中心位置偏移,将为桥梁架设造成困难,而且会使桥墩上的支座位置偏移,改变桥墩的应力,影响墩台的使用寿命和行车安全。桥梁工程上对放样桥墩位置的要求是:桥墩、桥台中心在桥轴线方向的位置中误差不应大于1.5~2.0cm。若考虑以桥墩、桥台中心在桥轴线方向的位置中误差不大于2.0cm作为研究控制网必要精度的起算数据,由式(15-3)计算,要求$m_1 \leqslant 0.4M = 0.4 \times 20 = 8$(mm)。此即为放样墩台中心时控制网误差的影响应满足的要求,据此确定桥梁施工控制网的必要精度。

3.桥梁高程控制网的建立

桥梁高程控制测量有两个作用:一是统一该桥的高程基准面;二是在桥址附近设立基本高程控制点和施工高程控制点,以满足施工中高程放样和监测桥梁墩台垂直变形的需要。

建立高程控制网的常用方法是精密水准测量和三角高程测量。

为了方便桥墩高程放样,在距水准点较远(一般大于1km)的情况下,应增设施工水准点,施工水准点可布设成附合水准路线。施工高程控制点在精度要求低于三等时,也可用光电测距三角高程建立。

当水准路线需要跨越较宽的河流或山谷时,需用跨河水准测量的特殊观测方法建立桥梁高程控制。

三、大型桥梁施工控制网布设实例

杭州湾跨海大桥起始于上海浦东南汇区的芦潮港,北与沪芦高速公路相连,南跨杭州湾北部海域,直达浙江省嵊泗县崎岖列岛的小洋山岛。杭州湾跨海大桥为全长约31km的曲线桥梁。整座桥包括两座大跨径海上斜拉桥、四座大跨径的预应力连续桥梁、大量的大跨径为整跨安装的非通航孔。杭州湾跨海大桥按双向六车道加紧急停车带的高速公路标准设计,桥宽31.5m,设计车速80km/h,大桥设计基准期为100年,建成时其跨海长度居世界第一。杭州湾跨海大桥首级平面和高程控制网的建立是大桥建设基础性工作的基础,其控制网的准确性与可靠性将直接影响到整个大桥工程的建设质量甚至安危。

因工程所处的地理位置特殊(连接大陆和海岛)、工程量巨大、水文气象复杂等都给测量环境带来巨大困难。而跨海30多千米,将大陆上已知的大地测量基准(包括国家统一平面基准和高程基准)传递到海上三个试桩平台、小洋山及洋山港区周边几个岛屿上,则是工程面临的最大技术难题。

杭州湾跨海大桥是从陆上直伸到海岛上的,平面控制点分布在大陆一侧,为了满足大桥能分标段同时施工的需要,工程要求需将平面控制点传递到离大陆30km外的海岛上,然后根据施工各阶段的需求,再进行控制点的加密测量。

1. 首级控制网测量

为了确保杭州湾跨海大桥首级平面和高程控制网的正确与可靠,能够及时、有效地为施工放样及后期变形监测打好基础,首级平面控制网在最初建立和后续复测中,均采用全球定位系统(GPS)测量技术进行测设。如此特大型桥梁,其控制网的布设亦不同于一般的桥梁控制网,国内亦没有同类控制网可供参考。图 15-4 为控制网基本网形。

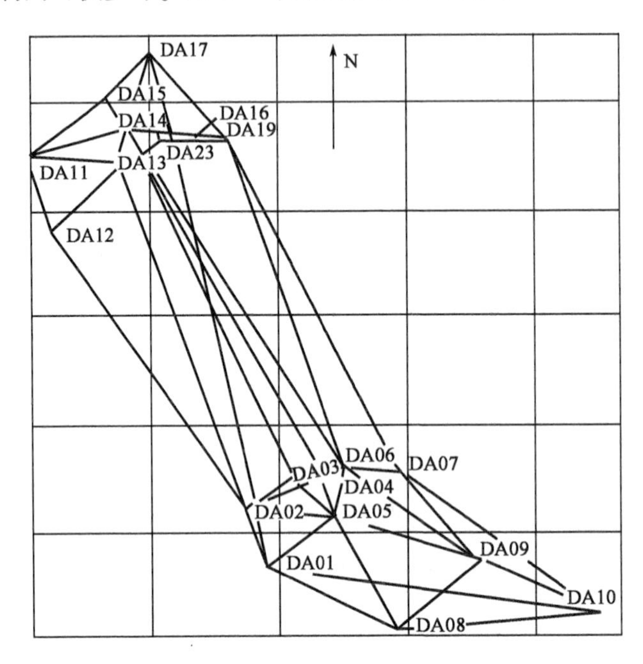

图 15-4　大桥工程的首级 GPS 控制网

在测量时为了有效联测国家控制网,如图 15-4 所示,将测区范围内的两个国家三角点(DA01、DA10)作为全网的起算点,既为本网提供了位置基准和方位基准,又将本网纳入了杭州湾南岸的国家三角网。桥梁 GPS 网布设应与国家大地网进行联系,以便于大桥配套工程(如公路、引桥、互通立交等)的连接;同时,保证桥梁控制网网内控制点之间相对高精度。

测量时,考虑到投影带可能带来的误差,工程选用了任意带高斯正形投影平面直角坐标系,以东经 122°为中央子午线,平面坐标采用 1954 北京坐标系,并根据坐标转换关系,与国家 84 坐标系、上海市城市坐标系建立了相应的转换关系。

在首级网的测量过程中,采用高精度双频 ASHTECHGPS 接收机(满足 5mm + 1ppm)进行同步观测。观测结束后,即将数据用随机软件下载备份,并转换为 RINEX 格式。

GPS 基线解算采用美国麻省理工学院研制的 GPS 精密处理软件 GAMIT;起算点为上海 IGS 跟踪站。对于边长较短的基线成果,其边长相对精度达到 10^{-7},相对点位精度达到毫米级。

GPS 网平差采用同济大学编制的 GPS 平差软件 GPS_NET 分两步进行:

(1)以上海 IGS 跟踪站为起算点,在 WGS84 坐标下进行空间三维严密平差;

(2)进行地面网与空间网的联合平差,求得各点的 1954 北京坐标系坐标,再转换成上海平面坐标系坐标。

经验算,同步环、异步环闭合差,重复基线长度角度较差均在限差范围内。

2. 加密控制网测量

在完成首级网的测量工作后,根据工程的需要,在大陆与海岛的等距离处,建造了 A、B、C 共 3 个测量平台,在平台上建立了强制观测墩。

利用首级控制网的成果作为已知点,对平台进行了 GPS 测量。测量时采用 GPS 三等网的技术要求,连续观测 4 小时。由于海上建造平台的稳定性受潮汐等因素的影响,加密点的稳定也直接关系到施工的精度,并以每月 1 次的频率,对 A、B、C 三个平台进行了测量,共完成了 10 次测量,具体见表 15-3。

对 A、B、C 三个平台进行 10 次测量的结果 表 15-3

点号	10 次平均坐标		测量中误差	
	X(m)	Y(m)	X(cm)	Y(cm)
LY12(A 平台)	3408976.755	493823.667	2.3	1.9
LY21(B 平台)	3402011.081	497665.444	2.7	2.1
LY30(C 平台)	3395149.340	499492.893	1.6	1.8

从以上数据可知,A、B、C 三个平台上的点处于一种稳定状态,可以作为施工测量的 GPS 基准站。

根据施工的进程,在建造好的桥墩上也布设了加密点,其间距约 1km,利用首级网的测量成果,采用 GPS 测量手段,用 10 台双频接收机同时测量,按照 GPS 测量三等精度要求,完成了全线的控制网加密工作。

四、坐标系的选择

为进行线路的总体设计,在勘测设计阶段,一般都建立了整体线路工程控制网,该控制网在线路的起点、终点、桥涵等位置都设置了控制点,但这些控制点无论密度还是精度都无法满足桥梁施工测量的要求。

为便于线路全线坐标系统的统一和确定工程的绝对位置,勘测阶段所建立的控制点常采用国家坐标系统(如 1954 年北京坐标系或 1980 年国家大地坐标系),这些坐标系统是以参考椭球面为基准面的高斯平面直角坐标系统。这种坐标系统存在两种长度变形,第一种为高斯投影长度变形,第二种为基准面高程不同所引起的长度变形。

为保证桥梁施工的顺利进行,所建立的桥梁施工控制网必须和桥梁设计所采用的坐标系统相一致(一般为国家大地坐标系),但纯粹的国家坐标系统存在较大的长度变形,对特大型桥梁施工放样十分不利。因此,在建立桥梁施工控制网时,首先要保证施工控制网的坐标系和工程设计坐标系相一致,另外,还要使局部的施工控制网变形最小。为达到上述目的,应建立独立坐标系统的施工控制网。

为保持桥梁与两侧线路的联系,以独立坐标系统建立的控制网应以一个点位较为稳定的桥轴线点或勘测控制点作为坐标原点,以该点的原坐标值和里程作为独立坐标系统的起算坐标和起算里程,以桥轴线设计的坐标方位角或原 2 个勘测控制点的连线方位角作为起算方位角,以控制点顶面平均高程作为边长基准面,将所有观测边长都投影到该基准面上。这样建立的桥梁独立坐标系统,其 X、Y 轴方向与勘测时一致,且长度变形较小,它既考虑了桥梁勘测和设计的实际情况(设计图纸上桥梁墩台的设计坐标直接可用于施工放样,不需要换算),又满足桥梁这一重要构筑物施工测量的特殊要求。

由于桥梁工程的施工周期长,在施工期需要对控制网进行复测,在控制网复测时,应严格保证控制网的坐标系不变。为保证这一目标的实现,在控制网复测时,首先应分析和检查控制点的稳定性,利用稳定的控制点作为已知点进行计算。另外,还可以通过与国家控制点联测的方法进行比较,但由于国家点一般距离较远,其联测误差较大,因此,一般只能起检查作用,而不应将国家点联测后重新进行控制网的计算。

五、投影面的选择

在桥梁施工控制网建立过程中,通常会遇到控制网的投影面问题。投影面问题的产生主要是由于地球为近似的圆球,在不同的高程面,其计算边长不同。高程差异越大,其投影后的边长差异亦越大。为保证施工后的桥梁跨径与设计值相同,选择合理的投影面和放样方法是保证施工质量的关键。

为确定施工控制网的投影面,首先应确定桥梁设计的投影面。在通常情况下,桥梁工程的设计是在地形图上进行的,且一般不考虑地球曲率的影响,这对一般桥梁并无太大影响,而对于具有高塔柱的悬索桥和斜拉桥,影响就十分明显。因此在控制网平差前,应由设计部门确认桥梁的设计跨度是对哪个高程面而言的。在通常情况下,桥梁设计所用的地形图是在国家坐标系统下测绘的,在测绘地形图时采用了线路工程的统一坐标基准,但在测绘大比例尺桥区地形图时,一般只采用线路整体坐标系作为起算数据,并未将测绘数据投影到高斯投影面上,因此,该地形图可理解为以国家坐标系为基本框架的局部大比例尺地形图,不存在投影变形,与实际形状一致,该地形图的投影面可理解为工程的平均高程面。因此,桥梁的设计跨径可理解为地面平均高程面上的距离。

影响投影面选择的另一个重要因素是放样方法。在以前的桥梁施工过程中,由于受到测量仪器的限制,一般采用经纬仪前方交会的方法测设点位。在这种情况下,由于放样过程不涉及距离,控制网的距离尺度就是放样后建筑物的距离尺度。因此为保证放样后的桥梁跨径与设计值相同,控制网应投影到设计跨径的高程面上(如墩面高程、桥面高程等)。

由于全站仪的普及和应用,目前大部分桥梁工程都采用高精度全站仪坐标放样。这种仪器的使用不但提高了测量精度,还大大提高了施工测量的作业效率。在利用全站仪坐标法放样时,由于该法是利用角度和边长来确定点位的,因此应将边长作适当的投影改正,如果桥梁跨径的设计值确定在平均高程面上,控制点的实际位置也基本在平均高程面上,这时控制网的投影面应确定在平均高程面上,这样利用坐标反算的边长与实际测量的边长基本相等,投影变形很小,有利于点位的检核。由于全站仪具有自动距离改正的功能,因此在用该法放样高塔柱时,其距离的改正可在仪器上自动进行。

在桥梁施工过程中,由于部分建筑物的施工,原来的控制点可能无法使用,这时通常在墩顶或桥面上增设控制点。在通常情况下,所增设的控制点应归算到同一个坐标系中,并采用相同的投影面。若采用全站仪放样,也可将控制网投影到桥面高程,这样施工放样较为方便。

综上所述,控制网投影面的选择与工程设计和放样方法有关,一般选择平均高程面或桥面高程作为投影面即可满足施工放样的要求。另外,在施工过程中,选用过多的投影面,容易引起资料使用的混乱,对施工测量管理不利。

第三节 桥墩、桥台的施工放样测量

准确地测设桥墩、桥台的中心位置和纵横轴线,是桥梁施工阶段最主要的工作之一,这个工作称为桥墩、桥台定位和轴线测设。

对于直线桥梁,只要根据桥墩、桥台中心的桩号和岸上桥轴线控制桩的桩号求出其距离就可定出桥墩中心的位置。对于曲线桥梁,由于墩台中心不在线路中线上,首先需要计算墩台中心坐标,然后再进行桥墩、桥台中心定位和轴线的测设。

一、墩台中心定位和轴线测设

测设桥墩、桥台中心的方法有直接丈量法、极坐标法及前方交会法等。在测设之前,应对采用的测设方法的精度进行估算,在测设时应按照估算设计的观测方案进行。

最常用的方法是极坐标法和交会法。

1. 极坐标法

极坐标法测距方便、迅速,在一个测站上可以测设所有与之通视的点,且距离的长短对工作量和工作方法没有什么改变,测设精度高,是一种较好的测设方法。

测设时,可选择任意一个控制点设站(当然应首选网中桥轴线上的一个控制点),并选择一个照准条件好、目标清晰和距离较远的控制点作定向点。计算放样元素,放样元素包括测站点到定向点与测站点到放样的桥墩、桥台中心方向间的水平角 β 及测站到桥墩、桥台中心的距离 D。

测设时,按测设角度的精密方法测设出该角值 β,在桥墩、桥台上得到一个方向点。然后在该方向上精密地放样出水平距离 D 得桥墩、桥台中心。为了防止错误,最好用两台全站仪在两个测站上同时按极坐标法测设该桥墩、桥台中心(如条件不允许时,则迁站到另一控制点上同法测设),所得桥墩中心的两个点位差的允许值应不大于 2cm。取两点连线的中点为桥墩中心。

对于直线桥梁,由于定向点为对岸桥轴线上点,这时只需在该方向上放样出测站到墩中心的距离即得墩中心。也可在另外的控制点上设站检查。

2. 前方交会法

前方交会法应在三个方向上进行,对于直线桥来说,交会的第三个方向最好采用桥轴线方向。因为该方向可直接照准而无需测角。

测设前可根据三个测站点和测设的桥墩台中心点的坐标,分别计算出测设元素,如图 15-5 所示,测设桥墩 T_2 时,测设元素是 α、β 和 φ 角(对于直线桥梁,φ 角不必计算)。

理论上三个交会方向应交会于一点,由于不可避免地存在误差,实际上这三个方向存在示误三角形(图 15-6)。对于直线桥梁,如果示误三角形在桥轴线方向上的边长不大于

2cm,最大边长不超过3cm,则取E'在桥轴线上的投影位置E作为桥墩中心的位置。对于曲线桥,如果示误三角形的最大边长不大于2.5cm,则取三角形的重心作为桥墩中心的位置。

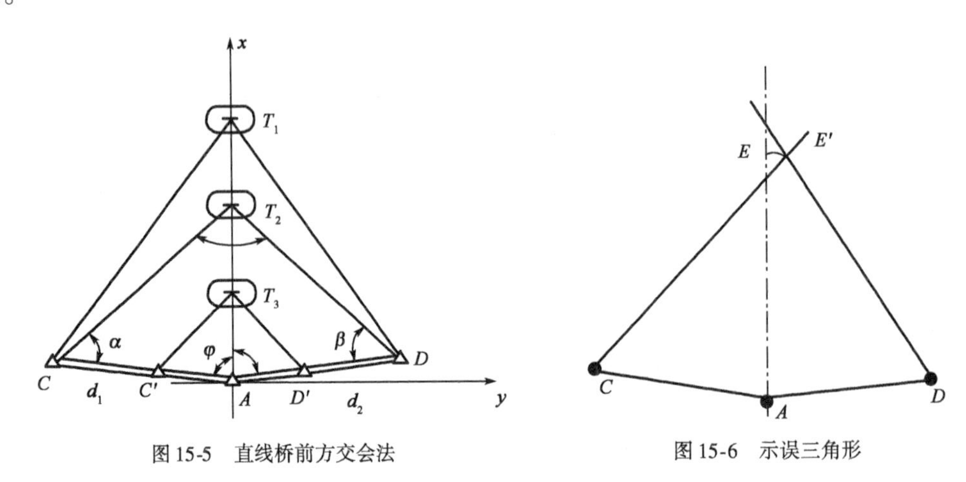

图15-5 直线桥前方交会法 图15-6 示误三角形

3. 网络RTK法工程放样应用

(1)工程概况

某跨海大桥工程连接岸上深水港航运中心与30km外的近海小岛,为满足航运的要求,中部主跨宽430m,设大型双塔双索斜拉桥。为确保施工速度与施工质量,采用了变水上施工为陆上施工的方案,在两个主桥墩位置各沉放一个预制钢施工平台,每个预制钢施工平台由12个导管架组成,如图15-7所示,导管架为ϕ1000钢管桁架,通过测量指挥导管架沉放到位后,在导管中打入钢管固定导管架,拼装作业平台。导管架沉放位置与主桥墩设计灌注桩位空间纵横交错,其沉放位置直接影响到灌注桩的施工。设计方对导管架沉放定位提出了平面及高程±10cm的精度要求。

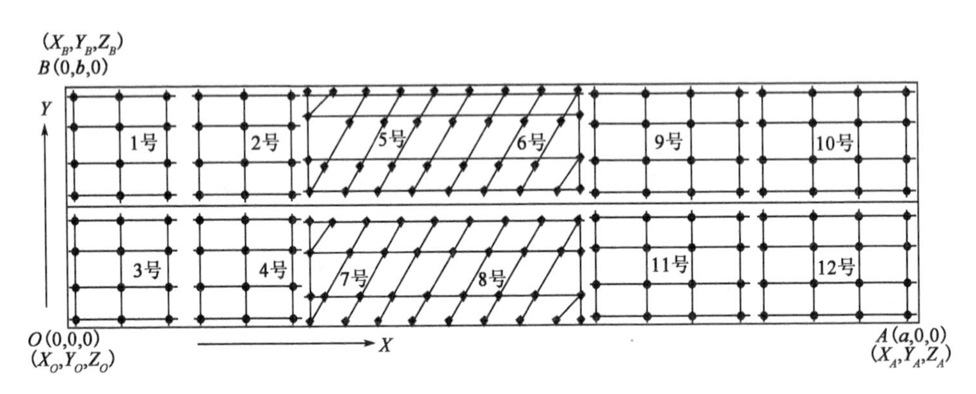

图15-7 导管架定位示意图

该工程在岸上与小岛上已布设施工控制点各3个,并已提供WGS-84坐标、北京54坐标及其转换七参数,工程位置离控制点距离分别约14km及16km。常规测量手段无法进行坐标定位,网络RTK实时动态定位技术成了导管架沉放定位的唯一手段。工程使用多台Leica SR530双频动态GPS接收机,标称精度为10mm+1×1ppm。

(2)导管架定位原理

每个海上施工平台均由12个导管架组成(图15-7),设计单位提供了施工平台的设计坐标(北京54坐标系、黄海85高程系),利用RTK随机软件可方便解算出WGS-84坐标系与工程区域设计坐标系的转换参数,从而设置GPS接收机,实测出沉放过程中必需的设计坐标系中的坐标。

为排水需要施工平台面存在一定倾角,且平台轴线与设计坐标间存在夹角,为了方便施工过程操作,如图15-7所示建立施工平台坐标系,平台面内 X 轴、Y 轴分别平行、垂直于平台轴线,定义垂直于 XOY 平面向上为 Z 轴正向,则每个导管架空间位置在平台坐标系中唯一确定。

导管架在造船厂进行加工,每个导管架加工完成后均用全站仪进行公差要求检测,公差符合要求方可沉放。加工时在CR1、CR2、CR3三个位置设置仪器基座,用于沉放时安置GPS天线。加工完后用全站仪标定出3个仪器基座与加工轴线的关系(图15-8),换算出其在平台坐标系中的空间坐标,作为沉放施工时的理论坐标。

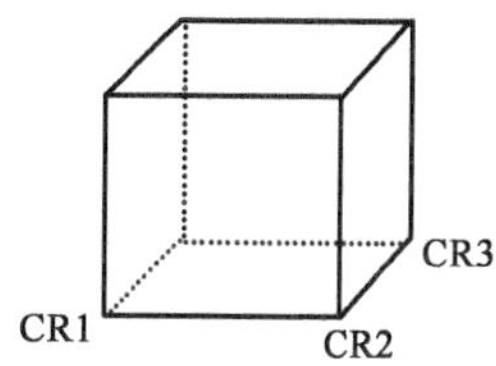

图15-8 仪器基座与加工轴线的关系

导管架沉放时在CR1、CR2、CR3各安置1个RTK流动站,实时测得其设计坐标系坐标。由于沉放过程中的导管架倾斜、旋转,海上又无法实地标定出施工平台轴线的位置,因此很难直观地计算沉放过程中的调整量。将测得的北京54坐标系转换到平台坐标系后,可方便计算导管架纵向(CR1-CR2向)、横向(CR2-CR3向)方位的旋转量及整个导管架与设计位置的较差,指挥沉放作业,直至符合精度要求。操作中,通过编制程序进行坐标转换和偏差计算,并由PDA现场计算指挥作业。

二、桥梁施工中的检测与竣工测量

1.桥梁下部结构施工放样的检测

桥梁的高程施工放样检测较简单,由水准点上用水准仪直接检测就可。但一定要注意检查计算的设计高程,以免出现计算错误。桥梁的下部施工放样一般由桩基础、承台、立柱、墩帽等的放样组成,检查时技术要求不一,一般按照规范要求或图纸要求检查,简述如下。

(1)桩基础:一般单排桩要求轴线偏位不大于±5cm,群桩要求轴线偏位不大于±10cm。检查时用全站仪或经纬仪加测距仪检查桩中心的放样点,再用小钢尺量桩中心的偏位。

(2)承台的轴线偏位不大于±15mm。检查时可先量取承台的中心位置,再用全站仪或经纬仪加测距仪检查。

(3)立柱、墩帽轴线偏位不大于±10mm。检查时可先量取立柱、墩帽的中心位置,再用全站仪或经纬仪加测距仪检查。

2.桥梁上部结构施工放样的检测

桥梁的上部结构形式较多,较常见的有T梁、板梁、现浇普通箱梁、现浇预应力箱梁等,要根据不同的形式进行检查。

检测的测量工作主要是高程控制,如T梁、板梁、现浇普通箱梁、现浇预应力箱梁的顶面高程直接影响到桥面的厚度,桥面的厚度直接影响桥梁使用。

3. 桥梁的竣工测量

桥梁的竣工测量主要根据规范、图纸要求,对已完成的桥梁进行全面的检测,主要检测的测量项目有轴线、高程、宽度等。

第四节　隧道施工控制测量

一、隧道控制测量概述

隧道控制测量的目的在于保证两相向开挖方向在贯通面按设计要求正确贯通,即横向和高程贯通误差在规定的限差内。隧道控制测量是施工放样的依据,包括洞内、洞外平面控制测量与高程控制测量,为了增加开挖面,缩短贯通长度,在中间设有竖(斜)井时,还包括传递平面位置、方向和高程的竖(斜)井联系测量。

1. 隧道贯通误差的分类及其限差

在隧道施工中,由于地面控制测量、联系测量、地下控制测量以及细部放样的误差,使得两个相向开挖的工作面的施工中线不能理想地衔接,而产生错开现象,即所谓贯通误差。其在线路中线方向的投影长度称为纵向贯通误差(简称纵向误差),在垂直于中线方向的投影长度称为横向贯通误差(简称横向误差),在高程方向的投影长度称为高程贯通误差(简称高程误差)。

各项贯通误差的限差(用 Δ 表示)一般取中误差的两倍。纵向贯通误差影响隧道中线的长度,只要它不大于定测中线的误差,能够满足铺轨的要求即可。通常都是按定测中线的精度要求,即

$$\Delta l = 2m_l \leqslant \frac{1}{2000}L \tag{15-4}$$

式中,L 为隧道两开挖洞口间的长度。

高程贯通误差影响隧道的坡度,而且应用水准测量的方法,也容易达到所需的要求。因此,实际上最重要的、讨论最多的是横向贯通误差。因为横向贯通误差如果超过了一定的范围,就会引起隧道中线几何形状的改变,甚至洞内建筑物侵入规定限界而使已衬砌部分拆除重建,为工程造成损失。

对于横向贯通误差和高程贯通误差的限差,按现行《既有铁路测量技术规则》(TBJ 105),根据两开挖洞口间的长度确定,如表15-4所列。

贯通误差的限差　　表15-4

两开挖洞口间长度(km)	<4	4~8	8~10	10~13	13~17	17~20
横向贯通限差(mm)	100	150	200	300	400	500
高程贯通限差(mm)	50					

2. 贯通误差的来源和分配

隧道贯通误差主要来源于洞内外控制测量和竖井(斜井)联系测量的误差,由于施工中线

和贯通误差是由洞内导线测量确定，所以施工误差和放样误差对贯通的影响可忽略不计。

按照《既有铁路测量技术规则》（TBJ 105—1988）的规定，将地面控制测量的误差作为影响隧道贯通误差的一个独立因素，而将地下两相向开挖的坑道中导线测量的误差各作为一个独立因素。这样一来，设隧道总的横向贯通中误差的允许值为 M_q，按照等影响原则，则得地面控制测量的误差所引起的横向贯通中误差（以下简称"影响值"）为：

$$m_q = \frac{M_q}{\sqrt{3}} = 0.58M_q \tag{15-5}$$

对于高程控制测量而言，洞内的水准线路短，高差变化小，这些条件比地面的好；但另一方面，洞内有烟尘、水汽、光亮度差以及施工干扰等不利因素，所以将地面与地下水准测量的误差对于高程贯通误差的影响各作为一个独立因素，按等影响的原则。设隧道总的高程贯通中误差的允许值为 M_h，则地面水准测量的误差所引起的高程贯通中误差为：

$$m_h = \frac{M_h}{\sqrt{2}} = 0.71M_h \tag{15-6}$$

按照上述原理所算得的隧道洞内、洞外控制测量误差，对于贯通面上的横向和高程贯通中误差所产生的影响如表 15-5 所列。

洞外、洞内控制测量误差对贯通精度的影响值（单位：mm） 表 15-5

测量部位	横向中误差						高程中误差
	两开挖洞口间长度（km）						
	<4	4～8	8～10	10～13	13～17	17～20	
洞外	30	45	60	90	120	150	18
洞内	40	60	80	120	160	200	17
洞外洞内总和	50	75	100	150	200	250	25

注：本表不适用于设有竖井的隧道。

由上述讨论可见，隧道控制测量关键在于要满足横向贯通精度，因此，应根据横向贯通精度影响值进行洞外、内平面控制测量设计。

3. 地面控制测量

隧道工程的地面控制测量可分为平面控制测量和高程控制测量，平面控制测量根据地下工程的特点、范围、地形条件，采用三角测量、导线测量及 GNSS 测量进行。高程控制测量主要采用地面水准测量。

（1）地面导线测量

在隧道施工中，地面控制测量可布设成地面导线测量形式。导线测量的优点是选点布网较自由、灵活，对地形适应性较好。

在直线隧道中，为了减少导线测距误差对隧道横向贯通的影响，应尽可能将导线沿着隧道的中线敷设。导线点数不宜过多，以减少测角误差对横向贯通的影响。对于曲线隧道而言，导线亦应沿两端洞口连线布设成直伸型导线为宜，但应将曲线的始点和终点以及曲线切线上两点包括在导线中。

光电导线测量的布设可分为单导线、单闭合导线、导线锁（环）等，如图 15-9 所示。为了增加校核条件、提高导线测量的精度，也可以采用主副导线闭合环，副导线只观测转折角而不量距。

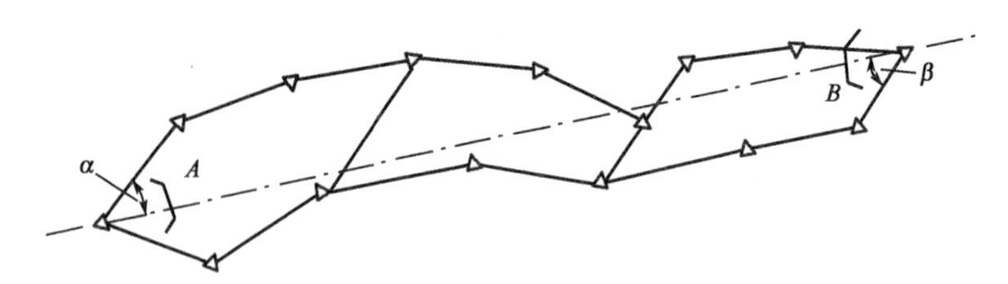

图 15-9　地面导线网

(2)GNSS 控制测量

用 GNSS 定位技术作隧道地面控制,只需在洞口处布设洞口点群,各洞口点群不得少于 3 个点。对于直线隧道,洞口点选在线路中线上,另外再布设两个定向点,除要求洞口点与定向点通视外,定向点之间不要求通视。对于曲线隧道还应把曲线的主要控制点如始终点、切线上的两点包括在网中。选点、埋石与常规方法的要求相同,主要应使所选点环境适于 GNSS 观测。网的布设一般应遵循"网中每个点至少独立设站观测两次"的原则。此外,还取决于所具有的接收机数量、经费和精度要求等因素。如图 15-10 所示为采用 GNSS 技术进行控制的一种布网方案,图中两点间连线为独立基线,该方案每个点均有三条独立基线相连,其可靠性较好。

图 15-10　GNSS 控制网

(3)地面水准测量

作为高程控制的地面水准测量,其等级的确定不单取决于隧道的长度,更重要的是取决于隧道地段的地形情况,亦即由它所决定的两洞口间水准线路的长度。表 15-6 为《既有铁路测量技术规则》(TBJ 105—1988)对各级水准测量的规定。高程控制测量可采用精密水准测量或光电测距三角高程测量进行。

隧道地段水准测量的等级　　表 15-6

等级	两洞口间水准线路长度(km)	水准仪型号	标尺类型
二	>36	$S_{0.5}$、S_1	线条式因瓦水准尺
三	13 ~ 36	S_1	线条式因瓦水准尺
		S_3	区格式木质水准尺
四	5 ~ 13	S_3	区格式木质水准尺

进行地面水准测量时,利用线路定测水准点的高程作为起始高程,沿水准线路在每个洞口至少应埋设两个水准点,水准线路应形成闭合环,或者敷设两条互相独立的水准线路,由已知的水准点从一端洞口测至另一端的洞口。

4. 地下控制测量

地下控制测量包括地下平面控制测量和地下高程控制测量。地下平面控制测量由于受地下工程条件的限制,使得测量方法较为单一,只能敷设导线。地下高程控制测量方法有水准测量、三角高程测量。

(1)地下导线测量的特点和布设

地下导线测量的作用是以必要的精度建立地下的控制系统。依据该控制系统可以放样出隧道(或坑道)中线及其衬砌的位置,指示隧道(或坑道)的掘进方向。

地下导线的起始点通常位于平峒口、斜井口以及竖井的井底车场,而这些点的坐标是由地面控制测量或联系测量测定的。地下导线等级的确定取决于地下工程的类型、范围及精度要求等,对此各部门均有不同的规定。与地面导线测量相比,地下工程中的导线测量具有以下特点。

①由于受坑道的限制,其形状通常形成延伸状。地下导线不能一次布设完成,而是随着坑道的开挖而逐渐向前延伸。

②导线点有时设于坑道顶板,需采用点下对中。

③随着坑道的开挖,先敷设边长较短、精度较低的施工导线,指示坑道的掘进。而后敷设高等级导线对施工导线进行检查校正。

④地下工作环境较差,对导线测量干扰较大。

地下导线的类型有支导线、附合导线、闭合导线、导线网等。地下导线角度测量常采用测回法进行,边长测量可采用钢尺及电磁波测距仪测距。在布设地下导线时应注意以下事项。

①地下导线应尽量沿线路中线(或边线)布设,边长要接近等边,尽量避免长短边相接。导线点应尽量布设在施工干扰小、通视良好且稳固的安全地段,两点间视线与坑道边的距离应大于0.2m。对于大断面的长隧道,可布设成导线网或主副导线环。有平行导坑时,平行导坑的单导线应与正洞导线联测,以资检核。

②在进行导线延伸测量时,应对以前的导线点作检核测量。在直线地段,只作角度检测;在曲线地段,还要同时作边长检核测量。

③由于地下导线边长较短,因此进行角度观测时,应尽可能减小仪器对中和目标对中误差的影响。当导线边长小于15m时,在测回间仪器和目标应重新对中,应注意提高照准精度。

④边长测量中,当采用电磁波测距仪时,应经常拭净镜头及反射棱镜上的水雾。当坑道内水汽或粉尘浓度较大时,应停止测距,避免造成测距精度下降。洞内有瓦斯时,应采用防爆测距仪。

(2)地下高程控制测量

地下高程控制测量的任务是测定地下坑道中各高程点的高程,建立一个与地面统一的地下高程控制系统,作为地下工程在竖直面内施工放样的依据。地下高程控制测量可分为地下水准测量和地下三角高程测量,其特点如下。

①高程测量线路一般与地下导线测量的线路相同。在坑道贯通之前,高程测量线路均为支线,因此需要往返观测及多次观测进行检核。

②通常利用地下导线点作为高程点。高程点可埋设在顶板、底板或边墙上。

③在施工过程中,为满足施工放样的需要,一般是建立低等级高程测量给出坑道在竖直面内的掘进方向,然后再建立高等级的高程测量进行检测。

地下水准测量与地下三角高程测量的作业方法同地面测量。

二、隧道施工控制测量设计

1.平面控制测量设计

平面控制测量设计的目的在于确定控制网的布设方案,包括网形、测角量边的精度以及仪器设备的确定等。其主要依据是:由控制测量误差所引起的隧道贯通误差应小于表15-6所列的值,因此,测量设计就变成了影响值的计算问题。横向贯通精度影响值的计算分为近似估算与严密计算,其中以单导线法和按方向的间接平差法最为常用。

(1)地面单导线测量设计

无论是单导线、闭合导线、导线锁还是三角锁等各种网形,都可选择最靠近隧道中线的一条线路,将其作为单导线,按下述公式估算对横向贯通误差的影响值(图 15-11)。

$$m_{q} = \sqrt{m_{y\beta}^{2} + m_{yl}^{2}} = \sqrt{\left(\frac{m_{\beta}}{\rho}\right)^{2} \sum R_{x}^{2} + \left(\frac{m_{l}}{l}\right)^{2} \sum d_{y}^{2}} \tag{15-7}$$

式中,$m_{y\beta}$、m_{yl}为测角、量边误差所引起的隧道横向贯通误差;m_{β}为地面导线的测角中误差,以秒计,取设计值;$\frac{m_l}{l}$为导线边长的相对中误差;$\sum R_{x}^{2}$为两洞口点之间各测角的导线点至贯通面垂直距离的平方和;$\sum d_{y}^{2}$为两洞口点之间各导线边在贯通面上投影长度的平方和。

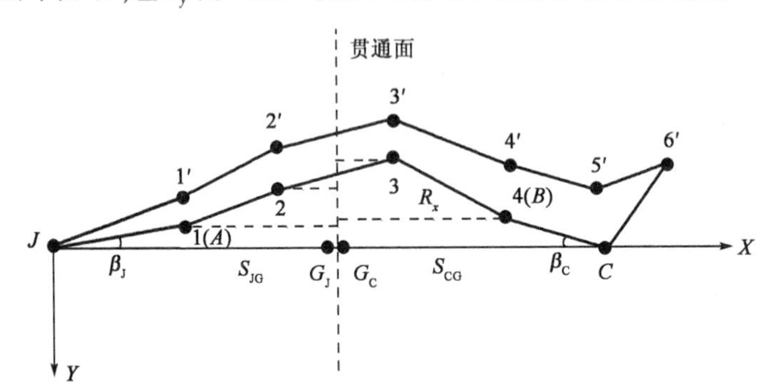

图 15-11　隧道贯通误差预计图

式(15-7)即为导线测量误差对横向贯通误差的影响值的近似公式。按式(15-7)估算的影响值偏大,有时与严密计算结果相差很大,因为它是按支导线推导的。而实际工作中,总是要布设为环形和网形,通过平差,测角测边精度都会产生增益,故按式(15-7)进行横向贯通误差估算将偏于安全。一般用于较短隧道的控制测量设计。估算时,一般通过改变测角精度来调整影响值,使之满足表 15-6 的要求。式(15-7)同样适用于地下导线测量设计。

(2)地下导线测量设计

对于直线型隧道,地下导线宜布设为等边直伸导线,对于等边直伸的地下导线来说,导线的测角误差引起横向误差,而量边误差与横向误差无关。因地下导线一般为支导线,由测角引起的横向贯通误差可表示为

$$m_{q} = \sqrt{\frac{n^{2}s^{2}m_{\beta}^{2}}{\rho^{2}}\left(\frac{n+1.5}{3}\right)} \tag{15-8}$$

式中,m_q为测角引起的横向贯通误差(m);s 为导线边长(m);n 为导线的边数。

故地下导线的测角精度的设计值为

$$m_{\beta} = \frac{m_{q}\rho}{sn}\sqrt{\frac{3}{n+1.5}} \tag{15-9}$$

式(15-9)即为设计地下导线时测角精度的计算公式。

(3)按方向的间接平差法

在方向间接平差中,可按坐标差权函数法估算横向贯通误差,另外还有零点误差椭圆法,

上述两种方法都属于严密估算方法。可利用控制网通用平差程序(可考虑基本条件)在计算机上进行,能适合各种网形,使用简便,具有普遍推广意义。

①按坐标差权函数法估算横向贯通误差。

如图15-11所示,G_J、G_C分别表示由进出口点通过联系角β_J和边长S_{JG}、S_{CG}计算的贯通点。在计算地面控制网测量误差对横向贯能误差的影响时,应将β_J、β_C、S_{JG}、S_{CG}视为不含误差的量。由图15-11可知,横向贯通误差即贯通面上两点G_J、G_C的横坐标差ΔY_G的中误差。因此应首先列出计算ΔY_G的公式,然后对ΔY_G全微分,可得权函数式:

$$\begin{aligned}d(\Delta Y_G) = {} & a_{JA}\Delta X_{JG}dx_J + (1 + b_{JA}\Delta X_{JG})dy_J - a_{JA}\Delta X_{JG}dx_A - b_{JA}\Delta X_{JG}dy_A - \\ & a_{CB}\Delta X_{CG}dx_C - (1 + b_{CB}\Delta X_{CG})dy_C + a_{CB}\Delta X_{CG}dx_B + b_{CB}\Delta X_{CG}dy_B \qquad (15\text{-}10)\end{aligned}$$

式中,$a_{JA} = \Delta Y_{JA}/S_{JA}^2$;$b_{JA} = -\Delta X_{JA}/S_{JA}^2$;J、C、A、B、G分别为进、出口点、定向点和贯通点。权函数式的系数可由上述点的坐标计算。因此,只要能计算出进出口点及其定向点的协方差阵,即可按广义误差传播律计算出ΔY_G的方差m_q^2。

由式(15-10)不难看出,影响值与贯通点G的位置有关(G应位于进出口点之间的中部),且与定向点的位置和精度也有关,选取不同的定向点,则影响值也不同。若进出口分别有m、n个定向点,则有$m \times n$个影响值。测量设计时,可计算出最小影响值所对应的定向点组。由洞外向洞内作进洞测量时,应优先考虑这一组定向点作联系方向点,并以其他定向点检核。

②零距离相对误差椭圆法。

若将β_J、β_C和S_{JG}、S_{CG}视为不含误差的虚拟观测值,并将G_J、G_C作为控制网的点纳入一起计算,在通用平差程序中,可计算G_J、G_C两点的相对误差椭圆,该椭圆长半轴在贯通面上的投影即为影响值,即

$$m_q = \sqrt{E^2\cos^2\Psi + F^2\sin^2\Psi} \qquad (15\text{-}11)$$

式中,Ψ为以误差椭圆长半轴为起始方向时Y轴的方位角,按下式计算

$$\Psi = 90° - \varphi_0 \quad (\varphi_0 \leqslant 90°)$$

或

$$\Psi = 270° - \varphi_0 \quad (\varphi_0 > 90°)$$

上面的公式中,E、F、φ_0为零距离相对误差椭圆的元素。用该法所计算的影响值综合了所有的测量误差,其影响值是唯一的,其值不同于坐标差权函数法的任一结果,相当于用所有的定向点进行多点定向进洞。

用上述两种方法计算影响值时需要给出网点的近似坐标、观测方案以及观测精度等值,用通用平差程序计算坐标未知数向量的协因数阵,乘以先验单位权方差得协方差矩阵。地面网施测之后,也可以按上述方法用验后单位权方差计算实测网的影响值。

(4)GNSS网对贯通误差影响的估算方法

由GNSS网的测量误差所引起隧道贯通误差,可以根据进、出口点及其定向点的坐标值和相应协方差矩阵,由贯通点的设计坐标、贯通面的方位角等信息进行计算。

如图15-12所示,J、C为进、出口点(不一定在中线上),A、B为定向点(可能有多个),G为贯通点,在不考虑边长S_{JG}、S_{CG}和联系角β_J、β_C的误差的情况下,由进、出口推算出贯通点的坐标差ΔX_G、ΔY_G的权函数式为[式(15-10)]

$$\begin{aligned}d(\Delta X_G) = {} & (1 - a_{JA}\Delta Y_{JG})dx_J - b_{JA}\Delta Y_{JG}dy_J + a_{JA}dx_A + \\ & b_{JA}\Delta Y_{JG}dy_A - (1 - a_{CB}\Delta Y_{CG})dx_C + b_{CB}\Delta Y_{CG}dy_C -\end{aligned}$$

$$a_{CB}\Delta Y_{CG}dx_B - b_{CB}\Delta Y_{CG}dy_B \tag{15-12}$$

$$\begin{aligned} d(\Delta Y_G) = & a_{JA}\Delta X_{JG}dx_J + (1 + b_{JA}\Delta X_{JG})dy_J - a_{JA}\Delta X_{JG}dx_A - \\ & b_{JA}\Delta X_{JG}dy_A - a_{CB}\Delta X_{CG}dx_C - (1 + b_{CB}\Delta X_{CG})dy_C + \\ & a_{CB}\Delta X_{CG}dx_B + b_{CB}\Delta X_{CG}dy_B \end{aligned} \tag{15-13}$$

式中,$a_{JA} = \Delta Y_{JA}/S_{JA}^2$;$b_{JA} = -\Delta X_{JA}/S_{JA}^2$。

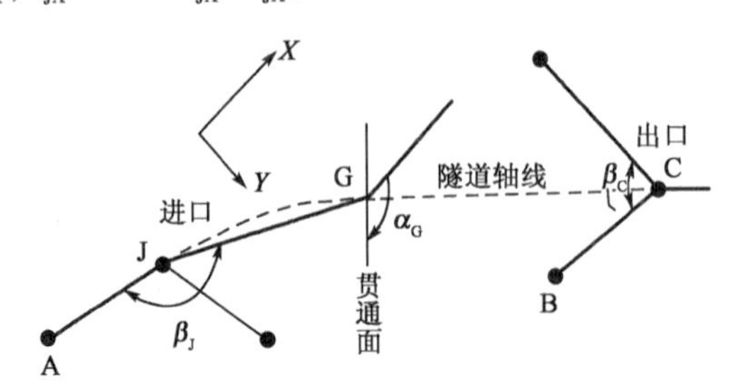

图 15-12 GNSS 网贯通误差影响

设未知数函数的线性化权函数式为

$$dF(X) = f^T dX, dG(X) = g^T dX \tag{15-14}$$

则由协因数传播律可得权函数的权倒数(协因数)和互协因数,即

$$\frac{1}{P_F} = q_F = f^T Q_{xx} f$$

$$\frac{1}{P_{FG}} = f^T Q_{xx} g \tag{15-15}$$

因此,由式(15-12)和式(15-13),可计算出 ΔX_G、ΔY_G 的协因数 $q_{\Delta x}$、$q_{\Delta y}$ 以及它们的互协因数 $q_{\Delta x \Delta y}$,乘以 GNSS 网的验后单位权方差,即可得到贯通点坐标差的方差和协方差,由它们可以计算贯通点的零距离相对误差椭圆,该椭圆在贯通面上的投影即为 GNSS 网的横向贯通误差影响值。

2. 高程测量误差对高程贯通误差的影响

高程测量误差对高程贯通误差的影响,可按下式计算:

$$m_h = m_\Delta \sqrt{L} \tag{15-16}$$

式中,L 为洞内外高程线路总长(以 km 计);m_Δ 为每千米高差中数的偶然中误差,对于四等水准 $m_\Delta = 5$mm/km,对于三等水准 $m_\Delta = 3$mm/km。

需要指出,若采用光电测距三角高程测量时,L 取导线的长度。若洞内外测量精度不同,则应分别计算。

第五节 隧道施工测量与竣工测量

隧道施工测量的主要任务为在隧道施工过程中确定隧道在平面及竖直面内的掘进方向,另外还要定期检查工程进度及计算完成的土石方数量。在隧道竣工后,还要进行竣工测量。

一、隧道掘进中的测量工作

1. 隧道平面掘进方向的标定

隧道掘进施工的方法有全断面开挖法和开挖导坑法,根据施工方法和施工程序的不同,确定隧道掘进方向的方法有中线法和串线法。

(1)中线法

当隧道采用全断面开挖法进行施工时,通常采用中线法。在图15-13中,P_1、P_2为导线点,A为隧道中线点,已知P_1、P_2的实测坐标及A的设计坐标(可按其里程及隧道中线的设计方位角计算得出)和隧道中线的设计方位角。根据上述已知数据,即可计算出放样中线点所需的测设数据β_2、β_A和L。

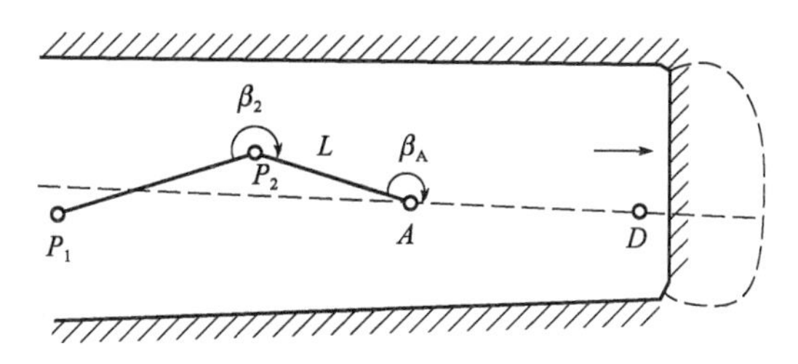

图15-13 中线法标定中线示意图

$$\alpha_{P_2A} = \arctan\frac{Y_A - Y_{P_2}}{X_A - X_{P_2}}$$

$$\beta_2 = \alpha_{P_2A} - A_{P_2P_1}$$

$$\beta_A = \alpha_{AB} - \alpha_{AP_2}$$

$$L = \frac{Y_A - Y_{P_2}}{\sin\alpha_{P_2A}} = \frac{X_A - X_{P_2}}{\cos\alpha_{P_2A}} \tag{15-17}$$

求得上述数据后,即可将仪器安置在导线点P_2上,拨角度β_2,并在视线方向上量距L,即得中线点A。在A点上埋设与导线点相同的标志,并重新测定出A点的坐标。标定开挖方向时可将仪器安置于A点,后视导线点P_2,拨角度β_A,即得中线方向。随着开挖面向前推进,A点距开挖面越来越远,这时需要将中线点向前延伸,埋设新的中线点。其标设方法同前。

(2)串线法

当隧道采用导坑法施工时,因其精度要求不高,可用串线法指示开挖方向。此法是用目测串通三条垂球线,直接用肉眼来标定开挖方向(图15-14)。使用这种方法时,首先需用类似前述设置中线点的方法,在导坑顶板或底板上设置三个临时中线点,两临时中线点的间距不宜小于5m。标定开挖方向时,在三点上悬挂垂球线,一人在B点指挥,另一人在工作面持手电筒(可看作照准标志)使其灯光位于中线点B、C、D的延长线上,然后用红油漆标出灯光位置,即得中线位置。

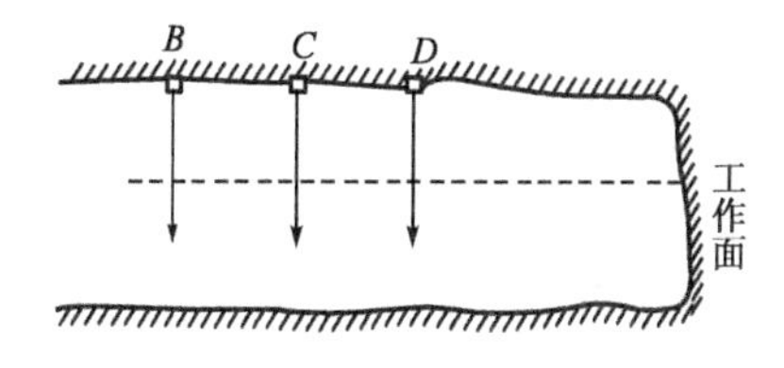

图15-14 串线法标定中线示意图

利用这种方法延伸中线方向时,误差较大,所以B点到工作面的距离不宜超过30m(曲线段不宜超过20m)。当工作面向前推进超过30m后,应用向前再测定两临时中线点,继续用串线法来延伸中线,指示开挖方向。

随着开挖面的不断向前推进,中线点也应随之向前延伸,地下导线也紧跟着向前敷设,为保证开挖方向的正确,必须随时根据导线点来检查中线点,随时纠正开挖方向。

(3)激光指向法

在直线隧道(巷道)建设施工中,有的单位采用激光指向仪进行指向与导向。由于激光束的方向性良好,发射角很小,能以大致恒定的光束直线传播相当长的距离,因此激光指向仪成为地下工程施工中一种良好的指向工具。我国生产的激光指向仪,从结构上来说,一般都将指向部分和电源部分合装在一起,指向部分通常包括气体激光器(氦氖激光器)、聚焦系统、支架、整平和旋转指向仪用的调整装置。由激光器发射的激光束经聚焦系统后发出一束大致恒定的红光,测量人员将指向仪配置到所需的开挖方向后,施工人员即可随时根据指向需要,自行开启激光电源找到掘进开挖方向。

以上介绍的三种方法均是对直线隧道掘进方向标定的方法,对于曲线隧道掘进时,其永久中线点是随导线测量而测设的。而供衬砌时使用的临时中线点则是根据永久中线点加密的,一般采用偏角法(适用于钢尺量边时)或极坐标法(适用于光电测距仪测距时)测设。

(4)盾构自动引导测量系统

在城市地铁的建设中,常采用盾构法开挖施工技术。

盾构法是地下工程暗挖法施工中的一种全机械化施工方法,用带防护罩的特制机械(盾构)在破碎岩层或土层中掘进隧洞(或巷道)。盾构机械在推进中,通过盾构外壳和管片支承围岩,防止发生往隧道内的坍塌,同时在开挖面前方用切削装置进行岩土开挖,通过出土机械运出洞外,靠千斤顶在后部加压顶进,并拼装预制混凝土管片,形成隧道结构。

盾构机安装的SLS-T APD导向系统能够对盾构在掘进中的各种姿态、盾构线路和位置关系进行精确的测量和显示。SLS-T APD导向系统由激光全站仪、激光定向仪、ELS靶、工控机、显示器、调制解调器、通信装置和隧道掘进软件组成。隧道掘进软件是SLS-T APD的核心,提供盾构机的三维坐标和定向的动态信息。通过通信装置接收数据,隧道掘进软件计算盾构机的方位和坐标,并以图表方式显示,使盾构机的位置一目了然,操作人员可根据导向系统提供的信息,实时对盾构的掘进方向及姿态进行调整,保证盾构沿设计方向掘进。

2. 隧道竖直面掘进方向的标定

在隧道开挖过程中,除标定隧道在水平面内的掘进方向外,还应定出坡度,以保证隧道在竖直面内的贯通精度。通常采用腰线法。隧道腰线是用来指示隧道在竖直面内掘进方向的一条基准线,通常标设在隧道壁上,离开隧道底板一定距离(该距离可随意确定)。

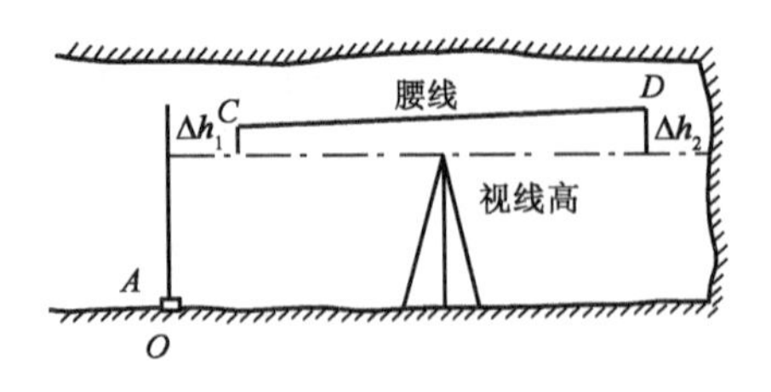

图15-15　隧道腰线标定示意图

在图15-15中,A点为已知的水准点,C、D为待标定的腰线点。标定腰线点时,首先在适当的位置安置水准仪,后视水准点A,依此可计算出仪器视线的高程。

根据隧道坡度 i 以及 C、D 点的里程计算出两点的高程，并求出 C、D 点与仪器视线间的高差 Δh_1、Δh_2。由仪器视线向上或向下量取 Δh_1、Δh_2 即可求得 C、D 点的位置。

二、隧道贯通误差的测定与调整

隧道贯通误差的测定是一项重要的工作，隧道贯通后要及时地测定实际偏差，以对贯通结果作出最后评定，验证贯通误差预计的正确程度，总结贯通测量方法和经验，若贯通偏差在设计允许范围之内，则认为贯通测量工作成功地达到了预期目的。若存在着贯通偏差，将影响隧道（巷道）断面的修整、扩大、衬砌和轨道铺设工作的进行。因此，应该采用适当方法对贯通后的偏差进行调整。

1. 实际贯通偏差的测定方法

（1）采用中线法指向开挖的隧道，贯通之后，应从相向开挖的两个方向各自向贯通面延伸中线，并各钉一临时桩 A、B（图 15-16）。丈量出两临时桩 A、B 之间的距离，即得隧道的实际横向贯通误差，A、B 两临时桩的里程之差，即为隧道的实际纵向贯通误差。

（2）采用地下导线作洞内控制的隧道，可在贯通面附近钉设一临时桩点，然后由相向的两个方向对该点进行测角和量距，各自计算临时桩点的坐标。这样可以测得两组不同的坐标值，其 y 坐标的差值即为实际的横向贯通误差，其 x 坐标之差为实际的纵向贯通误差。在临时桩上安置经纬仪测出角度 α，如图 15-17 所示，以便求得导线的角度闭合差（也称方位角贯通误差）。

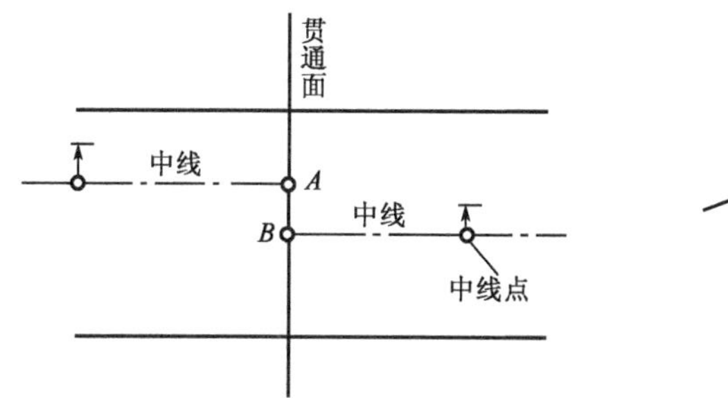

图 15-16 用中线法测定实际横向贯通偏差

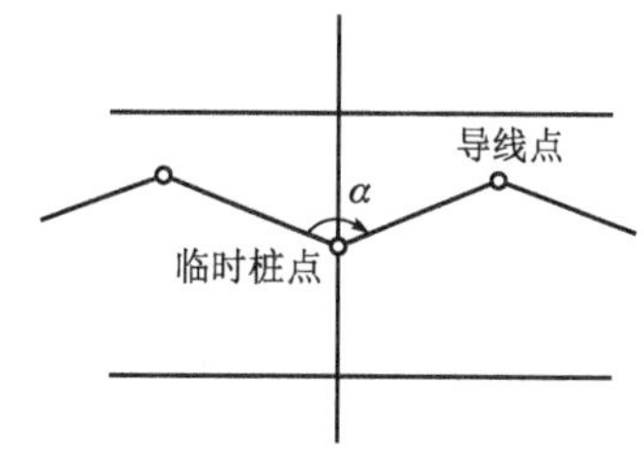

图 15-17 用导线法测定实际横向贯通偏差

（3）由隧道两端洞口附近的水准点向洞内各自进行水准测量，分别测出贯通面附近的同一水准点的高程，其高程差即为实际的高程贯通误差。

2. 贯通误差的调整

测定贯通隧道的实际偏差后，需对贯通误差进行调整，调整贯通误差的工作，原则上应在隧道未衬砌地段上进行，不再牵动已衬砌地段的中线，以防减小限界而影响行车。在中线调整之后，所有未衬砌地段的工程，均应以调整后的中线指导施工。

（1）直线隧道贯通误差的调整

直线隧道中线的调整，可在未衬砌地段上采用折线法调整，如图 15-18 所示。如果由于调整贯通误差而产生的转折角在 5′以内时，可作为直线线路考虑。当转折角在 5′～25′时，可不加设曲线，但应以顶点 a、C 的

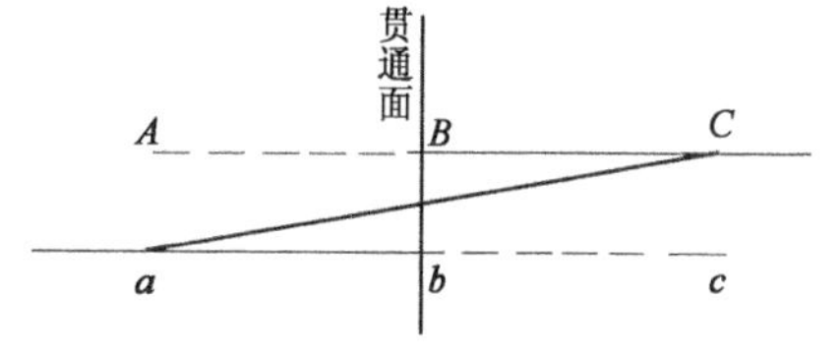

图 15-18 直线隧道贯通误差的调整

内移量考虑衬砌和线路的位置。各种转折角的内移量如表15-7所列。当转折角大于25′时,则应以半径为4000m的圆曲线加设反向曲线。

各种转折角的内移量　　表15-7

转折角(′)	内移量(mm)	转折角(′)	内移量(mm)
5	1	20	17
10	4	25	26
15	10		

对于用地下导线精密测得实际贯通误差的情况,当在规定的限差范围之内时,可将实测的导线角度闭合差平均分配到该段贯通导线各导线角,按简易平差后的导线角计算该段导线各导线点的坐标,求出坐标闭合差。根据该段贯通导线各边的边长按比例分配坐标闭合差,得到各点调整后的坐标值,并作为洞内未衬砌地段隧道中线点放样的依据。

(2)曲线隧道贯通误差的调整

当贯通面位于曲线上时,可将贯通面两端各一中线点和曲线的起点、终点用导线联测得出其坐标,再用这些坐标计算交点坐标和转角 α,然后在隧道内重新放样曲线。

(3)高程贯通误差的调整

贯通点附近的水准点高程,采用由贯通面两端分别引测的高程的平均值作为调整后的高程。洞内未衬砌地段的各水准点高程,根据水准路线的长度将高程贯通误差按比例分配,求得调整后的高程,并作为高程施工放样的依据。

三、施工期间的变形测量

隧道在施工期间有变形测量的需要,应根据情况制定监测方案。在城市地铁施工期间,部分地段需要对地上建筑物、地面和隧道进行沉降观测和位移观测,在矿山工程建设中,有地表位移和沉降观测和部分井下、巷道工程的变形监测等,一般来说,沉降观测主要用精密水准测量方法,位移测量可采用全站仪、测量机器人和激光扫描仪等。

四、隧道竣工测量

隧道竣工后,为检查主要结构及线路位置是否符合设计要求,应进行竣工测量。该项工作包括隧道净空断面测量、永久中线点及水准点的测设。

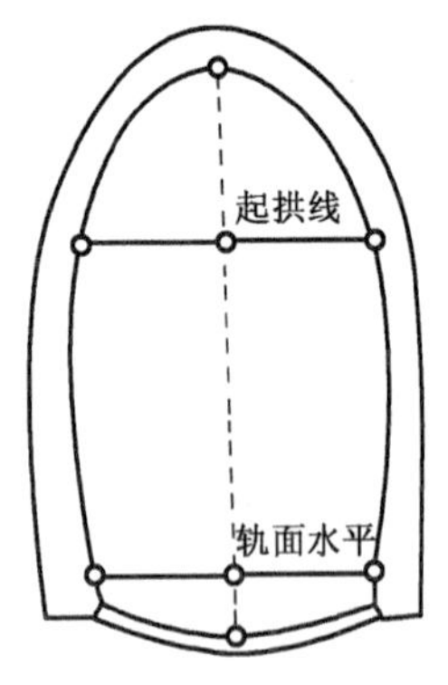

图15-19　隧道净空断面图

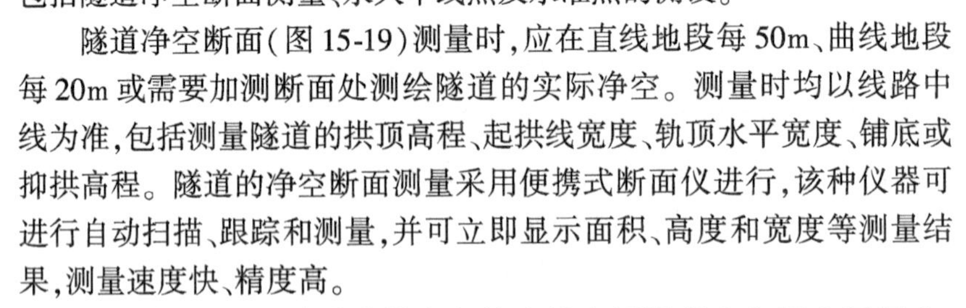
隧道净空断面(图15-19)测量时,应在直线地段每50m、曲线地段每20m或需要加测断面处测绘隧道的实际净空。测量时均以线路中线为准,包括测量隧道的拱顶高程、起拱线宽度、轨顶水平宽度、铺底或抑拱高程。隧道的净空断面测量采用便携式断面仪进行,该种仪器可进行自动扫描、跟踪和测量,并可立即显示面积、高度和宽度等测量结果,测量速度快、精度高。

隧道竣工后,应对隧道的永久性中线点用混凝土包埋金属标志。在采用地下导线测量的隧道内,可利用原有中线点或根据调整后的线路中心点埋设。直线上的永久性中线点,每200～250m埋设一个,曲线上应在缓和曲线的起终点各埋设一个,在曲线中部,可根据通视条件适当增加。在隧道边墙上要画出永久性中线点的标志。

洞内水准点应每千米埋设一个,并在边墙上画出标志。

思考题与习题

1. 名词解释:桥轴线;等影响原则;隧道;贯通误差;纵向贯通误差;横向贯通误差;高程贯通误差。

2. 桥梁施工控制网的布设形式有哪些?桥梁施工控制网的布设有何特点?

3. 桥梁施工控制网精度确定要考虑哪些问题?

4. 隧道测量技术的主要内容有哪些?与地面工程测量相比,地下工程测量具有哪些特点?

5. 隧道工程的地面控制测量有几种形式?

6. 隧道贯通误差估计方法有几种?各有什么特点?

7. 地下导线测量有何特点?地下导线测量是如何实现高级控制低级的?

8. 隧道施工中有哪些测量工作?

第十六章

变形监测

【本章提要】

本章主要介绍了变形监测的概念、内容、方法及特点，工业与民用建筑变形监测、桥梁变形监测、滑坡变形监测以及地面沉降变形监测的技术方法。

【学习要求】

通过本章的学习，应熟悉变形监测的概念、内容、方法及特点，掌握工业与民用建筑变形监测、桥梁变形监测、滑坡变形监测以及地面沉降变形监测的技术方法。

第一节　概　　述

变形监测(或变形观测)是指用测量仪器或专用仪器定期测定变形体在自身荷载或外力作用下随时间而变形的工作。通过变形监测，可以检查各种工程建(构)筑物和地质构造的稳定性，及时发现问题，确保质量和使用安全；同时，还可以更好地了解变形的机理，验证有关工程设计的理论，建立正确的预报变形的理论和方法，以便对某种新结构、新材料、新工艺的性能做出科学、客观的评价。因此，在测量工程的实践和科学研究活动中，变形监测占有重要的地位。

一、变形监测的概念

变形监测是对监视对象或物体(简称变形体)进行测量,以确定其空间位置随时间变化的特征。变形监测又称变形测量或变形观测,包括全球性的变形监测、区域性的变形监测和工程的变形监测。

全球性的变形监测是对地球自身的动态变化,如自转速率变化、极移、潮汐、全球板块运动和地壳形变的监测;区域性的变形监测是对区域性地壳形变和地面变形的监测;对于工程的变形监测来说,变形体一般包括工程建(构)筑物(以下简称工程建筑物)、机器设备以及其他与工程建设有关的自然或人工对象,如大坝,船闸、桥梁、隧道、高层建筑物、地下建筑物、大型科学实验设备、车船、飞机、天线、古建筑、油罐、储矿仓、崩滑体、泥石流、采空区、高边坡、开采沉降区域等。

变形体用一定数量的、有代表性的位于变形体上的离散点(称之为监测点或目标点)来代表。监测点的变化可以描述变形体的变形。变形体的变形又分为两类:即变形体自身的形变和变形体的刚体位移。变形体自身的形变包括伸缩、错动、弯曲和扭转四种变形;而刚体位移则包括整体平移、整体转动、整体升降和整体倾斜四种变形。

变形监测按时间特性可分为静态变形监测和动态变形监测,静态变形监测通过周期测量得到,动态变形监测须通过持续监测得到。

二、变形监测的目的及意义

总的来说,变形监测的目的是要获得变形体(大到整个地球,小至一个工程建筑物)变形的空间状态和时间特性,同时还要解释变形的原因。对于前一个目的,相应的变形监测数据处理任务称为变形的几何分析;对于后一个目的,相应的任务称为变形的物理解释。

因此,变形监测具有实际应用和科学研究两方面的意义。

(1)实际应用意义

保障人类生命和财产安全,监测各种工程建(构)筑物、各类灾害体、机器设备、厂房以及与工程建设有关的地质构造的变形,及时发现异常变化,对其稳定性、安全性做出判断,以便及时采取措施进行防治或处理,防止事故发生。

(2)科学研究意义

积累监测分析资料,能更好地解释变形的机理,验证变形的假说,为研究变形体(或灾害体)预报的理论和方法服务,检验工程设计的理论是否正确、是否合理,为以后的修改及制定设计规范提供依据。例如,改善建(构)筑物的物理参数和地基强度参数,从而防止工程灾害的发生,提高抗灾能力等。

三、变形监测的内容和特点

1. 变形监测的内容

变形监测的内容主要包括水平位移和垂直位移监测,以及对偏距、挠度、弯曲、扭转、振动、裂缝等用于描述变形体自身形变和刚体位移的几何量的监测。水平位移是监测点在平面上的变动;偏距和挠度可以视为某一特定方向的位移;倾斜可以换算成水平或竖直方向上的位移,也可以通过水平或垂直位移测量和距离测量得到。除上述监测内容外,还包括与变形有关的物理量的监测,如应力、应变、温度、气压、水压(库水位、地下水位)、渗流、渗压等的监测。

变形监测的内容应根据变形体的性质与特点等情况来确定,要求有明确的针对性。既要有重点,又要作全面考虑,以便能正确反映出变形体的变化情况,达到监视建筑物的安全运营、了解其变形规律的目的。

2. 变形监测的特点

变形监测的最大特点是要进行周期观测,所谓周期观测就是多次的重复观测,第一次称初始周期或零周期,每一周期的观测方案(如监测网的图形、使用仪器、作业方法乃至观测人员)都要一致。重复观测的周期取决于观测的目的、预计的变形量的大小和速率等。

变形监测需要确定合理的测量精度。对于不同的任务,变形监测所需要的精度不同。为积累资料而进行的变形观测,或为一般工程进行的常规监测任务,精度可以低一些;而对大型特种精密工程,或对人类生命和财产相关的变形监测任务,则精度要求比较高。因此,根据变形监测的不同目的,确定合理的观测精度和观测方法、优化观测方案、选择合适的测量仪器是实施变形监测的重要前提。

由于各种测量方法都有其优点和局限性,因此,变形监测的一大特点就是综合应用多种观测方法。在设计变形监测方案时,一般应综合考虑多种观测方法的应用,取长补短,互相校核。近年来,一种趋势是几何变形和物理参数同时监测,即除了用各类测量方法采集变形体的几何变形量之外,也同时测量变形体的温度、应力、风速、风压和风振等物理参数。

此外,要求采用严密的数据处理方法是变形监测的另一重要特点。在变形监测中,大量重复观测使得原始数据增多,要想从不同时期的大量观测数据中准确地获取变形体的变形信息,必须采用严密的数据处理方法。

变形监测还需要有多学科知识的配合。在确定变形监测精度、优化设计变形监测方案、合理分析变形监测成果,特别是进行变形的物理解释时,变形测量工作者应熟悉所研究变形体的情况。例如,研究地壳变形,需要有地球物理的知识;研究工程建筑物的变形,需要有土力学和土木工程的知识;研究变形的机理,需要有力学方面的知识。可以说,变形监测处于测绘学和地球物理、土木工程等科学的重合区域。因此,一个成功的变形监测工作者也需要具备其他学科的知识,才能与其他学科方面的专家有共同语言,紧密地协作。

四、变形监测的方法

变形监测方法的选择取决于变形体的变形特征、变形的大小和变形的速度等因素,设计合理的变形监测方案和选择合适的变形监测仪器是变形监测的关键环节。

1. 常规大地测量法

常规大地测量法是指用精密测量仪器测量方向、角度、边长和高差,进而精准确定地面点位置方法的总称,包括三角网测量、导线测量、交会测量以及水准测量、三角高程测量等方法。

常规大地测量技术包括精密角度测量、精密距离测量、精密高程测量、重力测量等。目前,智能型高精度测量机器人已应用于变形监测的许多领域。

常规大地测量法的优点是可以提供变形体整体的变形状态，监测面积大，可有效测定变形体的变形范围和绝对位移；观测量可以通过组网的形式进行结果的校核和精度评定，可靠性较高；灵活性大，能适用于不同的精度要求，适应于不同形式和不同的外界条件。

但常规大地测量法也存在一些缺点，主要是外业工作量大、作业时间长、效率较低，而且需要测量人员到现场观测，难以实现连续监测和测量过程的自动化或无人值守监测。

2. 空间测量方法

(1) GNSS 测量法

GNSS 技术已广泛应用于滑坡、地面沉降、地震、地裂缝和各类工程建(构)筑物的变形监测中。GNSS 测量法以坐标、距离和角度为基础，用获得的最新坐标值与初始坐标之差反映目标点(或监测点)的运动，从而实现监测变形的目的。

GNSS 技术应用于变形监测具有以下优点：

①观测点之间无须通视，选点方便；

②观测不受天气条件的限制，可以进行全天候的监测；

③观测点的三维坐标可以同时测定，对于运动的观测点还能精确地测出速度；

④在观测点之间距离较长时，其相对定位的精度较高，优于精密光电测距仪和全站仪的测量精度；

⑤作业简单方便，自动化程度高，可实现在无人值守的情况下通过计算机网络远程控制，实现对变形体的连续自动监测，即自动按规定时刻下载数据、自动解算和分析。

(2) InSAR 测量法

InSAR 测量技术，即合成孔径雷达干涉测量技术(Interferometric Synthetic Aperture Radar, InSAR)，是利用合成孔径雷达(SAR)影像进行干涉来提取相位信息从而获取地表高程及其变化信息的一种新型遥感技术。

目前，InSAR 测量技术以其全天时、全天候对地观测，地面高分辨率、高精度以及长时间序列等特点，已应用于地球科学的各个领域。特别是在地质灾害监测方面，InSAR 测量技术可用于与构造活动相关的地震同震、余震和震间形变监测，火山的膨胀与收缩监测，以及由于地下油、气、水的抽取导致的地面沉降、滑坡和冰川运动等灾害的变形监测。

与其他方法相比，利用 InSAR 测量技术进行地面形变监测的主要优点在于：

①覆盖范围大，方便迅速；

②成本低，不需要建立监测网；

③空间分辨率高，可以获得某一地区连续的地表形变信息；

④可以监测或识别出潜在或未知的地面形变信息；

⑤全天候，不受云层及昼夜影响。

InSAR 测量技术所具有的独特优点，特别是可以快速获取人员无法到达的困难区域的地形及形变信息的优势，使得该技术迅速得到广泛的应用。目前，我国已发射了系列 SAR 卫星，如环境减灾卫星、高分三号卫星、海陆观测卫星等。

3. 摄影测量法和激光扫描法

(1) 摄影测量法

用摄影测量方法测定各种工程建筑物、滑坡等的变形，其方法就是在这些变形体的周围选择稳定的点,在这些稳定点上安置照相机或者摄像机,对变形体进行拍摄,然后通过内业处理得到变形体上目标点的二维或者三维的坐标,通过对不同时期相同目标点的坐标变化得到他们的变化情况,从而获得变形体的变化情况。

摄影测量法的精度主要取决于像点坐标的量测精度和摄影测量的几何强度。前者与摄影机和量测仪的质量、摄影材料的质量有关,后者与摄影位置和变形体之间的关系以及变形体上控制点的数量和分布有关。在数据处理中采用严密的光束法平差,将外方位元素、控制点的坐标以及摄影测量中的系统误差如底片形变、镜头畸变作为观测值或估计参数一起进行平差计算,可进一步提高变形体上被测目标点的精度。

目前,摄影测量的硬件和软件的发展很快,像片坐标精度可达 2 ~ 4μm,目标点精度可达摄影距离的 $1/10^5$。近年来发展起来的数字摄影测量和实时摄影测量技术在变形监测中有更好的应用前景。

与其他方法相比,摄影测量法有下述显著特点:

①不需要接触被监测的变形体。

②外业工作量少,观测时间短,可获取快速变形过程,可同时确定变形体上任意点的变形。

③摄影影像的信息量大、种类多、利用率高,可对变形体产生变形前后的信息做各种后处理,通过底片可观测到变形体在任意时刻的状态。

④摄影测量的仪器费用较高,数据处理对软硬件的要求也比较高。

(2)三维激光扫描测量法

三维激光扫描仪是一种集成多种高新技术的新型测绘仪器,采用非接触式高速激光测量方式,以点云形式获取地形及复杂物体三维表面的阵列式几何图形数据,通过后处理软件可获取物体在给定坐标系下的三维坐标。

与传统的测量手段相比,三维激光扫描技术如下优点:

①全天候工作。

②数据量大,精度较高。

③获取数据速度快、实时性强。

④全数字特征,信息传输、加工和表达容易;三维激光扫描测量技术可应用于建筑物特征的提取、监测滑坡、度量岩石等的裂缝,还可以记录和监测古建筑物的变化情况。

4. 专门测量方法

作为对常规大地测量方法的补充或部分代替,这些专门的测量方法用于变形监测具有操作特别方便简单、精度特别高等优点,大多数情况下是精确地获取一个被测量的变化,而被测量本身的精度则要求不高。下面仅在众多方法中选取几种典型方法予以说明:

(1)偏离水平基准线的微距离测量——准直法

水平基准线通常平行于被监测物体,如大坝、机器设备的轴线。偏离基准线垂直距离或到基准线所构成的垂直基准面的偏离值称偏距(或垂距),测量偏距的过程称准直测量。

基准线(或基准面)可用光学法、光电法和机械法等产生。

(2)偏离垂直基准线的微距离测量——铅直法

以过基准点的铅垂线为垂直基准线,沿铅垂基准线的目标点相对于铅垂的水平距离(亦称偏距)可通过垂线坐标仪、测尺或传感器得到。与准直法一样,铅垂基准线可以用光学法、光电法或机械法产生。

准直法和铅直法中的基准点或工作基点一般需要与变形监测网联测。

(3)液体静力水准测量法

该方法基于伯努利方程,即对于连通管中处于静止状态的液体压力,满足 $P+\rho gh$ 等于常数(式中,P 为空气压力,ρ 为液体密度,g 为重力加速度,h 为液体水柱高)。按此原理制成的液体静力水准测量仪或系统可以测两点或多点之间的高差。若其中的一个观测头安置在基准点上,其他观测头安置在目标点上,进行多期观测,则可得各目标点的垂直位移。这种方法特别适合建筑物内部(如大坝)的沉降观测,尤其是适用那些使用常规的光学水准法观测比较困难且高差又不太大的情况。目前,液体静力水准测量系统采用自动读数装置,可实现持续监测,监测点可达上百个。此外,还发展了移动式系统,观测的高差可达数米,因此也用于桥梁的沉降变形监测。

(4)挠度测量方法

挠度曲线为相对于水平线或铅直线(称基准线)的弯曲线,曲线上某点到基准线的距离称为挠度。例如,在建筑物的垂直面内各不同点相对于底点的水平位移就称为挠度;大坝在水压作用下产生弯曲,塔柱、塔梁的弯曲以及钻孔的倾斜等,都可以通过正、倒垂线法或倾斜测量方法获得挠度曲线及其随时间的变化;对于高层建筑物而言,由于其相对高度较大,故在较小的面积上有很大的集中荷载,从而导致基础与建筑物的沉陷,其中不均匀的沉陷将导致建筑物倾斜,局部构建产生弯曲而引起裂缝;对于房屋类的高层建筑物,这种倾斜和弯曲将导致建筑物挠曲。

建筑物的挠度可由观测不同高度处的倾斜来换算求得。大坝的挠度可采用正垂线法测得,即在坝体竖井中从坝顶附近挂下一根铅垂线而直通到坝底。在铅垂线的不同高程上设置测点,以坐标仪测出各点与铅垂线之间的相对位移值。

挠度曲线的各测点构成导线,在端点与周围的监测的联测,通过周期观测,可获取挠度曲线的变化。

(5)裂缝的观测方法

工程建(构)筑物的裂缝观测内容包括对裂缝编号,观测裂缝的位置、走向、长度、宽度等,对于重要的裂缝,需埋设观测标志,并定期测定两个标志点之间距离的变化,确定裂缝的发展情况。混凝土大坝和土坝的裂缝观测十分重要,观测次数与裂缝的部位、长度、宽度、形状和发展变化情况有关,应与温度、水位和其他监测项目相结合。对于建筑预留缝和岩石裂缝这种更小距离的测量,一般通过预埋内部测微计和外部测微计进行。测微计通常由金属丝或因瓦丝与测表构成,其精度可优于0.01mm。

(6)振动的观测方法

塔式建筑物在温度和风力荷载的作用下会来回摆动,因此需要对建筑物进行动态观测,即振动(摆动)观测。有的桥梁也需进行振动观测,对于特高建筑,也存在振动现象,例如美国纽约的帝国大厦,高102层,观测结果表明,在风力荷载作用下,其最大摆动幅度可达7.6cm。观测建筑物的振动,可采用专门的光电观测系统,其原理与激光铅直相似。也可采用GNSS技术进行持续的动态振动观测。

目前,测量技术的发展使变形监测自动化成为可能并得到广泛应用。基于信号转换的传感技术,可以把变形监测中需要确定的距离、角度、高差、倾角等几何量及其微小变化转化为电信号,按转换原理可分为电感式、电容式、光电式、电阻式、压电式和压抗式等信号转换。由上述原理所制造的各种传感器有电感式传感器中的差动变压器、直线式感应同步器、电容式传感器、光栅式传感器、硅光电池、电荷耦合器(CCD,又称固态图像传感器)、数模转换器等。将这些用于变形监测以及精密测量的传感器安装在伸缩仪、应变仪、准直仪、铅直仪、测斜仪以及静力水准测量系统中,通过数据获取、信号处理、数据转换与通信,可将成百上千个目标点上的监测数据传送到数据终端或数据处理中心,实现对变形体的持续监测、数据的自动记录、传输与处理。

五、变形监测的精度和周期

对于不同的监测目的,其所要求的精度不同。一般为积累资料而进行的变形监测,其精度可以低一些;如果变形监测是为了确保建筑物的安全,则测量精度应小于允许变形值的1/20 ~ 1/10;如果是为了研究变形的过程,则监测精度还应更高。

由于变形监测的重要性和目前测量技术的进步,测量费用所占工程费用的比例较小,故变形监测的精度要求一般较严格。目前,对于重要工程,一般要求“以当时所能达到的最高精度为标准进行变形观测”。对于不同类型的工程建筑物,其变形监测的精度要求差别较大,同一建筑物,不同部位不同时间对观测精度的要求也不尽相同。例如《建筑变形测量规范》(JGJ 8—2016)中规定的建筑变形测量级别、精度指标及适用范围如表 16-1 所列。

建筑变形测量等级、精度指标及其适用范围(单位:mm)　　表 16-1

等级	沉降监测点测站高差中误差	位移监测点坐标中误差	主要适用范围
特等	0.05	0.3	特高精度要求的变形测量
一等	0.15	1.0	地基基础设计为甲级的建筑的变形测量;重要的古建筑、历史建筑的变形测量;重要的城市基础设施的变形测量等
二等	0.5	3.0	地基基础设计为甲、乙级的建筑的变形测量;重要场地的边坡监测;重要的基坑监测;重要管线的变形测量;地下工程施工及运营中变形测量;重要的城市基础设施的变形测量等
三等	1.5	10.0	地基基础设计为乙、丙级的建筑的变形测量;一般场地的边坡监测;一般的基坑监测;地表、道路及一般管线的变形测量;一般的城市基础设施的变形测量;日照变形测量;风振变形测量等
四等	3.0	20.0	精度要求低的变形测量

注:1. 沉降监测点测站高差中误差:对水准测量,为其测站高差中误差;对静力水准测量、三角高程测量,为相邻沉降监测点间等价的高差中误差。

2. 位移监测点坐标中误差:是监测点相对于基准点或工作基点的坐标中误差、监测点相对于基准线的偏差中误差、建筑上某点相对于其底部对应点的水平位移分量中误差等。坐标中误差为其点位中误差的 $1/\sqrt{2}$ 倍。

变形监测须重复进行,每隔一定时间间隔所作的监测工作称观测周期,观测周期与监测目的、工程大小、观测点位置、数量以及观测一次所需时间的长短有关。一个周期可从几小时到几天，观测速度要尽可能地快，观测周期要尽可能缩短，以免在观测期间某些观测点产生位移。

同时，变形监测的频率取决于变形值的大小、变形速度和观测目的。通常要求观测次数既能反映出变化的过程，又不遗漏变化的时刻。一般在监测初期，变形体的变形速度比较快，观测频率要高一些；经过一段时间后，变形体逐步稳定，观测次数可逐步减少；在掌握了一定的规律或变形稳定后，可固定其观测周期；在遇到特殊情况时（如遇地震、洪水、强降雨时），应及时观测。

及时进行第一周期的观测有重要的意义。因为延误初始测量就可能失去已经发生的变形资料，以后各周期的测量成果是与第一期相比较的，所以要特别重视第一次观测的质量。

六、变形监测数据处理

变形监测数据可分为两种：一种是监测网的周期观测数据，根据这些数据，计算网点的坐标，进行参考点稳定性检验和周期间的叠合分析，从而得到目标点的位移；另一种是各监测点上的某一种特定的形成时间序列的监测数据，如该点的沉降值、某一方向上的位移值以及其他与变形监测有关的量，如气温、体温、水温、水位、渗流、应力、应变等，对他们进行回归分析、相关分析、时序分析和统计检验，确定变形过程及趋势。此外，还应进一步做变形体的变形模型分析，进行变形模型参数如刚体变形及相对形变参数估计和统计检验。

变形分析又可分为变形的几何分析和物理解释。几何分析在于确定变形量的大小、方向及其变化，即变形体形态的动态变化；物理解释在于确定引起变形的原因（例如是由某种荷载为主引起的周期性变形）和确定变形的模式（属于弹性变形还是塑性变形，是自身内部变形还是整体变形等）。一般来说，几何分析是基础，主要是确定相对和绝对位移量，物理解释则是在于从本质上认识变形。变形的物理解释和变形预报可根据确定函数法，如动力学方程等方法进行，也可根据大量的监测资料用统计分析法进行，同时还可将两种方法结合起来进行综合分析预报。

总的来说，变形监测是基础，变形分析是手段，变形预报是目的，变形观测数据处理过程就是进行变形分析和预报的过程。

第二节　工业与民用建筑变形监测

一、概述

工业与民用建筑通常都是建筑在压缩性地基上，当建筑物建设时，由于改变了地面的原有状态，并对地基施加了外力，从而引起地基及周围地层的变形。建筑物本身及其基础，也由于地基的变形及其外部荷载与内部应力的作用而产生变形。因此，工业与民用建筑从施工开始，到全部工程竣工后的一段时间内，应按施工与设计的要求进行沉降、位移和倾斜等变形观测。观测一般分为两部分：一部分是观测高层建筑施工造成周围邻近建（构）筑物和支护结构的变形，以保证安全和正确指导施工；另一部分是在整个施工过程中和竣工后，观测建筑物自身各部位的变形，以检查施工质量和工程设计的正确性，为地基基础与结构设计反馈信息。

工业与民用建筑的基础沉降是最主要的监测项目，相关规范中都规定为必测项目。通常情况下,由沉降监测资料可以计算基础的绝对沉降量、均匀沉降量、不均匀沉降量和平均沉降量。由不均匀沉降量可以计算建筑主体结构的相对倾斜和相对弯曲(挠度)。基础的不均匀沉降可以导致建筑物的扭转。当不均匀沉降产生的应力超过建筑物的容许应力时,会导致建筑物产生裂缝。所以说,建筑物本身产生的倾斜与裂缝,起因是基础不均匀沉降。均匀沉降不会使建筑物出现断裂、裂缝和倾斜等现象,但绝对值过大的均匀沉降也会导致一些不良后果。例如,建筑物地下部分的地面可能下降到地下水位以下,因而使建筑物的地下部分被淹没。所以,工业与民用建筑的倾斜(包括不均匀沉降和施工误差引起的)也是必要的监测项目,而裂缝可根据结构变形大小来确定是否需要进行监测。

由于工业与民用建筑的主要监测内容是基础沉降和建筑物本身的倾斜,其监测精度应根据建筑物的允许沉降量、允许倾斜度、允许相对弯矩来决定,同时也应考虑其沉降速度。建筑物的允许变形值大多是由设计单位提供的,一般可以直接套用。根据允许变形值的大小,可按 1/10 ~ 1/20 的要求来确定变形监测的精度,再由变形监测的精度确定测量仪器和测量方法。

工业与民用建筑变形监测的周期,在结构加载施工期(比如大楼封顶前),通常根据荷载增加的时间来确定。比如,大楼每增高一层,加载后观测一次;建筑结构加载全部完毕后,则采取定期观测,周期大小可根据变形的速率确定;当建筑结构稳定后,就可以停止观测。

二、工业与民用建筑物的沉降观测

按规范规定,工业与民用建筑物的沉降观测可分别进行建筑物场地沉降观测、基坑回弹观测、地基土分层沉降观测和建筑物沉降观测。这里主要介绍建筑物沉降观测,其余部分可参考有关专业文献。

建筑物的沉降是指建筑物及其基础在垂直方向上的变形(即垂直位移)。沉降观测就是测定建筑物上所设观测点(监测点)与基准点之间随时间变化的高差变化量。通常采用精密水准测量或液体静力水准测量的方法进行。

沉降观测是变形观测中的重要内容之一。一般而言,下列建筑物和构筑物需要进行系统的沉降观测:高层建筑物,重要厂房的柱基及主要设备基础,连续性生产和受振动较大的设备基础,工业炉(如炼钢的高炉等),高大的构筑物(如水塔、烟囱等),人工加固的地基、回填土、地下水位较高或大孔性土地基上的建筑物等。

1. 沉降观测点的布设

(1)基准点和工作基点的布设

沉降观测的基准点和工作基点是观测建筑物垂直变形的基准。但是基准点要根据建(构)筑物变形观测的具体要求而设置,如果要求较高,基准点必须深埋,甚至要达到基岩,或者要埋设双金属水准点,以计算其因温度变化而产生的升降量。因此,要综合考虑基准点的稳定性、观测方法和建(构)筑物的要求而设计和布设基准点和工作基点。

①为了校核并防止由于个别水准点的高程变动造成差错,一般最少应布设三个水准基准点,基准点之间最好每期均联测并进行稳定性分析。

②基准点和工作基点应埋设在受压、受震范围以外,埋深至少在冻土线以下 0.5m,以确保其稳定性;埋设后应达到稳定方可开始观测,一般不宜少于 15d。

③工作基点离观测点(监测点)的距离不应大于100m,以便于观测和提高精度。

(2)监测点的布设

沉降监测点是固定在建筑物结构基础、柱、墙上的测量标志,是测量沉降量的依据。因此,监测点的数量和位置应根据建筑物的结构、大小、荷载、基础形式和地质条件等情况而确定,要能全面反映建筑物的沉降情况。

一般在建筑物四周角点、沿外墙每隔10~20m设立监测点;在最容易沉降变形的地方,如设备基础、柱子基础、伸缩缝两旁、基础形式改变处、地质点条件改变处、高低层建筑物连接处、新老建筑物连接处等设立监测点。在高大圆形烟囱、水塔或配煤罐等的周围或轴线上至少布设三个监测点。

监测点分两种形式:图16-1a)为墙上监测点,图16-1b)为设在柱上的监测点,其标高一般在室外地坪+0.5m处较为适宜;图16-2为设在基础上的监测点。

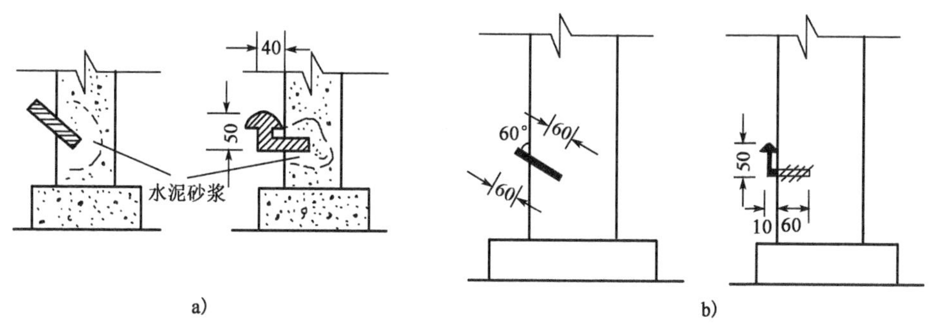

图16-1 设在墙上或柱上的监测点(尺寸单位:mm)

2. 沉降观测的实施

应在建筑物基坑开挖之前,开始进行基准点和工作基点的布设与观测,对沉降监测点的观测应贯穿于整个施工过程中,持续到建成后若干年,直到沉降现象基本停止时为止。

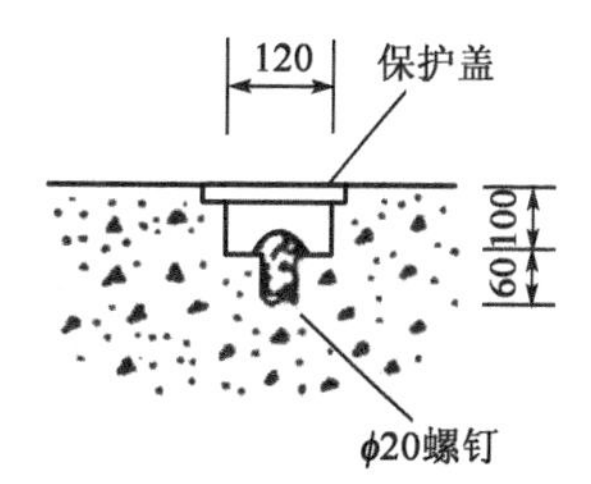

图16-2 设在基础上的监测点(尺寸单位:mm)

(1)沉降观测时间与周期的确定

①基准点、工作基点、监测点埋设稳固后,均应至少观测两次。

②普通建筑可在基础完工后或地下室砌完后开始观测,大型、高层建筑可在基础垫层或基础底部完成后开始观测。

③观测次数和观测间隔时间应视地基与荷载情况而定。民用高层建筑可每加高1~5层观测一次;工业建筑可按施工阶段分别进行观测,或者应至少在增加荷载25%、50%、75%、100%时各观测一次。

④施工过程中若因故暂停施工,应在停工和重新开工时各观测一次;停工期间每隔2~3个月观测一次。

⑤竣工后要按沉降量大小定期进行观测。开始可每隔1~2个月观测一次,以每次沉降量在5~10mm以内为限度,否则要增加观测次数;此后,除特殊情况外,可在第一年观测3~4次,第二年观测2~3次,随着沉降量的减少,逐渐延长观测周期,直至沉降速率稳定为止(小

于0.01~0.04mm/d)。

(2)沉降观测的技术要求

沉降观测一般采用精密水准测量的方法。观测时,除应遵守与精密水准测量有关的规定外,还应注意以下事项。

①水准路线应尽量构成闭合环形式。

②采用固定观测员、固定仪器、固定施测路线的"三固定"的方法来提高观测精度。

③观测应在成像清晰、稳定的时间段内进行。测完各观测点后,必须再测后视点,同一后视点的两次读数之差不得超过±1mm。

④前后视观测最好用同一水准尺,水准尺离仪器的距离应小于40m,前、后视距应用皮尺丈量,使之大致相等。

⑤精度指标应按《建筑变形测量规范》(JGJ 8—2016)中第3.2.2条和第4.2.3条规定执行。一般来说,对普通厂房建筑物、混凝土大坝的沉降观测,要求能反映出2mm的沉降量;对于大型建筑物、重要厂房和重要设备基础的沉降观测,要能反映出1mm的沉降量;精密工程如高能粒子加速器、大型抛物面天线等,沉降观测的精度要求为0.05~0.2mm。

⑥基准点的高程变化将直接影响沉降观测的结果,因此,应定期检查基准点的高程变化情况。

3. 沉降观测的成果整理和分析

检查计算观测数据、分析研究沉降变形的规律和特征的工作,称为沉降观测的成果整理,属沉降观测的内业工作。

(1)观测资料的整理

沉降观测应采用专用的外业手簿。每次观测结束后,应检查手簿记录是否正确、精度是否合格、文字说明是否齐全。然后,将各观测点的历次高程等有关数据填入成果表,并计算两次观测之间的沉降量与累计沉降量;注明观测日期和荷重情况;编写变形观测报告和说明;绘制工程平面位置图及基准点分布图、沉降观测点分布图及时间-荷载-沉降量曲线图(图16-3)等。由上述成果资料就可以得到建筑物沉降与时间、荷载之间的关系。

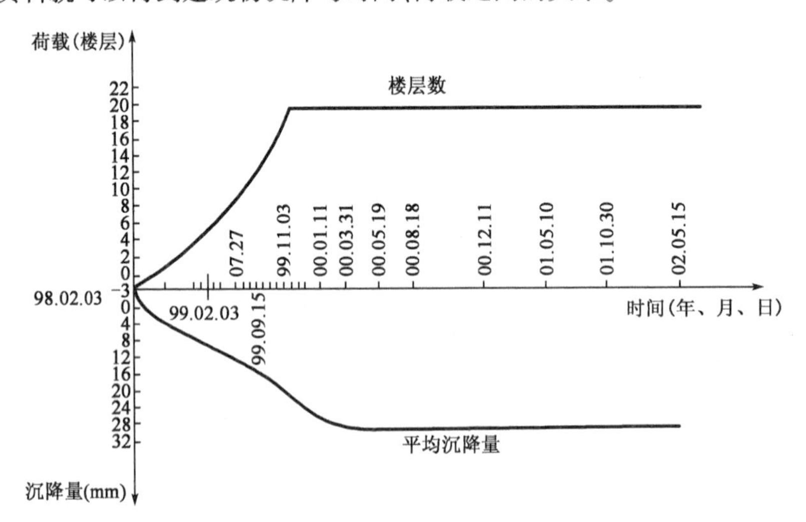

图16-3 某建筑时间-荷载-沉降量曲线图

(2)观测资料的分析

对观测数据进行计算和统计,并分析建筑物的变形过程、变形规律、变形幅度、变形原因、变形值与引起变形因素之间的关系,判断建筑物工作情况是否正常,并预报其今后的变形趋势等。

三、工业与民用建筑物沉降变形监测实例

某建筑物(实验楼)为六层混凝土结构,由于受到地面沉降和地裂缝活动的影响,该建筑物的地基产生了不均匀沉降,导致建筑物上部开裂,已造成一定的经济损失和安全隐患。因此,需要对该建筑物进行变形监测。

1. 变形监测基准点的布设和稳定性检验

变形监测基准点是整个变形监测工作的基础,为保证观测结果的准确可靠,在变形区外共布设了供沉降观测使用的3个水准测量基准点(BM01、BM02、BM03)。由于场地狭窄,可选择的埋设位置有限,根据现场情况和地质条件,基准点埋设深度达到了2m。基准点桩孔采用人工开挖成孔,直径为400~500mm,现浇混凝土。基准点标心采用不锈钢材料,上部为球形,以便于使用。经过约30d的稳定期后开始第一期观测。每期观测时均对基准点的稳定性进行检验和分析,发现所有水准基准点在观测期间均稳定可靠,未发生任何失稳现象,为后续的变形观测提供了可靠基准。

2. 沉降监测点的布设

根据该建筑物的结构、地基及荷载特点,并结合有关规范要求,在该建筑物基础结构的四周和角点,沿外墙在高出地面约40cm处共布设了12个沉降监测点,观测点具体位置如图16-4所示。

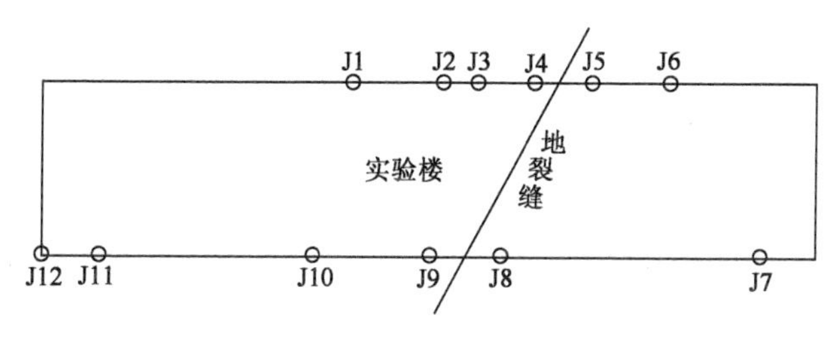

图16-4 沉降监测点位置示意图

3. 沉降观测周期

根据任务要求,沉降观测周期暂定为3个月一次,后续观测周期视该建筑物沉降变形情况而定。2014年7月,对该建筑物进行了首次沉降观测作业,此后分别在2014年10月及2015年1月各观测一次,至今已对该建筑物实施了三期沉降观测。

4. 沉降观测作业技术标准

根据中华人民共和国行业标准《建筑变形测量规范》(JGJ 8—2016)中第3.2.2条表3.2.2规定,将该建筑物沉降观测变形测量的精度等级确定为二等,观测精度按建筑变形测量二等精度要求执行,即监测点测站高差中误差≤0.5mm,二等建筑变形测量对水准观测的有关技术要求为:

①水准线路闭合差为:$f_{\Delta h} \leq 1.0\sqrt{n}$mm($n$ 为测站数);

②基辅分划(或两次读数)所测高差之差≤0.7mm;

③单程双测站所测高差之差≤$0.7\sqrt{n}$mm(n 为测站数);

④检测已测测段高差之差≤$1.5\sqrt{n}$mm(n 为测站数);

⑤各测站视线长度≥3m 且≤50m;

⑥测站前后视距差≤1.5m;

⑦前后视距差累积≤5.0m;

⑧视线高度≥0.55m;

⑨重复测量次数≥2。

对该建筑物进行沉降观测时,上述所有指标均满足要求。

5. 沉降观测作业

本项目观测作业由专人负责,人员、仪器和施测路线均相对固定。

每期观测作业时,均从基准点 BM02 出发,依次观测该建筑物上的 J1 ~ J12 号观测点,而后回到 BM02 点,形成闭合水准测量路线。且每测段均进行往返观测。

观测仪器采用瑞士产徕卡 DNA03 数字式自动安平精密水准仪,配合条码式因瓦水准钢尺施测,仪器标称精度为:每千米往返测高差中误差 0.3mm/km。外业视距限差均由数字式水准仪随机软件进行自动控制,对限差超限的数据已由仪器对该站超限数据删除,并当场对该站数据进行了返工重测。

6. 观测值的平差计算

每期外业观测工作结束后,将数字水准仪内存中的外业观测数据下载到计算机上,用专业控制网平差软件进行平差计算,获得各点的高程和精度。

各沉降观测点平差后的高程如表 16-2 所列,各沉降观测点的沉降量及累计沉降量如表 16-3 所列,该建筑物的平均沉降量、累积平均沉降量及沉降速度见表 16-4,根据计算结果绘制的沉降量-时间(S-T)关系曲线如图 16-5 所示。

平差后各监测点的高程(单位:m)　　表 16-2

点号	高程		
	2014 年 7 月	2014 年 10 月	2015 年 1 月
J1	0.33526	0.33134	0.33040
J2	0.54000	0.53388	0.53099
J3	0.55962	0.55149	0.54734
J4	0.40854	0.39619	0.38989
J5	0.45837	0.43572	破坏
J6	0.35758	0.32967	0.31704
J7	0.04072	0.01079	-0.00279
J8	0.47838	0.46924	0.46469
J9	0.61617	0.60900	0.60529

续上表

点号	高程		
	2014 年 7 月	2014 年 10 月	2015 年 1 月
J10	0.67085	0.65536	0.66550
J11	0.77039	0.76818	0.76785
J12	0.76569	0.76398	0.76309

各监测点的沉降量及累计沉降量(单位:m) 表 16-3

监测点点号	第一期至第二期 沉降量	第二期至第三期 沉降量	2014.7—2015.1 累计沉降量
J1	-0.0039	-0.0009	-0.0048
J2	-0.0061	-0.0029	-0.0090
J3	-0.0081	-0.0041	-0.0122
J4	-0.0124	-0.0063	-0.0187
J5	-0.0226	—	—
J6	-0.0279	-0.0126	-0.0405
J7	-0.0299	-0.0136	-0.0435
J8	-0.0091	-0.0046	-0.0137
J9	-0.0072	-0.0037	-0.0109
J10	-0.0155	0.0101	-0.0054
J11	-0.0022	-0.0003	-0.0025
J12	-0.0017	-0.0009	-0.0026

建筑物的平均沉降量、累积平均沉降量及沉降速度 表 16-4

观测期数	第 1 期	第 2 期	第 3 期
观测日期	2014 年 7 月	2014 年 10 月	2015 年 1 月
平均沉降量(mm)	0	-11.28	-3.62
累积平均沉降量(mm)	0	-11.28	-14.90
沉降速度(mm/d)	0	-0.125	-0.040

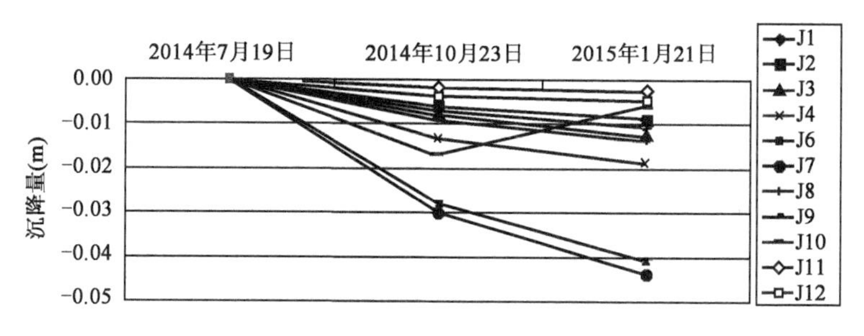

图 16-5 沉降量、时间(S-T)关系曲线

7. 沉降观测数据的统计分析

从上述图表中可以看出,在 2014 年 7 月至 2014 年 10 月之间,监测点的最大沉降量为

29.9mm(J7 观测点),最小沉降量为 1.7mm(J12 观测点);在 2014 年 10 月至 2015 年 1 月之间,监测点的最大沉降量为 13.6mm(J7 观测点),最小沉降量为 0.3mm(J11 观测点)。

自 2014 年 7 月首次观测至 2015 年 1 月最后一次观测为止,半年来的最大累计沉降量为 43.5mm(J7 观测点),最小累计沉降量为 2.5mm(J11 观测点),平均累计沉降量为 14.9mm。最大沉降差为 41.0mm(J7 ~ J11 观测点)。

在最近的两个变形观测周期之间,可计算出该建筑物的平均沉降速率,经计算,在 2014 年 7 月至 2014 年 10 月之间,其平均沉降量为 11.28mm,平均沉降速率为 0.125mm/d;在 2014 年 10 月至 2015 年 1 月之间,其平均沉降量为 3.62mm,平均沉降速率为 0.040mm/d。

从图 16-5 所示的沉降曲线的分布情况来看,J6 和 J7 观测点的沉降量明显偏大,其沉降-时间曲线(*S-T* 曲线)与其余观测点的沉降-时间曲线相比,存在明显的离散现象,表明这两个观测点受地裂缝活动影响较大。

8. 沉降观测结论与建议

综上分析,可得出以下结论。

(1)近 6 个月以来,该建筑物上 12 个变形监测点的累计沉降范围为:2.5 ~ 43.5mm,平均累计沉降量为 14.9mm,最大沉降差为 41.0mm(J7 ~ J11 观测点)。

(2)由沉降-时间曲线可明显看出:该建筑物因地裂缝活动影响,各点存在严重不均匀下沉,沉降趋势离散度大。

因此,可认为该楼楼体存在明显下沉,且各点存在严重不均匀下沉,建议继续对该建筑物变形情况进行监测,并建议有关部门采取相应的措施对该建筑物进行基础加固处理。

第三节　桥梁变形监测

桥梁建成之后,如何确保桥梁的安全运营是人们最关心的问题之一。为了能及时地发现桥梁在运营过程中存在的隐患,有必要对桥梁的工作性态进行及时的分析与监控,为桥梁主管部门的决策提供依据,而这些工作都需要完整的监测数据。桥梁变形监测的对象主要包括:桥梁的墩台、塔柱和桥面等。桥梁变形监测是桥梁运营期养护的重要内容,对桥梁的健康诊断和安全运营有着重要的意义。

一、桥梁变形监测的目的

1. 保证桥梁安全运营

随着桥龄的增长,由于气候、环境等自然因素的作用和日益增加的交通量及重车、超重车过桥数量不断增加,桥梁结构使用功能的退化必然发生。同时又由于大跨径桥梁施工和运营环境复杂,以及其轻柔化和功能的复杂化,安全性是不容忽视的重要方面。

2. 验证设计参数

由于桥梁观测数据可以为验证结构分析模型、计算假定和设计方法提供反馈信息,并可用于深入研究大跨度桥梁结构及在自然环境中的未知或不确定性问题。桥梁安全观测信息反馈给结构设计的更深远的意义在于,结构设计方法与相应的规范标准等可能得以改进,对桥梁在各种交通条件和自然环境下的真实行为的理解以及对环境荷载的合理建模是将来实现桥梁“虚拟设计”的基础。桥梁安全观测带来的将不仅是观测系统和某特定桥梁设计的反思，还可能并应该成为桥梁研究的“现场试验室”。

3. 检验工程施工质量

桥梁建成之后，如何对桥梁的实际品质进行鉴定是业主最关心的问题。飞机、船舶、汽车等批量生产的机械设备，可以通过破坏性原型试验来检验设计目标的满足程度。桥梁等建筑结构属于单件生产，不可能进行破坏性原型试验，因此，非破坏性检验技术受到了特别关注。巡回目检的方法简单方便，但缺陷也是显而易见的，不仅目检结果因人而异，而且无法对桥梁的整体品质做出定量判断。因此，结构状态及参数辨识问题的解决不仅具有重要的理论价值，而且具有广阔的应用前景。

4. 为科学研究和健康诊断提供基础数据

为了能及时地发现桥梁运营过程中存在的隐患，有必要对桥梁工作状态进行及时的分析与监控，为桥梁主管部门的决策提供依据，而这些工作都需要完整的观测数据。

二、桥梁变形监测的内容

桥梁变形按其类型可分为静态变形和动态变形，静态变形是指变形观测的结果只表现在某一期间内的变形值，它是时间的函数。动态变形是指在外力影响下而产生的变形，它是表示桥梁在某个时刻的瞬间变形，是以外力为函数来表示的对于时间的变化。桥梁墩台的变形一般来说是静态变形，而桥梁结构的挠度变形则是动态变形。

1. 桥梁墩台变形观测

桥梁墩台的变形观测主要包括两方面。

(1)各墩台的垂直位移观测。主要包括墩台特征位置的垂直位移和沿桥轴线方向(或垂直于桥轴线方向)的倾斜观测。

(2)各墩台的水平位移观测。其中各墩台在上、下游的水平位移观测称为横向位移观测；各墩台沿桥轴线方向的水平位移观测称为纵向位移观测。两者中，以横向位移观测更为重要。

2. 塔柱变形观测

塔柱在外界荷载的作用下会发生变形，及时而准确地观测塔柱的变形对分析塔柱的受力状态和评判桥梁工作状态有十分重要的作用。塔柱变形观测主要包括：

(1)塔柱顶部水平位移监测；

(2)塔柱整体倾斜观测；

(3)塔柱周日变形观测；

(4)塔柱体挠度观测；

(5)塔柱体伸缩量观测。

3. 桥面水平位移观测

桥面水平位移主要是指垂直于桥轴线方向的水平位移。桥梁水平位移主要由基础的位移、倾斜以及外界荷载(风、日照、车辆等)引起，对于大跨径的斜拉桥和悬索桥，风荷载可使桥面产生大幅度的摆动，这对桥梁的安全运营十分不利。

4. 桥面挠度观测

桥面挠度是指桥面沿轴线的垂直位移情况。桥面在外界载荷的作用下将发生变形,使桥梁的实际线形与设计线形产生差异,从而影响桥梁的内部应力状态。过大的桥面线形变化不但影响行车安全,而且对桥梁的使用寿命有直接的影响。

三、桥梁变形监测方法

1. 垂直位移监测

垂直位移观测是定期地测量布设在桥墩台上的观测点相对于基准点的高差,求得观测点的高程,利用不同时期观测点的高程求出墩台的垂直位移值。垂直位移监测方法主要有以下几种。

(1)精密水准测量。这是传统的测量垂直位移的方法,这种方法测量精度高,数据可靠性好,能监测建筑物的绝对沉降量。另外,该法所需仪器设备价格较低,能有效降低测量成本。该方法的最大缺陷是劳动强度高,测量速度慢,难以实现观测的自动化,对需要高速同步观测的场合不太适合。

(2)三角高程测量。这也是一种传统的大地测量方法,该法在距离较短的情况下能达到较高的精度,但在距离超过400m时,由于受大气垂直折光的影响,其精度会迅速降低。该法在高塔柱、水中墩台的垂直位移监测中有一定的优势。

(3)液体静力水准测量(又称连通管测量)。该法采用连通管原理,测量两点之间的相对沉降量。该法的优点是测量精度高,速度快,且可实现自动化连续观测。该法的主要缺点是测点之间的高差不能太大,且一般只能测量相对位移,另外,这种设备的总体价格较高,对中、小型工程不太适用。

(4)压力测量法。该法利用连成一体的压力系统,测量各点的压力值,当产生垂直位移时,系统内的压力将产生变化,利用压力的变化量,可转换为高程的变化量,从而测出各点的垂直位移。该法一般只能测量两点之间的相对位移且设备价格较高。

(5)GNSS测量。GNSS测量技术除了可以进行平面位置测量外,还能进行高程测量,但高程测量的精度要比平面测量的精度低1/2左右。若采用静态测量模式,1h以上的观测结果一般能达到5mm以上的测量精度,若采用动态测量模式,一般只能达到40mm左右的精度,经特殊处理过的数据,有时能达到20mm左右的精度。利用该法测量可以实现监测的自动化,但测量设备的价格较高。

2. 水平位移监测

测定水平位移的方法与桥梁的形状有关,对于直线形桥梁,一般采用基准线法、测小角法等;对于曲线桥梁,一般采用三角测量法、交会法、导线测量法等。

(1)三角测量法。在桥址附近,建立三角网,将起算点和变形监测点都包含在此网内,定期对该网进行观测,求出各监测点的坐标值,根据首期观测和以后各期的坐标值,可求出各监测点的位移值。三角网的观测可采用测角网、边角网、测边网等形式。

(2)交会法。利用前方交会、后方交会、边长交会等方法可测定位移标点的水平位移,该方法适用于对桥梁墩台的水平位移观测,也可用于塔柱顶部的水平位移观测。该法能求得纵、横向位移值的总量,投影到纵、横方向线上,即可获得纵、横向位移量。

(3)导线测量法。对桥梁水平位移监测还可采用导线测量法,这种导线两端连接于桥台工作基点上,每一个墩上设置一个导线点,它们同时也是观测点。这是一种两端不测连接角的无定向导线。通过重复观测。由两期观测成果比较可得观测点的位移。

(4)基准线法。对直线形的桥梁测定桥墩台的横向位移以基准线法最为有利,而纵向位移可用高精度测距仪直接测定。大型桥梁包括主桥和引桥两部分,可分别布设三条基准线,主桥一条,两端引桥各一条。

(5)测小角法。测小角法是精密测定基准线方向(或分段基准线方向)与测站到观测点之间的小角。由于小角观测中仪器和觇牌一般置于钢筋混凝土结构的观测墩上,观测墩底座部分要求直接浇筑在基岩上,以确保其稳定性。

(6)GNSS 观测。利用 GNSS 自动化、全天候观测的特点,在工程的外部布设监测点,可实现高精度、全自动的水平位移监测,该技术已经在我国的部分桥梁工程中得到应用。由于 GNSS 观测不需要测点之间相互通视,所以,有更大的范围选择和建立稳定的基准点。

(7)专用方法。在某些特殊场合,还可采用多点位移计等专用设备对工程局部进行水平位移监测。

3. 挠度观测

桥梁挠度测量是桥梁检测的重要组成部分。桥梁建成后,由于要承受静荷载和动荷载,必然会产生挠曲变形,因此,在交付使用之前或交付使用后应对桥梁的挠度变形进行观测。

桥梁挠度观测分为桥梁的静荷载挠度观测和动荷载挠度观测。静荷载挠度观测时测定桥梁自重和构件安装误差引起的桥梁的下垂量;动荷载挠度观测则测定车辆通过时在其重量和冲量作用下桥梁产生的挠曲变形。目前常用的桥梁挠度测量方法主要有悬锤法、水准仪(经纬仪)直接测量法、水准仪逐点测量法、全站仪观测法、GNSS 观测法和摄影测量方法等。

(1)悬锤法。该法设备结构简单、操作方便、费用低廉,所以在桥梁挠度测量中被广泛应用。该法要求在测量现场有静止的基准点,所以一般适应于干河床情形。另外,利用悬锤法只能测量某些观测点的静挠度,无法实现动态的挠度检测,也难以给出其他非测点的静挠度值。同时,其测量结果中包含桥墩的下沉量和支墩的变形等误差影响,因此,该法的测量精度不高。

(2)精密水准法。精密水准是桥梁挠度测量的一种传统方法,该方法利用布置在稳定处的基准点和桥梁结构上的水准点,观测桥体在加载前和加载后的测点高程差,从而计算桥梁检测部位的挠度值。精密水准是进行国家高程控制网及高精度工程控制网的主要手段,因此,其测量精度和成果的可靠性是不容置疑的。由于大多数桥梁的跨径在 1km 以内,所以,利用水准测量方法测量挠度,一般能达到 1mm 的精度。但采用该方法测量,封桥时间长、效率较低。

(3)全站仪观测法。由于近年来全站仪的普及和精度的提高,使得全站仪在许多工程中得到了广泛的应用。该方法的实质是利用光电测距三角高程法进行观测。在三角高程测量中,大气折光是一项非常重要的误差来源,但桥梁挠度观测一般在夜里,这时的大气状态较稳定,且挠度观测不需要绝对高差,只需要高差之差,因此,只有大气折光的变化对挠度有影响,而该项误差相对较小,利用 TC2003 全站仪(0.5″,1mm + 1ppm),在 1km 以内,全站仪观测法一般可以达到 3mm 的精度。

(4)GNSS 观测法。目前,GNSS 测量主要有三种模式:静态、准动态和动态,各种测量模式的观测时间和测量精度有明显的差异。在通常情况下,静态测量的精度最高,一般可达毫米级的精度,但其观测时间一般要 1h 以上。准动态和动态测量的精度一般较低,大量的实测资料表明,在观测条件较好的情况下,其观测精度为厘米级。因此,对于大挠度的桥梁,应用 GNSS

观测是可以纳入考虑的测量方法。

(5)静力水准观测法。静力水准仪的主要原理为连通管,利用连通管将各测点连接起来,以观测各测点间高程的相对变化,目前,静力水准仪的高差测量范围一般在20cm以内,其精度可达0.1mm,另外,该方法可实现自动化的数据采集和处理。这项技术在建筑物的安全观测中应用已十分普遍,仪器的稳定性和数据的可靠性也有保障。

(6)测斜仪观测法。该法利用均匀分布在测线上的测斜仪,测量各点的倾斜角变化量,再利用测斜仪之间的距离累计计算出各点的垂直位移量。该法的最大缺陷是误差累积快,精度受到很大的影响。

(7)摄影测量法。摄影前,在上部结构及墩台上预先绘出一些标志点,在未加荷载的情况下,先进行摄影,并根据标志点的影像,在量测仪上量测它们之间的相对位置。当施加荷载时,再用高速摄影仪进行连续摄影,并量测出在不同时刻各标志点的相对位置,从而获得动载时挠度连续变形的情况。这种方法外业工作简单,效率较高。

(8)专用挠度仪观测法。在专用挠度仪中,以激光挠度仪最为常见。该仪器的主要原理为:在被检测点上设置一个光学标志点,在远离桥梁的适当位置安置检测仪器,当桥上有荷载通过时,靶标随梁体振动的信息通过红外线传回检测头的成像面上,通过分析将其位移分量记录下来。该方法的主要优点是可以全天候工作,受外界条件的影响较小。该方法的精度主要受距离测量的影响,在通常情况下,这种仪器的挠度测量精度可达1mm。

四、桥梁变形监测实例——虎门大桥GPS实时位移监测

1. 概述

虎门大桥位于广东省珠海三角洲中部,跨越珠江干流狮子洋出海航道。该桥是珠江三角洲陆路交通的联系枢纽,是沟通广东东南公路网的咽喉道。虎门大桥工程是由跨越珠江水面的虎门大桥及东西两岸引道和配套工程组成,全长15.762km,双向六车道,含各种桥梁20座。其中,虎门大桥长4606m,跨越在主航道上的主跨是888m的悬索桥,跨越辅航道270m的是预应力混凝土连续钢构桥及引桥,另外还有3座隧道。悬索桥在风荷载下设计水平最大位移为0.95m,垂直最大位移为1.29m,大桥各点基振频率集中在0.088~0.640Hz之间。由于虎门大桥位于热带风暴多发区,大桥安全性监测十分重要。监测台风、地震、车载及温度变化对桥梁位移影响的方法尤为重要。

用于结构监测的常规方法主要有全站仪、位移传感器、加速度传感器和激光测量等方法。

(1)全站仪的应用比较普遍,以上海杨浦大桥为例,其采用的是全站仪自动扫描法,通过对各个测点进行2min一周的连续扫描,获取变形数据。其缺点是:各测点不同步;大变形比较难以测量;实时性较差。

(2)位移传感器是一种接触型传感器,必须与测点相接触,其缺点是:对于难以接近的点无法测量;横向位移测量有困难。

(3)加速度传感器对于低频静态位移鉴别效果差,为获得位移必须对它进行两次积分,精度不高,也无法实现对大型悬索桥的频率分析。

(4)激光测量方法的精度较高,但在桥梁晃动大时由于无法捕捉光点也无法测量。

此外,上述几种方法对桥梁的扭角(以大桥中心线为基准,左右摆动的角度)测量也力不从心。为了对桥梁进行安全监测,有必要寻找更好的测量方法。

2. GPS 实时位移监测系统的组成

(1)GPS 观测点的安装位置

GPS 监测点分别布设在虎门大桥的桥面上,测定位置如图 16-6 所示。其中桥面上布设了 12 个 GPS 监测点,分布在桥面的中点、四分之一、八分之一两侧对称的位置处,以及东西桥塔的上横梁中点位置处。在各个监测点位置均装有天线安装座、电缆、光缆及电源。一期工程在桥面中点、桥面以东四分之一及八分之一处安装 6 台 GPS 接收机,在东桥塔上横梁中点安装 1 台 GPS 接收机,共 7 个 GPS 监测站。图 16-6 标出的"▽"符号位置即为一期工程时安装的 GPS 监测站的位置。

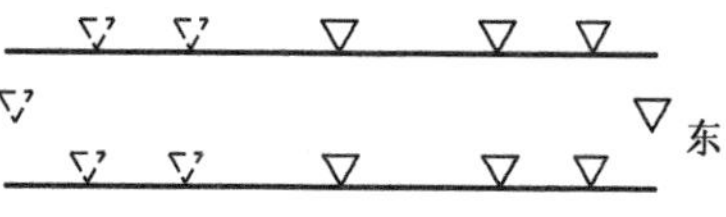

图 16-6 GPS 监测站分布俯视图

(2)大桥位移监测系统总体设计

虎门大桥 GPS 监测系统主要是由 GPS 基准站、GPS 监测点、光纤通信链路和 GPS 监测中心四部分组成,其中监测中心主要由工作站、服务器和局域网组成,具体如图 16-7 所示。

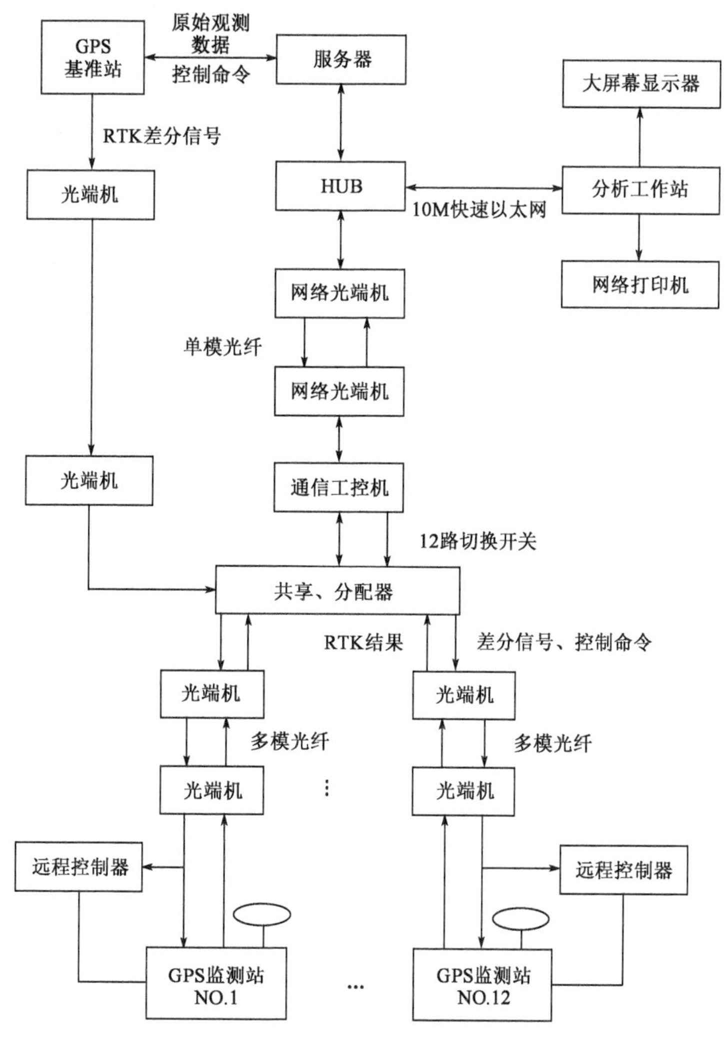

图 16-7 GPS 监控系统总体设计图

(3)系统各个部分的功能

GPS 基准站:输出差分信号和原始数据。

GPS 流动站:输出 RTK 差分结果和原始数据。

工控机:采集 GPS 流动站的原始数据和 RTK 差分结果,向 GPS 流动站发送控制命令。通过切换开关控制共享、分配器的工作。

服务器:运行数据库,处理工控机发送来的数据供工作站显示和分析。

远程控制器:远程启动和复位 GPS 流动站。

共享、分配器:把差分信号由 1 路分成 12 路,每路差分信号和对应的控制命令通过切换开关共享一路。

局域网:网络包括网络光调制解调器、光纤、集线器和网线等,提供数据库存取和文件操作的通道。

3. GPS 实时位移监测系统信号流程

(1)差分信号的传递。由于大桥实时监测系统的精度要求较高,水平 X、Y 的误差为 1cm,高程误差为 2cm,所以采用了 GPS-RTK 差分方式,差分信号传递的实时性比较强。为减少信号延迟,在系统设计时差分信号回路基本是很少控制。差分信号的传递路径如图 16-8 所示。

图 16-8　GPS 差分信号的传递路径

(2)控制命令的传递。根据数据的分析要求和监测系统的实际情况,GPS 接收机应能单独输出 0 ~ 5Hz 频率的 RTK 数据,也能同时输出 RTK 结果和原始数据,这样系统能根据实际的需求远距离设置桥上 GPS 接收机的参数。本系统的实现是先由工作站的设置程序通过网络通信去控制工控机上的数据采集程序,再由采集程序根据工作站的命令控制切换开关,向各个 GPS 接收机发送指令。控制指令的具体流程如图 16-9 所示。

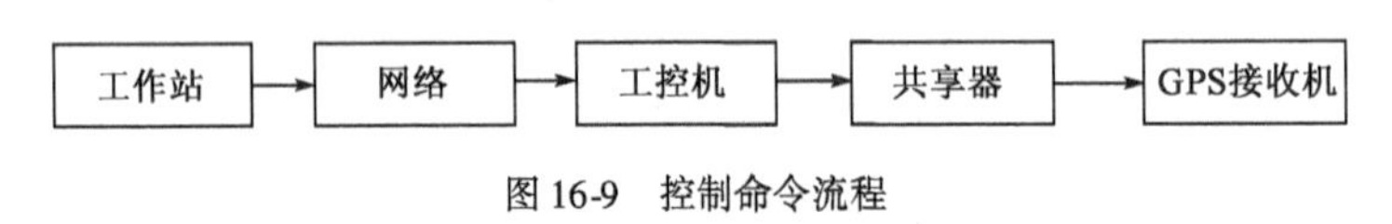

图 16-9　控制命令流程

(3)RTK 数据和原始数据传递。RTK 数据、原始数据的采集是系统工作的核心,通信回路上的数据量也是最大的。系统能处理两种数据任意频率的组合,通过工控机的处理,RTK 结果以数据库方式存入服务器,原始数据则以文件形式写入,具体流程如图 16-10 所示。

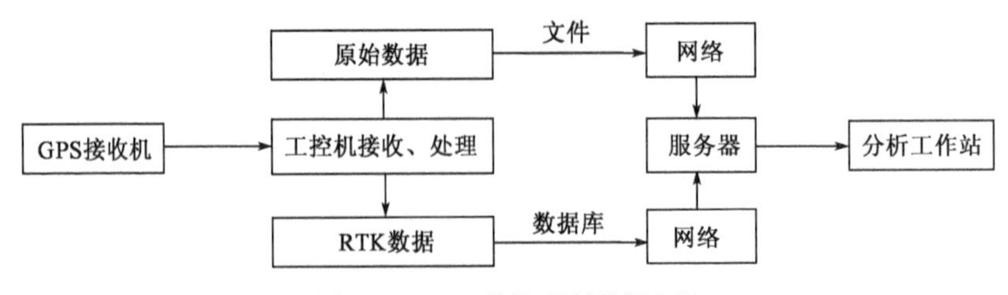

图 16-10　RTK 数据、原始数据流程

4. 系统运行效果

系统经过安装调试运行后，做到了可以实时监测各个观测点的 X、Y、Z 方向的位移，实时监测整桥在三个方向上的位移和大桥扭角的状况，并能对各点的数据进行记录回放。通过系统在桥下实时试验和在桥上的 GPS 原始数据后处理两种方法的分析，均证明系统实时精度达到设计要求。由于采样频率较高，能够完全对各个点进行频谱分析，可以及时反映大桥的安全性，在数据的备份处理方面的功能也很强大。

从总体上看，虎门大桥 GPS 实时位移监测系统的运行达到了预期的目标。同其他的测量方式相比，利用 GPS 技术实时监测大桥位移显示出独特的优越性。特别是实时性和高采样率的数据为大桥的状态分析提供了方便的条件，也为大桥的管理部门的决策提供了依据，使大桥的安全得到了保证。

第四节　滑坡变形监测

滑坡是世界范围内最严重的灾害之一，它威胁着人类的生命和财产安全，每年因此造成严重人员伤亡和大量设施的严重损坏。我国疆土辽阔，约有 70% 为山地，是一个山地灾害频发的国家，而其中大多数山地灾害是以滑坡为主要表现形式。据统计，每年有数以万计不同规模的滑坡发生，因滑坡造成的年均经济损失高达 50 亿元，同时还造成自然环境的破坏和人民生命财产的损失。一般而言，滑坡在发生失稳破坏时都有明显的前兆现象，滑坡变形就是最突出、最直接、最容易捕捉到的滑坡特征，所以滑坡变形监测是进行滑坡预报的最可靠办法之一。

一、滑坡概述

滑坡是指斜坡上的土体或岩体，受河流冲刷、地下水活动、雨水浸泡、地震及人工切坡等因素影响，在重力作用下，沿着一定的软弱面(带)，而发生的整体地或分散地顺坡向下滑动的地质灾害现象，俗称“走山”“垮山”“地滑”“土溜”等。滑坡通常有双重含义，可指一种重力地质作用的过程，也可指一种重力地质作用的结果。

滑坡活动的发生常常与各种外界诱发因素有关，如地震、降温、冻融、海啸、风暴潮及人类活动等。滑坡通常分布于江、河、湖(水库)、海、沟的岸坡地带，地形高差大的峡谷地区，山区、铁路、公路、工程建筑物的边坡地段等，有些还分布于地质构造带之中，如断裂带、地震带等。

滑坡作为自然灾害的特殊性之一在于其致灾的瞬间性，因此，滑坡灾害具有突发性强、危害性大的特点，但多数情况下坡体要经过弹塑性变形、微裂变形、匀速变形等能量聚集阶段后才会过渡到加速变形和剧烈滑动阶段。同时，滑坡因特殊的地形地貌以及岩性，结合特定气候条件极易形成骤发性的崩滑和高速滑坡，可在数分钟内完成全部运动过程，危害巨大。

为了把由于可能的大规模滑坡造成的危害减小到最低程度，就必须对滑坡体进行监测。通过对滑坡体位移(形变)的周期性监测，可以了解并掌握滑坡体未来的发展变化趋势和变形破坏机理，对其趋势进行监测，进行短期预报或临滑预报，为滑坡治理工程提供设计依据，达到预报和减灾防灾的目的。

二、滑坡监测的内容

滑坡监测的内容包括滑坡变形监测、滑坡变形破坏的相关因素监测及滑坡诱发因素监测等。具体内容如表16-5所列。

滑坡监测内容一览表　　表16-5

监测项目	监测内容
地质宏观监测	滑坡裂隙(拉张裂隙、剪切裂隙、鼓张裂隙、扇形裂隙等)、建筑物裂缝和泉水动态等;地表隆起、位移(如沟谷变窄)、地面沉降、塌陷等
地表位移监测	滑体的三维位移量、位移方向、位移速率等绝对位移量
深部位移监测	深部裂缝、滑带等点与点之间的绝对位移量和相对位移量
地表水监测	与滑体有关的河、沟、渠的水位、水量、含砂量等动态变化及农田灌溉用水的水量和时间
地下水监测	钻孔、井水水位及水压力、泉水的动态变化等
气象指标监测	降雨量、降雪量、融雪量、气温、蒸发量等内容

不同类型的滑坡,其监测的重点内容也不同。如降雨型土质滑坡应主要监测地下水、地表水和降水动态变化,降雨型岩质滑坡还应增加裂缝的充水情况、充水高度等内容;冲蚀型及明挖型滑坡应主要监测前缘的冲蚀和开挖情况,坡角被切割的宽度、高度、倾角及其变化情况,坡顶及谷肩处裂缝发育情况与充水情况;洞掘型滑坡应进行倾斜、地声和井下地压监测;土质滑坡可不进行地声和地应力监测。另外,同一类型的滑坡由于其诱发因素不同,其监测的重点也不同。例如,同为土质滑坡,我国南方红土地区的滑坡,主要诱发因素是降雨,重点监测的是雨量及降雨时间的连续性;而在我国西北的黄土地区,部分滑坡是由于冻融导致滑坡产生,所以重点监测温度变化所引起的土壤中含水率的变化。

三、滑坡监测方法

从滑坡的监测内容来看,滑坡监测应该是由多种监测方法相结合的。它既要监测地面、地下变形,同时也要监测诱发因素和相关因素。对于不同的监测目的、不同的滑坡发育阶段及不同的滑坡类型所选择的滑坡监测方法也不同。常用的监测方法有简易观测法、设站观测法、仪表观测法和远程监测法等。

1. 简易观测法

简易观测法主要是对滑坡发育过程中的各种迹象,如地表裂隙、鼓胀、沉降、坍塌、建筑物变形及地下水位变化等进行定期监测、记录,掌握滑坡的动态变化和发展趋势。其中,最常用的是对地表裂隙、建筑物变形的监测。在裂隙处设置简易监测标志,定期测量裂隙长度、宽度、深度的变化,以及裂隙的形态和开裂延伸方向等。出于滑坡体在滑动过程中各部位受力性质和大小不同,滑速也不同,因而不同部位产生不同力学性质的裂隙,有滑坡后部的拉张裂隙、滑坡体中前部两侧的剪切裂隙、滑体前缘的鼓张裂隙和滑坡舌部的扇形裂隙。除此之外,还有一些滑坡标志,如封闭洼地、滑坡鼓丘、滑坡泉、马刀树、醉汉林等。

该方法的特点是获取的信息直观可靠、简单经济、实用性较强,适应于正在发生灾害的边坡进行观测。但也存在内容单一、精度低和劳动强度大等缺点。

2. 设站观测法

设站观测法是指在充分了解现场的工程地质背景的基础上,在滑坡上设立变形监测点(呈线状、网络状),在变形区影响范围之外稳定地点设置固定观测站,用测量仪器(经纬仪、水准仪、测距仪、摄影仪、全站仪、测量机器人、GNSS 接收机、三维激光扫描仪等)定期监测变形区内网点的三维(x、y、z)位移变化的一种行之有效的监测方法。按照所用仪器和观测方法,一般可采用常规大地测量法、高精度测量机器人系统、GNSS 测量法和摄影测量法等。

3. 仪表观测法

仪表观测法是指用精密仪表对变形斜坡进行地表及深部的位移,倾斜(沉降)动态,裂缝相对张、闭、沉、错变化及地声、应力应变等物理参数与环境影响因素进行监测。目前,监测仪器的类型一般可分为位移监测、地下倾斜监测、地下应力应变监测和环境监测四大类。

4. 远程监测法

伴随着电子技术及计算机技术的发展,各种先进的自动监测系统(如高精度自动跟踪全站仪监测系统、GNSS 连续监测系统及 3S 集成技术等)相继问世,为滑坡的自动化连续遥测创造了条件。远距离有线或无线传播是该方法最基本的特点,由于其自动化程度高,可全天候连续观测,故省时、省力且安全,是当前和今后一段时期滑坡监测发展的主要方向。

四、滑坡监测点的布设原则

首先应确定主要监测的范围,在该范围内按监测方案的要求确定主要滑动方向,按主要滑动方向及滑动面确定测线,然后选取典型断面,布设测线,再按测线布设相应观测点。

考虑到平面及空间的展开布设,各个测线可按一定规律形成监测网。监测网的形成可一次完成,也可分阶段按不同时期和不同要求形成。

对于关键部位,如可能形成滑动带、重点监测部位和可疑点,应加强监测工作,在这些点上加密布设监测点。

五、滑坡监测精度

滑坡监测精度的确定,应当参考国内外同类型滑坡的监测精度要求,并结合实地的勘察结果、滑坡的形成机理、变形的趋势和监测仪器的精度指标来综合分析,按照误差理论(观测误差一般为变形量的 1/5 ~ 1/10)来确定适当的监测精度。通过一段时间(1 ~ 2 年)的监测实践和监测资料的分析,对滑坡的变形状态和变形趋势做出预测预报,然后再对监测方法、监测内容和精度进行适当的调整和完善。

六、滑坡监测的周期和频率

对于不同类型、不同阶段的滑坡,根据其所处的阶段和规模,以及滑坡变形的速率等因素,滑坡变形监测的周期及频率有所不同,应视具体情况而定。一般而言,在滑坡未进入速变状态且变形量较小时,监测周期可长一些,监测频率可低一些,但监测精度要高一些;当滑坡变形速率增大或出现异常变化时,应缩短监测周期、增加监测频率,而监测精度可适当放宽。

七、滑坡监测资料的处理与分析

对于不同的滑坡监测方法,其监测资料的处理分析也不尽相同。但从整体上来讲,基本都是通过计算监测量的变化值来分析滑坡变形特征,掌握滑坡变形规律和机理,预测其变形趋势。

变形观测的数据分析主要有两种方法:一种是用确定性模型进行分析,另一种就是使用统计模型。在滑坡监测中,由于滑坡往往是一个极其复杂的发展演化过程,采用确定性模型进行滑坡的分析和预报是非常困难的。目前国际、国内常用的滑坡预测手段还是传统的统计模型。统计模型也可以分为两类,第一类多元回归模型,另一类是非线性回归模型。多元回归模型的优点是能逐步筛选回归因子,但对除了时间因素外的其他因素的分析仍然非常困难和少见。非线性回归模型在许多情况下能较好地拟合观测数据,但其最大的缺点是不能进行因子的筛选。因此,各个模型有着各自的优缺点,在对监测资料进行处理分析时,应根据滑坡的变形特征以及监测要求合理选择模型,以准确预测滑坡变形趋势,及时预警。

八、滑坡监测实例

以下以某水库库区滑坡 S 为例,介绍滑坡监测网的布设、监测作业及数据处理结果和分析。

考虑到测区地形复杂、滑坡体植被覆盖层较厚、通视困难的特点,监测以采用 GNSS 定位技术为主,配合以高精度全站仪测量的基准边以及精密水准测量等技术手段。

1. 滑坡监测基准点的布设

监测网中的基准点是分析各滑坡体水平位移场和垂直位移场的参考基准,因此,基准点应埋设在滑坡体以外稳定地区的基岩上,且根据各滑坡的不同情况选取不同的基准点数。

滑坡 S 的水平位移监测基准点选在滑坡体对面的山坡上,共有 3 个基准点:SM01、SM02、SM03,而两个垂直位移监测基准点 SMS1 和 SMS2 则选在滑坡体两侧的公路旁。

2. 变形监测点的布设

为了监测滑坡体的水平微量位移,所有变形监测点均布设成带有强制归心的 GNSS 观测墩。在公路及其以下的滑坡部分,还需进行水准观测,以监测滑坡体的垂直位移,因此,在滑坡体 S 此部分的 GNSS 观测墩上还设立了垂直位移变形监测点。

GNSS 变形监测点站沿滑坡主滑线及其两侧剖面线布设,布点范围由滑坡后缘起到滑坡下部水库的设计水位线为止。相邻监测点间的距离约为 30m 到 60m,公路以及公路以下点距较小,公路以上点距较大。

滑坡体 S 上共布设滑坡监测点 10 个,分别位于滑坡体的前缘、后缘和公路两侧。

GNSS 监测网的基准点和监测点均埋设水泥观测墩作为长期观测标记,观测墩中心安装了强制对中螺丝,用以固定仪器和观测标志。水泥观测墩参照《精密工程测量规范》(GB/T 15314—2024)附录 B 提供的图样设计(图 16-11)。兼作垂直位移监测与水平位移监测用的监测点,还在观测墩上加装了球状的水准点标记。位于公路旁的垂直位移监测基准点,同样必须埋设在稳定、坚固的基岩上,但可不制作水泥观测墩,而仅埋设水准标石。

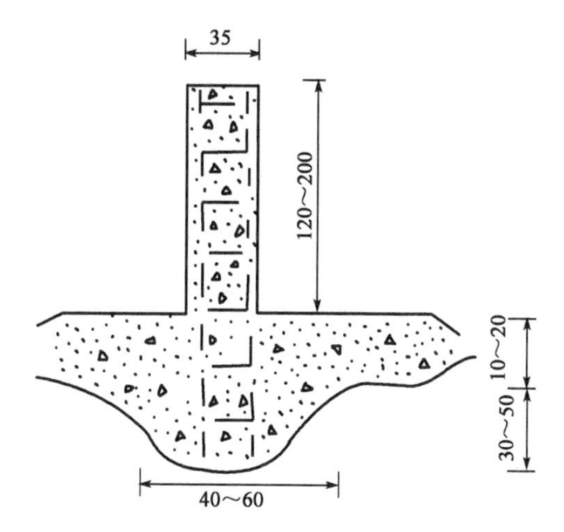

图 16-11 GNSS 水泥观测墩(尺寸单位:cm)

3. 滑坡监测网的坐标系

考虑到要求监测的滑坡体的位移场具有独立性,因此,可以对滑坡体采用独立布网监测,独立研究其位移场。滑坡监测网采用根据其主滑方向设计的滑坡独立坐标系。坐标系的设计原则:取 X 轴的正向与相应滑坡的主滑方向一致,Y 轴与 X 轴构成右手系,坐标原点设置在滑坡体外并应考虑使 X 和 Y 坐标不出现负值。滑坡体 S 的位置基准(起始点坐标)和方向基准(X 轴正向方位角)如表 16-6 所列。

监测网的尺度基准采用由精密基线测量提供的尺度。

滑坡 S 独立坐标系基准值 表 16-6

滑坡监测网名称	起算点名称	起算点坐标		X 轴正向方位角
		x	y	
滑坡 S 监测网	SM01	500	400	62°

4. 滑坡监测技术方法

监测工作采用精密测距、GNSS 定位技术以及精密水准测量三种方法测量,它们的作用和意义如下:

精密测距用以测定基准网的起算边,为监测网提供尺度基准;

GNSS 定位技术主要用来监测滑坡体的水平位移,并同时测定其三维位移场;

精密水准测量是用来测定公路及其以下坡体的垂直位移,尤其是在治理后测定坡体的微量沉降。

5. 滑坡 S 监测结果及分析

对滑坡 S 的变形监测从 2000 年 11 月份布设观测网开始到 2008 年 3 月,共进行了 23 期监测,在 2003 年 7 月水库蓄水前监测了 7 期,蓄水后进行了 16 期监测。通过对监测数据的分析,发现在水库蓄水前,各监测点主要是沿滑坡体主滑方向缓慢变形;水库蓄水以后,各监测点的变形量变大;水库蓄水水位稳定以后,变形速率又趋于稳定,有逐渐变小的趋势。从而可以认为,水库蓄水是导致滑坡 S 产生变形的主要诱发因素。

水库水位的变化,使滑坡的坡角部分浸泡在水中,显著提高了滑坡体中地下水的浸泡和浸润范围,这导致了如下变化:水面以上岩土体随地下水含量的增加而增大了其重量;在地下水的浸润下,滑带岩土体在长期的软化、泥化作用下而使抗剪强度参数减少,形成下部滑面抗剪强度的降低;位于坡脚的水下岩土体在浮力作用下重量减少,进一步降低了此段潜在滑面上的摩阻力,使得坡脚岩土体中存在的抗滑阻力变小。另外,库水位的升降波动,使坡体中地下水水力坡度发生变化,在渗透作用下,会造成坡体中细颗粒的冲移,从而引起滑带岩土体抗剪强度的降低,从一定程度上影响滑坡体所在区域的水文地质条件。因此,库水位变化对滑坡体产生的浸泡软化作用、流水作用、浪蚀作用、浮力减重和动水压力作用等,会使滑坡体的稳定性降低。

通过对滑坡 S 的 GNSS 监测资料的分析,滑坡体各监测点水平变形表现了大体相同的动态过程,它们的同步性较明显,说明滑坡体同期水平位移变化趋势较一致。在水库蓄水前,滑坡体水平位移变化较缓慢;水库开始蓄水后,前期变形较显著,之后滑坡体变形又转变为缓慢增大的趋势。而滑坡体的垂直位移变化相对较小,因此可以判定该滑坡体目前尚处于稳定变形阶段。

第五节　地面沉降变形监测

地面沉降是一种因多种原因引起的地表高程缓慢减小的现象,由于地面沉降发生范围大且不易察觉,又多发生在经济活跃的大、中城市,因此对人民生活、生产、交通和旅游环境影响极大,已成为一种世界性的环境公害。目前,世界上地面沉降灾害多发的国家纷纷采取多种技术手段对其进行监测和防治。

一、地面沉降概述

地面沉降又称为地面下沉或地面沉陷,是在自然和人为因素共同作用下,由于地壳表层土体压缩而导致区域性地面标高降低的一种环境地质现象,是一种不可补偿的永久性环境和资源损失,是地质环境系统破坏所导致的结果。

地面沉降具有形成缓慢、持续时间长、影响范围广、成因机制复杂和防治难度大等特点,是一种对资源利用、环境保护、经济发展、城市规划建设和人民生活构成严重威胁的地质灾害。

地面沉降危及到资源利用、经济发展、环境保护、社会生活、农业耕作、工业生产、城市建设等各个领域,造成的损失是综合的,危害是长期的、永久的,且危害程度呈现逐年递增趋势。因此,有必要对地面沉降灾害进行监测,以掌握区域地面沉降的发展趋势,查明地面沉降的影响因素及其危害,为开展区域地面沉降防治工作奠定基础。

二、地面沉降监测方法

1.水准测量方法

按照传统观念,地面沉降被定义为正常高的变化量,习惯上是通过重复精密水准测量测定。水准测量是一项大地测量的传统技术,利用高精度的重复水准测量可分辨毫米级地面标高的变化,因此直到现在它仍广泛地用于地面沉降监测。

尽管重复水准测量有很高的精度和可靠性,但它也有自己的局限性。水准测量存在跨度小,作业周期长,费时、费力,难以实现自动化监测,再加大面积水准测量容易受到系统误差的干扰而影响测量精度等问题。随着区域经济的发展,地面沉降面积进一步扩大,单靠重复水准测量很难适应发展的需要。

2. GNSS 和 InSAR 测量方法

目前 GNSS 和 InSAR 技术等现代科技已成为大跨度、大面积、实时、高精度、自动化的地面沉降监测的常用手段。GNSS 的连续运行参考站(CORS 站)技术借助于互联网(有线或无线传输数据及远程控制),实现了真正意义上的实时连续监测;D-InSAR 技术的高形变敏感度、高空间分辨率、几乎不受云雨天气制约的优点,可补充现有的基于点观测的空间大地测量技术。

由于 InSAR 和 GNSS 技术具有互补性,即利用 GNSS 数据可以修正 InSAR 结果中的诸如对流层、电离层、卫星轨道等误差,并提供精确的坐标框架,从而提高 InSAR 技术的实际监测精度。同样,利用 InSAR 影像的高空间分辨率性,可以加密 GNSS 监测结果。因此,GNSS 与 InSAR 的数据融合,是地面沉降监测技术的研究热点。

我国几个地面沉降比较严重的地区,如以上海为中心城市的长江三角洲地区,以北京、天津为中心城市的华北平原地区,以西安、太原为中心城市的汾渭盆地等,都陆续建立和逐步完善了 GNSS 和 InSAR 监测网,西安还利用 GNSS 和 InSAR 技术监测该地区的地裂缝变形情况。北京市在 2008 年建成了北京市地面沉降监测网站预警预报系统第二期工程,并正式投入使用。该系统集成了地下水动态监测系统,以及由基岩标、分层标、GNSS 和 InSAR 监测点组成的地面沉降监测系统,成为我国首个地面沉降监测体系。

三、地面沉降监测实例

1. 上海市地面沉降监测

上海市位于长江三角洲东南前缘,全区除西南部有几座低矮残丘外,地势低平,海拔高程在 2.2m 到 4.5m 之间,为第四纪沉积平原。沉积厚度一般在 200m 到 350m 之间,由于土质松软、过量开采地下水等原因,导致上海市地面大面积沉降,严重威胁各项工程建设的安全,成为上海市城市建设和环境保护中的一个突出问题。

早在 1921 年,上海市中心区地面沉降就为水准测量所发现,此后进行了长达 70 多年的连续监测。根据统计资料,截止 1995 年上海市中心区地面平均累计沉降量达 1806.7mm。地面沉降速率变化大致可分成如下三个阶段由 1921 年起到 1965 年止为快速沉降阶段,年平均沉降量达 37.6mm;由 1966 年起到 1985 年左右为相对稳定期,地面沉降趋于稳定;1986 年后为再次加速期,年平均沉降量达 11.9mm。显然,上海市地面沉降速率变化与不同历史时期上海城市建设发展速度有关,上海市中心区地面沉降再次加速,告诫我们在上海市城市建设的发展过程中,要充分重视地面沉降监测,以确保各项工程建设的安全,同时也保护我们赖以生存的环境。

多年来,上海市地质调查研究院采用重复精密水准测量的方法,监测上海市地面沉降,共布设一、二等水准点 500 多个。每期监测不但人工费用较高,而且工期也较长,难以适时、客观的反映地面动态变化。并且水准测量系统误差积累也比较大,影响监测精度。随着上海市城市建设的发展,监测范围尚需进一步扩大,常规测量手段已很难继续满足上海市地面沉降研究的要求。1998 年 3 月起上海市地质调查研究院研究采用 GNSS 技术监测上海市地面沉降的可行性,并于 1999 年开始实施建设上海市地面沉降 GNSS 监测网络计划。

上海市 GNSS 地面沉降监测网由参考基准点和若干在基岩分层标邻近埋设的坚固的永久性监测点组成,平均边长约 20km,共 34 个点。并选定小闸基岩分层标 J1-2,作为 GNSS 沉降监测网的参考基准。自 1999 年起到 2003 年共组织了六期 GNSS 监测试验,采用 10 台配备扼流圈天线的 Ashtech Z-Suveyor 双频 GNSS 接收机同步观测,观测时段长 12 小时。数据处理采用美国 GAMIT/GLOBK 软件包与 IGS 精密星历。GNSS 网平差采用了含形变速率参数的模型动态模型,平差时固定小闸基岩分层标 J1-2 的大地高不变,平差结果直接获得监测点的地面沉降量。计算结果表明,在基线边长达到 30 ~ 40km 时,GNSS 在大地高方向上的中误差仍可控制在 2mm 左右,由此推算 GNSS 监测地面沉降的分辨率在 3mm 左右,完全适应上海地面沉降的现实。

为了进一步提高监测网的精度,实现地面沉降的连续变形监测与远程控制。上海市地质调查研究院在 2004 年又建设了四个具有连续大地参考站性能的 GNSS 固定站,使上海 GNSS 地面沉降监测步入国际先进行列。图 16-12 即为上海为监测地面沉降而建立的,具备连续大地参考站功能的 GNSS 固定站。

图 16-12　上海市 GNSS 地面沉降监测固定站

2. 西安市地面沉降监测

西安是世界著名古都,也是当今我国西北经济文化的中心。受区域构造活动和城市建设,特别是受过量开采承压水引起水位大幅度下降导致开采层失水压密的影响,西安从 20 世纪 70 年代末期以来出现了严重的地面沉降与地裂缝,给城市的资源利用、环境保护、经济发展、市政设施和城市建设及人民生活造成很大危害。因此长期以来,特别是上个世纪 80、90 年代许多专家、学者对其形成机制,发展趋势进行了大量研究。

长期以来,有关西安地面沉降的发展过程和沉降特征的变形资料主要是通过大面积精密水准和少量分层标监测孔、承压水位监测点获得的。但是,自 90 年代中后期以来,特别是 2000 年后,由于种种因素的影响,西安地区就再没有开展过大范围的连续精密水准监测,仅在个别地裂缝带两侧实施了短剖面水准测量和对点测量、若干组承压水位监测点、DSJ 断层活动监测仪和分层标监测孔等，因此，难以全面掌握现今西安地面沉降、地裂缝的发展状况、规律和特征，而这种现状的存在严重制约影响着城市建设用地和城市建设规划以及城市经济发展，特别是对高层建筑、地下管线、交通设施、以及正在建设的城市地铁构成重大的灾害隐患。因此，迫切需要运用现代监测手段和信息技术对西安市地面沉降及地裂缝灾害进行监测，研究和掌握现今西安地面沉降及地裂缝现状、分布特征、成因机理及发展规律，进而对西安市城市建设的科学、合理规划提供基础地质资料和科学依据。

自 2005 年开始，长安大学利用 InSAR 和 GNSS 技术对西安地面沉降和地裂缝进行了监测研究，在西安市区布设了由 24 个高精度 GNSS 监测点组成的地面沉降监测网，于 2005—2007 年期间对其进行了四次监测，同时收集了 20 世纪 90 年代至今的 37 景 InSAR 数据影像，并针对 GNSS、InSAR 技术用于城市地面沉降垂向变形监测的理论技术方法进行了研究，利用 GNSS 技术获取了西安 2005—2007 年间的地面沉降和地裂缝变形量，而由 InSAR 不但获取了西安 20 世纪 90 年代初和中后期的沉降信息，而且还获得了 2004—2006 两年间西安地区整体的地面沉降形变图。通过这些成果的分析对比，不但获取了西安地区现今地面沉降及地裂缝的变形现状，而且还研究获取了西安地面垂直变形场的时空演化特征及其成因规律。

在地面沉降与地裂缝监测中，GNSS 具有监测变形位置定位准确，获取变形量精度高，可连续获得变形信息等优点，特别是用于地裂缝监测，采用布设 GNSS 监测对点的方法，不仅仅可以获取地裂缝两侧的相对沉降差异，而且还可以获得各自的绝对沉降量、水平位移拉张和扭曲等三维变形信息。在西安地面沉降和地裂缝监测研究中，通过采用高精度地面沉降和地裂缝变形监测作业技术方法，严格的数据处理理论方法，使监测数据精度可达 5mm，高精度地获取了 2005—2007 年间各 GPS 点上的年沉降速率和地裂缝的空间三维变形信息。

InSAR 技术作为城市地面沉降监测是一种有效的技术手段，它不但可以高精度高分辨率快速经济地获取城市面状形变，而且可以利用历史存档 InSAR 数据获取历史变形信息，因而具有从时间和空间上获取整个监测面上的变形信息，实现研究发现形变发展过程与变形时空发展特征的特点。

通过 GNSS 和 InSAR 技术的结合并辅以精密水准观测，获取了西安地面沉降的时空演化特征，并初步分析研究了地面沉降与地裂缝机理。随着停止限采地下水，西安地面沉降已整体减弱减小，由 20 世纪 90 年中期的最大年沉降速率 20 ~ 30cm/年减少到 10cm/年，且超过 60% 的沉降区域的年沉降速率已由 90 年中期的 5 ~ 8cm/年减少到不足 2cm/年。原有的 7 个沉降中心大部分已不存在或大大减小，地裂缝在时空活动和分布与地面沉降存在明显的关联性；现今西安地面沉降和地裂缝随着城市建设的发展向南、西南、东南方向逐步扩展。

思考题与习题

1. 什么是变形监测？变形监测有何作用？

2. 试简述变形监测的内容和特点。

3. 常用的变形监测方法有哪些？各有何特点？
4. 变形监测数据可分为哪两种？
5. 工业与民用建筑变形监测的主要内容有哪些？
6. 试简述工业与民用建筑物的沉降观测内容。
7. 在工业与民用建筑变形监测中,沉降观测点的布设有哪些要求？
8. 在工业与民用建筑变形监测中,如何确定沉降观测时间与周期？
9. 试简述工业与民用建筑沉降观测的成果整理和分析步骤。
10. 为什么要进行桥梁变形监测？
11. 桥梁变形监测的内容有哪些？
12. 常用的桥梁变形监测方法有哪些？各有何特点？
13. 什么是滑坡？为什么要进行滑坡监测？
14. 滑坡监测的内容有哪些？
15. 试简述常用的滑坡监测方法及其特点。
16. 试简述滑坡监测点的布设原则。
17. 如何确定滑坡监测精度、周期和频率？
18. 什么是地面沉降？地面沉降有哪些危害？
19. 常用的地面沉降监测方法有哪些？各有何特点？

第十七章

地籍调查

【本章提要】

本章主要介绍地籍与地籍调查等基本概念、地籍调查分类与内容，不动产单元设定与代码编制，权属调查内容与方法，不动产测绘方法，自然资源地籍调查内容与方法等内容。

【学习要求】

通过本章的学习，应熟悉地籍调查有关概念、地籍调查分类与内容，掌握不动产单元设定与代码编制、权属调查内容与方法、不动产测绘方法、自然资源地籍调查内容与方法等。

第一节　概　　述

地籍的产生最初源于税收的需要，其概念和内涵随着人类历史的衍变而不断变化。目前，地籍是以法律、测绘与信息化等为核心的综合性科学，是关联社会的工具，是社会经济制度的载体，是不动产权的凭证，是强国、富民、安天下的基础，具有空间性、法律性、精确性和连续性等特点。

地籍是确认和保障不动产和自然资源权利人的依据，具有保护产权、定分止争、保障交易安全的重要作用，更是做好土地管理乃至自然资源管理的基石，可为用地用海项目审批、国土空间规划、用途管制、房地产调控、税后征管等行政管理、宏观决策及经济社会的可持续发展提供重要的基础数据支撑。地籍对于维护土地制度、实现安定团结具有不可或缺的作用和意义。

一、地籍与地籍调查

地籍最初的含义是征收土地税赋的簿册。随着经济社会的发展和我国不动产统一登记制度的建立,地籍从最初的税收地籍发展到产权地籍,进而发展到现代多用途地籍,使得地籍的内涵更加完善。现代地籍是记载土地、海域(含无居民海岛)及其房屋、林木等定着物的权属、位置、界址、数量、质量、利用等基本状况的图簿册及数据。

地籍调查指通过权属调查和不动产测绘,全面查清土地、海域(含无居民海岛)及其定着物的权属、位置、界址、面积、用途等权属状况和自然状况。

二、地籍调查分类

按照组织方式,地籍调查分为地籍总调查和日常地籍调查。地籍总调查是在一定时间内,对辖区内或特定区域内土地、海域(无居民海岛)及其定着物进行全面地籍调查。日常地籍调查是地籍管理日常工作,因不动产的设立、灭失、界址调整及其他地籍信息变更等开展的地籍调查。

按照区域范围不同,地籍调查可分为城镇地籍调查和农村地籍调查。城镇地籍调查指对城市、建制镇以及城镇以外的工矿、企事业单位用地所进行的权属调查和不动产测绘。农村地籍调查既包括集体土地所有权调查,又包括房地一体的宅基地、集体建设用地地籍调查,还包括耕地、林地、草地承包经营权地籍调查。

按照服务目的不同,地籍调查分为不动产地籍调查和自然资源地籍调查。不动产地籍调查是以服务不动产登记和不动产管理为主要目标的地籍调查。自然资源地籍调查是以服务自然资源确权登记和自然资源管理为主要目标的地籍调查。

三、地籍调查的主要内容

地籍调查的主要内容包括不动产地籍调查和自然资源地籍调查。

1.不动产地籍调查

不动产地籍调查的主要内容包括权属调查、不动产测绘和地籍数据库建设等。不动产地籍调查是以“权属清楚、界址清晰、面积准确”为目标,充分利用已有地籍调查、国土调查、土地征收、用地审批、规划许可、不动产交易、不动产登记、建设或整治项目(含填海项目)竣工验收、用海审批、用岛审批等成果资料,选择已有地籍图、地形图、影像图(正摄影像或三维影像)等图件为基础图件制作工作底图,开展权属调查。在此基础上,依据权属调查确定的成果,开展不动产测绘。

(1)权属调查

权属调查是采用内业核实和外业调查相结合的方法开展权属调查,查清不动产单元的权属、界址、坐落、四至、用途等状况,确保不动产单元的权属清楚、界址清晰、空间相对位置关系明确。

根据调查对象的不同,权属调查可分为土地权属调查、海域权属调查、无居民海岛权属调查、房屋权属调查、构(建)筑物权属调查和森林、林木权属调查等。

(2)不动产测绘

不动产测绘是依据权属调查明确的界址点和界址线,利用测绘技术,对界址点、界址线和房屋等构(建)筑物进行测绘,获取坐标信息、绘制地籍图,并计算面积,确保面积准确,为不动产登记等工作提供依据。

根据工作内容的不同,不动产测绘主要包括控制测量、界址测量、房屋和构(建)筑物测量、地籍图测绘、面积计算等。

2. 自然资源地籍调查

自然资源地籍调查是通过利用已有相关成果资料,查清自然资源登记单元权属状况、界址,登记单元内所有权、相关不动产权利及许可信息,自然资源坐落、空间范围、面积、类型及数量、质量等自然状况,以及自然资源登记单元内相关公共管制要求。

自然资源地籍调查主要包括权属调查、自然状况调查、公共管制调查、调查成果核实、成果检查验收、建立地籍数据库等。

第二节 不动产单元设定与代码编制

一、不动产单元设定

1. 地籍区与地籍子区的划分

(1)划分规则

地籍区是在县(区)级行政辖区内,以乡(镇)、街道界线为基础结合明显线性地物首级划分的地籍管理区域。地籍子区是在地籍管理区内,以行政村、居委会或街坊界线为基础结合明显线性地物划分地籍子区。地籍区、地籍子区划定后,其数量和界线应保持稳定,原则上不随所依附界线或线性地物的变化而调整。

地籍区的划分规则如下:

①一个乡(镇)、街道可划分为多个地籍区;

②多个相邻的乡(镇)、街道也可划分为一个地籍区;

③同一乡(镇、街道)由多片不相邻的行政辖区组成时,每片行政辖区宜分别单独划分地籍区;

④整建制的乡(镇)、街道级的“飞地”,宜在“飞入地”所在行政区划范围内单独划分地籍区;

⑤开发区、经济新区等跨两个以上县(区)级行政辖区的特殊区域,宜分别在所在县(区)级行政区划内划分地籍区;

⑥在县(区)级行政区划内,公路、铁路等线性地物可单独划分线性地物地籍区;

⑦海域(含无居民海岛)可不划分地籍区。

地籍子区的划分规则如下:

①一个行政村、居委会或街坊可划分为多个地籍子区;

②多个相邻的行政村、居委会或街坊可划分为一个地籍子区;

③一个行政村、居委会或街坊由多片不相邻的区域组成时,每片区域宜分别单独划分地籍子区;

④行政村、居委会或街坊级的“飞地”,宜在“飞入地”所在的地籍区内划分地籍子区;

⑤线性地物地籍区可不划分地籍子区;

⑥海域(无居民海岛)可不划分地籍子区。

(2)划分要求

地籍区划分要求如下:

①交通、水系等线性地物的中心线(或边界线)、乡(镇)、街道级界线以及土地权属界线可作为地籍区界线;

②地籍区宜基本保持乡(镇)、街道级行政辖区的完整性;

③地籍区应覆盖整个县(区)级行政辖区,地籍区界线不应切分宗地;

④县(区)级行政界线切分宗地的,可根据宗地界线微调地籍区界线;

⑤县(区)级行政辖区之间,地籍区应相互接边与衔接;

⑥线性地物地籍区可不在空间上表达,不分割其他地籍区(地籍子区)。

地籍子区的划分要求如下:

①交通、水系等线性地物的中心线(或边界线)、行政村、居委会或坊级界线以及土地权属界线可作为地籍子区界线;

②地籍子区宜基本保持行政村、居委会或街坊辖区的完整性;

③地籍子区应覆盖整个地籍区,地籍子区界线不应切分宗地。

2. 宗地的划分

宗地在地籍子区内划分,不得跨越地籍子区,宗地界址线应封闭,且互不交叉。在地籍子区内,按照以下情形划分宗地。

(1)依据土地权属证书、土地出让合同、划拨决定书、土地承包合同以及符合土地确权规定的资料等权属来源材料,结合土地使用现状和相邻权利人的确认,划分国有土地使用权宗地和集体土地所有权宗地。

(2)农民集体经济组织所有的土地,应划分集体土地所有权宗地。

(3)在集体土地所有权宗地内,划分集体建设用地使用权宗地、宅基地使用权宗地、土地承包经营权宗地(耕地、林地、草地)、林地使用权宗地(承包经营权以外的)、农用地的使用权宗地(承包经营以外的、非林地)以及其他使用权宗地等。

(4)两个或两个以上农民集体共同所有的地块,且土地所有权界线难以划清的,应设为共有宗。

(5)两个或两个以上权利人共同使用的地块,且土地使用权界线难以划清的,应设为共用宗。

(6)土地权属未确定或有争议的地块可设为一宗地。

(7)县(区)级行政界线分割宗地的,原则上宜保持宗地的完整性,并将县(区)级行政区面积、名称、行政界线等作为宗地图的要素,也可按照县(区)级行政界线分割宗地。

(8)结建的地下空间,宜与其地表部分一并划分为国有建设使用权宗地(地表)。

(9)单建的地下空间,依据土地出让合同等相关权源材料确定的范围,可设立国有建设使用权宗地(地下)。

3. 宗海(含无居民海岛)的划分

在县级行政辖区内,按下列情形划分宗海和无居民海岛使用权范围,宗海(含无居民海岛)划分时,界址线应封闭,且互不交叉。

宗海的划分规则如下:

(1)依据宗海的权属来源,划分海域使用权宗海;

(2)依据无居民海岛的权属来源,划分无居民海岛使用权范围。

4. 定着物单元的划分

(1)房屋等建筑物、构筑物的定着物单元划分规则如下。

①一幢房屋等建筑物、构筑物(包括该幢房屋的车库、车位、储藏室等)归同一权利人所有的,宜划分为一个定着物单元,如别墅、工业厂房等。

②一幢房屋内多层(间)等归同一权利人所有的,应按照权属界线固定封闭、功能完整且具有独立使用价值的空间,划分定着物单元,如写字楼、商场、门面等。

③地下车库、商铺等具有独立使用价值的特定空间,或者码头、油库、隧道、桥梁、塔状物等构筑物,宜各自独立划分定着物单元。

④成套住宅(包括不单独核发不动产权证书与房屋配套的车库、车位储藏室等)应以套为单位划分定着物单元;当同一权利人拥有多套(层、间等)权属界线固定且具有独立使用价值的成套房屋时,每套(层、间等)房屋宜各自独立划分定着物单元。

⑤非成套住宅,可以间为单位划分定着物单元;当同一权利人拥有连续多间房屋时(非成套),可一并划分为一个定着物单元。

⑥全部房屋等建筑物、构筑物归同一权利人所有的,该宗地(宗海)内全部房屋等建筑物、构筑物可一并划分为一个定着物单元,如大学、机关、企事业单位、农民宅基地内的房屋及配套设施等。

(2)森林、林木的定着物单元划分规则如下。

①成片森林、林木(或单株林木)归同一权利人所有的,宜划分为一个定着物单元。

②全部森林、林木归同一权利人所有的,该宗地(宗海)内全部森林、林木可一并划分为一个定着物单元。

(3)其他类型定着物的定着物单元划分规则

①定着物为其他类型的,宜依据定着物的类型和权属,各自独立划分定着物单元。

②当地上全部同一其他类型的定着物归同一权利人所有的,可一并划分为一个定着物单元。

③集体土地所有权宗地、土地承包经营权宗地(耕地)、土地承包经营权宗地(草地)、农用地的使用权宗地(承包经营以外的、非林地)等不应划分定着物单元。

定着物单元划分时,权属界线应封闭,且互不交叉。定着物为房屋等建筑物、构筑物,应符合相关设计、施工规范,以及规划、验收标准和确权登记的要求;定着物为森林、林木等,应符合森林、林木等确权登记的相关要求。

5. 不动产单元设定规则

一宗土地所有权宗地应设为一个不动产单元;无定着物的一宗使用权宗地(宗海)应设为一个不动产单元;有定着物的宗使用权宗地(宗海),宗地(宗海)内的每个定着物单元与该宗地(宗海)应设为一个不动产单元。

二、不动产单元代码编制

1. 不动产单元代码结构

按照每个不动产单元应具有唯一代码的要求,依据我国《信息分类和编码的基本原则与方法》(GB/T 7027—2002)规定的信息分类原则和方法,不动产单元代码采用七层28位层次码结构,由宗地(宗海)代码与定着物单元代码构成,具体如下。

(1)宗地(宗海)代码为五层19位层次码,按层次分别表示县(区)级行政区划代码、地籍区代码、地籍子区代码、宗地(宗海)特征码、宗地(宗海)顺序号,其中宗地(宗海)特征码和宗地(宗海)顺序号组成宗地(宗海)号。

(2)定着物单元代码为二层9位层次码,按层次分别表示定着物特征码、定着物单元号。

不动产单元代码结构如图17-1所示。

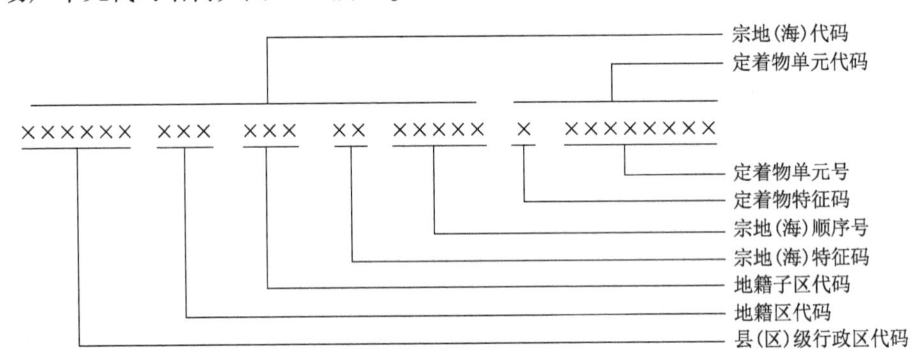

图17-1 不动产单元代码结构图

2. 不动产单元编码方法

(1)县(区)级行政区划代码编码方法

①国务院确定的重点国有林区的森林、林木和林地,行政区域代码应采用所在地县(区)级行政区域代码;对于跨行政区域的,行政区划代码可采用共同的上一级行政区代码;跨省级行政区的,行政区划代码可采用“860000”表示。

②国务院批准的项目用海、用岛,行政区划代码采用所在地县(区)级行政区划代码;对于跨行政区的,行政区划代码可采用共同的上一级行政区划代码;跨省级行政区的,行政区划代码可采用“860000”表示。

(2)地籍区代码编码方法

不动产单元代码的第二层次为地籍区代码,码长为3位,码值为000~999,不足3位时,用前导“0”补齐。

①地籍区代码宜在县(区)级行政区划内,从西北角开始,按照自左至右、自上而下的顺序编制。

②开发区、经济新区等特殊区域,可采取设置特定码段的方式,编制籍区代码。

③公路、铁路、河流等线性地物地籍区代码可用“999”表示。

④整建制的乡(镇)、街道级的“飞地”,采用“飞入地”所在行政区的行政区划,宜在“飞入地”所在行政辖区内统一编制地籍区代码。

⑤依据土地出让合同等相关权源材料确定的范围设立国有建设使用权宗地(地下)的,其地籍区可与地表的地籍区保持一致,地籍区代码采用地表的地籍区代码。

⑥海籍调查时,地籍区代码可用“000”表示。其中,国务院批准项目用海、用岛地籍区代码用“111”表示。

⑦国务院确定的重点国有林区的森林、林木和林地,地籍区代码用“900”表示。

(3)地籍子区代码编码方法

不动产单元代码的第三层次为地籍子区代码,码长为3位,码值为000~999,不足3位时,用前导“0”补齐。

①地籍子区代码宜在地籍区内从西北角开始,按照自左至右、自上而下的顺序编制。

②线性地物地籍子区代码可用“000”补齐。

③村(居委会、街坊)级的“飞地”,宜在“飞入地”所在地籍区内统一编制地籍子区代码。

④依据土地出让合同等相关权源材料确定的范围设立国有建设使用权宗地(地下)的,其地籍子区可与地表的地籍子区保持一致,地籍子区代码采用地表的地籍子区代码。

⑤海籍调查时,地籍子区代码可用“000”表示。其中,国务院批准的项目用海、用岛地籍子区代码用“111”表示。

⑥国务院确定的重点国有林区的森林、林木和林地,地籍子区代码用“900”表示。

(4)宗地(海)特征码编码方法

不动产单元代码的第四层次为宗地(海)特征码,码长为2位,具体见表17-1。

宗地(海)特征码表 表17-1

代码		含义
第1位	G	国家土地(海域)所有权
	J	集体土地所有权
	Z	土地(海域)所有权未确定或有争议
第2位	A	土地所有权宗地
	B	建设用地使用权宗地(地表)
	S	建设用地使用权宗地(地上)
	X	建设用地使用权宗地(地下)
	C	宅基地使用权宗地
	D	土地承包经营权宗地(耕地)
	E	土地承包经营权宗地(林地)
	F	土地承包经营权宗地(草地)
	L	承包经营以外的林地的使用权宗地
	N	承包经营以外的农用地的使用权宗地(非林地)
	H	海域使用权宗海
	G	无居民海岛使用权海岛
	W	使用权未确定或有争议的宗地(宗海、无居民海岛)
	Y	其他使用权宗地

注:“Y”可用于宗地特征扩展。

(5)宗地(海)顺序号编码方法

不动产单元代码的第五层次为宗地(海)顺序号,码长为5位,码值为00001~99999,在相应的宗地(海)特征码后顺序编码。

(6)定着物特征码编码方法

不动产单元代码的第六层次为定着物特征码,码长为1位,用F、L、Q、W表示。"F"表示房屋等建筑物、构筑物;"L"表示森林或林木;"Q"表示其他类型的定着物;"W"表示无定着物。

(7)定着物单元号编码方法

不动产单元代码的第七层次为定着物单元号,码长为8位。

①定着物为房屋等建筑物、构筑物的,定着物单元在使用权宗地(海)内应具有唯一编号。前4位表示幢号,幢号在使用权宗地(或地籍子区)内统一编号,码值为0001~9999;后4位表示户号,户号在每幢房屋内统一编号,码值为0001~9999。其中,全部房屋等建筑物、构筑物归同一权利人所有,该宗地(海)内全部房屋等建筑物、构筑物可一并划分为一个定着物单元的,定着物单元代码的前5位可采用"F9999"作为统一标识,后4位户号从"0001"开始首次编号。每幢房屋等建筑物、构筑物的基本信息可在房屋调查表中按幢填写。

②定着物为森林、林木的,定着物单元在使用权宗地(海)内应具有唯一的编号,码值为00000001~99999999。

③定着物为其他类型的,定着物单元在使用权宗地(海)内应具有唯一的编号,码值为00000001~99999999。

④集体土地所有权宗地以及使用权宗地(海)内无定着物的,定着物单元代码用"W00000000"表示。

第三节 权属调查

一、权属调查概述

权属调查指对权属、界址、坐落、四至、用途等状况的调查,以确保不动产单元权属清楚、界址清晰、空间相对位置关系明确。权属调查分为土地权属调查、海域(含无居民海岛)权属调查、房屋权属调查、构(建)筑物权属调查和森林、林木权属调查等。

1.权属调查的主要情形

权属调查的主要情形包括:

(1)权属来源明确、实地界址清晰的,根据需要实地核实即可;

(2)权属来源明确但实地界址不清晰的,需要组织相邻宗地权利人严格履行"四邻"指界程序,依据权利人、权属来源证明材料,在实地指定界址点和界址线,签字盖章进行确认,并丈量界址边长,绘制宗地草图,作为确定权属界址的证明和地籍测绘的依据;

(3)对农村宅基地、城镇老宅等历史形成合法使用但缺少权属来源证明材料的,实地指界、成果公示无异议后,可作为确定权利归属的依据;

(4)权属、界址等存在纠纷,根据工作需要应开展专项调查。

2. 权属调查的方法

权属调查采用内业核实和外业调查相结合的方法开展调查，查清不动产单元的权属、界址、坐落、四至、用途等状况，确保不动产单元的权属清楚、界址清晰、空间相对位置关系明确。

(1)内业核实。指在室内对地籍材料的齐全性、一致性、规范性进行查验，核实不动产单元的权属、界址、用途等状况，并判定不动产单元的权属是否清楚、界址是否清晰、面积是否准确。如果内业判定符合地籍调查成果相关要求，则不需要开展外业调查。

(2)外业调查。指到实地查清不动产单元的权属、界址、用途等状况。除新设(预设)不动产单元需要外业调查之外，经内业核实若出现地籍材料现势性差或不齐全、不规范、不一致，不动产单元界址不清楚或发生变化，无权属来源材料，利害关系人对地籍材料中的内容提出异议并提供证明材料等情况，也需进行外业调查。

二、土地权属调查

土地权属调查分为土地权属状况调查和土地权属界址调查。土地权属调查内容主要包括土地权属状况和界址、绘制宗地草图、填写地籍调查表、签订土地权属界线协议书或填写土地权属争议原由书等。

1. 土地权属状况调查

土地权属状况调查的内容包括土地权利人或实际使用人、权属性质及来源、位置、用途等。

(1)土地权利人或实际使用人

核实查清土地权利人的姓名或名称、单位性质、行业代码、社会信用代码、法定代表人(或负责人)姓名及身份证明、代理人姓名及其身份证明等。

(2)土地权属性质及来源

有权属来源材料的，核实查清土地权属来源、权属性质、权利类型、起止时间、使用期限等；无权属来源材料的，查清占有或占用土地的权属性质、时间及其历史沿革，并在调查表的说明栏按照时间节点进行详细说明。

(3)位置

对于土地所有权宗地，应调查核实宗地四至，所在乡(镇)、村的名称，所在图幅等。对于土地使用权，应调查核实土地坐落、宗地四至、所在图幅等。

(4)用途

按照现行《土地利用现状分类》(GB/T 21010)的二级类的要求，调查核实土地的批准用途和实际用途。批准用途指权属证明材料中批准的此宗地用途。实际用途指现场调查核实的此宗地主要用途。同时填写地类名称和地类代码。

(5)使用期限

根据土地权属来源资料，查清土地使用期限；土地权属中没有描述土地使用期限的或无权属来源材料的，应查清起始使用时间。

(6)共有、共用情况

调查核实土地的共有、共用情况及其全部共有、共用权利人，确认是按份共有、共用还是共同共有、共用；根据管理工作需求确认是否需要共有、共用份额，如属于按份共有，则查清共有、共用的份额。

(7)其他

如土地权利限制、土地级别等情况。

2. 界址调查

界址调查指调查人员按照现场勘查的情况,结合已有地籍成果及其他有关证明材料,组织本宗权利人和相邻权利人进行边界确认,确认宗地权属界线,划定争议界线和范围,并相应设定宗地界址点、界址线和测量界址边长的过程。经内业核实,土地权属界址状况符合相关规定的不需要开展土地权属界址调查,否则宜参照图17-2开展土地权属界址调查,主要内容包括指界、设置界址点、界址线、埋设界标、丈量边界等。

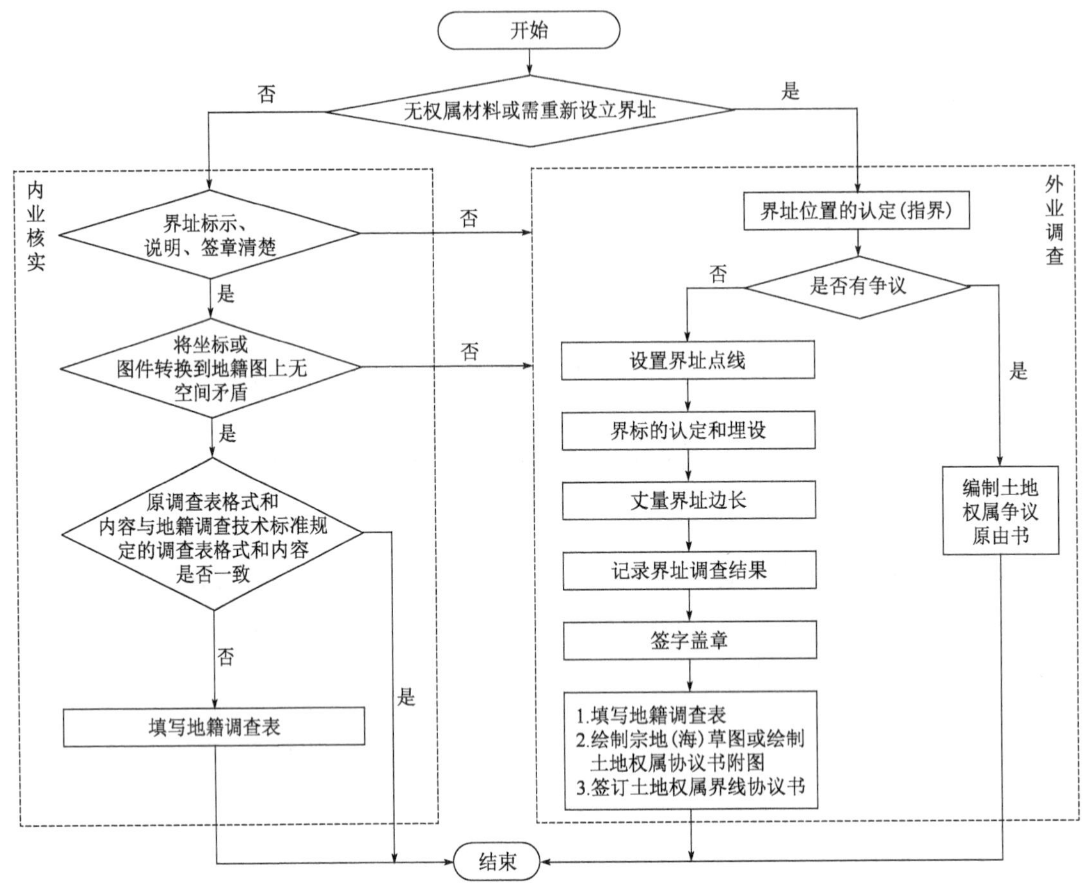

图17-2 界址调查流程图

3. 宗地草图和土地权属界线协议书附图的绘制

(1)宗地草图和土地权属界线协议书附图的主要内容

①本宗地号、坐落地址、权利人等;

②宗地界址点、界址点号及界址线,宗地内的主要地物、地貌等;

③相邻宗地号、坐落地址、权利人或相邻地物;

④界址边长、界址点与邻近明显地物的相关距离或条件距离;

⑤确定宗地界址点位置、界址线方位走向所必须的建筑物或构筑物;

⑥丈量者、丈量日期、检查者、检查日期、概略比例尺、指北针等。

(2)绘制要求

宗地草图(图 17-3)或土地权属界线协议书附图(图 17-4)应根据现场调查结果绘制。

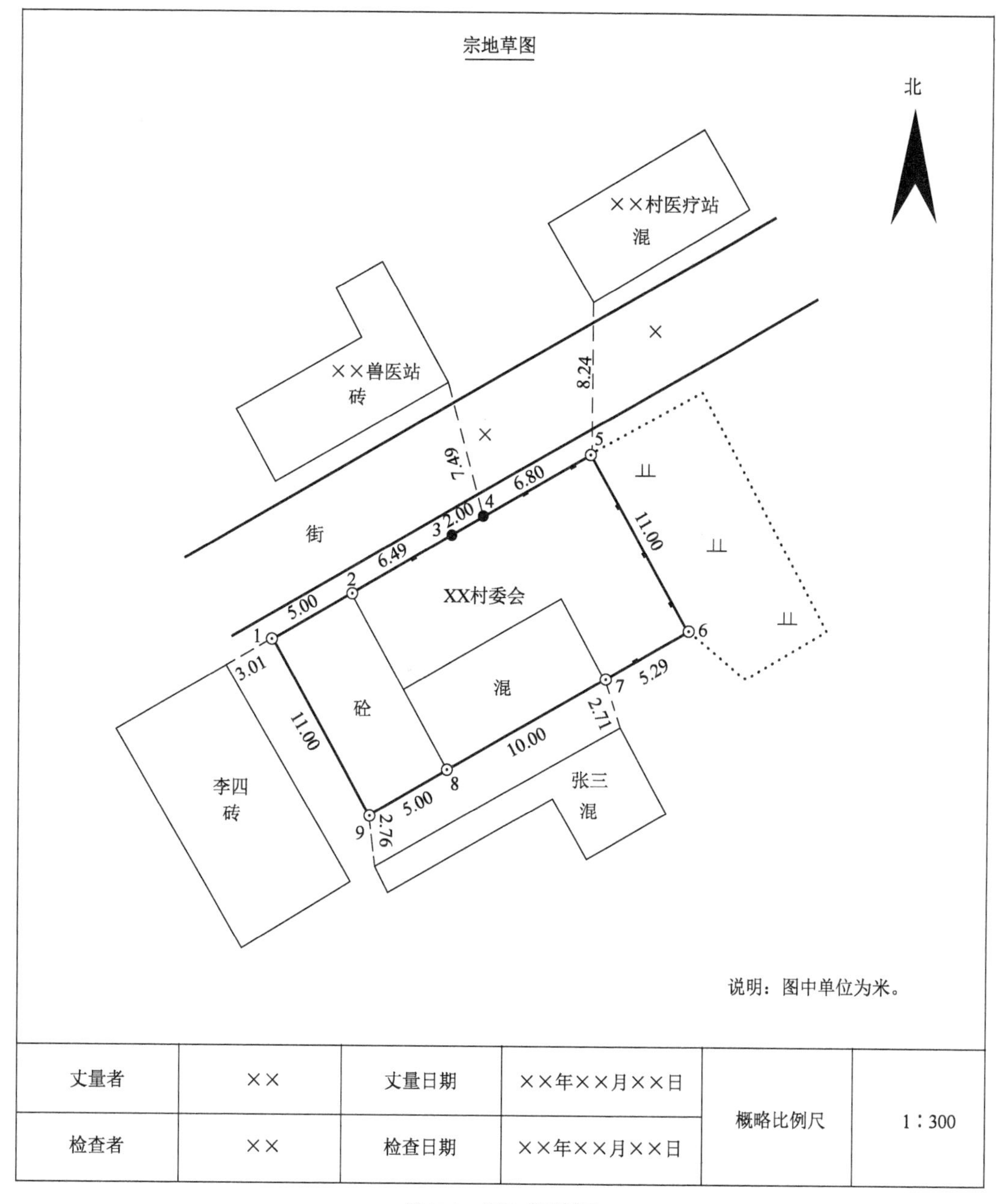

丈量者	××	丈量日期	××年××月××日	概略比例尺	1∶300
检查者	××	检查日期	××年××月××日		

图 17-3　宗地草图样图

①应选用能够长期保存、使用的纸张绘制，既可以直接在宗地调查表中的宗地草图页上绘制，也可在工作底图上绘制；较大宗地可分幅绘制。

②图上应标注实地丈量的界址边长、相关距离、条件距离等，不应标注图解边长或图解坐标反算边长。

③图上应线条均匀、字迹清楚，数字注记字头向(北)向西(左)书写，注记过密的地方可移

位放大注记,所有的注记不应涂改。

④土地权属界线协议书附图中的界址线上,指界人宜加盖印章或手印;宗地草图的界址线上,指界人也可加盖印章或按手印。

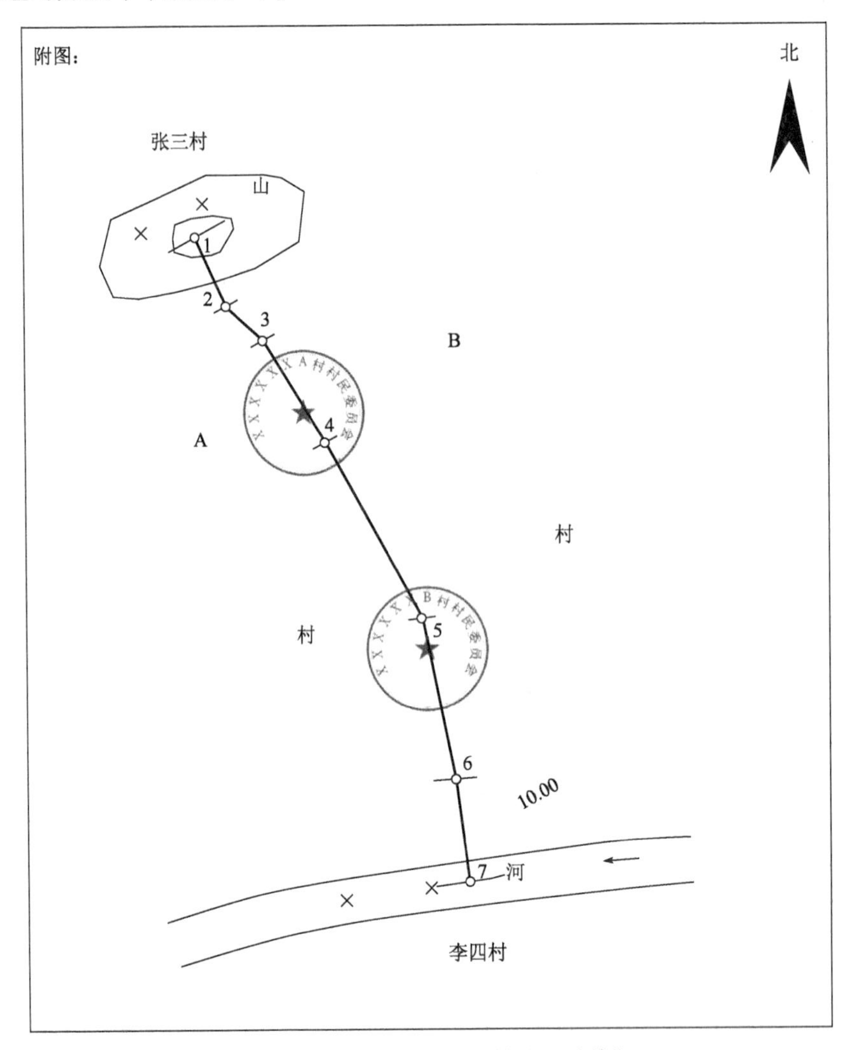

图 17-4　土地权属界线协议书附图样图(尺寸单位:mm)

(3)地籍调查表填写

地籍调查表及其填写是权属调查工作的主要成果与重要工作。地籍调查表是土地权属调查确定权属界线的原始记录,是处理权属争议的依据之一。宗地权属调查完成后,调查人员必须按规定的格式和要求现场认真填写。对于耕地、园地、林地、草地、水域、滩涂等,还应按照要求填写土地承包经营权、农用地的其他使用权调查表。

三、海域(含无居民海岛)权属调查

1.海域(含无居民海岛)权属状况调查

调查内容包括权利人或实际使用人、用海(用岛)状况、用海(用岛)位置(含相邻宗海的位置与界址关系)、用海(用岛)类型、使用期限、相邻用海的使用人、共有情况等。

根据地籍材料,调查核实海域(含无居民海岛)权属状况。

(1)权利人或实际使用人。有权属来源材料的,应核实查清海域(含无居民海岛)权利人的姓名或名称和代理人的姓名或名称及身份证明;无权属来源材料的,应收集实际使用人的身份证明复印件。如果海域(无居民海岛)权利人或实际使用人与构(建)筑物权属来源材料中的权利人或实际使用人不一致时,则在说明栏说明不一致的情况,同时在构(建)筑物调查表的说明栏做对应说明。

(2)用海(用岛)状况。有权属来源材料的,核实查清用海(用岛)项目名称、项目性质、海域(无居民海岛)等级、海洋及相关行业分类等情况;无权属来源材料的,则按照实际占有或占有情况查清用海(用岛)项目名称、项目性质、海域(无居民海岛)等级、时间及其历史沿革等情况。

(3)用海(用岛)位置。核实查清用海(用岛)的四至、所在图幅和坐落。用海(用岛)采用相邻权利人或实际使用人名称、地理名称、用海(用岛)类型等方式表达;核实查清用海(用岛)所在图幅的比例尺及图幅号;根据权属来源材料、相关政策法规和技术标准,统筹考虑海域(无居民海岛)用途不同、用海(用岛)类型不同和用海(用岛)所处的地理区位,核实查清用海(用岛)的坐落,如果用海(用岛)所处位置存在当地习俗称谓的地理名称等,也可作为坐落的附加表达。

(4)用海类型。按照《海域使用分类》(HY/T 123—2009)的规定,核查用海海域使用一级类型和二级类型。

(5)用岛类型。参照《财政部　国家海洋局印发〈关于调整海域、无居民海岛使用金〈征收标准〉的通知》(财综〔2018〕15 号)及相关规定查清用岛类型和用岛方式。

(6)使用期限。根据海域(无居民海岛)权属来源材料,查清使用期限。权属来源材料中没有描述使用期限的或无权属来源材料的,则查清起始使用时间。

(7)相邻用海(用岛)的使用人。由本宗海(用岛)毗邻用海(用岛)的权利人对双方共有界址点、界址线位置进行确认,并签字或盖章。

(8)共有情况。核实查清海域(无居民海岛)的共有是按份共有还是共同共有,以及全部共有权利人。如果属于按份共有的,则查清共有的份额。

(9)其他。核实查清用海(用岛)的权利限制情况。

2. 界址调查

经内业核实,如果海域(无居民海岛)权属界线符合相关规定,则不需要开展权属界址调查;否则,宜参照图 17-2 开展宗海权属界址调查,主要内容包括宗海界址和指界。

3. 宗海界址界定

宗海界址界定的主要工作内容包括宗海分析、用海类型与方式确定、宗海内部单元划分、宗海平面界址界定和宗海垂向范围界定等。根据海域权属来源材料,按照下列规定开展宗海界址界定工作。

(1)宗海分析。根据本宗海的使用现状资料或最终设计方案、相邻宗海的权属与界址资料以及所在海域的基础地理资料,按照政策法规,确定宗海界址界定的事实依据;对于界线模糊且不能提供确切设计方案的开放式用海,按相关设计标准的要求确定其界址的界定依据。

(2)用海类型与方式确定。按照《海域使用分类》和《国土空间调查、规划、用途管制用地用海分类指南(实行)》的规定,确定宗海的海域使用一级和二级类型,判定宗海内部存在的用海方式。

(3)宗海内部单元划分。在宗海内部,按不同用海方式的用海范围划分内部单元;用海方式相同但范围不相接的海域应划分为不同的内部单元。

(4)海平面界址界定。按照用海范围界定的相关标准,以宗海最外围界线确定其平面界址。

4. 宗海草图的绘制

(1)主要内容

宗海草图的主要内容有:

①本宗海号、坐落等;

②相邻宗海号、坐落等;

③界址点、界址点号及界址线,宗海内的主要地物等;

④界址边长、界址点与邻近明显地物的相关距离或条件距离;

⑤本宗海和相邻宗海内确定界址点位置、界址线方位走向所必需的建筑物或构筑物;

⑥测量单元,实测点及其编号、连线。测量单元及对应的实测点编号、坐标,对应的用海设施和构筑物;

⑦海岸线、必要的文字注记等;

⑧坐标系、概略比例尺、指北针、测量单位、测量员、测量日期。

(2)技术要求

根据宗海界定的结果,按照下列规定测绘宗海草图:

①宗海草图的图幅应与宗海调查表中预留的图框大小相当;当测量单元较多、内容较复杂时,可用更大幅面图纸绘制后粘贴于预留的图框,但需在图中注明坐标系、测量单位,并由测量员签署姓名和测量日期。

②宗海草图应在现场绘制。涉及实测点位置、编号和坐标等的原始记录不得涂改,同一内容划改不应超过2次,全图不应超过2处,划改处应加盖划改人员印章或签字;注记过密的部位可移位放大绘制。

5. 宗海调查表填写和无居民海岛调查表的填写

按照宗海调查表和无居民海岛调查表填写要求,填写宗海调查表和无居民海岛调查表。

四、房屋权属调查

房屋等建筑物、构筑物是土地、海域上十分重要的定着物,房屋等建筑物、构筑物的信息是不动产确权登记、不动产税费征收、地籍管理等工作不可缺少的重要基础信息。房屋权属调查内容主要包括房屋权属状况和房屋界址调查。

1. 房屋权属状况调查

调查内容主要包括房屋所有权人或实际使用人及类型、权属来源、房屋性质、墙体归属、房屋坐落、房屋的层数、所在层、房屋的结构、建成年份、房屋用途等。根据地籍材料,按照下列规定核实查清房屋的权属状况。

(1)所有权或实际使用人。有权属来源材料的,核实查清房屋所有权人的姓名或名称和代理人的姓名或名称及身份证明;无权属来源材料的,应收集实际使用人的身份证明复印件。如果房屋所有权人或实际使用人与土地或海域权源材料中的所有权人或实际使用人不一致,则在说明栏说明不一致的情况,同时在宗地调查表、宗海调查表或无居民海岛用岛调查表的说明栏做对应说明。

①对私人所有的房屋,如果有产权证明,则所有权人为产权证上的姓名;如果所有权人亡故,应查清申请人或代理人的姓名;如产权共有,应查清全体共有人姓名。

②宅基地及集体建设用地上的房屋,依据房屋所有权人提供的农村宅基地批准书或准建证,或村镇规划选址意见书,或乡村建设规划许可证,或房屋买卖、互换、赠与、受遗嘱、继承等房屋权源材料,查清所有权人姓名或名称,并将产权证明复印件留存。

③单位所有的房屋,应查清单位的全称。两个以上单位共有的,应查清全体所有单位名称。

④房屋管理部门直接管理的房屋,包括公产、代管产、托管产、拨用产等4种;公产应查清房屋管理部门的全称;代管产应查清代管及原所有权人姓名;托管应查清托管及委托人的姓名或单位名称;拨用产应查清房屋管理部门的全称及拨借单位名称。

(2)所有权人或实际使用人类型。填写个人、企业、事业单位、国家机关等。

(3)权属来源。按照权属来源材料确认房屋的权属来源。主要存在继承、购买、受赠、交换、新建、重建、征用、收购、调拨、价拨、拨用等来源方式。无权属来源材料的,则查清实际占有或占有房屋的现状及其历史沿革,并在调查表的说明栏依时间节点进行详细说明。

(4)房屋性质。查清房屋是属于商品房,还是房改房、经济适用性房、廉租住房、共有产权住房、自建房等。

(5)墙体归属。房屋四面墙体所有权的归属分3类,即自有墙、共有墙、借墙。在房屋调查时应根据实际的墙体归属分别标注在房产草图上。

(6)房屋权属登记情况。若已办理过房屋所有权登记的,则查清房屋所有权证书号。

(7)房屋坐落。根据权属来源材料、相关政策法规等规定,查清房屋的坐落,如街道名称、门牌号、幢号、楼层号、房号等。房屋位于里弄、胡同或小巷时,应查清附近主要街道名称;缺门牌号时,可查清毗连房屋门牌号及其所在方位(东、南、西、北);新建住宅小区的房屋,还未编制门牌号时,应查清楼盘名称或小区名称;当一幢房屋位于2个或2个以上街道或有2个以上门牌号时,应全部查清;单元式的成套住宅,应查清单元号、室号或产号。

(8)房屋的层数。房屋的层数为房屋地上层数与地下层数之和。一层为车棚或车库的,以建设工程规划许可的图纸为准。确认层数的方法如下:

①地上层数指房屋结构层高在2.20m及以上的自然层数,按室内地坪±0.000以上计算。自下而上用自然数表示;室内顶板面高出室外设计地面的高度1.50m以上的地下或半地下室,室内层高在2.20m及以上的,计算自然层数;地坪±0.000以下为地下层数,自上而下用负整数表示;

②旋转上升式的楼房,按地坪±0.000以上计算,以其旋转一周且层高2.20m及以上的水平投影自然层;

③错层房屋的层数按自然层划分;

④建在自然层(标准层)之间或自然层内,且利用空间的垂直高度在2.20m及以上的设备层、转换层等计入房屋自然层数;

⑤假层、附层(夹层)、插层(差层)、阁楼(暗楼)、装饰性塔楼,以及突出屋面的楼梯间、水箱间等不计层数。

(9)所在层。查清层、套、间等房屋定着物单元在该幢楼房中的第几层。

(10)房屋结构。房屋结构如表17-2所列。如一幢房屋中有2种或2种以上建筑结构组成,如能分清楚界线的,则分别查清,否则以面积较大的结构为准。

房屋建筑结构分类标准 表17-2

编号	分类	内容
1	钢结构	承重的主要构件是用钢材料建造的,包括悬索结构
2	钢、钢筋混凝土结构	承重的主要构件是用钢、钢筋混凝土建造的,如一幢房屋一部分梁柱采用钢、钢筋混凝土构架建造
3	钢筋混凝土结构	承重的主要构件是用钢筋混凝土建造的,包括薄壳结构、大模板现浇结构及使用滑模、升板等建造的钢筋混凝土结构的建筑物
4	混合结构	承重的主要构件是用钢筋混凝土和砖木建造的,如一幢房屋的梁是用钢筋混凝土制成,以砖墙为承重墙,或梁是用木材建造,柱是用钢筋混凝土建造
5	砖木结构	承重的主要构件是用砖、木材建造的,如一幢房屋是木制房架、砖墙、木柱建造的
6	其他结构	凡不属于上述结构的房屋都归此类,如装配式结构、竹木结构、窑洞、其他等

(11)建成年份。根据竣工验收资料或权属来源材料查清实际竣工年份。拆除重建的,应查清重建竣工年份。一幢房屋有2种以上建筑年份,应分别查清。无竣工验收资料和权属来源材料的,则采用询问的方式查清房屋的竣工时间,并在调查表的说明栏说明询问对象的姓名和身份。

(12)房屋用途。按照表17-3调查房屋的实际用途到二级分类。按照权属来源材料确定房屋的规划用途。一幢房屋有2种以上用途的,应分别查清。

房屋用途分类表 表17-3

一级分类		二级分类		内容
编号	名称	编号	名称	
10	住宅	11	成套住宅	指由若干卧室、起居室、厨房、卫生间、室内走道或客厅等组成的供一户使用的房屋
		12	非成套住宅	指人们生活居住的但不成套的房屋
		13	集体住宅	指机关、学校、企事业单位的单身职工、学生居住的房屋。集体宿舍是住宅的一部分
		14	农村住宅	指宅基地上用于居住的房屋
		15	其他	指住宅小区内用于物业办公、物业经营、社区医疗、居家养老等用房
20	工业交通仓储	21	工业	指独立设置的各类工厂、车间、手工作坊、发电厂等从事生产活动的房屋
		22	公用设施	指自来水、泵站、污水处理、变电、燃气、供热、垃圾处理、环卫、公厕、殡葬、消防等市政公用设施的房屋
		23	铁路	指铁路系统从事铁路运输的房屋

续上表

一级分类		二级分类		内容
编号	名称	编号	名称	
20	工业交通仓储	24	民航	指民航系统从事民航运输的房屋
		25	航运	指航运系统从事水路运输的房屋
		26	公交运输	指公路运输、公共交通系统从事客、货运输、装卸、搬运的房屋
		27	仓储	指用于储备、中转、外贸、供应等各种仓库、油库用房
30	商业金融信息	31	商业服务	指各类商店、门市部、饮食店、粮油店、菜场、理发店、照相馆、浴室、旅社、招待所等从事商业和为居民生活服务所用的房屋
		32	经营	指各种开发、装饰、中介公司等从事各类经营业务活动所用的房屋
		33	旅游	指宾馆、饭店、乐园、俱乐部、旅行社等主要从事旅游服务所用的房屋
		34	金融保险	指银行、储蓄所、信用社、信托公司、证券公司、保险公司等从事金融服务所用的房屋
		35	电讯信息	指各种邮电、电讯部门、信息产业部门,从事电讯与信息工作所用的房屋
40	教育医疗卫生科研	41	教育	指大专院校、中等专业学校、中学、小学、幼儿园、托儿所、职业学校、业余学校、干校、党校、进修院校、工读学校、电视大学等从事教育所用的房屋
		42	医疗卫生	指各类医院、门诊部、卫生所(站)、检(防)疫站、保健院(站)、疗养院、医学化验、药品检验等医疗卫生机构从事医疗、保健、防疫、检验所用的房屋
		43	科研	指各类从事自然科学、社会科学等研究设计、开发所用的房屋
50	文化娱乐体育	51	文化	指文化馆、图书馆、展览馆、博物馆、纪念馆等从事文化活动所用的房屋
		52	新闻	指广播电视台、电台、出版社、报社、杂志社、通讯社、记者站等从事新闻出版所用的房屋
		53	娱乐	指影剧院、游乐场、俱乐部、剧团等从事文娱演出所用的房屋
		54	园林绿化	指公园、动物园、植物园、陵园、苗圃、花圃、花园、风景名胜、防护林等所用的房屋
		55	体育	指体育场、馆、游泳池、射击场、跳伞塔等从事体育所用的房屋
60	办公	61	办公	指党、政机关、群众团体、行政事业单位等行政、事业单位等所用的房屋
70	军事	71	军事	指中国人民解放军军事机关、营房、阵地、基地、机场、码头、工厂、学校等所用的房屋
80	其他	81	涉外	指外国使、领馆、驻华办事处等涉外所用的房屋
		82	宗教	指寺庙、教堂等从事宗教活动所用的房屋
		83	监狱	指监狱、看守所等所用的房屋
		84	车位、车库	指专门用于停放汽车的位置或库房

(13)房屋面积。包括房屋建筑面积和房屋占地面积。

(14)户型。查清成套住宅的户型。

(15)朝向。查清成套住宅的朝向。

(16)共有情况。调查核实房屋的共有情况和全部共有权利人,确认是按份共有还是共同共有。

2. 房屋权属界线调查

房屋权属界线调查指房屋所有权范围的界线,包括专有部分和共有部分的分界线。宜根据建设工程规划许可材料、购房协议、房屋买卖合同、已有的不动产权证书等,查清认定房屋所有权专有部分和共有部分的具体位置和界线。对有争议的房屋权属界线,应做相应记录。

3. 房产草图绘制

以层为基本单元,以房屋定着物权属单元(幢、层、套、间)为单位绘制房产草图。房产草图上的内容包括幢号、幢名称、总层数、所在层数、权属界线、房屋边长、共有部分的界线及名称。对有争议的权属界线,应标注"争议"二字。房屋边长、层高等数据按照相关要求采集。绘制房产草图的要求如下。

(1)在保证图面清晰、布局合理的基础上,房产草图的规格宜采用 A3、A4 幅面的纸张。

(2)在房屋数据采集前,宜根据房屋的基础图件(包括建筑规划设计图、施工图及竣工图等)制作工作底图,其技术要求如下:

①应分层绘制房屋及附属部位结构外围线、房屋定着物单元边线和共有部分界线;

②标注夹层、架空层、设备层、结构转换层和避难层等部位;

③应依据相关资料标注共有部分的名称;

④应绘制不计入建筑面积的范围,如平台、斜坡屋顶下方等;

⑤可标注设计的房屋边长和墙体厚度。

(3)外业数据采集时,应以工作底图为基础,按照下列要求绘制房产草图:

①应根据调查结果绘制房产草图;当工作底图或已有房产草图与房屋现实状况不一致时,宜另绘制房产草图,也可直接在房产草图上修改,同时应标注被改动部位;

②应将实地测量的边长数据、墙厚数据及层(净)高数据等实测数据标注在房产草图的相应位置上,当无法标注时,应引至空白处标注清楚;

③阳台、飘窗和平台的位置以及其他特殊部位,应在房产草图上标明,如"阳台""飘窗""平台"等;

④应在房产草图上注记房屋坐落、街巷名称、邻户门牌、指北方向、幢号、单元号、房间号、层数、所在层和实际开门位置等;

⑤房产草图上汉字的头一律向北(上)注记,数字字头应向北(上)、向西(左)注记;沿墙体所测的边长数据,应当标注在紧靠房产草图上相应的墙体处平行于墙体的位置;

⑥房产草图上的标注只可划改 2 处,不可涂改。

4. 房屋调查表的填写

按照相关要求填写房屋调查表和建筑物区分所有权业主共有部分调查表。

5. 构(建)筑物权属调查

构(建)筑物权属调查的单元为构(建)筑定着物单元,调查内容包括构(建)筑物的所有权人或实际使用人及类型、坐落、类型、规划用途、建筑面积、建筑占地面积、建筑物和设施占岛面积、竣工时间、共有情况等。

(1)构(建)筑物权属状况调查。根据地籍材料,按照下列规定调查核实构(建)筑物的权属状况。

①所有权或实际使用人。有权属来源材料的,核实查清构(建)筑物所有权人的姓名或名称和代理人的姓名或名称及身份证明;无权属来源资料的,应收集实际使用人的身份证明复印件。如果构(建)筑物所有权人或实际使用人与土地、海域权属材料中的所有权人或实际使用人不一致,则在说明栏说明不一致的情况,同时在宗地调查表、宗海调查表或无居民海岛用岛调查表的说明栏做对应说明。

②所有权人或实际使用人类型。填写个人、企业、事业单位、国家机关等。

③坐落。参照房屋坐落调查的方法,调查核实构(建)筑物的坐落。

④类型。调查核实陆地上的构(建)筑物类型,包括隧道、桥梁、水塔、高压线路、风力发电设施、管线设施、消防设施等;调查核实海上构(建)筑物类型,包括透水构筑物、非透水性构筑物、跨海桥梁、海底隧道、高压线路、风力发电设施、管线设施、消防设施等。

⑤规划用途。根据权属来源材料确定实际用途;如无权属来源材料,则按照现状调查构(建)筑物实际用途。

⑥建筑面积。参照相关规定计算构(建)筑物的建筑面积。

⑦建筑占地面积。参照相关规定计算构(建)筑物的建筑占地面积。

⑧建筑物和设施占岛面积。参照相关规定计算构(建)筑物和设施占岛面积。

⑨竣工时间。根据构(建)筑物竣工验收资料确定竣工时间;如无构(建)筑物竣工验收资料,则采用询问的方式调查构(建)筑物的竣工时间,并在调查表的备注栏说明询问对象的姓名和身份。

⑩共有情况。调查核实构(建)物共有情况,确认是按份共有还是共同共有;根据管理工作需求确认是否需要共有份额,如果需要,则查清共有的份额。

(2)构(建)筑物草图的绘制。参照房产草图的绘制方法绘制构(建)筑物草图。

(3)构(建)筑物调查表的填写。按照相关要求填写构(建)筑物调查表和建筑物区分所有权业主共有部分调查表。

五、森林、林木权属调查

1.森林、林木权属状况调查

调查森林与林木的所有权人、使用权人或实际使用人及类型、坐落、造林年度、小地名、林班、小班、面积、起源、株数、森林类别、主要树种、林种、共有情况等。根据地籍调查材料,按照下列规定核实查清林木的权属状况。

(1)所有权人、使用权人或实际使用人。有权属来源材料的,核实查清林木所有权人、使用权人的姓名或名称和代理人的姓名或名称及身份证明;无所有权或使用权权属来源材料的,应收集实际使用人的身份证明复印件。如果林木所有权人、使用权人或实际使用人与土地或海域权源材料中的权利人或实际使用人不一致,则在说明栏说明不一致的情况,同时在宗地调查表、宗海调查表或无居民海岛用岛调查表的说明栏做对应说明。

(2)所有权、使用权人或实际使用人类型。填写个人、企业、事业单位、国家机关等。

(3)坐落。参照土地坐落调查方法,核实查清林木所在的坐落。

(4)造林年度。核实查清造林的具体年份;无权属来源材料的,则采用询问的方式调查造林年度,并在调查表的备注栏说明询问对象的姓名和身份。

(5)小地名。主要依据地形图核实查清林木所在的小地名;如果地形图上没有记载或标准有误的,则查清地方习俗认可的地名。

(6)林班、小班。核实查清林木所在的林班和小班名称;无地籍材料的,则按照现状核实查清林木所在的林班和小班名称。

(7)面积。根据不动产测绘成果核实查清林木的占地面积。

(8)起源。核实查清是天然林或是人工林;无地籍材料的,则按照现状查清林木的起源。

(9)株数。对零星树木、四旁树木和农田林网等林木,在难以用林木所占面积准确表达的情况下,则核实查清林木的株数。

(10)森林类别。查清是公益林还是商品林。

(11)主要树种。核实查清主要树木种类;如无地籍材料的,则按照现状查清主要树木种类;在调查表上填写的树种不超过3种。

(12)林种。林种分为防护林、特种用途林、用材林、经济林、能源林等5类;当存在多类林种时,核实查清主要林种;如按照现状查清主要林种。

(13)共有情况。调查核实林木或森林的共有情况和全部共有权利人,确认是按份共有还是共同共有。根据管理工作需求确认是否需要共有份额,如果需要,则查清共有的份额。

2. 林权权属界线调整

如果土地承包经营权宗地(林地)上存在多个林木所有权人,并且各有拥有的林木相连成片,则应单独划分设定林木所有权宗地。根据林木权属材料,经内业核实,林木权属界线清晰,则不需要开展林木权属界线调查;否则,参照土地权属界址的调查方法开展现场指界(界址位置的认定)、界址点线的设置、界址标志的认定与埋设、记录表界线调查结果等工作,并将调查结果填写至林权调查表中和表示在宗地图上。用地类界表示林木权属界线。在土地承包经营宗地范围内"(1)、(2)、…、(N)"表示林木所有权宗地的编号,并标注在宗地范围内的适当位置。调查时应按照相关要求填写林木调查表。

第四节　不动产测绘

不动产测绘指依据权属调查成果,利用测绘仪器,以科学的方法在调查区域内建立地籍控制网,测量不动产单元的地籍要素,绘制地籍图,测算和量算不动产单元的面积,为不动产登记和地籍管理提供依据。

在进行不动产测绘时,应统筹考虑基础条件、管理需求、经济可行性和技术可能性,在确保不动产权益安全的前提下,根据不动产单元的空间类型、位置、权利类型和其他权属调查的结果,因地制宜,审慎科学地选择符合本地区实际的不动产测绘方法,确保不动产单元界址空间位置准确、面积准确。

一、地籍控制测量

地籍控制测量工作是地籍要素测绘的基础，是根据界址点及地籍图的精度要求，视测区范围的大小、测区内现有控制点数量和等级情况，按控制测量的基本原则和精度要求进行技术设计、选点、埋石、观测、数据处理、获取成果等测量工作。

地籍控制测量分为地籍首级控制测量和地籍图根控制测量，地籍控制网分为地籍首级控制网和地籍图根控制网。各等级控制网的布设应遵循“从整体到局部、分级布网”的原则。

1. 基本要求

地籍控制测量坐标系统宜采用2000国家大地坐标系统(CGCS2000)。如果采用其他坐标系，应与2000国家大地坐标系建立转换关系。高程系统采用1985国家高程基准。

地籍控制测量投影方法视地籍图比例尺大小选择长度变形满足要求的方法。

(1)比例尺为1∶1万或1∶5000地籍图，应选择高斯-克吕格投影统一三度带的平面直角坐标系统；比例尺为1∶5万的地籍图，应选择高斯-克吕格投影统一六度带的平面直角坐标系统；中央子午线按照地图投影分带的标准方法选定。

(2)比例尺为1∶500、1∶1000、1∶2000地籍图，当长度变形值不大于2.5cm/km时，应选择高斯-克吕格投影统一三度带的平面直角坐标系统。当长度变形值大于2.5cm/km时，应根据具体情况依次选择：①有抵偿高程面的高斯-克吕格投影统一三度带的平面直角坐标系统；②高斯-克吕格投影任意带平面直角坐标系统；③有抵偿高程面的高斯-克吕格投影任意带平面直角坐标系统。

(3)远海宗海图，以宗海中心近似的0.5°整数倍经线为中央经线。东西向跨度较大(经度差大于3°)的海底电缆管道等用海应采用墨卡托投影，基准纬线为制图区域中心附近的0.5°整数倍纬线。

2. 地籍首级控制测量

(1)已有平面控制网的利用

已有的国家四等及以上三角点和国家E级及以上GNSS点可直接作为首级平面控制网点。已有的三、四等和一、二级城市平面控制点(含GNSS)也可直接作为首级平面控制网点。利用已有控制点成果前，应采用全站仪测量或静态GNSS定位方法进行检测，检测精度符合相关规范要求方可利用。

(2)地籍平面控制网的加密

根据调查区域已有首级控制网的情况，可采用GNSS静态/快速静态、RTK和导线测量方法加密一、二级平面控制网点，加密各等级平面控制点时，应联测3个以上高等级平面控制点。

(3)首级高程控制测量

首级高程控制测量可采用水准测量、三角高程测量等方法测量。原则上只测设四等或等外水准点的高程，在首级高程控制网中，最弱点的高程中误差相对于起算点不大于2cm。

3. 地籍图根控制测量

可采用RTK(含CORS)图根测量与导线测量方法建立地籍图根控制网点。

(1)RTK图根平面控制测量

RTK图根平面控制测量应按照《全球导航卫星系统(GNSS)测量规范》(GB/T 18314—

2024)选择控制点的点位,根据技术要求埋设 RTK 图根平面控制点的标志。RTK 图根平面控制点测量主要技术要求如表 17-4 所列。RTK 图根高程控制测量技术要求按照《卫星导航定位基准站网络实时动态测量(RTK)规范》(GB/T 39616—2020)的规定执行。

一级和二级 RTK 图根控制点布设测量的主要技术指标 表 17-4

等级	相邻点间平均边长(m)	点位中误差(cm)	边长相对中误差	与基准点的距离(km)	观测次数	起算点等级
一级图根	≥120	≤5	≤1/5000	≤5	≥2	二级及以上
二级图根	≥70	≤5	≤1/3000	≤5	≥2	一级图根及以上

注:点位中误差指控制点相对于最近基准站的误差;采用网络 RTK 方法测量各级图根平面控制点可不受流动站到基准站距离的限制,但应在网络有效服务范围内;一级图根相邻点间距宜大于 100m;二级图根相邻点距离宜大于 50m。

(2)图根导线测量

当采用图根平面导线测量方法时,导线网宜布设成附合单导线、闭合单导线或结点导线网,其主要技术指标应符合表 17-5 的规定。

图根平面导线测量技术指标 表 17-5

级别	导线长度(km)	平均长度(m)	测回数		测回差(″)	方位角闭合差(″)	导线全长相对闭合差	坐标闭合差(m)
			DJ_2	DJ_6				
一级	1.2	120	1	2	18	$\pm 24\sqrt{n}$	1/5000	0.22
二级	0.7	70	—	1	—	$\pm 40\sqrt{n}$	1/3000	0.22

注:n 为测站数。

图根高程控制点采用三角高程测量技术施测,图根高程控制点与一级、二级图根平面导线点重合。

二、界址测量

1. 界址测量方法

应根据宗地调查表、宗海调查表或无居民海岛用岛调查表,在实地确认界标或界址点的具体位置后,才能实测界址测量工作。界址测量方法包括解析法测量和图解法测量。

(1)解析法测量

解析法测量是采用全站仪、GNSS 接收机、钢尺等测量工具,通过全野外测量技术获取界址点坐标和界址点间距的方法。主要方法有极坐标法、直角坐标法(正交法)、距离交会法、角度交会法、GNSS 测量方法等,应根据测区观测条件和技术要求选择合适的测量方法。

(2)图解法测量

图解法测量是采用标示界址、绘制宗地草图、说明界址点位和说明权属界线走向等方式描述实地界址点的位置,由摄影测量加密或在正射影像图、土地利用现状图、扫描数字化的地籍图和地形图上获取界址点坐标和界址点间距的方法。

2. 界址点的精度

(1)解析界址点的精度

解析法获取界址点坐标和界址边长的精度应符合表 17-6 的规定。如果需求实测房角点坐标,其精度可参照表 17-6 的规定执行。

解析界址点和实测房角点的精度 表 17-6

级别	界址点或房角点相对邻近控制点的点位误差相邻界址点或房角点间距误差(cm)	
	中误差	允许误差
一	2.0	±4.0
二	5.0	±10.0
三	7.5	±15.5
四	10.0	±20.0

注:1. 当需要采用坐标法计算建筑面积时,则实测房角点坐标的精度可按照本表的规定执行。
2. 对于建设用地使用权、宅基地使用权宗地,明显界址点选择二级精度。隐蔽界址点选择三级精度。
3. 对于土地所有权、土地承包经营权宗地,明显界址点选择二、三、四级精度。

(2)图解界址点的精度

图解界址点的精度应符合表 17-7、表 17-8、表 17-9 的规定。

图解界址点精度指标(全野外数字测绘法成图) 表 17-7

序号	项目	图上中误差(mm)	图上允许中误差(mm)
1	相邻界址点的间距误差	0.3	±0.6
2	界址点相对于邻近地物点的间距误差	0.3	±0.6
3	界址点相对于邻近控制点的点位误差	0.3	±0.6

注:本表规定中的是平原、丘陵地区明显界址点精度指标。荒漠、高原、山地、森林及隐蔽区域可放宽至 1.5 倍。

图解界址点精度指标(数字摄影测量法成图) 表 17-8

序号	项目	图上中误差(mm)	图上允许中误差(mm)
1	相邻界址点的间距误差	0.4	±0.8
2	界址点相对于邻近地物点的间距误差	0.4	±0.8
3	界址点相对于邻近控制点的点位误差	0.5	±1.0

注:本表规定中的是平原、丘陵地区明显界址点精度指标。荒漠、高原、山地、森林及隐蔽区域可放宽至 1.5 倍。

图解界址点精度指标(数字编绘法成图) 表 17-9

序号	项目	图上中误差(mm)	图上允许中误差(mm)
1	相邻界址点的间距误差	0.6	±1.2
2	界址点相对于邻近地物点的间距误差	0.6	±1.2
3	界址点相对于邻近控制点的点位误差	0.6	±1.2

注:本表规定中的是平原、丘陵地区明显界址点精度指标。荒漠、高原、山地、森林及隐蔽区域可放宽至 1.5 倍。

3. 海域(含无居民海岛)界址点的精度

海域(含无居民海岛)界址点的精度应符合表 17-10 的规定。

海域(含无居民海岛)**界址点的精度** 表 17-10

级别	界址点或房角点相对邻近控制点的点位误差相邻界址点间距误差(m)	
	中误差	允许误差
一	0.10	±0.20
二	1.00	±2.00

续上表

级别	界址点或房角点相对邻近控制点的点位误差相邻界址点间距误差(m)	
	中误差	允许误差
三	3.00	±6.00
四	5.00	±10.00

注:1. 无居民海岛和位于人工海岸、构筑物以及其他固定标志物上的界址点或标志点选择一级精度。
2. 离岸20km以内的海域界址点可选择一、二级精度。
3. 离岸20~50km以内的海域界址点可选择二、三级精度。
4. 离岸50km以外的海域界址点可选择三、四级精度。

三、房屋和构(建)筑物测量

1. 外业测量的技术要求

(1)房屋应逐幢测绘。

不同产别、不同建筑结构、不同层数的房屋应分别测量。独立成幢房屋,以房屋四面墙体外侧为界测量;毗连房屋四面墙体,在房屋所有人指界下,区分自有墙、共有墙或借用墙,以墙体所有权范围为界测量。每幢房屋按现行《地籍调查规程》(GB/T 42547)要求的精度测定其平面位置外,应分幢分户丈量作图。

(2)房角点测量技术要求。

以房屋外墙勒角以上(100±20)cm处墙角为测点。房角点测量一般采用极坐标法、直角坐标法、截距法、边长交会法等方法测量。

(3)房屋附属设施测量技术要求。

柱廊以柱外围为准;檐廊以外轮廓投影、架空通廊以外轮廓水平投影为准;门廊以柱或维护物外围为准,独立柱的门廊以顶盖投影为准;眺廊以外轮廓投影为准;阳台以底板投影为准;门墩以墩外围为准;门顶以顶盖投影为准;室外楼梯和台阶以外围水平投影为准。

(4)其他构(建)筑物测量技术要求。

其他构(建)筑物指不属于房屋,如不计算房屋建筑面积的独立地物以及工矿专用或公用的贮水池、油库、地下人防干支线等。测量时应根据构(建)筑物的几何图形测定其定位点。亭以柱外围为准;塔、烟囱、罐以底部外围轮廓为准;水井以中心为准。

(5)房屋等构(建)筑物共有部位的认定与测量

共有部位测量前,须对共有部位进行认定。房屋可参照购房协议、房屋买卖合同中设定的房屋共有部位,经实地调查后予以确认并测量。

(6)古建民居测量技术要求。

古建民居可沿用已使用的方法进行测量和表达。

2. 房屋及附属设施数据采集

(1)丈量房屋边长以勒角以上墙角为准。形状规则房屋的应采集总长及分段长度并校核;采用几何要素法计算房屋建筑面积时,房屋边长丈量精度如下。

①明显房屋边长小于或等于50m时,边长检核较差不大于±0.04m。明显房屋边长大于50m时,边长检核较差不得超过下式的估算值:

$$\Delta D = \pm 0.02 \times (1 + 0.02 \times D)$$

式中,D 为丈量的边长;ΔD 为边长检核较差。

②隐蔽房屋边长检核较差不大于 ±8cm。

③宅基地上的房屋边长检核较差不大于 ±10cm。

(2)斜坡屋顶及倾斜房屋的测量。

当一间(单元)房屋的屋顶为斜坡屋顶或房屋的墙体为内倾斜时,应分别测量结构净高在 2.10m 以上和以下两部分的边长数据并附略图说明。当房屋墙体为外斜时,边长尺寸应量至倾斜位置的底部。

(3)阳台、平台、廊和窗的测量。

阳台需采集的数据为阳台顶板水平投影尺寸。柱廊按柱的外围水平投影测量;若柱子突出围护结构外侧的,测量至围护结构外侧。飘窗需要量取窗外侧与主体墙体的位置数据,量取窗台与楼(地)面之间的位置数据,窗底板到底板之间的垂直距离。

(4)房屋墙体数据采集。

①采集房屋内的边长与墙体厚度数据时,应在未进行装饰贴面处理的部位量取。

②采集房屋外的边长与墙体厚度数据时,应记录装饰贴面厚度。

③同一楼层墙体厚度不同时,应分段测量。

④对地下空间(含地下室)进行边长测量时,可实测室内边长和外墙厚度;当外墙厚度无法实地测量时,可采用建筑施工图数据。

(5)车位(地下车位)、商业摊位等特殊房屋的数据采集。

①车位(地下车位)、商业摊位的界线确定应经规划、消防审核通过,界线宜由界址点或线界组成。

②以界址点或界址线作为界线的车位、商业摊位,建筑面积应量取相邻界址点或线界的相对位置数据。

③车位、商业摊位有围护结构的,应量取围护结构内空间距离和围护结构厚度。

3. 建筑物高度及层高测量

1)建筑物高度及层高测量的主要内容

建筑主出入口及单元出入口的室外地坪、室内各层地坪(含 ±0.00)、屋顶女儿墙顶、屋面上围护栏杆顶、屋顶构件、屋面上的楼梯间和机房间、坡屋顶的檐口与屋脊和建筑物最高点的高程都应测量。

2)建筑物高度及层高计算

(1)建筑物层高应按建筑物上下两层楼面面层或地面面层的垂直距离计算,屋顶层层高应按楼面与屋面结构面的垂直距离计算。

(2)建筑层数按下列规定计算。

①房屋层数是指房屋结构层高在 2.20m 及以上的自然层数,按室内地坪 ±0.000 以上计算,自下而上用自然数表示;地坪 ±0.000 以下为地下层数,自上而下用负整数表示;室内顶板面高出室外设计地面的高度 1.50m 以上的地下或半地下室,应计算自然层数;房屋总层数为房屋地上自然层数与地下层数之和;一层为车棚或者车库的,以建设工程规划许可的图纸标注为准。

②旋转上升式的楼房,按地坪 ±0.000 以上计算,以其旋转一周且层高 2.20m 及以上的水平投影为自然层,所在层次按对应的自然层次编号。

③错层房屋的层数按自然层来划分。

④室内顶板面高出室外设计地面的高度不大于1.50m的地下或半地下室，以及设置在建筑底部且室内高度不大于2.20m的自行车库、储藏室和敞开空间等不计层数。

⑤夹层、插层、阁楼和装饰性塔楼等，以及突出屋面的楼梯间、电梯机房和水箱间等不计层数。

⑥斜面结构屋的坡形屋结构净高2.10m及以上的部分占整个顶层中层面建筑面积的2/3以上时，该层计入房屋自然层数。

⑦经规划部门审核批准建在自然层(标准层)之间或自然层内，且可利用空间的垂直高度在2.20m以上的设备层、转换层等计入房屋自然层数。

3)建筑物高度及层高施测位置

建筑物高度测量及层高测量施测位置应参考竣工剖、立面图或各层平面图确定。

4)建筑物高度及层高施测

(1)建筑物底层室内、外地坪的标高宜采用几何水准测量，其余各层地坪可用测距仪、钢尺实量等方法施测；各屋脊、檐口和女儿墙高度可采用三角高程、钢尺或测距仪实量等方法施测，两次测量值的较差不得大于±0.05m，取平均值作为最终值。

(2)对技术层、±0.000层或住宅层以下各层，且层高在2.00m至2.40m的，应加测结构净高检核；单独的地下车库宜同时测量室内地坪及结构净高；同一楼层分为多个不同层高的建筑空间时，须分别对各区间测量层高。

建筑物的高度及层高测量结束后，应编制高度测量略图和层高测量略图，并符合以下规定。

①高度测量略图和层高测量略图需加注以±0.000标高为起点的比高值，与建筑设计图纸对应。

②高度测量略图应结合北立面、东立面等影响日照的竣工立面图绘制；一个立面不能表示清楚时，应加绘其他立面图。

③略图中应标注比高和高程数据；比高位置参照竣工立面图，±0.000位置需绘出，并标注高程；±0.000位置以下的加"—"标注。

④层高测量略图应结合竣工剖面图绘制。当一个剖面不能表示清楚时，应加绘其他剖面图，并标注剖面编号；层号略图中±0.000位置应标注绝对高程值。

4. 无居民海岛上的建筑物和设施测量

(1)测量精度

建筑物和设施边长中误差不超过$0.05m+d/1000$，高度中误差不超过$0.05m+h/1000$，其中d和h分别表示建筑物和设施边长和高度，单位为米(m)。

(2)建筑物和设施边长测量

采用解析法测量建筑物和设施外缘线投影的边长。按照《地籍调查规程》(GB/T 42547—2023)中房屋和构(建)筑物面积测算的方法与精度要求执行。边长单位为米(m)，结果取小数点后2位。

(3)建筑物和设施高度测量

对于平面屋顶的建筑物和设施，应测量屋顶楼面到室外地坪的相对高度；对于坡屋面或其他屋顶的建筑物和设施，应测量屋顶最高点至室外地坪的相对高度。

四、地籍图测绘

地籍图是用来说明和反映地籍调查区域内各宗地(宗海)的权属、分布、境界、位置和面积的图件,是经过登记具有法律效力的专业地图,是地籍的基础资料之一。地籍图是制作宗地图的基础图件。

1.地籍图的内容和表示方法

地籍图的内容包括行政区划要素、地籍要素、地形要素、数学要素和图廓要素。

(1)行政区划要素

①行政区划要素主要指行政区界线和行政区名称。

②不同等级的行政区界线相重合时应遵循高级覆盖低级的原则,只表示高级行政区界线,行政区界线在拐角处不得间断,应在转角处绘出点或线。行政级别从高到低依次为省级界线、市级界线、县级界线和乡级界线。

③当按照标准分幅编制地籍图时,在乡(镇、街道办事处)的驻地注记名称外,还应在内外图廓线之间、行政区界线与内图廓线的交汇处的两边注记乡(镇、街道办事处)的名称。

④有海域的地籍图上还应表示海域行政界线(海域勘界线、大陆海岸线、有居民海岛岸线、无居民海岛岸线、领海基线和领海外部界限等)。

⑤地籍图上不注记行政区代码和邮政编码。

(2)地籍要素

①地籍要素包括地籍区界线、地籍子区界线、土地权属界址线、界址点、图斑界线、地籍区号、地籍子区号、宗地号(含土地权属类型代码和宗地顺序号)、地类代码、土地权利人名称、坐落地址等。

②界址线与行政区界线相重合时,只表示行政区界线,同时在行政区界线上标注土地权属界址点。

③地籍区、地籍子区界线叠置于省级界线、市级界线、县级界线、乡级界线和土地权属界线之下。叠置后其界线仍清晰可见。

④在地籍图上,对于土地使用权宗地,应将宗地号及其地类代码用分式的形式标注在宗地内。分子注宗地号,分母注地类代码,地籍图上注记地类的二级分类,按《土地利用现状分类》(GB/T 21010—2017)规定的土地利用类别码注记地类。对于集体土地所有权宗地,只注记宗地号。当宗地面积太小注记不下时,允许移注在空白处并以指示线标明。宗地的坐落地址可选择性注记。

⑤按照标准分幅编制地籍图时,若地籍区、地籍子区、宗地被图幅分割,其相应的编号应分别在各图幅内按照规定注记。如分割的面积太小注记不下时,允许移注在空白处并以指示线标明。

⑥地籍图上应注记集体土地所有权人名称、单位名称和住宅小区名称。个人用地的土地使用权人名称一般不需要注记。

⑦可根据需要在地籍图上绘出土地级别界线,注记土地级别。

⑧地籍图上的宗海号及其用海类型编码用分式的形式标注在宗海内,分子注宗海号、分母注用海类型编码;宗海太小注记不下时,允许移注在空白处并以指示线表明。宗海的坐落可选择注记。

(3)地形要素

①界址线依附的地形要素(地物、地貌)应表示,不可省略。

②1∶5000、1∶1万、1∶5万比例尺地籍图上主要地形要素包括居民地、道路、水系、地理名称等。

③1∶500、1∶1000、1∶2000比例尺地籍图上主要的地形要素包括建筑物、道路、水系、地理名称等。

④可根据需要表示地貌,如等高线、高程注记、悬崖、斜坡、独立山头等。

⑤地籍图上的海域部分,还应表示海岸线(海陆分界线)、明显标志物等。

(4)数学要素

数学要素包括内外图廓线、内图廓点坐标、坐标格网线、控制点、比例尺、坐标系统等。

(5)图廓要素

图廓要素包括分幅索引、密级、图名、图号、制作单位、测图时间、测图方法、图式版本、测量员、制图员、检查员等。

2. 地籍图精度

不同的测绘方法、地籍图上界址、地物等要素的精度不同,明显地物点的平面位置精度应符合表17-11、表17-12的规定。

全野外数字测绘法和数字摄影测量法成图的平面位置精度 表17-11

序号	项目	图上中误差(mm)	图上允许误差(mm)	备注
1	邻近房角点之间、邻近明显地物点之间、邻近房间点与明显地物点之间的间距误差	0.4	±0.8	建设用地隐蔽区域及荒漠、高原、山地、森林、海域等区域可放宽至1.5倍
2	房角点和明显地物点相对于邻近地物点的点位误差	0.5	±1.0	

数字编绘法成图的平面位置精度 表17-12

序号	项目	图上中误差(mm)	图上允许误差(mm)	备注
1	邻近房角点之间、邻近明显地物点之间、邻近房间点与明显地物点之间的间距误差	0.6	±1.2	建设用地隐蔽区域及荒漠、高原、山地、森林、海域等区域可放宽至1.5倍
2	房角点和明显地物点相对于邻近地物点的点位误差	0.6	±1.2	

3. 地籍图的比例尺、分幅和编号

(1)地籍图的比例尺

①地籍图可采用1∶500、1∶1000、1∶2000、1∶5000、1∶1万和1∶5万等比例尺。

②集体土地所有权调查,其地籍图基本比例尺为1∶1万。有条件的地区或城镇周边的区域可采用1∶500、1∶1000、1∶2000或1∶5000比例尺。在人口密度很低的荒漠、沙漠、高原、牧区等地区可采用1∶5万比例尺。

③土地使用权调查,其地籍图基本比例尺为1∶500。对村庄用地、采矿用地、风景名胜设

施用地、特殊用地、铁路用地、公路用地等区域可采用 1∶1000 和 1∶2000 比例尺。

④耕地、林地、草地、水域滩涂等土地承包经营权调查及农用地的使用权调查，地籍图的基本比例尺为 1∶2000，也可采用 1∶500、1∶1000、1∶5000 或 1∶1 万；在荒漠、沙漠、高原、牧区等地区可采用的比例尺为 1∶5 万。

⑤海域使用权调查，地籍图比例尺应与所采用的工作底图的比例尺保持一致，可根据具体情况做出合适的选择，可选择的比例尺包括 1∶500、1∶1000、1∶2000、1∶5000、1∶1 万和 1∶5 万等。

(2)地籍图的分幅与编号

①1∶5 万的地籍图，以 1∶100 万国际标准分幅为基础，采用 24×24 的行列分幅编号。图幅大小为经差 15′、纬差 10′。

②1∶1 万的地籍图，以 1∶100 万国际标准分幅为基础，采用 96×96 的行列分幅编号。图幅大小为经差 3′45″、纬差 2′30″。

③1∶5000 的地籍图，以 1∶100 万国际标准分幅为基础，采用 192×192 的行列分幅编号。图幅大小为经差 1′52.5″、纬差 1′15″。

④1∶500、1∶1000、1∶2000 的地籍图可采用正方形分幅(50cm×50cm)或矩形分幅(40cm×50cm)。图幅编号按照图廓西南角坐标数编号，X 坐标在前，Y 坐标在后，中间用短横线连接。

4. 地籍图测绘方法

地籍图指分幅地籍图或称基本地籍图。现有的地形图测绘方法都可用于地籍图的测绘，测绘地籍图的方法有全野外数字测图、数字摄影测量成图和编绘法成图等。

(1)全野外数字测图

①全野外数字测图方法用于测绘 1∶500、1∶1000、1∶2000 比例尺地籍图。

地籍图绘制

②全野外数字测图的测量工具主要包括全站仪、钢尺和 GNSS 接收机等。这些工具应检定合格并在有效期内方能用于作业。

③解析界址点、明显地形要素主要采用极坐标法测量，符合 RTK(含 CORS)观测条件的也可采用 RTK 定位方法。

④其他方法观测困难或不能施测的地形要素可采用角度交会法、距离交会法、直角坐标法和截距法施测。

⑤如果有相同比例尺的工作底图，则在底图上详细标注地形要素测量点的编号、属性和点与点之间的连接方式。如果没有工作底图，则应现场绘制地形要素观测草图，观测草图宜选择适当的纸张并作为测量原始资料保留。

⑥根据工作底图、土地权属调查成果和现场观测草图，在计算机上采用数字测量软件绘制和编辑地籍图。地籍图的数据内容、数据质量、数据分层、要素代码等应符合数据库建设的要求。

(2)数字摄影测量成图

①当需要大范围测制地籍图时，可以采用数字摄影测量方法。数字摄影测量方法可用于所有比例尺地籍图的测绘。因界址点精度要求高，界址点坐标应采用解析法施测。

②将解析法测量的界址点坐标文件导入数字摄影测量系统，解析界址点与数字摄影测量的地物点实地为同一位置时，应以解析界址点坐标代替地物点坐标。根据工作底图、土地权属调查成果和地形要素调绘成果，绘制和编辑地籍图。地籍图的数据内容、数据质量、数据分层、要素代码等应符合数据库建设的要求。

(3)编绘法成图

①以工作底图为基础,采用全野外数字测量或数字摄影测量方法修补测地形要素。界址点坐标应采用解析法施测。

②在工作底图上根据宗地草图的丈量数据、解析界址点坐标和修补测的地形要素,按照地籍图的内容和表示方法进行编辑处理生成地籍图。地籍图的数据内容、数据质量、数据分层、要素代码应符合数据库建设的要求。

③以数字正射影像为基础,依据土地权属调查成果编绘地籍图。

5.不动产单元图的制作

不动产单元包括宗地图、宗海图、房产图。

(1)宗地图的编制

以地籍图为基础,利用地籍数据编绘宗地图,其比例尺和幅面应根据宗地的大小和形状确定,比例尺分母以整数百数为宜。宗地图内容及其表示方法如下。

①宗地代码、所在图幅号、宗地面积、地类号等,可不表示权利人的名称或姓名。

②本宗地界址点、界址点号、界址线、界址边长、门牌号码,其中门牌号码标注在宗地的大门处。

③以幢为单位的房屋要素,包括房屋的幢号、建筑结构、总层数等。其中幢号可用(1)、(2)、(3)、…表示,也可用(0001)、(0002)、(0003)、…表示,幢号标注在房屋轮廓线内的左下角。

④用加粗黑线表示建筑物区分所有权专有部分所在房屋的轮廓线。如果宗地内的建筑物,不存在区分所有权专有部分,则不表示。

⑤用地类界表示林木权属界线。在土地承包经营权宗地范围内用(1)、(2)、…、(N)表示林木所有权地块的编号,并标注在地块范围内的适当位置。

⑥宗地内的地类界线、构(建)筑物及宗地外紧靠界址点、界址线的定着物、邻宗地的宗地号及相邻宗地间的界址分隔线。

⑦房屋的挑廊、阳台、架空通廊等以栏杆外围投影为准,用虚线表示。

⑧相邻的道路、街巷等名称。

⑨指北方向、比例尺、界址测量方法、制图者、制图日期、审核者、审核日期等。

⑩地籍调查材料中的宗地上表示测绘单位的名称并加盖印章,不动产权证书附的宗地图上表示不动产登记机构的名称并加盖印章。

(2)宗海图的编制

宗海图包括宗海位置图和宗海界址图。宗海位置图用于反映宗海的地理位置;宗海界址图用于反映宗海的形状及界址点分布;当宗海位置图无法清晰反映各宗海间相对位置关系时,应增加反映同一用海项目内多宗宗海之间平面布置、位置关系的宗海平面布置图。宗海图的内容和编制方法按照现行《宗海图编绘规范》(HY/T 251)执行。

无居民海岛开发利用图包括用岛范围图、建筑物和设施布置图。用岛范围表示无居民海岛在海区中的位置及用岛范围在无居民海岛上的位置;建筑物和设施布置图表示用岛范围内建筑物和设施的分布。

(3)房产图的编制

以宗地图、宗海图(含无居民海岛开发利用图)为基础,以幢、层、套、间为单元,根据房屋权属调查和测量的结果绘制房产图。编制房产图,其方位应使房屋的主要边线与轮廓平行,按房屋的朝向横放或竖放,并在适当位置加绘指北方向;房产图的幅面可选用A3、A4、A5、B5等;以地籍图、宗地图、宗海图(含无居民海岛)等为基础编绘房产图时,可根据房屋的大小设计房产图的比例尺,比例尺分母以整百数为宜。

以幢为单元的房产图,如果各层不一样,则按层分别绘制;不同层的空间投影范围一样,可只绘制一层的平面图,并注记"××层相同";一张图纸上可绘制多层平面图。

房屋轮廓线、房屋边长、专有部分权属界线、四面墙体的归属、比例尺、指北针、绘图员、绘制日期、绘制单位等应按照相关规定绘制。

坐落、宗地号、户号、幢号、结构、所在层数、总层数、专有建筑面积等应标注在房产图框内。楼梯、走道等共有部位,需在范围内加简注名称及用途。

存在周邻关系的房屋权属界线,包括墙体及其归属的表示应按照相关规定绘制。房屋轮廓线、房屋所有权界线与土地使用权界线三者重合时,用土使用权界线表示。

可将调查的房屋单元(幢、层、套、间)空间范围内的左下角部位空间坐标(X、Y、H)作为房屋坐落的附加注释在房产图上(空间标识)。

6. 不动产索引图的编制

为便于检索和使用,地籍调查工作结束后,应以县(区)级行政区辖区为单位编制不动产索引图。

不动产索引图要表达本调查区内地籍区、地籍子区以及大比例尺测图区域的分区界线及其编号,主要道路、铁路、河流及和图幅分幅的关系。

不动产索引图在地籍图分幅结合表的基础上参照地籍图缩小编制而成。索引图的比例尺以一幅图能包含全调查区范围而定。

五、土地、海域(无居民海岛)面积计算

土地、海域面积计算包括县(区)级行政区面积、乡(街道)级行政区面积、行政村面积、地籍区面积、地籍子区面积、宗地面积、地类图斑面积、林木占地面积和宗海面积等。由于计算面积时所使用的数据来源不同,其面积所在的投影面也不同。如果边长、角度或者坐标是从图上量取的,采用坐标法、几何要素法计算的面积则为地籍图投影面上的水平面积;如果边长、角度是从实地量取的,采用几何要素法计算的面积则为地表水平面面积;如果坐标是采用解析法测量的,并且计算坐标的边长未进行投影改正,则计算的面积为地表水平面面积,否则为所选平面坐标系统投影面上的水平面积。

1. 面积计算方法

土地、海域(无居民海岛)面积计算是指土地、海域的水平投影面计算,可分为解析法和图解法;根据计算公式的不同,又可分为坐标法和几何要素法。

(1)解析法

解析法是根据直接在实地量测得到的有关数据,通过计算求得面积的一种方法。解析法面积量算包括坐标解析法和几何要素计算法。

(2)图解法

在一定比例尺的图上(地形图、地籍图或土地利用现状图),采用一定的仪器、工具和方法,量算的图上面积,然后换算成实地面积的方法称为图解法。

对城镇、村庄、独立工矿等区域的建设用地,宜采用解析坐标法计算宗地面积。

对于宅基地或分散、独立的建设用地,可采用解析坐标法计算土地面积;如果界址点坐标是图解法测量,则宜采用解析几何要素法计算土地面积。

对于海域(含无居民海岛)和耕地、林地、园地、草地、水域、滩涂等用地,以及集体所有的土地,既可选择解析法也可选择图解法计算面积。

图解法计算的宗地、宗海面积,应在宗地调查表或宗海调查表中的说明栏注明"本宗地、宗海面积为图解面积"。

2. 面积计算的要求

(1)图解法量算面积的精度要求

对于采用图解法计算面积的,均应独立进行两次量算,两次量算的较差在限差范围内取中数,两次量算的较差应满足下式:

$$\Delta P \leqslant 0.0003 \times M \times \sqrt{P}$$

式中,ΔP 为宗地面积中误差(m^2);M 为地籍图的比例尺分母;P 为计算面积(m^2)。

(2)面积的控制与检核

面积控制与计算的原则为"从整体到局部,层层控制,分级量算,块块检核"。进行面积控制与计算时,应进行"整体 = $\sum$部分"的面积逻辑检验。

采用图解法进行面积量算时,面积量算采用二级控制。首先以图幅理论面积为首级控制,图幅内各地籍子区(街坊)及其他区块面积之和与图幅理论面积之差不超过允许范围时,将闭合差按比例分配给各地籍子区及各区块,得出平差后的各地籍子区及各区块的面积。然后用平差后的各地籍子区及各区块的面积去控制地籍子区内丈量的各宗地面积,其相对误差在允许范围内将闭合差按比例分配给各宗地,得出平差后的宗地面积。采用实测数据解析法测算的宗地面积,只参加闭合差计算,不参加闭合差的配赋。

县(区)级行政区域的面积与内含地籍区的面积之和相等;县(区)级行政区域面积与内含乡(镇、街道办事处)的面积之和相等;地籍区面积与内含地籍子区面积之和相等;乡(镇、街道办事处)的面积与内含行政村、居委会、街坊的面积之和相等;集体土地所有权宗地与内含地类图斑面积之和相等;宗海面积与宗海内部各单元的面积之和相等。

3. 面积汇总统计

面积计算完成之后,要对面积计算的有关资料加以整理、汇总。面积计算与汇总的结果均以表格的形式提供,报表的类型包括:

(1)界址点成果表。内容包括界址点号、坐标。输出范围为宗地、地籍子区。

(2)宗地面积计算表。内容包括界址点号、坐标、边长,以及宗地的建筑物占地面积、建筑面积、建筑密度和建筑容积率,输出范围为宗地、地籍子区。

(3)宗地面积汇总表。内容包括地籍号、地类代码、面积,输出范围为地籍子区、地籍区。

(4)地类面积统计表。内容包括输出范围内按土地利用现状分类统计的各类面积及汇总结果,输出范围为地籍子区、地籍区、区(县)、市。

4. 房屋建筑面积与占地面积计算

(1)房屋建筑面积计算

房屋建筑面积计算包括专有建筑面积和共有建筑面积。应采用解析几何要素法计算,形状不规则或直接丈量有困难的层,可实测房屋层特征点坐标,采用坐标法计算层建筑面积,实测房角点坐标的误差应满足表17-13之规定。在宗地范围内,房屋建筑面积计算项目如下:

①以幢为单位的面积计算项目有幢建筑面积、幢专有建筑面积和幢共有建筑面积。幢建筑面积等于各层建筑面积之和;幢建筑面积等于幢专有建筑面积幢共有建筑面之和,幢专有建筑面积等于层专有建筑面积之和,幢共有建筑面积等于层共有建筑面积之和。

②以层为基本单元的面积计算项目有层建筑面积、层不同功能部位的建筑面积、层专有建筑面积和层共有建筑面积。层建筑面积等于层专有建筑面积与层共有建筑面积之和。

③成套住宅,以套为单元计算套专有建筑面积(含套内使用面积、套内墙体面积、套内阳台面积)。

④商业、办公及其他商品房,以间为单元计算间专有建筑面积。

⑤宗地内的面积计算项目有总建筑面积、专有总建筑面积、共有总建筑面积等。总建筑面积等于幢建筑面积之和;总建筑面积等于专有总建筑面积与共有总建筑面积之和。

各级房屋建筑面积计算精度要素表 表17-13

房屋面积的精度等级	限差(ΔS)	中误差
一	$0.02\sqrt{S}+0.0006S$	$0.01\sqrt{S}+0.0003S$
二	$0.04\sqrt{S}+0.002S$	$0.02\sqrt{S}+0.001S$
三	$0.08\sqrt{S}+0.006S$	$0.04\sqrt{S}+0.003S$

注:1. ΔS 为两组独立计算面积的限差,单位为 m^2;S 为实量房屋面积,单位为 m^2。

2. 农村宅基地上房屋面积可放宽到1.5倍。

房屋建筑面积按计算规则可按其量算范围分为全计算、半计算和不计算三种。

全计算的房屋建筑面积范围包括:

①永久性结构的单层房屋,按一层计算建筑面积;多层房屋按各层建筑面积的总和计算。

②房屋内的夹层、插层、技术层及其楼梯间、电梯间等其高度在2.20m上部位计算建筑面积。

③穿过房屋的通道,房屋内的门厅、大厅,均按一层计算面积;门厅、大厅内的回廊部分,层高在2.20m以上的,按其水平投影面积计算。

④楼梯间、电梯(观光梯)井、提物井、垃圾道、管道井等均按房屋自然层计算面积。

⑤房屋天面上,属永久性建筑,层高在2.20m以上的楼梯间、水箱间、电梯机房及斜面结构屋顶高度在2.20m以上的部位,按其外围水平投影面积计算。

⑥挑梯、全封闭的阳台按其外围水平投影面积计算。

⑦属永久性结构有上盖的室外楼梯,按各层水平投影面积计算。

⑧与房屋相连的有柱走廊,两房屋间有上盖和柱的走廊,均按其柱的外围水平投影面积计算。

⑨房屋间永久性的封闭的架空通廊,按外围水平投影面积计算。

⑩地下室、半地下室及其相应出入口,层高在2.20m以上的,按其外墙(不包括采光井、防

潮层及保护墙)外围水平投影面积计算。

⑪有柱或在围护结构的门廊、门斗,按其柱或围护结构的外围水平投影面积计算。

⑫玻璃幕墙等作为房屋外墙的,按其外围水平投影面积计算。

⑬属永久性建筑有柱的车棚、货棚等按柱的外围水平投影面积计算。

⑭依坡地建筑的房屋,利用吊脚做架空层,有围护结构的,按其高度在2.20m以上部位的外围水平面积计算。

⑮有伸缩缝的房屋,若其与室内相通的,伸缩缝计算建筑面积。

半计算的房屋建筑面积范围包括:

①与房屋相连有上盖无柱的走廊、檐廊,按其围护结构外围水平投影面积的一半计算。

②独立柱、单排柱的门廊、车棚、货棚等属永久性建筑的,按其上盖水平投影面积的一半计算。

③未封闭的阳台、挑廊,按其围护结构外围水平投影面积的一半计算。

④无顶盖的室外楼梯按各层水平投影面积的一半计算。

⑤有顶盖不封闭的永久性的架空通廊,按外围水平投影面积的一半计算。

不计算的房屋建筑面积范围包括:

①层高小于2.20m以下的夹层、插层、技术层和层高小于2.20m的地下室和半地下室。

②突出房屋墙面的构件、配件、装饰柱、装饰性的玻璃幕墙、勒脚、台阶、无柱雨篷等。

③房屋之间无上盖的架空通廊。

④房屋的天面、挑台、天面上的花园、泳池。

⑤建筑物内的操作平台、上料平台及利用建筑物的空间安置箱、罐的平台。

⑥骑楼、过街楼的底层用作道路街巷通行的部分。

⑦利用引桥、高架路、高架桥、路面作为顶盖建造的房屋。

⑧活动房屋、临时房屋、简易房屋。

⑨独立烟囱、亭、塔、罐、池、地下人防干线和支线。

⑩与房屋室内不相通的房屋间伸缩缝。

(2)成套房屋建筑面积计算

成套房屋的专有部分建筑面积由套内房屋使用面积、套内墙体面积、套内阳台建筑面积三部分组成。

套内房屋使用面积为套内卧室、起居室、过厅、过道、厨房、卫生间、厕所、贮藏室、壁柜等空间面积的总和;套内楼梯按自然层数的面积总和计入使用面积;不包括在结构面积内的套内烟囱、通风道、管道井均计入使用面积;内墙面装饰厚度计入使用面积。

套内墙体面积是套内使用空间周围的围护或承重墙体或其他承重支撑体所占的面积,其中各套之间的分隔墙和套与公共建筑空间的分隔墙以及外墙(包括山墙)等共有墙,均按水平投影面积的1/2计入套内墙体面积。套内自有墙体按水平投影面积全部计入套内墙体面积。

套内阳台建筑面积均按阳台外围与房屋外墙之间的水平投影面积计算。其中封闭的阳台按水平投影面积全部计算建筑面积,未封闭的阳台按水平投影面积的1/2计算建筑面积。

(3)共有建筑面积计算

共有共用面积的分摊计算包括共有共用建筑面积、房屋占地面积、共用院落面积的分摊计算。

以上面积如果有权属分割文件或协议的,应按其文件或协议规定计算;无权属分割文件或协议的,可按相关面积比例进行分摊计算,计算公式如下:

$$\Delta S_i = K \times S_i$$

$$K = \frac{\sum \Delta S_i}{\sum S_i}$$

式中,K 为面积的分摊系数;S_i为各单元参加分摊的建筑面积;ΔS_i为各单元参加分摊所得的分摊面积;$\sum \Delta S_i$ 为需要分摊的分摊面积总和;$\sum S_i$ 为参加分摊的各单元建筑面积总和。

(4)建筑占地面积计算

应以幢为单元,采用解析几何要素法计算房屋的建筑占地面积;形状不规则或直接丈量边长有困难的房屋占地范围,可实测房角点坐标,采用坐标法计算房屋的建筑占地面积;当宗地界址与房屋建筑占地范围完全重合时,则房屋建筑占地面积等于宗地面积,不再采用几何要素法计算。

第五节 自然资源地籍调查

自然资源地籍调查主要查清各类自然资源的权属状况、自然状况及公共管制情况,界定各类自然资源资产的产权主体,划清全民所有和集体所有之间的边界,全民所有、不同层级政府行使所有权的边界,不同集体所有者的边界,不同类型自然资源的边界。

一、数据基础和调查精度

1.数据基础

坐标系统采用2000国家大地坐标系(CGCS2000),投影方法选用高斯三度带投影,高程基准采用1985国家高程基准,比例尺应不低于1∶1万。

2.精度要求

图解法获取界址点坐标和界址边长时,相邻界址点的间距误差不大于图上0.3mm,图上允许误差0.6mm;界址点相对于临近控制点的点位误差不大于图上0.3mm,图上允许误差0.6mm;界址点相对于邻近地物点的间距误差不大于图上0.3mm,图上允许误差0.6mm。

解析法获取界址点坐标和界址边长时,界址点相对于临近控制点的点位误差和相邻界址点间的间距误差不大于0.10m,允许误差不大于0.20m。

二、自然资源登记单元划定与编码

1.基本原则

(1)坚持资源公有、物权法定

坚持自然资源社会主义公有制,即自然资源属于国家所有或集体所有,以自然资源所有权范围为基础划定,并与已登记的不动产物权边界做好衔接。不同行使主体的自然资源或生态空间,应分别划定登记单元。

(2)坚持集中连片,保持生态功能完整性

按照不同自然资源种类和在生态、经济、国防等方面的重要程度以及相对完整的生态功能、集中连片等因素划定。

(3)坚持应划尽划、不重不漏

全部国土空间的国有自然资源以及自然保护地等自然生态空间内涉及的集体所有自然资源,符合自然资源登记单元条件的,均应划为自然资源登记单元,做到应划尽划、没有遗漏。自然资源登记单元范围相重叠的,应按照优先顺序划定,防止重叠。

2. 登记单元类型

(1)海域登记单元

登记单元内的海域全部为国家所有。

(2)无居民海岛登记单元

登记单元内自然资源全部为国家所有。

(3)自然保护地登记单元

自然保护地登记单元包括国家公园、自然保护区、自然公园登记单元等。登记单元内一般包含多种类型、多种所有权形式的自然资源。

(4)水流登记单元

登记单元内可能会包括多种所有权形式,以国家所有为主。

(5)国务院确定的重点国有林区登记单元

登记单元内可能包括多种类型的自然资源,或包含自然保护区、自然公园自然保护地的,全部森林资源均为中央政府直接行使所有权。

(6)湿地、森林、草原、荒地等自然资源登记单元

登记单元内自然资源以国家所有为主。

(7)探明储量的矿产资源登记单元

包括资源储量类型333以上的固体矿产资源储量和油气(含石油、天然气、页岩气、煤层气)、地热、矿泉水的探明储量。登记单元内矿产资源全部为国家所有。

3. 登记单元划定的顺序

自然资源登记单元宜按照以下顺序划定:

(1)海域和无居民海岛登记单元;

(2)国家公园登记单元;

(3)国务院确定的重点国有林区登记单元;

(4)除国家公园以外的其他类型自然保护地登记单元;

(5)水流登记单元;

(6)湿地、森林、草原、荒地等单项国有自然资源登记单元;

(7)探明储量的矿产资源登记单元。

同一个登记单元内的国有自然资源,只能包含一个所有权直接行使主体或代理行使主体。在登记单元内,仍然要保留各类所有权权属界线、地类图斑线、行政区界线。

4. 自然资源登记单元编码

按照每个自然资源登记单元应具有唯一性的要求,依据《信息分类和编码的基本原则与

方法》(GB/T 7027—2002)规定的信息分类和编码的基本原则与方法。自然资源登记单元采用三层15位层次码结构,代码含义与代码值见表17-14,代码结构如图17-5所示。

自然资源登记单元代码层次表 表17-14

层级	第一层	第二层		第三层
代码含义	登记单元所在行政区域代码	自然资源特征码		登记单元顺序号
		首次登记机构级别代码	自然资源登记单元类型代码	
代码值	000001~999999	1~4	00~99	000001~999999

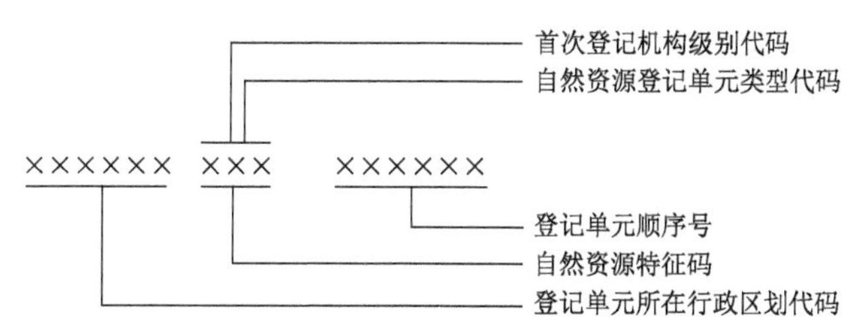

图17-5 自然资源登记单元代码结构图

首次登记机构级别代码,码长为1位,码值为1~4,代码值及含义见表17-15。

首次登记机构级别代码表 表17-15

编码	登记机构级别	编码	登记机构级别
1	国家级	3	市级
2	省级	4	县级

自然资源登记单元类型代码,码长2位,码值为00~99,代码值及含义见表17-16。

自然资源登记单元类型代码表 表17-16

一级类		二级类	
编码	名称	编码	名称
00	海域		
10	无居民海岛	11	领海基点所在海岛
		12	其他海岛
20	自然保护地	21	国家公园
		22	自然保护区
		23	自然公园
		24	其他自然保护地
30	水流	31	河流
		32	湖泊
		33	水库
		34	冰川及永久积雪

续上表

一级类		二级类	
编码	名称	编码	名称
40	国务院确定的重点国有林区		
50	湿地		
60	森林		
70	草原		
80	荒地		
90	探明储量的矿产资源		

三、自然资源权属调查

自然资源权属调查主要采用“内业为主、外业为辅”的内外业相结合的方式开展,并将调查成果填写到地籍调查初表相应部分。

权属调查包括权属状况调查和界址调查。

1. 权属状况调查

(1)登记单元的基本状况调查,包括自然资源登记单元号、登记单元名称、坐落、四至等。

(2)登记单元权属状况调查,包括自然资源所有权主体、所有权代表行使主体、所有权权利行使方式。其中,直接行使的,调查行使内容;代理行使的,调查代理行使主体和代理行使内容。

(3)登记单元内所有权状况调查,包括登记单元内集体土地所有权宗地的权利人、权利性质、空间范围等权属状况,以及权属争议界线等。

(4)登记单元内相关不动产权利及许可信息调查,包括不动产单元号、不动产权利类型、登记时间、登记机构等,以及登记单元内相关许可信息,主要包括取水许可证号、取水权人、取水地点、取水量、有效期限;勘查/采矿许可证号、探矿/采矿权人、地址、开采矿种、勘查/矿区面积、有效期限、发证机关等。

调查过程中,无法确认或存在疑义的内容,在调查记事表中填写情况说明及建议,必要时应附由权利人提供的相关证明材料的复印件。

2. 界址调查

界址调查是指对自然资源登记单元界线开展的调查工作。界址调查包括指界、界标设置等工作。

(1)对登记单元界线来源资料合法,界址明确,可利用已有资料填写地籍调查初表,原登记单元界线来源资料复印件作为地籍调查初表的附件。

(2)对因工作底图比例尺或精度原因造成登记单元界线与实际位置偏差时,不需要进行界址调查,在调查记事表中说明,并提出调整建议。

(3)除上述情况以外,因自然资源登记单元界线来源资料缺失、不完整等原因,内业无法确定的界址点和界址线,以及存在可能影响界址线走向、容易引起纠纷等情形的重要界址点,确需开展界址调查的,参照现行《地籍调查规程》(GB/T 42547)相关规定执行。

四、自然状况和公共管制调查

1. 自然状况调查内容和方法

(1)水流调查

①依据全国国土调查成果数据,获取水流类型、水面面积、包含图斑数量等数据(参照第三次全国国土调查工作分类中的“1101 河流水面”“1102 湖泊水面”“1103 水库水面”“1110 冰川及永久积雪”)。

②依据全国水利普查、水资源调查评价等水流专项调查成果数据和中国水资源公报,查清水流名称、河流起讫点、河流长度、河道等级、多年平均径流量、水质、年初蓄水量等信息。

(2)湿地调查

①依据全国国土调查成果数据,获取湿地类型、面积、包含图斑数量等数据(参照第三次全国国土调查工作分类中的“00 地”)。

②依据全国湿地资源调查等湿地专项调查成果数据,查清植被类型、植被面积、主要优势植物种、国家及省级重点保护的主要湿地鸟类、水质类别、水源补给状况等信息。

(3)森林调查

①依据全国国土调查成果数据,获取森林类型、面积、包含图斑数量等,数据(参照第三次全国国土调查工作分类中的“0301 乔木林地”“0302 竹林地”“0305 灌木林地”“0307 其他林地”)。

②依据森林资源规划设计调查等森林专项调查成果数据,查清主导功能、主要树种、林种、总蓄积量等信息。

(4)草原调查

①依据全国国土调查成果数据,获取草地类型、面积、包含图斑数量等数据(参照第三次全国国土调查工作分类中的“0401 天然牧草地”“0403 人工牧草地”“0404 其他草地”)。

②依据草原专项调查成果数据,查清草原类型、草原质量等级等信息。

(5)荒地调查

依据全国国土调查成果数据,获取荒地类型、面积、包含图斑数量等数据(参照第三次全国国土调查工作分类中的“1205 沙地”“1206 裸土地”“1207 裸岩石砾地”)。

(6)海域调查

①依据海洋调查专项、沿海省级人民政府批准的最新海岸线修测成果、国务院批准的省县两级海域行政区域界线勘定成果、我国领海的外部界限、海域使用金征收标准等成果数据,获取海域面积、海域等别、大陆海岸线长度、有居民海岛海岸线长度等数据。

②结合全国国土调查成果数据、全国湿地资源调查等湿地专项调查成果数据、自然保护地审批数据,以及矿产资源专项调查成果数据等获取海域登记单元内的自然保护地、湿地以及探明储量的矿产资源数据。

(7)无居民海岛

依据全国国土调查、自然资源专项调查、海域海岛地名普查、无居民海岛使用金征收标准等成果数据,获取海岛名称、海岛类型、海岛高程(最高点)植被覆盖情况、岸线长度等数据。结合海岛所属区域的自然保护地信息,获取其是否为自然保护地内海岛,获取该自然保护地名称及类型等数据。

(8)探明储量的矿产资源

依据矿产资源专项调查成果数据,查清资源类型、区块编号、矿区地址、储量估算基准日、矿区/油气田总面积、储量估算范围面积、矿产组合、固体矿产的推断资源量、控制资源量、探明资源量和油气(含石油、天然气、页岩气、煤层气)的探明地质储量、主要组分、平均品位等。

2. 公共管制调查

通过将国土空间规划明确的用途管制范围、生态保护红线、特殊保护区范围线等管理管制成果套合登记单元边界,获取登记单元内相关管理管制信息,包括区块编号、面积、用途管制和特殊保护要求等内容、划定/设定时间、设置单位等,查清登记单元内用途管制状况、生态保护红线情况、特殊保护规定情况。

五、调查成果核实

按照《自然资源统一确权登记暂行办法》(自然资发〔2019〕116号)的要求,充分利用不动产登记、自然保护地管理或保护审批,以及国土调查和专项调查等成果,采用内外业结合的方式,对地籍调查初步成果开展核实工作。核实内容包括:自然资源登记单元界线,登记单元内所有权界线、相关权利和许可信息、不同类型自然资源之间的边界、公共管制信息,以及调查记事表中记载的疑问或问题。

1. 登记单元界线核实

(1)对于国家公园、自然保护区、自然公园等各类自然保护地,核实调查成果中登记单元界线是否按照整合优化后的自然保护地审批范围界线确定;无优化整合审批范围界线的,是否按照自然保护地最大的管理或保护审批范围界线划定。

(2)对于水流登记单元,核实调查成果中的登记单元界线是否依据全国国土调查和水资源专项调查成果,以河流、湖泊管理范围为基础,结合堤防、水域岸线划定。

(3)对于湿地登记单元,核实调查成果中的登记单元界线与全国国土调查成果和湿地专项调查成果的湿地资源类型界线是否一致。

(4)对于森林、草原、荒地等自然资源登记单元,核实调查成果中登记单元界线是否完整包括森林、草原、荒地等自然资源,是否以全民所有为主划定。

(5)对于海域登记单元,核实调查成果中的登记单元界线与省级人民政府批准的最新海岸线修测成果、国务院批准的省县两级海域行政区域界线以及领海外部界限是否一致。

(6)对于无居民海岛登记单元,核实调查成果中的登记单元界线与全国海域海岛地名普查成果是否一致。

(7)对于探明储量的矿产资源登记单元,核实调查成果中的登记单元界线与储量数据库导出的矿区范围、储量评审备案文件确定的矿产资源储量估算范围、国家出资探明矿产地清理结果认定的矿产地范围是否一致。

2. 登记单元内权属状况核实

(1)核实登记单元内所有权界线是否与集体土地所有权登记成果一致。原则上,集体土地所有权登记的权属界线不得调整,确属征地等原因导致所有权发生变化,或确有错误的除外(如河流、重点国有林区等划入集体的)。

(2)核实登记单元内相关权利和许可信息关联是否正确。对登记单元内国有土地、海域上的不动产登记,取水许可、排污许可、勘查和采矿许可等信息进行核实。

3. 自然资源类型和公共管制情况核实

由于自然资源类型和公共管制信息为自动关联和提取信息,原则上不对两类信息进行内外业核实,信息漏提或错提情况除外。

六、调查成果编制

调查成果编制包括地籍调查终表填写、界址点测量、地籍图编绘和登记单元图编绘。

1. 地籍调查终表填写

根据调查成果核实意见,对登记单元界线、登记单元内权属状况、自然资源类型和公共管制情况等进行修改完善,并填写地籍调查终表。

2. 界址点测量

登记单元界址点坐标主要采用图解法获取,确需实地解析测量的,宜采用基于 CORS 的 RTK 方法或极坐标法进行测量。

3. 地籍图编绘

自然资源地籍调查成果图件主要包括自然资源地籍图和自然资源登记单元图,编绘的技术要求参照现行《地籍调查规程》(GB/T 42547)相关规定执行。

(1)自然资源地籍调查图

自然资源地籍图的内容包括行政区划要素、地籍要素、数学要素和图廓要素。

行政区划要素主要指行政区界线和行政区名称,行政区划界线依据全国国土调查成果获取,地籍图上不注记行政区代码和邮政编码。

地籍要素包括自然资源登记单元界线和界址点,登记单元名称和登记单元号,土地所有权界线,已登记的国有土地使用权、海域使用权、无居民海岛使用权、取水权、排污权、采矿权、探矿权等信息,全民所有自然资源范围,地类图斑界线及地类编码,自然资源类型界线及编码、集体土地所有权权利人名称等;界址线与行政区界线相重合时,只表示行政区界线,同时在行政区界线上标注界址点,行政区界线在拐角处不得间断,应在转角处绘出点或线;自然资源登记单元界线与权属界线或自然资源类型界线重合时,只表示自然资源登记单元界线;权属界线与自然资源类型界线重合时,只表示权属界线;自然资源类型界线与地类图斑界线重合时,只表示自然资源类型界线;对于登记单元范围内的集体土地所有权,在集体土地所有权范围内注明集体土地所有权人名称,对集体土地范围内的用益物权不进行表示。集体土地所有权范围太小注记不下时,允许移注在空白处并以指示线标明;对于已登记的国有土地使用权、海域使用权、无居民海岛使用权,采用点状符号标识在宗地、宗海的中心位置;探矿权、采矿权,采用点状符号标识在勘查、采矿许可规定范围的中心位置;取水权、排污权、采用点状符号标识在取水地点、排污口的中心位置。

若登记单元被图幅分割,其相应的登记单元编号应分别在各图幅内按照规定注记,如分割的面积太小注记不下时,允许移注在空白处并以指示线标明;在自然资源登记单元内,以分式的形式标注自然资源登记单元名称及自然资源登记单元号,分母为自然资源登记单元号,分子为自然资源登记单元名称。自然资源登记单元面积太小注记不下时,允许移注在空白处并以指示线标明。

数学要素包括内外图廓线、内图廓点坐标、坐标格网线、控制点、比例尺、坐标系统、高程基准等。

图廓要素包括分幅索引、密级、图名、图号、制作单位、测图时间、测图方法、图式版本等。

(2)登记单元图编绘

以自然资源地籍图为基础,根据地籍调查成果,采用数字编绘法编绘自然资源登记单元图。编绘的技术要求参照现行《地籍调查规程》(GB/T 42547)相关规定执行,应根据登记单元的大小和形状确定合适的比例尺和幅面,比例尺的分母以整百数为宜,幅面大小不超过A0为宜。

自然资源登记单元图应包括登记单元名称、自然资源登记单元号、登记单元权利主体、登记机构级别、登记单元类型、登记单元面积;本登记单元的界址线、界址点及界址点号;集体土地所有权界线和权利人名称;已关联的国有土地使用权、海域使用权、无居民海岛使用权、取水权、排污许可、勘查和采矿许可信息(采用点状符号分别标识在不动产单元、取水地点、排污口、勘查和采矿许可规定范围的中心位置);全民所有自然资源的空间范围;自然资源类型界线及编码;指北方向和比例尺;与登记单元相邻的行政区名称;单元图的制图者、制图日期、审核者、审核日期、自然资源调查机构等。

对于面积较大或横跨多个县(区)级行政区的自然保护地、水流等自然资源登记单元,其登记单元图可适当缩小比例尺或分幅编制。

思考题与习题

1. 何谓地籍调查?它包括哪些主要内容?地籍调查如何分类?

2. 权属调查的主要情形包括哪些?权属调查的方法包含哪些?

3. 地籍平面控制网的基本精度要求如何?测定界址点有哪些常用的方法?地籍界址点的精度要求如何?

4. 房屋和构(建)筑物测量有何技术要求?房屋边长丈量精度如何估算?

5. 地籍图包含哪些内容?地籍图成图方法有哪些?

6. 图解法量算面积的精度要求有哪些?房屋面积计算精度要求有哪些?房产面积计算中,不计算建筑面积包含哪些情况?

7. 不动产单元代码结构是什么?

8. 自然资源登记单元的划定顺序是什么?自然状况调查内容和方法是什么?

9. 登记单元界线核实内容是什么?

第十八章

海洋测绘

【本章提要】

本章主要介绍海洋测绘的基本概念、内容、特点及精度要求，海洋定位测量方法，海洋水深测量方法，海底地形测量方法以及海洋工程测量方法等。

【学习要求】

通过本章的学习，应理解海洋测绘的基本概念、内容、特点及精度要求；掌握海洋定位测量方法、海洋水深测量方法、海底地形测量方法以及海洋工程测量方法，为服务于海洋科考、海洋资源调查与开发、海洋交通运输以及海洋工程建设等奠定基础。

第一节　概　　述

一、海洋测绘基本概念和特点

1. 海洋测绘的定义

一切海洋活动，无论是经济、军事还是科学研究，像海上交通、海洋地质调查和资源开发、海洋工程建设、海洋疆界勘定、海洋环境保护、海洋地壳和板块运动研究等，都需要海洋测绘提供不同种类的海洋地理信息要素、数据和基础图件。因此，可以说，海洋测绘在人类开发和利用海洋活动中扮演着“先头兵”的角色,是一项基础而又非常重要的工作。

海洋测绘是海洋测量和海图绘制的总称,其任务是对海洋及其邻近陆地和江河湖泊进行测量和调查,获取海洋基础地理信息,编制各种海图和航海资料,为航海、国防建设、海洋开发和海洋研究服务。

从广义的角度来讲,海洋测绘是一门对海洋表面及海底的形状和性质参数进行准确的测定和描述的科学。海洋表面及海底的形状和性质是与大陆以及海水的特性和动力学有关的,这些参数包括:水深、地质、地球物理、潮汐、海流、波浪和其他一些海水的物理特性。同时,海洋测绘的工作空间是在汪洋大海之中(海面、海底或海水中),工作场所一般是设置在船舶上,而工作场所与海底之间又隔着一层特殊的介质——海水,况且海水还在不断地运动着,因此,海洋测绘与陆地测绘之间虽有联系和相同之处,但海洋测绘也具有明显的特殊性。

2. 海洋测绘的研究对象

海洋测绘是测绘学的一个分支学科,它的研究对象是海洋。由于海洋是由各种要素组成的综合体,因此海洋测绘的对象可以分解成两大类:自然现象和人文现象。

自然现象是自然界客观存在的各种现象,如曲曲折折的海岸、起伏不平的海底、动荡不定的海水、风云多变的海洋上空,也就是海岸和海底地形、海洋水文和海洋气象。它们还可以分解成各种要素,如海岸和海底的地貌起伏形态、物质组成、地质构造、重力异常和地磁要素、礁石等天然地物,海水温度、盐度、密度、透明度、水色、波浪、海流,海空的气温、气压、风、云、降水,以及海洋资源状况等。

人文现象是指经过人工建设、人为设置或改造形成的现象,如岸边的港口设施(码头、船坞、防波堤等),海中的各种平台、航行标志(灯塔、灯船、浮标等),人为的各种沉物(沉船、水雷、飞机残骸等),捕鱼的网、栅,专门设置的港界、军事训练区、禁航区、行政界线(国界、省市界、领海线等),还有海洋生物养殖区。这些现象包含有海洋地理学、海洋地质学、海洋水文学和海洋气象学等学科的内容。

海洋测绘不仅要获取和显示自然现象和人文现象各自的位置、性质、形态,还应包括它们之间的相互关系和发展变化,如航道和礁石、灯塔的关系,海港建设的进展,海流、水温的季节变化等。海洋区域与陆地区域自然现象的重要区别在于海洋区域分布着时刻运动着的水体,这使海洋测绘方法与陆地测绘方法有明显的差别。

3. 海洋测绘的特点

海洋与陆地的最大差别是海地以上覆盖着一层动荡不定、深浅不同、所含各类生物和无机物质有很大区别的水体。由于这一水体的存在,使海洋测绘在内容、仪器、方法上有明显不同于陆地测绘的特点,水体使目前海洋测绘只能在海面航行或在海空飞行中进行工作,而难以在水下活动。在海洋水域没有居民地,也没有固定的道路网,除浅海区外,也没有植被。因此海洋测绘的内容主要是探测海底地貌和礁石、沉船等地物,而没有陆地那样的水系、居民地、道路网、植被等要素。此外,海洋地貌也比陆地貌简单得多,地貌单元巨大,很少有人类活动的痕迹。但这并不意味着海洋测绘比陆地测绘更简单容易,相反,海洋测绘在许多方面比陆地测绘更困难。

首先,水体具有吸收光线和在不同界面上产生光线折射及反射等效应,因此,陆地测绘中常用的光学仪器在海洋测绘中难以使用,航空摄影测量、卫星遥感测量的运用只局限在海水透明度很好的浅海域。海洋测深主要使用声学仪器,但超声波在海水中的传播速度随海水的物理性质(如海水盐度、温度和静水压力等)的变化而不同,这就增大了海洋测深的困难。其次,由于水体的阻隔,肉眼难以通视海底,加上传统的回声测深只能沿测线测深,测线间则是测量的空白区。海底地形的详测需要进行加密或采用全覆盖的多波束测深系统,这会大大增加测绘时间和经费。

综上所述,与陆地测绘相比,海洋测绘主要有以下特点。

(1)在海洋测量中船体的平面位置(平面坐标)和船体之下的深度(垂直坐标)是同步测定的,而陆地上所测定点的三维坐标是用不同的方法和仪器分别测定的。

(2)在海洋中设置控制点相当困难,即使是利用海岛或设置海底控制点,其相隔距离也是相当远的。因此,在海洋测绘中测量的作用距离远比陆地上测量的作用距离长得多,一般在陆地中测量的作用距离为5~30km,最长的也不超过50km。但海上测量的作用距离一般为50~500km,最长的达1000km以上。

(3)陆地上的测站点几乎是固定不动的。但海上的测站点是在不断运动过程中测定的,因此测量工作往往采取连续观测的工作方式,并随时要将这些观测结果换算成点位,而在陆地测量中,则无此必要。由于海上测站点处在动态中,所以其观测精度也低于陆地上的观测精度。

(4)由于作用距离的差别,陆地和海洋测量时所使用的传播信号也是不同的。在陆地测量中一般必须使用电磁波信号,且其传播速度不能简单地作匀速处理;而在海水中,则应采用声波作信号源,且声速受到海水温度、盐度和深度的影响。

(5)陆地上测定的是高程,即某点高出大地水准面的距离,而在海上测定的是海底某点低于大地水准面(可以近似地把海水面当作大地水准面)的距离。但由于所测定的水深经常受到潮汐、海流和温度的影响,因此为了提高测深精度,有必要对这些因素进行研究,并对水深的观测结果进行修正。

(6)陆地上的观测点往往通过多次重复测量,得到一组观测值,经平差后可得该组观测值的最或然值。但在海上,测量工作必须在不断运动着的海面上进行,因此就某点而言,无法进行重复观测。为了提高海洋测量的精度,往往在一条船上采用不同的仪器系统,或同一仪器系统的多台仪器进行测量,从而产生多余观测,进行平差以提高精度。另外,整个海洋测量工作是在动态的情况下进行的,所以必须把观测的时间当作另一维坐标来考虑,或者用同步观测的办法将它消除。

(7)海洋测绘采用的技术手段更加先进,主要表现为在继承传统测绘方法和手段的基础上,更突出现代“立体”海洋测绘的概念,即卫星定位技术、卫星遥感技术、机载激光测深技术、多波束测量技术、高精度测深侧扫声呐技术和基于AUV/ROV等水下载体的水下测绘技术和手段。

4. 海洋测绘的精度要求

定位测量是海洋测绘的各项工作的基础。因为其他一切观测值,只有与观测点的平面坐标联合考虑,才有实际价值。因此在讨论海洋测绘的精度要求时,主要考虑定位的精度要求。

海洋测绘通常采用两种精度指标来衡量定位精度,其一是相对精度(也称实测精度),它是一种内部符合精度,指的是对同一个点进行复原的可能程度。另一种是绝对精度(也称点位精度)指的是外部精度,其定义为确定的点相对于某一参考点或某一坐标系的可靠性。

各种学科对海洋测量提出的精度要求参见表18-1(表中N、E、H为方向)。该表中所列的数据是卡尔·林纳根据穆雷德和富巴雷德的统计得出,于1975年在委内瑞拉所举行的第一次专业会议上提出来的。在这些数字中,应引起注意的是,对于测定海底扩张(即近期地壳运动)提出三维坐标均应达到0.1m,而大地水准面在高程方面的测定精度也应达到0.1m,控制点的三维坐标均应达到1m的高精度要求。随着现代测量技术的发展,现有的技术完全可以满足这些精度要求。

各类海洋测量点位精度要求 表18-1

测量作用	测量精度(m)			点位精度(m)		
	±N	±E	±H	±N	±E	±H
控制点	1	1	1	10	10	5
实验网点	1	1	0.3	10	10	5
重力等位面	10	10	1	10	10	5
大地水准面	—	—	0.1	—	—	0.5
平均海水面	—	—	—	50~100	50~100	0.1
固定站浮标	10	10	—	10	10	10
漂移浮标	50~100	50~100	—	50~100	50~100	—
海底扩张	0.1	0.1	0.1	—	—	—
冰盖运动	1~5	1~5	—	—	—	—
探测、救护、打捞	1~10	1~10	—	20~100	20~100	—
地球物理测量	10~100	10~100	5	—	—	—
钻探	1~5	1~5	1~5	—	—	—
管线和电线敷设	1~10	1~10	—	—	—	—
疏浚	2~10	2~10	—	—	—	—
跟踪站	—	—	—	10	10	10

二、海洋测绘的任务和内容

由于海洋测绘的工作领域相当广阔,而服务的对象随着海洋开发事业的发展也日益增多,因此根据海洋测绘工作的不同目的和不同工作内容来讨论海洋测绘的分类。

1. 海洋测绘的任务

根据海洋测绘不同的工作目的,可把海洋测绘任务划分为科学性任务和实用性任务两大类。

(1)科学性任务

这一任务包括三大部分内容,一是为研究地球形状提供更多的数据资料。为此,要连续不断地测定海洋表面形态的变动情况,并进行分析研究,从而推断出和大地水准面的差距(海面地形);同时还要在广阔的海洋领域中进行重力场的测定工作,为研究地球形状和空间重力场结构提供广泛的、精确的观测数据。二是为研究海底地质的构造运动提供必要的资料。为此,要对海底地质构造的重点地段进行连续观测,以探明海底地壳运动的规律,同时为海洋地质工作者提供海底宏观的地形和地貌特征,以及在海洋地质调查时提供测绘保障。三是为海洋环境研究工作提供测绘保障。人类为进一步了解海洋,进而向海洋进军、开发利用海洋,在海洋中进行了大量的调查研究工作,如对海洋气候、海洋地质、海洋资源、海潮、海流以及海水的特性等进行的调查研究。这些工作都要依靠船舶提供工作场所,为了标明所有取样的地点,就必须知道船舶的位置,也就是说,所有取样点的三维坐标是由海洋测绘工作者提供的。

(2)实用性任务

海洋测绘的实用性任务主要指的是为各种不同的海洋开发工程提供它们所需要的海洋测绘服务工作,也可以把这部分任务称为海洋工程测绘。海洋工程测绘的服务对象主要有:海洋自然资源的勘探和离岸工程(也称近海工程);航运、救援与航道;近岸工程(包括陆上和水中);渔业捕捞;其他海底工程(包括海底电缆、管道工程等);海上划界和海域使用权管理等。

2. 海洋测绘的内容

根据工作内容的不同,可将海洋测绘分成物理海洋测绘和几何海洋测绘两类 9 种,如图 18-1 所示。物理海洋测绘测定海洋表面的地球引力场和磁场等物理要素,以海洋重力测量为主;几何海洋测绘测定海洋表面、海底及其相邻海岸的几何形状,以水深测量为主。在图 18-1 中,为完成某种特定任务所要进行的海洋测量工作用箭头联系起来表示。例如,海洋资源勘探需要进行 7 种不同内容的海洋测绘工作,就在箭头上标注“⑦”字,同样,阴影也表示某种海洋测绘工作可为哪些特定任务服务,如海洋定位测量就可为 9 种不同的任务服务。从这些阴影中可以看出海洋定位测量和水深测量是所有各种工作中使用最多的两种。海洋地理信息系统是数据管理工具,各项海洋测量工作都需要。在这里就每一种海洋测绘工作的主要内容介绍如下。

(1)海洋重力测量

对于研究地球形状、进行地球物理勘探,以及海底地壳的状态和运动情况的科学研究来说,重力资源是重要的基础资料。为此,必须进行海洋重力测量,即在海上测量重力加速度的工作。海洋重力测量的目的在于研究地球的形状和内部构造、勘测海洋矿产资源和为保证远程导弹发射提供海洋重力数据。

海洋重力测量可分为海底重力测量、航海重力测量和卫星重力测量。海底重力测量是将重力仪器用沉箱沉于海底,用遥控及遥测方法进行的测量。海底重力测量多用于浅海,其测量方法和所用仪器与陆地重力测量基本相同,但测量的精度比较高。海底重力测量必须解决遥控、遥测以及自动水平等一系列复杂问题,且速度很慢,所以,目前大量进行的是航海重力测量和卫星重力测量。航海重力测量是将仪器安置在船舶或潜水艇内进行的海洋重力测量,卫星重力测量则是利用人造卫星测量地球的重力场。与传统的重力测量不同,卫星重力测量并不是把重力仪安放在人造卫星上,而是利用人造卫星在地球重力场作用下对卫星轨道产生的摄动影响,进而精确反演地球重力场信息。

(2)海洋磁力测量

地磁是地球的一个重要物理特性,海洋磁力测量是测定海上地磁要素的工作,是研究地球物理现象、海洋资源勘探以及海底宏观地质构造的有力手段之一。海洋磁力测量是应用质子磁力仪在海上进行的,为了避免船体磁性的影响,常常是由船尾向后延伸 100 ~ 200m 的电缆在离开船体的情况下测量的。海洋磁力测量的主要目的在于寻找与石油、天然气有关的地质构造和研究海底的大地构造。此外,在海洋工程应用中,为查明施工障碍和危险物体,如沉船、管线、水雷等,也常进行磁力测量以发现磁性体。

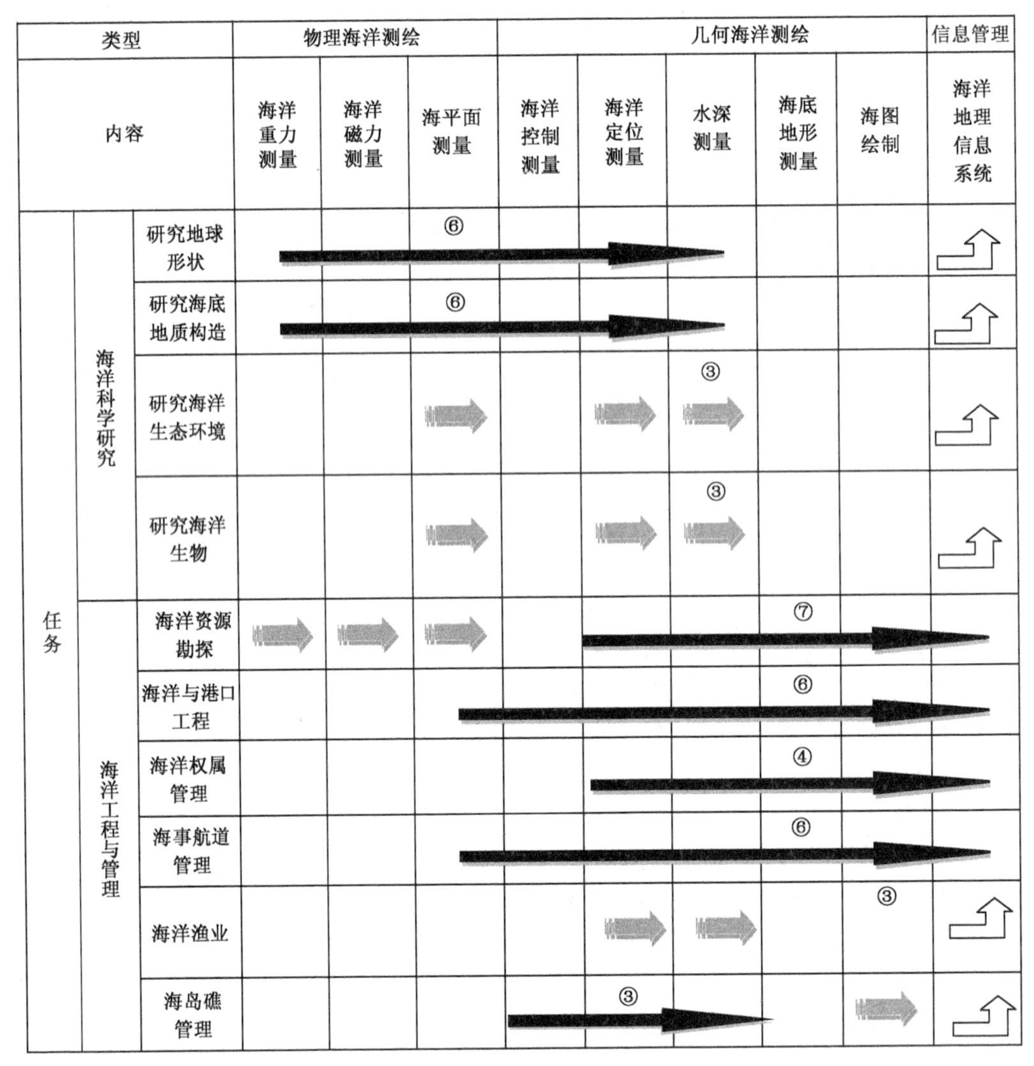

图 18-1　海洋测绘的任务和主要内容

(3)海平面测量

海平面的测量包括海面形态和平均海平面的测定。前者对海洋测量和海洋科学研究有着重要意义,而后者对大地测量有着重要意义。因为平均海水面的形状,就是地球等位面的形状,一般称为大地水准面。潮汐、风浪会影响海面的形状,如果把这些影响都消除的话,那么就可以认为海水表面是一个假设表面。

理论上,大地水准面和海面形态的假设面之间并不重合,在高程方面的差异可达 2m 左右,这将使沿海岸线进行的几何水准测量结果与长年观测的平均水位读数有所不同。同时,因为各国的测量高程系统是根据水位读数而得到的,所以在这些系统联系和组合时,就会产生变换问题。

根据海洋学理论,如果海水密度含盐量和海流已知,就能计算出大地水准面和海面形态的假设面之间的高差,然而实际结果同这些理论并不完全相同,如果这些高差已知,就可以由海面形态确定大地水准面,反之亦然。在当今的测量技术条件下,以全国范围来考虑这两个面之间的差异是不大的，甚至可以忽略不计。这样，海面形态就可当作是大地水准面的一个良好近似，反之亦然。

传统的验潮站办法也能测定海洋沿岸几个点的水位情况，而对整个海面形状的测定只有借助于卫星测高这一手段才能按所需要的精度加以测定。

(4)海洋控制测量

在沿岸和一些岛屿上安设必要的控制点，是建立海洋大地控制网的重要组成部分，而这些沿岸的控制点可以在国家控制网中选取或联测，但一些岛屿上的点大部分应以卫星测量的方法来进行测定。即使这样，由于整个海域无限广阔，为了控制点具有一定的密度，就不得不在海底设置控制点。由于这些控制点设置于海底，被海水所包围，无法使用光波和电波，所以一般使用 3 个或 4 个一组的应答器通过声学测距的方法来建立海底控制。但这一工作技术复杂、费用高昂，因此一些国家在经、纬度每隔 5°处才布设一点。随着现在定位技术的发展，海底控制点的间隔可进一步缩小。

(5)海洋定位测量

精确确定海洋表面、海水中和海底各种标志的位置称为海洋定位。定位必须预先建立控制点。控制点可以设置在海岸或利用卫星设置，也可以设置在海底。在海洋对航行中的船舶进行定位，是具有极大的普遍性和重要性的。另外船舶的定位也可运用惯性系统进行，对近岸船只也可根据岸上控制点用交会的方法进行定位，但用途最广的测量方式是卫星定位系统。

(6)水深测量

在船体上进行海底地形测量，主要问题是如何测出水体的深度。目前根据海水的物理特性，一般采用从船上发射声波，使其传递到海底再反射回来，在船上接收，以获得测量成果，这种仪器称为回声探测仪。它可以每秒测深数次，这样在船舶的航行过程中可以测出航线下海底地形剖面。为了提高航线的经济效益，有时也采用多波束数探测系统。

目前，在浅水海域中还用航空摄影测量的方法测定水深和用机载激光系统测定水深及卫星水深测量，其中航空摄影测量虽具有对测区 100% 的覆盖、减少了经费、节省了时间和沿海水域同陆地可以连接等优点，但由于摄影光束对水的穿透能力有限，该方法的使用范围目前仅限于深度小于 3m 的沿海浑浊水域，以及深度小于 25m 的清澈水域，其精度为 0.4m。机载激光系统仍然是一种光学方法，也受到对水的穿透能力的限制，它目前可测深度最大为 50m，目前我国有关单位已在渤海地区进行这一系统的试验工作。

(7)海底地形测量

海底地形测量是测量海底起伏形态和地物的工作，是陆地地形测量在海域的延伸，特点是测量内容多，精度要求高，能够详细显示海底、地物、地貌。按照测量区域可分为海岸带、大陆架和大洋三种海底地形测量。测量内容包括海底地貌、各种水下工程建筑、底质、沉积物厚度、沉船等人为障碍物、海洋生物分布区界和水文要素等。通常对海域进行全覆盖探测，确保详细测定测图比例尺所能显示的各种地物及微地貌，是为从事各种海上活动提供重要资料的海域基本测量。水下地形地貌测量已经发展为空间、海面以及水下的立体测量。

海底底质探测是对海底表面及浅层沉积物性质进行的测量。探测工作是使用专门的底质取样器具进行的，可以由挖泥机、蚌式取样机、底质取样管等实施。它们可在船只航行和停泊时采集海底不同深度的底质，也能采集大块碎屑沉积物、坚硬的岩石、液态底质等。目前，浅地层剖面仪已广泛的应用于该领域。

(8)海图绘制

海图是以海洋及其毗邻的陆地为描绘对象的地图,其描绘对象的主题是海洋,海图的主要要素为海岸、海底地貌、航行障碍物、助航标志、水文及各种界线。海图还包括为各种不同要素绘制的专题海图。海图是海洋区域的空间模型,海洋信息的载体和传输工具,是海洋地理环境特点的分析依据,在海洋开发和海洋科学研究等各个领域都有着重要的使用价值。

海图是通过海图编制完成的。海图编制是设计和制造海图、出版原图的工作,作业过程通常分为编辑准备、原图编绘和出版准备三个阶段。

编辑准备阶段是根据任务和要求确定制图区域的范围、数学基础,确定图的分幅、编号和图幅配置,研究制图区域的地理特点,分析、选择制图资料,确定海图的内容、选择指标与综合原则、表示方法并确定为原图编辑和出版准备工作的技术性指导文件。

原图编绘阶段是根据任务和编辑文件进行具体制作新图的过程,是海图制作的核心,主要包括:数字基础的展绘;制图资料的加工处理;当基本资料比例尺与编绘原图比例尺相差较大时,需作中间原图、资料转绘及转绘;各要素按综合原则、方法和指标进行内容的取舍和图形的概括(综合),并按照规定图例符号和色彩进行编绘;处理各种图面问题,包括资料拼接,与邻图接边、接幅、图面配置等。编绘方法按照海图内容的繁简、制图技术、设备条件而选定,有编稿法、连编带绘法、计算机编绘法等。为保证原图的质量,在正式编绘前作试编原图或草图。运用传统方法进行图形编绘后还需作清绘或刻绘原图的工作,及出版前的准备工作。

出版准备阶段的主要工作有:将编绘原图复制加工成符合图式、规范、编图作业方案和印刷要求的出版原图;制作供制板、印刷参考的分色样图和试印样图。随着制图技术的进步,原图编绘和出版准备工作可在电子计算机制图系统上完成。

(9)海洋地理信息系统

海洋地理信息系统(Marine Geographic Information System,MGIS)的研究对象包括海底、水体、海表面、大气及沿海人类活动5个层面,其数据标准、格式、精度、采样密度、分辨率及定位精度均有别于陆地。在MGIS发展过程中,对计算机应用软件的特殊需求为:能适应建立有效的数字化海洋空间数据库;使众多海洋资料能方便的转化为数字化海图;在海洋环境分析中可视化程度较高,除2D、3D功能以外,还能通过4D系统分析环境的时空变化和分布规律;能扩展海洋渔业应用系统和生物学与生态系统模拟;能增强水下和海底的探测能力,能改进对海洋环境综合分析的效果;能作为海洋产业建设和其他海事活动辅助决策的工具。

一般GIS处理分析的对象大多是空间状态或有限时刻的空间状态的比较,而MGIS主要强调对时空过程的分析和处理,这是MGIS区别于一般GIS的最大特点。

第二节　海洋定位测量

一、海洋定位概述

海洋定位测量是海洋测量中最基本的工作,一般包括海上定位测量和水下定位测量两部分。

海洋定位可根据离岸远近而采用不同的方法，目前常用的定位方法有以下五种。

(1)光学定位：经纬仪、六分仪、全站仪等。

(2)无线电定位：电磁波测距仪、双曲线方式定位、圆-圆方式定位。

(3)水声定位：水下声标和接收基阵组成的水声定位系统。

(4)卫星导航定位：北斗卫星导航系统、GPS 系统、GLONASS 系统、Galileo 系统等。

(5)组合(导航)定位：如 MX-200 组合导航系统、GIN 导航系统、GPS/GLONASS 多星接收机。

本节重点介绍卫星导航定位和水声定位技术。

二、卫星导航定位

1. 卫星导航定位系统的组成

一个典型的水深测量导航定位系统(图 18-2)，包括 GNSS 接收机、安装有导航定位软件的计算机、导航显示器、操作员使用的显示终端以及与测深仪连接的数据通信电缆，有时候，还需要一个专门的同步定标器。同步定标器的目的是控制测深仪的定标时间与 GNSS 的定位取样时间保持一致。

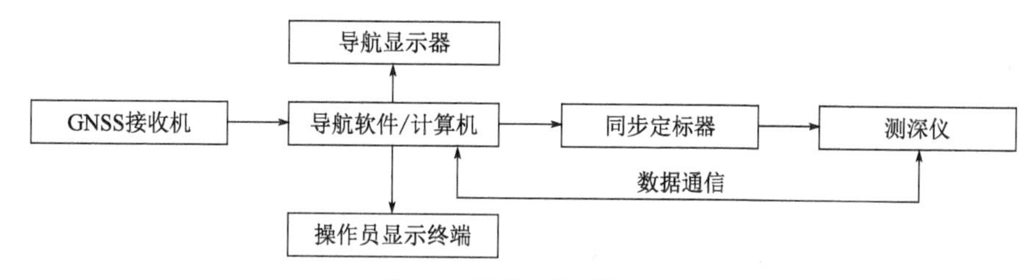

图 18-2　导航定位系统组成

导航定位软件应具有数据采集、质量控制以及导航定位信息显示等功能。导航定位信息显示应包括：测线和测量船的位置，导航信息与数据采集信息，以及供船驾驶的航向和偏航显示等(图 18-3)。

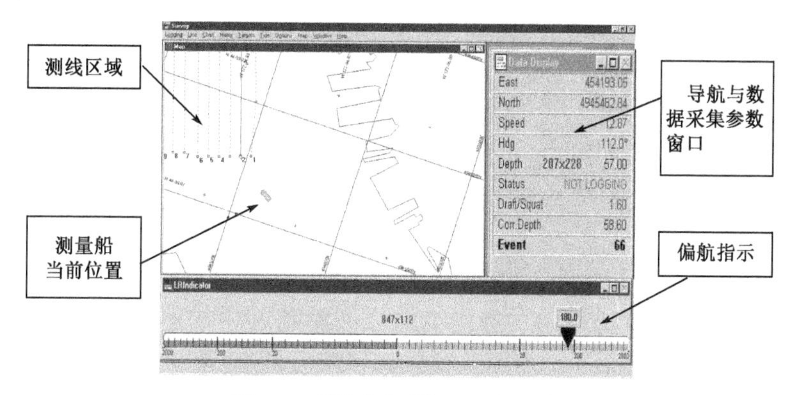

图 18-3　导航定位系统显示界面示例

2. 定位方式

除少数对定位精度要求较低的情况外，大部分必须采用差分定位的方式才能满足定位精度的要求。常用的 GNSS 定位方式有 DGNSS 定位、局域差分全球导航卫星系统(Local Area

Differential Global Navigation Satellite System, LADGNSS)定位、广域差分全球导航卫星系统(Wide Area Differential Global Navigation Satellite System, WADGNSS)定位、GNSS-RTK 定位等,介绍如下。

(1) DGNSS 定位

DGNSS 定位系统主要由基准台(也称基准站)的 GNSS 接收机、数据处理与传输设备以及移动台 GNSS 接收机组成,见图 18-4。DGNSS 定位需要在一个坐标已知点上设立 GNSS 接收机作为基准站,并和测量船上的 GNSS 接收机(移动台)同步观测不少于四颗的同一组卫星,求得该时刻的差分改正数。根据差分模式的不同,这些改正数可以是位置差分、伪距差分、相位平滑伪距差分、相位差分或者是它们的组合。通过通信数据链把这些改正数实时播发给测量船上的移动台或者事后传送给移动台,前者称为实时差分定位,后者称为后处理差分定位。移动台用所接收到的差分改正数对其 GNSS 定位数据进行修正,进而获得精确的定位结果。

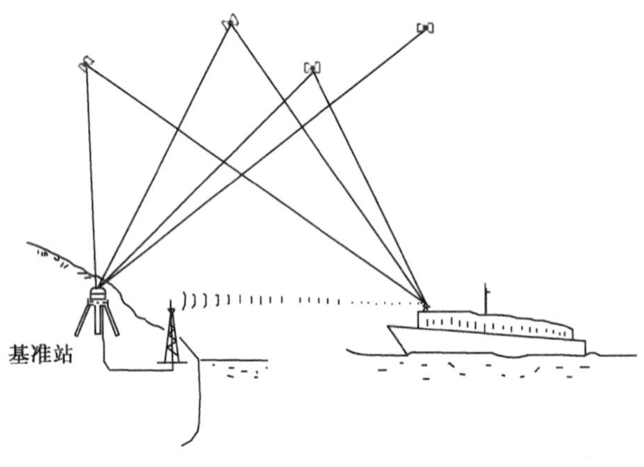

图 18-4 DGNSS 定位

(2) LADGNSS 定位

为了扩大差分导航定位系统的覆盖范围,在较大的区域内实现精密导航定位,可以通过布设多个基准站,以构成基准站网,形成一个区域性差分 GNSS 导航定位系统称为 LADGNSS。其中,沿海无线电信标差分全球导航卫星系统(Radio Beacon-Differential Global Navigation Satellite System, RBN-DGNSS)就是一个典型的 LADGNSS。该系统是利用无线电信标台站向移动台播发差分改正信息,移动台用此信息对其接收的 GNSS 定位信息进行实时修正,以确定其精确位置。目前 RBN-DGNSS 定位系统,可以覆盖近岸向海约 400km、向陆约 100km 的范围,定位精度约 2 ~ 5m。

(3) WADGNSS 定位

差分 GNSS 的定位精度随移动台与基准站之间距离的增加而降低,即使是多基准站的 LADGNSS 系统,虽然在其覆盖范围内定位精度比较均匀,但在覆盖区域的外围系统也难保证更高定位精度要求的测量工作。因此,在远离 LADGNSS 基准站的远海海域或广大内陆区域,为了获得高精度的导航定位,发展出来一种覆盖范围更广的差分 GNSS 定位系统,即广域差分全球导航卫星系统精密定位系统。该系统主要由监测站、主站、数据链和用户设备组成。一般的差分 GNSS 提供给用户的是一组伪距或坐标修正量,而广域差分 GNSS 提供给用户的修正量是每颗可见 GNSS 卫星的卫星星历和时钟偏差修正量,以及电离层延迟参数。在 WADGNSS

网覆盖的区域内,修正量的精度比较均匀,可达亚米级或更高的定位精度。

(4)GNSS-RTK 定位

利用 GNSS-RTK 定位技术可实现无水位观测的水下地形测量。如图 18-5 所示,h 为 GNSS 天线到吃水线的高度,Z_0 为测深仪换能器设定吃水,Z 为测量的水深值。Z_p 为绘图水深,H 为 RTK 测得的相对深度基准面的高程,则

$$Z_p = Z + Z_0 - (H - h) \tag{18-1}$$

式中,$H-h$ 为瞬时水面至深度基准面的高度,即水位值。当水面由于潮水或者波浪升高时,H 增大,相应地 Z 也增加相同的值,根据式(18-1)可知 Z_p 将保持不变。因此从理论上讲,GNSS-RTK 无验潮测深将消除波浪和潮位的影响,是一种较好的水深测量方法。

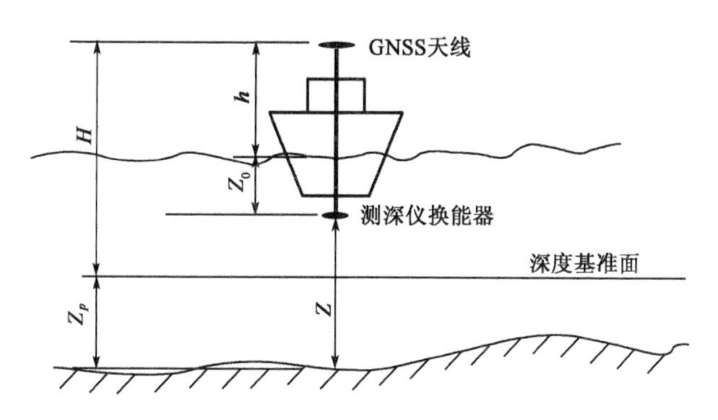

图 18-5　GNSS-RTK 无水位观测模式水深测量原理示意图

3. 数据获取与质量控制

在使用 GNSS 进行导航定位工作时,须采取下列措施,以保证导航定位的质量。

(1)初测前应在已知点上对 GNSS 接收机做检校和比对测量。比对时应将各项技术参数设置在与实际测深时相同的状态,比测时间一般在半小时以上。利用下式对比测结果的定位中误差进行估算:

$$M_{\mathrm{p}} = \sqrt{\frac{\sum_{i=1}^{n}(X_{\mathrm{p0}} - X_{\mathrm{p}i})^2 + \sum_{i=1}^{n}(Y_{\mathrm{p0}} - Y_{\mathrm{p}i})^2}{n-1}} \tag{18-2}$$

式中,M_{p} 为定位观测中误差;n 为比对观测值个数;X_{p0}、Y_{p0} 为已知点坐标值;$X_{\mathrm{p}i}$、$Y_{\mathrm{p}i}$ 为比对观测坐标值。

(2)当采用自设基准站 DGNSS 或 RTK-DGNSS 定位时,基准站应选在视野开阔,视场障碍物仰角小于 10°的地区;尽可能避开强磁和电信号干扰的物体和区域。当差分改正数的龄期大于 30s 时,应停止作业,直到查明原因恢复信号正常。

(3)用 GNSS 定位测量的坐标值应转换为工程项目要求的坐标值。

在获取定位数据时,通常采用等时或等距的方式与测深数据同步采集。当采用等距方式进行采集定位数据时,采集的定位数据密度视测图比例尺和项目的要求而定,一般为图上 1 ~2cm。采用多波束测量时,定位数据的采集密度与多波束系统的发射更新率有关,大部分系统要求每秒 1 次。此外,遇到下列情况时,应及时定位:进出一条测线时;发现特殊水深时;改变航向和其他突发的情况时。

三、水下声学定位

1. 水下声学定位原理

水下声学定位是在水底设置若干水下声标,首先利用一定的方法测定这些水下声标的相对位置,然后在测量确定船只相对陆上大地测量控制网位置的同时,确定船只相对水下声标的位置(图 18-6)。同步测量的处理结果,就可完成水下声标控制点相对陆上统一坐标系的联测工作。当一个待定船位的测量船通过发射设备向水中发射声脉冲询问信号时,水下声标接受该信号并发回应答信号(也可由水下声标主动发射信号),应答信号被测量船接收并经计算机处理,可以得到测量船的定位结果。

水声定位系统通常有测距和测向两种定位方式。

(1)测距定位方式。水声测距定位原理如图 18-7 所示,它由船只发射机通过安置于船底的换能器 M 向水下应答器 P(位置已知)发射声脉冲信号(询问信号),应答器接受该信号后即发回一个应答声脉冲信号。令声波在水中传播的速度为 C,船只接收机记录发射询问信号和接收机应答信号的时间间隔 t,通过式(18-3)即可算出船至水下应答器之间的距离 S:

$$S = \frac{1}{2}Ct \tag{18-3}$$

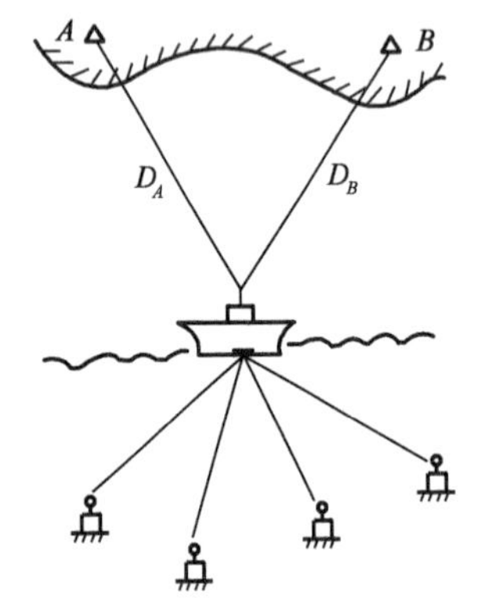

图 18-6 水下声学定位原理

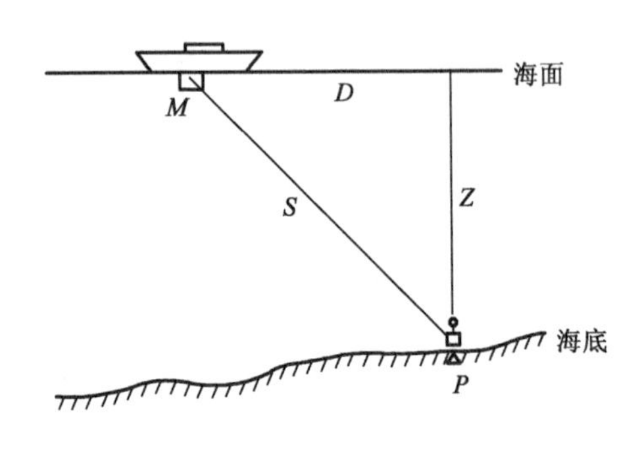

图 18-7 水声测距定位原理

由于应答器的深度 Z 已知,船台至应答器之间的水平距离 D 可按式(18-4)求出:

$$D = \sqrt{S^2 - Z^2} \tag{18-4}$$

当有两个水下应答器,则可获得两条距离,以双圆方式交会出船位。若对三个以上水下应答器进行测距,可采用最小二乘法求出船位的平差值。

(2)测向定位方式。测向定位方式工作原理如图 18-8 所示,船台上除安置换能器以外,还在船的两侧各安置一个水听器,即 a 和 b,p 为水下应答器。设 PM 方向与水听器 a、b 连线的夹角为 θ,a、b 之间的距离为 d,且 $aM = bM = d/2$。

首先换能器 M 发射询问信号,水下应答器 P 接收后,发射应答信号,水听器 a、b 和换能器 M 均可接收到应答信号,由于 a、b 间距离与 P、M 间距离相比甚小,故可视发射和接收的信号方向相互平行。但由于 a、M、b 距 P 的距离并不相等,若以 M 为中心,显然 a 收到的信号相比 M 的要超前,而 b 接收的信号相比 M 的要滞后。设 Δt 和 $\Delta t'$ 分别为 a 和 b 相位超前和滞后的时延,由图 18-8 可知,a、b 接收信号的相位 φ_a、φ_b 分别为

$$
\begin{cases}
\varphi_a = \omega \Delta t = -\dfrac{\pi d\cos\theta}{\lambda} \\
\varphi_b = \omega \Delta t' = \dfrac{\pi d\cos\theta}{\lambda}
\end{cases}
\tag{18-5}
$$

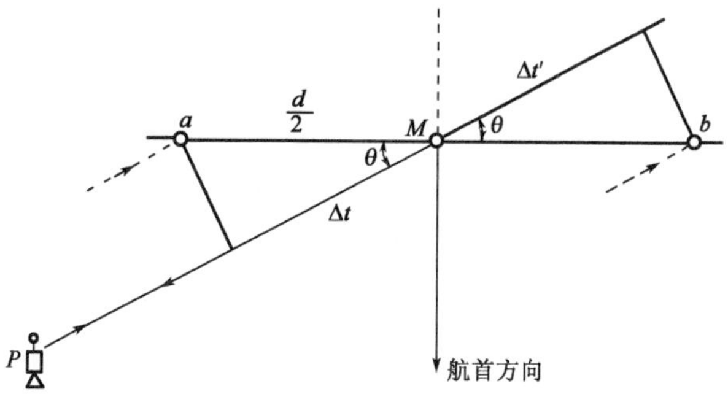

图 18-8 测向方向的工作原理

于是水听器 a 和 b 的相位差为

$$
\Delta\varphi = \varphi_b - \varphi_a = \frac{2\pi a\cos\theta}{\lambda} \tag{18-6}
$$

显然当 $\theta = 90°$ 时，a 和 b 的相位差为 0，这只有船首线在 P 的正上方才成立。所以只要在航行中使水听器 a 和 b 接收到的信号相位差为 0，就能引导船至水下应答器的正上方。这种定位方式在海底控制点（网）的布设以及诸如钻井平台的复位等作业中经常用到。

2. 水声定位系统

水声定位系统通常包括船台设备和水下设备。船台设备包括一台具有发射、接收和测距功能的控制、显示设备和置于船底或船后“拖鱼”内的换能器以及水听器阵。水下设备主要是声学应答器基阵，所谓基阵是固设于海底的位置已准确测定的一组应答器阵列。下面介绍系统中的这些船台设备和水下设备。

（1）换能器是一种声电转换器，能根据需要使声振荡和电振荡相互转换，为发射（或接收）信号服务，起着水声天线的作用。最常使用的是磁致伸缩换能器和电致伸缩换能器。磁致伸缩换能器的基本原理是当绕有线圈的镍棒（通电）在交变磁场作用下会产生形变或振动而产生声波，电能转换成声能；而磁化了的镍棒在声波作用下产生振动，从而使棒内的磁场也相应变化而产生电振荡，声能转变为电能。

（2）水听器本身不发射声信号，只能接收声信号。通过换能器将接收的声信号转变成电信号，输入船台或岸台的接收机中。

（3）应答器既能接收声信号，而且还能发射不同于所接收声信号频率的应答信号，是水声定位系统的主要水下设备，它也能作为海底控制点的照准标志（即水声声标）。

水声定位系统可采取许多不同的工作方式进行工作，如直接工作方式、中继工作方式、长基线工作方式、拖鱼工作方式、短基线工作方式、超短基线工作方式和双短基线工作方式等。不同的水声定位系统可以具有其中一种或多种工作方式。这里仅简单介绍三种最基本定位系统：长基线（Long Base Line，LBL）定位系统、短基线（Short Base Line，SBL）定位系统和超短基线（Ultra Short Base Line，USBL）定位系统。所谓长基线、短基线，通常用声基线的距离或激发的声学单元的距离来对声学定位系统进行分类。在短基线定位系统的基础上,进一步缩短水听器阵列的距离,则形成超短基线定位系统。各水声定位系统声基线的长度见表 18-2 所列。

水声定位系统分类 表 18-2

分类	声基线长度(m)
超短基线(USBL)	<1
短基线(SBL)	20~50
长基线(LBL)	100~6000

下面简要介绍三种水声定位系统的组成与工作原理。

(1)长基线水声定位系统

长基线水声定位系统包含两个部分,一部分是安装在船只上的收发器(Transducer);另一个部分是一系列已知位置的固定在海底上的声标或应答器,这些应答器之间的距离构成基线。由于基线长度在百米到几千米之间,相对超短基线和短基线,该基线被称为长基线。长基线水声定位系统是通过测量收发器和应答器之间的距离,采用测量中的前方或后方交会对目标实施定位,所以系统与深度无关,也不必安装姿态和电罗经设备,如图 18-9 所示。实际工作时,它既可利用一个应答器进行定位,也可同时利用两个、三个或更多应答器来进行测距定位。

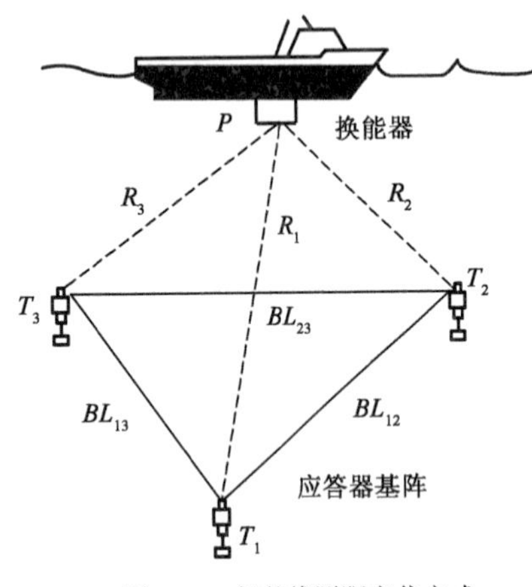

图 18-9 长基线测距定位方式

现以三个应答器为例介绍该种定位方式的计算方法。设(x_i, y_i, z_i)为水下应答器的坐标,(x_p, y_p, z_p)为测量船的坐标,S_i 为测量船至水下应答器的斜距,测量方程为

$$\begin{cases} S_1^2 = (x_p - x_1)^2 + (y_p - y_1)^2 + (z_p - z_1)^2 \\ S_2^2 = (x_p - x_2)^2 + (y_p - y_2)^2 + (z_p - z_2)^2 \\ S_3^2 = (x_p - x_3)^2 + (y_p - y_3)^2 + (z_p - z_3)^2 \end{cases} \tag{18-7}$$

设 $n_i = x_i^2 + y_i^2 + z_i^2 - S_i^2 - 2z_iz_p$,则有

$$\begin{cases} x_p = \dfrac{n_1(y_3 - y_2) + n_2(y_1 - y_3) + n_3(y_2 - y_1)}{2[x_1(y_3 - y_2) + x_2(y_1 - y_3) + x_3(y_2 - y_1)]} \\ y_p = \dfrac{n_1(x_3 - x_2) + n_2(x_1 - x_3) + n_3(x_2 - x_1)}{2[y_1(x_3 - x_2) + y_2(x_1 - x_3) + y_3(x_2 - x_1)]} \end{cases} \tag{18-8}$$

长基线系统的优点是独立于水深值,由于存在较多的多余观测值,因而可以得到非常高的相对定位精度。此外,长基线水声定位系统的换能器非常小,在实际作业中易于安装和拆卸。长基线水声定位系统的缺点是系统过于复杂、操作繁琐,布设数量巨大的声基阵需要较长的布设和回收时间,并且需要对这些海底声基阵进行详细的校准测量。另外,长基线水声定位系统设备比较昂贵。

(2)短基线水声定位系统

该系统的水下部分仅需要一个水声声标或应答器,而船上部分是安置于船底部的一个水听器基阵。换能器之间的相互关系精确测定,并组成声基阵坐标系。基阵坐标系与船坐标系的相互关系由常规测量方法确定。短基线系统的测量方式是由一个换能器发射,所有换能器接收,得到一个斜距观测值和不同于这个观测值的多个斜距值。系统根据基阵相对船坐标系的固定关系,结合外部传感器观测值,如 GNSS、运动传感器(Motion Reference Unit,MRU)、罗经(Gyro)提供的船位、姿态和船首向值,计算得到海底点的大地坐标。系统的工作方式是距离测量。

短基线工作原理如图 18-10 所示。图中 H_1、H_2 和 H_3 为水听器,O 为换能器(它也是船体空间直角坐标系的中心),水听器呈正交布设,H_1 和 H_2 之间的基线长度为 b_x,指向船首,即 X 轴方向。H_2 和 H_3 的基线长度为 b_y,平行于指向船右的 Y 轴,Z 轴指向海底。设声线与三个坐标轴之间的夹角分别为 θ_{mx}、θ_{my} 和 θ_{mz},而 Δt_1 和 Δt_2 分别为 H_1 和 H_2 以及 H_2 和 H_3 接收的声信号的时间差。短基线定位的几何意义如图 18-11 所示。

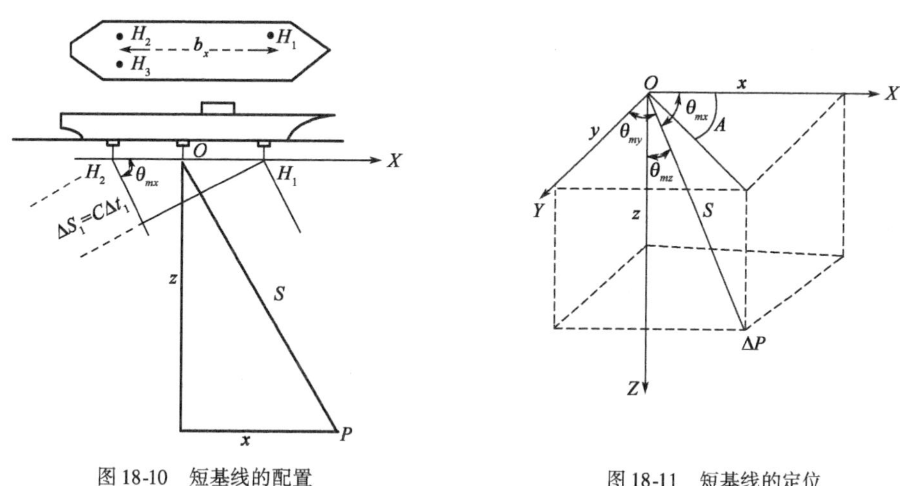

图 18-10 短基线的配置

图 18-11 短基线的定位

短基线定位既可按测向方式定位,称为方位-方位法,又可按测向-测距的混合方式定位,称为方位-距离法。

①方位-方位法。

$$x=\frac{\cos\theta_{mx}}{\cos\theta_{mz}}z,\ y=\frac{\cos\theta_{my}}{\cos\theta_{mz}}z \tag{18-9}$$

其中

$$\begin{cases}\cos\theta_{mx}=\dfrac{C\cdot\Delta t_1}{bx}=\dfrac{\lambda\Delta\varphi_x}{2\pi b_x}\\ \cos\theta_{my}=\dfrac{C\cdot\Delta t_2}{by}=\dfrac{\lambda\Delta\varphi_y}{2\pi b_y}\\ \cos\theta_{mz}=(1-\cos^2\theta_{mx}-\cos^2\theta_{my})^{\frac{1}{2}}\end{cases} \tag{18-10}$$

式中,z 为水听器阵中心与水下应答器间的垂直距离;$\Delta\varphi_x$、$\Delta\varphi_y$ 为 H_1 和 H_2、H_2 和 H_3 所接收的信号之间的相位差。

②方位-距离法。

由图18-11可得

$$
\begin{cases}
x = S \cdot \cos\theta_{mx} \\
y = S \cdot \cos\theta_{my} \\
z = S \cdot \cos\theta_{mz}
\end{cases}
\tag{18-11}
$$

短基线水声定位系统的优点是集成系统价格低廉、系统操作简单、换能器体积小,易于安装。短基线水声定位系统的缺点是深水测量要达到较高的精度,基线长度一般需要大于40m;系统安装时,换能器需在船坞上严格校准。

(3)超短基线水声定位系统

超短基线安装在一个收发器中组成声基阵,声单元之间的相互位置精确测定组成声基阵坐标系。声基阵坐标系与船体坐标系之间的关系要在安装时精确测定,即需测定相对船体坐标系的位置偏差和声基阵的安装偏差角度(横摇角、纵摇角和水平旋转角)。系统通过测定声单元的相位差来确定换能器到目标的方位(垂直和水平角度)。换能器与目标的距离通过测定声波传播的时间,再用声速剖面修正波束线确定。以上参数的测定中,垂直角和距离的测定受声速的影响较大,其中垂直角的测量尤为重要,直接影响定位精度。超短基线定位系统要确定目标的绝对位置,必须知道声基阵的位置、姿态以及船首向,这些参数可以有GNSS、运动传感器(MRU)和电罗经提供。系统的工作方式是距离和角度测量。

超短基线水声定位系统与短基线水声定位系统的区别仅在于船底的水听器阵,以彼此很短的距离(小于半个波长,仅几厘米),按直角等边三角形布设而安装在一个很小的壳体内,以方位-距离法定位。

超短基线水声定位系统的优点是集成系统价格低廉、操作简便容易,因实施中只需一个换能器,安装方便,定位精度高。超短基线的缺点是系统安装后的校准需要非常准确,而这往往难以达到,测量目标的绝对位置精度依赖于外围设备(电罗经、姿态和深度测量仪器)的精度。

第三节　水 深 测 量

水深测量(简称测深)是海洋测量最主要的内容之一。根据使用的测量工具不同,测深方法主要有人工测量和测深声呐测量两种,前者主要是指使用测深杆和测深锤来测量水深,后者是指用单波束或多波束测深声呐进行深度测量。此外,机载激光雷达测深仪(Airborne Lidar Bathymeter)从20世纪60年代末期开始用于水质透明度好的水域,测深深度可达50m。由于人工测深目前已基本不用,本节将重点介绍单波束声呐和多波束声呐测量方法。

一、单波束测深仪测量

1.回声测深原理

测深仪的型号虽多,但其测深的基本原理都是利用声波在同一介质中均匀传播的特性,如图18-12所示,换能器至水底的深度为

$$
H = \frac{1}{2}CT \tag{18-12}
$$

式中，C 为声波在水中传播的速度，设计时一般以 1500m/s 为标准声速；T 为声波在水中往返所需的时间。

测深仪工作原理如图 18-13 所示，在仪器的电源作用下，激发器输出一个电脉冲至换能器，将电脉冲转换为机械振动，并以超声波的形式向水底垂直发射。达到水底或遇到水中障碍物时，一部分声能被反射回来，经接收换能器接收后，将声能转变为微弱的电能。这个信号经接收放大后，使记录纸被敲击，留下一个黑点。每反射和接收一次，记录一个点，连续测深时，各记录点连接为一条曲线，这就是所测水深的模拟记录。现代的测深仪在定位的瞬时，不但可以在测深记录纸上打出定位线，而且可以打印测深的时间、测点号和所测水深。除了模拟记录外，数字式测深仪还可将模拟信号转换成数字信号，同时记录所测点的水深值。

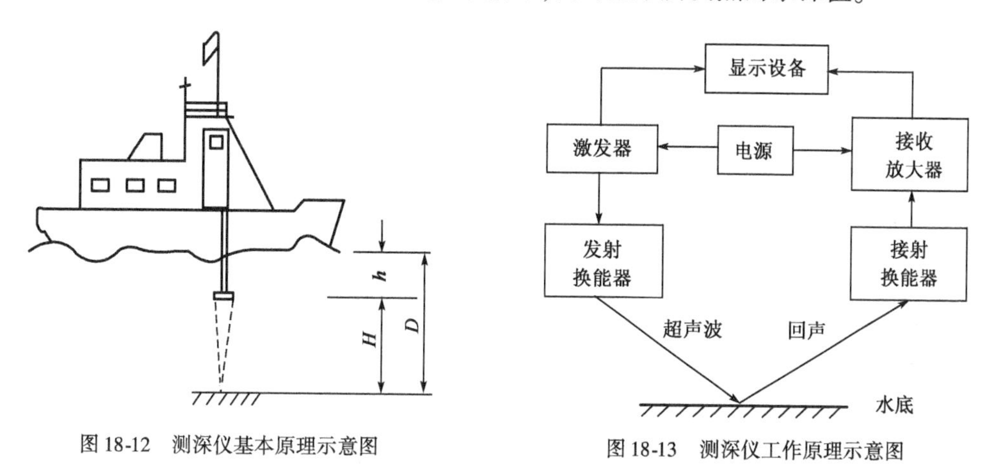

图 18-12　测深仪基本原理示意图

图 18-13　测深仪工作原理示意图

若要求水面至水底的深度时，则应将测得的水深加上换能器的吃水（图 18-17），可得水面至水底的深度 D 为

$$D = H + h \tag{18-13}$$

式中，h 为换能器吃水。

2. 水深测量

在进行水深测量工作时，不同的测深仪由于其技术性能与规格不同，仪器的操作方法也有所不同，在此仅介绍仪器的使用方法。

在仪器开机前，应检查：①电源电压是否符合规定；②测深仪各部分间的连接电缆是否正确，电源、换能器的插头是否插对，电源正负极接法是否正确；③机械传动部分的零件是否松动或有被障碍物卡阻的现象；④换能器的安装是否稳妥；⑤记录纸的安装是否正确，记录纸在记录板上是否平贴，记录纸架是否合位；⑥记录笔与记录纸面接触是否良好，压力大小要均匀；⑦各控制旋钮的位置是否于关闭位置。

上述各项检查无误后，方可接通电源，这时还要检查：①电动机、交流机转动时是否有杂音，若发现不转动或启动困难、转动缓慢、杂音很大时，应切断电源检查原因；②测速装置工作是否正常。按下测速钮或打开测速开关，观察 1 ~ 2min，测速灯的明亮没有间隙与停顿现象；③发声与回声是否正常，当转动增益按钮到 1/3 的位置时，可看到记录纸上出现两条有一定间距的黑色线；④换挡开关是否正常，不同型号的测深仪，换挡开关的每挡量程不同，但一般在第一挡和最后一挡，可在记录纸上看到发声信号；⑤变速装置是否正常，为了满足不同测深的要求,有的测深仪有变速装置,变换不同的转速时,有测速装置测定各挡的转速值应符合仪器说明书的规定;⑥定标装置是否正常,当按下定标开关时,显示器上出现连续的定标线;⑦当使用数字测深仪时,应检查测深仪与控制计算机的数据通讯是否正常,显示数值是否与模拟记录一致。

单波束水深测量是一种由点到线的测量方法,可以在测线上进行连续深度测量。即使使用数字测深仪测量,在记录数字水深值的同时,也应进行记录纸模拟记录。一条完整的测深记录应包括序号、日期、时间、坐标和水深。在数字深度记录的同时,还要通过同步定标器在模拟记录纸上打出定标线,定标线可通过人工或自动注记与数字记录一致的序号、日期和时间等信息。测深时,测量船应按布设的测线逐条施测。当测深线偏离设定测线的距离超过规定间隔的1/2,或因仪器故障、验潮中断等情况发生漏测时,应进行补测。为了保证测深成果可靠,应在测前测后,测深期间,经常进行深度比对检查。

3. 误差来源与质量控制

测深误差可以分为三类:粗差、系统误差和偶然误差。这里的粗差是指由于测深仪的机械或电子部件损坏引起的误差。测深的系统误差主要是由于测深仪换能器和测量船的姿态传感器的安装偏移产生的误差。这些误差主要通过系统的校准来检测,并根据检测到的误差大小和符号加以补偿改正。在消除和补偿了粗差及系统误差后,剩余的偶然误差采用统计方法来分析。这里简要分析几个主要的测深误差源和它们对测深的影响,以及常用的质量控制方法。

(1)地形倾斜引起的误差。此误差与水下地形的倾斜和测深仪采用的波束宽度有关。可分为两种情况:①地形倾斜角 α 小于半波束宽度,即 $\alpha<\phi/2$,ϕ 表示波束宽度[图18-14a)];②地形倾斜角 α 大于半波束宽度,即 $\alpha>\phi/2$[图18-14b)]。

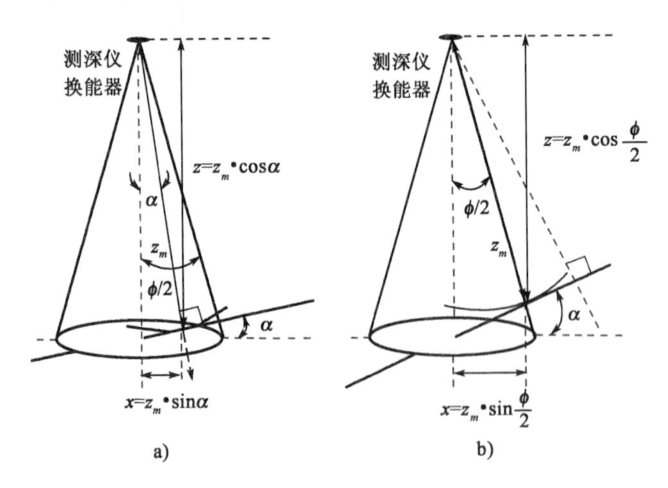

图18-14 地形倾斜引起的测深误差

则地形倾斜引起的测深误差 δz 为

$$\delta z=\begin{cases} z_m(\sec\alpha-1) & \left(\alpha<\dfrac{\phi}{2}\right) \\ z_m\left(\sec\dfrac{\phi}{2}-1\right) & \left(\alpha>\dfrac{\phi}{2}\right) \end{cases} \tag{18-14}$$

式中，z_m 为测量水深。实际的深度值应为 z，此外地形倾斜还会引起测深点位置偏移 x。

(2)声速引起的误差。在单波束测量中，声速会随时间和空间而变化，其变化是产生测深误差的一个主要的外部误差源。由声速引起的测深误差 δz_c，与声速的平均误差或声速的方差 δc，以及水深 z 成正比：

$$\delta z_c = \frac{1}{2} \cdot t \cdot dc \tag{18-15}$$

或

$$\delta z_c = z \cdot \frac{dc}{c} \tag{18-16}$$

声速误差的大小主要和这些因素有关：①声速测量的精度；②声速随时间的变化；③声速随空间的变化。若声速测量值的方差为 σ_{cm}^2，声速随时间和空间变化产生的方差为 σ_c^2，则深度测量的方差可表示为

$$\sigma_{zc}^2 = \left(\frac{z}{c}\right)^2 (\sigma_{cm}^2 + \sigma_c^2) \tag{18-17}$$

由于声速随时间和空间而变化，声速变化难以监测和处理。因此，在测深数据采集时，应根据测区情况，以适当的时间和空间间隔布设声速剖面测量点，以减少由于声速变化产生的测深误差。尤其是水温变化较快的测区，应增加声速剖面的测量。

(3)时间测量引起的误差。回声测深仪是通过转换测量声波在水中传播的时间获得深度值的。因此，测深误差 δz_t 与时间测量误差 δt 直接相关：

$$\delta z_t = \frac{1}{2} c \cdot dt \tag{18-18}$$

由于时间测量的误差，方差 σ_{tm}^2 产生的测深值的方差 σ_{zt}^2 可表示为

$$\sigma_{zt}^2 = \left(\frac{1}{2} c\right)^2 \sigma_{tm}^2 \tag{18-19}$$

现代化的测深仪，时间测量误差一般比较小而且稳定。这个误差也可以通过校准测量来获得。

(4)测量船的姿态测量引起的误差。测量船的姿态测量包括船的横摇(Roll)、纵倾(Pitch)和起伏(Heave)。当船的横摇角和纵倾角大于半波束宽度 $\left(\frac{\phi}{2}\right)$ 时，不仅产生深度误差，同时还会产生测深点的位置误差。图 18-15 所示为横摇 θ_R 产生的深度测量和位置测量误差，通常此图也很容易理解纵倾 θ_P 对深度和位置的影响。可以看出，船的横摇和纵倾对波束角宽的测深仪

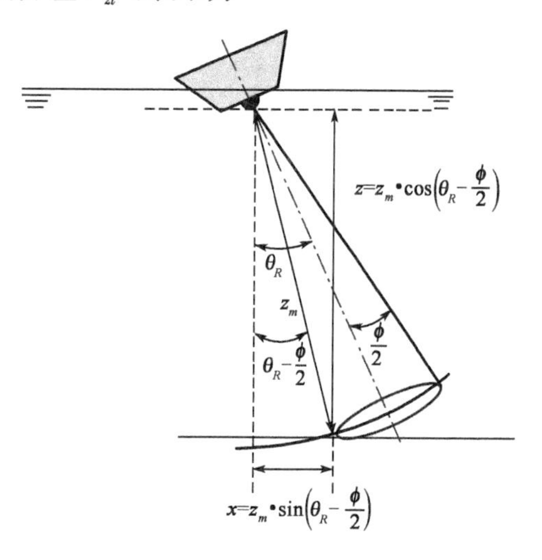

图 18-15 横摇和波束宽度对深度测量和测深点位置的影响

影响较小。

由于涌浪的作用使船起伏,对深度测量产生直接的影响,而船的横摇和纵倾也会使测量船产生起伏,称为诱导起伏(Induced Heave)或感生起伏,现在有一种专门的涌浪滤波器被用于水深测量的起伏补偿。总的起伏方差对应的测深值的方差 σ_h^2,即为

$$\sigma_h^2 = \sigma_{hm}^2 + \sigma_{hi}^2 \tag{18-20}$$

式中,σ_{hm}^2 为起伏值的方差;σ_{hi}^2 为诱导起伏的方差。相对于起伏的方差,诱导起伏的方差一般可以忽略。

当没有使用涌浪滤波器一类的起伏补偿设备时,可以采用人工方式对测深仪的模拟记录进行平滑处理,尽可能地消除涌浪的影响,这可以根据经验来判断水深记录的变化是否是由于船的摇晃起伏,还是实际的地形特征。

(5)换能器相对位置变化产生的深度误差。这里主要包括三部分误差:

①换能器吃水(Draught)变化。精确测量换能器的吃水是保证水深测量精度的基础,但由于船载燃料和水的消耗,船的吃水会在测量期间发生变化,换能器的吃水也会随着改变。吃水误差会直接影响到测深误差,记为 δz_{dr};

②船航行时的沉降(Settlement)。船在航行时的吃水面要比静止时吃水面低,在浅水测量时由此产生的误差比较明显,其对深度误差的影响记为 δz_{set};

③船运动时的蹲伏(Squat)。当测量船航行时,船头和船尾会抬起和下沉,船速越快这种现象越明显,可以制作一个船速与蹲伏的对照表来改正这一影响。蹲伏引起的深度误差记为 δz_{sq}。则换能器水线位置变化引起的深度误差 δz_i 为

$$\delta z_i = \sqrt{dz_{\text{dr}}^2 + dz_{\text{set}}^2 + dz_{\text{sq}}^2} \tag{18-21}$$

对应的总的深度方差为

$$\sigma_i^2 = \sigma_{\text{dr}}^2 + \sigma_{\text{set}}^2 + \sigma_{\text{sq}}^2 \tag{18-22}$$

式中,σ_{dr}^2 为吃水方差;σ_{set}^2 为沉降方差;σ_{sq}^2 为蹲伏方差。

(6)对测深记录的判读和分辨误差。测深记录的判读和分辨率主要和测深仪的工作原理有关。当采用模拟记录时,操作者应选择设置适当的参数,如信号增益和记录的垂直比例尺,使测深仪的模拟记录既快捷又清晰,具有足够的分辨率。即使采用数字记录,也应尽可能地保留模拟记录,以便对测量的结果进行检查和比较。

深度判读误差主要取决于操作者的经验。假设测深记录纸的宽度为 20cm,记录比例为 0～200m,则 0.5mm 的判读误差将产生 0.5m 的深度误差,在浅水测量时不能满足测深的精度要求。记判读误差为 δz_r,其方差为 σ_r^2。

(7)深度归化误差。测量的深度值应通过潮汐或水位改正归化到相应的深度基准面上的水深。由于潮汐或水位误差引起的深度误差记为 δz_{tide},对应的方差为 σ_{tide}^2。水深测量的质量控制是通过统计计算,比较主测线和检测线(也称联络线)的交叉点深度不符值来实现的。

根据上述分析,水深测量归化后的深度值方差可以通过下式来估算:

$$\sigma_z^2 = \sigma_{zc}^2 + \sigma_{zt}^2 + \sigma_h^2 + \sigma_i^2 + \sigma_r^2 + \sigma_{\text{tide}}^2 \tag{18-23}$$

二、多波束测深仪测量

单波束测深仪只能测量船正下方的水深,为了获得符合需求的水下地形,通常需要设置一

些平行的测线,测线的数量和测线的间距取决于多种因素,包括测图的比例尺和测量的目的。即使布设很密的测线仍不能保证对水下的全覆盖,测线之间的水下地形,特别是一些孤立的特征地形很容易被漏测。多波束测深仪,也称为多波束测深声呐系统(Multibeam Echo Sounding Sonar),能以条带测量方式,对测量区域进行全覆盖、高精度地测量,克服了单波束测深仪线状测量的缺点。

1. 原理和系统组成

多波束测深仪和单波束回声测深仪的测深原理从根本上来说都是测量声波在水中的传播时间。单波束测深仪一般采用较宽的发射波束向船底垂直发射,因此,声传播路径不会发生弯曲,来回的路径最短,能量衰减很小,通过对回声信号的幅度检测确定信号往返传播的时间,再根据声波在水介质中的平均传播速度计算测量水深。在多波束系统中,换能器配置有一个或者多个换能器单元的阵列,通过控制不同单元的相位,形成多个具有不同指向角的波束,通常只发射一个波束而在接收时形成多个波束。

这里以波束角 1.5° ×1.5°的单平面换能器多波束系统的 16 个中央波束为例来说明(图 18-16)。系统声信号的发射和接收由两个方向互相垂直的激发阵和水听器阵组成。激发阵平行船轴向排列,向垂直船轴的对称向两侧正下方发射 1.5°(沿船轴向) ×12°(垂直船轴向)的脉冲声波。水听器阵垂直船轴向排列,在脉冲声波发射垂面上接收来自海底的回声,在窄波束控制方向上接收方式与发射方式正好相反,以 20°(沿船轴向) ×1.5°(垂直船轴向的发射扇区内)10 个接收波束角接收来自海底照射面积为 1.5° ×12°的回波。接收方式和发射方式迭加后,形成垂直船轴、沿船下方两侧对称的 16 个 1.5° ×1.5°波束。

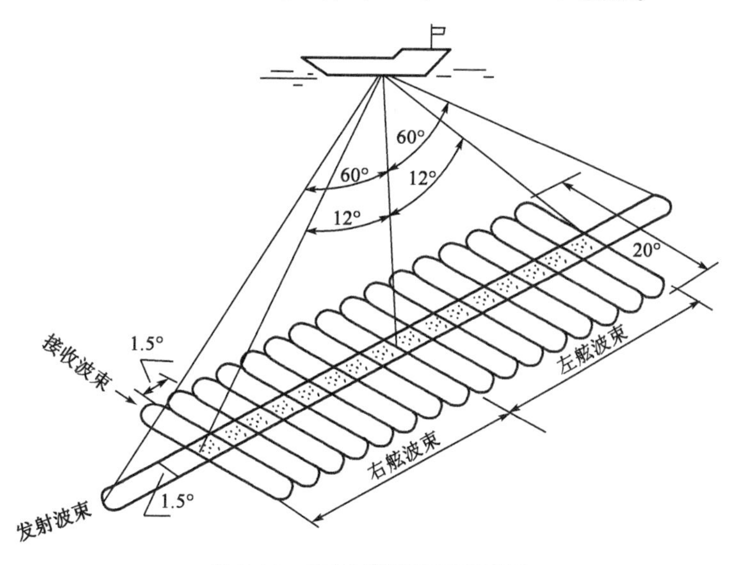

图 18-16 多波束测深仪原理示意图

除换能器正下方波束外,外缘波束随着入射角的增加,波束在倾斜穿过水层时会发生折射。由于对应各波束的声线入射角不同,因此各声线在介质中的路径构成一个向下发散、向上收敛于换能器中心的辐射状扇形区。各声线海底投影点的空间位置为

$$D = 1/2Ct\cos\theta \tag{18-24}$$

$$X = 1/2Ct\sin\theta \tag{18-25}$$

式中,C 为均匀介质声速;t 为波束单程旅行时间;θ 为波束到达角;D 为测点的水深;X 为测点距换能器垂直中心轴的水平距离。

由于多波束沿航迹方向采用较窄的波束角而在垂直航迹方向采用较宽的覆盖角,要获得整个测幅上精确的水深和位置,必须要精确地知道测量区域水体各层的声速分布,补偿声线弯曲的影响。同时,还要精确测量波束在发射和接收时船的姿态和船向。因此,多波束测深仪在系统组成和测量时比单波束测深仪要复杂得多,如图 18-17 所示为一个典型多波束测深系统的组成。

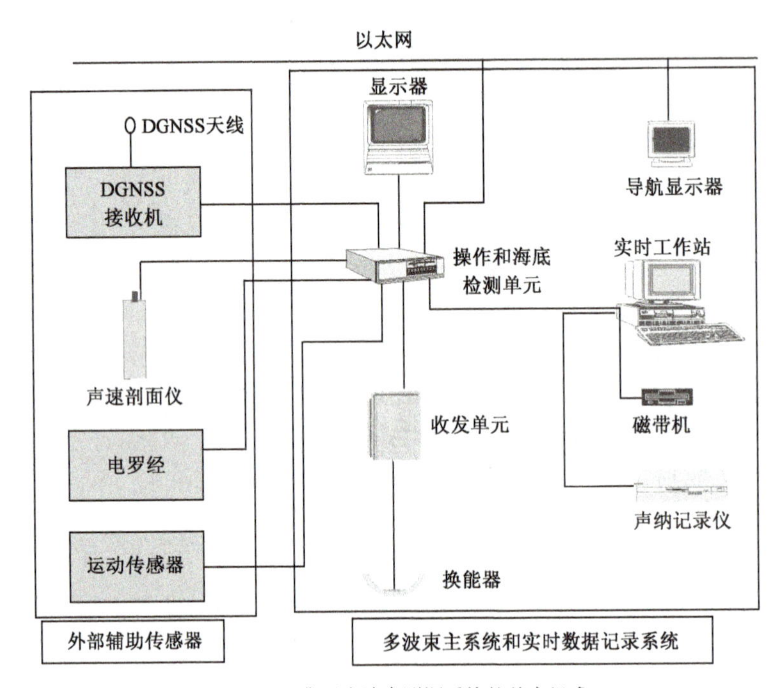

图 18-17　典型多波束测深系统的基本组成

2. 多波束测深仪的特点

与传统的单波束测量相比,多波束勘测技术具有以下主要特点。

(1)全覆盖无遗漏测量。多波束系统使用一个或两个换能器阵列,发射和接收垂直于船龙骨方向的几十个至上百个独立的波束,在海底形成一个声照射带,经过船姿运动补偿和水体的声速变化改正,获得每一个波束的测量深度和声反向散射信号。一个测幅的宽度可达到水深的 1 ~ 12 倍,只要设计合理的测线和船速,即可达到对海底全覆盖测量的目的。

(2)高分辨率测量。单波束测深仪一般使用较宽的发射波束(30° ~ 60°),而多波束系统通常采用几十个或上百个独立的波束,波束宽度一般为 1° ~ 3°。例如,水深 50m 时,一个波束宽度为 2°的波束投射到船底正下方的足印宽度为 1.75m;同样宽度的波束指向角与垂直方向的夹角(入射角)为 60°时,足印宽度为 7.43m。

(3)高精度和高效率测量。多波束系统都配置使用高精度的船姿运动传感器,船的纵倾、横摇、起伏和船向测量精度可达 0.1°或更高,加上高精度的差分 GNSS 定位技术,使多波束测量精度可以满足国际海道测量组织的测深标准要求。同时,多波束系统不断提高发射和接收的更新率,每秒可达 30 多次,即使在较浅的水域也能使用高船速进行测量。一些多波束系统采用 120° ~150°宽覆盖角和双换能器配置来增加浅水区的覆盖宽度,测幅宽深比可达水深的 8 ~12 倍,极大地提高了测量的效率。

(4)多用途、多信息测量。多波束系统不仅可以获得高精度的、详细的水深地形数据,还可同时接收和处理声反向散射数据,获得类似侧扫声呐的水底声像图。利用这些水深和反向散射数据可进行水底底质分类,使得多波束系统成为测量水下地形、地貌和底质类型的综合性手段。

3. 数据采集与质量控制

多波束测深仪在开始水深测量工作时,一般多波束厂家都提供自己开发或第三方的软件,用于多波束外业数据采集,这些软件都提供一些测量时的实时质量控制工具,通过用多个窗口的图形、图像和数字信息显示多波束测深仪的工作状态。为了获得高质量的测深结果,测量时应经常检查如下内容:

(1)测幅的覆盖宽度是否与相邻测幅拼接,根据测幅覆盖宽度的变化调整测线间距,并根据需要对未覆盖的部分进行补测,达到全覆盖的目的。

(2)接收到的波束数是否达到 80% 以上,仪器的信号质量是否正常。

(3)通过比较中央波束和边缘波束的水深变化,检查声速剖面的有效性,如果在海底地形较平坦的海区,边缘波束出现对称性的下弯或上翘,则一般可以确定声速剖面已失效。

(4)测幅的水深图和同时输出的声呐图象是否一致。

(5)每个声脉冲内各波束的信号强度和质量是否正常,结合(2)判断系统的工作状况,结合(4)可以判断船姿传感器工作是否正常。

第四节 海底地形测量

海底地形测量是为海上活动提供重要海底地物和地貌资料的基本测量,是陆地地形测量向海域的延伸。海底地物主要是指礁石、沉船、海底障碍物及人工构筑物等天然或人工形成的各种固定物体。海底地貌是指高低起伏的海底形状,包括浅滩和深沟等。海底地形测量的特点是测量内容多,精度要求高,显示内容详细。测量的内容包括水下工程建筑、航道、沉积层厚度、沉船等人为障碍物、海洋生物分布区界和水文要素等,通常要对海域进行全覆盖测量,确保详细测定测图比例尺所显示的各种地物地貌。海底地形测量是为海上活动提供重要资料的海域基本测量,通过海洋地形测量获得的数据可绘制海域水深图、编绘海底地形图和航海图。

海底地形测量按照区域可分为海岸带、大陆架和大洋三种海底地形测量。海底地形测量方法主要有回声测深仪测量、多波束测深系统测量和激光测深系统测量。回声测深仪测量是利用水声换能器垂直向水下发射声波并接收水底回波,根据其回波时间来确定被测点的水深。当测量船在水上航行时,船上的测深仪可测得一条连续的水深线(即地形断面),通过水深的变化了解水下地形的情况。利用回声测深仪进行水下地形测量,也称常规水下测量,属于“点”状测量。多波束测深系统测量能一次给出与航线相垂直的平面内几百个甚至数千个测深点的水深值,或者一条一定宽度的全覆盖的水深条带,所以它能精确快速地测出沿航线一定宽度内水下目标的大小、形状和高低变化,属于“面”测量。激光测深系统是一种具有广阔发展前途的测量手段,激光光束比一般水下光源能发射至更远的距离,其发射的方向性也大大优于声呐装置所发射的声束。激光光束的高分辨率能获得海底传真图像,从而可以详细调查海底地貌与海底底质。

一、海底地形测量前的准备工作

1. 测深水域确定

在进行海底地形测量前,需确定要测量水域的范围。通常应用陆地控制点采用常规陆地测量方法,测取需测深海域和海滩外围的范围,也可以先测定海岸以及沿海地形图,以此圈定测深线布设的范围并设计测量方法,也可以实现海洋地形和陆地地形的拼接。

2. 测深线的布设

由于海底地形的不可见性,其测量不能像在陆地上一样选择地形特征点进行测绘,因此只能用测深线法或散点法均匀地布设测点。

在海底地形测量之前需要设计和布设测深线。测深线是测量仪器及其载体的探测路线,分为计划测深线和实际测深线。一般情况下的海上测量是在定位仪器的引导下,测量仪器及其载体按照计划测深线实施测量。有别于陆地测量,海底地形测量中的测深线一般布设为直线,测深线可以分为主测深线、补充测深线和检查测深线,主测深线是计划实施测量的主要测量路线,是测深线的主体,它担负着探明整个测区海底地形的任务;补充测深线起着弥补主测深线的作用;检查测深线是检查以上测深线的水深测量质量,以保证水深测量的精度。测深线布设的主要考虑因素是测深线间隔和测深线方向,相关内容介绍如下。

(1)测深线间隔

测深线间隔是主要根据对所测海区的需求、海区的水深、底质、地貌起伏的状况以及测深仪器的覆盖范围而定。国内外对测深线间隔的具体处理方法一般有两种,一种是规定图上主测深线的间隔为10mm的情况下,根据上述原则确定海区的测图比例尺;另一种是根据上述原则先确定实地上主测深线的间隔,再取其图上相应的间隔,如6mm、8mm、10mm,最后确定测图比例尺。我国采用前者,规定港地以及一些面积较小但较重要的岛域范围,以1∶5000比例尺施测;港湾、锚地、狭窄水道、岛屿附近及其他有较大军事价值的海区,以1∶10000比例尺施测;开阔的港湾、地貌较复杂的沿岸海区及多岛屿海区,以1∶25000比例尺施测。

我国《海道测量规范》(GB 12327—2022)对不同海区情况下的测线间隔给出了详细的要求。一般情况下,主测线间隔为图上10mm。对于需要详细勘察的重要海区和海底地貌比较复杂的海区,主测深线间隔应适当缩小或放大比例尺施测。螺旋形主测线间隔一般为图上25mm,辐射形主测深线间隔最大为图上10mm,最小为图上25mm。在一些复杂海区和使用者特殊的要求下,有时还要布设密于测深线间隔的测深线,即加密测深线。加密测深线的间隔一般为主测深线间隔的二分之一或四分之一。布设加密测深线的目的在于详细探测狭窄航道、码头附近和复杂海区的地形地貌以及障碍物。

(2)测深线的布设方向

测深线方向是测深线布设所需要考虑的另一个重要因素,测深线方向的选取会直接影响测量仪器的探测质量。选择测深线布设方向的基本原则如下。

①有利于完善的显示海底地貌。近岸海区海底地貌的基本形态是陆地地貌的延伸,加上受波浪、河流、沉积物等的影响,一般垂直海岸方向的坡度大、地貌变化复杂;而平行海岸方向的坡度小、地貌变化简单。因此,应选择坡度大的方向布设测深线。在平直开阔的海岸,测深线方向应垂直等深线或海岸的总方向。

②有利于发现航行障碍物。在平直开阔的海岸,测深线应垂直海岸总方向,可减小波束角效应,有利于发现水下沙洲、浅滩等航行障碍物;在小岛、山嘴、礁石附近的等深线往往平行于小岛、山嘴的轮廓线,该区布设辐射状的测深线为宜;在锯齿形海岸一般取与海岸总方向约成45度的方向布设测深线。

③有利于工作。在海底平坦的海区,可根据工作上的方便选择测深线的方向,有利于船艇锚泊与比对、减少航渡时间。此外,在可能的条件下测深线不要过短,也不要经常变换测深线的方向。

常用的测深线可采用以下三种方向布置。

①测深线垂直于水流方向,使测深线正好通过地貌变化比较剧烈和有代表性的地方,有利于全面如实地反映测区的海底地形,这是最常用的方法。

②测深线与水流轴线成45°(图18-18),通常用于狭窄海道和可能存在礁石、水下沙洲或其他障碍物地区的水深测量。由于斜距大于平距,因而此方向测深线比垂直于水流轴线的测深线容纳的水深点更多,有利于反映狭窄海道的地形。

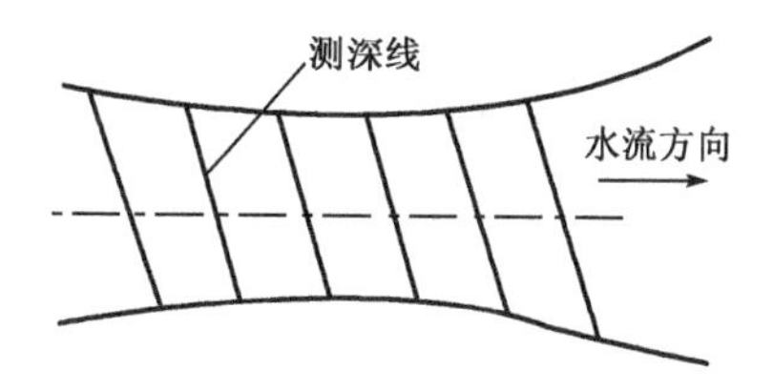

图18-18 测深线与水流轴线成45°方向

③测深线成辐射线方向(图18-19),大多用于岛屿的延伸部分或孤立的岛屿周围的水域。辐射线方向布设使测深线间距内密外疏,不仅有利于暗礁、浅滩的发现,而且近岛部分水深点较密,也有利于选择适宜的靠船及登陆点。

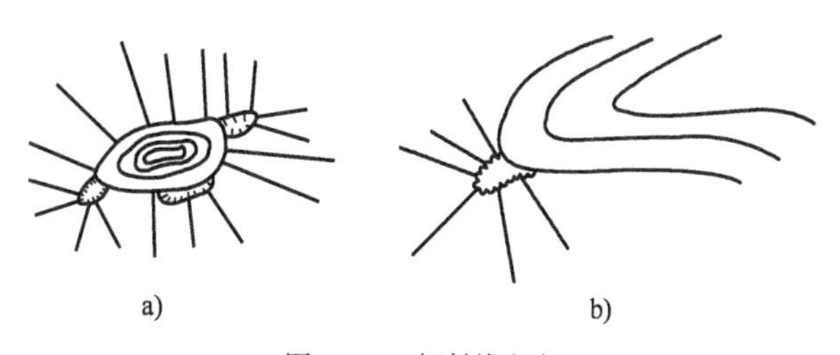

图18-19 辐射线方向

补充测深线主要用于局部重要海域的加密测深和对礁石、沙嘴、沉船等的探测。在重要航道上布设补充测深线有两种方法:①在主测深线之间局部加密,如图18-20a)所示,即补充测深线方向与主测深线方向一致,间距则根据需要而定;②和航道方向一致布设3~5条补充测深线,如图18-20b)所示,中间一条测深线应和航道中心线重合,两侧的测深线则根据航道宽度均匀平行布设。

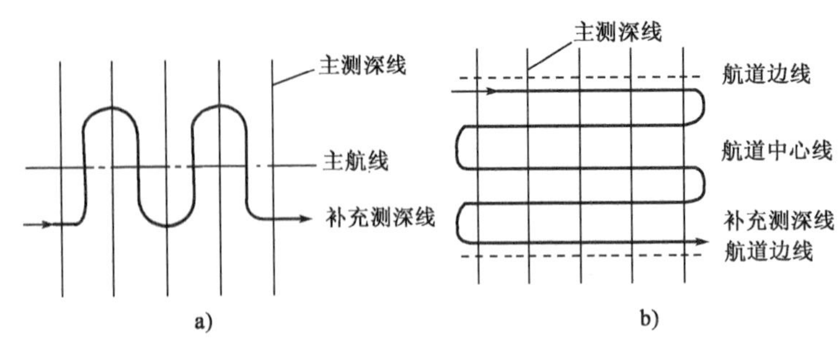

图 18-20　补充测深线布置

3. 导标放样

为了使测量船能沿着预先设计的测深线方向航行,通常在岸上沿测深线方向设立两个导标(一般用两个不同颜色的大旗)以指示测量船航行。布设导标时,可借助岸边的控制点用极坐标或用罗盘仪测定导标位置。

二、海底地形测量的野外工作

海底地形测量的野外工作主要包括海底地形点三维数据的采集和水位观测。如果测量中采用 RTK 无验潮方法,则无需进行水位观测。

1. 海底地形点的数据采集

海底地形测量时,测深船以均匀的速度行驶在测深线上,并按照规定的间距或时间间隔进行水深测量和确定地形点的平面位置。其中地形点的平面坐标通过测深船的定位获得,水深数据通过测深仪测深获得。初测前应对测深仪进行检验和校正。

(1)停泊稳定性试验

①回声测深仪试验。试验场必须选择在水深大于 5m 的海底平坦处,连续开机时间不得少于 8h。实验中,每隔 15min 比对一次水深,水深比对限差应在 0.4m 以内,并测定一次电压,转速和记录按钮(增益按钮)位置。模拟记录应连续、清晰、可靠。

②多波束测深仪试验。选择水深大于 20m 的海底平坦区,连续开机 8h 以上;比对中央波束的水深限差应小于 ±0.3m。

(2)航行试验

当测深仪换能器安装后或变换位置时都应进行航行试验。试验时,选择水深变化较大的海区,检验测深仪在不同深度和不同航速下工作是否正常。

(3)测深仪改正数测定

使用测深仪时,应测定仪器的总改正数。总改正数包括以下各项改正数的代数和;仪器转速改正、声速改正、吃水改正(静态和动态吃水改正的代数和)以及换能器基线改正等。

用校对法直接求测深仪总改正数适用于 0 ~ 20m 的水深,可用水听器或检查板对测深仪进行校正。校对仪器时,测深仪器应处于正常工作状态,海面状态平静,船只处于漂泊和平稳状态下进行,改正数求法如下。

①用检查板时：

$$\Delta Z_T = Z_V - Z_S \tag{18-26}$$

式中，ΔZ_T 为测深仪的总改正数（m）；Z_V 为水听器或检查板的深度读数（m）；Z_S 为测深仪测得的深度读数（m）。

②用水听器时：

当换能器在船底时，如图 18-21 所示，设基线长的一半为 L，水听器与测深仪发射换能器存在水平距离 d，则

$$\Delta Z_T = Z_V - [(2Z_S)^2 + L^2 - d^2]^{\frac{1}{2}} \tag{18-27}$$

式中，L 为基线长的一半（m）；d 为水听器与控制器之间的水平距离（m）。

当 $L = d$ 时，$Z_S = 0$；当 $L < d$ 时，$Z_S < 0$；当 $L > d$ 时，$Z_S > 0$。

当换能器是舷挂式时：

$$\Delta Z_T = Z_V - [(2Z_S)^2 - d^2]^{\frac{1}{2}} \tag{18-28}$$

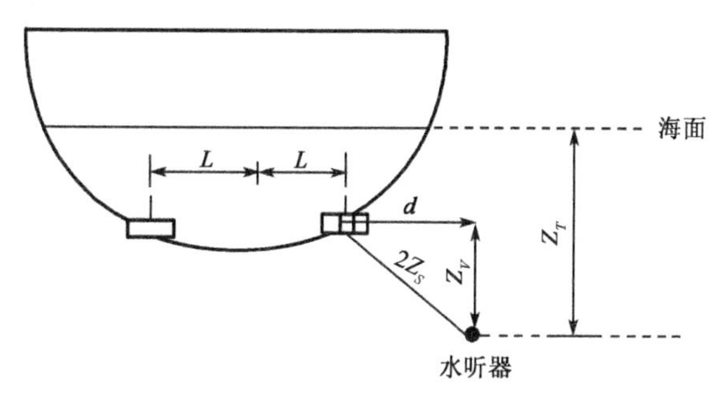

图 18-21　船底换能器与水听器关系

2. 水位观测

由于海水面是不断变化的，所以在测量水深的同时，必须进行潮汐测量。水位观测的目的是为确定深度基准面与航行基准面提供依据以及为水深测量提供水位改正值。

（1）验潮站设置

按观测时间的长短，验潮站分为长期验潮站、短期验潮站、临时验潮站和海上定点验潮站。长期验潮站是测区潮位观测的基础，主要用于计算平均海面，一般应有 2 年以上连续观测；短期验潮站用于补充长期验潮站的不足，与长期验潮站共同推算确定测区的深度基准面，一般应有 30 天以上连续观测的水位资料；临时验潮站在水深测量时设置，至少应与长期站或短期站在大潮期间同步观测 1 次或 3 次 24h 的水位改正，并且在验潮站上是等间隔的连续观测。

验潮站的主要作用是监测海面变化的状况，通过对海面变化数据的观测为海洋测量提供测量基准和任意时刻某测区的潮汐水位改正值。因此，验潮站布设的密度应能控制全区的潮汐变化。相邻验潮站之间的距离应满足最大潮高差不大于 1m、最大潮时差不大于 2h，潮汐性质基本相同。特殊地区（如河口、湾顶、水道口等）应注意增补验潮站。验潮站站址应设立在能反映测区内大部分海区潮汐变化规律的地方。

（2）观测时间

为计算深度基准面提供水文资料的水位观测，必须昼夜连续观测 30d 以上。水深测量时，水位观测应与测量水深同时进行。水位观测的时间间隔视测区水位变化大小而定，当水位日

变化量 <10cm 时,每次测深前、后各观测一次,取平均值作为测深时的工作水位。在常驻潮汐影响的水域,一般间隔 10 ~ 30min 观测一次水位。测深时的工作水位,根据测深记录纸上记载的时刻内插求得。另外当测区有显著的水面升降时,应分段设立水尺进行水位观测。

(3)水位观测

所采用的仪器一般是在满足精度要求的前提下,根据实际情况择优选择,目前比较常用的仪器有水尺、自记验潮仪、声学验潮仪、压力式验潮仪、高精度 GNSS 定位仪等。沿岸验潮站采用自记验潮仪、便携式验潮仪、水尺、其观测误差不得大于 2cm;定点验潮站可采用水位计,水位计观测误差应不大于 5cm。

(4)水准联测

验潮站还应该与国家高程网联测,一是用于确定验潮站高程在国家水准网中的定位问题,二是用于水位观测过程中检验验潮站上的观测仪器零点变化情况。所以,必须严格的进行联测和明确的记录,并进行埋石或做明显的标记。

在水位站附近,一般都布设有一个或若干个水准点作为水位站的水尺零点高程的引测和定期检校的基准,水尺零点高程的引测视其精度一般可按四等水准或图根水准联测。

3. 定位测量

定位测量多采用卫星导航定位。在测深仪器测量工作中,定位中心与测深中心应尽量保持一致,对大于 1 : 10000 比例尺测图,二者水平距离最大不得超过 2m;对小于 1 : 10000 比例尺测图,二者水平距离不得超过 5m,否则应将定位中心归算到测深中心。测深与定位时间应保持同步。

初测前要求在两个已知点上各进行不少于 8h 的比对试验,采样间隔不大于 3min,卫星仰角限值应不小于 10°。测量过程中,平坦海域定位点间隔不能大于图上 4cm,复杂海域定位点间隔不能大于图上 3cm。

三、海底地形测量的数据处理

1. 数据处理主要内容及流程

海底地形测量的外业工作结束后,应及时地进行观测成果的内业整理,将水深数据转绘成海底地形图、勾绘等深线,其主要工作步骤如下。

(1)将同一天观测的位置和水深数据汇总,然后逐点核对,对于遗漏的测点或记录不全的测点应及时组织补测。

(2)整理检查验潮资料,详细准确地绘制项目相关图表(如验潮站地形图、水尺零点与验潮站零点高程高度关系断面图),且在略图上应标明水准点位置及与两个以上显著固定物标的方位距离。

(3)整理检查测深资料与定位资料,包括测深手簿的填写与整理、测深仪记录纸的填写和注记、定位手簿的整理与各种改正数计算。

(4)根据水位测量成果进行水深改正(包括仪器改正、声速改正、动态吃水改正和水位改正),并计算各测点的高程。

(5)水深数据转换与编辑,将修正好的水深数据进行格式转换,导入成图系统;在成图系统中编辑各控制点、各测点的位置和水深,并注记相应的高程。为使图面清晰易读,需要合理的取舍测深点。

(6)根据各测点的高程,绘制海底等深线,并注记礁石、特殊深度、浅滩、岸边石坡等航行障碍物的属性信息,编辑其相应的位置、形状、颜色等符号化图形要素,提供完整的海底地形信息。

(7)图廓的清绘与装饰,提供规范的海底地形图。

目前,海底地形成图都采用数字化成图的方法。

2. 水位改正

在海底地形测量中,测点的高程等于工作时的水位减去水深。同一瞬间的水面是起伏不平的,严格地讲,每个测点的高程应该用测量该点时的工作水位计算。但在实际工作中,只能在有效控制范围内,采用有关观测站的水位资料进行水位改正,其误差不超过测深精度;如超过有效控制的范围,则要用相邻两个水位站的观测资料内插得到的工作水位进行水位改正。

第五节 海洋工程测量

海洋工程测量是为海洋工程建设勘测设计、施工和管理阶段所进行的测量。海洋工程是与开发利用海洋直接相关的有关活动的总称,是应用海洋基础科学和有关技术科学开发利用海洋所形成的一门新兴的综合技术科学,也指开发利用海洋的各种建筑物或其他工程设施和技术措施。早期的海洋工程多指码头、堤坝等土石方工程。随着科学技术的进步,海洋工程的内容也不断扩大,包括海岸工程、近海工程、深海工程、水下工程等。海洋工程按照用途可分为港口工程(海港工程)、堤坝工程、管道工程、隧道工程以及疏浚工程、救捞工程、采矿、能源、综合利用等工程。

一、港口工程测量

港口工程测量指港口工程建设在设计、施工和管理阶段的测量工作,其目的是为港口工程建设提供资料,保障工程按设计施工、竣工和进行有效的管理。设计阶段的测量内容有控制测量、底质探测、水文观测和港口资料调查等。施工阶段的测量包括施工控制网的布设,建筑物设计位置和高度的放样测量,竣工测量和施工中的变形观测等。管理阶段的测量是指港口工程建成后的测量工作,包括沉降观测、位移观测和倾斜观测等。

1. 港口工程设计阶段的测量工作

港口的位置大部分选定在河口或海湾内,港口工程的总体规划、平面布置和技术设计通常需要各种比例尺的陆地地形图和水下地形图。港口工程设计一般分为三个阶段:在规划选址阶段需要1:5000~1:10000的海湾地形图;初步设计需要1:1000~1:2000的地形图,施工设计需要1:500~1:1000的地形图。此外,还需要气象、海洋水文和地质等方面的资料。工程设计人员综合地利用上述资料,进行港口位置的选定和方案比较,对码头、船坞、防波堤、仓库、道路枢纽等以及其他一些附属建筑物进行总体布置,并且进一步精确地确定建筑物的位置和尺寸。

港口工程的占地面积一般不大,所以陆地和水下的地形图都是实测的。水下地形测量通常采用断面法,深测断面和深测点间距要求如表18-3所列。深测点的定位方法目前主要有全站仪交会法或差分GNSS定位。水深测量主要是应用回声探测仪或多波束测探系统。

测图比例尺与测深断面、测深点间距关系(单位:m) 表18-3

测图比例尺	测深断面间距	测深点间距	等高距
1:1000	15~25	12~15	0.5
1:2000	20~50	15~20	1
1:5000	80~130	40~80	1
1:10000	200~250	60~100	1

水下地形图测深点平面位置的中误差,一般为图上1.5mm。测深中误差与水的深度有关,水深10m以内为15cm,20m以内为20cm,大于20m时为水深的1%。

水深测量对于建造港口设施和海岸防护设施来说是十分必要的。另外,航道、泊地、码头、防波堤的规划设计和疏浚均需要水深测量资料。

海洋水文观测包括波浪观测、潮流和潮位观测、海岸泥沙运动和底质调查等,分别介绍如下。

(1)波浪观测

波浪观测主要观察波浪的波高、波向和波速变化。通常采用的仪器是测波仪。

测波仪是主要用于测量波浪时空分布特征的仪器。根据工作原理可分为视距测波仪、测杆测波仪、压力测波仪、声学测波仪、重力测波仪及遥感测波仪等几种类型。视距测波仪由专用望远镜、观测浮标和记录器构成,是常用的测波仪;测杆测波仪由柱桩、支架和测波标杆等组成,有目测和电测两类,能长期定点观测;压力测波仪是通过测量因波浪引起的海底下某一深度上的动水压变化来记录波浪变化的仪器,主要用于记录长周期波;声学测波仪通过置于海底的声学换能器向海面发射声波,并接收回波信号,对涌浪测量效果比较好;重力测波仪有船用和浮标两类,利用加速计测量海水质点重力方向的加速度,经二次积分求得波高,这种仪器能真实地测出海表波浪各项参数。

在众多测波仪中,波浪浮标和波向仪的应用最多。波浪浮标亦称遥感波浪仪,用于测量近海波浪的波高、波向和周期,由测量浮标、弦式重力加速度变送器、调频发动机、时间程序控制器和记录仪等组成。弦式重力加速度变送器测量浮标的加速度并变为电压信号,并送入调频发动机,最后由记录器把测量结果记录下来。这类浮标可在恶劣条件下工作。波向仪主要用于测量海面波向。通常采用应变计式波向仪,由压力传感器、电缆、记录器构成。压力传感器放在海底,自动记录器设置在岸上观测室,将波浪引起的压力变化转化为电阻变化,由记录器记录波向。

(2)潮流观测

潮流观测成果对于确定港口和海岸结构物的总体布置以及设计港口设施、研究港口、航道和海岸泥沙运动以及制定航道疏浚等工作而言是必需的资料,另外,为了判定港口和海岸的淤积、冲刷处理以及制定施工计划等都需要潮流观测数据。

潮流观测一般利用海流计测定流速和流向。海流计是主要用于测量潮流流速和流向的仪器,由机体、流速感受部件和记录系统等组成。根据感受元件的不同,海流计可分为印刷海流计、厄克曼海流计、电磁海流计、声学海流计等。

(3)海岸泥沙运动和底质调查

海底物质受到波浪和潮流的作用之后,会产生移动。由于海岸泥沙运动会造成港口、航道回淤、河口淤塞、海岸侵蚀、港口建筑物基础被冲刷等,因而若海底为砂土,或有挟带泥沙下泄的河流时,必须考虑防淤措施。

当港口的位置选在河口或海湾内时,由于这种位置冲积层发达、地基软弱,为港口设施的设计施工带来很多困难。为了解底质的情况,多在海上进行底质调查,其方法是在海上进行钻孔,从钻进阻力、钻进速度、泥浆情况及取土样等方面来判断底质和掌握其分层情况。其他调查方法有弹性波探测法和音波探测法,前者是利用地下火药爆炸或重锤下落等人工震源产生的弹性波动,由设置在地表的地震计(感震器)进行观测,从而掌握地层的情况;而后者是由水面上发射音波振荡,观测由海底和下面地层分界面弹性不连续面返回的反射波,判断海底地层情况。

海岸泥沙运动可以通过观测海流的特征并结合海底地形、底质情况来综合判定。

2. 码头施工中的定线放样

港口由水域和陆域两部分组成,其陆域部分包括码头、货场、仓库、铁路、公路及其他辅助设施。码头是停靠船舶、上下旅客及装卸货物的场所,码头的前沿线是指港口水域和陆域的交界线。码头的结构形式一般可分为高桩板梁式码头及重力式码头。高桩板梁式码头需用打桩船打桩,重力式码头需用挖泥船挖掘水下基槽,并且利用抛填船只运载砂石料到指定地点填筑基床,还要有潜水员配合检查水下施工的情况。为方便施工期间的测量,需要首先建立码头施工测量坐标系或施工基线。施工基线一般有两种(图 18-22):一种为相互垂直的基线,另一种为两条任意夹角的基线。

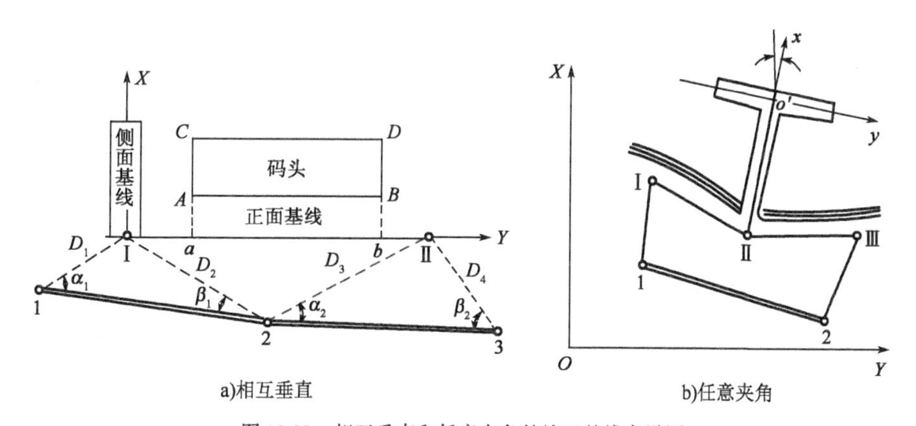

图 18-22 相互垂直和任意夹角的施工基线布设图

(1)高桩板梁式码头的施工测量

在修建高桩梁板式码头时,一般利用桩基束支承上部结构,使码头上部荷载通过桩柱传递到密实的下卧层中。目前,在码头水工建筑物中用得最广的桩是方形钢筋混凝土桩和圆形钢桩。根据建筑物的不同用途和承受荷载的情况,一般布置成直桩或斜桩。

由高桩板梁式码头的剖面图(图 18-23)可以看出,直桩 7 和斜桩 8 是基础部分,靠船构件 1、面板 2、吊车梁 3、纵梁 4、横梁 5 和平台横梁 6 是上部构件。在此仅介绍方形直桩与斜桩的定位测量工作。

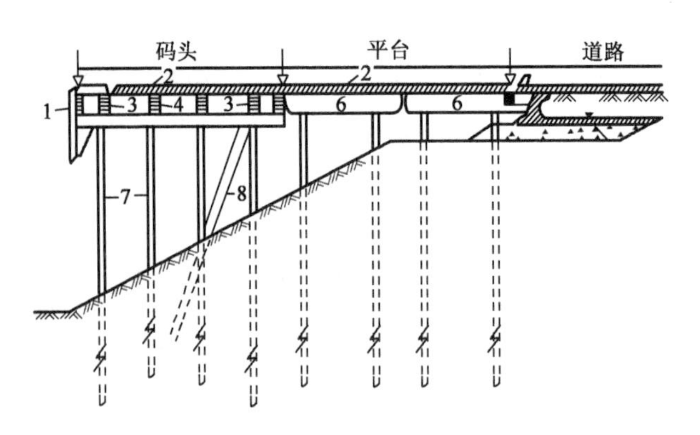

图 18-23　高桩板梁式码头剖面图

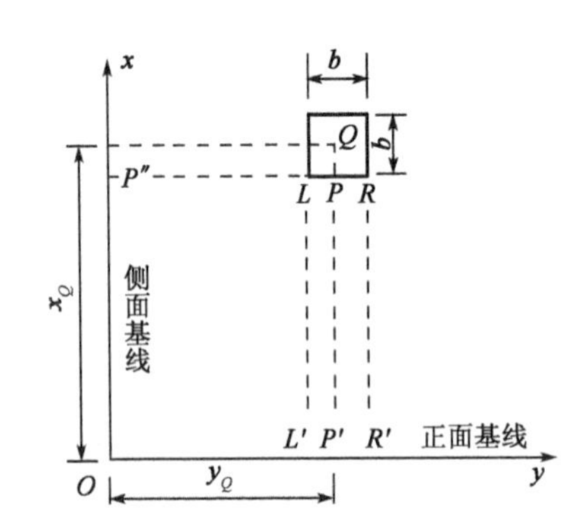

图 18-24　直桩与基线的关系

①直角交会法打桩定位。

该法是根据桩位布置图事先在基线上标出各桩的定位控制点,施工时在控制点上安置经纬仪进行各桩的打桩定位。如图 18-24 所示为直桩与基线的关系,直桩中心点 Q 的坐标为 x_Q、y_Q,由图 18-24 知正面基线上定位控制点 L'、P'、R'的横坐标为

$$y'_L = y_Q - \frac{b}{2} \quad y'_P = y_Q \quad y'_R = y_Q + \frac{b}{2} \tag{18-29}$$

在侧面基线上定位控制点 P''的纵坐标为　$x_{P''} = x_Q - \dfrac{b}{2}$

斜桩定位时,基线上定位控制点的计算应考虑斜桩的倾斜度 $n:1$ 和水平扭角 φ(图 18-25)。打桩时打桩船的打桩架可以调节俯仰程度,使斜桩处于设计的倾斜度位置上。水平扭角是斜桩轴线的水平投影和通过桩中心点平行于 x 轴的直线之间的夹角,由该直线逆时针方向旋转的角度称之为左扭转角,反之为右扭转角。根据图 18-25a)可知,正面基线上定位控制点 A_P 的坐标为

$$y_{A_P} = y_A \pm x_A \cdot \tan\varphi$$

式中,正号表示向左扭转斜桩,负号表示向右扭转斜桩。

侧面基线上定位控制点的位置与桩的倾斜度、水平扭角的方向和大小、俯打或仰打以及所选用的标高截面等有关。以左扭转的俯打斜桩为例[图 18-25b)]。当选用设计标高截面的左棱点 L 作为定位点进行定位时,可根据桩中心点 Q 的坐标,求得 P 点的坐标,然后再由 P 点的坐标推算得侧面基线和正面基线上定位控制点的坐标为

$$\begin{cases} x_L = x_Q - \dfrac{\sqrt{n^2+1}}{n} \cdot \dfrac{b}{2}\cos\varphi - \dfrac{b}{2}\sin\varphi \\ y_L = y_Q - \dfrac{\sqrt{n^2+1}}{n} \cdot \dfrac{b}{2}\sin\varphi - \dfrac{b}{2}\cos\varphi \end{cases} \tag{18-30}$$

当左扭转仰打斜桩时,侧面基线上定位控制点的纵坐标与式(18-30)的第一式相同。

当右扭转俯打或仰打斜桩时,在两条基线上定位控制点的坐标为

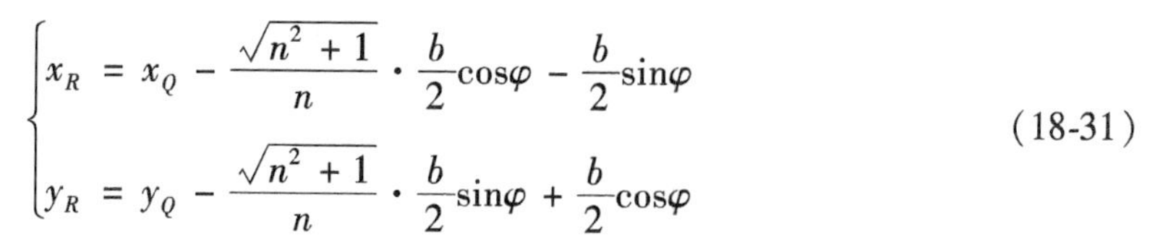

$$\begin{cases}x_R = x_Q - \dfrac{\sqrt{n^2+1}}{n}\cdot\dfrac{b}{2}\cos\varphi - \dfrac{b}{2}\sin\varphi \\ y_R = y_Q - \dfrac{\sqrt{n^2+1}}{n}\cdot\dfrac{b}{2}\sin\varphi + \dfrac{b}{2}\cos\varphi\end{cases} \tag{18-31}$$

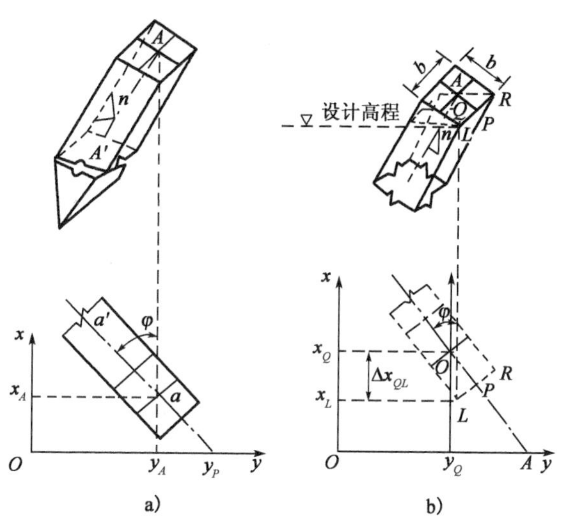

图 18-25 斜桩平面定位

②前方交会法打桩定位。

当设置侧面基线有困难时,可利用岸上的测量控制点前方交会打桩定位。在打桩定位之前,需要将控制点的测量坐标换算为施工坐标。对所选定的定位点按上述方法计算施工坐标,然后计算放样角度(图 18-26)。打桩时,为了控制打桩船停泊的方向,需要在岸上确定点 3 的位置。由图 18-26 可知,点 3 是打桩船上 1、2 两根花杆连线延长与 BC 边的交点。由桩中心点 Q 求得垂足点 m 的坐标为

$$\begin{cases}x_m = x_Q + \Delta x_{Qm} \\ y_m = y_Q + \Delta y_{Qm}\end{cases} \tag{18-32}$$

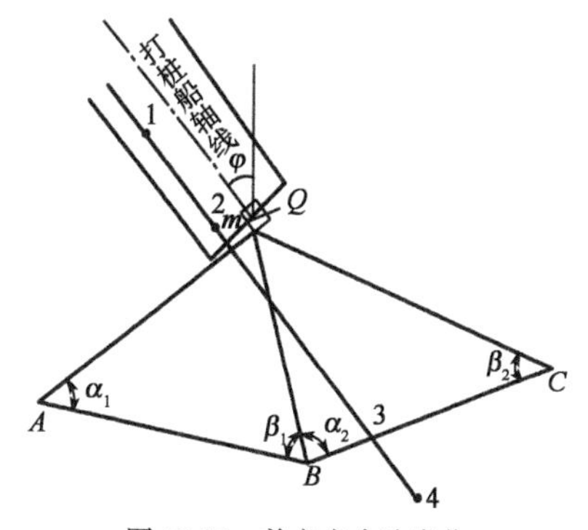

图 18-26 前方交会法定位

基于式(18-32)和图 18-26,可得 3-B 和 3-m 两直线的方程式为:

$$\begin{cases}y_B - y_3 = k_1(x_B - x_3) \\ y_m - y_3 = k_2(x_m - x_3)\end{cases} \tag{18-33}$$

式中,$k_1=\tan\alpha_{CB}$、$k_2=\tan\alpha_{3m}=\tan(360°-\varphi)$均为已知的,解式(18-33)可得

$$\begin{cases} x_3=\dfrac{k_1x_B-k_2x_m-y_B+y_m}{k_1-k_2} \\ y_3=y_B-k_1(x_B-x_3) \end{cases} \tag{18-34}$$

由点B和点3的坐标求出两点间的距离,这样在BC边上就确定了点3的位置。

③斜桩的标高定位。

斜桩的标高定位,必须考虑桩身倾斜度的影响,当桩身倾斜度为$n:1$时,则桩顶的倾斜度也是$n:1$,因此,斜桩的桩顶标高是指桩顶最低处的标高。若桩的倾角α,则当仰打斜桩时(图18-27),水准尺的最后读数为

$$b_{仰}=(H_{仪}-H_{桩})\times\frac{1}{\sin\alpha}-替打角-垫层-桩角$$

$$\frac{1}{\sin\alpha}=\frac{\sqrt{n^2+1}}{n}$$

$$替打角=\frac{替打宽-桩宽}{2n}$$

当斜桩俯打时(图18-28),水准尺的最后读数为

$$b_{仰}=(H_{仪}-H_{桩})\times\frac{1}{\sin\alpha}+替打角-垫层$$

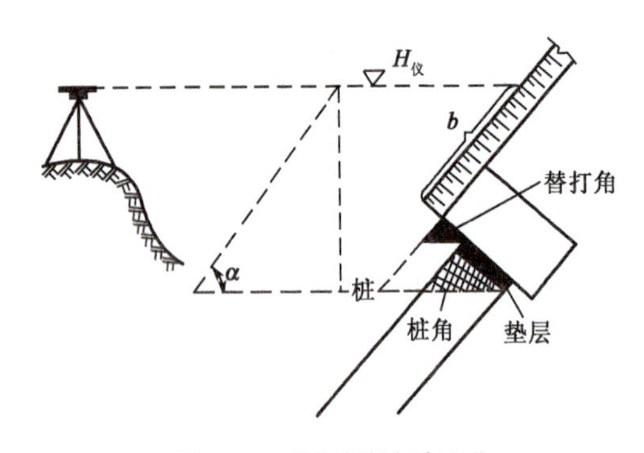

图18-27　仰打斜桩标高定位

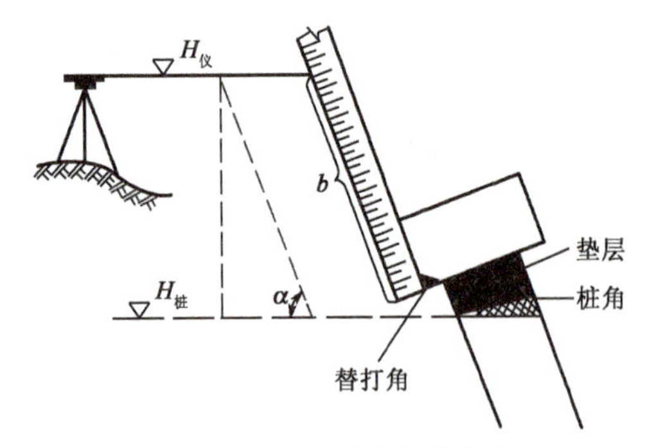

图18-28　俯打斜桩标高定位

(2)重力式码头的施工测量

重力式码头主要有墙身、基床、墙后抛石棱体和上部结构四部分组成。按形式可分为方块码头(图18-29)、沉箱码头和扶壁码头。重力式码头的特点是依靠码头本身及其填料的重量维持其稳定的,要求有良好的地基。重力式码头的施工测量主要有施工基线的测设、设置挖泥和抛填导标、基床整平和预制件安装等。

挖泥船进行基槽开挖时,传统的测量工作是设置挖泥导标控制开挖宽度和方向、测设横断面桩、施测挖泥前后的断面、检查基槽开挖是否合乎设计要求。为了控制开挖宽度和方向,可沿侧面基线AB上按设计要求的尺寸测设纵向导标,沿正面基线AC每隔5~10m测定横断面桩(图18-30)。在基槽开挖过程中要经常检查开挖深度,为此需要在每一断面方向上设立一对活动导标,测深船可沿断面方向测深。另外,当码头两端的延伸方向均为水域时,需要架设水上导标,例如在混凝土墩块中插入各种形式的水上导标。

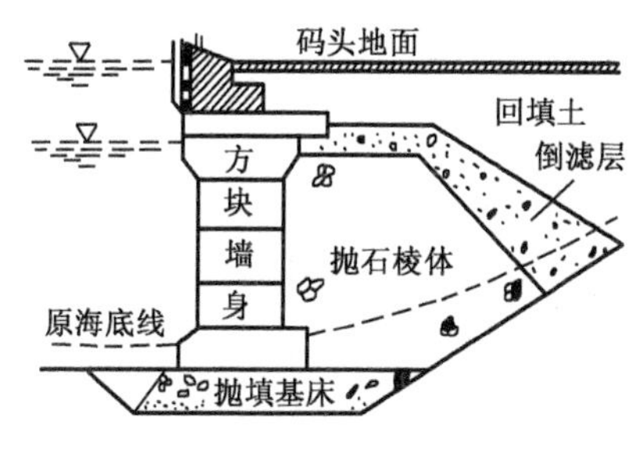

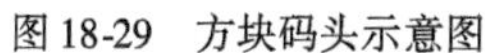
图 18-29　方块码头示意图

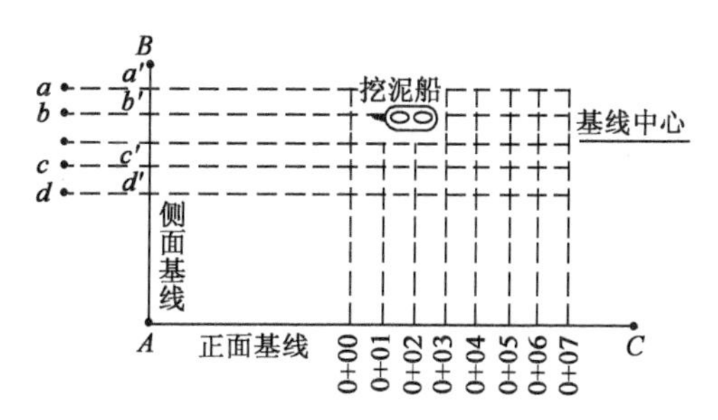

图 18-30　基槽开挖示意图

基床开挖完成后，根据设计的要求进行填砂和抛石，这时的测量工作是按设计尺寸为抛填设置导标，进行水深测量检查抛填情况以及为基床平整进行放样工作。

基床平整之后，应及时安装混凝土预制件。对于方块码头而言，就是在水下底层方块外缘 4 ~5cm 的距离处测定一条安装基准线，作为潜水员进行水下安装的依据。为了在水下固定基准线，需要在基床中埋入几个混凝土小方块，其中央浇筑木块，将小钉钉入木块上，系上尼龙线或细铅丝且拉紧成为一条直线。在底层方块安装好的基础上，逐层向上安装、一般每层都检查安装的误差，对不符合要求的应进行调整。安装 2 ~3 层方块后，就进行墙后抛填工作，其测量任务是设置导标和控制抛填棱体各层间的标高。

3. 港口工程建筑物的变形观测

港口工程建筑物在施工期间或竣工之后，由于水文地质条件、荷载、水流或波浪冲刷、地下水的作用、边坡开挖、地震或打桩以及爆破振动等原因，会引起岸坡和建筑物发生形变，为了保证建筑物的安全，必须进行变形监测工作。通过变形观测，可以监视变形的发展，掌握变形的规律，以便提出防治措施，并为今后的设计积累资料。

港口工程建筑物变形观测基本采用陆地建筑物变形监测的技术和手段，即采用全站仪（或经纬仪）、水准仪观测港口码头等建筑物的水平位移和垂直沉降等。

二、水下工程测量

海洋开发、海洋工程兴建（例如采油、采矿、管线、电线敷设、打捞工程等）均离不开测量工作。这些工作有的可在水面上进行（例如海底地形地貌测量、磁力测量），有的要在水下进行（如海底定位和水下摄像）。在水下进行测量工作，需要潜水器的配合，采用特殊的仪器，主要是声学测量系统和一些非声学方法（如水下经纬仪、水下电视、水下摄影等）。以下通过对一些典型的水下测量工作介绍来说明水下工程测量的方法和特点。

1. 海底电缆敷设调查与测量

海底电缆敷设前，需对敷设线路经行海洋调查和测量，提供水温、底质、潮汐潮流、海底地形、水深、登陆点等资料。这些资料是计算电缆数据和电缆敷设时的依据，也为今后电缆使用维护时参考。这一任务往往由海洋调查人员和测量人员共同完成。

海底电缆敷设的调查与测量的内容主要包括以下内容。

（1）路线上水深测量

测量范围为线路起点至终点，测图比例尺为 1∶5 万 ~1∶20 万，如线路在沿海，比例尺应大些；在大陆至海洋岛屿之间，比例尺应小些。一般布设测深线 3 条，其间隔为图上 1cm，中间测线应与线路重合。对于较复杂的沿海区,有时也采用1∶2.5万比例尺,布设测深线5条。水深测量定位中误差不应大于图上3mm,水深点在测深线上的密度为图上0.5cm。

(2)登陆点附近的水深及地形测量

测图比例尺一般为1∶2000,测图范围为登陆点附近宽500m,岸上部分为图上5~10cm、平坦地区略宽一些。水上测至5m水深,一般离岸不超过500m。如果控制点稀少可用独立坐标系统,独立坐标系的高程可以从当地平均海面起算,控制点误差不应大于0.5m。

(3)表层底质取样

底质点布设与水深有关,水深100m以内3条线,100m以上两条线(路线左右各一条)。其间隔同于测深线间隔,每条线上底质点密度为:水深在50m以内每3km一个点,50~100m为每5km一个点,100m~200m为每10km一个点,200m以上为每20km一个点。底质采样用采泥器。

(4)海底地形探测

探测线布设方式同上,用海底地层剖面仪作业。图18-31给出了一个海区的海底不同深度层地质分布的剖面图。

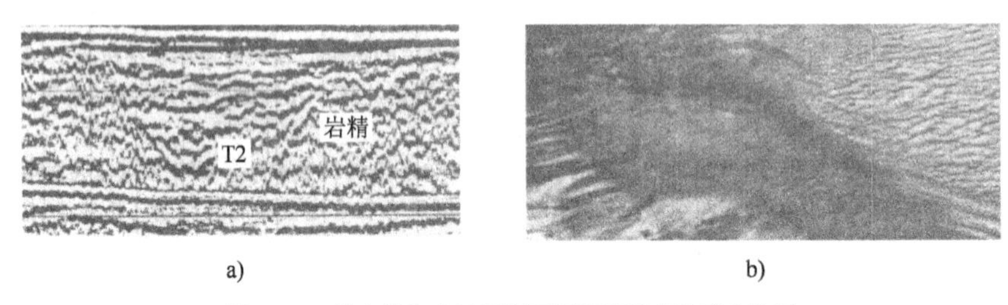

a) b)

图18-31 某水域海底地质剖面图以及海底地形立体图

(5)测水温

在一条测线上,每一个底质取样点测一个水温,包括底层水温和表面水温。一般采用颠倒温度计。

(6)验流

验流地点应选在线路上流速较大的地方和登陆点附近,转折点处。测量上、中、下层最大流向和流速,采用海流计施测。

(7)资料整理

所提供的资料应包括:线路水深图、断面图、登陆点附近水深及地形图、海底地层剖面图、底质类型图、测温报表和验流报表等。

2.钻井声学定位测量

随着海洋开发的海域从大陆架向深海伸展,钻井位置也逐渐向深海推移,诸如用立柱固定的钻井平台或用锚链系泊钻井船,都不可能完成深水钻井作业。在海面上位置无法固定的钻井船(或半潜式平台)随着风、浪、涌、流的作用漂浮运动。倘若钻井船(或平台)活动范围超出了钻杆所能承受的折弯强度,钻杆就会被折断。为了实现深海安全钻井作业,预防钻杆产生断裂,对钻井船的活动范围必需进行严格的控制。表18-4列举了不同水深时,钻井船安全作业所允许的活动半径。由表18-4可知,允许活动半径与水深h有关。

钻井船允许活动半径　　表 18-4

水深(m)	允许的活动半径
<500	2%h
500 ~ 1500	4%h
<1500	6%h

动态定位系统实际上就是一个自动调整系统,被调整对象是钻井船,在风浪作用下船位偏移数据由位置传感器给出。在海面上船位坐标(x、y)由水下声学定位系统提供,钻井船的航向 φ 由罗经给定,而由位置传感器测得的船位数据(x、y、φ)和设定位置坐标(x_0、y_0、φ_0),一起加到调整系统的比较元件中去,进行比较后得到调整(即误差)信号 $\Delta x = x - x_0$、$\Delta y = y - y_0$、$\Delta\varphi = \varphi - \varphi_0$。计算机根据被调整对象的负载特征,计算出执行元件施加给它的垂直推力 F_x、水平推力 F_y 和转矩 N。在执行元件的控制下,钻井船自动地调整到原先设定的位置(x_0、y_0、φ_0)。随着调节系统误差量 Δx、Δy、$\Delta\varphi$ 的消失,钻井船就处于动态稳定状态。

在钻井船动态定位系统中,执行元件是钻井船自身的主螺旋桨,以及专门设置的首尾变螺距导流管式推进器。前者用来产生控制钻井船首尾方向运动的驱动力,后者用来产生加给钻井船的侧向力和转矩。为了使调整系统能正常工作,首先要求系统是稳定的,即调整对象受到外部作用以后,系统能够使其恢复到原来所设定的状态。自动调整系统在稳态下,某一调整量 x 与给定的 x_0 之间的偏差通常应小于某一允许值,这一允许值反映了系统的稳态调整精度。

在动态定位系统中,船位测量的精度将直接影响系统的调整精度。GNSS 单点定位的精度远不能满足要求,而借助精密单点定位技术(Precise Point Positioning,PPP)则又存在着定位滞后的问题。长基线、短基线定位系统具有很高的相对测量精度,因而特别适宜作为动态定位系统的精确定位手段。

长基线定位系统是以事先布放的海底声应答器基阵作为参考基准,通过应答测距系统测出船与海底各应答器之间的距离,就可解出船只相对于海底参考基准的坐标。

短基线定位系统以井口附近的声应答器作为参考基准,通过船底平面布设的水听器阵测出应答距离,同样可以确定船只的位置坐标。然而,长基线系统可保证船只在较大移动范围内具有高的定位精度,但存在着海底布阵困难、对现场阵位的勘测造成麻烦,以及设备比较复杂等缺点。短基线定位系统则只能保证船只在较小范围内具有高的定位精度,但无需海底布阵,设备也比较简单。动态定位系统所要求的正是钻井船在很小的移动范围内具有高的定位精度,因此选择短基线系统。

3. 海底管道测量作业

海洋石油工业的发展使海底管道的建造成为一项重要的海洋工程。在海底管道的规划阶段,需要利用海底地形图进行选线。选定线路后,需有更精确的图用于定线,一般是在线路方向上进行断面测量和地质调查,这方面的工作类似于敷设海底电线时的调查和测量工作。

海底管道的建造方法主要有铺管船法、卷筒式铺管船法和拖引法几种。目前,世界范围内约有 90% 的近海管道是用铺管船法铺设的。当一段管道连接完后,铺管船向前移动一段管道的距离。一般用 8 ~ 12 锚来维持铺管船的定位和使它向前移动。目前大多数铺管船装有高精度的定位系统。下面以 Cormorant(科尔莫兰特)为例介绍管线连接测量的测量方法。

图 18-32 是现场连接测量示意图,该地区位于北海某油田,水深 140m。当管道铺设到生

产平台附近后就必须进行连接测量以确定管道端法兰盘和平台石油出口法兰盘之间的相对位置,且测量的精度要求比较高,因为测量的结果将直接用于设计两法兰盘之间的连接管道。由于常规的水下定位系统满足不了要求,因此承担这项测量任务的VOL公司设计了高精度声学测距仪器,称为HATS。HATS系统工作频率为120~160Hz,测距100m,精度20mm,之所以能达到这样高的精度是用了声速计以确定声波的传播速度。HATS系统由4个海底应答器和1个小型信号标组成,信号标是可活动的,可由潜水器的操作手放在待测点上。

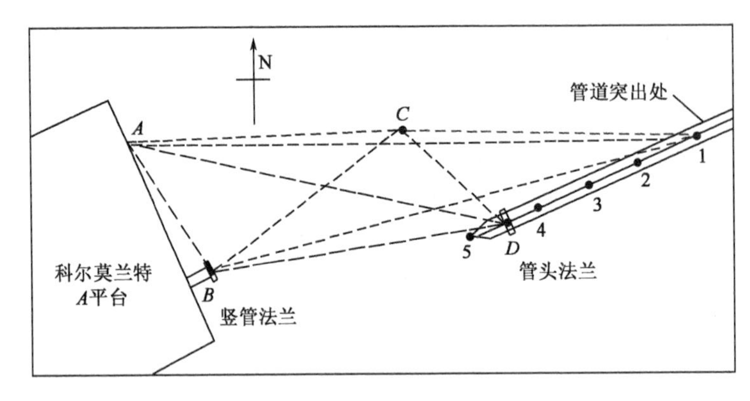

图18-32 HATS系统做管线连接测量示意图

在科尔莫兰特A平台上,HATS的应答器安置在平台的东面,其中点A是已知点,B放在直径为0.6m的法兰盘中心。而应答器C放在海底,D放在管道端法兰盘中心。A、B、C、D构成一个大地四边形,用HATS测量了4条边和2条对角线,就可以由已知点A、B推算点C、D的位置。解决了大地四边形后,下一步是要找出管线相对于平台的方向。为此把小型信号标依次放在管线1、2、3、4、5点,并测量点到A、B、C的距离。由这些观测量就可以计算这5个点的位置和管线的方向。测量的总体精度为200mm,相应的管线方位误差为1°~2°,这些误差都在所要求的限差以内。误差的主要来源是放置信标和应答器的位置误差以及140m深处声波传播速度不一致的误差。

除知道管线相对方向外,还要测量法兰盘在垂直方向和水平方向上的位移,测量采用钢尺和倾斜仪。

4. *海底废堆积物测量*

海底废堆积物是指人类有意识有目的地利用海洋环境容量和迁移能力处置的废弃物,海洋倾废活动利用船舶、航空器、平台或其他载运工具向海洋处置和其他有害物质,包括废弃船舶、航空器、平台及其辅助设施和其他浮动工具的行为。海洋废弃管理是海洋管理部门的重要职责,防止、控制和减少由于倾倒废弃物和其他物质造成海洋环境的污染损害。海底废堆积物测量是对废弃物倾倒区进行专门监测,是海洋环境管理的重要组成部分。

海底废堆积物调查测量工作包括以下五个方面。

(1)废积物位置确定。根据海洋倾倒区选划审批位置设计调查测量路线,海上平台等工程废积物可先用磁力测量的方法确定废平台的位置,即使平台被拆掉或油井口被封,用磁力测量方法仍能发现很大的磁力异常。废平台(井口)大概位置确定后,再进行2km见方范围的旁侧声呐测量。

(2)导航定位。为了确定水下准确位置需求,需要在场地边界附近建立3个应答器,组成一个阵列,构成水下局部导航定位网。

(3)扫海测量。为了实现对海底废堆积物全面准确的调查,可采用多波束测量系统和旁侧声呐测量系统对海底进行全覆盖式测量。这两类设备的应用,对海底废堆积物的认识起着十分重要的作用。

(4)潜水测量。近年来,水下摄像机已广泛应用于海洋倾废区的监测,在所调查中心位置的200~500m范围内用潜水设备进行直观测量。潜水设备沿着预先定好的20m格网线测量,一旦发现废积物,就用水下电视摄像机采集调查倾废区水下图象信息,并进行记录。在测量过程中,潜水装置的位置不断地用水下声学导航系统确定,废积物的位置画在地图上。如果废积物是在该范围的边界上,那么测线还需要向外延伸。

(5)数据处理。水下电视调查结果覆盖在多波束与旁侧声呐测量的海底调查测量图上,并在计算机画面上将底质表面与含有各种有机物的浮泥层用不同颜色表示出来,可以快速大面积调查疏浚物在水下扩散与在海底堆积和迁移情况。根据以往的本底情况和对其他时段监测数据的分析研究,将可以更准确地掌握倾废区的环境变化情况和今后倾废区内倾倒物的迁移与堆积趋势,以此来确定哪些废积物需要清除。

思考题与习题

1. 名词解释:海洋测绘,海洋定位,海洋测深,深度基准面。
2. 海洋测绘的特点是什么? 海洋测绘有哪些任务?
3. 海洋测绘的分类有哪些?
4. 海洋平面定位的方法有哪些?
5. 水下声学定位的原理和方法有哪些?
6. 水深测量方法有哪些? 水深测量中有哪些主要误差来源?
7. 海洋地形测量的主要测量工作是什么? 水位观测对海洋地形测量有何作用及意义?
8. 港口工程与陆上工程相比有何特点? 港口工程建设中有哪些测量工作?
9. 谈谈水下工程建设中测量的主要工作及测量工作的意义。

参 考 文 献

[1] 宁津生,陈俊勇,李德仁,等. 测绘学概论[M]. 3 版. 武汉:武汉大学出版社,2016.

[2] 邹进贵,冯永玖,王健,等. 数字地形测量学[M]. 3 版. 武汉:武汉大学出版社,2024.

[3] 张勤,李家权. GPS 测量原理及应用[M]. 北京:科学出版社,2010.

[4] 张祖勋,张剑清. 数字摄影测量学[M]. 武汉:武汉大学出版社,2012.

[5] 邬伦,刘瑜. 地理信息系统:原理、方法和应用[M]. 北京:科学出版社,2002.

[6] 陈永奇,潘正风. 工程测量学[M]. 北京:测绘出版社,2016.

[7] 冯兆祥. 现代特大型桥梁施工测量技术[M]. 北京:人民交通出版社,2010.

[8] 张正禄,黄全义. 工程的变形监测分析与预报[M]. 北京:测绘出版社,2007.

[9] 陈永奇. 海洋工程测量[M]. 北京:测绘出版社,1991.

[10] 中华人民共和国住房和城乡建设部. 工程测量通用规范:GB 55018—2021[S]. 北京:中国建筑工业出版社,2022.